Alexander Weinmann

Regelungen

Analyse und technischer Entwurf

Band 2:

Multivariable, digitale und nichtlineare Regelungen; optimale und robuste Systeme

Dritte, überarbeitete und erweiterte Auflage

Springer-Verlag Wien GmbH

Dipl.-Ing. Dr. techn. Alexander Weinmann

Ordentlicher Universitätsprofessor
Vorstand des Instituts für elektrische Regelungstechnik
Technische Universität Wien, Österreich

Ursprünglich erschienen bei Springer-Verlag Wien New York 1995

Satz: Reproduktionsfertige Vorlage des Autors

Gedruckt auf säurefreiem, chlorfrei gebleichten Papier – TCF

Mit 161 Abbildungen

Die Deutsche Bibliothek – CIP-Einheitsaufnahme

Weinmann, Alexander:
Regelungen : Analyse und technischer Entwurf /
A. Weinmann. – Wien ; New York : Springer.

Bd. 2. Weinmann, Alexander: Multivariable,
digitale und nichtlineare Regelungen;
optimale und robuste Systeme. –
3., überarb. u. erw. Aufl. – 1995

Weinmann, Alexander:
Multivariable, digitale und nichtlineare
Regelungen; optimale und robuste Systeme /
A. Weinmann. – 3., überarb. u. erw. Aufl. –
Wien ; New York : Springer, 1995
(Regelungen / A. Weinmann ; Bd. 2)
ISBN 978-3-7091-7358-9 ISBN 978-3-7091-6594-2 (eBook)
DOI 10.1007/978-3-7091-6594-2

ISBN 978-3-7091-7358-9

Vorwort

Industrielle Aufgaben und Anwendungen der Regelungstechnik erfordern die Kenntnis zumeist vieler systemtheoretischer Grundlagen. Von der Projektierung und vom Entwurf bis zur Inbetriebnahme, Wartung und laufenden Prozeßanpassung wird eine ganze Palette von Methoden benötigt: Abtastung, Zustandsraum, Optimierung, Stochastik, Nichtlinearitäten, Stabilität usw. samt vielen gegenseitigen Verflechtungen. Durch diesen Bedarf und durch die Häufigkeit der praktisch-industriellen Anwendung der regelungstechnischen Methoden ist die Zielsetzung des Buches auch in der zweiten Auflage vorgegeben.

In der Art der Präsentation wird wie bisher der physikalischen Einsicht und den technisch-innovativen Möglichkeiten der Vorrang gegenüber rein mathematischen Fragestellungen und bloßen theoretischen Überlegungen eingeräumt.

Den Wünschen des industriell tätigen Regelungstechnikers nach anschaulichen, ingenieurmäßig und praktisch handhabbaren Ansätzen sowie nach anwendungsnahen Methoden wird unverändert nachgekommen.

Zum eingeschlagenen didaktischen Weg: Für prinzipielle Fragestellungen, grundlegende ingenieurmäßige Probleme und Definitionen ist eine umfassende Darstellungsform gewählt worden. Sobald Ansätze und Definitionen klar vorliegen, werden die Herleitungen eher konzentriert und von selbstverständlichen Zwischenrechnungen entlastet angeboten. Vereinzelt werden Ergebnisse, wenn sie in der Spezialliteratur rasch aufzufinden sind, auch nur vorgestellt, dafür aber ihre Anwendung bevorzugt diskutiert.

Je nach Eingangsvoraussetzung und Zielformulierung der Anwendungsfälle sind die Herleitungen auch häufig abzuwandeln oder zu erweitern. Auch für den Lernenden wird ein optimales und nachhaltiges Lernergebnis nicht mit dem Lesen allein erreicht, sondern motorisch mit eigenem Ableiten, Entwerfen und selbständigem Variieren.

Die Erweiterungen der dritten Auflage gegenüber der zweiten bestehen aus den im folgenden aufgezählten Fachgebieten:

Mehrgrößenregelungen verlangen neben der Matrizenalgebra nach Methoden zur praktischen Beherrschung der zumeist auftretenden hohen Ordnung, nach einer Stabilitätsabschätzung in exakter analytischer oder graphischer Weise sowie nach passenden Näherungen. Die Zustandsraumverfahren sind vertieft und mit weiteren Anwendungsmöglichkeiten dargestellt. Auf die Veranschaulichung von dabei häufig vorkommenden Begriffsgruppen wird großer Wert gelegt. Die modale Zerlegung ist wegen ihrer Einprägsamkeit und ihrer theoretischen Tragweite eingehender erörtert. Ausgedehnt ist auch die Darstellung optimaler Regelungen als Variationsaufgabe. Neu aufgenommen sind schließlich Optimierungsverfahren in umfangreicherer Form, Beobachter neben dem Zeitbereich auch im Frequenzbereich, ferner Kontrollbeobachter, Loop Recovery, die Eingangs-Zustands-Linearisierung nichtlinearer Systeme, fuzzy Regelungen und künstliche neuronale Regler. Sehr ausführlich sind optimale und robuste Regelungen behandelt und auf allgemeine Systeme erweitert; also auch auf solche dynamischen Systeme, die keine geschlossenen Signalflüsse enthalten.

Selbstverständlich sind viele Textstellen überarbeitet und erweitert worden, im Bestreben, dem Leser den Stoff optimal darzulegen. Als Autor muß man sich stets dessen bewußt sein, daß der Verbesserungsprozeß an einem Buch ein asymptotischer ist, der nie gänzlich zum Stillstand kommen darf; nicht zuletzt wegen der sich wandelnden Stoffschwerpunkte und -bedeutung.

In die Abhandlungen ist die Erfahrung aus verschiedenen Tätigkeiten eingeflossen: Aus einer mehr als fünfundzwanzigjährigen Lehr- und Prüfungserfahrung an der Technischen Universität Wien; aus Diskussionen mit Diplomingenieuren der Industrie, mit Dissertanten und vielen ambitionierten Studenten; ferner aus einer langjährigen Tätigkeit bei der Firma ELIN, Wien, im Zusammenhang mit anspruchsvollen automatisierungstechnischen Aufgabenstellungen; schließlich aus etlichen weiteren Kooperationen mit anderen Firmen und zahlreichen Forschungsvorhaben und Gutachten.

Für sehr fruchtbare Diskussionen über manche Teilgebiete und Textstelle und für wertvolle Anregungen zu inhaltlichen Veränderungen gebührt Wissenschaftern und Praktikern aus der Industrie sowie Mitarbeitern am Institut für elektrische Regelungstechnik aufrichtiger Dank. So gilt mein Dank den Universitätsassistenten Ass.Prof. Univ. Doz. Dr. Robert Noisser, Dipl.-Ing. Manfred Bammer, Dipl.-Ing. Dr.techn. Johannes Goldynia, Dipl.-Ing. Thomas Grünberger, Dipl.-Ing. Dr. techn. Wilhelm Haager, Dipl.-Ing. Dr. techn. Michael Heiss, Dipl.-Ing. Rudolf Hornischer, Dipl.-Ing. Oliver König, Dipl.-Ing. Leopold Moosbrugger, Dipl.-Ing. Andreas Raschke und Dipl.-Ing. Herbert Swaton.

Dank in hohem Maße ist meiner Sekretärin am Institut, Fr. Johanna Heinrich, für die Reinschrift neuer Text- und Formelteile ausdrücken, sowie Frau Christine Sigle für Ergänzungen und das Literaturverzeichnis. In dankenswerter Weise leistete auch Herr Wolfgang Fuchs Unterstützung bei mancher Sonderfrage der Daten- und Textverarbeitung. Herr Ing. Franz Babler und Herr Fachoberlehrer Hermann Bruckner halfen beim computerunterstützten Zeichnen und Beschriften neuer Bilder.

Der Springer-Verlag in Wien hat größte Unterstützung in allen Belangen geboten, besonders die Herren Prokurist Frank Christian May, Raimund Petri-Wieder und Mag. Franz Schaffer. Dafür und für die glänzende Ausstattung sei dem Verlag der Dank ausgesprochen.

Wien und Oberdrauburg, im Jänner 1995 Alexander Weinmann

Inhaltsverzeichnis

Kapitel 1

Zustandsregelungen

Im vorliegenden Kapitel werden anwendungsrelevante Grundlagen und Aufgabenstellungen der Regelungstechnik mit Methoden des Zustandsraums behandelt. Der Zustandsraum ist ein n-dimensionaler Raum, an dessen Koordinatenachsen die Zustandsvariablen $x_i(t)$ aufgetragen werden. Diese geben den momentanen Systemzustand vollständig wieder, etwa in Form der Zustände der n Energiespeicher (z.B. Strom in einer Induktivität, Spannung an einer Kapazität, Geschwindigkeit einer Masse). Anstelle des Begriffs Zustandsraum ist auch Phasenraum geläufig.

1.1 Regelstrecke. Transitionsmatrix

Für eine lineare Mehrfachregelstrecke seien bereits Gleichungen über das dynamische Verhalten innerhalb des funktionsmäßig abgegrenzten Bereichs zusammengestellt und auf ein System von Differentialgleichungen erster Ordnung reduziert worden. Dann gilt zwischen dem m-Vektor $\mathbf{u}(t)$ des Steuereingangs, dem n-Vektor $\mathbf{x}(t)$ der Zustandsgröße und dem r-Vektor $\mathbf{y}(t)$ des Ausgangs

$$\dot{\mathbf{x}}(t) = \mathbf{A}\mathbf{x}(t) + \mathbf{B}\mathbf{u}(t) \qquad \mathbf{A} \in \mathcal{R}^{n\times n},\ \mathbf{B} \in \mathcal{R}^{n\times m} \tag{1.1}$$

$$\mathbf{y}(t) = \mathbf{C}\mathbf{x}(t) + \mathbf{D}\mathbf{u}(t) \qquad \mathbf{C} \in \mathcal{R}^{r\times n},\ \mathbf{D} \in \mathcal{R}^{r\times m}\ . \tag{1.2}$$

In Abb. 1.1 sind die Zusammenhänge veranschaulicht und mit den Dimensionsangaben versehen. Zumeist ergibt sich eine Formulierung mit $\mathbf{D} = \mathbf{0}$. Die Identität $\mathbf{D} \equiv \mathbf{0}$ gilt für nichtsprungfähige Systeme.

Die Transitions- oder Fundamentalmatrix $\mathbf{\Phi}(t)$ dient zur Lösung im Zeitbereich und kann aus der Kehrmatrix im Laplace-Bereich oder aus der Potenzreihenentwicklung aus $\mathbf{A}$ nach Gl.(1.1) ermittelt werden

$$\mathbf{\Phi}(t) = \mathcal{L}^{-1}(s\mathbf{I} - \mathbf{A})^{-1} = \exp(\mathbf{A}t) \equiv e^{\mathbf{A}t} \doteq \mathbf{I} + \mathbf{A}t + \frac{1}{2}\mathbf{A}^2t^2 + \frac{1}{3!}\mathbf{A}^3t^3 + \ldots \quad . \tag{1.3}$$

Sind die n Eigenwerte $\lambda_i[\mathbf{A}]$ der Matrix $\mathbf{A}$ gemäß $\det(\lambda_i\mathbf{I} - \mathbf{A}) = 0$ berechnet worden (und sind sie voneinander verschieden), so kann die Transitionsmatrix auch nach der Sylvester-Entwicklungsformel berechnet werden als

$$\mathbf{\Phi}(t) = \exp(\mathbf{A}t) = \sum_{i=1}^{n} \exp(\lambda_i[\mathbf{A}]\ t) \prod_{j=1, j\neq i}^{n} \frac{\mathbf{A} - \lambda_j\mathbf{I}}{\lambda_i - \lambda_j} \quad . \tag{1.4}$$

Für mehrfache Eigenwerte wird die Darstellung recht unhandlich (*Zadeh, L.A., and Desoer, C.A., 1963; Gupta, S.C., 1966*).

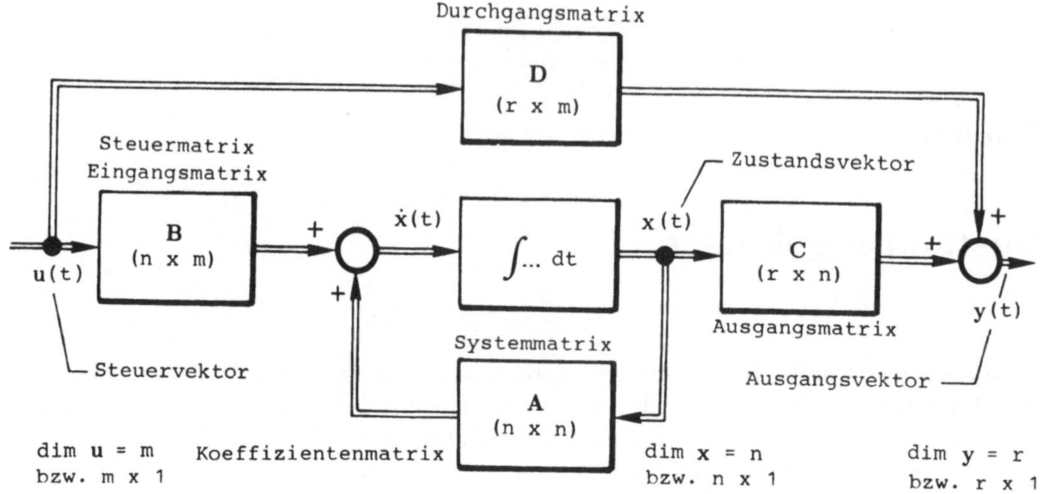

Abbildung 1.1: Regelstrecke (dynamisches System) n-ter Ordnung im Zustandsraum mit Dimensionsangabe dim als Zahl der Zeilen mal Zahl der Spalten

Mit der Transitionsmatrix $\mathbf{\Phi}(t)$ ergibt sich die Lösung für Gl.(1.1) zu

$$\mathbf{x}(t) = \mathbf{\Phi}(t)\mathbf{x}(0^+) + \int_0^t \mathbf{\Phi}(t-\tau)\mathbf{B}\mathbf{u}(\tau)d\tau \; . \tag{1.5}$$

Die Elemente der Transitionsmatrix $\mathbf{\Phi}(t)$ zu veranschaulichen gelingt auf zweierlei Art und Weise:

- Wird nur die Anfangsbedingung $x_j(0^+)$ von null verschieden und gleich eins angenommen, dann ist die Zustandsgröße $x_i(t) = \Phi_{ij}(t)$ (Wirkung $_i$, Ursache $_j$).
- Die Elemente von $\mathbf{\Phi}(t)$ sind auch als Verallgemeinerung der Gewichtsfunktion aufzufassen. Wird dabei nur die k-te Stellgrößenkomponente von 0 verschieden und gleich einer Einheits-Dirac-Funktion angenommen, dann gilt $u_k(t) = \delta(t)$ und

$$\mathbf{x}(t) = \int_0^t \mathbf{\Phi}(t-\tau)\begin{pmatrix} B_{1k} \\ \vdots \\ B_{nk} \end{pmatrix}\delta(\tau)d\tau \qquad \text{oder} \qquad x_i(t) = \sum_{\nu=1}^{n} \Phi_{i\nu}(t)B_{\nu k} \; . \tag{1.6}$$

Wird vorübergehend in der Steuermatrix $\mathbf{B}$ in der i-ten Spalte nur das Element $B_{\nu k}$ für $\nu = k$ von null verschieden und gleich eins angenommen, dann gilt $x_i(t) = \Phi_{ik}(t)$.

Von diesen Beziehungen kann auch dann Gebrauch gemacht werden, wenn an die Stelle der Koeffizientenmatrix $\mathbf{A}$ der Regelstrecke die Koeffizientenmatrix eines Regelkreises tritt, statt $\mathbf{u}(t)$ ein mehrfacher Sollwert $\mathbf{y}_{ref}(t)$ usw.

Beispiel. Schwingungsfähige Eingrößenregelstrecke: Die gegebene Übertragungsfunktion $G(s)$ habe ein Polpaar bei $-1 \pm j2$. Die Systemmatrix $\mathbf{A}$ ist ohne nähere Angabe über $\mathbf{B}$ und $\mathbf{C}$ nur bis auf einen konstanten Faktor bestimmt. Aus $\mathbf{A} = \left(\begin{smallmatrix} 0 & -5 \\ 1 & -2 \end{smallmatrix}\right)$ folgt

$$\mathbf{\Phi}(s) = (s\mathbf{I}-\mathbf{A})^{-1} = \frac{1}{s^2+2\,s+5}\begin{pmatrix} s+2 & -5 \\ 1 & s \end{pmatrix} = \mathcal{L}\{\begin{pmatrix} e^{-t}(\cos 2t + \frac{1}{2}\sin 2t) & -\frac{5}{2}e^{-t}\sin 2t \\ \frac{1}{2}e^{-t}\sin 2t & e^{-t}(\cos 2t - \frac{1}{2}\sin 2t) \end{pmatrix}\} \; . \square \tag{1.7}$$

1.2 Diagramm der Zustandsvariablen (Zustandsgrößen)

Das Diagramm der Zustandsvariablen dient der graphischen Veranschaulichung der gleichungsmäßig verankerten Zusammenhänge zwischen den Zustandsvariablen. Das Diagramm (Abb. 1.4) besitzt große Ähnlichkeit mit dem Koppelplan bei Analogrechner-Programmierung. Auf die Vorzeichenumkehr durch Integratoren und Summierer wird mangels Parallelen zum Operationsverstärker allerdings verzichtet.

Die Zustandsraum-Formulierung nach Gl.(1.1) und Gl.(1.2) wird durch Zusammenstellung aller Differentialgleichungen aus dem Verband der Regelstrecke gewonnen. An die Stelle der Regelstrecke kann jeder andere Prozeß, also auch ein dynamischer Regler, treten; bei Bedarf in linearisierter Form. Durch Ansatz weiterer Variabler (Zustandsvariabler) zusätzlich zu den physikalischen Variablen besteht keine Schwierigkeit, auf ein System von linearen Differentialgleichungen erster Ordnung zu gelangen.

In der Wahl der Zustandsvariablen besitzt man mehrfache Freiheit, sodaß das Diagramm der Zustandsvariablen bei gleichen Ein/Ausgangsgrößen verschiedene Formen annehmen kann. Auch hinsichtlich der strukturellen Grundformen, der sogenannten kanonischen Formen, bestehen stets mehrere Varianten (*Tou, J.T., 1964; Unbehauen, H., 1983; Föllinger, O., und Franke, D., 1982*).

Beispiel. Invertiertes Pendel: Ein invertiertes mathematisches Pendel mit der Masse m am Ende einer masselos gedachten Stange der Länge l besitze zur Vertikalen den Winkel x_3. Das umgekehrte Pendel wird auf der Laufkatze mit der Masse M und der Horizontalwegposition x_1 abgestützt. An der Laufkatze wirke die horizontale Stellkraft u. Die Erdbeschleunigung sei g. Die Zusammenstellung aller Kräfte und Wege liefert die Zustandsraumdarstellung (*Föllinger, O., 1976; Unbehauen, H., und Meier, H., 1980*) in linearisierter Form als

$$\begin{pmatrix} \dot{x}_1 \\ \dot{x}_2 \\ \dot{x}_3 \\ \dot{x}_4 \end{pmatrix} = \frac{d}{dt}\begin{pmatrix} x_1 \\ \dot{x}_1 \\ x_3 \\ \dot{x}_3 \end{pmatrix} = \begin{pmatrix} \dot{x}_1 \\ \ddot{x}_1 \\ \dot{x}_3 \\ \ddot{x}_3 \end{pmatrix} = \begin{pmatrix} 0 & 1 & 0 & 0 \\ 0 & 0 & \frac{-mg}{M} & 0 \\ 0 & 0 & 0 & 1 \\ 0 & 0 & \frac{(M+m)g}{M\,l} & 0 \end{pmatrix}\begin{pmatrix} x_1 \\ x_2 \\ x_3 \\ x_4 \end{pmatrix} + \begin{pmatrix} 0 \\ \frac{1}{M} \\ 0 \\ \frac{-1}{M\,l} \end{pmatrix} u = \mathbf{A}\mathbf{x} + \mathbf{b}\,u\,. \tag{1.8}$$

Dabei wurde $x_2 \equiv \dot{x}_1$, $x_4 \equiv \dot{x}_3$ angesetzt. Die zugehörige Übertragungsfunktion Katzposition über Stellkraft lautet

$$\frac{X_1(s)}{U(s)} = \frac{(s-\sqrt{\frac{g}{l}})(s+\sqrt{\frac{g}{l}})}{M s^2 (s-\sqrt{\frac{(M+m)g}{M\,l}})(s+\sqrt{\frac{(M+m)g}{M\,l}})} \tag{1.9}$$

(*Middleton, R.H., and Goodwin, G.C., 1990*).

Wird das hängende Pendel betrachtet, also die Verladebrücke, der Greiferkran, dann ändern in $\mathbf{A}$ und $\mathbf{b}$ alle Koeffizienten, mit Ausnahme der Einsen, ihr Vorzeichen; in der Übertragungsfunktion $X_1(s)/U(s)$ kommt vor allen Konstanten (Koeffizienten) in Form von Wurzelausdrücken im Nenner ein j zu stehen.

1.3 Eingrößenstrecken in Regelungsnormalform

Die Regelungsnormalform (oder Frobenius-Form oder direkte kanonische Form) erweist sich bei solchen Regelstrecken als günstig, deren resultierende Übertragungsfunktion $G(s)$ bereits vorliegt. Für einfache Stellgrößen $u(t)$ und für eine Ausgangsgröße, also $m = 1$ und $r = 1$, wird $G(s)$ in eine rationale Funktion mit dem Zählerpolynom $p(s^{-1})$ und dem Nennerpolynom $q(s^{-1}) + 1$ nach Potenzen von s^{-1} umgeformt, also

$$G(s) \stackrel{\triangle}{=} \frac{h(s)}{a(s)} = \frac{h_o + h_1 s + \ldots + h_{n-1}s^{n-1}}{a_o + a_1 s + \ldots + s^n} = \frac{h_o s^{-n} + h_1 s^{-n+1} + \ldots + h_n}{a_o s^{-n} + a_1 s^{-n+1} + \ldots + 1} \stackrel{\triangle}{=} \frac{p(s^{-1})}{1+q(s^{-1})}\,. \tag{1.10}$$

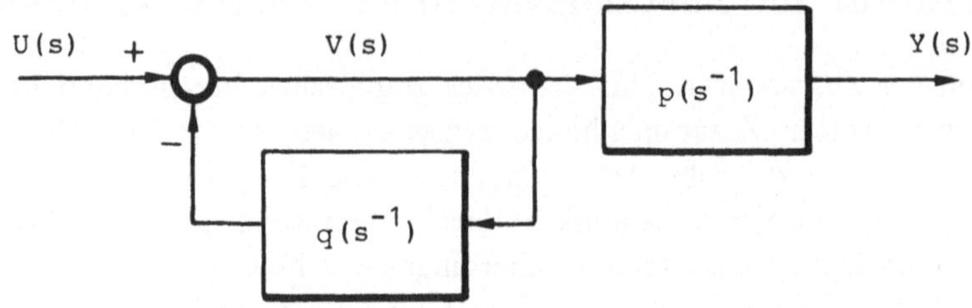

Abbildung 1.2: Zerlegung der Strecke in Rückführungs- und Serienteil

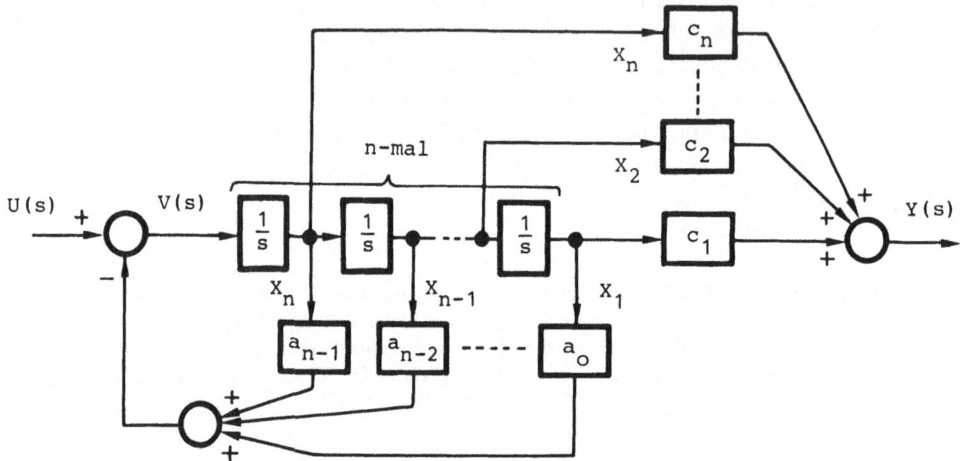

Abbildung 1.3: Aufbau einer Integratorkette und Abgriff der Zustandsvariablen für den Rückführungs- und Serienteil

Dies gilt für $\partial h(s) \leq \partial a(s) - 1$. Das Polynom $a(s)$ wird monisch eingerichtet, d.h. daß der Koeffizient von s^n eins wird, also $a_n = 1$. Der Gl.(1.10) entspricht die Abb. 1.2.

Sind $p(s^{-1})$ und $q(s^{-1})$ nach fallenden Potenzen von s^{-1} gereiht worden, so können die Zähler- und Nennerausdrücke aus Gl.(1.10) weitergeführt werden, und zwar auf

$$G(s) = \frac{p(s^{-1})V(s)}{[1+q(s^{-1})]V(s)} = \frac{(h_o s^{-n} + h_1 s^{-n+1} + ... + h_{n-1}s^{-1})V(s)}{[a_o s^{-n} + a_1 s^{-n+1} + ... + a_{n-1}s^{-1} + 1]V(s)} . \qquad (1.11)$$

Sie werden als Linearkombination von Signalen im Laplace-Bereich aufgefaßt, die aus einer von einem Hilfssignal $V(s)$ angesteuerten Integratorkette abgegriffen werden. Dies ist in der Abb. 1.3 gezeigt.

Im einzelnen folgt nach Gl.(1.11)

$$Y(s) = p(s^{-1})V(s) \qquad (1.12)$$

sowie

$$U(s) = [q(s^{-1}) + 1]V(s) \quad \text{oder} \quad V(s) = U(s) - q(s^{-1})V(s) \ . \qquad (1.13)$$

Werden nun die Zustandsvariablen $X_1(s), X_2(s)...X_n(s)$ eingeführt (Abb. 1.3) und korrespondiert demnach $V(s)$ mit $\mathcal{L}\{\dot{x}_n(t)\}$, so läßt sich die Zustandsraumdarstellung folgendermaßen gewinnen: Die laut Gl.(1.11) gewählten Koeffizienten in $p(s^{-1})$ sind den Koeffizienten von $h(s)$ gleich und daher direkt in die Koeffizienten der Ausgangsmatrix **C** nach

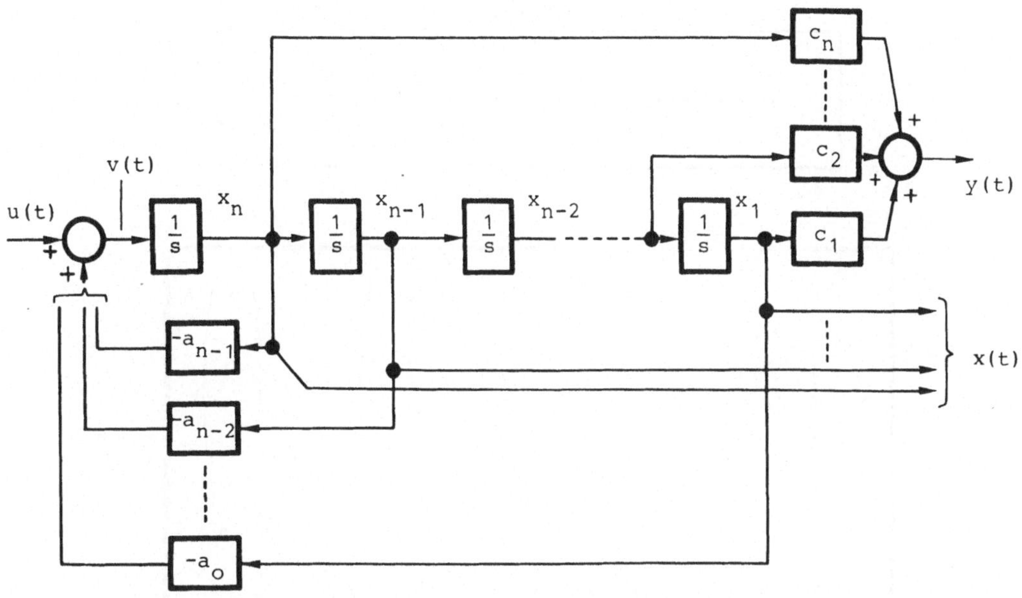

Abbildung 1.4: Diagramm der Zustandsvariablen in Regelungsnormalform

Abb. 1.4 und Gl.(1.12) zu übernehmen als

$$c_1 = h_o \ , \quad c_2 = h_1 \ , \quad .... \quad c_n = h_{n-1} \quad \rightsquigarrow \quad \mathbf{C} = (c_1 \ \ c_2 \ \ ... \ \ c_n) = (h_o \ \ h_1 \ \ ... \ \ h_{n-1}) \ . \quad (1.14)$$

Die Koeffizientenmatrix **A** wird in diesem kanonischen Fall als sogenannte Frobenius-Matrix bezeichnet. Sie enthält wegen der Integratorkette in Abb. 1.4, und zwar wegen $\dot{x}_1 = x_2, \ \ \dot{x}_2 = x_3$ usw., in den ersten $n-1$ Zeilen durchwegs Nullen bis auf eine Diagonalenparallele aus Einsen. Weiters zeigt **A** in der n-ten Zeile (von links nach rechts gesehen) gemäß Gln.(1.11) und (1.13) die Koeffizienten des Polynoms $a(s)$, und diese geordnet nach steigenden Potenzen in s, ausgenommen a_n , und zwar *mit negativem Vorzeichen.*

Da nach der gewählten Umformung $u(t)$ nur auf $\dot{x}_n$ wirkt und dies nach Gl.(1.13) mit dem Beiwert 1, wird die Matrix **B** zu einem Vektor $\mathbf{B} := \mathbf{b} = (0 \ \ 0 \ \ ... \ \ 0 \ \ 1)^T$. Die Ergebnisse sind in Abb. 1.5 zur Übersicht zusammengestellt.

Beispiel. Nichtsprungfähige Regelstrecke in Regelungsnormalform:

$$G(s) = \frac{s^2 + 50\ s + 2}{s^3 + 80\ s^2 + 1,8\ s + 0,1} = \frac{2 + 50\ s + s^2}{0,1 + 1,8\ s + 80\ s^2 + s^3} = \frac{h(s)}{a(s)} \qquad n = 3 \qquad (1.15)$$

$$h_o = 2 \qquad h_1 = 50 \qquad h_2 = 1 \qquad\qquad a_o = 0,1 \qquad a_1 = 1,8 \qquad a_2 = 80 \qquad (1.16)$$

$$\mathbf{A} = \begin{pmatrix} 0 & 1 & 0 \\ 0 & 0 & 1 \\ -0,1 & -1,8 & -80 \end{pmatrix} \qquad \mathbf{b} = \begin{pmatrix} 0 \\ 0 \\ 1 \end{pmatrix} \qquad \mathbf{c} = (2 \ \ 50 \ \ 1) \qquad d = 0\ . \ \ \square \qquad (1.17)$$

Im Falle von $\partial h(s) = \partial a(s)$ wird die Auftrennung von $G(s)$ wie folgt besorgt

$$\frac{h(s)}{a(s)} = \frac{h_o + h_1 s + ... + h_n s^n}{a_o + a_1 s + ... + s^n} = \frac{(h_o - h_n a_o) + (h_1 - h_n a_1)s + ... + (h_{n-1} - h_n a_{n-1})s^{n-1}}{a_o + a_1 s + ... + s^n} + h_n\ . \qquad (1.18)$$

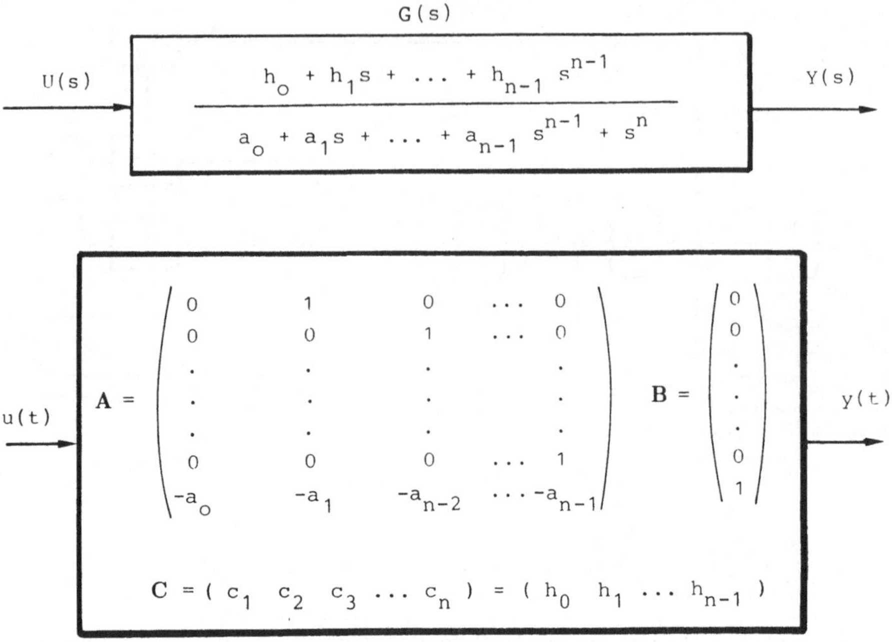

G(s)

U(s)

$$\frac{h_0 + h_1 s + \ldots + h_{n-1} s^{n-1}}{a_0 + a_1 s + \ldots + a_{n-1} s^{n-1} + s^n}$$

Y(s)

u(t)

$$\mathbf{A} = \begin{pmatrix} 0 & 1 & 0 & \ldots & 0 \\ 0 & 0 & 1 & \ldots & 0 \\ \cdot & \cdot & \cdot & & \cdot \\ \cdot & \cdot & \cdot & & \cdot \\ \cdot & \cdot & \cdot & & \cdot \\ 0 & 0 & 0 & \ldots & 1 \\ -a_0 & -a_1 & -a_{n-2} & \ldots & -a_{n-1} \end{pmatrix} \qquad \mathbf{B} = \begin{pmatrix} 0 \\ 0 \\ \cdot \\ \cdot \\ \cdot \\ 0 \\ 1 \end{pmatrix}$$

y(t)

$$\mathbf{C} = (c_1 \; c_2 \; c_3 \; \ldots \; c_n) = (h_0 \; h_1 \; \ldots \; h_{n-1})$$

Abbildung 1.5: Streckenübertragungsfunktion und ihre äquivalente Regelungsnormalform

Damit ist dieser Fall auf jenen der Gl.(1.11) mit Polüberschuß zurückgeführt.

Beispiel. Sprungfähige Regelstrecke in Regelungsnormalform: Für

$$G(s) = \frac{2+3s}{4+s} = \frac{2-3.4}{4+s} + 3 = \frac{-10}{4+s} + 3 \quad \text{ergibt sich} \quad \mathbf{A} = -4, \; \mathbf{b} = 1, \; \mathbf{c} = -10, \; d = 3\,. \quad \square \qquad (1.19)$$

1.4 Andere Normalformen

Die Ergebnisse für Eingrößen-Regelstrecken sind für Mehrgrößenstrecken erweiterbar. Eine P_2-Strecke, wie sie in Abb. 5.2 definiert wird, zeigt die Abb. 1.6. In ihr wird aus $n_{11}(s)$ und $n_{12}(s)$ der kleinste gemeinsame Nenner $n_1(s) = a_{10} + a_{11}s + \ldots + s^{n_1}$ gesucht. Die Zählerausdrücke $z_{1i}(s)$ werden dabei auf die besondere Form $p_{1i}(s) = b_{0i} + b_{1i}s + \ldots + b_{n_1-1,i}s^{n_1-1}$ aufgeweitet. Daraus folgt ähnlich Abb. 1.5 die Zustandsraumformulierung. Sie ist als Beobachtungsnormalform in Abb. 1.6 für jenen Teil $\mathbf{x}_1$ aufgenommen, der für y_1 erforderlich ist. Der Zustandsvektor $\mathbf{x}$ wird resultierend aus $\mathbf{x}_1$ und $\mathbf{x}_2$ gebildet.

Im Fall von einer Eingangs- und einer Ausgangsgröße des Systems unterscheiden sich die **A**-Matrizen in Regelungsnormalform und in Beobachtungsnormalform nur durch die Transponierung; die Steuermatrix (Ausgangsmatrix) in Regelungsnormalform ist gleich der transponierten Ausgangsmatrix (Steuermatrix) in Beobachtungsnormalform; die **D**-Matrix ist in beiden Fällen gleich einem Skalar d.

Die Regelungsnormalform zeigt Vorteile beim Zustandsreglerentwurf, die Beobachtungsnormalform bei Beobachterentwurf.

Eine interessante **A**-Matrix ist die bidiagonale Form

$$\mathbf{A} = \begin{pmatrix} \lambda_1 & 1 & 0 & \ldots & \ldots \\ 0 & \lambda_2 & 1 & 0 & \ldots \\ & & & & \\ 0 & 0 & \ddots & \ddots & \ddots \end{pmatrix} \in \mathcal{R}^n\,. \qquad (1.20)$$

Sie entspricht einer Kette von Subsystemen erster Ordnung; jeder Subsystemausgang ist Eingang des nächsten Subsystems (*Blanchini, F., and Policastro, M., 1992*).

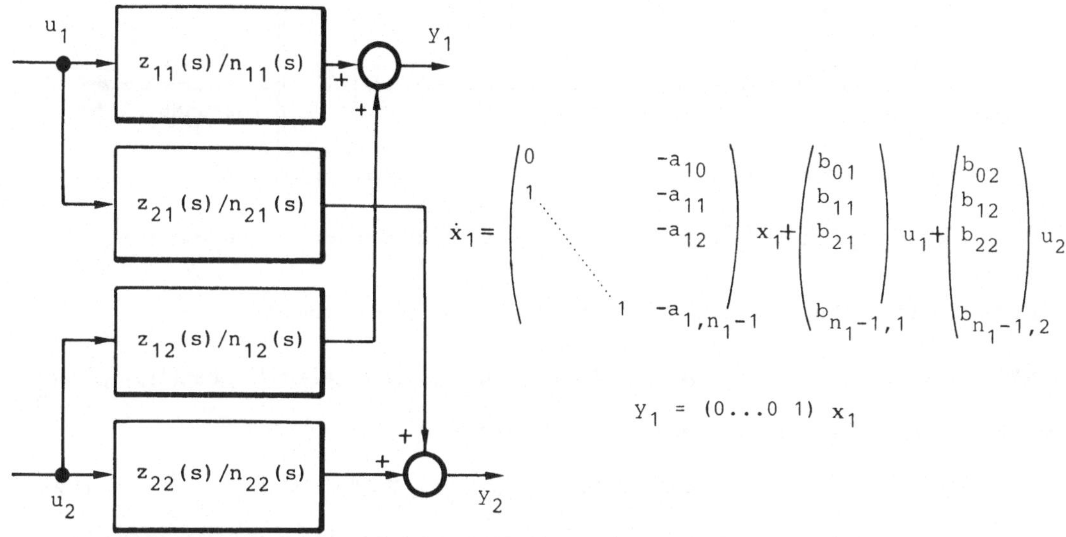

Abbildung 1.6: Zustandsraumdarstellung einer m-Größen-Strecke für den Anteil bezüglich y_1 in Beobachtungsnormalform

1.5 Modale Form der Zustandsraum-Darstellung

Als Vorüberlegung sei von der Darstellung eines Systems im Frequenzbereich durch die Übertragungsfunktion ausgegangen. Besitzt $G(s) = h(s)/a(s)$ durchwegs reelle und voneinander verschiedene Pole λ_i und ist überdies $a(s)$ monisch, dann ergibt eine Partialbruchzerlegung laut Band 1 eine Parallelschaltung von PT_1-Elementen mit den Nennerausdrücken $(s - \lambda_i)$ und Residuen k_i . Eine dazupassende Zustandsraumdarstellung ist eine Diagonalmatrix $\mathbf{A} = \mathbf{diag}\{\lambda_i\}$ und $\mathbf{b} = (b_1 \;\; .... \;\; b_n)^T$, $\mathbf{c} = (c_1 \;\; .... \;\; c_n)$ mit $b_i c_i = k_i$. Bei $c_i = 1 \;\; \forall \, i = 1, 2...n$ können die Ausgangsvariablen der durch die Partialbruchentwicklung entstandenen Elemente direkt als Zustandsvariable x_i^{mo} aufgefaßt werden. Die Abb. 1.9 wird praktisch vorweggenommen.

Mit einer geeigneten Transformationsmatrix $\mathbf{T}^{mo}$, die aus den sogenannten Rechtseigenvektoren $\mathbf{a}_i$ der Matrix $\mathbf{A}$ zu bilden ist, kann eine Variablensubstitution $\mathbf{x}^{mo}$ statt $\mathbf{x}$ durchgeführt werden. Sie hat derart zu erfolgen, daß die Koeffizientenmatrix für das Gleichungssystem in $\mathbf{x}^{mo}$ eine Diagonalmatrix wird. Untereinander verschiedene Eigenwerte $\lambda_i[\mathbf{A}]$ sind Voraussetzung. Ist dies nicht erfüllt, sind komplizierte Jordan-Blockdiagonalformen erforderlich.

Die n Eigenwerte $\lambda_i[\mathbf{A}] \;\; \forall \; i = 1...n$ von $\mathbf{A}$ folgen mit $\mathbf{A} = \mathbf{matrix}[a_{ik}]$ aus $\det(\mathbf{A} - \lambda\mathbf{I}) = 0$. Die Eigenvektoren (Rechtseigenvektoren) sind die Lösungen aus

$$\mathbf{A}\mathbf{a}_i = \lambda_i \mathbf{a}_i \quad \text{oder} \quad (\lambda_i \mathbf{I} - \mathbf{A})\mathbf{a}_i = \mathbf{0} \; . \tag{1.21}$$

Daraus sind die Eigenvektoren $\mathbf{a}_i$ nur bis auf einen Faktor bestimmt; deshalb wird als Eigenvektor der auf 1 normierte Lösungswert aus Gl.(1.21) verwendet: $\mathbf{a}_i^T \mathbf{a}_i = 1$. Diese Normierung entspricht der Frobenius-Norm $\|\mathbf{a}_i\|_F \triangleq \sqrt{\mathbf{a}_i^T \mathbf{a}_i} = 1$. Auch andere Normierungsformen des Eigenvektorsystems sind in Verwendung. Die Matrix der Eigenvektoren wird einfach als

$$\mathbf{T}^{mo} = (\mathbf{a}_1 \vdots \mathbf{a}_2 \vdots ... \vdots \mathbf{a}_n) \tag{1.22}$$

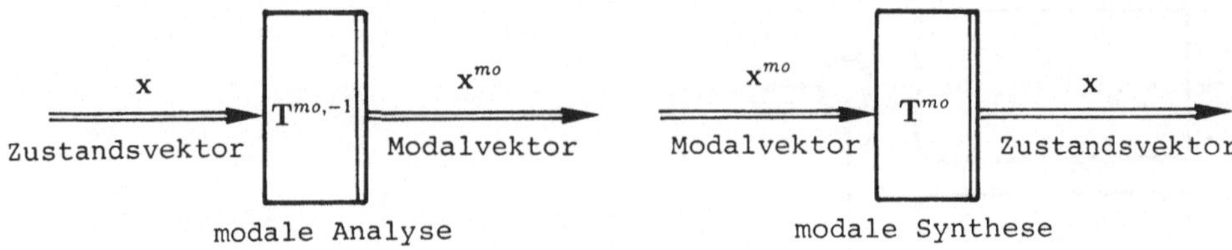

Abbildung 1.7: Modale Analyse und modale Synthese des Zustandsvektors

aufgebaut. Wird das Matrizenprodukt $\mathbf{AT}^{mo}$ gebildet, so läßt sich der Zusammenhang

$$\mathbf{AT}^{mo} = \mathbf{A}(\mathbf{a}_1 \vdots \mathbf{a}_2 \vdots \ldots \vdots \mathbf{a}_n) = (\mathbf{Aa}_1 \vdots \mathbf{Aa}_2 \vdots \ldots \vdots \mathbf{Aa}_n) = (\lambda_1 \mathbf{a}_1 \vdots \lambda_2 \mathbf{a}_2 \vdots \ldots \vdots \lambda_n \mathbf{a}_n) = \mathbf{T}^{mo}\mathbf{diag}\{\lambda_1,\ \lambda_2,\ \ldots \lambda_n\} \tag{1.23}$$

aufstellen. Durch Linksmultiplikation mit $\mathbf{T}^{mo,-1}$ folgt weiters

$$\mathbf{T}^{mo,-1}\mathbf{AT}^{mo} = \mathbf{diag}\{\lambda_1,\ \lambda_2,\ \ldots \lambda_n\} \triangleq \mathbf{A}^{mo}\ . \tag{1.24}$$

Es ist weiters einfach nachzuweisen, daß $\mathbf{A}^T$ zwar dieselben Eigenwerte $\lambda_i[\mathbf{A}]$ besitzt, aber andere Eigenvektoren $\mathbf{p}_i$. Die Matrix dieser Eigenvektoren $\mathbf{p}_i$ trägt die Bezeichnung

$$\mathbf{P} = (\mathbf{p}_1 \vdots \mathbf{p}_2 \vdots \ldots \vdots \mathbf{p}_n)\ . \tag{1.25}$$

Eigenvektoren von $\mathbf{A}$ und $\mathbf{A}^T$, die zu verschiedenen Eigenwerten gehören, sind zueinander orthogonal (oder orthonormal, wenn ihr Betrag zuvor auf 1 normiert wurde[1]). Also gilt mit dem Kronecker-Symbol δ_{ik}

$$\mathbf{p}_i^T\mathbf{a}_k = \delta_{ik} \quad \leadsto \quad \mathbf{P}^T\mathbf{T}^{mo} = \mathbf{I} \quad \leadsto \quad \mathbf{P}^T = \mathbf{T}^{mo,-1}\ . \tag{1.26}$$

Die durch $\mathbf{p}_i^T\mathbf{A} = \lambda_i[\mathbf{A}]\mathbf{p}_i^T$ definierten Linkseigenvektoren $\mathbf{p}_i$ von $\mathbf{A}$ sind den Rechtseigenvektoren $\mathbf{p}_i$ von $\mathbf{A}^T$ identisch.

Beispiel. Instabile Eingrößenregelstrecke:

$$\text{Für } \mathbf{A} = \begin{pmatrix} 0 & -1 \\ -5 & 4 \end{pmatrix} \quad \text{ergibt} \quad \det(\lambda_i[\mathbf{A}]\,\mathbf{I} - \mathbf{A}) = \det\begin{pmatrix} \lambda_i[\mathbf{A}] & 1 \\ 5 & \lambda_i[\mathbf{A}] - 4 \end{pmatrix} = 0 \tag{1.27}$$

die Eigenwerte $\lambda_1[\mathbf{A}] = -1$ und $\lambda_2[\mathbf{A}] = 5$. Der Eigenvektor $\mathbf{a}_1 = (a_{1.1} \;\; a_{1.2})^T$ zu λ_1 , komponentenweise mit $a_{1.1}$ und $a_{1.2}$ angesetzt, liefert aus Gl.(1.21)

$$(\lambda_1[\mathbf{A}]\,\mathbf{I} - \mathbf{A})\mathbf{a}_1 = \mathbf{0} \quad \text{oder} \quad \mathbf{Aa}_1 = \lambda_1[\mathbf{A}]\,\mathbf{a}_1 \quad \text{oder} \quad \begin{pmatrix} 0 & -1 \\ -5 & 4 \end{pmatrix}\begin{pmatrix} a_{1.1} \\ a_{1.2} \end{pmatrix} = (-1)\times\begin{pmatrix} a_{1.1} \\ a_{1.2} \end{pmatrix} \tag{1.28}$$

und daraus normiert $\mathbf{a}_1 = 0,707\binom{1}{1}$. Ähnlich findet man $\mathbf{a}_2 = 0,196\binom{-1}{5}$. Damit lautet

$$\mathbf{T}^{mo} = \begin{pmatrix} 0,707 & -0,196 \\ 0,707 & 0,981 \end{pmatrix} \quad \text{und} \quad \mathbf{T}^{mo,-1} = \begin{pmatrix} 1,178 & 0,236 \\ -0,850 & 0,850 \end{pmatrix}\ . \tag{1.29}$$

Als Kontrolle dient $\mathbf{T}^{mo,-1}\mathbf{AT}^{mo} = \mathbf{diag}\{\lambda_1, \lambda_2\} = \begin{pmatrix} -1 & 0 \\ 0 & 5 \end{pmatrix}$. Die Matrix $\mathbf{P}$ der Eigenvektoren $\mathbf{p}_i$ von $\mathbf{A}^T = \begin{pmatrix} 0 & -5 \\ -1 & 4 \end{pmatrix}$ lautet

$$\mathbf{P} = \mathbf{T}^{mo,-1,T} = \begin{pmatrix} 1,178 & -0,850 \\ 0,236 & 0,850 \end{pmatrix}\ . \quad \square \tag{1.30}$$

[1]Die Normierung ist ein gewisser Willkürakt. Er dient dazu, $\mathbf{T}^{mo}$ und $\mathbf{T}^{mo,-1}$ numerisch in derselben Größenordnung zu halten. Auch bei der Analogrechnerprogrammierung tritt ein ähnlicher Bedarf auf. Für die Diagonalisierung selbst ist die Normierung von $\mathbf{T}^{mo}$ nicht bedeutungsvoll.

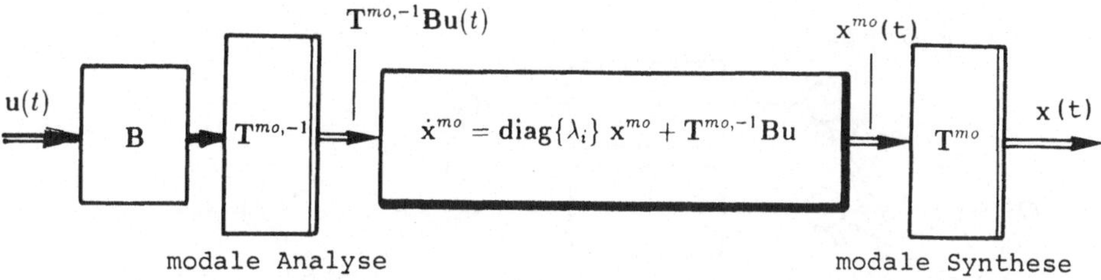

Abbildung 1.8: Regelstrecke mit konzentrierten Parametern nach modaler Transformation

Mit $\mathbf{T}^{mo}$ wird in Gl.(1.1) die Substitution

$$\mathbf{x} = \mathbf{T}^{mo}\mathbf{x}^{mo} \tag{1.31}$$

vorgenommen. Der Vektor $\mathbf{x}^{mo}$ als Modalvektor begründet ein anderes Koordinatensystem desselben dynamischen Systems. Das Modalsystem stellt sich als sehr zweckmäßig heraus. Die Matrix $\mathbf{T}^{mo}$ wird dabei als regulär (invertierbar) vorausgesetzt.

Bei der Entwicklung wird im einzelnen folgendermaßen vorgegangen

$$\mathbf{x}^{mo} \triangleq \mathbf{T}^{mo,-1}\mathbf{x} \quad \text{oder} \quad \mathbf{x} \triangleq \mathbf{T}^{mo}\mathbf{x}^{mo} \tag{1.32}$$

$$\dot{\mathbf{x}}^{mo} = \mathbf{T}^{mo,-1}\mathbf{A}\mathbf{T}^{mo}\mathbf{x}^{mo} + \mathbf{T}^{mo,-1}\mathbf{B}\mathbf{u} = \mathbf{diag}\{\lambda_i[\mathbf{A}]\}\ \mathbf{x}^{mo} + \mathbf{T}^{mo,-1}\mathbf{B}\mathbf{u} \tag{1.33}$$

$$s\mathbf{x}^{mo}(s) = \mathbf{diag}\{\lambda_i[\mathbf{A}]\}\mathbf{x}^{mo}(s) + \mathbf{T}^{mo,-1}\mathbf{B}\mathbf{u}(s) \tag{1.34}$$

$$\Big(s\mathbf{I} - \mathbf{diag}\{\lambda_i[\mathbf{A}]\}\Big)\mathbf{x}^{mo}(s) = \mathbf{T}^{mo,-1}\mathbf{B}\mathbf{u}(s) \tag{1.35}$$

$$\mathbf{x}^{mo}(s) = \Big(s\mathbf{I} - \mathbf{diag}\{\lambda_i[\mathbf{A}]\}\Big)^{-1}\mathbf{T}^{mo,-1}\mathbf{B}\mathbf{u}(s) = \mathbf{diag}\{s - \lambda_i[\mathbf{A}]\}^{-1}\mathbf{T}^{mo,-1}\mathbf{B}\mathbf{u}(s) \tag{1.36}$$

$$\mathbf{y}(t) = \mathbf{C}\mathbf{T}^{mo}\mathbf{x}^{mo}(t) \qquad \mathbf{y}(s) = \mathbf{C}\mathbf{T}^{mo}\mathbf{x}^{mo}(s)\ . \tag{1.37}$$

Diese Beziehungen zeigen, daß die Koeffizientenmatrix in den Koordinaten $\mathbf{x}^{mo}$ eine Diagonalmatrix ist. In $\mathbf{x}^{mo}$ ist das System also ein entkoppeltes, es wird als modales bezeichnet. Die Abb. 1.8 beleuchtet die Zusammenhänge an der Regelstrecke.

Die Inverse der Diagonalmatrix ist die Diagonalmatrix der inversen Elemente. Die in den Gl.(1.32) bis (1.37) ausgedrückten Zusammenhänge zwischen dem vektoriellen Eingangssignal $\mathbf{u}(s)$ und dem Ausgangssignal $\mathbf{y}(s)$ sind in der Abb. 1.9 veranschaulicht.

Für Stabilität des Systems mit der Koeffizientenmatrix $\mathbf{A}$ muß das Spektrum von $\mathbf{A}$, definiert als Gesamtheit aller Eigenwerte $\text{sp}[\mathbf{A}] \triangleq \{\lambda_i[\mathbf{A}],\ \ i = 1,2...n\}$, in der offenen linken Halbebene liegen.

Ferner sind wichtige Beziehungen zwischen den Darstellungen im Zustandsraum und im Spektralbereich aus diesem Kapitel in der Abb. 1.10 zusammengefaßt. Voraussetzung dafür, daß bei der Bildung der Übertragungsmatrix $\mathbf{G}(s)$ aus der Zustandsraumdarstellung $\mathbf{A}, \mathbf{B}, \mathbf{C}$ kein Pol eliminiert wird, ist (bei voneinander verschiedenen Polstellen) die vollständige Steuerbarkeit und Beobachtbarkeit. Die Poleliminierung könnte durch Kürzung gegen eine Nullstelle auftreten.

Als Bindeglied zwischen Übertragungsmatrix $\mathbf{G}(s)$ einer Mehrgrößenregelstrecke und ihrer Zustandsraumformulierung dient auch die Schreibweise

$$\mathbf{G}(s) = \mathbf{C}(s\mathbf{I} - \mathbf{A})^{-1}\mathbf{B} + \mathbf{D} \triangleq \left[\begin{array}{c|c} \mathbf{A} & \mathbf{B} \\ \hline \mathbf{C} & \mathbf{D} \end{array}\right]. \tag{1.38}$$

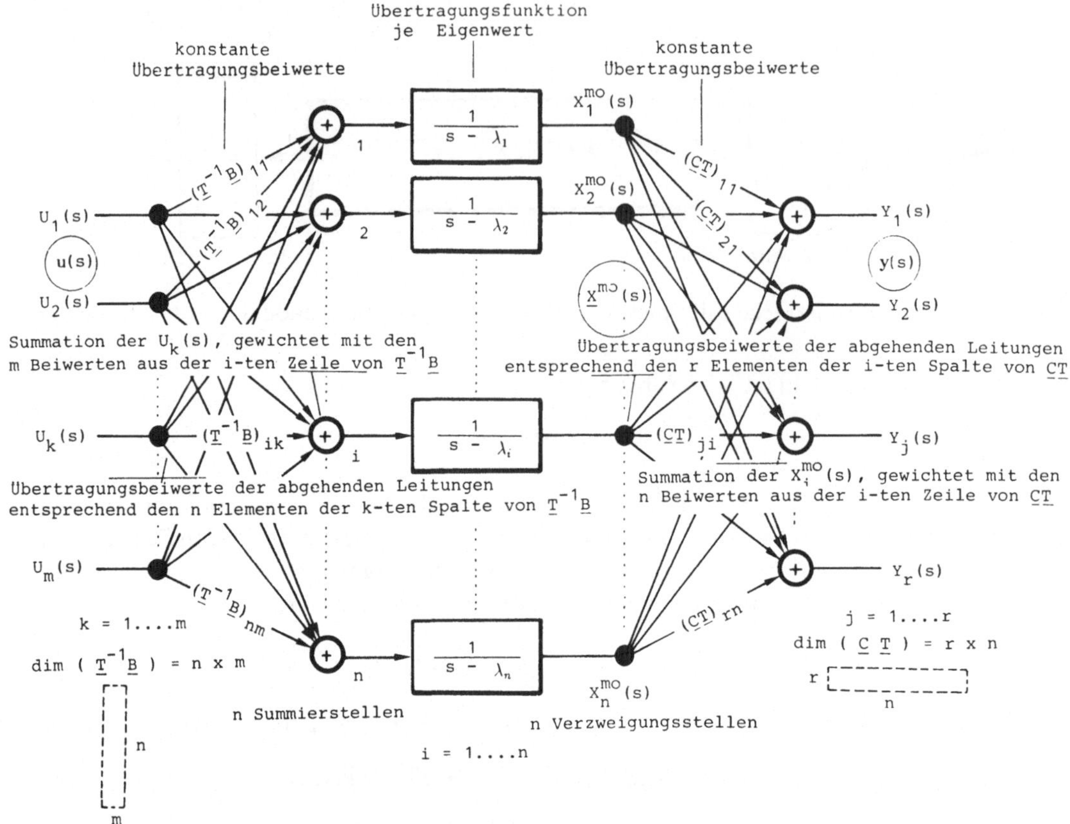

Abbildung 1.9: Modale Zerlegung der Übertragungsmatrix eines allgemeinen dynamischen Systems, im speziellen einer Regelstrecke, mit einfachen Polstellen λ_i. Zur Vereinfachung steht in dieser Abbildung statt $\mathbf{T}^{mo}$ stets nur $\mathbf{T}$.

Diese Darstellung als reelles Matrizenquadrupel verwendet zum Unterschied von einer partionierten Matrix mit punktierten Trennungslinien vollausgezogene Trennungslinien und statt runden Klammern eckige. In dieser Schreibweise werden auch Grundoperationen von Übertragungsmatrizen vorgenommen (*Raisch, J., und Gilles, E.D., 1992*).

Das Polpolynom (charakteristische Polynom) pp$\mathbf{G}(s)$ einer Übertragungsmatrix $\mathbf{G}(s)$ ist in der Definition komplizierter als jenes kleinste Polynom, mit dem die Übertragungsmatrix $\mathbf{G}(s)$ zu multiplizieren ist, um eine Polynommatrix zu erzeugen. Im einzelnen siehe Smith-McMillan Form im Anschluß an die Gl.(5.37). Das charakteristische Polynom zur System-(Koeffizienten-) Matrix $\mathbf{A}$ lautet aber definitionsgemäß $\det(s\mathbf{I} - \mathbf{A})$.

Das Polpolynom von $\mathbf{G}(s)$ und das charakteristische Polynom $\det(s\mathbf{I} - \mathbf{A})$ sind identisch, wenn das System vollständig steuerbar und beobachtbar ist. In beiden obgenannten Fällen ist das nullgesetzte charakteristische Polynom die charakteristische Gleichung.

Folgende äußerlich ähnliche aber inhaltlich stark verschiedene Fakten sind festzuhalten:

- Die modale Transformation in der Zustandsraumdarstellung mit $\mathbf{T}^{mo}$ schafft ein neues Koordinatensystem für ein und dieselbe Regelstrecke. Der Umstand der Entkopplung ist nur in diesem neuen Koordinatensystem gegeben. Die Regelstrecke wurde nicht entkoppelt. Es werden keinerlei zusätzliche Gerätemittel eingesetzt. Die Maßnahme dient zum tieferen Verständnis.
- Bei Mehrgrößensystemen wäre dieser Sachverhalt ebenso zu definieren.
- Entkopplungsmaßnahmen bei Mehrgrößensystemen zielen auf den Einsatz von Reglern ab, die so entworfen werden, daß der resultierende Regelkreis zwischen einem Eingangsvektor (Sollwert, Störgröße) und einem Ausgangsvektor (Regelgröße) keine Querübertragungen (Verkopplungen) aufweist. Es werden zusätzliche Geräte eingesetzt, mit denen die Entkopplung besorgt wird, siehe z.B.

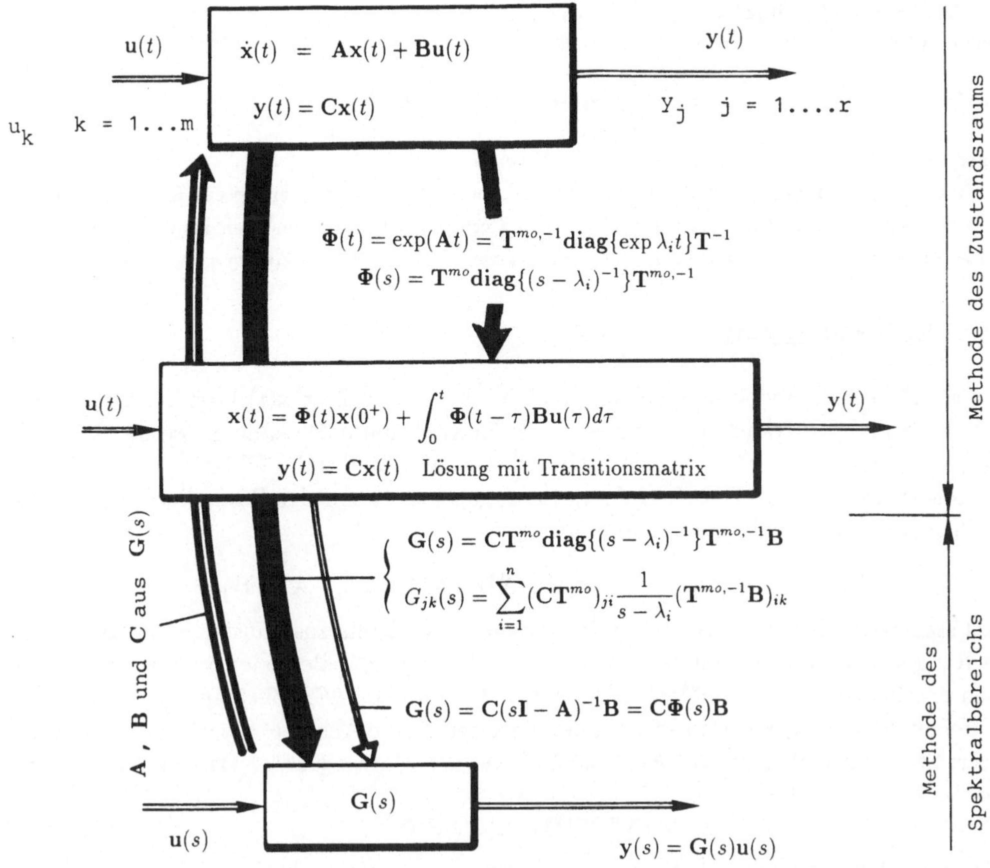

Abbildung 1.10: Zusammenhänge zwischen Zustandsraum- und Spektralbereichsdarstellung einer Regelstrecke $\mathbf{G}(s)$ bzw. eines allgemeinen dynamischen System mit Durchgangsmatrix $\mathbf{D} = \mathbf{0}$

Autonomisierung in Gln.(5.13) bis (5.16).

Die Partialbruchentwicklung der Übertragungsmatrix $\mathbf{C}(s\mathbf{I}-\mathbf{A})^{-1}\mathbf{B}$ liefert im einzelnen Partialbrüche $(s-\lambda_i[\mathbf{A}])^{-k}$ mit Matrizen als Koeffizienten. Auf der Basis der Vandermonde-Matrix, deren Spalten aus 1, λ_i, λ_i^2, ...; 0, 1, $2\lambda_i$, ... etc. entsprechend der Vielfachheit von λ_i bestehen, führt dies zu einfachen Algorithmen (*Leyva-Ramos, J., 1991*).

1.6 Varianten der Modalmatrix

Zur Bildung der Modalmatrix $\mathbf{T}^{mo}$ gibt es noch andere Möglichkeiten. Die Reihenfolge der Bezeichnung ist eine davon. Eine weitere besteht darin, irgendeinen Proportionalitätsfaktor α_i auszunützen, mit dem der Eigenvektor $\mathbf{a}_i$ multipliziert wird. Auf die wesentliche Aussage der modalen Transformation hat beides keinen Einfluß.

Betrachtet man eine Modalmatrix $\mathbf{T}_\alpha^{mo} = (\alpha_1\mathbf{a}_1 \vdots \alpha_2\mathbf{a}_2 \vdots \ldots)$ und zerlegt man die Inverse $\mathbf{T}_\alpha^{mo,-1}$ in Zeilen $\gamma_i\mathbf{g}_i^T$, so ist festzustellen, daß $\alpha_i\gamma_i = 1$ gelten muß; d.h., wird die Modalmatrix in ihren Spalten um den Faktor α_i verändert, dann verändert sich die Inverse *zeilen*weise um γ_i. Als Beispiel dient im Vergleich zu Gl.(1.29) mit $\alpha_1 = \sqrt{2}$ und $\alpha_2 = 5$

$$\mathbf{T}_\alpha^{mo} = \begin{pmatrix} 1 & -0,980 \\ 1 & 4,905 \end{pmatrix} \qquad \mathbf{T}_\alpha^{mo,-1} = \begin{pmatrix} 0,833 & 0,167 \\ -0,170 & 0,170 \end{pmatrix} . \tag{1.39}$$

Wird das Produkt $\mathbf{T}_\alpha^{mo}\mathbf{diag}\{\lambda_i\}\mathbf{T}_\alpha^{mo,-1}$ berechnet, wobei für $\mathbf{T}_\alpha^{mo}$ und für $\mathbf{T}_\alpha^{mo,-1}$ obige Annahmen verwendet werden, dann lautet das Element von $\mathbf{A}$ in der ν-ten Zeile und μ-ten Spalte

$$A_{\nu\mu} = \sum_{j=1}^{n} \alpha_j a_{j\nu} \lambda_j \gamma_j g_{j\mu} = \sum_{j=1}^{n} a_{j\nu} \lambda_j g_{j\mu} \, . \tag{1.40}$$

Wegen $\alpha_i\gamma_i = 1$ ist dies unabhängig von der Wahl von α_i.

Eine weitere Variante der Modalmatrix besteht darin, daß die Normierung der Eigenvektoren derart vorgenommen wird, daß das Innenprodukt von Rechtseigenvektoren und den konjugiert komplexen Linkseigenvektoren gleich dem Kronecker-Symbol δ_{ik} werden (siehe z.B. *Weinmann, A., 1991*).

1.7 Steuerbarkeit

Steuerbarkeit eines dynamischen Systems vom Zustandsvektor $\mathbf{x}(t)$ liegt dann vor, wenn für jeden Anfangszustand $\mathbf{x}(t_0)$ eine solche Steuerfunktion $\mathbf{u}(t)$ gefunden werden kann, die das System in endlicher Zeit von $\mathbf{x}(t_0)$ in einen Endzustand $\mathbf{x}(t_1)$ führt.

Steuerbarkeit ist nach R.E. Kalman dann gegeben, wenn der Rang eines bestimmten Koeffizientenschemas gleich n ist, und zwar

$$\text{Schema } n \times nm : \quad \text{rang}(\mathbf{B} \vdots \mathbf{AB} \vdots \mathbf{A}^2\mathbf{B} \vdots \ldots\ldots \vdots \mathbf{A}^{n-1}\mathbf{B}) = n \; . \tag{1.41}$$

Statt steuerbar wird auch die exakte Bezeichnung vollständig zustandssteuerbar gebraucht. Als Rang gilt bekanntlich die Anzahl linear unabhängiger Zeilen oder Spalten eines Koeffizientenschemas oder einer Matrix (*Kalman, R.E., 1960; 1963; Zurmühl, R., 1965*).

Bei einfachen Eigenwerten von $\mathbf{A}$ gilt eine vereinfachte Aussage. Sie ist zudem anschaulicher: Steuerbarkeit liegt vor, wenn keine Zeile der Matrix $(\mathbf{T}^{mo,-1}\mathbf{B})$ eine Nullzeile ist, also

$$(\mathbf{T}^{mo,-1}\mathbf{B})_{i-teZeile} \neq \mathbf{0}^T \; . \tag{1.42}$$

Würde nämlich eine Nullzeile für $i = k$ auftreten, so könnte — der Matrizenmultiplikation in Gl.(1.35) entsprechend — $x_k^{mo}(t)$ von $\mathbf{u}(t)$ nicht beeinflußt werden (*Gilbert, E.G., 1963*).

Zur Frage der Herleitung bzw. Beweisführung der Steuerbarkeit und der Beobachtbarkeit siehe etwa *Unbehauen, H., 1983*.

1.8 Beobachtbarkeit

Beobachtbarkeit eines dynamischen Systems ist dann gegeben, wenn bei bekanntem $\mathbf{u}(t)$ aus der Messung von $\mathbf{y}(t)$ über ein endliches Zeitintervall der Zustand $\mathbf{x}(t_0)$ am Beginn dieses Zeitintervalls eindeutig rekonstruiert werden kann.

Beobachtbarkeit (exakt: vollständige Zustandsbeobachtbarkeit) liegt vor, wenn der Rang eines bestimmten Koeffizientenschemas gleich n ist, und zwar

$$\text{Schema } nr \times n : \quad \text{rang} \begin{pmatrix} \mathbf{C} \\ \mathbf{CA} \\ \vdots \\ \mathbf{CA}^{n-1} \end{pmatrix} = n \; . \tag{1.43}$$

Nach *Gilbert, E.G., 1963* ist sie, für untereinander verschiedene Eigenwerte von $\mathbf{A}$, dann gegeben, wenn $\mathbf{CT}^{mo}$ keine Nullspalte enthält

$$(\mathbf{CT}^{mo})_{i-teSpalte} \neq \mathbf{0} \; . \tag{1.44}$$

Eine Nullspalte, etwa für $i = j$, hätte gemäß Gl.(1.37) zur Folge, daß die Modalkomponente $x_j^{mo}(t)$ in keiner Komponente von $\mathbf{y}(t)$ aufscheinen würde.

1.9 Störbarkeit

Wird in die Zustandsformulierung — einer praktischen Aufgabenstellung entsprechend — ein p-dimensionaler Störvektor $\mathbf{w}_d(t)$ aufgenommen (*Nuß, U., 1987*),

$$\dot{\mathbf{x}}(t) = \mathbf{A}\mathbf{x}(t) + \mathbf{B}\mathbf{u}(t) + \mathbf{G}_w \mathbf{w}_d(t) \qquad \mathbf{G}_w \in \mathcal{R}^{n\times p} \;, \tag{1.45}$$

so kann die Beeinflußbarkeit von $\mathbf{w}_d(t)$ nach $\mathbf{x}(t)$ in analoger Weise wie von $\mathbf{u}(t)$ nach $\mathbf{x}(t)$ definiert werden. Dieser Sachverhalt wird als Störbarkeit bezeichnet (*Lückel, J., und Müller, P.C., 1975*).

1.10 Regelbarkeit. Stabilisierbarkeit. Erreichbarkeit

Ein allgemeines dynamisches System kann in vier Untersysteme zerlegt werden: Ein System, das vollständig steuerbar und beobachtbar ist; eines, das nur steuerbar ist; eines das nur beobachtbar ist; eines was weder steuerbar noch beobachtbar ist.

Die vollständige Beobachtbarkeit ermöglicht den Rückschluß auf die Bewegungen des Zustandsvektors $\mathbf{x}(t)$ aus den Ausgangsgrößen $\mathbf{y}(t)$.

Von Regelbarkeit wird gesprochen, wenn das System sowohl vollständig steuerbar auch als beobachtbar ist.

Ein System gilt erreichbar vom Ursprung, wenn es innerhalb eines endlichen Intervalls mit einer bestimmten Steuergröße von einem bestimmten Anfangszustand in einen bestimmten Endpunkt überführt werden kann.

Ein System ist schwach steuerbar (bzw. beobachtbar), wenn alle instabilen Bewegungen steuerbar (bzw. beobachtbar) sind. Ein System ist regelbar, wenn alle instabilen Polstellen steuerbar *und* beobachtbar sind, wenn es also schwach steuerbar *und* schwach beobachtbar ist[2].

Beispiel. Schwach steuerbare Zweigrößenregelstrecke: Zu

$$\mathbf{A} = \begin{pmatrix} 0 & -1 \\ -5 & 4 \end{pmatrix} \quad \text{und} \quad \mathbf{B} = \begin{pmatrix} -0,2 & -0,1 \\ 1 & 0,5 \end{pmatrix} \qquad \mathbf{C} = \mathbf{I} \qquad \mathbf{D} = \mathbf{0} \tag{1.46}$$

gehört die Übertragungsmatrix (siehe Abb. 1.10)

$$\mathbf{G}(s) = \mathbf{C}(s\mathbf{I} - \mathbf{A})^{-1}\mathbf{B} = \begin{pmatrix} \frac{-0,2(s+1)}{(s-5)(s+1)} & \frac{-0,1(s+1)}{(s-5)(s+1)} \\ \frac{s+1}{(s-5)(s+1)} & \frac{0,5(s+1)}{(s-5)(s+1)} \end{pmatrix} = \begin{pmatrix} \frac{-0,2}{s-5} & \frac{-0,1}{s-5} \\ \frac{1}{s-5} & \frac{0,5}{s-5} \end{pmatrix} . \tag{1.47}$$

Es fällt auf, daß die stabile Polstelle von $\mathbf{A}$ bei -1 in $\mathbf{G}(s)$ nicht vertreten ist. Dies ist darauf zurückzuführen, siehe Gln.(1.29) und (1.42), daß $\mathbf{T}^{mo,-1}\mathbf{B} = \begin{pmatrix} 0 & 0 \\ 1,02 & 0,51 \end{pmatrix}$ eine Nullzeile enthält, daß das System also nicht vollständig steuerbar ist. Da nur die stabile Polstelle nicht steuerbar ist, handelt es sich um ein schwach steuerbares System.

Nach Gl.(1.41) folgt

$$\mathrm{rang}(\mathbf{B} \vdots \mathbf{AB}) = \mathrm{rang}\begin{pmatrix} -0,2 & -0,1 & -1 & -0,5 \\ 1 & 0,5 & 5 & 2,5 \end{pmatrix} = 1 \,. \quad \square \tag{1.48}$$

Beispiel Systemreduktion: Die Angabe in Blockbildform zeigt die Abb. 1.11. Die Reduktion nach den Regeln der Parallel- und Serienschaltung liefert

$$G(s) = (\frac{1,5}{s+1} - \frac{0,5}{s-4})(\frac{\frac{5}{19}}{s-6,5} + \frac{\frac{14}{19}}{s+3}) = \frac{(s-6,5)}{(s+1)(s-4)}\,\frac{(s-4)}{(s-6,5)(s+3)} = \frac{1}{(s+1)(s+3)} \,. \tag{1.49}$$

Das Kürzen im obigen mathematischen Modell, insbesondere der instabilen Elemente mit den Polen bei 4 und 6,5 , ist hinsichtlich seiner physikalischen Bedeutung unstatthaft, wie im folgenden gezeigt wird.

[2] Im englischen wird schwach steuerbar mit *stabilizable* bezeichnet. Das deutsche Wort regelbar wird fallweise durch stabilisierbar ersetzt.

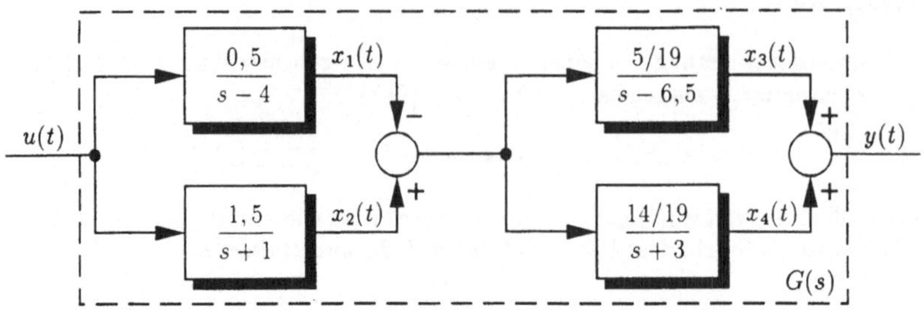

Abbildung 1.11: Blockschaltbild des Beispiels Systemreduktion

Nach willkürlicher Definition der Zustandsvariablen $x_1(t)$ bis $x_4(t)$ findet man folgendes System von Gleichungen erster Ordnung

$$X_1(s) = \frac{0,5}{s-4}U(s) \quad \leadsto \quad \dot{x}_1(t) - 4x_1(t) = 0,5\, u(t) \tag{1.50}$$

$$X_2(s) = \frac{1,5}{s+1}U(s) \quad \leadsto \quad \dot{x}_2(t) + x_2(t) = 1,5\, u(t) \tag{1.51}$$

$$X_3(s) = \frac{\frac{5}{19}}{s-6,5}[-X_1(s) + X_2(s)] \quad \leadsto \quad \dot{x}_3(t) - 6,5\, x_3(t) = -\frac{5}{19}x_1(t) + \frac{5}{19}\, x_2(t) \tag{1.52}$$

$$X_4(s) = \frac{\frac{14}{19}}{s+3}[-X_1(s) + X_2(s)] \quad \leadsto \quad \dot{x}_4(t) + 3\, x_4(t) = -\frac{14}{19}x_1(t) + \frac{14}{19}\, x_2(t) \tag{1.53}$$

$$Y(s) = X_3(s) + X_4(s) \tag{1.54}$$

und die Zustandsraumdarstellung

$$\mathbf{A} = \begin{pmatrix} 4 & 0 & 0 & 0 \\ 0 & -1 & 0 & 0 \\ -5/19 & 5/19 & 6,5 & 0 \\ -14/19 & 14/19 & 0 & -3 \end{pmatrix}, \quad \mathbf{B} := \mathbf{b} = \begin{pmatrix} 0,5 \\ 1,5 \\ 0 \\ 0 \end{pmatrix} \quad \mathbf{C} := \mathbf{c}^T = (0 \quad 0 \quad 1 \quad 1)\,. \tag{1.55}$$

Die modale Transformationsmatrix und ihre Inverse findet man mit Digitalrechnerunterstützung zu

$$\mathbf{T}^{mo} = \begin{pmatrix} 0 & 0 & 0,9891 & 0 \\ 0 & 0,9378 & 0 & 0 \\ 0 & -0,0329 & 0,1041 & 1 \\ 1 & 0,3455 & -0,1041 & 0 \end{pmatrix}, \quad \mathbf{T}^{mo,-1} = \begin{pmatrix} 0,1053 & -0,3684 & 0 & 1 \\ 0 & 1,0663 & 0 & 0 \\ 1,0110 & 0 & 0 & 0 \\ -0,1053 & 0,0351 & 1 & 0 \end{pmatrix} \tag{1.56}$$

und daraus

$$\mathbf{T}^{mo,-1}\mathbf{A}\mathbf{T}^{mo} = \begin{pmatrix} -3 & 0 & 0 & 0 \\ 0 & -1 & 0 & 0 \\ 0 & 0 & 4 & 0 \\ 0 & 0 & 0 & 6,5 \end{pmatrix} = \mathbf{diag}\{\lambda_i[\mathbf{A}]\} = \mathbf{diag}\{-3; \quad -1; \quad 4; \quad 6,5\} \tag{1.57}$$

$$\mathbf{T}^{mo,-1}\mathbf{B} = \begin{pmatrix} -0,5 \\ 1,5994 \\ 0,5055 \\ 0 \end{pmatrix} \qquad \mathbf{C}\mathbf{T}^{mo} = (1 \quad 0,3126 \quad 0 \quad 1)\,. \tag{1.58}$$

Die Nullzeile in $\mathbf{T}^{mo,-1}\mathbf{B}$ zeigt, daß die vierte modale Zustandsgröße $x_4^{mo}(t)$, die dem vierten Eigenwert bei $+6,5$ entspricht, nicht steuerbar ist.

Die Nullspalte in $\mathbf{C}\mathbf{T}^{mo}$ ist ein Hinweis auf die nicht beobachtbare modale Zustandsgröße $x_3^{mo}(t)$.

Die entsprechenden Verbindungen im Zustandsdiagramm weisen also einen Übertragungsbeiwert 0 auf oder eine offene Verbindung, siehe Abb. 1.12. Die laut Flußbild zum Systemteil mit dem instabilen Pol bei +4 abgegebene aufklingende Bewegung wird von der Nullstelle bei +4 *nur bezüglich des Aufscheinens an den Ausgangsklemmen y* aufgehoben, sie bleibt aber als instabiler innerer Zustand erhalten. Die Nichtbeobachtbarkeit täuscht also eine Stabilität vor, und zwar nur deshalb, weil die instabile Bewegung an den

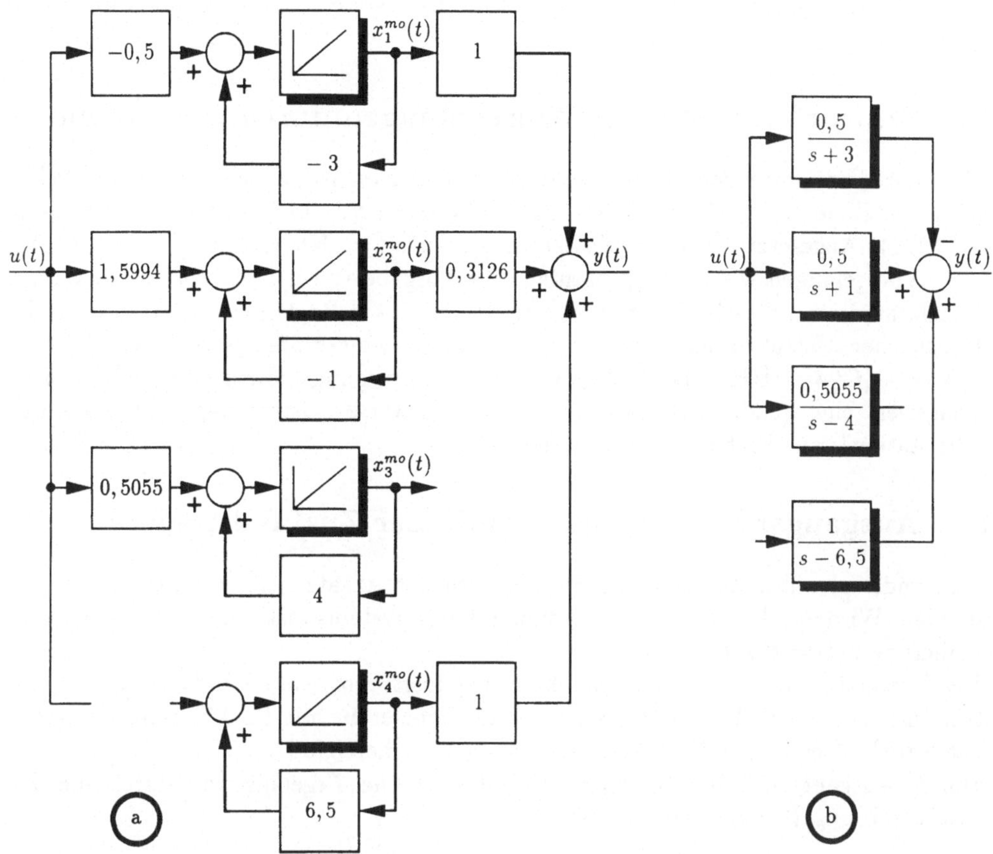

Abbildung 1.12: Kanonisches Diagramm der Zustandsvariablen (a) und zugehöriges vollständiges Blockschaltbild (b) für das teilweise nicht steuerbare und nicht beobachtbare System des Beispiels Systemreduktion

Ausgangsklemmen nicht erkennbar ist. („Es schwelt im Inneren ein Brand, mangels eines Brandmelders ist er nicht erkennbar".)

Wird in der Abb. 1.11 die linke und rechte Bildhälfte in der Reihenfolge vertauscht, so bleibt die dynamische Eigenschaft nur bezüglich der Eingangs- und Ausgangsklemmen gleich, doch würde sich ergeben, daß das dynamische System mit der Polstelle bei $+6,5$ steuerbar und nicht beobachtbar ist und die Polstelle bei $+4$ nicht steuerbar aber beobachtbar.

Bei diesem Diagramm drängt sich die Frage auf, warum etwa $x_4^{mo}(t)$ als modale Zustandsgröße zum instabilen Pol bei +6,5 nicht näher mit $x_4(t)$ am Ausgang des stabilen Pols bei -3 in Beziehung gesetzt wurde. Der Grund liegt einfach darin, daß man sich bei beliebigen praktischen Angaben nicht erwarten darf, daß von vorneherein Zustandsgrößen schon mit einzelnen Blöcken mit einfachen Polstellen gegeben sind. Durch Umreihung der Spalten von $\mathbf{T}^{mo}$ auf eine andere Modalmatrix $\mathbf{T}^{mo}_{neu}$ ließe sich diese Form auch bereitstellen; man müßte dann nur die Modalmatrix $\mathbf{T}^{mo}_{neu}$ aus den Spalten der alten Modalmatrix $\mathbf{T}^{mo}$ in der Reihenfolge 3, 2, 4, 1 aufbauen.

Zum näheren Verständnis ist noch anzumerken: In Abb. 1.11 liefert das Element $\frac{5/19}{s-6,5}$ von endlichen Anfangszuständen aus, auch wenn diese im Blockbild nicht explizit eingetragen sind, aufklingende Zustandsbewegungen und aufklingende Ausgangssignale. Die Polstelle bei $-6,5$ ist daher beobachtbar. Das Element $\frac{0,5}{s-4}$ zeigt von endlichen Anfangsbedingungen oder irgendwelchen Anregungen $u(t)$ aus instabile Zustandsbewegungen; zufolge Kompensation in der seriell liegenden Parallelschaltung ohne Auswirkungen auf die Ausgangsgröße $y(t)$. Der instabile Pol bei -4 ist daher nur steuerbar, aber nicht beobachtbar, siehe

Abb. 1.12b. Es ist der speziellen Normierung der Modalmatrix zuzuschreiben, daß der Koeffizient 0,5 aus Abb. 1.11 zu einem Faktor 0,5055 wird. □

1.11 Entwurf von Mehrgrößenregelungen durch Polvorgabe

Die Standardfrage nach dem Regelkreisentwurf wird zumeist mittels Polvorgabe gelöst (siehe auch Band 1) (*Schnieder, E., 1983; Noisser, R., 1982; 1982a; Nour Eldin, H.A., 1974*). Angesetzt wird der Zustandsregler $\mathbf{u}(t) = \mathbf{K}\mathbf{x}(t)$ mit $\mathbf{K} \in \mathcal{R}^{m\times n}$ bei Mehrgrößenregelungen wie im Eingrößenfall. Die Vorgabe von n Eigenwerten liefert aber noch nicht ausreichend viele Bestimmungsstücke der $m \times n$ Reglermatrixelemente aus $\mathbf{K}$.

Bei gleicher Anzahl m der Sollgrößen $y_{ref,i}$ und Ausgangsgrößen y_i resultiert das Vorfilter $\mathbf{V} = -[\mathbf{C}(\mathbf{A}+\mathbf{B}\mathbf{K})^{-1}\mathbf{B}]^{-1}$, da die Gesamtübertragungsmatrix vom Sollwert zum Ausgangswert eine quadratische Matrix ist, deren Inverse existent angenommen wurde und die stationär zur Einheitsmatrix werden soll.

1.12 Ausgangsrückführung. Dyadischer Zustandsregler

Als Zustandsregler mit Zustandsrückführung wird der Ansatz $\mathbf{u}(t) = \mathbf{K}\mathbf{x}(t) + \mathbf{V}\mathbf{y}_{ref}(t)$ verstanden. Wird ausschließlich die Eigendynamik des Systems diskutiert, dann genügt die Formulierung $\mathbf{u}(t) = \mathbf{K}\mathbf{x}(t)$.

Der Zustandsregler mit Ausgangsrückführung folgt dem Ansatz $\mathbf{u}(t) = \mathbf{K}_y\mathbf{y}(t)$. Die Matrix enthält weniger Elemente als der Zustandsregler $\mathbf{K}$ mit Rückführung der vollen Zustandsgröße. Der Regler $\mathbf{K}_y$ besitzt also weniger Freiheitsgrad.

Durch Ausgangsrückführung $\mathbf{K}_y\mathbf{y}$ kann das gleiche Ergebnis wie durch die Zustandsrückführung $\mathbf{K}$ erzielt werden, wenn

$$\mathbf{K}_y\ \mathbf{C} = \mathbf{K} \tag{1.59}$$

eine Lösung hat, was bei

$$\mathbf{K}\mathbf{C}^{\sharp}\mathbf{C} = \mathbf{K} \quad \text{mit} \quad \mathbf{C}\mathbf{C}^{\sharp}\mathbf{C} = \mathbf{C} \tag{1.60}$$

erfüllt ist. Darin ist $\mathbf{C}^{\sharp}$ die verallgemeinerte Inverse.

Als dyadischer Zustandsregler wird ein solcher bezeichnet, bei dem $\mathbf{K} = \mathbf{l}\,\mathbf{k}^T$ als dyadisches Produkt strukturiert wird. Aus $\mathbf{K}\mathbf{x} = \mathbf{l}\,\mathbf{k}^T\mathbf{x}$ resultiert, daß $\mathbf{k}$ eine Linearkombination über x_i festlegt und so eine skalare Größe $\mathbf{k}^T\mathbf{x}$ begründet, die den Steuervektor $\mathbf{l}$ einheitlich beschwert.

1.13 Zustandsregelung mit Integratoren

Verschiedentlich ist erforderlich, neben günstigem dynamischem Verhalten des gesamten Regelkreises stationäre Fehlerfreiheit in der Regelgröße sicherzustellen. Dies gelingt am einfachsten durch Bereitstellung eines Integrators für die Regelgröße als weitere Zustandsvariable

$$x_{n+1}(t) = \int_0^t e(t)\,dt \quad \text{oder} \quad \dot{x}_{n+1} \triangleq e = y_{ref} - y = y_{ref} - \mathbf{c}^T\mathbf{x}\,. \tag{1.61}$$

Wird als skalare Stellgröße der Ansatz über Vorfilter und Zustandsregler $\mathbf{K}$

$$u = Vy_{ref} + \mathbf{K}\mathbf{x} = Vy_{ref} + (\mathbf{k}^T \quad k_{n+1})\,\mathbf{x}' \tag{1.62}$$

mit einem neudefinierten $\mathbf{x}'$ verwendet, so folgt

$$\dot{\mathbf{x}}' \triangleq \begin{pmatrix} \dot{\mathbf{x}} \\ \dot{x}_{n+1} \end{pmatrix} = \begin{pmatrix} \mathbf{A} & \mathbf{0} \\ -\mathbf{c}^T & 0 \end{pmatrix} \begin{pmatrix} \mathbf{x} \\ x_{n+1} \end{pmatrix} + \begin{pmatrix} \mathbf{b}V \\ 1 \end{pmatrix} y_{ref} + \begin{pmatrix} \mathbf{b} \\ 0 \end{pmatrix} (\mathbf{k}^T \quad k_{n+1}) \begin{pmatrix} \mathbf{x} \\ x_{n+1} \end{pmatrix} \tag{1.63}$$

und mit $y = (\mathbf{c}^T \quad 0)\mathbf{x}'$ schließlich

$$y(s) = (\mathbf{c}^T \quad 0)[s\mathbf{I} - \begin{pmatrix} \mathbf{A} & \mathbf{0} \\ -\mathbf{c}^T & 0 \end{pmatrix} - \begin{pmatrix} \mathbf{b} \\ 0 \end{pmatrix} (\mathbf{k}^T \quad k_{n+1})]^{-1} \begin{pmatrix} \mathbf{b}V \\ 1 \end{pmatrix} y_{ref}(s) = T(s) y_{ref}(s) \,. \tag{1.64}$$

Die Ordnung des Regelkreises wird um eins erhöht, durch k_{n+1} entsteht dafür ein weiterer Freiheitsgrad für die Vorgabe der Dynamik des Regelkreises. Die Vorfilterverstärkung V beeinflußt weder die Stationärgenauigkeit noch die Dynamik des Regelkreises, weil V nicht in $[\cdot]^{-1}$ von Gl.(1.64) vorkommt und daher auch nicht in den Nenner von $T(s)$ eingeht. Die Vorfilterverstärkung bewirkt hingegen sowohl die dynamikfreie Sollwertaufschaltung auf die Stellgröße als auch die Vorwahl einer Nullstelle von $T(s)$ über $(\mathbf{c}^T \quad 0)\mathbf{adj}[\cdot]\binom{\mathbf{b}V}{1}$. Unter Umständen kann eine solche Nullstelle derart gewählt werden, daß eine Polstelle kompensiert wird; sie scheint dann in $T(s)$ gar nicht mehr auf.

1.14 Anwendungen der Zustandsraumverfahren

Die Zustandsraumverfahren haben in der Regelungstechnik breiten Eingang gefunden; eine intensive Befassung mit den Problemen ist dabei allerdings Voraussetzung. Der Vorteil der Absetzung vieler Fragestellungen (z.B. *Willner, L., und Falk, M., 1977*) am Digitalrechner und die tiefere theoretische Durchdringung hat den Nachteil gewisser Unanschaulichkeit längst wettgemacht.

Das vorliegende Kapitel hat einen Überblick über die Materie der Zustandsraumdarstellung geboten; in einigen weiteren, über das Buch verstreuten Abschnitten wird das Zustandsraumverfahren angewendet und modifiziert.

Im Kapitel über modale Regelungen wird der Regelkreisentwurf mittels Polverschiebung ausschließlich eigenwertbezogen geführt. Diese Verfahren haben unter dem Begriff modale Regelung Eingang in die Technik gefunden. Weitere Entwurfsverfahren siehe etwa *Lohmann, B., 1992*.

Die Aufgabenstellung, an komplexen Regelstrecken und -kreisen die Systemordnung gezielt zu reduzieren, wird mit Erfolg gelöst, indem Zustandsraumverfahren modal orientiert und eingesetzt werden.

Die Problematik, das dynamische Verhalten von Regelkreisen in der Güte zu bewerten und zu optimieren (oder auch andere Prozeßeigenschaften zu extremisieren), wird häufig im Zustandsraum geführt. Die Anwendung des Zustandsraumes auf zeitlich diskrete (digitale) Regelkreise wird im Kapitel über Abtastregelungen behandelt.

Der Umstand, Regelkreise in der Zustandsraumdarstellung leicht auf Digitalrechnern absetzen zu können, hat natürlich auch dazu geführt, die Flexibilität der Digitalrechner auszunützen. Auch wenn damit nicht immer eine geschlossene Lösung möglich ist, so ist doch eine algorithmische Lösung und eine Näherung hoher Genauigkeit erreichbar. Das ist für einen technischen Entwurf vollkommen ausreichend. In diese Verfahren können auch zeitabhängige und bis zu gewissem Grad nichtlineare Zusammenhänge eingebaut werden.

Die Regelungsnormalform kann verallgemeinert werden, wenn nur die letzte Zeile mit $\dot{x}_n$ aus der Zustandsraumdarstellung nichtlineare Terme $h(\mathbf{x}, u, t)$ enthält, sonst Koeffizienten wie in Regelungsnormalform vorliegen. Wird dabei ein implizites Regelungsgesetz von der Form $u = h(\mathbf{x}, u, t)$ verwendet, kompensiert man die zeitvarianten Nichtlinearitäten (*Zimmer, K., 1986*). Zum Vergleich siehe auch Gl.(13.6).

Kaskadenregelungen als Anwendung von Zustandsreglern zeigt (*Bühler, H., 1985*).

1.15 Problematik des numerischen Rechnens

Numerische Untersuchungen sind dann erfolgversprechend, wenn das Problem gut konditioniert und numerisch stabil ist. Gute Konditionierung liegt vor, wenn kleine Änderungen in den Zahlenangaben nur zu kleinen Unterschieden in den Lösungen führen; unter der Annahme, daß mit beliebig hoher Rechengenauigkeit gerechnet werden konnte. Numerische Stabilität liegt vor, wenn die gewählte Rechengenauigkeit (Wortlänge, Dezimalstellenzahl) ausreicht, Ergebnisse von einer Genauigkeit zu liefern, die der gewünschten Genauigkeit der Untersuchung entspricht.

Allgemeine Vorsichtsmaßnahmen sollen ausgesprochen werden:

- Selbst bei gut unterschiedlichen Nullstellen eines Polynoms sind diese von Koeffizientenungenauigkeiten oft sehr stark abhängig, insbesondere bei hohem Polynomgrad.
- Gleiches gilt für die Eigenwerte einer dimensionsmäßig großen Matrix in Regelungsnormalform; so angenehm diese Form als kanonische Form auch erscheinen mag, zumal sie die Koeffizienten des charakteristischen Polynoms in der letzten Matrixzeile ablesen läßt.
- Bei großen Matrizen ist es nicht empfehlenswert, eine kanonische Form anzustreben. Man soll das System durchaus bei einer allgemeinen, nichtkanonischen Form der Koeffizientenmatrix $\mathbf{A}$ belassen.
- Darstellungen in faktorisierter Form auf Pole und Nullstellen im Nenner und Zähler ist durchaus der Vorzug zu geben.
- Häufiges Umsteigen zwischen verschiedenen Darstellungen (Polynom- und Matrizendarstellung) sollte vermieden werden.
- Modellvollständigkeit und Konvergenzverhalten einer zugehörigen numerischen Auswertung sind oft gegeneinander abzuwägen (*Weinmann, A., 1994*).

Einen sehr allgemeinen Hinweis auf die schlechte Konditionierung liefert die Konditionszahl

$$\kappa_s = ||\mathbf{A}||_s \, ||\mathbf{A}^{-1}||_s = \frac{\sigma_{\max}[\mathbf{A}]}{\sigma_{\min}[\mathbf{A}]} \, . \tag{1.65}$$

Wenn κ_s groß ist, liegt schlechte Konditionierung vor. Darin bedeuten $\sigma_{\max}[\mathbf{A}] \equiv ||\mathbf{A}||_s$ und $\sigma_{\min}[\mathbf{A}]$ den größten und kleinsten Singulärwert von $\mathbf{A}$, wobei der größte Singulärwert der Spektralnorm gleicht, siehe Gl.(19.3).

Scaling Operationen verbessern die Konditionierung. Unter Scaling werden Transformationen verstanden, die bevorzugt mit diagonalen Skalierungsmatrizen besorgt werden, und zwar

$$\mathbf{x} \triangleq \mathbf{T}_x \mathbf{x}_{sc} \, , \qquad \mathbf{u} \triangleq \mathbf{T}_u \mathbf{u}_{sc} \quad \text{etc.} \tag{1.66}$$

(*Wilkinson, J.H., 1965; Laub, A.J., 1985; PC-MATLAB^{TM}, 1989*).

Kapitel 2

Modale Regelungen konzentrierter Systeme

Bei örtlich konzentrierten Regelstrecken ist eine Transformation auf ein Ersatzsystem möglich, in dem die Komponenten (Moden) voneinander entkoppelt sind (*Porter, B., 1969; Takahashi, Y., et al., 1970; Porter, B., and Crossley, R., 1972*). Zu diesem Zweck wird die Zustandsraumdarstellung einer Regelstrecke betrachtet: Wird die Regelstrecke mit den Koordinaten (Zustandsvariablen) nach Gl.(1.1) und (1.2) in einem Ersatzsystem mit anderen Zustandsvariablen beschrieben, muß verlangt werden, daß eine eineindeutige Beziehung (Transformation) zwischen beiden Koordinatensystemen herrscht. Jene Transformation, durch die die Darstellung der genannten Gleichungen im neuen Koordinatensystem eine diagonalisierte Koeffizientenmatrix erhält, benützt als Transformationsmatrix $\mathbf{T}^{mo}$ die Matrix der Eigenvektoren von $\mathbf{A}$. Die Eigenvektoren übernehmen die Rolle der Eigenfunktionen aus den Systemen mit verteilten Parametern, siehe Gl.(6.14). Es wird stets angenommen, daß die Eigenwerte verschieden und reell sind.

2.1 Modale Steuerbarkeit und Beobachtbarkeit

Die Eingrößenstrecke gemäß Gl.(1.1) wird durch die modale Transformation gemäß Herleitung von Gl.(1.35) in ihrer Zustandsbeschreibung verändert. Jener Vektor $\mathbf{T}^{mo,-1}\mathbf{b}$, der die Einwirkung von u auf $\mathbf{x}^{mo}$ im modalen Koordinatensystem ausdrückt, heißt modaler Steuerbarkeitsvektor. Würde etwa die k-te Komponente in $\mathbf{T}^{mo,-1}\mathbf{b}$ verschwinden, so wäre der k-te Modus x_k^{mo}, die k-te Komponente in $\mathbf{x}^{mo}$, nicht steuerbar.

Bei Eingrößensystemen kann der Eingangsvektor $\mathbf{b} \in \mathcal{R}^n$ in Termen von $\mathbf{T}^{mo,-1}\mathbf{b}$ ausgedrückt werden. Dazu wird mit $\mathbf{a}_i$ als Eigenvektor von $\mathbf{A}$ der Ansatz

$$\mathbf{p}_{i_l}^T \quad \times \quad | \qquad \mathbf{b} = \sum_{i=1}^{n} m_i \mathbf{a}_i \tag{2.1}$$

getroffen. Durch Linksmultiplikation mit $\mathbf{p}_{i_l}^T$ findet man

$$\mathbf{p}_{i_l}^T \mathbf{b} = \sum_{i=1}^{n} m_i \mathbf{p}_{i_l}^T \mathbf{a}_i = m_{i_l} \qquad \text{oder} \qquad m_i = (\mathbf{P}^T\mathbf{b})_i = (\mathbf{T}^{mo,-1}\mathbf{b})_i \ . \tag{2.2}$$

Damit lautet die Zerlegung

$$\mathbf{b} = \sum_{i=1}^{n} (\mathbf{T}^{mo,-1}\mathbf{b})_i \ \mathbf{a}_i \ . \tag{2.3}$$

Bei Mehrgrößenstrecken (m-dimensionales $\mathbf{u}$) wird aus dem modalen Steuerbarkeitsvektor eine modale Steuerbarkeitsmatrix $\mathbf{T}^{mo,-1}\mathbf{B}$ der Dimension $n \times m$. Wenn das Element

$(\mathbf{T}^{mo,-1}\mathbf{B})_{ik}$ verschwindet, dann ist die k-te Komponente von $\mathbf{u}(t)$ ohne Einfluß auf die i-te Komponente in $\mathbf{x}^{mo}$.

In ähnlicher Weise kann die Gleichung $\mathbf{y}(t) = \mathbf{Cx}(t)$ umgeformt werden zu

$$\mathbf{y}(t) = \mathbf{Cx} = \mathbf{CT}^{mo}\mathbf{x}^{mo} . \tag{2.4}$$

Die i-te Komponente des Modalvektors $\mathbf{x}^{mo}$ ist in der k-ten Komponente von $\mathbf{y}$ dann nicht enthalten, wenn $(\mathbf{CT}^{mo})_{ki}$ verschwindet. Die Matrix $\mathbf{CT}^{mo}$ ist die modale Beobachtbarkeitsmatrix von der Dimension $r \times n$.

2.2 Modale Einzelmodus-Regler für Eingrößenstrecken

Ausgehend von der modalen Transformation des Zustandsvektors $\mathbf{x}(t)$ auf $\mathbf{x}^{mo}(t)$ wird durch den modalen Regler das Ziel verfolgt, die Stellgröße $u(t)$ aus den Komponenten von $\mathbf{x}^{mo}(t)$ modal zu synthetisieren. Wird (zunächst nur) eine, und zwar die k-te Komponente $x_k^{mo}(t)$ von $\mathbf{x}^{mo}(t)$, versehen mit einem Beiwert K_k, als Stellgröße rückgeführt und dadurch die Reglerfunktion aufgebaut,

$$u(t) = K_k x_k^{mo}(t) , \tag{2.5}$$

so wird das dynamische Verhalten der Regelstrecke gegenüber den ursprünglichen Eigenwerten $\lambda_i[\mathbf{A}]$ verändert. Die Veränderung, wenn nur der k-te Modus als Stellgrößenbasis dient, bezieht sich nur auf den k-ten Eigenwert λ_k , wie im folgenden einfach zu beweisen ist. Die k-te Modalkomponente x_k^{mo} folgt aus Gl.(1.26) und (1.31)

$$x_k^{mo} = (\mathbf{T}^{mo,-1}\mathbf{x})_k = (\mathbf{P}^T\mathbf{x})_k = [(\mathbf{p}_1 \vdots \mathbf{p}_2 \vdots \ldots \vdots \mathbf{p}_n)^T\mathbf{x}]_k . \tag{2.6}$$

Letzterer Term, aus dem nur die k-te Komponente benötigt wird, kann auf

$$x_k^{mo} = \mathbf{p}_k^T\mathbf{x} \tag{2.7}$$

vereinfacht werden. Das Regelgesetz nach Gl.(2.5) ist also der Beziehung

$$u(t) = K_k x_k^{mo} = K_k\mathbf{p}_k^T\mathbf{x} \tag{2.8}$$

gleichwertig (*Föllinger, O., 1975; Porter, B., and Crossley, R., 1972; Rosenbrock, H.H., 1962*). Dies gibt dem Eigenvektor $\mathbf{p}_k$ von $\mathbf{A}^T$, nach Gl.(1.26) gleichbedeutend mit dem k-ten Zeilenvektor in $\mathbf{T}^{mo,-1}$, eine anschauliche Bedeutung: Wird die k-te Zeile von $\mathbf{T}^{mo,-1}$ zur Gewichtung des Zustandsvektors $\mathbf{x}(t)$ zwecks Reglerrückführung eingesetzt, so wird seitens dieser Regelung nur der k-te Eigenwert verändert.

Der angekündigte Beweis wird nun erbracht. Aus Gl.(1.1) und (2.8) folgt

$$\dot{\mathbf{x}}(t) = \mathbf{Ax}(t) + K_k\mathbf{b}\mathbf{p}_k^T\mathbf{x}(t) = (\mathbf{A} + K_k\mathbf{b}\mathbf{p}_k^T)\mathbf{x}(t) . \tag{2.9}$$

Soferne in Gl.(2.9) die neue Systemmatrix $(\mathbf{A} + K_k\mathbf{b}\mathbf{p}_k^T)$ von rechts mit $\mathbf{a}_i$ multipliziert wird und $i \neq k$ bleibt, erhält man — zum Vergleich siehe Gl.(1.21) —

$$(\mathbf{A} + K_k\mathbf{b}\mathbf{p}_k^T)\mathbf{a}_i = \mathbf{A}\mathbf{a}_i + K_k\mathbf{b}\mathbf{p}_k^T\mathbf{a}_i = \mathbf{A}\mathbf{a}_i = \lambda_i[\mathbf{A}]\ \mathbf{a}_i . \tag{2.10}$$

Darin wurde die Orthogonalität der Eigenvektoren verwendet. Soferne die neue Systemmatrix von rechts mit $\mathbf{a}_k$ multipliziert wird, folgt unter Benützung der Aussage der Orthonormalität

$$(\mathbf{A} + K_k\mathbf{b}\mathbf{p}_k^T)\mathbf{a}_k = \mathbf{A}\mathbf{a}_k + K_k\mathbf{b}\mathbf{p}_k^T\mathbf{a}_k = \mathbf{A}\mathbf{a}_k + K_k\mathbf{b} = \lambda_k[\mathbf{A}]\ \mathbf{a}_k + K_k\mathbf{b} . \tag{2.11}$$

Die Gl.(2.10) und (2.11) zeigen also, daß durch die Regelung nur der k-te Eigenwert $\lambda_k[\mathbf{A}]$ verändert wird. Der Ansatz der Gl.(2.8) entspricht der gezielten Verschiebung eines einzelnen Eigenwertes (Pols).

Die durch Eigenwertverschiebung veränderte Systemmatrix lautet nach Gl.(2.9)

$$\mathbf{A} + K_k \mathbf{b}\mathbf{p}_k^T \,. \tag{2.12}$$

Diese Systemmatrix wird transponiert und von rechts mit $\mathbf{p}_k$ multipliziert. Im Zuge der Ausführung wird auch die modale Zerlegung des Eingangsvektors $\mathbf{b}$ nach Gl.(2.3) beachtet. Man erhält daraus

$$\begin{aligned}(\mathbf{A} + K_k \mathbf{b}\mathbf{p}_k^T)^T \mathbf{p}_k &= \mathbf{A}^T \mathbf{p}_k + K_k \mathbf{p}_k \mathbf{b}^T \mathbf{p}_k = \lambda_k[\mathbf{A}]\mathbf{p}_k + K_k \mathbf{p}_k [\sum_{i=1}^{n} (\mathbf{T}^{mo,-1}\mathbf{b})_i \mathbf{a}_i]^T \mathbf{p}_k \\ &= \lambda_k[\mathbf{A}]\mathbf{p}_k + \mathbf{p}_k K_k (\mathbf{T}^{mo,-1}\mathbf{b})_k \,. \end{aligned} \tag{2.13}$$

Aus dem letzten Ausdruck ist evident, daß der Eigenwert bei $\lambda_k[\mathbf{A}]$ auf den neuen Wert

$$\lambda_k[\mathbf{A}] + K_k (\mathbf{T}^{mo,-1}\mathbf{b})_k \tag{2.14}$$

verschoben wird. Die Ergebnisse sind in Abb. 2.1 zusammengestellt.

Beispiel Eigenwertverschiebung: Die Regelstrecke in Zustandsraumdarstellung

$$\mathbf{A} = \begin{pmatrix} 0 & 4 \\ 1 & 0 \end{pmatrix}, \quad \mathbf{B} = \mathbf{b} = \begin{pmatrix} -16 \\ -16/3 \end{pmatrix}, \quad \mathbf{C} = \mathbf{c}^T = (0 \quad 1) \tag{2.15}$$

besitzt zwei Pole $\lambda_{1,2}[\mathbf{A}]$ bei $+2$ und -2 sowie eine Nullstelle bei -3, entspricht also der Übertragungsfunktion $G(s) = -\frac{16}{3}\frac{s+3}{s^2-4}$. Die Modalmatrix lautet

$$\mathbf{T}^{mo} = \frac{1}{\sqrt{5}} \begin{pmatrix} 2 & -2 \\ 1 & 1 \end{pmatrix}, \quad \mathbf{T}^{mo,-1} = \frac{\sqrt{5}}{4} \begin{pmatrix} 1 & 2 \\ -1 & 2 \end{pmatrix}. \tag{2.16}$$

Der Pol bei $+2$ soll nach -3 verlegt und dazu eine Einzelmodusregelung eingesetzt werden. Nach Gl.(2.14) folgt für $k = 1$

$$2 + K_1 [\frac{\sqrt{5}}{4} \begin{pmatrix} 1 & 2 \\ -1 & 2 \end{pmatrix} \begin{pmatrix} -16 \\ -16/3 \end{pmatrix}]_1 = -3 \quad \rightsquigarrow \quad K_1 = 0,3354 \,. \tag{2.17}$$

2.3 Mehrmoden-Regelung für Eingrößenstrecken

Wird gewünscht, q Eigenwerte zu verschieben, und zwar jene q, für die die Reihenfolge der Bezeichnung von 1 bis q festgelegt wurde, so ist der Ansatz für die Stellgröße

$$u(t) = \sum_{i=1}^{q} K_i \mathbf{p}_i^T \mathbf{x}(t) = \sum_{i=1}^{q} K_i x_i^{mo}(t) \tag{2.18}$$

zielführend. In Abb. 2.2 ist dies und weiters der Sollwert y_{ref} aufgenommen. Der Beweis hiefür entspricht den Ausführungen im vorhergehenden Abschnitt. Die verbleibenden $n - q$ Eigenwerte werden nicht berührt. Die Reglerverstärkungen, die nötig sind, um die Eigenwerte $\lambda_i[\mathbf{A}]$ auf die neuen Eigenwerte $\lambda_i[\mathbf{A}_{cl}]$ $(i = 1...q)$ zu verändern, lauten

$$K_i = \frac{\prod_{k=1}^{q} (\lambda_k[\mathbf{A}_{cl}] - \lambda_i[\mathbf{A}])}{\prod_{k=1, k\neq i}^{q} (\lambda_k[\mathbf{A}] - \lambda_i[\mathbf{A}])(\mathbf{T}^{mo,-1}\mathbf{b})_i} \,. \tag{2.19}$$

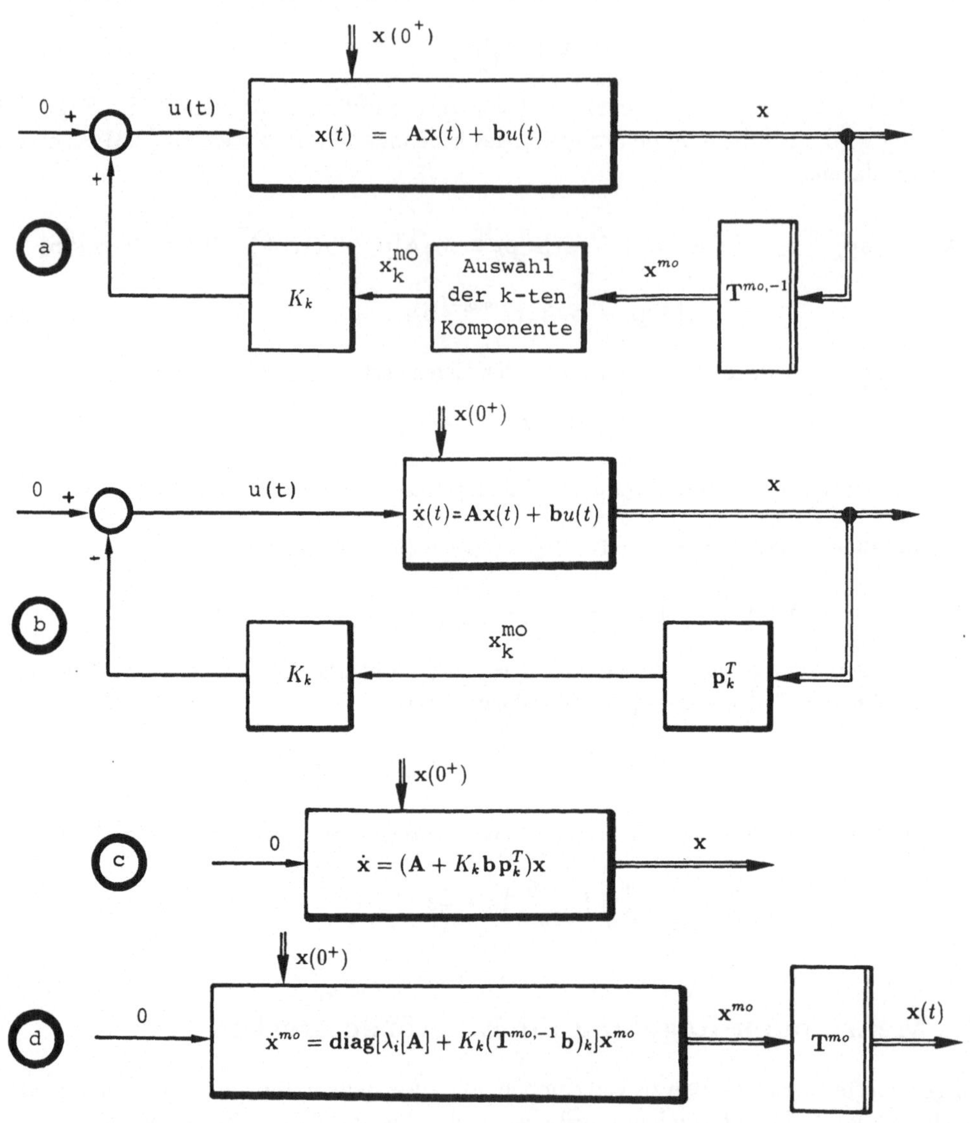

Abbildung 2.1: Strukturbilder des Einzelmodus-Reglers mit der gegebenen Regelstrecke (a und b) sowie Blockbild zur resultierenden Dynamik der Regelung (c und d)

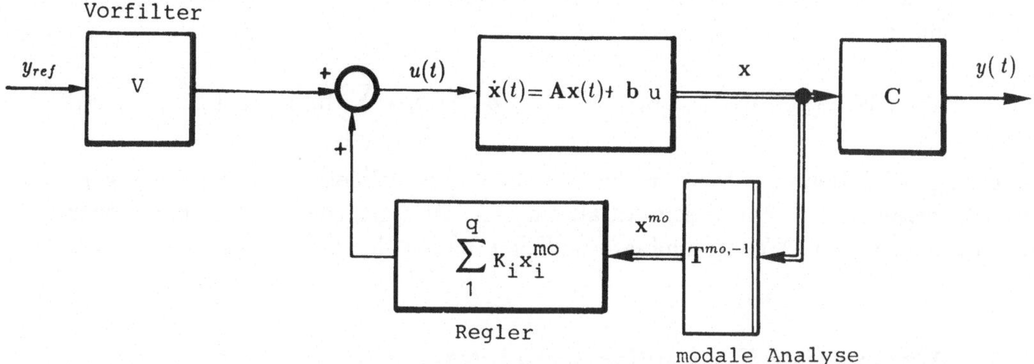

Abbildung 2.2: Mehrmoden-Regelung

Im Schrifttum finden sich zahlreiche Anwendungsfälle (*Köhle, S., 1974; Heckle, M., und Seid, B., 1973; Blaschke, F., und Ströle, D., 1973*).

Beispiel: Das System mit

$$\mathbf{A} = \begin{pmatrix} 1 & -1,5 & 2 \\ -0,5 & 2,5 & 1 \\ 2 & 1,5 & -0,5 \end{pmatrix}, \qquad \mathbf{b} = \begin{pmatrix} 1 \\ -1 \\ 0,5 \end{pmatrix} \tag{2.20}$$

besitzt Eigenwerte bei $\lambda_i[\mathbf{A}] = 2,5;\ 2,86$ und $-2,36$. Es soll eine Verschiebung der instabilen Eigenwerte ($i = 1$ und 2) auf $\lambda_i[\mathbf{A}_{cl}] = -1$ und -3 erfolgen. Mit der Modalmatrix

$$\mathbf{T}^{mo} = \begin{pmatrix} -0,857 & 0,670 & 0,570 \\ 0,286 & -0,739 & 0,221 \\ -0,429 & 0,069 & -0,791 \end{pmatrix}, \quad \mathbf{T}^{mo,-1} = \begin{pmatrix} -1 & -1 & -1 \\ -0,230 & -1,620 & -0,619 \\ 0,522 & 0,400 & -0,776 \end{pmatrix} \tag{2.21}$$

ergibt sich mit Gl.(2.19) $K_2 = (-1-2,86)(-3-2,86)/[(2,5-2,86)\cdot 1,080] = -58,19$ und $K_1 = -106,94$. Die neue Systemmatrix $\mathbf{A}_{cl} = \mathbf{A} + \sum_{k=1}^{2} K_k \mathbf{b}\mathbf{p}_k^T$ lautet

$$\mathbf{A}_{cl} = \begin{pmatrix} 121,35 & 199,69 & 144,97 \\ -120,85 & -198,69 & -141,97 \\ 62,17 & 102,10 & 70,99 \end{pmatrix}. \tag{2.22}$$

Die Spur von $\mathbf{A}$ lautet tr$\mathbf{A} = \sum_{i=1}^{n} A_{ii} = 3 = \sum_{i=1}^{3} \lambda_i[\mathbf{A}] = 3$. Die Spur von $\mathbf{A}_{cl}$ beträgt somit tr$\mathbf{A}_{cl} = \sum_{i=1}^{3} F_{gii} = -6,35$. Als Kontrolle der obigen Werte dient det $\mathbf{A} = \prod_1^3 \lambda_i[\mathbf{A}] = -16,87$. □

2.4 Modaler Mehrmoden-Regler für Mehrfachstrecken

Für Mehrgrößen-Regelstrecken

$$\dot{\mathbf{x}}(t) = \mathbf{A}\mathbf{x}(t) + \mathbf{B}\mathbf{u}(t) \qquad \mathbf{B} \in \mathcal{R}^{n\times m} \tag{2.23}$$

kann in Anlehnung an die früheren Reglervarianten vermutet werden, daß mit dem Regleransatz

$$\mathbf{u}(t) = (u_1, u_2, \ldots u_m)^T \qquad u_i(t) = \sum_{k=1}^{q} K_{ik}\mathbf{p}_k^T \mathbf{x}(t) \quad \forall\ i = 1\ldots m \tag{2.24}$$

die niedrigsten q Eigenwerte $\lambda_i[\mathbf{A}]$ beeinflußt, die übrigen Eigenwerte von $i = q+1$ bis n nicht beeinträchtigt werden. Dabei sind die $\mathbf{p}_k$ jene Eigenvektoren, die zu λ_k $(k = 1\ldots q)$ gehören.

Wird die Eingangsmatrix $\mathbf{B}$ in Vektoren zerlegt, dann wird die Systemmatrix $\mathbf{A}$ auf $\mathbf{A}_{cl}$ verändert

$$\mathbf{B} = (\mathbf{b}_1 \vdots \mathbf{b}_2 \vdots \ldots \vdots \mathbf{b}_m) \qquad \mathbf{A}_{cl} = \mathbf{A} + \sum_{i=1}^{m} \mathbf{b}_i \sum_{k=1}^{q} K_{ik} \mathbf{p}_k^T . \tag{2.25}$$

Allerdings sind Beiwerte K_{ik} von der Anzahl mq zu wählen, wenn q neue Eigenwerte erreicht werden sollen. Aus diesem Ansatz sind also nicht genügend Bestimmungsstücke für die K_{ik} zu gewinnen. Weitere sind erforderlich, etwa aus der Zielsetzung einer bestimmten Entkopplung.

2.5 Alternative Entwurfsmöglichkeiten

Zur Unterdrückung stationärer Regelfehler bietet sich in der Abb. 2.1a die Möglichkeit an, anstelle der proportionalen Rückführung mit K_k eine PI-Rückführung anzuordnen.

Ein anderer sehr einfacher Spezialfall ergibt sich — und wegen seiner methodisch einprägsamen Einfachheit soll er nicht unerwähnt bleiben —, wenn die Zahl der Steuergrößen m gleich ist der Ordnung n des Systems (*Föllinger, O., 1975*). In diesem Fall ist der modale Regleransatz

$$\mathbf{u}^{mo} = \mathbf{diag}(K_i)\ \mathbf{x}^{mo} \qquad \mathbf{u} = (\mathbf{B}^{-1}\mathbf{T}^{mo})\mathbf{u}^{mo} \tag{2.26}$$

möglich (soferne $\mathbf{B}$ regulär ist). Er führt für die Regelung zu der Beziehung

$$\dot{\mathbf{x}}^{mo} = \mathbf{diag}(\lambda_i[\mathbf{A}] + K_i)\ \mathbf{x}^{mo} . \tag{2.27}$$

Der Regelkreis zerfällt also in den Zustandskoordinaten $\mathbf{x}^{mo}$ gemäß Gl.(2.27) in n entkoppelte Differentialgleichungen erster Ordnung. Die Eigenwerte $\lambda_i[\mathbf{A}]$ der Strecke können mittels K_i individuell und wechselwirkungsfrei beeinflußt und zu den Eigenwerten des Regelkreises verändert werden.

2.6 Polempfindlichkeit bei Ausgangsrückführung

Ausgegangen wird von einer Regelstrecke nach Gl.(1.1) und (1.2) und einer Ausgangsrückführung über eine Ausgangsrückführmatrix $\mathbf{K} = \mathbf{matrix}[K_{ik}]$. Der Regler $\mathbf{K}$ verändert die Systemmatrix von $\mathbf{A}$ auf $\mathbf{A}_{cl} = \mathbf{A} + \mathbf{BKC}$. Mit $\det(\lambda_i[\mathbf{A}]\mathbf{I} - \mathbf{A}) = 0$ und $\det(\lambda_i[\mathbf{A}_{cl}]\mathbf{I} - \mathbf{A}_{cl}) = 0$ ändern sich die Eigenwerte von $\lambda_i[\mathbf{A}]$ auf $\lambda_i[\mathbf{A}_{cl}]$. Als Polempfindlichkeit wird die Abhängigkeit der Eigenwerte $\lambda_i[\mathbf{A}_{cl}]$ des Regelkreises von einem Element K_{kj} der Rückführmatrix definiert

$$\frac{\partial \lambda_i[\mathbf{A}_{cl}]}{\partial K_{kj}} . \tag{2.28}$$

Um das Ausmaß der Polempfindlichkeit herzuleiten, wird folgendermaßen verfahren (*McBrinn, D.E., and Roy, R.B., 1972; Litz, L., 1981*): Die Definitionsgleichung der Rechtseigenvektoren $\mathbf{f}_i$ von $\mathbf{A}_{cl}$ wird partiell nach K_{kj} differenziert und mit $\mathbf{q}_i^T$ vormultipliziert; davon wird die Definitionsgleichung der Linkseigenvektoren $\mathbf{q}_i$ von $\mathbf{A}_{cl}$ abgezogen, nachdem sie mit $\partial \mathbf{f}_i / \partial K_{kj}$ von rechts multipliziert worden ist

$$\mathbf{q}_i^T \times \quad \left| \quad \frac{\partial}{\partial K_{kj}} \right| \quad (\mathbf{A} + \mathbf{BKC})\mathbf{f}_i \;=\; \lambda_i[\mathbf{A}_{cl}]\ \mathbf{f}_i \tag{2.29}$$

$$\mathbf{q}_i^T(\mathbf{A} + \mathbf{BKC}) \;=\; \lambda_i[\mathbf{A}_{cl}]\ \mathbf{q}_i^T \qquad \left| \times \frac{\partial \mathbf{f}_i}{\partial K_{kj}} \right. . \tag{2.30}$$

Nach Ausführung dieser Operationen und nach Subtraktion obiger Gleichungen verbleibt

$$\mathbf{q}_i^T \mathbf{f}_i \frac{\partial \lambda_i[\mathbf{A}_{cl}]}{\partial K_{kj}} = \mathbf{q}_i^T \mathbf{B} \frac{\partial \mathbf{K}}{\partial K_{kj}} \mathbf{C} \mathbf{f}_i . \tag{2.31}$$

Nach den Definitionen $\mathbf{A}_{cl}\mathbf{f}_i = \lambda_i[\mathbf{A}_{cl}]\mathbf{f}_i$ und $\mathbf{q}_i^T\mathbf{A}_{cl} = \lambda_i[\mathbf{A}_{cl}]\mathbf{q}_i^T$ folgt analog zu Gl.(1.26) $\mathbf{q}_i^T\mathbf{f}_i = 1$. Mit dem Kronecker-Symbol δ_{kj} gilt für die Ableitung der Rückführmatrix $\mathbf{K}$ nach ihrem Element K_{kj}

$$\frac{\partial \mathbf{K}}{\partial K_{kj}} = \mathbf{matrix}[\delta_{kj}]\ , \tag{2.32}$$

dimensionsgleich zu $\mathbf{K}$. Man erhält eine Matrix mit durchwegs Nullen, ausgenommen 1 in der k-ten Zeile und j-ten Spalte. Dieser entarteten Matrix wegen kann in Gl.(2.31) statt $\mathbf{q}_i^T\mathbf{B}$ die Matrix $\mathbf{T}_{cl}^{mo,-1}\mathbf{B}$ geschrieben werden und statt $\mathbf{C}\mathbf{f}_i$ der Ausdruck $\mathbf{C}\mathbf{T}_{cl}^{mo}$. Darin ist die Modalmatrix $\mathbf{T}_{cl}^{mo}$ aus den Rechtseigenvektoren $\mathbf{f}_i$ der Regelkreismatrix $\mathbf{A}_{cl}$ eingeflossen

$$\mathbf{T}_{cl}^{mo} = (\mathbf{f}_1 \vdots \mathbf{f}_2 \vdots \ldots \vdots \mathbf{f}_n) \quad \text{sowie} \quad \mathbf{T}_{cl}^{mo,-1} = (\mathbf{q}_1 \vdots \mathbf{q}_2 \vdots \ldots \vdots \mathbf{q}_n)^T\ . \tag{2.33}$$

Aus den Gl.(2.31) bis (2.33) folgt somit

$$\frac{\partial\lambda_i[\mathbf{A}_{cl}]}{\partial K_{kj}} = \mathbf{T}_{cl}^{mo,-1}\mathbf{B}\ \mathbf{matrix}[\delta_{kj}]\mathbf{C}\mathbf{T}_{cl}^{mo} = (\mathbf{T}_{cl}^{mo,-1}\mathbf{B})_{ik}(\mathbf{C}\mathbf{T}_{cl}^{mo})_{ji} = (\mathbf{C}\mathbf{T}_{cl}^{mo})_{ji}(\mathbf{T}_{cl}^{mo,-1}\mathbf{B})_{ik}\ . \tag{2.34}$$

Die Polempfindlichkeit des Regelkreiseigenwerts von der Reglerverstärkung ergibt sich also aus gezielt ausgewählten Elementen der Beobachtbarkeits- und Steuerbarkeitsmatrix. Doch ist nicht die Modalmatrix $\mathbf{T}^{mo}$ der Strecke, sondern $\mathbf{T}_{cl}^{mo}$ des Regelkreises anzuwenden. Die Modalmatrix $\mathbf{T}_{cl}^{mo}$ ist nach Gl.(2.33) im Regelkreisbetriebspunkt mit der jeweiligen Rückführreglermatrix $\mathbf{K}$ zu bilden. Der Betriebspunkt geht mittels $\mathbf{T}_{cl}^{mo}$ auf die Polempfindlichkeit ein. Für $\mathbf{K} = \mathbf{0}$ fiele $\mathbf{T}_{cl}^{mo}$ auf $\mathbf{T}^{mo}$ zurück. Die Ausdrücke $(\mathbf{T}^{mo,-1}\mathbf{B})_{ik}(\mathbf{C}\mathbf{T}^{mo})_{ji}$ der Regelstrecke (Abb. 1.9 und 1.10) gewinnen erneut an praktischer Bedeutung: Als Polverschiebbarkeit des Regelkreises (nahe $\mathbf{K} = \mathbf{0}$, d.h. der Regelstrecke) bei von null ausgehenden Veränderungen der Reglerelemente.

Analog der modalen Zerlegung der Streckenübertragungsfunktion $\mathbf{G}(s)$ in Elemente G_{ik} laut Abb. 1.10 kann die Regelkreisübertragungsmatrix

$$\mathbf{T}(s) = \mathbf{C}(s\mathbf{I} - \mathbf{A} - \mathbf{BKC})^{-1}\mathbf{B} \tag{2.35}$$

zwischen Vorfilterausgang $\mathbf{V}\mathbf{y}_{ref}$ und Streckenausgang im geregelten Betrieb formuliert werden zu

$$T_{jk}(s) = [\mathbf{T}(s)]_{jk} = \sum_{i=1}^{n} \frac{1}{s - \lambda_i[\mathbf{A}_{cl}]}(\mathbf{C}\mathbf{T}_{cl}^{mo})_{ji}(\mathbf{T}_{cl}^{mo,-1}\mathbf{B})_{ik} = \sum_{i=1}^{n} \frac{1}{s - \lambda_i[\mathbf{A}_{cl}]}\frac{\partial\lambda_i[\mathbf{A}_{cl}]}{\partial K_{kj}}\ . \tag{2.36}$$

Dieser Ausdruck entspricht der üblichen Partialbruchentwicklung (für verschiedene Eigenwerte), vgl. Band 1. Eine Gegenüberstellung von Gl.(2.34) und Gl.(2.36) zeigt, daß die Polempfindlichkeit (der Regelkreispole bezüglich des Rückführmatrixelements K_{kj}) gleich ist dem Residuum der Übertragungsfunktion $T_{jk}(s)$, d.h. des j,k-Elements der Regelkreisübertragungsmatrix $\mathbf{T}(s)$. Auch die Polempfindlichkeiten der Regelstrecke sind gleich den Residuen der Elemente der Regelstreckenübertragungsfunktion. Man beachte die unterschiedliche Reihenfolge der Indizes k,j bei K und T in Gl.(2.36).

Die höchsten Polempfindlichkeiten weisen auf die bestverschiebbaren Pole hin, auf die dominanten Pole aus Gl.(7.7).

Die Polempfindlichkeit selbst ist Ausgangspunkt etlicher Entwurfsverfahren (*McBrinn, D.E., and Roy, R.B., 1972*).

Beispiel. Eigenwertempfindlichkeit eines Eingrößensystems:

$$\mathbf{A} = \begin{pmatrix} 0 & 1 \\ -5 & -4 \end{pmatrix}\ , \quad \mathbf{b} = \begin{pmatrix} 0 \\ 1 \end{pmatrix}\ , \quad \mathbf{c}^T = \begin{pmatrix} 1 & 0 \end{pmatrix}\ , \quad \mathbf{K} = K = 2 \tag{2.37}$$

$$\mathbf{A}_{cl} = \mathbf{A} + \mathbf{b}\mathbf{K}\mathbf{c}^T = \begin{pmatrix} 0 & 1 \\ K-5 & -4 \end{pmatrix} = \Big|_{\text{bei } K=2} \begin{pmatrix} 0 & 1 \\ -3 & -4 \end{pmatrix}\ , \quad \lambda_1[\mathbf{A}_{cl}] = -1\ , \quad \lambda_2[\mathbf{A}_{cl}] = -3\ . \tag{2.38}$$

a) Direkte Rechnung der Eigenwertempfindlichkeit:

$$\lambda_{1,2}[\mathbf{A}_{cl}] = -2 \pm \sqrt{K-1} \tag{2.39}$$

$$\lambda_{1,2}[\mathbf{A}_{cl}] + \Delta\lambda_{1,2}[\mathbf{A}_{cl}] = -2 \pm \sqrt{K - 1 + \Delta K} \doteq -2 \pm \sqrt{K-1}\left(1 + \frac{0,5\ \Delta K}{K-1}\right) \tag{2.40}$$

$$\frac{\Delta\lambda_{1,2}[\mathbf{A}_{cl}]}{\Delta K} = \frac{\pm 0,5}{\sqrt{K-1}} = \Big|_{\text{bei } K=2} \pm 0,5 \quad = \frac{d\lambda_{1,2}[\mathbf{A}_{cl}]}{dK}\ . \tag{2.41}$$

b) Nach der Formel Gl. (2.34), unter Verwendung von speziell normierten Modalmatrizen

$$\mathbf{T}_{cl}^{mo} = \begin{pmatrix} 1 & 1 \\ -1 & -3 \end{pmatrix} \qquad \mathbf{T}_{cl}^{mo,-1} = \begin{pmatrix} 1,5 & 0,5 \\ -0,5 & -0,5 \end{pmatrix} \tag{2.42}$$

und den in der verlangten Weise normierten Rechts- bzw. Linkseigenvektoren von $\mathbf{A}_{cl}$ folgt

$$\mathbf{f}_1 = \begin{pmatrix} 1 \\ -1 \end{pmatrix}, \ \mathbf{f}_2 = \begin{pmatrix} 1 \\ -3 \end{pmatrix} \quad \text{bzw.} \quad \mathbf{q}_1 \equiv \mathbf{f}_1^{\triangleleft} = \begin{pmatrix} 1,5 \\ 0,5 \end{pmatrix}, \ \mathbf{q}_2 \equiv \mathbf{f}_2^{\triangleleft} = \begin{pmatrix} -0,5 \\ -0,5 \end{pmatrix} \tag{2.43}$$

$$\mathbf{c}^T \mathbf{T}_{cl}^{mo} = \begin{pmatrix} 1 & 1 \end{pmatrix}, \qquad \mathbf{T}_{cl}^{mo,-1}\mathbf{b} = \begin{pmatrix} 0,5 \\ -0,5 \end{pmatrix}. \tag{2.44}$$

Aus Gl. (2.34) findet man

$$\frac{\partial \lambda_1[\mathbf{A}_{cl}]}{\partial K} = 1 \cdot 0,5 = 0,5 \qquad \frac{\partial \lambda_2[\mathbf{A}_{cl}]}{\partial K} = 1 \cdot (-0,5) = -0,5\,. \tag{2.45}$$

Aus Gl. (2.36) ergibt sich

$$T(s) = \frac{1 \cdot 0,5}{s+1} + \frac{1 \cdot (-0.5)}{s+3} = \frac{1}{(s+1)(s+3)}\,. \tag{2.46}$$

Als Kontrollrechnung dient

$$T(s) = \mathbf{c}^T(s\mathbf{I} - \mathbf{A} - \mathbf{b}K\mathbf{c}^T)^{-1}\mathbf{b} = \frac{\begin{pmatrix} 1 & 0 \end{pmatrix}\begin{pmatrix} s+4 & 1 \\ -3 & s \end{pmatrix}\begin{pmatrix} 0 \\ 1 \end{pmatrix}}{s^2+4s+3} = \frac{1}{s^2+4s+3}\,. \tag{2.47}$$

c) Nach *Feliachi, A., 1986* oder Formel Eq. (6.8), *Weinmann, A., 1991*, mit Kronecker-Produkt ($\otimes$)

$$\frac{\partial \lambda_i[\mathbf{A}_{cl}]}{\partial \mathbf{K}} = (\mathbf{I}_m \otimes \mathbf{f}_i^{\triangleleft*T})\frac{\partial \mathbf{A}_{cl}}{\partial \mathbf{K}}(\mathbf{I}_r \otimes \mathbf{f}_i) \tag{2.48}$$

wobei

$$\mathbf{K} \in \mathcal{R}^{m\times r} \qquad \mathbf{A} \otimes \mathbf{b} \stackrel{\Delta}{=} \mathbf{matrix}[A_{ij}\ \mathbf{b}] \qquad \frac{\partial \mathbf{A}}{\partial \mathbf{M}} \stackrel{\Delta}{=} \mathbf{matrix}\left[\frac{\partial \mathbf{A}}{\partial M_{ij}}\right]. \tag{2.49}$$

Bei skalarem Regler $K = 2$ gilt $m = 1$ und $r = 1$ und es folgt

$$\frac{\partial \lambda_1[\mathbf{A}_{cl}]}{\partial K} = \begin{pmatrix} 1,5 & 0,5 \end{pmatrix}\begin{pmatrix} 0 & 0 \\ 1 & 0 \end{pmatrix}\begin{pmatrix} 1 \\ -1 \end{pmatrix} = 0.5 \tag{2.50}$$

$$\frac{\partial \lambda_2[\mathbf{A}_{cl}]}{\partial K} = \begin{pmatrix} -0,5 & -0,5 \end{pmatrix}\begin{pmatrix} 0 & 0 \\ 1 & 0 \end{pmatrix}\begin{pmatrix} 1 \\ -3 \end{pmatrix} = -0.5\,. \quad \square \tag{2.51}$$

Beispiel. Eigenwertempfindlichkeit eines Mehrgrößensystems:

$$\mathbf{A} = \begin{pmatrix} 0 & 1 \\ -5 & -5 \end{pmatrix}, \quad \mathbf{B} = \mathbf{C} = \mathbf{I}, \quad \mathbf{K} = \begin{pmatrix} 0 & 0 \\ 2 & 1 \end{pmatrix}, \tag{2.52}$$

$\mathbf{A}_{cl}$ und $\mathbf{T}_{cl}^{mo}$ wie im Vorbeispiel, daher laut Gl. (2.36)

$$T_{11}(s) = \frac{1 \cdot 1,5}{s+1} + \frac{1 \cdot (-0,5)}{s+3} = \frac{s+4}{(s+1)(s+3)}, \quad T_{12}(s) = \frac{1 \cdot 0,5}{s+1} + \frac{1 \cdot (-0,5)}{s+3} = \frac{1}{(s+1)(s+3)}$$
$$T_{21}(s) = \frac{(-1) \cdot 1,5}{s+1} + \frac{(-3) \cdot (-0,5)}{s+3} = \frac{-3}{(s+1)(s+3)}, \quad T_{22}(s) = \frac{(-1) \cdot 0,5}{s+1} + \frac{(-3) \cdot (-0,5)}{s+3} = \frac{s}{(s+1)(s+3)} \tag{2.53}$$

$$\mathbf{T}(s) = \mathbf{C}(s\mathbf{I} - \mathbf{A} - \mathbf{BKC})^{-1}\mathbf{B} = \begin{pmatrix} s & -1 \\ 3 & s+4 \end{pmatrix}^{-1} = \frac{\begin{pmatrix} s+4 & 1 \\ -3 & s \end{pmatrix}}{(s+1)(s+3)}\,. \tag{2.54}$$

Nach Gl. (2.48) folgt mit

$$\mathbf{A}_{cl} = \mathbf{A} + \mathbf{BKC} = \mathbf{A} + \mathbf{K} = \begin{pmatrix} K_{11} & 1 + K_{12} \\ -5 + K_{21} & -5 + K_{22} \end{pmatrix} \tag{2.55}$$

für $i = 1$

$$\frac{\partial \lambda_1[\mathbf{A}_{cl}]}{\partial \mathbf{K}} = \begin{pmatrix} 1,5 & 0,5 & 0 & 0 \\ 0 & 0 & 1,5 & 0.5 \end{pmatrix}\begin{pmatrix} 1 & 0 & 0 & 1 \\ 0 & 0 & 0 & 0 \\ 0 & 0 & 0 & 0 \\ 1 & 0 & 0 & 1 \end{pmatrix}\begin{pmatrix} 1 & 0 \\ -1 & 0 \\ 0 & 1 \\ 0 & -1 \end{pmatrix} = \begin{pmatrix} 1,5 & -1,5 \\ 0,5 & -0,5 \end{pmatrix}. \quad \square \tag{2.56}$$

2.7 Zustandsvektoren und Vektorräume

Die folgenden Darstellungen dienen dazu, die algebraischen Beziehungen aus diesem Kapitel in Vektorräumen zu veranschaulichen. Verwendet werden die orthogonalen Einheitsvektoren $\mathbf{e}_i$

$$\mathbf{e}_1 = (1\ \ 0\ \ 0 \ldots 0)^T, \quad \mathbf{e}_2 = (0\ \ 1\ \ 0\ \ 0 \ldots 0)^T, \quad \mathbf{I} = \mathbf{matrix}[\mathbf{e}_i], \quad \mathbf{e}_i \in \mathcal{R}^{n\times 1}\ , \tag{2.57}$$

die jeweils einer (der i-ten) Zeile (Spalte) der Einheitsmatrix gleich sind. Mit ihnen kann der Vektor $\mathbf{x}$ als

$$\mathbf{x} = (x_1\ \ x_2\ \ x_3\ \ \ldots .\ \ x_n)^T = \sum_{i=1}^{n} x_i \mathbf{e}_i \tag{2.58}$$

aufgebaut werden. Wird statt der orthogonalen Basis $\mathbf{e}_i$ die Basis der Eigenvektoren $\mathbf{a}_i$ von $\mathbf{A}$ gewählt, so gilt für die Komponenten x_i^o in $\mathbf{a}_i$-Richtung

$$\mathbf{p}_k^T \times \quad | \quad \mathbf{x} = \mathbf{T}^{mo}\mathbf{x}^{mo} = \mathbf{x} = \sum_{i=1}^{n} x_i^o \mathbf{a}_i \qquad ||\mathbf{a}_i||_F = 1 \tag{2.59}$$

$$\mathbf{p}_k^T\mathbf{x} = \mathbf{p}_k^T \sum_{i=1}^{n} x_i^o \mathbf{a}_i = 0 + x_k^o \mathbf{p}_k^T \mathbf{a}_k = x_k^o\ . \tag{2.60}$$

Unter Benutzung der Matrix $\mathbf{P}$ der Eigenvektoren von $\mathbf{A}^T$ folgt

$$\mathbf{P}^T\mathbf{T}^{mo}\mathbf{x}^{mo} = \mathbf{x}^o \quad \rightsquigarrow \quad \mathbf{x}^o = \mathbf{x}^{mo} \quad \rightsquigarrow \quad \mathbf{x} = \sum_{i=1}^{n} x_i^{mo}\mathbf{a}_i\ . \tag{2.61}$$

Die Komponenten von $\mathbf{x}$ in der Basis der Eigenvektoren sind also vom Ausmaß x_i^{mo}. Der Modalvektor $\mathbf{x}^{mo}$ hat kartesische Koordinaten, die den Koordinaten von $\mathbf{x}$ in dem schiefwinkeligen Koordinatensystem der Eigenvektoren entsprechen. Die Abb. 2.3a zeigt ein Beispiel unter Zugrundelegung des Zahlenbeispiels mit Gl.(1.29).

Zur Gegenüberstellung: Die Komponenten von $\dot{\mathbf{x}}$ in der Basis der Eigenvektoren $\mathbf{a}_i$ lauten im homogenen Fall $\lambda_i[\mathbf{A}]x_i^{mo}$, denn es gilt

$$\dot{\mathbf{x}} = \mathbf{A}\mathbf{x} = \mathbf{A}\sum_{1}^{n} x_i^{mo}\mathbf{a}_i = \sum_{1}^{n} x_i^{mo}\mathbf{A}\mathbf{a}_i = \sum_{1}^{n} x_i^{mo}\lambda_i[\mathbf{A}]\ \mathbf{a}_i\ . \tag{2.62}$$

Der Vektor $\dot{\mathbf{x}}$ gehört demselben Vektorraum an wie $\mathbf{x}$. In der Basis der Eigenvektoren hat $\dot{\mathbf{x}}$ die $\lambda_i[\mathbf{A}]$-fachen Komponenten bzw. Koordinaten (Abb. 2.3a). Der Änderungsvektor $\dot{\mathbf{x}}$ geht aus einer Linearkombination aller $\mathbf{x}$-Komponenten hervor. Der modale Änderungsvektor $\dot{\mathbf{x}}^{mo}$ hingegen entsteht aus $\mathbf{x}^{mo}$ durch Transformation über eine Diagonalmatrix $\mathbf{diag}\{\lambda_i[\mathbf{A}]\}$, d.h. $\dot{x}_i^{mo}$ wird nur von x_i^{mo} allein bestimmt. Würde das Modalsystem isoliert in einem orthogonalen Koordinatensystem betrachtet werden (Abb. 2.3b), so sind wegen der Diagonalität der Systemmatrix seine Eigenvektoren orthogonal (seine Modalmatrix wäre die Einheitsmatrix).

Die Zustandssteuerbarkeit nach *Gilbert, E.G., 1963* ist verletzt, wenn eine (die i-te) Zeile von $\mathbf{T}^{mo,-1}\mathbf{B}$ eine Nullzeile ist; wenn alle Spaltenvektoren von $\mathbf{T}^{mo,-1}\mathbf{B}$ dieselbe (die i-te) Komponente null besitzen. Dies tritt ein, wenn der i-te Zeilenvektor von $\mathbf{T}^{mo,-1}$, mit allen Spalten von $\mathbf{B}$ multipliziert, null ergibt. Formulierbar ist dies nach Gl.(1.26) auch so, daß $\mathbf{p}_i$ (der Zeilenvektor von $\mathbf{T}^{mo,-1}$, identisch dem i-ten Eigenvektor von $\mathbf{A}^T$) auf alle Spalten von $\mathbf{B}$ senkrecht steht.

Eine alternative Darstellung der Zustandssteuerbarkeit lautet: Wenn $\mathbf{b}_i$ (eine Spalte von $\mathbf{B}$) mit der geometrischen Richtung des Eigenvektors $\mathbf{a}_i$ zusammenfällt, dann ist das System (aus der zugehörigen Stellgröße) nicht steuerbar. Aus der Richtungsgleichheit $\mathbf{b}_i = k\mathbf{a}_i$ folgt nämlich

$$\mathbf{A}\mathbf{b}_i \;=\; \mathbf{A}k\mathbf{a}_i = k\mathbf{A}\mathbf{a}_i = k\lambda_i[\mathbf{A}]\mathbf{a}_i = k_1\mathbf{a}_i \tag{2.63}$$

$$\mathbf{A}^2\mathbf{b}_i \;=\; k_2\mathbf{a}_i \quad \text{usw.} \tag{2.64}$$

Die Steuerungsmaßnahme über $\mathbf{b}_i$, $\mathbf{A}\mathbf{b}_i$ usw. geht also in dieselbe Richtung $\mathbf{a}_i$, eine Steuerung in eine andere Richtung kann nicht besorgt werden. Das System ist somit nicht in irgendeinen Punkt des Zustandsraums

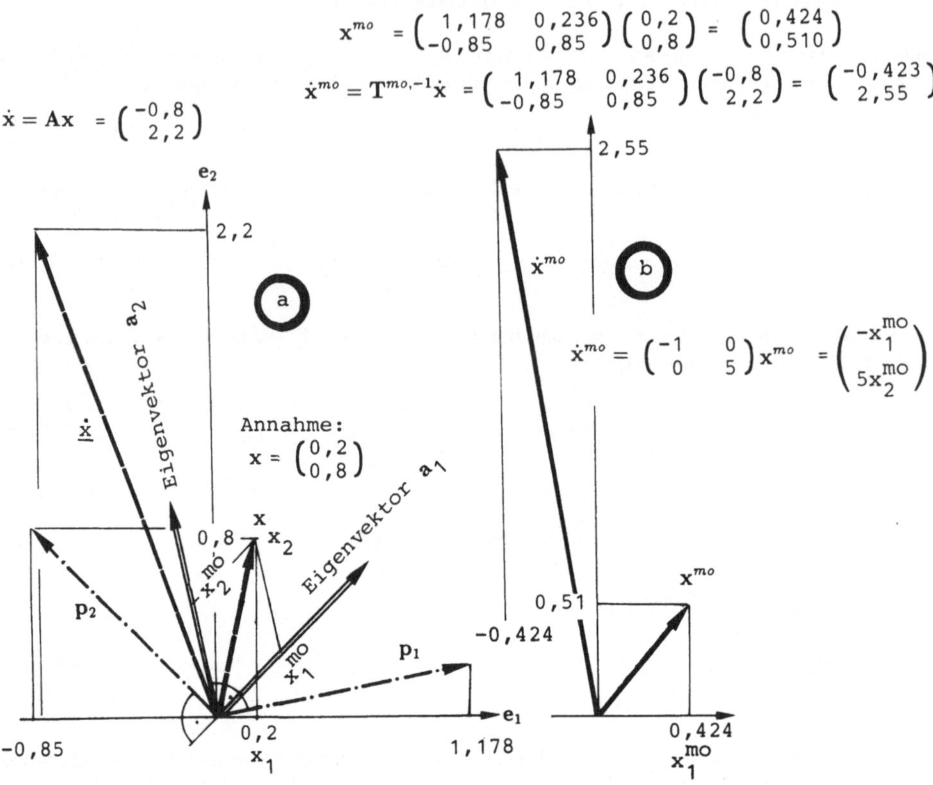

Abbildung 2.3: Zustandsvektor und Zustandsänderung und ihre Komponenten im zweidimensionalen Fall $n = 2$ (Bildteil a), desgleichen für die Modalvektoren (Bildteil b)

überführbar. Gleichbedeutend ist die Aussage, daß $\mathbf{b}_i$, $\mathbf{Ab}_i$ linear abhängig sind, die Matrix $(\mathbf{b}_i \vdots \mathbf{Ab}_i \vdots \ldots)$ den Rang 1 besitzt und nicht n, wie dies die Kalman-Testmatrix, Gl.(1.41), verlangt[1].

Rang 1 resultiert aus der linearen Abhängigkeit von $\mathbf{b}_i$, $\mathbf{Ab}_i$ usw., d.h. aus $\det(\mathbf{b}_i \vdots \mathbf{Ab}_i \vdots \ldots) = 0$. Die Aussagen „senkrecht zu $\mathbf{p}_i$" und „gleichgerichtet zu $\mathbf{a}_i$" sind ebenbürtig, denn $\mathbf{p}_i$ und $\mathbf{a}_i$ sind laut Gl.(1.26) zueinander orthogonal.

Für die Beobachtbarkeit ließen sich entsprechende Aussagen angeben; siehe auch die theoretischen Ausführungen von *Oberst, U., 1990*.

[1]Rang r liegt vor, wenn in einer n,n-Matrix die größte von null verschiedene Determinante von der Dimension $r \times r$ ist.

Kapitel 3

Regelungen mit Zustandsbeobachtern

Der Standardfall einer Zustandsregelung geht von der Annahme aus, daß alle Zustandsvariablen $x_i(t)$ zur Verfügung stehen. Die Stellgröße $\mathbf{u}(t)$ wird durch Verknüpfung aller Zustandskomponenten von $\mathbf{x}(t)$ mit der Reglermatrix $\mathbf{K}$

$$\mathbf{u}(t) = \mathbf{K}\mathbf{x}(t) \qquad \mathbf{K} \in \mathcal{R}^{m \times n}\ , \quad \mathbf{u}(t) \in \mathcal{R}^m\ , \quad \mathbf{x}(t) \in \mathcal{R}^n \tag{3.1}$$

bereitgestellt. Regelkreise mit diesem Regleransatz werden in anderen Kapiteln untersucht.

An praktischen Aufgaben kann die Voraussetzung, daß alle n Zustandskomponenten bekannt sind, nicht immer erfüllt werden. Sowohl die Komplexität der Prozesse als auch meßtechnische Schwierigkeiten oder Einschränkungen bringen mit sich, daß nur ein gewisser Teil des n-dimensionalen Zustandsvektors verfügbar ist.

Anstelle des Vektors $\mathbf{x}(t)$ sei nur ein reduzierter Meßvektor $\mathbf{y}_m(t)$ aus r_m Elementen zugänglich. Dieser stehe mit $\mathbf{x}$ im Zusammenhang

$$\mathbf{y}_m(t) = \mathbf{M}\mathbf{x}(t) \qquad \mathbf{M} \in \mathcal{R}^{r_m \times n}\ . \tag{3.2}$$

In ihm gibt $\mathbf{M}$ ähnlich $\mathbf{C}$ an, welche Zustandskomponenten von $\mathbf{x}$ zugänglich (verfügbar) sind und welche nicht. In manchen Anwendungsfällen wird $\mathbf{y}_m$ dem $\mathbf{y}$ identisch sein können, also $\mathbf{M} = \mathbf{C}$ gelten. In manch anderen Fällen will man bestimmte Größen $\mathbf{y}$ regeln, ohne sie messen zu können, was dazu führt, daß man sich mit anderen aber meßbaren Größen $\mathbf{y}_m$ zufriedenzugeben hat.

3.1 Beobachter-Ansatz

Abgeleitet aus allgemeinen Ansätzen wird zur Rückgewinnung der unzugänglichen Zustandsvariablen der Ansatz folgender Differentialgleichung

$$\dot{\hat{\mathbf{x}}}(t) = \mathbf{F}\hat{\mathbf{x}}(t) + \mathbf{G}_u\mathbf{u}(t) + \mathbf{N}\mathbf{y}_m(t) \qquad \hat{\mathbf{x}} \in \mathcal{R}^n,\ \ \mathbf{F} \in \mathcal{R}^{n \times n},\ \ \mathbf{G}_u \in \mathcal{R}^{n \times m},\ \ \mathbf{N} \in \mathcal{R}^{n \times r_m} \tag{3.3}$$

getroffen. Seine Realisierung wird als Beobachter bezeichnet (*Kalman, R.E., und Bucy, R.S., 1961; Luenberger, D.G., 1971*).

In Gl.(3.3) ist $\hat{\mathbf{x}}(t)$ der Vektor der „Schätzung" des vollständigen Zustandsvektors, von der eine bestmögliche Approximation von $\mathbf{x}(t)$ erwartet wird. Die Matrizen $\mathbf{F}$, $\mathbf{G}_u$ und $\mathbf{N}$ sind noch nicht näher bestimmt.

Mit den Eigenwerten $\lambda_i[\mathbf{F}]$ von $\mathbf{F}$ wird die Dynamik des Beobachters bestimmt. Mit $\mathbf{G}_u$ wird der Einfluß der Stellgröße $\mathbf{u}(t)$ festgelegt, in $\mathbf{N}$ der des meßbaren Zustandsvektors $\mathbf{y}_m(t)$ (Abb. 3.1). Mit $\mathbf{u}(t)$ und $\mathbf{y}_m(t)$ werden alle Signale zum oder vom Prozeß verarbeitet. Die Differenz von $\mathbf{x}(t)$ und $\hat{\mathbf{x}}(t)$ ist der sogenannte Schätzfehler

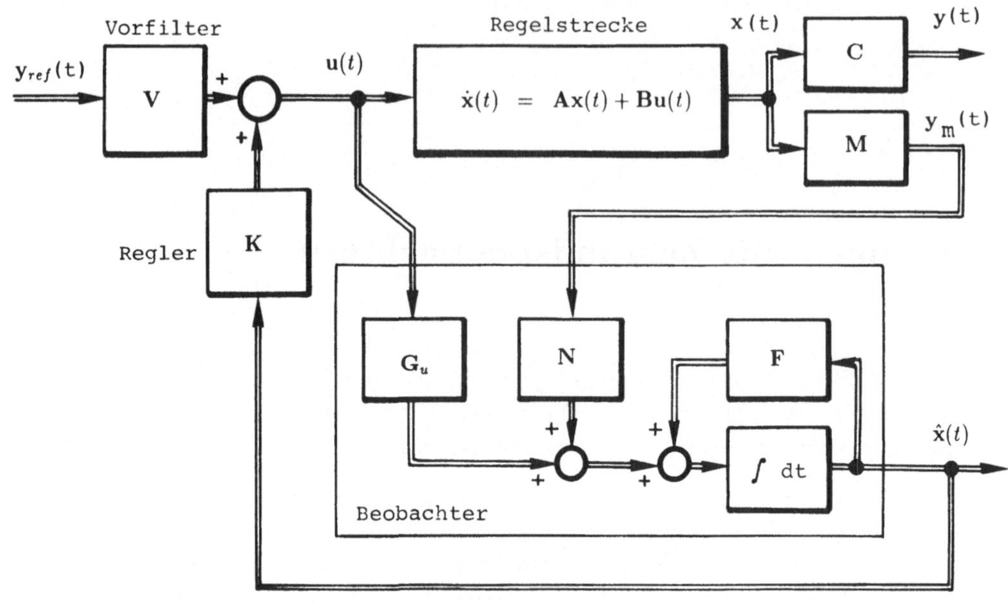

Abbildung 3.1: Beobachter in Zustandsraumdarstellung samt zugehöriger Zustandsregelung

$$\tilde{\mathbf{x}}(t) = \mathbf{x}(t) - \hat{\mathbf{x}}(t); \qquad \lim_{t\to\infty} \tilde{\mathbf{x}}(t) = \lim_{t\to\infty} [\mathbf{x}(t) - \hat{\mathbf{x}}(t)] = \mathbf{0}\,. \tag{3.4}$$

Er soll nur vorübergehend bestehen dürfen.

Werden die Gl.(1.1) und (3.3) zusammengezogen, erhält man

$$\dot{\tilde{\mathbf{x}}}(t) = \dot{\mathbf{x}}(t) - \dot{\hat{\mathbf{x}}}(t) = \mathbf{A}\mathbf{x}(t) + \mathbf{B}\mathbf{u}(t) - \mathbf{F}\hat{\mathbf{x}}(t) - \mathbf{G}_u\mathbf{u}(t) - \mathbf{N}\mathbf{y}_m(t)\,. \tag{3.5}$$

Wird darin für $\hat{\mathbf{x}}(t)$ aus Gl.(3.4) und $\mathbf{y}_m(t)$ laut Gl.(3.2) eingesetzt, so folgt

$$\dot{\tilde{\mathbf{x}}}(t) = \mathbf{F}\tilde{\mathbf{x}}(t) + (\mathbf{A} - \mathbf{F} - \mathbf{N}\mathbf{M})\mathbf{x}(t) + (\mathbf{B} - \mathbf{G}_u)\mathbf{u}(t)\,. \tag{3.6}$$

Die Gl.(3.6) heißt Schätzfehlergleichung. Aus ihr wird die Lösung $\lim_{t\to\infty} \tilde{\mathbf{x}}(t) = \mathbf{0}$ erwartet, welche Anregung auch immer der Beobachter erfährt. Erreichbar ist dies, wenn die Matrizenfaktoren von $\mathbf{x}(t)$ und $\mathbf{u}(t)$ in Gl.(3.6) null gesetzt werden. Daraus sind — sobald $\mathbf{F}$ gewählt und dadurch die Beobachterdynamik festgelegt wurde — Bestimmungsstücke für die noch offenen Matrizen $\mathbf{G}_u$ und $\mathbf{N}$ abzuleiten. Die Rechenaufgabe ist bei Eingrößenregelungen und bei Polvorgabe $\lambda_i[\mathbf{F}]$ und entsprechend vorgegebener $\mathbf{F}$-Matrix wie folgt eindeutig lösbar

$$\mathbf{N}\mathbf{M} = \mathbf{A} - \mathbf{F} \tag{3.7}$$

$$\mathbf{G}_u = \mathbf{B}\,. \tag{3.8}$$

Damit ist die Schätzfehlergleichung zu

$$\dot{\tilde{\mathbf{x}}}(t) = (\mathbf{A} - \mathbf{N}\mathbf{M})\tilde{\mathbf{x}}(t) = \mathbf{F}\tilde{\mathbf{x}}(t) \tag{3.9}$$

zu vereinfachen, die Gleichung des Beobachters Gl.(3.3) zu

$$\dot{\hat{\mathbf{x}}}(t) = (\mathbf{A} - \mathbf{N}\mathbf{M})\hat{\mathbf{x}}(t) + \mathbf{B}\mathbf{u}(t) + \mathbf{N}\mathbf{y}_m(t) = \tag{3.10}$$

$$\dot{\hat{\mathbf{x}}}(t) = \mathbf{F}\hat{\mathbf{x}}(t) + \mathbf{B}\mathbf{u}(t) + (\mathbf{A} - \mathbf{F})\mathbf{x}(t) = \mathbf{F}\hat{\mathbf{x}}(t) + \mathbf{B}\mathbf{u}(t) + \mathbf{N}\mathbf{M}\mathbf{x}(t) = \tag{3.11}$$

$$= (\mathbf{A} - \mathbf{N}\mathbf{M})\hat{\mathbf{x}}(t) + \mathbf{B}\mathbf{u}(t) + \mathbf{N}\mathbf{M}\tilde{\mathbf{x}}(t) + \mathbf{N}\mathbf{M}\hat{\mathbf{x}}(t) = \tag{3.12}$$

$$\dot{\hat{\mathbf{x}}}(t) = \mathbf{A}\hat{\mathbf{x}}(t) + \mathbf{B}\mathbf{u}(t) + \mathbf{N}\tilde{\mathbf{y}}(t) = \mathbf{A}\hat{\mathbf{x}}(t) + \mathbf{B}\mathbf{u}(t) + \mathbf{N}[\mathbf{y}(t) - \hat{\mathbf{y}}(t)] \ . \tag{3.13}$$

Die Gl.(3.10) ist zur technischen Realisierung des Beobachters (Abb. 3.1) anzuwenden.

Der (vollständige) Zustandsbeobachter ist also ein durch $\mathbf{F}$ oder nach Gl.(3.7) durch $\mathbf{N}$ festgelegtes ordnungsgleiches Modell der Regelstrecke. Der Beobachter benötigt zu seinem Aufbau die Information $\mathbf{A}$ und $\mathbf{B}$ aus der Strecke. Er gleicht sich durch Ansteuerung mit der meßbaren Ausgangsgröße $\mathbf{y}_m(t)$ und mit der Stellgröße $\mathbf{u}(t)$ in seinem Ausgang $\hat{\mathbf{x}}(t)$ an den unzugänglichen Zustandsvektor $\mathbf{x}(t)$ an. Abweichungen sind, verursacht von unterschiedlichen Anfangswerten $\mathbf{x}(0)$ und $\hat{\mathbf{x}}(0)$, ausschließlich von flüchtiger Natur.

Aus der Gl.(3.13) läßt sich die Abb. 3.2 ableiten. Sie besticht durch ihre klare Gegenüberstellung und den Parallelmodellcharakter von Regelstrecke *und* Beobachter in der Ausdrucksform mit $\mathbf{A}$, durch ihren übersichtlichen Vergleich der Ausgangsgröße von Regelstrecke und Beobachter und durch die Rückführung des geschätzten Ausgangsfehlers $\tilde{\mathbf{y}}(t)$ über $\mathbf{N}$ an den Summierer im Beobachter. Ohne die Allgemeinheit wesentlich einzuschränken, wurde $\mathbf{M} = \mathbf{C}$ gesetzt.

Die bisher behandelten Beobachter besitzen die gleiche Ordnung wie das System, nämlich n. Sie heißen vollständige Beobachter. Eine Abwandlung davon sind reduzierte Beobachter (Beobachter reduzierter Ordnung), mit denen — obwohl von kleinerer Ordnung als n — ebenso noch der ganze Zustandsvektor rekonstruiert wird, weil eine oder mehrere Ausgangsgrößen direkt herangezogen werden.

Für eine Regelung sind nicht immer alle Zustandsgrößen vonnöten. Oft kommt man mit Variablen aus, die niedrigen Differentialquotienten entsprechen. Wird also nur ein Teil des Zustandsvektors zu rekonstruieren gewünscht, so spricht man von degenerierten

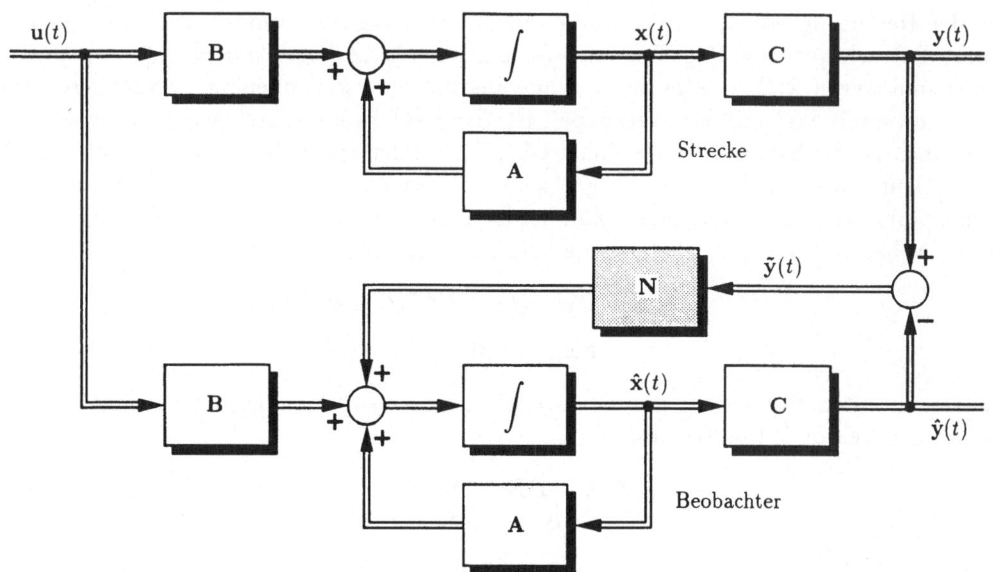

Abbildung 3.2: Strecke und Beobachter mit Streckenmatrix $\mathbf{A}$ und Rückführung von $\tilde{\mathbf{y}}(t)$ über $\mathbf{N}$

Beobachtern. Sie sind den sogenannten Kontrollbeobachtern sehr ähnlich (*Grübel, G., 1976; 1976a; 1977*).

3.2 Analyse der Regelung mit Zustandsbeobachter

Unter dem Einsatz von Zustandsbeobachtern wird der Prozeß laut Gl.(1.1) und Gl.(1.2) dadurch geregelt, daß die Stellgröße $\mathbf{u}(t)$ aus dem Sollwert $\mathbf{y}_{ref}(t)$ über ein Vorfilter mit der Matrix $\mathbf{V}$ und dem Schätzwert $\hat{\mathbf{x}}(t)$ über die Reglermatrix $\mathbf{K}$ gebildet wird

$$\mathbf{u}(t) = \mathbf{K}\hat{\mathbf{x}}(t) + \mathbf{V}\mathbf{y}_{ref}(t) \,. \tag{3.14}$$

Der gewöhnliche Zustandsregler hätte $\mathbf{x}(t)$ statt $\hat{\mathbf{x}}(t)$ zugrundegelegt. Aus den Gln.(1.1), (3.14) und (3.11) kann zusammengezogen und unter Beachtung von Gl.(3.7) geordnet werden

$$\dot{\mathbf{x}} = \mathbf{A}\mathbf{x} + \mathbf{B}\mathbf{K}\hat{\mathbf{x}} + \mathbf{B}\mathbf{V}\mathbf{y}_{ref} \tag{3.15}$$

$$\dot{\hat{\mathbf{x}}} = (\mathbf{A} - \mathbf{F})\mathbf{x} + (\mathbf{F} + \mathbf{B}\mathbf{K})\hat{\mathbf{x}} + \mathbf{B}\mathbf{V}\mathbf{y}_{ref} \,. \tag{3.16}$$

Wird aus $\mathbf{x}$ und $\hat{\mathbf{x}}$ ein resultierender Vektor gebildet, um das Zusammenwirken der Regelung mit dem Beobachter zu beschreiben, so besitzt das System die resultierende Koeffizientenmatrix

$$\begin{pmatrix} \mathbf{A} & \mathbf{B}\mathbf{K} \\ \mathbf{A} - \mathbf{F} & \mathbf{F} + \mathbf{B}\mathbf{K} \end{pmatrix} . \tag{3.17}$$

Mit ihr können — wie sonst mit $\mathbf{A}$ allein — alle Einzelheiten in gewohnter Weise berechnet werden (*Föllinger, O., 1976; Litz, L., und Preuss, H.P., 1977; Willner, L., und Falk, M., 1977*).

3.3 Separabilität von Beobachter- und Reglerentwurf

Bei der Herleitung von Gl.(3.17) wurde eine Überlegung angewendet, die einer gemeinsamen Betrachtung von Regelung und Beobachter als „Zweigrößenregelung" entspricht. Dabei sind wegen $\hat{\mathbf{x}}(t) \to \mathbf{x}(t)$ die Systeme aus $\hat{\mathbf{x}}(t)$ und $\mathbf{x}(t)$ offenbar „verkoppelt". Die Frage, inwieweit $\mathbf{x}(t)$ mit $\tilde{\mathbf{x}}(t)$ verkoppelt ist, kann auf zweierlei Art beantwortet werden. Zum einen ist die Schätzfehlergleichung Gl.(3.9), zufolge spezieller Annahmen $\mathbf{N}$ und $\mathbf{G}$, von $\mathbf{x}(t)$ und $\mathbf{u}(t)$ unabhängig; sie gilt also für jede Zustands- und für jede Stellgröße. Verkopplung ist also zu verneinen. Zum anderen zeigt eine Umformung von Gl.(1.1) und (3.11), wobei $\mathbf{x}(t)$ und $\tilde{\mathbf{x}}(t)$ als Variable belassen werden, das Ergebnis

$$\dot{\mathbf{x}}(t) = (\mathbf{A} + \mathbf{B}\mathbf{K})\mathbf{x}(t) - \mathbf{B}\mathbf{K}\tilde{\mathbf{x}}(t) + \mathbf{B}\mathbf{V}\mathbf{y}_{ref}(t) \tag{3.18}$$

$$\dot{\tilde{\mathbf{x}}}(t) = \mathbf{0} + \mathbf{F}\tilde{\mathbf{x}}(t) + \mathbf{0} \,. \tag{3.19}$$

Die Koeffizientenmatrix eines aus diesen Gleichungen resultierenden Systems mit dem gemeinsamen Vektor $\binom{\mathbf{x}}{\tilde{\mathbf{x}}}$ lautet also

$$\begin{pmatrix} \mathbf{A} + \mathbf{B}\mathbf{K} & -\mathbf{B}\mathbf{K} \\ \mathbf{0} & \mathbf{F} \end{pmatrix} . \tag{3.20}$$

Wegen der Null (Nullmatrix) in der zweiten „Zeile" zerfällt das charakteristische Polynom aus Regelung samt Beobachter in das Produkt $\det(s\mathbf{I} - \mathbf{A} - \mathbf{B}\mathbf{K}) \times \det(s\mathbf{I} - \mathbf{F})$, siehe Gl.(21.8). Die Annahmen von $\mathbf{K}$ und $\mathbf{F}$, der Regler- und der Beobachterentwurf, sind daher separabel.

3.4 Beobachterentwurf

Die Eigenwerte $\lambda_i[\mathbf{F}]$ des Beobachters werden üblicherweise in der s-Ebene weiter links angesetzt als die Eigenwerte $\lambda_i[\mathbf{A}+\mathbf{BK}]$ der Regelung. Dadurch ergibt sich ein Verhalten, das grob dermaßen eingeschätzt werden kann, daß bei Wirkung des Zustandsreglers über $\mathbf{K}\hat{\mathbf{x}}(t)$ eine schnellere Ausregelung besorgt wird als wenn ein Regler $\mathbf{Kx}(t)$ möglich wäre. Die Zeitkonstanten des Schätzfehlersignals sind kleiner als die aus $\mathbf{A}+\mathbf{BK}$. Nach Gl.(3.7) ist dies durch Wahl von $\mathbf{N}$ erreichbar.

Beobachter für Abtastregelungen lassen sich nach ähnlichen Überlegungen entwerfen. Darüber hinaus können sie auf minimale Einstellzeit und Nachschwingfreiheit konzipiert werden (*Ackermann, J., 1983*). Auch für Mehrgrößenregelungen sind Beobachter anzusetzen (*Luenberger, D.G., 1966; Kudva, P., und Gourishankar, V., 1977*).

Beim Entwurf der Beobachter ist weiters auf die Einflüsse des Meßrauschens, auf die Stabilitätsreserve und das Störverhalten zu achten (*Grübel, H., 1977; Noisser, R., 1980; 1982; 1982a; Homole, H., und Noisser, R., 1992*).

Neben den Beobachtern von Zustandsgrößen sind auch Störungsbeobachter möglich. Da Beobachter Zustandsgrößen $\hat{\mathbf{x}}(t)$ hervorbringen können, in denen sich eine Störgröße sehr direkt auswirkt, lassen Störungsbeobachter Störungen rascher erfassen als es über die Auswirkungen der Regelstrecke möglich wäre. Wird etwa an einem Motor, der seine Last über eine elastische Welle antreibt, die Motordrehzahl und der Motorstrom als Beobachtereingang verwendet, so kann als Beobachterausgang die Störgröße Lastmoment und die Zustandsgröße Lastdrehzahl beobachtet werden (*Weihrich, G., 1978*). Die Einsparung von Drehzahlgebern durch Beobachtereinsatz bei speziellen umrichtergespeisten Maschinen schafft große betriebliche Vorteile (*Schrödl, M., 1989; 1992*).

Eine Einrichtung zur Schätzung von Ausgangsgrößen und Zustandsparametern zugleich wird als *bootstrap estimator* bezeichnet (*Pandya, R.N., 1974; Prasad, R.M., et al. 1977; Mahto, J., and Sinha, A.K., 1984*).

Der Beobachterentwurf nach Gl.(3.7) ist durch Vorgabe der Pole von $\mathbf{F}$ vorgezeichnet worden. Es besteht noch eine weitere Entwurfsmöglichkeit unter einem optimalen Gesichtspunkt, nämlich unter der Minimierung des Schätzfehlers bei anstehenden Prozeß-Rauschsignalen. Diese Methode ist im Kapitel über 'Kalman-Filter' behandelt. An sich sind die Beobachter ohnehin Spezialfälle der Kalman-Filter.

Beispiel Beobachterentwurf: Für das System mit der Koeffizientenmatrix $\mathbf{A}$ des Beispiels mit Gl.(1.17) seien die ersten beiden Zustandsvariablen fehlerfrei, die dritte nicht zugänglich. Die Gl.(3.7) lautet mit der Vorgabe von $\mathbf{F}$ mit den Eigenwerten $\lambda_i[\mathbf{F}] = -1; -3; -80$ in Form von

$$\mathbf{F} = \begin{pmatrix} -1 & 0 & 0 \\ 0 & -3 & 1 \\ 0 & 0 & -80 \end{pmatrix}, \tag{3.21}$$

$$\mathbf{NM} = \mathbf{N}\begin{pmatrix} 1 & 0 & 0 \\ 0 & 1 & 0 \end{pmatrix} = (\mathbf{N} \,\vdots\, \mathbf{0}) = \mathbf{A} - \mathbf{F} = \tag{3.22}$$

$$= \begin{pmatrix} 0 & 1 & 0 \\ 0 & 0 & 1 \\ -0,1 & -1,8 & -80 \end{pmatrix} - \begin{pmatrix} -1 & 0 & 0 \\ 0 & -3 & 1 \\ 0 & 0 & -80 \end{pmatrix} = \begin{pmatrix} 1 & 1 & 0 \\ 0 & 3 & 0 \\ -0,1 & -1,8 & 0 \end{pmatrix} \tag{3.23}$$

und daher $N_{11} = 1;\ N_{12} = 1;\ N_{21} = 0;\ N_{22} = 3;\ N_{31} = -0,1;\ N_{32} = -1,8$. □

3.5 Kontrollbeobachter für Eingrößensysteme

Das Konzept des Beobachters in Abb. 3.1 wird nunmehr leicht abgewandelt. Ein Kontrollbeobachter zielt darauf ab, aus der Stellgröße $u(t)$ am Eingang der Regelstrecke und aus dem meßbaren Ausgang $y(t)$ unter Beachtung der Sollgröße $y_{ref}(t)$ direkt die Stellgröße $u(t)$ bereitzustellen (Abb. 3.3a); auf die explizite Darstellung der geschätzten Zustandsgröße $\hat{\mathbf{x}}(t)$ wird verzichtet. Laut Abb. 3.3a bedient man sich der Übertragungsfunktionen $W(s), L(s)$ und $H(s)$. Damit gilt die Beziehung

$$U = W(s)\,Y_{ref} - L(s)\,U + H(s)\,Y \quad \leadsto \quad [L(s)+1]\,U = W(s)\,Y_{ref} + H(s)\,Y\,. \tag{3.24}$$

Daraus ist

$$U = \frac{W(s)}{L(s)+1}\,Y_{ref} + \frac{H(s)}{L(s)+1}\,Y \triangleq V\frac{b(s)}{a(s)}\,Y_{ref} + \frac{h(s)}{a(s)}\,Y \tag{3.25}$$

zu folgern. Ohne die Allgemeinheit einzuschränken, kann dies durch die Verfügung $L(s) \equiv 0$ erreicht werden (Abb. 3.3b). Aus Abb. 3.3b folgt bei Aufsplitterung der Übertragungsfunktion in Zähler- und Nennerpolynom $G(s) \triangleq \frac{z(s)}{n(s)}$ nach einfachen Zwischenrechnungen für die Führungsübertragungsfunktion

$$T(s) = V\frac{z(s)b(s)}{n(s)a(s) + z(s)h(s)}\,. \tag{3.26}$$

Durch einen speziellen Ansatz für das Nennerpolynom aus obiger Gleichung wird $b(s)$ abgetrennt und $c(s)$ definiert

$$n(s)a(s) + z(s)h(s) \triangleq b(s)c(s)\,. \tag{3.27}$$

Nach Kürzung durch $b(s)$ verbleibt

$$T(s) = V\frac{z(s)}{c(s)}\,. \tag{3.28}$$

In dieser Gleichung stellt $c(s)$ jenes Polynom dar, mit dessen Nullstellen die Führungspole vorgegeben werden können. Das sich kürzende Polynom $b(s)$ ist das Polynom, dessen Nullstellen die Beobachterpole bestimmen ließe[1]. Die Konstante V wird bestimmt, indem stationär $T(s)\,|_{s\to 0} = 1$ verlangt wird. Werden für das Führungsverhalten die Pole vorgegeben, so bestimmt dies das charakteristische Polynom $c(s)$ der Führungsdynamik. Vorgegebene Beobachterpole bestimmen $b(s)$.

Die Gl.(3.27) enthält somit die Angaben $z(s), n(s), c(s), b(s)$. Zu bestimmen sind $a(s)$ und $h(s)$. Mit den Definitionen zur Regelstrecke

$$n(s) \triangleq \sum_{i=0}^{n} n_i s^i \qquad z(s) \triangleq \sum_{i=0}^{n} z_i s^i\,, \tag{3.31}$$

[1] Durch Zusammenziehen der *vier* Gleichungen

$$\dot{\mathbf{x}} = \mathbf{A}\mathbf{x} + \mathbf{B}u \qquad y = \mathbf{M}\mathbf{x} \tag{3.29}$$

$$\dot{\hat{\mathbf{x}}} = \mathbf{F}\hat{\mathbf{x}} + \mathbf{N}y + \mathbf{B}u \qquad u = V_v y_{ref} + \mathbf{K}\hat{\mathbf{x}} \tag{3.30}$$

bei Elimination von *drei* Variablen $\hat{\mathbf{x}}$, u und $\mathbf{x}$ läßt sich *eine* resultierende Gleichung in y und y_{ref} berechnen, also ein Ausdruck für $T(s)$, der der Gl.(3.28) entspricht. Dabei läßt sich zeigen, daß die Eigenwerte von $\mathbf{F}$ in die Nullstellen von $b(s)$ übergehen (*Hippe, P., 1974*). Sie stehen den Polstellen $b(s)$ gegenüber und lassen sich dadurch im Führungsverhalten kürzen, siehe Gln.(3.27), (3.28) und auch Gl.(3.60).

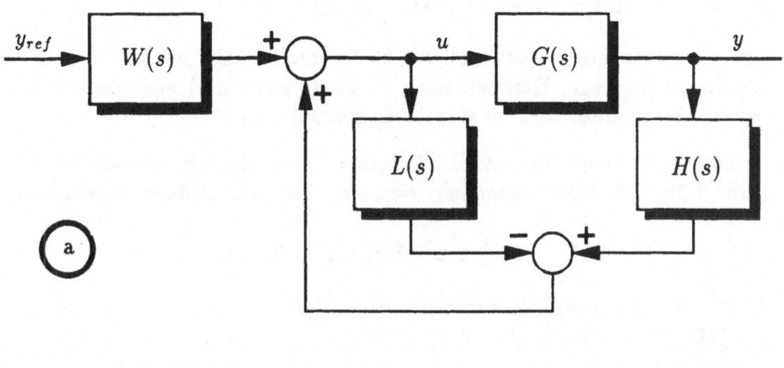

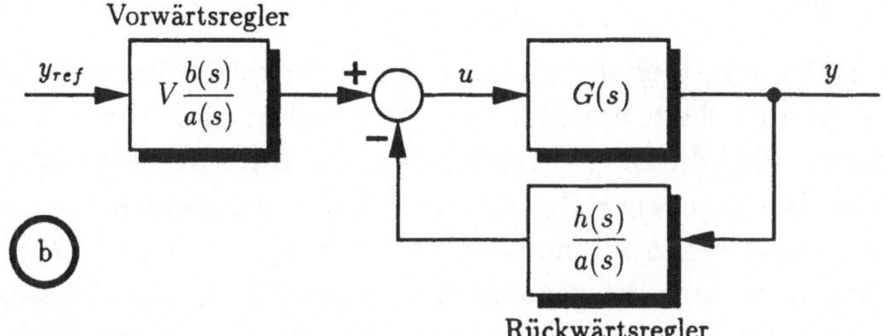

Abbildung 3.3: Ansatz und Realisierung einer Regelung mit Kontrollbeobachter

weiters mit den Polvorgabepolynomen

$$b(s) \triangleq \sum_{i=0}^{n_{rf}} b_i s^i \qquad c(s) \triangleq \sum_{i=0}^{n_{rf}} c_i s^i \tag{3.32}$$

und dem Rückführungsregler

$$h(s) \triangleq \sum_{i=0}^{n_{rf}} h_i s^i \qquad a(s) \triangleq \sum_{i=0}^{n_{rf}} a_i s^i \tag{3.33}$$

stellt die Gl.(3.27) eine diophantische Gleichung dar (*Kučera, V., 1979*). Sie ist im Koeffizientenvergleich nach s^i zu lösen. Dies führt auf ein lineares Gleichungssystem in den Parametern a_i und h_i. In Matrizenform angeschrieben lautet dieses Gleichungssystem

$$\begin{pmatrix} n_o & z_o & 0 & 0 & 0 & 0 \\ n_1 & z_1 & n_o & z_o & 0 & 0 \\ n_2 & z_2 & n_1 & z_1 & n_o & z_o \\ \vdots & \vdots & n_2 & z_2 & n_1 & z_1 \\ \vdots & \vdots & \vdots & \vdots & n_2 & z_2 \end{pmatrix} \begin{pmatrix} a_o \\ h_o \\ a_1 \\ h_1 \\ \vdots \\ \vdots \end{pmatrix} = \begin{pmatrix} c_o & 0 & 0 & \dots \\ c_1 & c_o & 0 & \dots \\ c_2 & c_1 & c_o & \dots \\ \vdots & c_2 & c_1 & \dots \\ \vdots & \vdots & c_2 & \dots \end{pmatrix} \begin{pmatrix} b_o \\ b_1 \\ b_2 \\ \vdots \end{pmatrix} . \tag{3.34}$$

Die Lösung wird mit niedrigsten Werten des Grads n_{rf} versucht und danach n_{rf} so lange erhöht, bis die Lösung möglich wird (*Hippe, P., und Wurmthaler, C., 1985*).

Zu beachten ist schließlich:

- Es muß $\partial\, a(s) \geq \partial\, b(s)$ und $\partial\, a(s) \geq \partial\, h(s)$ gelten sowie $\partial\, c(s) \geq \partial\, z(s)$.
- Die Polynome $z(s)$ und $n(s)$ müssen teilerfremd sein.

- Die Beobachterpole treten dynamisch in $T(s)$ nicht auf.
- Für $a(s)$ sind auch Ansätze gebräuchlich, die einerseits als Faktor s^l enthalten, um Stationärgenauigkeit auf Sprünge, Rampen usw. zu garantieren und andererseits solche Terme, die gut gegen $z(s)$ zu kürzen sind, weil sie ausreichend stabil sind.
- Aus dem genannten Verfahren sind stabile Polynome $a(s)$ nicht sichergestellt. Bei einer Realisierung nach Abb. 3.3b wäre dies abträglich, weil eine instabile Differentialgleichung Gl.(3.25) des Beobachters
$$a(s)\ u = Vb(s)\ y_{ref} + h(s)\ y \tag{3.35}$$
resultierte. Durch eine geeignete Zusammenführung der Teilsysteme $V\frac{b(s)}{a(s)}$ und $\frac{h(s)}{a(s)}$ in Beobachternormalform läßt sich ein Kontrollbeobachter realisieren, der auch bei instabilem Polynom $a(s)$ einen stabilen Algorithmus $u = u(y_{ref}, y)$ zuläßt (*Åström, K.J., and Wittenmark, B., 1984; 1989; Goldynia, J.W., 1992*).

Zusammenfassend kann festgehalten werden: Der Kontrollbeobachter ist ein kombinierter Regler, der aus dynamischem Vorfilter (Vorwärtsregler) und Rückwärtsregler besteht. Das Führungsverhalten wird durch $c(s)$ vorgegeben, das Störungsverhalten durch $c(s)$ und zusätzlich durch $b(s)$. Bei gegebener Regelstrecke, also vorliegenden Polynomen $n(s)$ und $z(s)$, werden die Rückwärtsreglerpolynome $a(s)$ und $h(s)$ durch Gl.(3.27) bestimmt. Der Entwurf des Kontrollbeobachters ist gegenüber den klassischen Reglern wesentlich vereinfacht; der Kontrollbeobachter ist aber zumeist ein Regler von höherer Ordnung.

Für kleine Sollwertänderungen ist das beschriebene Entwurfsverfahren bereits als abgeschlossen zu werten. Für größere Sollwertänderungen ergeben sich allerdings höhere Stellgrößen, die von Begrenzungen abgefangen werden müssen. Hat das Polynom $a(s)$ keinen Term mit s^0, dann liegt ein Integralregler im Rückwärtszweig vor und Anti-Windup-Methoden werden erforderlich, siehe Abb. 14.13.

Beispiel Kontrollbeobachter: Angabe $G(s) = \frac{z(s)}{n(s)} = \frac{10}{20+2\,s+s^2}$.
Polvorgabe für Führungsverhalten und Beobachterpole:

$$c(s) = 8 + 4\,s + s^2 = (s + 2 - j2)(s + 2 + j2) \qquad b(s) = 5 + s\ . \tag{3.36}$$

Lösung:

$$\begin{pmatrix} 20 & 10 & 0 & 0 \\ 2 & 0 & 20 & 10 \\ 1 & 0 & 2 & 0 \\ 0 & 0 & 1 & 0 \end{pmatrix} \begin{pmatrix} a_o \\ h_o \\ a_1 \\ h_1 \end{pmatrix} = \begin{pmatrix} 8 & 0 \\ 4 & 8 \\ 1 & 4 \\ 0 & 1 \end{pmatrix} \begin{pmatrix} 5 \\ 1 \end{pmatrix} \tag{3.37}$$

$$a_o = 7\ ; \quad a_1 = 1\ ; \quad h_o = -10\ ; \quad h_1 = -0{,}6\ ; \quad V = 0{,}8\ . \quad \square \tag{3.38}$$

3.6 Kontrollbeobachter für Mehrgrößenstrecken

Die Regelstreckendefinition lautet in rechtskoprimer Darstellung (*Raisch, J., und Gilles, E.D., 1992*)
$$\mathbf{Z}(s)\mathbf{N}^{-1}(s) = \mathbf{C}(s\mathbf{I} - \mathbf{A})^{-1}\mathbf{B}\ . \tag{3.39}$$
Sind $\mathbf{Z}(s)$ und $\mathbf{N}(s)$ Polynommatrizen, dann läßt sich $\mathbf{N}(s)$ derart wählen[2], daß

$$\det \mathbf{N}(s) = \det(s\mathbf{I} - \mathbf{A})\ . \tag{3.40}$$

[2]Diese Nennerpolynommatrix $\mathbf{N}(s)$ darf nicht mit der Verstärkungsmatrix $\mathbf{N}$ aus Gl.(3.7) verwechselt werden.

3.6.1 Definition einer Partialvariablen

Für die streckeninterne Größe (Partialvariable) $\boldsymbol{\xi}(s)$ gilt definitionsgemäß nach Abb. 3.4a

$$\mathbf{N}^{-1}(s)\mathbf{u}(s) = \boldsymbol{\xi}(s) \qquad \mathbf{Z}(s)\boldsymbol{\xi}(s) = \mathbf{y}(s) \; . \tag{3.41}$$

Ein Zustandsregler bezogen auf die Größe $\boldsymbol{\xi}(s)$ im Frequenzbereich mit der Polynommatrix $\mathbf{R}_\xi(s)$ verwendet die Größe $\boldsymbol{\xi}(s)$ laut Abb. 3.4a. Dann gilt

$$\mathbf{u}(s) = -\mathbf{u}_R(s) + \mathbf{V}\mathbf{y}_{ref}(s) = -\mathbf{R}_\xi(s)\boldsymbol{\xi}(s) + \mathbf{V}\mathbf{y}_{ref}(s) \tag{3.42}$$

$$\mathbf{u}(s) = \mathbf{N}(s)\boldsymbol{\xi}(s) = -\mathbf{R}_\xi(s)\boldsymbol{\xi}(s) + \mathbf{V}\mathbf{y}_{ref}(s) \tag{3.43}$$

$$[\mathbf{N}(s) + \mathbf{R}_\xi(s)]\boldsymbol{\xi}(s) = \mathbf{V}\mathbf{y}_{ref}(s) \; . \tag{3.44}$$

Die Dimensionen lauten für die konstante Matrix $\mathbf{V} \in \mathcal{R}^{m\times m}$ sowie

$$\text{Laplacetransformierte } \mathbf{u}(s),\ \mathbf{y}_{ref}(s),\ \mathbf{y}(s),\ \mathbf{w}_d(s),\ \mathbf{n}_r(s),\ \boldsymbol{\xi}(s) \in \mathcal{C}^m \; , \tag{3.45}$$

$$\text{Polynommatrizen } \mathbf{Z}(s),\ \mathbf{N}(s),\ \mathbf{N}_R(s),\ \mathbf{Z}_y(s),\ \mathbf{Z}_u(s),\ \boldsymbol{\Delta}(s) \text{ und rationale Matrix } \mathbf{N}_{cl}(s) \in \mathcal{C}^{m\times m} \; . \tag{3.46}$$

Für das Führungsverhalten des Regelkreises von $\mathbf{y}_{ref}(s)$ nach $\mathbf{y}(s)$ ergibt sich mit einer Definition[3]

$$\mathbf{N}_{cl}(s) \triangleq \mathbf{N}(s) + \mathbf{R}_\xi(s) \tag{3.47}$$

$$(3.44)\ldots \qquad \boldsymbol{\xi}(s) = [\mathbf{N}(s) + \mathbf{R}_\xi(s)]^{-1}\mathbf{V}\mathbf{y}_{ref}(s) = \mathbf{N}_{cl}^{-1}(s)\mathbf{V}\mathbf{y}_{ref}(s) \tag{3.48}$$

$$(3.41)\ldots \qquad \mathbf{y}(s) = \mathbf{Z}(s)\boldsymbol{\xi}(s) = \underbrace{\mathbf{Z}(s)\mathbf{N}_{cl}^{-1}(s)\mathbf{V}}_{\mathbf{T}(s)}\,\mathbf{y}_{ref}(s) \triangleq \mathbf{T}(s)\mathbf{y}_{ref}(s) \; . \tag{3.49}$$

Aus dem klassischen Zustandsregleransatz gemäß Abb. 3.5 folgt[4]

$$\mathbf{u}_R(s) = -\mathbf{K}\mathbf{x}(s) = -\mathbf{K}(s\mathbf{I} - \mathbf{A})^{-1}\mathbf{B}\mathbf{u}(s) \; . \tag{3.50}$$

Die Identität von $\mathbf{u}_R(s)$ aus Abb. 3.5 und Abb. 3.4a liefert aus Gl.(3.50)

$$\mathbf{u}_R(s) = \mathbf{R}_\xi(s)\boldsymbol{\xi}(s) = \mathbf{R}_\xi(s)\mathbf{N}^{-1}(s)\mathbf{u}(s) \equiv -\mathbf{K}(s\mathbf{I} - \mathbf{A})^{-1}\mathbf{B}\mathbf{u}(s) \tag{3.51}$$

$$(3.47)\ldots \qquad [\mathbf{N}_{cl}(s) - \mathbf{N}(s)]\mathbf{N}^{-1}(s) = -\mathbf{K}(s\mathbf{I} - \mathbf{A})^{-1}\mathbf{B} \tag{3.52}$$

$$\mathbf{N}_{cl}(s)\mathbf{N}^{-1}(s) = \mathbf{I} - \mathbf{K}(s\mathbf{I} - \mathbf{A})^{-1}\mathbf{B} \tag{3.53}$$

$$(3.40)\ldots \qquad \det \mathbf{N}_{cl}(s) \det(s\mathbf{I} - \mathbf{A})^{-1} = \det[\mathbf{I} - \mathbf{K}(s\mathbf{I} - \mathbf{A})^{-1}\mathbf{B}] \; . \tag{3.54}$$

Der Satz über Determinanten, Gl.(21.8), wird auf eine spezielle Matrix angewendet und ergibt

$$\det\begin{pmatrix} s\mathbf{I} - \mathbf{A} & \mathbf{B} \\ \mathbf{K} & \mathbf{I} \end{pmatrix} = [\det(s\mathbf{I} - \mathbf{A})]\det[-\mathbf{K}(s\mathbf{I} - \mathbf{A})^{-1}\mathbf{B} + \mathbf{I}] = 1 \times \det(s\mathbf{I} - \mathbf{A} - \mathbf{B}\mathbf{K}) \; . \tag{3.55}$$

Aus Gl.(3.54) und (3.55) ergibt sich die Feststellung

$$\det \mathbf{N}_{cl}(s) = \det(s\mathbf{I} - \mathbf{A} - \mathbf{B}\mathbf{K}) \; ; \tag{3.56}$$

das in Gl.(3.47) definierte $\mathbf{N}_{cl}(s)$ legt also die Pole des Regelkreises fest.

[3] Ihre praktische Bedeutung wird in Gl.(3.56) gezeigt.

[4] Zweimaliger Vorzeichenwechsel: Der klassische Zustandsregler $\mathbf{u} = \mathbf{K}\mathbf{x}$ nach Gl.(3.14) weist keine Vorzeichenumkehr auf, $\mathbf{u}_R(s)$ wird jedoch mit einem Minus bei der Summierstelle aufgeschaltet.

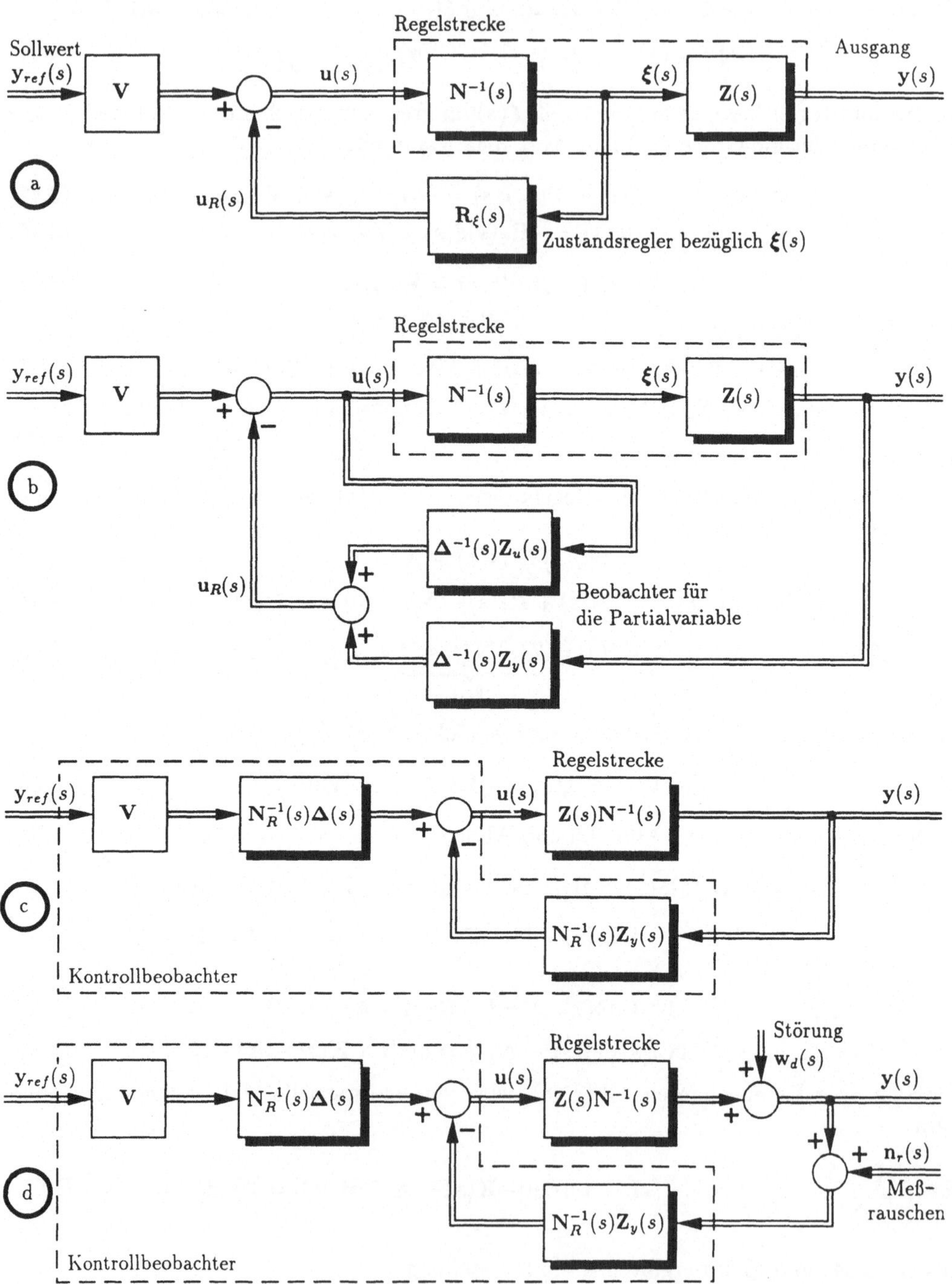

Abbildung 3.4: Zustandsregelung auf der Basis der Partialvariablen und Ersatz durch einen Kontrollbeobachter

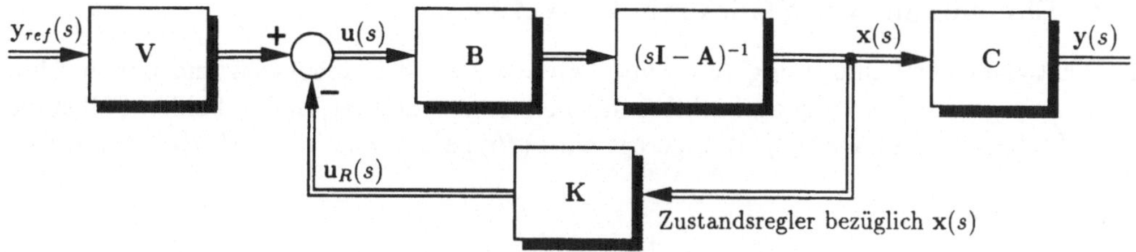

Abbildung 3.5: Zustandsregelung

3.6.2 Kontrollbeobachteransatz im Frequenzbereich

Die Gleichung des vollständigen Zustandsbeobachters im Zeitbereich Gl.(3.10) mit der Beobachterverstärkungsmatrix[5] $\mathbf{N}$ wird in den Frequenzbereich übernommen

$$\dot{\hat{\mathbf{x}}}(t) = \mathbf{F}\hat{\mathbf{x}}(t) + \mathbf{N}\mathbf{y}(t) + \mathbf{B}\mathbf{u}(t) \quad \rightsquigarrow \quad \hat{\mathbf{x}}(s) = (s\mathbf{I} - \mathbf{F})^{-1}[\mathbf{N}\mathbf{y}(s) + \mathbf{B}\mathbf{u}(s)] \,. \tag{3.57}$$

Der Schätzwert $\hat{\mathbf{u}}_R(s)$ für $\mathbf{u}_R(s)$ wird wie folgt angesetzt

$$\hat{\mathbf{u}}_R(s) = -\mathbf{K}\hat{\mathbf{x}}(s) = -\mathbf{K}(s\mathbf{I} - \mathbf{F})^{-1}\mathbf{N}\mathbf{y}(s) - \mathbf{K}(s\mathbf{I} - \mathbf{F})^{-1}\mathbf{B}\mathbf{u}(s) \,. \tag{3.58}$$

Da beide Terme denselben Nenner $\det(s\mathbf{I} - \mathbf{F})$ besitzen, kann man mit der Inversen einer einzigen Polynommatrix $\mathbf{\Delta}(s)$ auskommen und es ergibt sich

$$\hat{\mathbf{u}}_R(s) = \mathbf{\Delta}^{-1}(s)\mathbf{Z}_y(s)\mathbf{y}(s) + \mathbf{\Delta}^{-1}(s)\mathbf{Z}_u(s)\mathbf{u}(s) \,. \tag{3.59}$$

3.6.3 Ersatz der Partialvariablen über Beobachtermatrizen

Da die Partialvariable $\boldsymbol{\xi}(s)$ nicht zugänglich ist, muß sie über Beobachtermatrizen $\mathbf{\Delta}^{-1}(s)\mathbf{Z}_y(s)$ und $\mathbf{\Delta}^{-1}(s)\mathbf{Z}_u(s)$ rückgewonnen werden[6]. Dadurch wird $\hat{\mathbf{u}}_R(s)$ aus $\mathbf{u}(s)$ und $\mathbf{y}(s)$ gebildet

$$\hat{\mathbf{u}}_R(s) \stackrel{\Delta}{=} \mathbf{\Delta}^{-1}(s)\mathbf{Z}_y(s)\mathbf{y}(s) + \mathbf{\Delta}^{-1}(s)\mathbf{Z}_u(s)\mathbf{u}(s) = \mathbf{\Delta}^{-1}(s)[\mathbf{Z}_y(s)\mathbf{Z}(s)\mathbf{N}^{-1}(s) + \mathbf{Z}_u(s)]\mathbf{u}(s) \,. \tag{3.60}$$

Die Polynommatrix $\mathbf{\Delta}(s)$ legt in den Nullstellen des Polynoms $\det \mathbf{\Delta}(s)$ die Beobachterpole fest. Wenn die Größe $\hat{\mathbf{u}}_R(s)$ aus Gl.(3.60) der Größe $\mathbf{u}_R(s)$ aus Gl.(3.51) gleich sein soll, dann gilt unter Verwendung von Gl.(3.47)

$$\mathbf{\Delta}^{-1}(s)[\mathbf{Z}_y(s)\mathbf{Z}(s)\mathbf{N}^{-1}(s) + \mathbf{Z}_u(s)]\mathbf{u}(s) = \mathbf{R}_\xi(s)\mathbf{N}^{-1}(s)\mathbf{u}(s) = [\mathbf{N}_{cl}(s) - \mathbf{N}(s)]\mathbf{N}^{-1}(s)\mathbf{u}(s) \,. \tag{3.61}$$

Mit der Definition $\mathbf{N}_R(s)$, die schon in Abb. 3.4c verwendet[7] wurde,

$$\mathbf{N}_R(s) \stackrel{\Delta}{=} \mathbf{\Delta}(s) + \mathbf{Z}_u(s) \,, \tag{3.62}$$

ist die Nennermatrix des Reglers (Kontrollbeobachters) angesprochen. Es ergibt sich mit ihr aus Gl.(3.61) die wichtige Beziehung Gl.(3.65). Sie ist bereits das Ergebnis in $\mathbf{Z}_y(s)$, $\mathbf{N}_R(s)$ und $\mathbf{\Delta}(s)$.

$$\mathbf{\Delta}^{-1}(s)[\mathbf{Z}_y(s)\mathbf{Z}(s)\mathbf{N}^{-1}(s) + \mathbf{N}_R(s) - \mathbf{\Delta}(s)] = \mathbf{N}_{cl}(s)\mathbf{N}^{-1}(s) - \mathbf{I} \tag{3.63}$$

$$\mathbf{Z}_y(s)\mathbf{Z}(s)\mathbf{N}^{-1}(s) + \mathbf{N}_R(s) = \mathbf{\Delta}(s)\mathbf{N}_{cl}(s)\mathbf{N}^{-1}(s) \tag{3.64}$$

$$\mathbf{Z}_y(s)\mathbf{Z}(s) + \mathbf{N}_R(s)\mathbf{N}(s) = \mathbf{\Delta}(s)\mathbf{N}_{cl}(s) \,. \tag{3.65}$$

[5] Darf nicht mit der Nennerpolynommatrix $\mathbf{N}(s)$ der Regelstrecke verwechselt werden.

[6] Gewählt wurde linkskoprime Darstellung.

[7] Dies stellt sich nach Gl.(3.73) als richtig heraus.

3.6.4 Eliminierung des Pfades mit $\mathbf{\Delta}^{-1}(s)\mathbf{Z}_u(s)$

Die Richtigkeit der Umformung von Abb. 3.4b auf Abb. 3.4c einerseits und der in Abb. 3.4c eingetragenen Übertragungsfunktionen andererseits verlangt, daß in beiden Fällen die gleiche Stellgröße $\mathbf{u}(s)$ aus $\mathbf{y}_{ref}(s)$ angeregt wird (*Hippe, P., und Wurmthalter, C., 1985*).

Aus Abb. 3.4b folgt

$$\mathbf{V}\mathbf{y}_{ref}(s) - \mathbf{\Delta}^{-1}(s)\mathbf{Z}_u(s)\mathbf{u}(s) - \mathbf{\Delta}^{-1}(s)\mathbf{Z}_y(s)\mathbf{y}(s) = \mathbf{u}(s) \tag{3.66}$$

$$\mathbf{V}\mathbf{y}_{ref}(s) - \mathbf{\Delta}^{-1}(s)\mathbf{Z}_u(s)\mathbf{u}(s) - \mathbf{\Delta}^{-1}(s)\mathbf{Z}_y(s)\mathbf{Z}(s)\mathbf{N}^{-1}(s)\mathbf{u}(s) = \mathbf{u}(s) \tag{3.67}$$

$$\mathbf{V}\mathbf{y}_{ref}(s) = [\mathbf{I} + \mathbf{\Delta}^{-1}(s)\mathbf{Z}_u(s) + \mathbf{\Delta}^{-1}(s)\mathbf{Z}_y(s)\mathbf{Z}(s)\mathbf{N}^{-1}(s)]\mathbf{u}(s)\ . \tag{3.68}$$

Aus der Abb. 3.4c findet man

$$\mathbf{N}_R^{-1}(s)\mathbf{\Delta}(s)\mathbf{V}\mathbf{y}_{ref}(s) - \mathbf{N}_R^{-1}(s)\mathbf{Z}_y(s)\mathbf{y}(s) = \mathbf{u}(s) \tag{3.69}$$

$$\mathbf{N}_R^{-1}(s)\mathbf{\Delta}(s)\mathbf{V}\mathbf{y}_{ref}(s) - \mathbf{N}_R^{-1}(s)\mathbf{Z}_y(s)\mathbf{Z}(s)\mathbf{N}^{-1}(s)\mathbf{u}(s) = \mathbf{u}(s) \tag{3.70}$$

$$\mathbf{V}\mathbf{y}_{ref}(s) = \mathbf{\Delta}^{-1}(s)\mathbf{N}_R(s)[\mathbf{I} + \mathbf{N}_R^{-1}(s)\mathbf{Z}_y(s)\mathbf{Z}(s)\mathbf{N}^{-1}(s)]\mathbf{u}(s)\ . \tag{3.71}$$

Aus beiden Gleichungen Gl.(3.68) und Gl.(3.71) resultiert

$$\mathbf{I} + \mathbf{\Delta}^{-1}(s)\mathbf{Z}_u(s) + \mathbf{\Delta}^{-1}(s)\mathbf{Z}_y(s)\mathbf{Z}(s)\mathbf{N}^{-1}(s) = \mathbf{\Delta}^{-1}(s)\mathbf{N}_R(s) + \mathbf{\Delta}^{-1}(s)\mathbf{Z}_y(s)\mathbf{Z}(s)\mathbf{N}^{-1}(s) \tag{3.72}$$

und mit Gl.(3.62) die Identität

$$\mathbf{I} + \mathbf{\Delta}^{-1}(s)\mathbf{N}_R(s) - \mathbf{I} + \mathbf{\Delta}^{-1}(s)\mathbf{Z}_y(s)\mathbf{Z}(s)\mathbf{N}^{-1}(s) = \mathbf{\Delta}^{-1}(s)\mathbf{N}_R(s) + \mathbf{\Delta}^{-1}(s)\mathbf{Z}_y(s)\mathbf{Z}(s)\mathbf{N}^{-1}(s)\ . \tag{3.73}$$

3.6.5 Dimensionierungsfragen zum Kontrollbeobachter

Aus der Abb. 3.4c folgt mit Gl.(3.65) die Führungsübertragungsmatrix $\mathbf{T}(s)$

$$\mathbf{T}(s) \triangleq \mathbf{Z}(s)\mathbf{N}_{cl}^{-1}(s)\mathbf{V} \quad \text{und} \quad \mathbf{y}(s) = \mathbf{Z}(s)\mathbf{N}_{cl}^{-1}(s)\mathbf{V}\mathbf{y}_{ref}(s) = \mathbf{T}(s)\mathbf{y}_{ref}(s)\ . \tag{3.74}$$

Die Führungsübertragungsmatrix $\mathbf{T}(s)$ ist laut Gl.(3.74) von $\mathbf{\Delta}(s)$, also von den Beobachterpolen, *nicht* abhängig.

Zu Bemessung der Mehrgrößenregelung empfiehlt sich folgende Vorgehensweise (*Homole, H., und Noisser, R., 1992*):

(1) Annahme von $\mathbf{K}$, aus Gl.(3.56) folgt $\mathbf{N}_{cl}(s)$. Die Ermittlung von $\mathbf{N}_{cl}(s)$ kann auch nach Gl.(9.35) unterstützt werden.

(2) Annahme von $\mathbf{F}$, daraus $\mathbf{\Delta}(s) = s\mathbf{I} - \mathbf{F}$ oder Ansatz von $\mathbf{\Delta}(s) = \mathbf{diag}\{d_i(s)\}$ mit den Polynomen $d_i(s)$.

(3) Aus Gl.(3.7) mit $\mathbf{M} := \mathbf{C}$, also $\mathbf{A} - \mathbf{F} = \mathbf{NC}$, folgt $\mathbf{N}$.

(4) Nach Gl.(3.59), nämlich $\mathbf{\Delta}^{-1}(s)\mathbf{Z}_y(s) = -\mathbf{K}(s\mathbf{I} - \mathbf{F})^{-1}\mathbf{N}$ folgt $\mathbf{Z}_y(s)$.

(5) Mit Gl.(3.65) ergibt sich $\mathbf{N}_R(s)$.

(6) Der Kontrollbeobachter wird oft als $\mathbf{N}_R(s) = s\mathbf{N}'_R(s)$ angesetzt, also integrierend ausgelegt, um auch im Fall von nicht berücksichtigbaren Streckenparametertoleranzen fehlerfreie Ausregelung zu ermöglichen.

(7) Die Vorfiltermatrix $\mathbf{V}$ besteht aus konstanten Elementen. Damit stationär $\mathbf{T}(0) = \mathbf{I}$ gilt, muß $\mathbf{V} = \mathbf{N}_{cl}(0)\mathbf{Z}^{-1}(0)$ gelten.

(8) Überprüfung der Stellgröße (i) auf Sollwertsprünge, (ii) als Funktion des Meßrauschens und (iii) auf Störgrößen. Dazu bietet sich die Eingrenzung der Verstärkung durch

den maximalen Singulärwert mit einer bestimmten Obergrenze k_s an, und zwar nach $\mathbf{y}(s) = [\mathbf{I} + \mathbf{F}_{oy}(s)]^{-1}\mathbf{w}_d(s)$

$$\sigma_{\max}[\ \{\mathbf{I} + \mathbf{F}_{oy}(s)\}^{-1}] \leq k_s \qquad \rightsquigarrow \qquad \sigma_{\min}^{-1}[\mathbf{I} + \mathbf{F}_{oy}(s)] \leq k_s\ . \tag{3.75}$$

Darin ist $\mathbf{F}_{oy}(s)$ die Schleifenübertragungsmatrix mit Schnittstelle bei $\mathbf{y}(s)$. □

(9) Bei additiver Schleifenunsicherheit $\mathbf{F}_{o\nu p} = \mathbf{F}_{o\nu} + \Delta\mathbf{F}_{o\nu}$ hat nach Gl.(19.61)

$$\sigma_{\max}[\Delta\mathbf{F}_{o\nu}(s)] \leq \sigma_{\min}[\mathbf{I} + \mathbf{F}_{o\nu}(s)]\ \Big|_{s=j\omega,\ 0\leq\omega\leq\infty} \tag{3.76}$$

zu gelten. Für beide Schnittstellenmöglichkeiten $\nu = [u, y]$ ist der Stabilitätsradius — als kleinerer der beiden möglichen — auszuwählen und durch eine Mindestgrenze k_r abzusichern

$$r = \min\{\min_{\omega} \sigma_{\min}[\mathbf{I} + \mathbf{F}_{ou}(j\omega)],\ \min_{\omega} \sigma_{\min}[\mathbf{I} + \mathbf{F}_{oy}(j\omega)]\} > k_r\ . \quad \square \tag{3.77}$$

(10) Für $\mathbf{u}(s) = \mathbf{F}_u(s)\mathbf{y}_{ref}(s)$ ist bei Vorliegen folgender Beschränkung der i-ten Komponente des Eingangs $\mathbf{y}_{ref}(t)$, nämlich $|y_{ref,i}(t)| \leq \max_t |y_{ref,i}(t)| \triangleq k_{yi}$,

$$u_j(s) = \sum_{i=1}^{m} F_{ji}(s) y_{ref,i}(s) \triangleq \sum_{i=1}^{m} [\mathcal{L} f_{ji}(t)] y_{ref,i}(s) = \mathcal{L} \sum_{i=1}^{m} \int_0^t f_{ji}(\tau) y_{ref,i}(t-\tau) d\tau \tag{3.78}$$

ein besonders ungünstiges $y_{ref,i}(t)$ derart konstruierbar, daß

$$\max_t |u_j(t)| = \sum_{i=1}^{m} k_{yi} \int_0^\infty |f_{ji}(\tau)| d\tau \tag{3.79}$$

(*Dourdoumas, N., 1987*). Vergleiche auch Gl.(8.33). □

3.7 Robustheit und Regelqualität

Die nominale, d.h. die ungestörte Regelstreckenmatrix, laute $\mathbf{G}(s)$, die unsicherheitsbehaftete besitzte die Übertragungsmatrix $\mathbf{G}_p(s) = (\mathbf{I} + \Delta\mathbf{L}_o)\mathbf{G}(s)$, also eine sogenannte multiplikative Unsicherheit am Streckenausgang. Die Toleranz $\Delta\mathbf{L}_o$ ist durch

$$\sigma_{\max}[\Delta\mathbf{L}_o] \triangleq +\sqrt{\lambda_{\max}[\Delta\mathbf{L}_o^H \Delta\mathbf{L}_o]} \leq l_o(\omega) \tag{3.80}$$

begrenzt. Die Robustheit[8] wird insbesondere bei großen Frequenzen, bei denen $||\mathbf{GK}||$ klein ist, durch $\sigma_{\max}[\mathbf{GK}] < \frac{1}{l_o(\omega)}$ bestimmt. Dies ist gleichbedeutend mit

$$\sigma_{\max}[(\mathbf{I} + \mathbf{GK})^{-1}\mathbf{GK}] \triangleq \sigma_{\max}[\mathbf{T}(s)] < \frac{1}{l_o(\omega)}\ . \tag{3.81}$$

Die Regelqualität ist durch die Größe $\mathbf{T}(s) = \mathbf{I} - \mathbf{S}(s)$ bei kleinen Frequenzen bestimmt, bei denen $\mathbf{GK}$ in irgend einer Norm groß ist gegenüber $\mathbf{I}$, also

$$\sigma_{\min}[\mathbf{GK}] = \frac{1}{\sigma_{\max}[(\mathbf{GK})^{-1}]} > p(\omega) \qquad \rightsquigarrow \qquad \sigma_{\max}[(\mathbf{GK})^{-1}] < \frac{1}{p(\omega)} \tag{3.82}$$

$$\sigma_{\max}[(\mathbf{I} + \mathbf{GK})^{-1}] = \sigma_{\max}[\mathbf{S}(s)] < \frac{1}{p(\omega)}\ . \tag{3.83}$$

Die beiden Formeln für den Mehrgrößenstandardfall zeigen also die Verbindung von maximalem Singulärwert $\sigma_{\max}$ von $\mathbf{T}(s)$ und $\mathbf{S}(s)$ zu vorgegebenen Qualitätsfunktionen.

Der Beobachter muß noch auf diesen Mehrgrößenstandardfall umgeformt werden.

[8] Diese Bedingung für die Robustheit leitet sich aus der Bedingung ab, daß $\det(\mathbf{I} + \mathbf{G}_p\mathbf{K})$ für alle möglichen Unsicherheiten $\Delta\mathbf{L}_o$ keine anderen Nyquist-Umfahrungen ausführt als $\det(\mathbf{I} + \mathbf{GK})$ (*Doyle, J.C., and Stein, G., 1981; Weinmann, A., 1991, p.391*).

3.8 Reduzierter (verallgemeinerter) Beobachter

Ein verallgemeinerter Ansatz für den Beobachter lautet

$$\dot{\mathbf{z}}(t) = \mathbf{F}_z\mathbf{z}(t) + \mathbf{Hu}(t) + \mathbf{Ly}(t) \; . \tag{3.84}$$

Für die Aufbringung der Stellgröße gelte

$$-\mathbf{K}\hat{\mathbf{x}}(t) \triangleq \mathbf{Pz}(t) + \mathbf{V}_D\mathbf{y} \triangleq -\mathbf{KEz}(t) - \mathbf{KDy}(t) \; . \tag{3.85}$$

Mit der Gleichung für den Beobachtungsfehler

$$\dot{\tilde{\mathbf{z}}}(t) = \mathbf{F}_z\tilde{\mathbf{z}}(t) \; , \qquad \tilde{\mathbf{z}}(t) = -\mathbf{z}(t) + \mathbf{T}\hat{\mathbf{x}}(t) \; , \qquad \mathbf{T}\hat{\mathbf{x}}(t) = \hat{\mathbf{z}}(t) \tag{3.86}$$

gilt für die Dimensionierung, damit der Beobachtungsfehler gegen null konvergiert,

$$\mathbf{TA} - \mathbf{F}_z\mathbf{T} = \mathbf{LC} \tag{3.87}$$

$$\mathbf{H} = \mathbf{TB} \tag{3.88}$$

$$\mathbf{K} = -\mathbf{PT} + \mathbf{KDC} \; . \tag{3.89}$$

Dabei nimmt hier **C** die Rolle von **M** aus Gl.(3.2) an.

3.9 Rückgewinnung von Übertragungsverhalten

3.9.1 Open-Loop Transfer Recovery

Von einem Mehrgrößenzustandsregler ist die Schleifenübertragungsfunktion am Streckeneingang, wenn der Zustandsregler mit $\mathbf{x}(t)$ am Eingang arbeitet, gleich

$$\mathbf{K\Phi}(s)\mathbf{B} \; . \tag{3.90}$$

Dieser Formelausdruck ist nicht anwendbar, wenn statt $\mathbf{x}(t)$ nur $\hat{\mathbf{x}}(t)$ zur Regelung zur Verfügung steht. Der reduzierte Beobachter ist durch die Gln.(3.85) bis (3.89) gegeben und in Abb. 3.6 dargestellt. Es wurden die Abkürzungen $\mathbf{P} := -\mathbf{KE}$ und $\mathbf{V}_D := -\mathbf{KD}$ verwendet. Die Analyse der Schaltung nach Abb. 3.6 ergibt die Schleifenübertragungsmatrix für die Schnittstelle S_G am unmittelbaren Eingang der Strecke zu

$$\mathbf{G}_I(s) = \mathbf{V}_D\mathbf{C\Phi}(s)\mathbf{B} + \mathbf{P}(s\mathbf{I} - \mathbf{F}_z + \mathbf{HP})^{-1}(\mathbf{L} - \mathbf{HV}_D)\mathbf{C\Phi}(s)\mathbf{B} \tag{3.91}$$

(*Stein, G., and Athans, M., 1987*). Die Differenz aus den Gl.(3.90) und (3.91) heißt Open-Loop Transfer Recovery. Wird eine Definition eingeführt, die sogenannte Recovery Matrix

$$\mathbf{M}_I(s) \triangleq \mathbf{P}(s\mathbf{I} - \mathbf{F}_z)^{-1}\mathbf{H} \; , \tag{3.92}$$

dann kann die Open-Loop Transfer Recovery geschrieben werden als

$$\mathbf{M}_I(s)[\mathbf{I} + \mathbf{M}_I(s)]^{-1}[\mathbf{I} + \mathbf{K\Phi B}] \; . \tag{3.93}$$

Wird

$$\mathbf{N}_I(s) \triangleq \mathbf{V}_D + \mathbf{P}(s\mathbf{I} - \mathbf{F}_z)^{-1}\mathbf{L} \tag{3.94}$$

definiert, so kann die Abb. 3.6 auf Abb. 3.7 umgezeichnet werden.

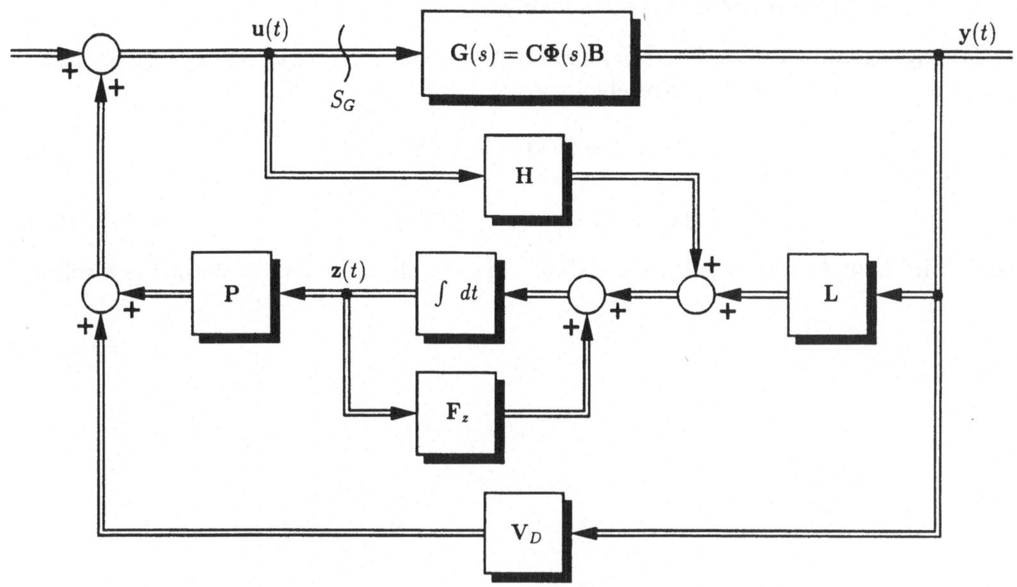

Abbildung 3.6: Blockschaltbild des reduzierten Beobachters

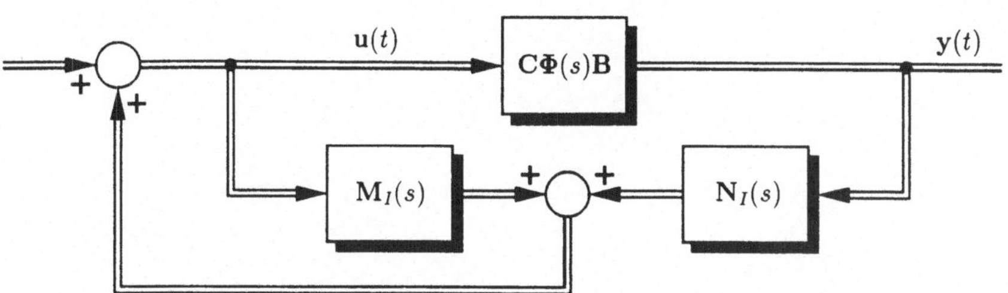

Abbildung 3.7: Reduzierter Beobachter im Frequenzbereich

3.9.2 Empfindlichkeits-Recovery

Werden die Empfindlichkeiten des Zustandsregler-Mehrgrößenregelkreises mit dem Kreis nach Abb. 3.6 verglichen, so erhält man als Empfindlichkeits-Recovery

$$[\mathbf{I}+\mathbf{K}\mathbf{\Phi}(s)\mathbf{B}]^{-1}-[\mathbf{I}+\mathbf{G}_I(s)]^{-1}=-[\mathbf{I}+\mathbf{K}\mathbf{\Phi}(s)\mathbf{B}]^{-1}\mathbf{M}_I(s)\ . \tag{3.95}$$

Diese Definition erweist sich auch bei instabilem $\mathbf{G}(s)$ hilfreich. Die Gleichsetzung in obiger Gleichung wird durch die Definition von $\mathbf{M}_I(s)$ ermöglicht. Die Gleichung ist nur angeschrieben, nicht hergeleitet, die Herleitung findet sich in *Niemann, H.H., et al., 1991*.

3.9.3 Eingangs-Ausgangs-Recovery

Die folgende Gleichung gibt die Definition der Eingangs-Ausgangs-Recovery wieder

$$\mathbf{C}(s\mathbf{I}-\mathbf{A}-\mathbf{B}\mathbf{K})^{-1}-[\mathbf{I}+\mathbf{C}\mathbf{\Phi}(s)\mathbf{B}\mathbf{G}_I(s)\mathbf{G}^{-1}(s)]^{-1}\mathbf{C}\mathbf{\Phi}(s)\mathbf{B}=-\mathbf{C}(s\mathbf{I}-\mathbf{A}-\mathbf{B}\mathbf{K})^{-1}\mathbf{B}\mathbf{M}_I(s)\ . \tag{3.96}$$

Die genannte Gleichsetzung kann nur durch etliche Zwischenrechnungen bestätigt werden.

3.9.4 Bedingungen für exakte Recovery

Die Bedingungen für exakte Recovery sind in *Niemann, H.H., et al. 1991* angegeben, und zwar, wie nachträglich leicht einzusehen, als

$$\mathbf{M}_I(s) = \mathbf{P}(s\mathbf{I} - \mathbf{F}_z)^{-1}\mathbf{H} = \mathbf{0} \tag{3.97}$$

$$\mathbf{P}[\mathbf{H} \vdots \mathbf{F}_z\mathbf{H} \vdots \ldots\ldots \vdots \mathbf{F}_z^{p-1}\mathbf{H}] = \mathbf{0}\,. \tag{3.98}$$

Damit wird zum Ausdruck gebracht, daß das System $(\mathbf{F}_z, \mathbf{H})$ nicht steuerbar sein sollte.

Kapitel 4

Abtastregelungen

Gerätetechnische Ausführungen von Regelungen bedingen an manchen Stellen eine zeitlich diskontinuierliche Signalübertragung. Solche Systeme werden als diskrete oder abtastende Regelungen bezeichnet. Zu Anwendungsfällen zählen digitale Meß- und Übertragungsverfahren, Digitalrechner und Stromrichter innerhalb des Regelkreises (*Föllinger, O., 1982; Tou, J.T., 1959, 1964; Ackermann, J., 1983; Vich, R., 1963*). Ein Beispiel für einen biologischen Abtastregelkreis sind die Augenfolgebewegungen (*Young, L.R., und Stark, L., 1963*).

4.1 Getastete Signale. z-Transformation

Abtastregelkreisen ist in dynamischer Hinsicht gemeinsam, daß die Information zeitlich diskret, und zwar nur zu Zeitpunkten im Abstand T, weitergeleitet wird. Die Größe T ist das Abtastintervall, die Abtastperiode; $\omega_T = 2\pi/T$ ist die Abtastkreisfrequenz. Die Abb. 4.1 zeigt dies unter Anwendung auf ein Signal $x(t)$. Das Abtastintervall T wird im vorliegenden Kapitel konstant angenommen, auch wenn es bei manchen Anwendungen variieren kann (*Weinmann, A., 1981; 1985a*).

Zur mathematischen Behandlung einer solchen Informationsverarbeitung bedient man sich vorteilhaft der Dirac-Funktionen. Die Signalamplitude $x(kT)$, genau $x(kT^+)$, wird von einem neuen Signal $x^\star(kT)$ übernommen, und zwar von dessen *Fläche* zum Zeitpunkt kT. An diesem ideellen, physikalisch nicht existenten Signal $x^\star(t)$ wird durch Verwendung desselben Grundsymbols x angedeutet, daß es aus dem kontinuierlichen Signal $x(t)$ entstanden ist; durch den hochgestellten Stern * wird die Abtastung angemerkt.

Der gesamte Dirac-Puls $x^\star(t)$ kann nun angesetzt werden zu

$$x^\star(t) \triangleq \sum_{k=0}^{\infty} x(kT)\delta(t-kT) \; . \tag{4.1}$$

Dabei ist angenommen, daß $x(t)$ nur für $t > 0$ existiert.

Bei der Anwendung in technischen Regelungen spielt die Größe von T eine wesentliche Rolle. Wenngleich mit der Abtastung gerätetechnisch eine Amplitudenquantisierung verbunden ist, wirkt sich letztere ungleich weniger auf die Qualität der Regelung aus.

Im Blockschaltbild wird der Vorgang der zeitlichen Diskretisierung durch das Symbol eines Tasters dargestellt. Dieses Tastersymbol darf allerdings nicht mit einem elektrischen Taster verwechselt werden.

Will man einen realen Taster — mit horizontalen Abschnitten im getasteten Signal x_h laut Abb. 4.1 — rechnerisch beschreiben, so kann man diesen aus dem ideellen Dirac-Taster folgendermaßen herstellen: Man schaltet an den ideellen Taster ein Übertragungselement

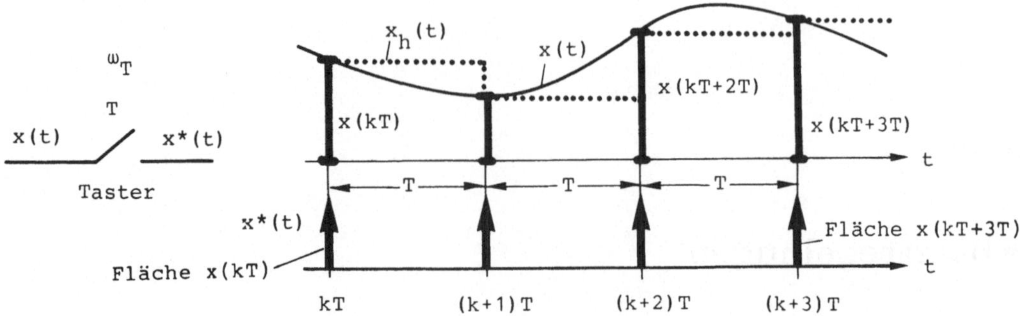

Abbildung 4.1: Folge der aus $x(t)$ getasteten Amplitudenwerte $x(kT)$ und Übernahme in einen Dirac-Puls $x^{\star}(t)$ und in ein Treppensignal $x_h(t)$

in Serie, das die Gewichtsfunktion $\sigma(t) - \sigma(t-T)$ besitzt und aus einer Dirac-Nadel einen Rechteckimpuls der Dauer T herstellt. Ein solches Element ist ein zeitlich begrenzt wirkender Integrator und wird Halteglied genannt. Es hält die in der Dirac-Fläche gespeicherte Information als Signalamplitude von kT^{+} bis $(k+1)T$ fest. Seine Übertragungsfunktion lautet $G_{ho}(s) = (1 - e^{-sT})/s$.

Der ideelle Taster selbst ist eine sehr gute Approximation von Schritt-Motoren; deren Betriebsform ist nämlich impulsförmig.

Das Signal $x^{\star}(t)$ nach Gl.(4.1) kann ferner auch als *Produkt* von $x(t)$ mit einem weiteren neudefinierten Signal $1^{\star}_{\infty}(t)$ aufgefaßt werden. Dieses entsteht durch Tastung aus dem von $-\infty$ bis ∞ währenden konstanten Signal 1. Es läßt sich auf einfache Weise zeigen, daß $1^{\star}_{\infty}(t)$, in eine Fourier-Reihe zerlegt, ein konstantes Amplitudenspektrum besitzt

$$1^{\star}_{\infty}(t) \triangleq \frac{1}{T}\sum_{-\infty}^{\infty} e^{jk\omega_T t} \quad . \tag{4.2}$$

Wird vom getasteten Signal das Laplace-Bild gesucht, wobei die untere Integralgrenze des Laplace-Integrals, wie für Dirac-Funktionen notwendig, bei -0 angenommen wird, so ergibt sich aus den Gln.(4.1) und (4.2)

$$\begin{aligned} x^{\star}(t) \;&\triangleq\; X^{\star}(s) = \mathcal{L}\{\sum_{0}^{\infty} x(kT)\delta(t-kT)\} = \mathcal{L}\{x(t)\sum_{0}^{\infty}\delta(t-kT)\} = \mathcal{L}\{x(t)\; 1^{\star}_{\infty}(t)\} = \\ &= \;\mathcal{L}\{x(t)\frac{1}{T}\sum_{-\infty}^{\infty} e^{jk\omega_T t}\} = \frac{1}{T}\mathcal{L}\{\sum_{-\infty}^{\infty} x(t)e^{jk\omega_T t}\} \quad . \end{aligned} \tag{4.3}$$

Unter Verwendung des aus der Theorie der Laplace-Transformation bekannten Satzes über die Verschiebung im Spektralbereich läßt sich aus Gl.(4.3) die folgende Formulierung angeben

$$\mathcal{L}\{x^{\star}(t)\} = \frac{1}{T}\mathcal{L}\{\sum_{-\infty}^{\infty} x(t)e^{jk\omega_T t}\} = \frac{1}{T}\sum_{-\infty}^{\infty} X(s - jk\omega_T) \, . \tag{4.4}$$

Unter Verwendung des Verschiebungssatzes im Zeitbereich ergibt sich hingegen

$$\mathcal{L}\{x^{\star}(t)\} = \mathcal{L}\{\sum_{0}^{\infty} x(kT)\delta(t-kT)\} = \sum_{0}^{\infty} x(kT)e^{-kTs} = \sum_{0}^{\infty} x(kT)z^{-k} \, . \tag{4.5}$$

Im letzten Ausdruck ist die Abkürzung $z = e^{sT}$ eingeführt worden[1]. Mit z wird ein neuer Operator, der Operator der diskreten Laplace-Transformation (z-Transformation) bezeichnet. Zusammengefaßt ist zu schreiben

$$\mathcal{L}\{x^\star(t)\} \triangleq X^\star(s) \triangleq \mathcal{Z}\{x(t)\} \triangleq \mathcal{Z}\{x(kT)\} \triangleq X(z) = \sum_0^\infty x(kT)z^{-k} \ . \tag{4.7}$$

Der Ausdruck $\mathcal{Z}\{x(kT)\}$ ist dabei die exakte Formulierung[2].

Wegen des Tiefpaßcharakters technischer Regelungen oder wegen des oft eingeschränkten Interesses läßt sich bei den Signalen die Summe in Gl.(4.4) oft auf einige wenige Summanden einschränken.

Die Ergebnisse aus den Gln.(4.4) und (4.7) sind in Abb. 4.2 zusammengestellt.

Zur Orientierung sei kurz auf das Abtasttheorem von Shannon verwiesen. Es besagt: Wird ein bei ω_o bandbegrenztes Signal $x(t)$ mit der Abtastkreisfrequenz ω_T zum Signal $x^\star(t)$ abgetastet, so kann $x(t)$ aus $x^\star(t)$ ohne Informationsverlust wiedergewonnen werden, wenn $\omega_T > 2\omega_o$ gilt. Für die Regelungstechnik ist das Abtasttheorem nur bedingt anwendbar, sind doch Regelkreissignale zumeist aperiodisch und daher von keinem begrenzten Amplitudendichtespektrum.

4.2 Spezielle abgetastete Signale

Für Signale, die einfachen analytischen Funktionen entsprechen, kann die unendliche Summe der z-Transformation geschlossen berechnet werden. Die Exponentialfunktion $e^{s_i t}$ führt auf eine unendliche geometrische Reihe

$$\mathcal{Z}\{e^{s_i t}\} = \sum_0^\infty e^{s_i kT} z^{-k} = \frac{1}{1 - e^{s_i T} z^{-1}} \ ; \tag{4.8}$$

unter der Annahme, daß $|e^{s_i T} z^{-1}| < 1$ bleibt.

Bei Regelungen sind z-Transformierte solcher Signale $x(t)$ häufig anzutreffen, die rationale Laplace-Transformierte besitzen, also $X(s) = p(s)/q(s)$. Unter Verwendung des Ergebnisses der Gl.(4.8) und der Partialbruchentwicklung folgt

$$X(s) = \frac{p(s)}{q(s)} = \sum_{i=0}^n \frac{p(s_i)}{q'(s_i)\,(s - s_i)} = \mathcal{L}\{\sum_{i=0}^n \frac{p(s_i)}{q'(s_i)} e^{s_i t}\} \rightsquigarrow X(z) = \sum_{i=0}^n \frac{p(s_i)}{q'(s_i)} \frac{1}{1 - e^{s_i T} z^{-1}} \ . \tag{4.9}$$

In der Tabelle 4.1 sind z-Transformierte einfacher Signale zusammengestellt.

[1]Man beachte, daß $(e^{j2\pi})^k = 1^k = 1$ nur bei k ganzzahlig gilt und daß dementsprechend keine voreiligen Schlüsse gezogen werden dürfen, die einem Vergessen der Phaseninformation gleichkämen, z.B. bei $s = j\omega$ und $fT \neq$ ganzzahlig

$$z = e^{sT} = e^{j\omega T} = e^{j2\pi fT} = (e^{j2\pi})^{fT} \neq 1^{fT} \ . \tag{4.6}$$

[2]Die genannten Gleichungen sind genau als *Definition* einzuhalten. Der Ausdruck $X(z)$ *entsteht also nicht* etwa durch bloße Substitution von z statt s in $X(s)$. Es wird davon Abstand genommen, eine umständlichere Bezeichnung, etwa $X_z(z)$, einzuführen.

$g(t)$	$G(s) = \mathcal{L}\{g(t)\} \triangleq \int_0^\infty g(t)e^{-st}dt$	$G(z) \triangleq \sum_{k=0}^{\infty} g(kT)z^{-k}$
1	$\frac{1}{s}$	$\frac{z}{z-1}$
e^{-at}	$\frac{1}{(s+a)}$	$\frac{z}{z-e^{-aT}}$
$1-e^{-at}$	$\frac{a}{s(s+a)}$	$\frac{(1-e^{-aT})z}{(z-1)(z-e^{-aT})}$
$t^k e^{-at}/k!$	$\frac{1}{(s+a)^{k+1}}$	$\frac{(-1)^k}{k!} \frac{\partial^k}{\partial a^k}\left(\frac{z}{z-e^{-aT}}\right) \begin{cases} \underline{k=1:}\ Tze^{-aT}(z-e^{-aT})^{-2} \\ \underline{k=2:}\ 0{,}5\ T^2 ze^{-aT}(z+e^{-aT})(z-e^{-aT})^{-3} \end{cases}$
$\sin \omega_o t$	$\frac{\omega_o}{s^2+\omega_o^2}$	$\frac{z \sin \omega_o T}{z^2-2z \cos \omega_o T + 1}$
$e^{-at} \sin \omega_o t$	$\frac{\omega_o}{(s+a)^2+\omega_o^2}$	$\frac{ze^{-aT} \sin \omega_o T}{z^2-2ze^{-aT} \cos\omega_o T + e^{-2aT}}$
$\cos \omega_o t$	$\frac{s}{s^2+\omega_o^2}$	$\frac{z(z-\cos \omega_o T)}{z^2-2z \cos \omega_o T + 1}$
$e^{-at} \cos \omega_o t$	$\frac{s+a}{(s+a)^2+\omega_o^2}$	$\frac{z^2-ze^{-aT}\cos \omega_o T}{z^2-2ze^{-aT}\cos\omega_o T + e^{-2aT}}$

Tabelle 4.1 z-Transformierte G(z) und Laplace-Transformierte G(s) einfacher Signale g(t)

Tabelle 4.1 (Fortsetzung)

$g(t)$	$G(s) = \mathcal{L}\{g(t)\} \triangleq \int_0^\infty g(t)e^{-st}dt$	$G(z) \triangleq \sum_{k=0}^{\infty} g(kT)z^{-k}$
$\frac{e^{-t/a}-e^{-t/b}}{a-b}$	$\frac{1}{(1+as)(1+bs)}$	$\frac{z(e^{-T/a}-e^{-T/b})}{(a-b)(z-e^{-T/a})(z-e^{-T/b})}$
$a^{-3}(a-t)e^{-t/a}$	$\frac{s}{(1+as)^2}$	$\frac{z^2-z(e^{-T/a}+(T/a)e^{-T/a})}{a^2(z-e^{-T/a})^2}$
$1-(1+t/a)e^{-t/a}$	$\frac{1}{s(1+as)^2}$	$\frac{z^2\{1-e^{-T/a}-(T/a)e^{-T/a}\}+z\{e^{-2T/a}-e^{-T/a}+(T/a)e^{-T/a}\}}{(z-1)(z-e^{-T/a})^2}$
$(1-at)e^{-at}$	$\frac{s}{(s+a)^2}$	$\frac{z^2-ze^{-aT}(1+aT)}{(z-e^{-aT})^2}$
$\frac{c-a}{b-a}e^{-at}+\frac{b-c}{b-a}e^{-bt}$	$\frac{s+c}{(s+a)(s+b)}$	$\frac{z^2(b-a)+z\{-(c-a)e^{-bT}-(b-c)e^{-aT}\}}{(b-a)(z-e^{-aT})(z-e^{-bT})}$
$1-(1-b/a)e^{-t/a}$	$\frac{1+sb}{s(1+sa)}$	$\frac{z^2 b/a+z(1-e^{-T/a}-b/a)}{(z-1)(z-e^{-T/a})}$
$1+\frac{1}{b-a}(ae^{-t/a}-be^{-t/b})$	$\frac{1}{s(1+as)(1+bs)}$	$\frac{z^2(ae^{-T/a}-be^{-T/b}-a+b)+z\{(b-a)e^{-T/a}\ e^{-T/b}+ae^{-T/b}-be^{-T/a}\}}{(b-a)(z-1)(z-e^{-T/a})(z-e^{-T/b})}$
$a^{-2}(e^{-at}-1+at)$	$\frac{1}{s^2(s+a)}$	$\frac{z^2(aT-1+e^{-aT})+(1-aTe^{-aT}-e^{-aT})z}{a^2(z-1)^2(z-e^{-aT})}$
$1-\frac{e^{-at}}{\cos b}\cos(\omega_o t+b)$ $\tan b = -a/\omega_o$	$\frac{a^2+\omega_o^2}{s(s+a)^2+s\omega_o^2}$	$\frac{z}{z-1}-\frac{z^2-ze^{-aT}\cos(\omega_o T+b)/\cos b}{z^2-2ze^{-aT}\cos \omega_o T+e^{-2aT}}$

Tabelle 4.2 Modifizierte z-Transformierte G(z,m) einfacher Signale g(t)

g(t)	$G(z,m) \triangleq \sum_{k=0}^{\infty} g(kT - T + mT) z^{-k} \quad 0 \leq m < 1$
1	$\frac{1}{z-1}$
e^{-at}	$\frac{e^{-amT}}{z-e^{-aT}}$
$1-e^{-at}$	$\frac{1}{z-1} - \frac{e^{-amT}}{z-e^{-aT}}$
$t^k e^{-at}/k!$	$\frac{(-1)^k}{k!} \frac{\partial^k}{\partial a^k}\left(\frac{e^{-amT}}{z-e^{-aT}}\right)$
$\sin \omega_o t$	$\frac{z \sin m\omega_o T + \sin(1-m)\omega_o T}{z^2-2z \cos \omega_o T + 1}$
$e^{-at} \sin \omega_o t$	$\frac{\{z \sin m\omega_o T + e^{-aT} \sin(1-m)\omega_o T\} e^{-amT}}{z^2-2ze^{-aT} \cos\omega_o T + e^{-2aT}}$
$\cos \omega_o t$	$\frac{z \cos m\omega_o T - \cos (1-m)\omega_o T}{z^2-2z \cos \omega_o T + 1}$
$e^{-at} \cos \omega_o t$	$\frac{\{z \cos m\omega_o T - e^{-aT} \cos (1-m)\omega_o T\} e^{-amT}}{z^2-2ze^{-aT} \cos\omega_o T + e^{-2aT}}$
$\frac{e^{-t/a}-e^{-t/b}}{a-b}$	$\frac{z(e^{-mT/a}-e^{-mT/b})+e^{-T/a}\, e^{-mT/b}-e^{-T/b}\, e^{-mT/a}}{(a-b)(z-e^{-T/a})(z-e^{-T/b})}$

Tabelle 4.2 (Fortsetzung)

$g(t)$	$G(z,m) \triangleq \sum_{k=0}^{\infty} g(kT-T+mT)z^{-k} \quad 0 \le m < 1$
$a^{-3}(a-t)e^{-t/a}$	$\frac{ze^{-mT/a}-e^{-mT/a}\,e^{-T/a}-(T/a)\{mT+(1-m)e^{-T/a}\}}{a^2(z-e^{-T/a})^2}$
$1-(1+t/a)e^{-t/a}$	$\frac{z^2(1-e^{-mT/a}-(mT/a)e^{-mT/a})+z\{-2e^{-T/a}+e^{-T/a}\,e^{-mT/a}+e^{-mT/a}-(1-m)(T/a)e^{-T/a}\,e^{-mT/a}+(mT/a)e^{-mT/a}\}+e^{-2T/a}-e^{-T/a}\,e^{-mT/a}+(1-m)(T/a)e^{-T/a}\,e^{-mT/a}}{(z-1)(z-e^{-T/a})^2}$
$(1-at)e^{-at}$	$\frac{ze^{-amT}(1-amT)-e^{-aT}e^{-amT}\{1+(1-m)aT\}}{(z-e^{-aT})^2}$
$\frac{c-a}{b-a}\,e^{-at}+\frac{b-c}{b-a}\,e^{-bt}$	$\frac{z\{e^{-amT}(c-a)+e^{-bmT}(b-c)\}-(c-a)e^{-amT}e^{-bT}-(b-c)e^{-bmT}e^{-aT}}{(b-a)(z-e^{-aT})(z-e^{-bT})}$
$1-(1-b/a)e^{-t/a}$	$\frac{z\{1-e^{-mT/a}(1-b/a)\}+e^{-mT/a}(1-b/a)-e^{-T/a}}{(z-1)(z-e^{-T/a})}$
$1+\frac{1}{b-a}(ae^{-t/a}-be^{-t/b})$	$\frac{z^2(b-a+ae^{-mT/a}-be^{-mT/b})+z\{-(b-a)(e^{-T/b}+e^{-T/a})-ae^{-mT/a}(1+e^{-T/b})+be^{-mT/b}(1+e^{-T/a})\}+(b-a)e^{-T/a}\,e^{-T/b}+ae^{-mT/a}\,e^{-T/b}-be^{-mT/b}\,e^{-T/a}}{(b-a)(z-1)(z-e^{-T/a})(z-e^{-T/b})}$
$a^{-2}(e^{-at}-1+at)$	$\frac{z^2(amT-1+e^{-amT})+z\{aT(1-m-me^{-aT})+1-2e^{-amT}+e^{-aT}\}+e^{-amT}-aTe^{-aT}(1-m)-e^{-aT}}{a^2(z-1)^2(z-e^{-aT})}$
$1-\frac{e^{-at}}{\cos b}\cos(\omega_o t+b) \qquad \tan b=-a/\omega_o$	$\frac{1}{z-1}-\frac{\{z\cos(m\omega_o T+b)-e^{-aT}\cos((1-m)\omega_o T+b)\}e^{-amT}}{(\cos b)(z^2-2ze^{-aT}\cos\omega_o T+e^{-2aT})}$

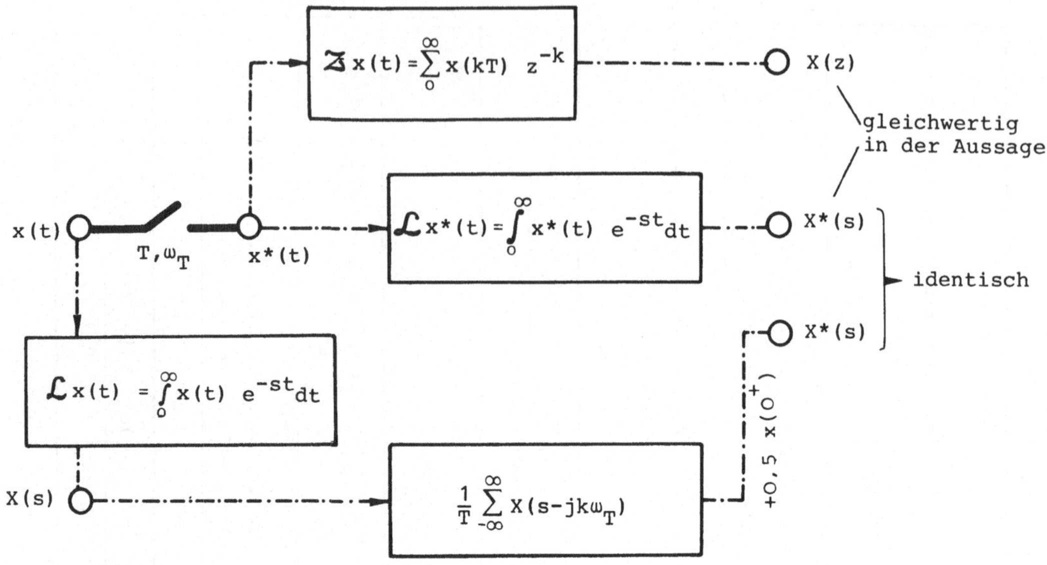

Abbildung 4.2: Zusammenstellung der rechnerischen Ergebnisse bei der Tastung des Signals $x(t)$

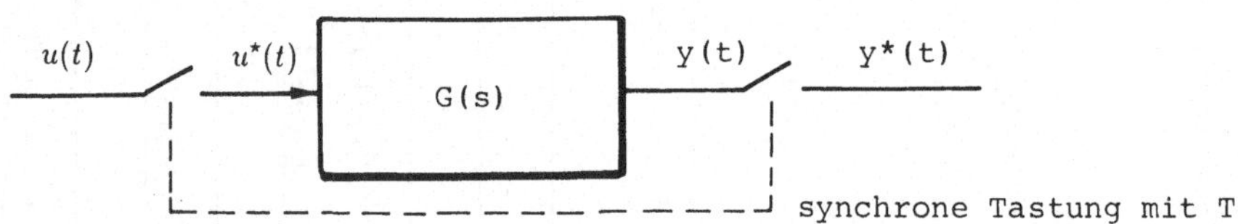

Abbildung 4.3: Übertragung eines getasteten Signals durch ein kontinuierliches Übertragungssystem

4.3 Übertragung eines getasteten Signals durch ein kontinuierliches System

Wird gemäß Abb. 4.3 ein getastetes Signal $u^*(t)$ als Eingang eines linearen Übertragungssystems $G(s)$ verwendet, so ist der zugehörige Ausgang $y(t)$ als Überlagerung der Einheitsstoß-Antworten $g(t-kT)$ anzusetzen, wenn diese mit der Stoßintensität $u(kT)$ multipliziert werden

$$y(t)=\sum_0^\infty u(kT)g(t-kT)\ . \tag{4.10}$$

Im Bildbereich der Laplace-Transformation bleibt wegen der Linearität des Systems $G(s)$ das Kalkül

$$Y(s)=U^*(s)\ G(s) \tag{4.11}$$

erhalten, welche Aussage mit Gl.(4.10) identisch ist.

Bei synchroner Tastung des Ausgangs $y(t)$ zu $y^*(t)$ gilt mit Gl.(4.4)

$$Y^*(s)=\frac{1}{T}\sum_{k=-\infty}^{\infty} Y(s+jk\omega_T)=\frac{1}{T}\sum_{k=-\infty}^{\infty} G(s+jk\omega_T)\ \frac{1}{T}\sum_{i=-\infty}^{\infty} U(s+ji\omega_T+jk\omega_T)\ . \tag{4.12}$$

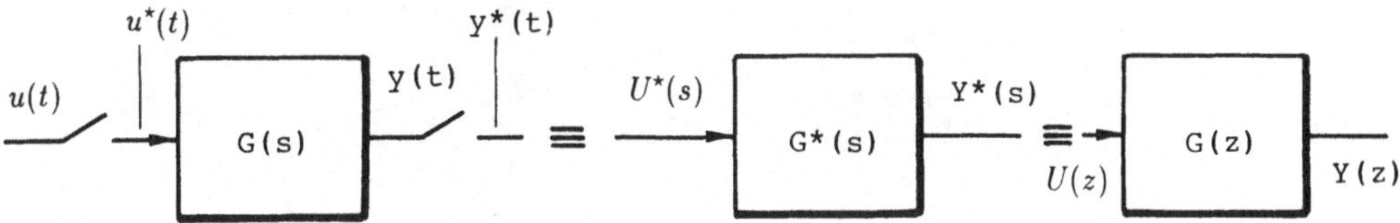

Abbildung 4.4: Blockbilder zur Übertragung eines getasteten Signals

In der letzten über i sich erstreckenden Summe hat die Verschiebung um $jk\omega_T$ wegen der Summierung bis unendlich keine Bedeutung. Der Term kann zufolge Unabhängigkeit von k vor die erste Summe gezogen und als

$$Y^*(s) = U^*(s)\frac{1}{T}\sum_{k=-\infty}^{\infty} G(s + jk\omega_T) = U^*(s)G^*(s) \; , \tag{4.13}$$

$$Y(z) = U(z)G(z) \qquad \text{oder} \qquad Y(z) = G(z)U(z) \tag{4.14}$$

geschrieben werden. Darin bedeutet $G^*(s)$ bzw. $G(z)$ jene Transformierte, die die Gewichtsfunktion $g(t)$ als Signal bei Tastung ergäbe.

Bezüglich der getasteten Ein- und Ausgangssignale gilt praktisch unverändert das Kalkül, wie es von kontinuierlichen Systemen bekannt ist. Dies wird in Abb. 4.4 zum Ausdruck gebracht. Die Ausdrücke $G^*(s)$ und $G(z)$ heißen Impuls- oder z-Übertragungsfunktion.

Die Bedeutung der Pole von $G(z)$ wird in Abb. 4.5 veranschaulicht. Für den Fall jenes Polpaars in Abb. 4.5 mit $\omega = \frac{3\omega_T}{8}$ (oder $T = \frac{3}{8}\frac{2\pi}{\omega}$) wird auf drei Vollperioden acht mal getastet. Bezogen auf die Sinusschwingung mit der Kreisfrequenz ω wird im Abstand von 135° getastet. Dieses Polpaar steuert zu jeder z-Übertragungsfunktion folgenden Ablauf von Abtastungen bei

$$\begin{aligned} F(z) &= \frac{1}{(z + \frac{\sqrt{2}}{2} - \frac{\sqrt{2}}{2}j)(z + \frac{\sqrt{2}}{2} + \frac{\sqrt{2}}{2}j)} = \frac{1}{z^2 + \sqrt{2}\,z + 1} = \\ &= z^{-2} - \sqrt{2}\,z^{-3} + z^{-4} + 0 \times z^{-5} - z^{-6} + \sqrt{2}\,z^{-7} - z^{-8} + 0 \times z^{-9} + z^{-10} - \ldots . \end{aligned} \tag{4.15}$$

Wie man sich mittels einfacher Skizze überzeugen kann, entsteht dann, wenn ein hochfrequentes Signal der Frequenz ω_H (geringfügig höher als ω_T) wie gewohnt mit der Frequenz ω_T abgetastet wird, eine niederfrequente Signalkomponente mit der Frequenz $\omega_N = \omega_H - \omega_T$. Dieser Effekt ist als *aliasing effect* bekannt. Um unangenehme Auswirkungen zu vermeiden, müssen hochfrequente Störungen mit Frequenzanteilen oberhalb ω_T schon möglichst *vor* der Abtastung ausgefiltert werden.

4.4 Modifizierte z-Transformation

Zur Aussage über das Ausgangssignal $y(t)$ eines zeitlich diskret erregten Systems $G(s)$ zu und zwischen den Abtastzeitpunkten dient die modifizierte z-Transformation[3]. Unter Verwendung eines zwischen 0 und 1 laufenden Parameters m wird ein Signalwert $y(t)$ zwischen zwei Abtastzeitpunkten durch mT vom Abtastzeitpunkt $(k-1)T$ aus kotiert.

[3]Die modifizierte z-Transformation ist natürlich nicht auf Ausgangssignale von Systemen beschränkt; bei diesen Signalen wird sie nur bevorzugt angewendet.

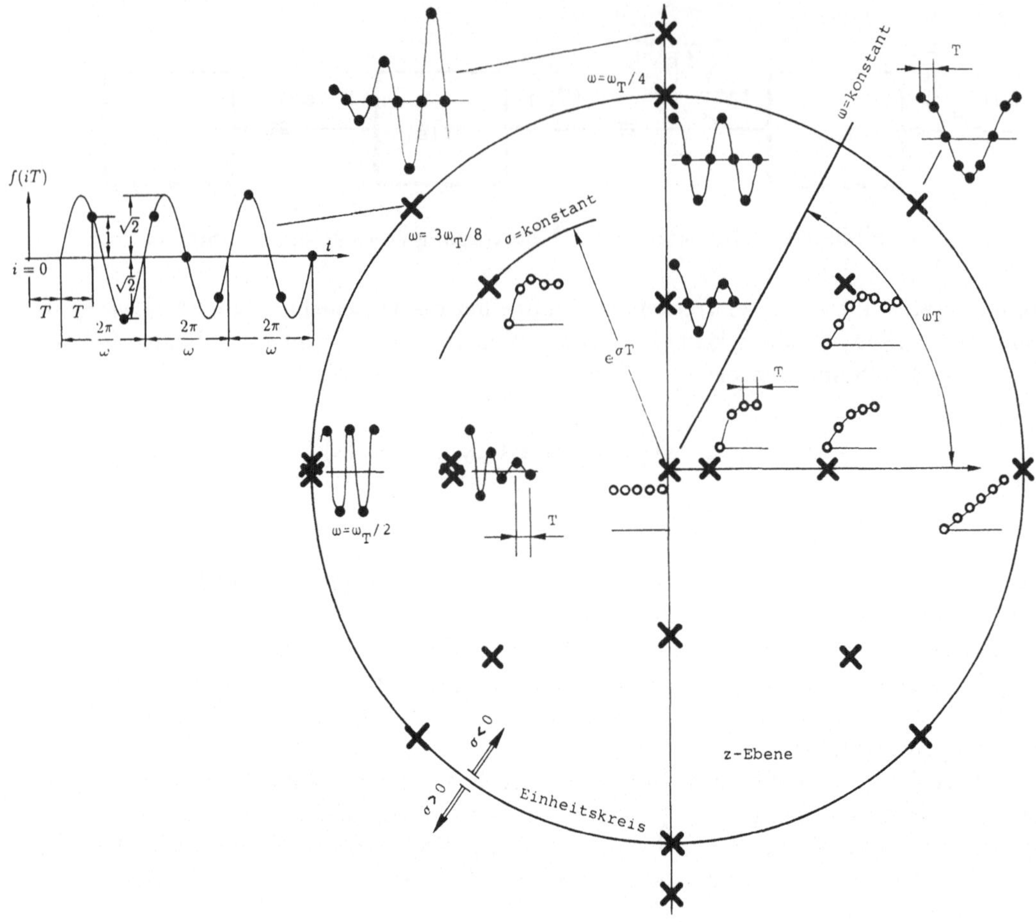

Abbildung 4.5: Ausgewählte Polstellen in der z-Ebene. Polstellen als Einfachpole auf der positiv reellen Achse wie auch als Polpaare. Weiters wird der qualitative Zusammenhang zu Systemtransienten hergestellt, teils zu Gewichtsfunktionen (•), teils zu Sprungantworten (o).

Diese Amplitude $y(kT - T + mT)$ kann auch zu den bisherigen Abtastzeitpunkten aus einem Signal $y_v(t)$ gewonnen werden, das um die Totzeit $(m-1)T$ zu $y(t)$ verschoben ist (Abb. 4.6 und 4.7). Der Parameter m stellt dabei eine bezogene Relativzeit dar.

Mit der Beziehung $y_v(kT) = y(kT - T + mT)$ erhält man im z-Bereich die sogenannte modifizierte z-Transformierte

$$Y_v(z) = \sum_{0}^{\infty} y_v(kT) z^{-k} = \sum_{0}^{\infty} y(kT - T + mT) z^{-k} \triangleq \mathcal{Z}_m\{y(t)\} \triangleq Y(z,m) \,. \qquad (4.16)$$

Daraus folgt

$$Y(z,m) = G(z,m) U(z) \,. \qquad (4.17)$$

Einige einfache modifizierte z-Transformierte sind in Tabelle 4.2 enthalten.

Zur deutlicheren Kennzeichnung kann die z-Transformation auch in der Form

$$\mathcal{Z}\{y(kT)\} = Y_z(z) \,, \qquad \mathcal{Z}\{y(kT + \gamma T)\} = Y_{z,\gamma}(z,\gamma) \quad 0 \le \gamma < 1 \qquad (4.18)$$

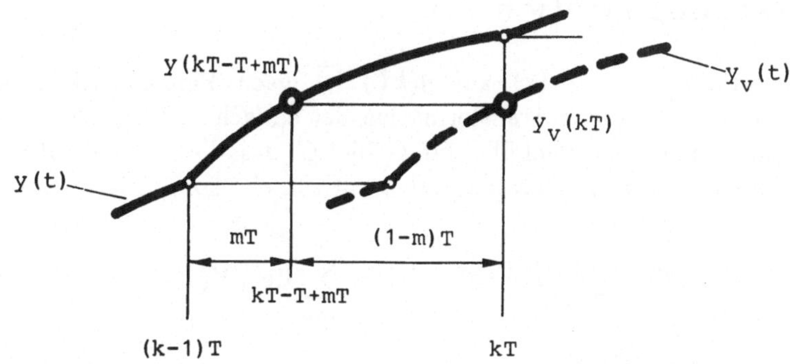

Abbildung 4.6: Zur Kotierung von Signalwerten zwischen den Abtastzeitpunkten

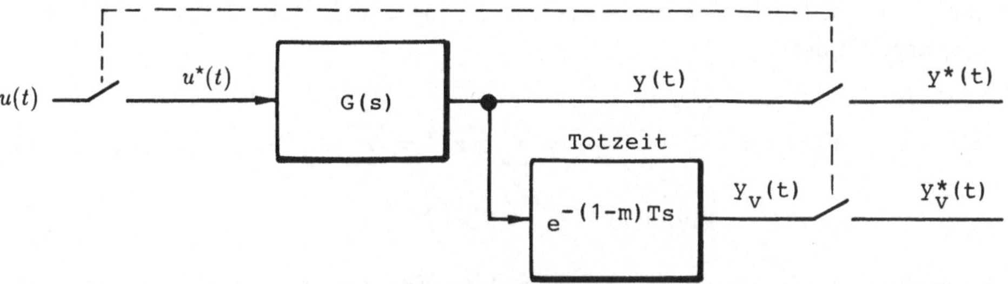

Abbildung 4.7: Getastetes System mit Hilfstotzeit

angesetzt und benützt werden (*Ackermann, J., 1983*).

Beispiel Rampenfunktion: Aus den Tabellen 4.1 und 4.2, 4. Zeile, ergibt sich bei $a = 0$ und $k = 1$ für $g(t) = t$

$$G(s) = \frac{1}{s^2} \qquad G(z) = \frac{zT}{(z-1)^2} \qquad \text{und} \qquad G(z,m) = \frac{zmT + T(1-m)}{(z-1)^2} \,. \quad \square \tag{4.19}$$

Beispiel. z-Übertragungsfunktion einer Regelstrecke: Ein einfaches Roboterpositioniersystem wird durch folgende Differentialgleichung beschrieben $I\ddot{\vartheta} + \zeta\dot{\vartheta} = M$. Darin stellt M das Antriebsmoment und ϑ einen Anstellwinkel dar. Das System wird mit einer Momententreppenfunktion angesteuert. Wie lautet die z-Übertragungsfunktion $G(z)$ zwischen $\vartheta(kT)$ und $M(kT)$? Zwischen den kontinuierlichen Größen besteht die Beziehung

$$\frac{\vartheta(s)}{M(s)} = \frac{1}{Is^2 + \zeta s} = \frac{\frac{1}{I}}{s(s+a)} \qquad a \triangleq \frac{\zeta}{I} \,. \tag{4.20}$$

Mit dem Halteglied nullter Ordnung wird die Ansteuerung über die Treppenfunktion besorgt

$$G(z) = \mathcal{Z}\{\frac{1-e^{-sT}}{s}\frac{\frac{1}{I}}{s(s+a)}\} = (1-z^{-1})\mathcal{Z}\{\frac{1}{Is^2(s+a)}\} \,. \tag{4.21}$$

Mit Tabelle 4.1 folgt

$$G(z) = \frac{z}{z-1}\,\frac{zb+c}{z-e^{-aT}} \quad \text{wobei} \quad b \triangleq \frac{aT - 1 + e^{-aT}}{a\zeta} \qquad c \triangleq \frac{1-(1+aT)e^{-aT}}{a\zeta} \,. \quad \square \tag{4.22}$$

4.5 z-Rücktransformation

Zur Rücktransformation von $Y(z)$ auf $y(kT)$ ist nach Partialbruchentwicklung die Benützung der Tabelle 4.1 zur z-Transformation der einfachste Weg. Die Benützung der exakten Rücktransformationsformel über ein Gebiet C, das alle Singularitäten einschließt, selbst mit Benützung des Residuensatzes, führt auf zumeist komplizierte Ausdrücke

$$y(kT) = \frac{1}{2\pi j} \int_C Y(z) z^{k-1} dz = \sum_{i=1}^{n} \mathrm{Res}_{z_i} Y(z) z^{k-1} . \tag{4.23}$$

Als Anwendungsfall siehe Beispiel mit Gl.(4.53).

Für regelungstechnische Aufgabenstellungen reicht meist die Kenntnis einiger Amplitudenwerte zu Beginn des Regelvorganges aus. Dafür bietet sich die sogenannte offene Polynomdivision an. Die Beziehung der z-Transformierten Gl.(4.7) wird auf das Ausgangssignal $y(t)$ angewendet

$$Y(z) = \frac{\sum_{q-r}^{q} a_i z^{-i}}{\sum_0^q b_i z^{-i}} = \sum_0^\infty c_k z^{-k} = \sum_0^\infty y(kT) z^{-k} = \tag{4.24}$$

$$= y(0) + y(T) z^{-1} + y(2T) z^{-2} + ... \quad . \tag{4.25}$$

Sie kann in der Form interpretiert werden, daß die Entwicklungskoeffizienten, die sich bei Entwicklung von $Y(z)$ nach negativen Potenzen von z ergeben, schon den Amplitudenwerten $y(kT)$ zu den Abtastzeitpunkten gleich sind.

Die Entwicklungskoeffizienten c_i lassen sich nicht nur durch offene Polynomdivision, sondern sie sind auch mit Rekursion zu ermitteln, und zwar als

$$c_k = \frac{1}{b_o}(a_k - \sum_{i=1}^{q} b_i \, c_{k-i}) . \tag{4.26}$$

Das Verfahren der offenen Polynomdivision oder die Anwendung der genannten Rekursion besitzt einige Vorteile. Es besteht keine Beschränkung selbst bei hoher Ordnung q, kann jederzeit ohne Genauigkeitsrückwirkung abgebrochen werden und ist für Digitalrechner bestens anwendbar.

Für die modifizierte z-Transformation können die beschriebenen Verfahren für m als Parameter unmittelbar übernommen werden; also etwa Erledigung je einer offenen Polynomdivision je Wert von m.

Beispiel Rücktransformation: Für

$$Y(z) = \frac{0,5\ z^{-1}}{1 - 2\ z^{-1} + 1,5\ z^{-2} - 0,5\ z^{-3}} \qquad q = 3 \tag{4.27}$$

lautet das Koeffizientenschema

i	0	1	2	3	4	5	
a	0	0,5	0	0	...	...	
b	1	−2	1,5	−0,5	0	...	(4.28)
c	0	0,5	1	1,25	1,25	1,125	.... .

Diese Aufgabe ist der mit Abb. 4.10 identisch. □

4.6 Rechenregeln und Zusammenhänge der z-Transformation

Aufgrund des theoretischen Zusammenhangs zwischen Laplace- und z-Transformation besitzt die z-Transformation eine Reihe von verwandten Rechenregeln. Von großer praktischer Bedeutung sind dabei:

- Die Retardierung um ganzzahlige (i) Vielfache von T, wenn $g(t) = 0$ für $t < 0$, lautet

$$\mathcal{Z}\{g(t - iT)\} = z^{-i}\mathcal{Z}\{g(t)\} = z^{-i}G(z)\ . \tag{4.29}$$

- Der Differenzenquotient $\frac{1}{T}[g(kT) - g(kT - T)]$ im Zeitbereich besitzt mit $g(t) = 0$ für $t < 0$ die Transformierte

$$\mathcal{Z}\{\frac{1}{T}[g(kT) - g(kT - T)]\} = \frac{1 - z^{-1}}{T}G(z)\ . \tag{4.30}$$

  Der Faktor $(1 - z^{-1})/T$ gilt als „Differenzier"-Operator, der bei kontinuierlichen Systemen durch den Laplace-Operator s dargestellt wird.

- Für die der Integration entsprechende Summation $T\sum_{i=0}^{k} g(iT)$ gilt

$$\mathcal{Z}\{[\sum_{i=0}^{k+1} g(iT) - \sum_{i=0}^{k} g(iT)]\} = \mathcal{Z}\{g(kT + T)\} \quad \rightsquigarrow \quad \mathcal{Z}\{[T\sum_{i=0}^{k} g(iT)]\} = \frac{T}{1 - z^{-1}}G(z)\ . \tag{4.31}$$

  Dabei wurde Gl.(4.35) verwendet. Der Faktor ist invers zum Differenzier-Operator.

- Für die Maßstabsänderung im z-Bereich findet man die Dämpfung im Zeitbereich

$$\mathcal{Z}\{e^{-at}g(t)\} = G(e^{aT}z) \qquad \text{oder} \qquad \mathcal{Z}\{e^{-akT}g(kT)\} = G(e^{aT}z)\ . \tag{4.32}$$

- Das Endwerttheorem lautet

$$\lim_{k\to\infty} g(kT) = \lim_{z\to 1}(1 - z^{-1})G(z) = \lim_{z\to 1}(1 - z^{-1})G(z, m)\ . \tag{4.33}$$

- Das Anfangswerttheorem hat die Form

$$\lim_{k\to 0} g(kT) = \lim_{z\to\infty} G(z) = \lim_{z\to\infty,\ m=0} zG(z, m)\ . \tag{4.34}$$

- Zur einfachen Linksverschiebung (Verfrühung) gilt

$$\mathcal{Z}\{g(t + T)\} = z[G(z) - g(0)]\ . \tag{4.35}$$

- Zur mehrfachen Linksverschiebung (oder Rechtsverschiebung) gehört eine entsprechende Beziehung.
- Die Faltungsbeziehung (Faltungssumme) lautet

$$\mathcal{Z}\{\sum_{i=0}^{k} g_1(kT - iT)g_2(iT)\} = G_1(z)G_2(z)\ . \tag{4.36}$$

- Das Parseval-Theorem besagt

$$\mathcal{Z}\{\sum_{0}^{\infty} g_1(kT)g_2(kT)\} = \frac{1}{2\pi j}\oint z^{-1}G_1(z)G_2(z^{-1})\, dz\ . \tag{4.37}$$

- Für die Ableitung nach einem Parameter, insbesondere nach dem Parameter m der bezogenen Relativzeit aus Gl.(4.16), gilt

$$\mathcal{Z}\{\frac{\partial}{\partial m}g(kT, m)\} = \frac{\partial}{\partial m}G(z, m)\ . \tag{4.38}$$

- Für $m = 0$ stimmt die modifizierte Transformierte mit der um T retardierten gewöhnlichen Transformierten überein

$$\lim_{m=0} G(z, m) = z^{-1}G(z)\ . \tag{4.39}$$

- Für stetige Funktionen (Signale) $g(t)$, also bei $g(kT) = g(kT^+)$, findet man

$$\lim_{m \to 1} G(z,m) = G(z) \; . \tag{4.40}$$

In der zugehörigen Laplace-Transformierten $G(z) = n(s)/d(s)$ verlangt dies $\partial\, d(s) \geq 2 + \partial\, n(s)$.

Beispiel. Abgesenkte und verschobene Rampe: Die z-Transformierte von $g(t) = (t-3T)\sigma(t)$ ist als $g(t) = t\,\sigma(t) - 3T\,\sigma(t)$ zu rechnen. Als Ergebnis folgt mit der Tabelle 4.1

$$G(z) = \frac{Tz}{(z-1)^2} - 3T\frac{z}{z-1} = \frac{zT - 3zT(z-1)}{(z-1)^2} \; . \tag{4.41}$$

Zum Unterschied beachte man die z-Transformierte

$$\mathcal{Z}\{(t-3T)\,\sigma(t-3T)\} = z^{-3}\mathcal{Z}\{t\} = \frac{T}{z^2(z-1)^2} \; , \tag{4.42}$$

die sich mit dem Verschiebungssatz berechnen läßt. Das Differenzsignal oberwähnter Signale besitzt eine z-Transformierte $T(3 + 2z^{-1} + z^{-2})$. □

4.7 Einfache Abtastregelungen

Je nach gerätetechnischer Ausführung können Abtasteinrichtungen an verschiedenen Punkten im Inneren eines Regelkreises vorkommen. Die Analyse verfolgt dabei sehr ähnliche Wege.

Für den Standardregelkreis nach Abb. 4.8 gelten die Beziehungen

$$Y_{ref}(s) - Y(s) = E(s) \tag{4.43}$$

$$Y(s) = K(s)G(s)E^\star(s) \; . \tag{4.44}$$

Bei Befolgung der Gl.(4.12) ergibt sich aus Gl.(4.44) der Sachverhalt, daß nur mehr $Y(s)$ als $Y^\star(s)$ zu betrachten ist und der kontinuierliche Faktor $K(s)G(s)$ als eine Einheit und gemeinsame Impulsübertragungsfunktion aufzufassen ist, also

$$Y^\star(s) = [K(s)G(s)]^\star E^\star(s) \; ; \tag{4.45}$$

mit der auf Abtastwerte umgeschriebenen Gl.(4.43) folgt bei Elimination von $Y^\star(s)$

$$E^\star(s) = \frac{1}{1 + [K(s)G(s)]^\star} Y^\star_{ref}(s) \; . \tag{4.46}$$

Zur Abkürzung wird

$$[K(s)G(s)]^\star = KG^\star(s) \qquad \text{oder} \qquad \mathcal{Z}\{K(s)G(s)\} = KG(z) \tag{4.47}$$

geschrieben.

Unter Anwendung von Gl.(4.11), (4.13) und (4.16) findet man

$$Y(s) = \frac{KG(s)}{1 + KG^\star} Y^\star_{ref}(s) \tag{4.48}$$

und in der kürzeren Notation der z-Transformation

$$Y(z) = \frac{KG(z)}{1 + KG(z)} Y_{ref}(z) \qquad Y(z,m) = \frac{KG(z,m)}{1 + KG(z)} Y_{ref}(z) \tag{4.49}$$

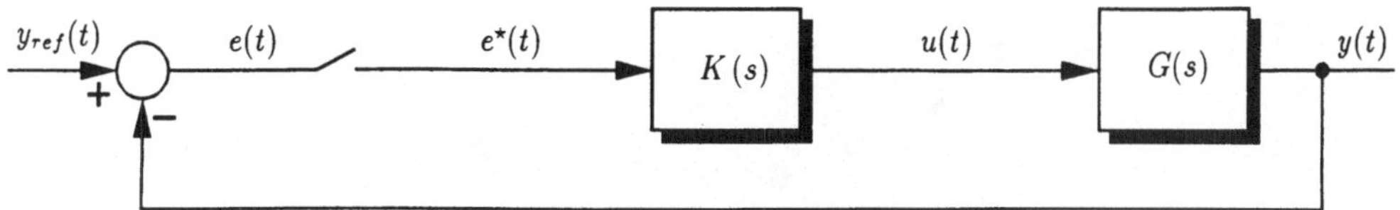

Abbildung 4.8: Standard-Abtastregelkreis

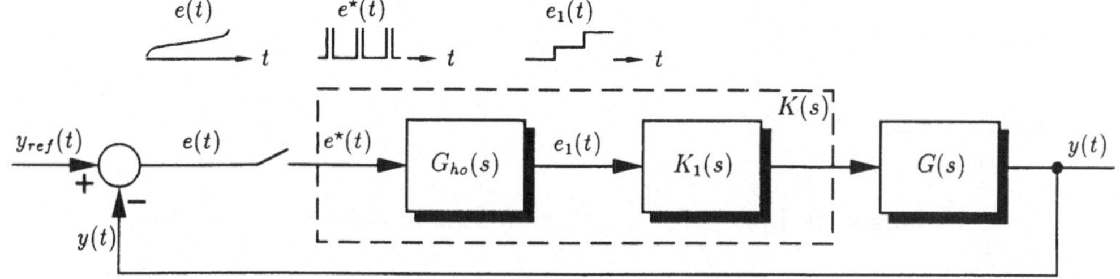

Abbildung 4.9: Standard-Abtastregelkreis mit Halteglied im Regler

$$U(z) = \frac{K(z)}{1+KG(z)} Y_{ref}(z) \qquad U(z,m) = \frac{K(z,m)}{1+KG(z)} Y_{ref}(z) \ . \tag{4.50}$$

Wenn die Soll-Ist-Differenz nicht als direkter Puls sondern als Rechteckfunktion an einen Regler $K_1(s)$ anliegen soll, dann ist die Schaltung laut Abb. 4.9 zu wählen, bei der $K(s) = G_{ho}(s)K_1(s)$ mit $G_{ho}(s) = (1-e^{-sT})/s$ gilt. Das Signal $e_1(t)$ ist dann ein Signal mit horizontalen Abschnitten zwischen den Abtastzeitpunkten und der Vorstellung besser zugänglich als der Dirac-Puls.

Würde die Stellgröße $u(t)$ über einen (weiteren) Taster an die Strecke $G(s)$ geschaltet, so lautete der Nennerausdruck stets $1 + K(z)G(z)$, also mit getrennter Bestimmung der z-Transformierten von Regler und Strecke. Dieser Fall ist bei Rechner-Reglern mit Digital-Analog-Umsetzern am Ausgang zutreffend (siehe Abb. 4.20).

Bei anderen Strukturen als der in Abb. 4.8 angegebenen können die Ergebnisse in der gleichen Methodik erhalten werden.

Mit der Formel nach Gl.(4.4), angewendet auf $KG^*(s)$, kann die erforderliche Abtastzeit abgeschätzt werden, bei der die Abtastung nur relativ wenig Einfluß auf die Regeldynamik besitzt.

Beispiel. Einfacher Reglerentwurf: Welche Bedingungen müssen die Reglerverstärkung V und die Streckenzeitkonstante T_1 erfüllen, damit der Regelkreis nach Abb. 4.8 mit dem Regler $K(s) = V/s$ und der Regelstrecke $G(s) = 1/(1+sT_1)$ Eigenwerte bei z_1 und z_2 besitzt, wenn der I-Regler auch die Aufgabe des Halteglieds übernimmt? Man findet gemäß Gl.(4.49) für das charakteristische Polynom aus $1 + \mathcal{Z}\{K(s)G(s)\}$

$$z^2 - z[1+(1+V)e^{-T/T_1} - V] + e^{-T/T_1} = (z-z_1)(z-z_2) \ . \tag{4.51}$$

Der Koeffizientenvergleich liefert $T_1 = -T/\ln(z_1 z_2)$. Die Streckenzeitkonstante T_1 legt bei gegebenem T das Produkt $z_1 z_2$ fest. Mit der Annahme $T_1 = 1,45$ und $T = 1$ gilt $V = 3 - 2(z_1+z_2)$. Bei $z_{1,2} = 0,5 \pm j0,5$ folgt $V = 1$. Um die Antwort auf einen Sollwertsprung zu ermitteln, wird in Gl.(4.49) $Y_{ref}(z) = z/(z-1)$ gesetzt und $KG(z)$ aus der Tabelle 4.1 entnommen. Man findet

$$Y(z) = \frac{0,5z^2}{(z-1)(z^2-z+0,5)} \ , \qquad z_{1,2} = 0,5 \pm j0,5 \ ; \quad z_3 = 1 \ . \tag{4.52}$$

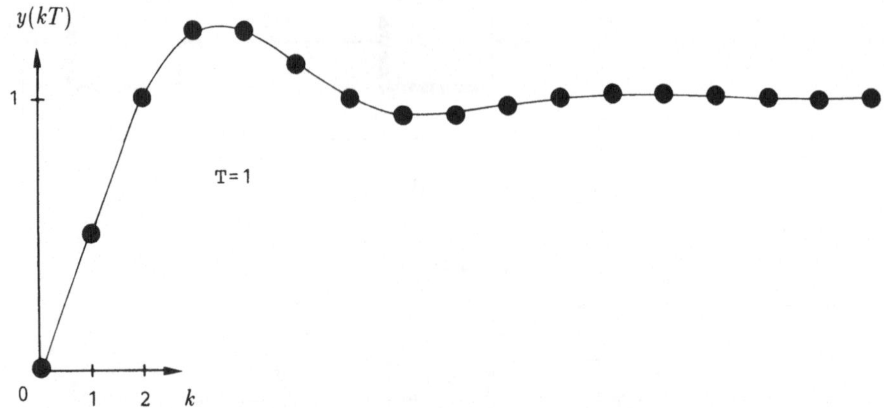

Abbildung 4.10: Regelgröße $y(kT)$ zum Standard-Abtastregelkreis

Die Rücktransformation nach Gl.(4.23) ergibt für Abb. 4.10 den Verlauf

$$y(kT) = \sum_{1}^{3} \text{Res}_{z_i} Y(z) z^{k-1} = \lim_{z \to z_1} \frac{0,5 z^2 z^{k-1}}{(z-1)(z-0,5+j0,5)} + \lim_{z \to z_2} \ldots\ldots \quad (4.53)$$

$$y(kT) = -0,5^{k+1}(1+j)^k - 0,5^{k+1}(1-j)^k + 1 = 1 - 0,71^k \cos(k\pi/4) = 1 - e^{-0,346k} \cos(k\pi/4) \,.\square$$

Beispiel Regelalgorithmus: Das Beispiel aus dem Kapitel 'Regler' nach Band 1 wird weitergeführt. Das dynamische Verhalten wird wegen der Abtastung je am Eingang von Regler und Strecke durch die Abb. 4.20 beschrieben. Die Strecke einschließlich Halteglied führt mit $a = \frac{1}{0,24}$ auf

$$\mathcal{Z}\{G_{ho}(s)G(s)\} = \frac{z-1}{z} \mathcal{Z}\{\frac{a}{s(s+a)}\} = \frac{0,0722\, z^{-1}}{1-0,9277\, z^{-1}} \,. \quad (4.54)$$

Die Differenzengleichung erster Ordnung des Reglers ergibt durch Anwendung der z-Transformation und ihres Verschiebungssatzes Gl.(4.29) im z-Bereich die Übertragungsfunktion $K(z) = \mathcal{Z}\{u_n\}/\mathcal{Z}\{e_n\}$

$$K(z) = \frac{(K_P + K_I T + K_D/T) - z^{-1}(K_P + 2K_D/T) + z^{-2} K_D/T}{1 - z^{-1}} = \frac{6,6756 - 12,1111\, z^{-1} + 5,5556\, z^{-2}}{1 - z^{-1}} \,. \quad (4.55)$$

Der Pol bei $z = 1$ ist Ausdruck für den Integrator im Regler. Die Pole von $T(z)$ findet man aus der Nullsetzung $1 + K(z)G_{ho}G(z) = 0$ zu $-0,4469$ und $0,9461 \pm j\,0,0556$. Sie liegen durchwegs innerhalb des Einheitskreises, wenn auch nur knapp.

Die Stellgröße ergibt sich bei Führungssprung zu

$$U(z) = \frac{K(z) Y_{ref}(z)}{1 + K(z) G_{ho} G(z)} = \frac{6,67 - 18,30\, z^{-1} + 16,79\, z^{-2} - 5,15\, z^{-3}}{1 - 1,45\, z^{-1} + 0,053\, z^{-2} + 0,40\, z^{-3}} \,. \quad (4.56)$$

Mittels Polynomdivision findet sich $u_o = 6,67$; $u_1 = -1,98$; $u_2 = 1,95$; $u_3 = 0,25$ usw. bis $u_\infty = 1$; identisch zu den Werten im zugehörigen Diagramm aus Band 1. □

4.8 Stabilität

Wie die Analyse so kann auch die Stabilitätsuntersuchung von Abtastsystemen in starker Analogie zu kontinuierlichen Systemen erfolgen. Die allgemeine Stabilitätsbedingung in der s-Ebene lautet: Alle Pole s_{wi} des Regelkreises haben in der linken Halbebene zu liegen. Übernimmt man diese Aussage mit $z = \exp(sT)$ in die z-Ebene, so lautet die Stabilitätsbedingung: Alle Pole z_{wi} des Regelkreises, das heißt seiner Führungsübertragungsfunktion $T(z) = Y(z)/Y_{ref}(z)$ nach Gl.(4.49), haben innerhalb des Einheitskreises der z-Ebene zu bleiben.

Die Bedingung dafür, daß $T(z)$ nur Pole innerhalb des Einheitskreises besitzt, stimmt sehr gut mit der Stabilitätsbedingung $\sum_0^\infty |\mathcal{L}^{-1}\{T(s)\}(kT)| < \infty$ im Zeitbereich überein. Darin ist $\mathcal{L}^{-1}\{T(s)\}$ die Gewichtsfunktion zur Führungsübertragungsfunktion $T(s)$ des Regelkreises. Am Einheitskreis und außerhalb des Einheitskreises, also für $|z| \geq 1$, muß wegen $|z^{-k}| \leq 1$ umso mehr $\sum_0^\infty |\mathcal{L}^{-1}\{T(s)\}(kT)||z^{-k}| < \infty$ gelten. Dies stellt die Bedingung für absolute Konvergenz von $T(z) = \sum_0^\infty \mathcal{L}^{-1}\{T(s)\}(kT)z^{-k}$ dar. Die Impulsübertragungsfunktion $T(z)$ darf also für $|z| \geq 1$ keinen Pol besitzen.

Beispiel. Polynom mit Nullstellen am Einheitskreis: Die Nullstellen des Polynoms $z^2 + b\,z + a$ unter a und b reell folgen bei $a > 0,25\,b^2 > 0$ zu $z_{1,2} = -0,5\,b \pm j\sqrt{a - 0,25\,b^2}$; ihr Betrag lautet $|z_{1,2}| = \sqrt{a}$. Auch aus dem Vieta-Satz $z_1 z_2 = a$ folgt $|z_1| \cdot |z_2| = a$. □

Beispiel. z-Transformierte eines $\mathbf{PT_1T_t}$-Elements: Betrachtet man die zugehörige Gewichtsfunktion, dann sind die folgenden Beziehungen leicht zu bestätigen

$$\mathcal{Z}\{\frac{e^{-T_t s}}{s+b}\} = \mathcal{Z}\{\frac{1}{s+b}\}z^{-(\mu+1)}e^{b(\nu-1)T} \;; \quad T_t \triangleq \mu T + \nu T \quad \forall \mu = 0,1,2....; \quad 0 < \nu \leq 1 \tag{4.57}$$

$$\mathcal{Z}\{\frac{e^{-T_t s}}{s}\} = \mathcal{Z}\{\frac{1}{s}\}z^{-(\mu+1)} . \quad \square \tag{4.58}$$

Beispiel. Stabilität eines Abtastregelkreises mit $\mathbf{IT_1T_t}$-Schleife: Für den genannten Regelkreis (ohne Halteglied nullter Ordnung, bei $T_t < T$ und daher $\mu = 0$) ergibt sich aus Gl.(4.57)

$$F_o(z) = \mathcal{Z}\{\frac{Vbe^{-sT_t}}{s(s+b)}\} = \mathcal{Z}\{(\frac{V}{s} - \frac{V}{s+b})e^{-sT_t}\} = V[\frac{z}{z-1}z^{-1} - \frac{z}{z-e^{-bT}}z^{-1}e^{b(m-1)T}] . \tag{4.59}$$

Aus $1 + F_o(z) = 0 \rightsquigarrow p(z) = 0$ wird die Stabilität gefolgert, wenn man — in einem späteren Beispiel bestätigte — Bedingungen für besondere Polynomwerte benützt, und zwar: Das monische Polynom $p(z)$ ist ein Schur-Polynom, wenn $|p(0)| < 1$, $p(1) > 0$, $p(-1) > 0$. Mit Zwischenrechnungen ergibt sich

$$V < V_o \triangleq \begin{cases} \dfrac{2(e^{bT}+1)}{1+e^{bT}-2e^{bT_t}} & 0 \leq T_t^\star \leq T_{t1} = \frac{1}{b}\ln[0,5(1+e^{bT}] \\ \dfrac{1-e^{bT}}{1-e^{bT_t}} & T_{t1} \leq T_{t1}^\star \leq 1 . \end{cases} \tag{4.60}$$

Maximales $V^\star$ ist erreichbar bei $T_t^\star$, und zwar

$$V^\star = \max_{T_t} V_o = \frac{4\,e^{bT}}{e^{bT}-1} \qquad T_t^\star = \frac{1}{b}\ln[0,25(e^{bT}+e^{-bT})+0,5] . \tag{4.61}$$

Es gibt sogar einen kleinen Bereich von mittelgroßen T_t, in dem die Stabilität des Abtastregelkreises besser ist als die jenes kontinuierlichen Regelkreises, der sich bei Wegnahme des Abtasters ergibt (*Oldenbourg, R.C., 1951*). □

Tabelle 4.3: Koeffizientenschema nach Schur-Cohn

	Koeff. von:						
1.Zeile:	$\sum_{i=0}^{n} a_i z^i$	a_n	a_{n-1}	a_{n-2}	a_{n-3}	....	a_o
2.Zeile:	$(f = -a_o/a_n)$	$a_o f$	$a_1 f$	$a_2 f$	$a_3 f$	....	$a_n f$
3.Zeile:			$a_n + a_o f$	$a_{n-1} + a_1 f$	....	....	$a_1 + a_{n-1} f$

4.8.1 Stabilitätskriterium nach Schur–Cohn

Die Stabilitätsprüfung für das System nach Abb. 4.8 ist der Prüfung gleichwertig, ob das Polynom, das aus dem Nenner in den Gln.(4.48) bis (4.50) folgt

$$1 + KG(z) \quad \rightsquigarrow \quad \sum_{i=0}^{n} a_i z^i \,, \tag{4.62}$$

nur Nullstellen innerhalb des Einheitskreises besitzt. Die Prüfung ist in der Fassung nach *Thoma, M., 1962* folgendermaßen zu erledigen: In die erste Zeile der Tabelle 4.3 werden die Koeffizienten von $\sum_{i=0}^{n} a_i z^i$ eingesetzt, in die zweite Zeile werden alle Koeffizienten, in umgekehrter Reihenfolge und multipliziert mit $f = -a_o/a_n$, eingetragen. Daraufhin werden die Zahlenwerte der ersten und zweiten Zeile zusammengezählt, um eins nach rechts verschoben und auch in die Tabelle eingetragen. Für Stabilität ist erforderlich, daß der Zahlenwert in der 3. Zeile in der weitest links liegenden Spalte größer ist als der Absolutbetrag des Zahlenwertes in der äußerst rechten Spalte $a_n + a_o f > |a_1 + a_{n-1} f|$.

Das Verfahren wird an der um ein Element kürzeren Zahlenreihe fortgesetzt, als wäre die dritte Zeile die erste des Schemas. Bis zuletzt muß die Größenrelation aus dem weitest links liegenden Zahlenwert der 1., 3., 5., 7. Zeile usw. zu dem Betrag des äußerst rechts stehenden für Stabilität erhalten bleiben, bis die letzte Zeile nur mehr zwei Zahlenwerte enthält. Die letzte Zeile ist die $(2n-1)$-te Zeile.

Beispiel zum Schur-Cohn-Schema: Für $KG(z)$ laut Beispiel mit Gl.(4.53), jedoch für unbekanntes V, also für

$$1 + \mathcal{Z}\{K(s)G(s)\} \quad \rightsquigarrow \quad z^2 - z[1 + (1+V)e^{-T/T_1} - V] + e^{-T/T_1} \Big|_{T=1;T_1=1,45} = z^2 + (-1,5 + 0,5\,V)\,z + 0,5 \tag{4.63}$$

soll die Frage beantwortet werden, für welches V die Stabilitätsgrenze gerade erreicht wird. Das Koeffizientenschema zeigt die Tabelle 4.4. Daher folgt als Stabilitätsbedingung

$$0,75 > |-0,75 + 0,25V| \quad \rightsquigarrow \quad V < 6\,. \quad \square \tag{4.64}$$

Tabelle 4.4: Koeffizientenschema nach Schur-Cohn zum Beispiel

1. Zeile		1	$-1,5 + 0,5\ V$	$+0,5$
2. Zeile	$f = -0,5$	$-0,25$	$+0,75 - 0,25\ V$	$-0,5$
3. Zeile			$0,75$	$-0,75 + 0,25\ V$

4.8.2 Stabilitätskriterium nach Nyquist

Nach dem Satz vom logarithmischen Residuum kann die Aussage, welche Singularitäten eine Funktion $F(z)$ in einem bestimmten Gebiet C_z (im gegenständlichen Fall innerhalb des Einheitskreises) besitzt, im einzelnen welche Differenz an N Nullstellen und P Polstellen $F(z)$ in C_z aufweist, zurückgeführt werden auf die Zahl der Umläufe U einer Kurve C_F um den Ursprung. Dabei geht C_F aus C_z durch Abbildung mit der Funktion $F(z)$ hervor.

Bei Abtastregelungen wird für $F(z) = 1 + KG(z)$ entsprechend dem Nenner aus Gl.(4.49) gewählt. Dieser muß für Stabilität des Abtastregelkreises alle Nullstellen innerhalb des Einheitskreises besitzen: $N = n$. Die Polstellen von $F(z)$ sind identisch denen von $KG(z)$, die Zahl der Pole der Schleife $KG(z)$ außerhalb des Einheitskreises betrage p, innerhalb daher $n - p$. Somit lautet die Stabilitätsbedingung

$$U = n - (n - p) = p \ . \tag{4.65}$$

Die Anzahl der Umfahrungen der Schleifenübertragungsfunktion $KG(z)$ (bei $z = e^{sT}$, $s = j\omega$, $0 < \omega < 2\pi/T$) um den Nyquist-Punkt $(-1, j0)$ muß gleich sein der Zahl der Pole der Schleifenübertragungsfunktion außerhalb des Einheitskreises (siehe Abb. 4.11). Für stabile Schleifen gilt $p = 0$ und weiters $U = 0$.

Die unterschiedliche Anwendung des Satzes von Cauchy auf Abtastregelungen statt auf kontinuierliche Regelungen liegt in folgendem: Als abgeschlossenes Gebiet C_z wird das *Innere* des Einheitskreises gewählt. Es wird geprüft, ob *alle* Polstellen des Regelkreises im Inneren des Einheitskreises der z-Ebene liegen. Bei kontinuierlichen Systemen wird überprüft, daß *kein* Pol in der rechten s-Halbebene liegt.

Das Gebiet der z-Ebene außerhalb des Einheitskreises durch eine geschlossene Bahn einzuschließen lieferte den Einheitskreis, den unendlich großen Kreis und Verbindungen dazwischen; dies wäre zu kompliziert. Die Formel aus dem Satz von Cauchy wird also auf das Innere des Einheitskreises abgewandelt: $U = N - P$. Dafür gilt, wie behandelt, $N = n$, $P = n - p$, $U = p$ für Stabilität (z.B. stabiler Regelkreis bei $F_o = 1/(z-1,5)$ mit $n = 1, p = 1; U = +1$). Zufolge unterschiedlicher Definitionen hat bei kontinuierlichen Systemen $N = 0$ und $P = p$ gegolten.

Als Zählsinn wird der Umlauf des Einheitskreises im Sinne steigender Frequenzen ω festgelegt, der dem mathematisch positiven Sinn gleichkommt. Demnach sind auch die Umfahrungen U im mathematisch positiven Sinn zu zählen und nicht im Uhrzeigersinn wie bei kontinuierlichen Systemen.

Befindet sich vor der Regelstrecke noch ein weiterer Taster (Abb. 4.20), so hat als Schleifenübertragungsfunktion $K(z)G(z)$ zur Stabilitätsprüfung herangezogen zu werden.

4.8.3 Stabilitätskriterium im Bode-Diagramm und nach Routh

Die Anwendung des bewährten Bode-Diagramms zur Beurteilung der Stabilitätsgüte und zum Reglerentwurf erfordert die Vorstufe einer Variablen-Transformation. Verbietet sich doch die Studie von $[K(s)G(s)]^*$ entlang der imaginären Achse. Die Funktion ist nämlich in s nicht analytisch, sondern — siehe Gl.(4.9) — transzendent und entlang der imaginären Achse der s-Ebene periodisch. Die in einem abszissenparallelen Streifen der s-Ebene, dem sogenannten Primärstreifen auftretenden Funktionswerte $[K(s)G(s)]^*$ wiederholen sich wegen $z = e^{sT}$ in komplementären Streifen der Breite ω_T. Der Primärstreifen ist in Abb. 4.12 horizontal schraffiert. Trotz der Betrachtung des Primärstreifens allein liegen keine rationalen Funktionen vor, was die Voraussetzung für die Bode-Knickzüge darstellt.

Der Periodizität in der s-Ebene kann begegnet und eine logarithmische Abszissendarstellung möglich werden, indem eine bilineare Transformation mit der neuen komplexen

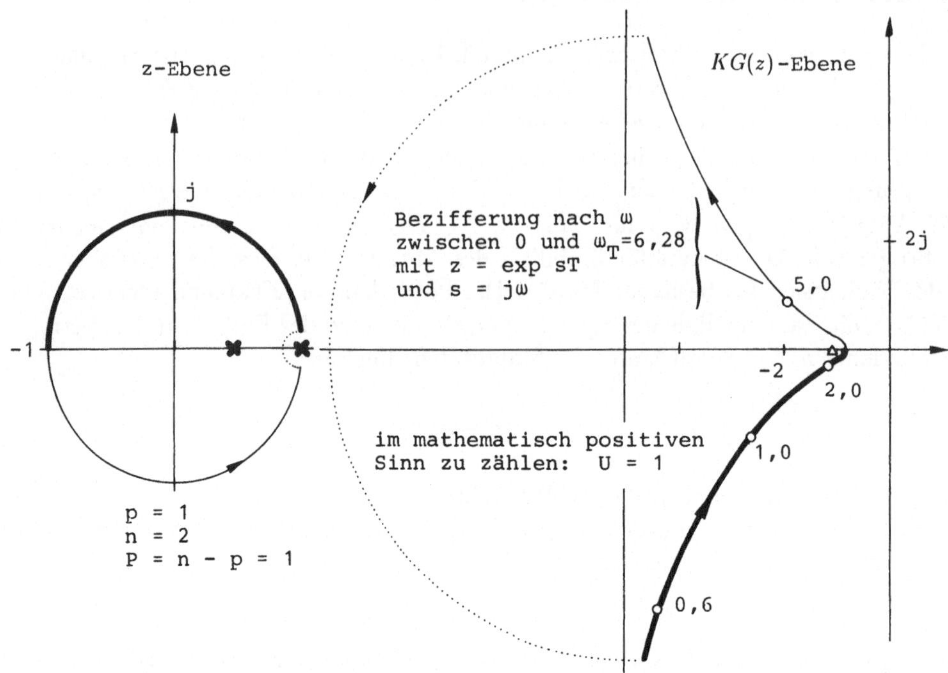

Abbildung 4.11: z-Ebene und Ortskurve $KG(z) = \frac{2{,}5\,z}{(z-1)(z-0{,}5)}$ mit $V = 5,\ T = 1,\ T_1 = 1{,}45$

Variablen w vorgenommen wird

$$z = \frac{1+w}{1-w} \qquad \text{oder} \qquad w = \frac{z-1}{z+1} = \tanh\frac{sT}{2}\,. \tag{4.66}$$

Mit dieser Transformation wird der Abschnitt $-\omega_T/2$ bis $+\omega_T/2$ auf der imaginären Achse ($s = j\omega$) der s-Ebene auf die gesamte imaginäre Achse ($w = jv$) der w-Ebene gedehnt. Es gilt weiters $v = \tan(\omega T/2)$. Der Anwendung des Bode-Verfahrens auf die w-Übertragungsfunktion $KG(w)$ steht, wenngleich das Verfahren auf Systeme mit rationalen Funktionen zugeschnitten ist, nichts mehr im Wege.

Wird für $z = (1+w)/(1-w)$ eingesetzt, so geht das charakteristische Polynom $1 + KG(z)$ in ein anderes $1 + KG(w)$ über. Zur Prüfung, ob alle Nullstellen in der linken w-Ebene liegen, kann nunmehr das Bode-Diagramm verwendet werden; wegen Gl.(4.66) allerdings nicht unter der sonst häufig verwendeten vereinfachenden Annahme für Phasenminimumsysteme. Auch das Routh-Kriterium ist anwendbar.

Statt Gl.(4.66) kann alternativ auch $z = (1+wT/2)/(1-wT/2)$ als Transformationsbeziehung verwendet werden. Wenn $F(s)$ ein Halteglied nullter Ordnung enthält, ergibt sich dann der Vorteil, daß für ein solches w bei $w = jv$ die Transformierte $F(jv)$ für T nahe null gegen $F(j\omega)$ strebt. Wegen Gl.(4.9) gilt mit $z = \frac{1+wT/2}{1-wT/2}$, wenn $G(s)$ kein Halteglied enthält, für kleine T die Beziehung $\lim_{T\to 0} T\,G(w)\,|_{w=s} = G(s)$.

Beispiele w-Übertragungsfunktion: Für die Angaben des früheren Beispiels mit Gl.(4.53) ergibt sich ein $KG(w) = V(1+w)(1-w)/[2w(1+3w)]$. Zur Studie wird neben $|KG(jv)|$ auch $\arg KG(jv)$ benötigt. □

Das monische Polynom $z^2 + a_1 z + a_o$ ist stabil, d.h. seine Nullstellen erfüllen $|z| < 1$, wenn mit $z = (1+w)/(1-w)$ nach Routh $-1 - a_o < a_1 < 1 + a_o$ und $a_o < 1$, also a_o und a_1 in einem speziellen dreiecksförmigen Gebiet der a_1-a_o-Ebene liegen. □

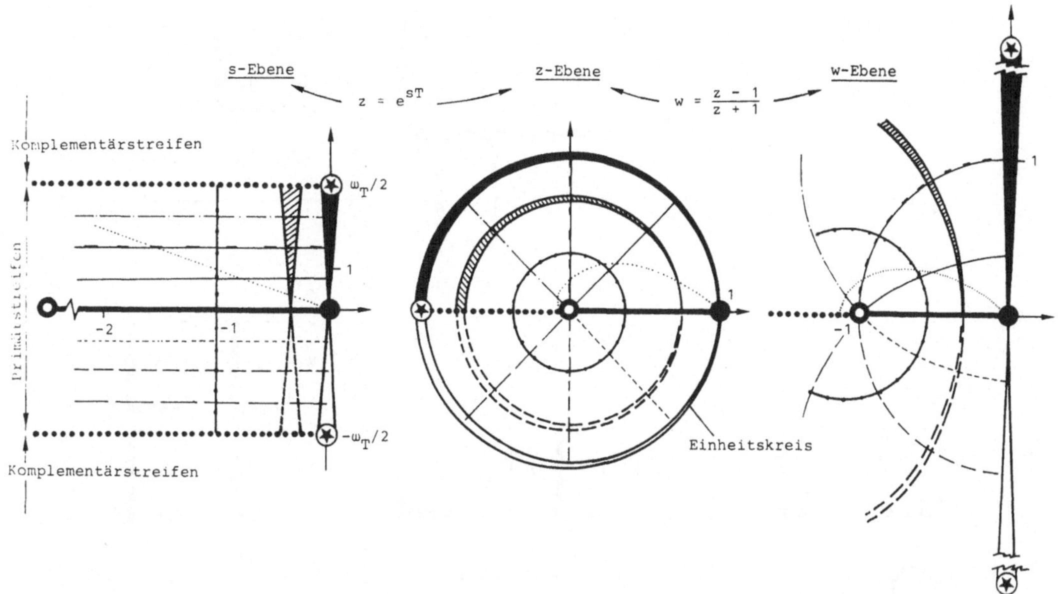

Abbildung 4.12: Abbildungsvorgänge zwischen s-Ebene, z-Ebene und w-Ebene ($T = 1$)

Beispiel. PLL als Abtastregelkreis: Eine PLL-Schaltung ist ein Abtastregelkreis (*Lindsey, W.C., and Chie, C.M., 1981; Weinberg, A., and Liu, B., 1974*). Die Rechnung wird darauf aufgebaut, daß die Frequenzen getastet werden und der getastete Signalwert mit einem Halteglied nullter Ordnung $G_{ho}(s)$ gehalten wird. Der VCO besitze P-Verhalten mit $k = 500$ Hz/Volt, angesteuert wird der VCO über ein PT_1-Element mit der Zeitkonstanten $T_1 = 1$ ms. Für einen Betriebspunkt $f_{ref} = 10$ kHz ist die Abtastfrequenz $T = 0,1$ ms und die Ansteuerspannung des VCO 20 Volt. Die Entwicklung des Blockschaltbildes mit z-Übertragungsfunktionen aus dem Gerätekonzept zeigt die Abb. 4.13a bis c. Zu der Abb. 4.13c führten die Transformationsbeziehungen

$$\mathcal{Z}\{G_{ho}(s)k\} = (1-z^{-1})\mathcal{Z}\{\frac{k}{s}\} = k\ , \qquad \mathcal{Z}\{G_{ho}(s)\frac{2\pi}{s}\} = (1-z^{-1})\mathcal{Z}\{\frac{1}{s^2}\} = \frac{2\pi T}{z-1} \quad (4.67)$$

$$\mathcal{Z}\{G_{ho}(s)\frac{1}{1+10^{-3}\,s}\} = (1-z^{-1})\mathcal{Z}\{\frac{1}{s(1+10^{-3}\,s)}\} = \frac{1000(1-e^{-1000\,T})}{z-e^{-1000\,T}} \triangleq B(z)\ . \quad (4.68)$$

In ihnen ist $k = 500$ und $T = 10^{-4}$. Die Führungsübertragungsfunktion $T(z)$ beträgt

$$T(z) = \frac{T}{z-1}\,\frac{B(z)}{1+\frac{kT}{z-1}B(z)}k = \frac{1}{33,449\,z^2 - 63,715\,z + 31,266}\ . \quad (4.69)$$

Zur Kontrolle findet man $T(z)\,|_{z=1} = 1$ bestätigt. Die Sprungantwort zu $T(z)$ zeigt die Abb. 4.14. □

4.9 Zustandsraum-Darstellung allgemein

Ausgegangen wird von der kontinuierlichen Zustandsdifferentialgleichung der Regelstrecke, die für das transiente Verhalten zwischen den Abtastzeitpunkten bestimmend ist

$$\dot{\mathbf{x}}(t) = \mathbf{A}\mathbf{x}(t) + \mathbf{B}\mathbf{u}(t) \qquad \mathbf{B} \in \mathcal{R}^{n\times n} \quad (4.70)$$

$$\mathbf{y}(t) = \mathbf{C}\mathbf{x}(t) \qquad \mathbf{C} \in \mathcal{R}^{r\times n}\ . \quad (4.71)$$

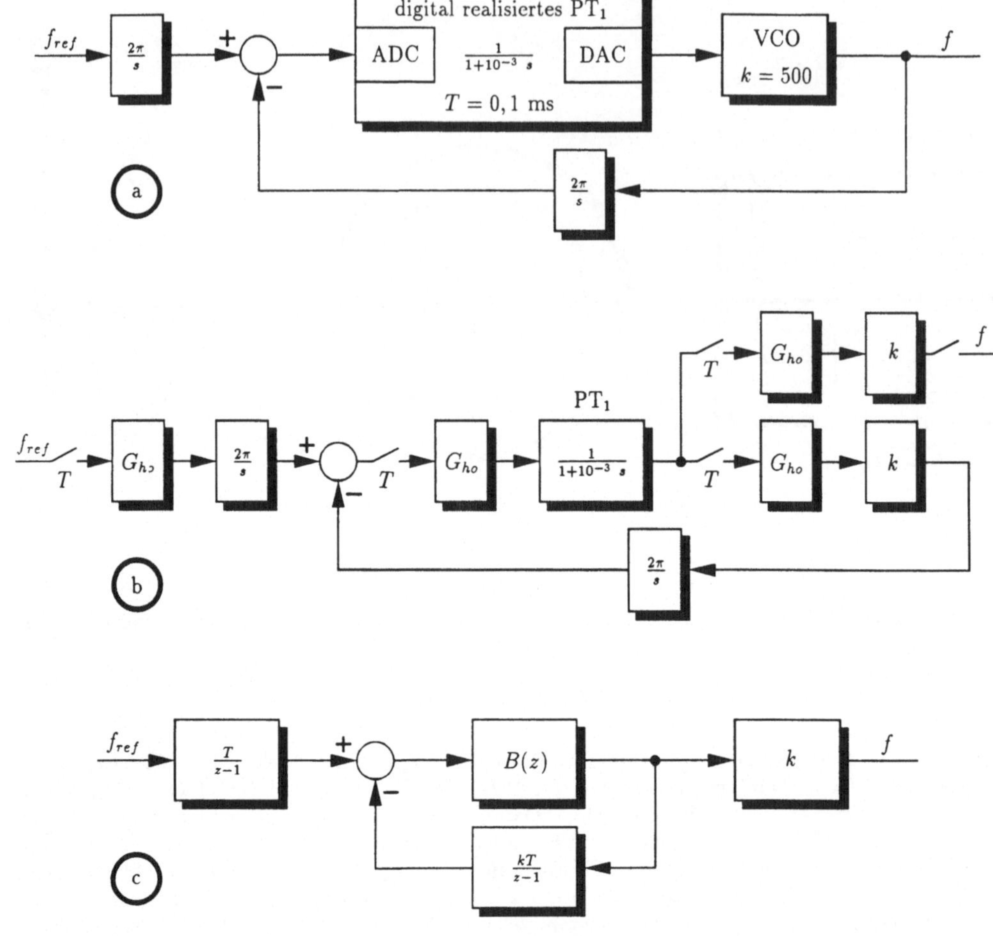

Abbildung 4.13: PLL: Gerätekonzept (a), Blockschaltbild im s-Bereich (b) und mit z-Übertragungsfunktionen (c)

Die Lösung in Form der Faltungsbeziehung lautet, wenn t_1 die Relativzeit zum Tastzeitpunkt kT bedeutet,

$$\mathbf{x}(kT+t_1) = \mathbf{\Phi}(t_1)\mathbf{x}(kT^+) + \int_{kT}^{kT+t_1} \mathbf{\Phi}(kT+t_1-\tau)\mathbf{B}\mathbf{u}(\tau)d\tau \; . \tag{4.72}$$

Die Transitionsmatrix $\mathbf{\Phi}(t)$ der kontinuierlichen Regelstrecke findet sich aus

$$\mathbf{\Phi}(t) = e^{\mathbf{A}t} \qquad \text{oder} \qquad \mathbf{\Phi}(t) = \mathcal{L}^{-1}\{(s\mathbf{I}-\mathbf{A})^{-1}\} \; . \tag{4.73}$$

Die homogene Lösung aus Gl.(4.72) lautet für $t_1 = T$

$$\mathbf{x}(kT+T) = \mathbf{\Phi}(T)\mathbf{x}(kT^+) = \mathbf{\Phi}(T)\mathbf{x}(kT) \; , \tag{4.74}$$

letzteres für stetige Zustandsvariable. Daraus ergibt sich die Formel

$$\mathbf{x}(iT) = \mathbf{\Phi}^i(T)\mathbf{x}(0^+) \; . \tag{4.75}$$

Sie ist für Digitalrechner-Untersuchungen bestens geeignet.

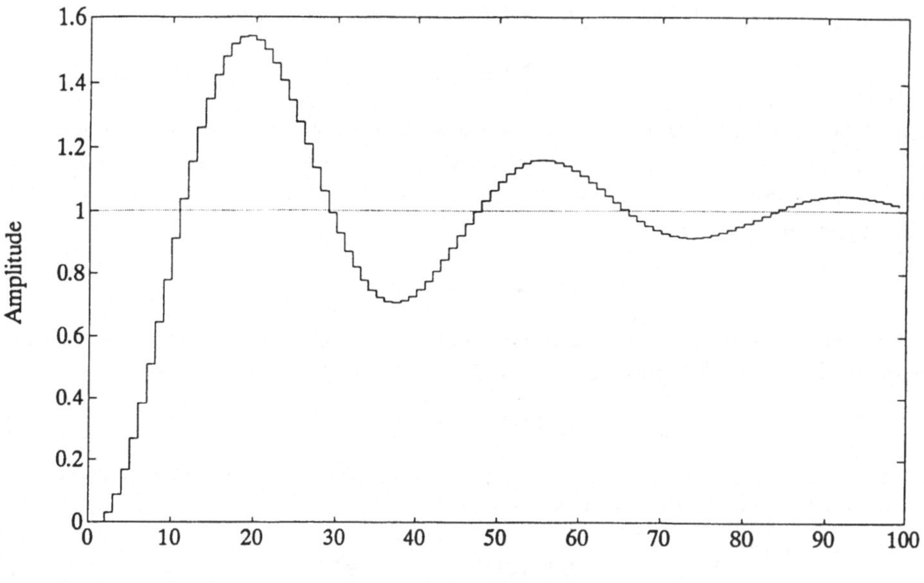

Abbildung 4.14: Zeitlicher Verlauf der PLL-Ausgangsfrequenz $f(t)$ normiert auf den Sprung von $f_{ref}(t)$

4.10 Transitionsmatrix und Zustandsgleichungen des Abtastsystems

Unter Anwendung der z-Transformation auf jede Vektorkomponente[4]

$$\mathbf{x}(z) = \mathcal{Z}\{\mathbf{x}(iT)\} = \sum_0^\infty \mathbf{x}(iT)z^{-i} = \sum_0^\infty [\mathbf{\Phi}(T)z^{-1}]^i \ \mathbf{x}(0^+) \tag{4.76}$$

ergibt sich als geometrische Reihe

$$\mathbf{x}(z) = [\mathbf{I} - \mathbf{\Phi}(T)z^{-1}]^{-1}\mathbf{x}(0^+) \tag{4.77}$$

$$\mathbf{x}(iT) = \mathcal{Z}^{-1}\{[\mathbf{I} - \mathbf{\Phi}(T)z^{-1}]^{-1}\}\mathbf{x}(0^+) = \bar{\mathbf{\Phi}}(iT)\mathbf{x}(0^+) \tag{4.78}$$

$$\bar{\mathbf{\Phi}}(iT) \stackrel{\triangle}{=} \mathcal{Z}^{-1}\{[\mathbf{I} - \mathbf{\Phi}(T)z^{-1}]^{-1}\} = \mathcal{Z}^{-1}\{z[z\mathbf{I} - \mathbf{\Phi}(T)]^{-1}\} \, . \tag{4.79}$$

Die Gl.(4.79) stellt als Transitionsmatrix $\bar{\mathbf{\Phi}}(iT)$ der getastet abgefragten Regelstrecke die Abhängigkeit von der Transitionsmatrix des kontinuierlichen Systems $\mathbf{\Phi}(T)$ her. Letztere übernimmt die Rolle der Koeffizientenmatrix des diskreten Systems, wie Gl.(4.88) zeigt.

Die Transitionsmatrix des Abtastsystems $\bar{\mathbf{\Phi}}(iT)$ laut

$$\mathbf{x}(iT) = \underbrace{\mathcal{Z}^{-1}\{[\mathbf{I} - \mathbf{\Phi}(T)z^{-1}]^{-1}\}}_{\stackrel{\triangle}{=}\bar{\mathbf{\Phi}}(iT)} \ \mathbf{x}_o = \bar{\mathbf{\Phi}}(iT)\mathbf{x}_o \tag{4.80}$$

stellt sich als identisch zu $\mathbf{\Phi}$ heraus, also $\bar{\mathbf{\Phi}}(iT) = \mathbf{\Phi}(iT) = \mathbf{\Phi}^i(T)$. Dies nicht nur aus der Herleitung nach Gln.(4.78) und (4.75), sondern auch deshalb, weil neben $\mathcal{Z}\{e^{-at}\} = \frac{z}{z-e^{-aT}}$

[4] z-Transformierte werden im folgenden wieder klein geschrieben, weil sie als Vektoren in Verwendung sind.

auch eine entsprechende Beziehung für das Matrixexponential gilt

$$\mathbf{\Phi}(z) = \mathcal{Z}\{\mathbf{\Phi}(t)\} = \mathcal{Z}\{e^{\mathbf{A}t}\} = \mathcal{Z}\{e^{\mathbf{A}iT}\} = (\mathbf{I} - z^{-1}e^{\mathbf{A}T})^{-1} \ . \tag{4.81}$$

Letztere Beziehung läßt sich mit Potenzreihenentwicklung von $e^{\mathbf{A}iT}$ einerseits und mit Hilfe von $\mathcal{Z}\{t^k/(k!)\}$ aus der Tabelle 4.1 andererseits leicht bestätigen. Die Gl.(4.81) kann als z-Transformierte von $\mathbf{x}(t) = \mathbf{\Phi}(t)\mathbf{x}(0^+)$ aufgefaßt werden. Die charakteristische Gleichung des Abtastsystems lautet demnach

$$\det[z\mathbf{I} - \mathbf{\Phi}(T)] = 0 \ . \tag{4.82}$$

Sie muß für Stabilität Lösungen ausschließlich innerhalb des Einheitskreises besitzen. Diese Lösungen sind mit den Eigenwerten von $\mathbf{\Phi}(T)$ identisch. Für sie gilt überdies[5]

$$\lambda_i[\mathbf{\Phi}(T)] = e^{\lambda_i[\mathbf{A}]T} \ . \tag{4.83}$$

Die partikuläre Lösung zur inhomogenen Gleichung lautet unter der Annahme der Konstanz von $\mathbf{u}(t)$ innerhalb des Abtastintervalls

$$\mathbf{x}(kT + t_1) \ = \int_{kT}^{kT+t_1} \mathbf{\Phi}(kT + t_1 - \tau)\mathbf{B}d\tau \ \mathbf{u}(kT) = \int_{kT}^{kT+t_1} \mathbf{\Phi}(kT + t_1 - \tau)d\tau \ \times \ \mathbf{B}\ \mathbf{u}(kT) = \tag{4.84}$$

$$= [\mathbf{I}\tau - \mathbf{A}(kT + t_1 - \tau)^2/2 - \ldots] \Big|_{\tau=kT}^{\tau=kT+t_1} \mathbf{B}\mathbf{u}(kT) = -\mathbf{A}^{-1}e^{\mathbf{A}(kT+t_1-\tau)}\Big|_{\tau=kT}^{\tau=kT+t_1} \mathbf{B}\ \mathbf{u}(kT) \ , \tag{4.85}$$

wobei die Potenzreihenentwicklung von $e^{\mathbf{A}t}$ verwendet wurde. Man hätte auch direkt die Rechenregel $\int e^{\mathbf{A}t} = \mathbf{A}^{-1}e^{\mathbf{A}t}$ anwenden können. Mit

$$\mathbf{\Psi}(t_1) = (\mathbf{I}\ t_1 + \mathbf{A}\ t_1^2/2 + \mathbf{A}^2 t_1^3/3! + \ \ldots\ )\mathbf{B} = \mathbf{A}^{-1}[e^{\mathbf{A}t_1} - \mathbf{I}]\mathbf{B} \tag{4.86}$$

findet man schließlich

$$\mathbf{x}(kT + t_1) = \mathbf{\Psi}(t_1)\mathbf{u}(kT) \qquad \text{und} \qquad \mathbf{x}(kT + T) = \mathbf{\Psi}(T)\mathbf{u}(kT) \ . \tag{4.87}$$

Resultierend erhält man die zumeist mit $t_1 = T$ angeschriebene Beziehung

$$\mathbf{x}(kT + T) = \mathbf{\Phi}(T)\mathbf{x}(kT) + \mathbf{\Psi}(T)\mathbf{u}(kT) \ , \tag{4.88}$$

wobei die Koeffizientenmatrizen der getasteten und mit einem Halteglied nullter Ordnung versehenen Regelstrecke

$$\mathbf{\Phi}(T) = e^{\mathbf{A}T} \qquad \text{und} \qquad \mathbf{\Psi}(T) = \mathbf{A}^{-1}[e^{\mathbf{A}T} - \mathbf{I}]\mathbf{B} \tag{4.89}$$

die Matrizen $\mathbf{A}$ und $\mathbf{B}$ der kontinuierlichen Regelstrecke enthalten.

In Gl.(4.88) ist die homogene und partikuläre Lösung aus Gl.(4.74) und (4.87) zusammengezogen. Es folgt das Blockdiagramm des Abtastsystems zu Abb. 4.15.

Aus Gl.(4.88) läßt sich auch einfach die Übertragungsfunktion und Übertragungsmatrix herleiten

$$z\mathbf{x}(z) - \mathbf{\Phi}(T)\mathbf{x}(z) = \mathbf{\Psi}(T)\mathbf{u}(z) \quad \rightsquigarrow \quad \mathbf{x}(z) = [z\mathbf{I} - \mathbf{\Phi}(T)]^{-1}\mathbf{\Psi}(T)\mathbf{u}(z) \ . \tag{4.90}$$

Unter Verwendung von $\mathbf{y}(z) = \mathbf{C}\mathbf{x}(z)$ folgt

$$\mathbf{y}(z) = \mathbf{C}[z\mathbf{I} - \mathbf{\Phi}(T)]^{-1}\mathbf{\Psi}(T)\mathbf{u}(z) = \mathbf{G}(z)\mathbf{u}(z) \quad \text{mit} \quad \mathbf{G}(z) \stackrel{\triangle}{=} \mathbf{C}[z\mathbf{I} - \mathbf{\Phi}(T)]^{-1}\mathbf{\Psi}(T) \ . \tag{4.91}$$

[5]Für die Beziehung $\mathbf{B} = f(\mathbf{A})$ gilt $\lambda_i[\mathbf{B}] = f(\lambda_i[\mathbf{A}])$ dann, wenn f ein Matrizenpolynom ist oder sich f durch ein solches darstellen läßt.

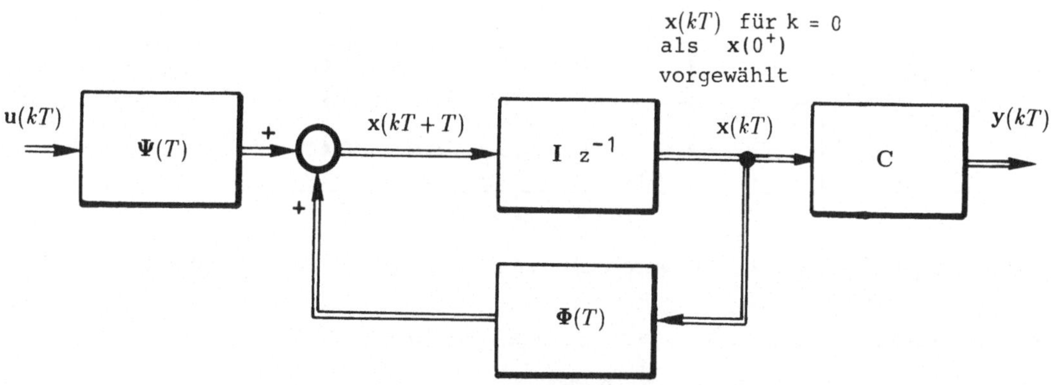

Abbildung 4.15: Abtastregelstrecke im Zustandsraum

Beispiel. Transitionsmatrix zum Abtastsystem: Wie mühsam die Berechnung werden könnte, wenn man die Formel Gl.(4.79) nicht verwendet, läßt sich mit einem Beispiel demonstrieren. Es entspricht einem kontinuierlichen Regelkreis mit $K(s)$ und $G(s)$ laut Beispiel mit Gl.(4.53), allerdings zwischen der getasteten Sollwerteingangsgröße $y_{ref}(iT)$ und der Ausgangsgröße $y(iT)$.

$$\mathbf{A}_{cl} =: \mathbf{A} = \begin{pmatrix} 0 & 1 \\ -\frac{V}{T_1} & -\frac{1}{T_1} \end{pmatrix}, \quad \mathbf{b}_{cl} =: \mathbf{b} = \mathbf{B} = \begin{pmatrix} 0 \\ \frac{V}{T_1} \end{pmatrix}, \quad a \triangleq \frac{1}{2T_1}, \quad \omega_o^2 \triangleq 2aV - a^2 \tag{4.92}$$

$$\mathbf{\Phi}(t) = e^{-at} \begin{pmatrix} \cos\omega_o t + \frac{a}{\omega_o}\sin\omega_o t & \frac{1}{\omega_o}\sin\omega_o t \\ -\frac{a^2+\omega_o^2}{\omega_o}\sin\omega_o t & \cos\omega_o t - \frac{a}{\omega_o}\sin\omega_o t \end{pmatrix} \quad \rightsquigarrow \quad \mathbf{\Phi}(T) \tag{4.93}$$

$$z\mathbf{I} - \mathbf{\Phi}(T) = \begin{pmatrix} z & 0 \\ 0 & z \end{pmatrix} - e^{-aT} \begin{pmatrix} \cos\omega_o T + \frac{a}{\omega_o}\sin\omega_o T & \frac{1}{\omega_o}\sin\omega_o T \\ -\frac{a^2+\omega_o^2}{\omega_o}\sin\omega_o T & \cos\omega_o T - \frac{a}{\omega_o}\sin\omega_o T \end{pmatrix} \tag{4.94}$$

$$\bar{\mathbf{\Phi}}(z) = z[z\mathbf{I} - \mathbf{\Phi}(T)]^{-1} = \frac{z}{z^2 - 2ze^{-aT}\cos\omega_o T + e^{-2aT}} \times \tag{4.95}$$

$$\times \begin{pmatrix} z - e^{-aT}(\cos\omega_o T - \frac{a}{\omega_o}\sin\omega_o T) & e^{-aT}\frac{1}{\omega_o}\sin\omega_o T \\ -e^{-aT}\frac{a^2+\omega_o^2}{\omega_o}\sin\omega_o T & z - e^{-aT}(\cos\omega_o T + \frac{a}{\omega_o}\sin\omega_o T) \end{pmatrix} \tag{4.96}$$

$$\mathbf{\Phi}(iT) = \mathcal{Z}^{-1}\{\bar{\mathbf{\Phi}}(z)\} = \mathcal{Z}^{-1}\{z[z\mathbf{I} - \mathbf{\Phi}(T)]^{-1}\} = \tag{4.97}$$

$$= e^{-aiT} \begin{pmatrix} \cos\omega_o iT + \frac{a}{\omega_o}\sin\omega_o iT & \frac{1}{\omega_o}\sin\omega_o iT \\ -\frac{a^2+\omega_o^2}{\omega_o}\sin\omega_o iT & \cos\omega_o iT - \frac{a}{\omega_o}\sin\omega_o iT \end{pmatrix} \tag{4.98}$$

$$\mathbf{\Psi}(T) = \mathbf{A}^{-1}[\mathbf{\Phi}(T) - \mathbf{I}]\mathbf{B} = \tag{4.99}$$

$$= \frac{1}{a^2+\omega_o^2} \begin{pmatrix} -2a & -1 \\ a^2+\omega_o^2 & 0 \end{pmatrix} \times \tag{4.100}$$

$$\times \begin{pmatrix} e^{-aT}(\cos\omega_o T + \frac{a}{\omega_o}\sin\omega_o T) - 1 & \frac{1}{\omega_o}e^{-aT}\sin\omega_o T \\ -\frac{a^2+\omega_o^2}{\omega_o}e^{-aT}\sin\omega_o T & e^{-aT}(\cos\omega_o T - \frac{a}{\omega_o}\sin\omega_o T) - 1 \end{pmatrix} \begin{pmatrix} 0 \\ a^2+\omega_o^2 \end{pmatrix} =$$

$$\mathbf{\Psi}(T) = e^{-aT} \begin{pmatrix} e^{aT} - (\cos\omega_o T + \frac{a}{\omega_o}\sin\omega_o T) \\ \frac{a^2+\omega_o^2}{\omega_o}\sin\omega_o T \end{pmatrix}. \tag{4.101}$$

Daraus ergibt sich

$$G_{ho}G(z) = \frac{Y(z)}{Y_{ref}(z)} = \mathbf{C}[z\mathbf{I} - \mathbf{\Phi}(T)]^{-1}\mathbf{\Psi}(T) = \mathbf{C}\bar{\mathbf{\Phi}}(z)\mathbf{\Psi}(T)\frac{1}{z} = \mathbf{C}\mathcal{Z}\{\mathbf{\Phi}(t)\}\mathbf{\Psi}(T)\frac{1}{z} = \tag{4.102}$$

$$G_{ho}G(z) = \frac{[1 - e^{-aT}(\cos\omega_o T + \frac{a}{\omega_o}\sin\omega_o T)]z + e^{-aT}(e^{-aT} + \frac{a}{\omega_o}\sin\omega_o T - \cos\omega_o T)}{z^2 - 2ze^{-aT}\cos\omega_o T + e^{-2aT}}. \tag{4.103}$$

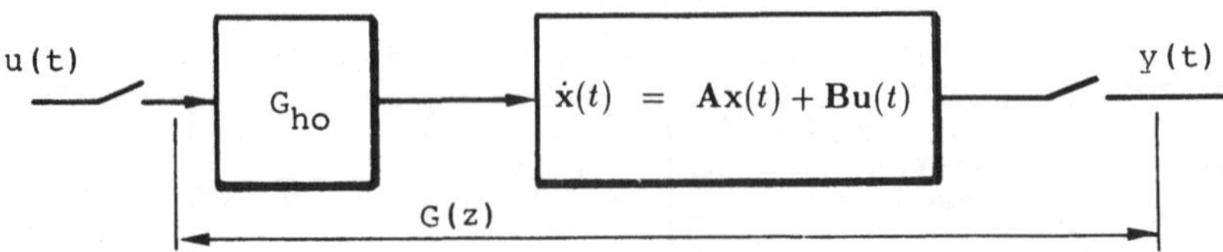

Abbildung 4.16: Eingrößen-Abtastregelstrecke mit Taster am Eingang und am Ausgang

Mit konkreten Zahlenwerten $V = 5$; $T_1 = 1,45$; $T = 1$ und daraus $a = 0,345$ und $\omega_o = 1,825$ folgt

$$\mathbf{\Phi}(T) = \begin{pmatrix} -0,0483 & 0,3758 \\ -1,2957 & -0,3075 \end{pmatrix} \qquad \mathbf{\Psi}(T) = \begin{pmatrix} 1,3075 \\ 1,2957 \end{pmatrix} \tag{4.104}$$

$$x_1(k+1) = -0,0483\, x_1(k) + 0,3758\, x_2(k) + 1,3075\, y_{ref}(k) \tag{4.105}$$

$$x_2(k+1) = -1,2957\, x_1(k) - 0,3075\, x_2(k) + 1,2957\, y_{ref}(k) \tag{4.106}$$

oder *eine* Differenzengleichung zweiter Ordnung

$$y(k) + 0,3558\, y(k-1) + 0,5018\, y(k-2) = 1,0483\, y_{ref}(k-1) + 0,8092\, y_{ref}(k-2)\ . \ \square \tag{4.107}$$

Beispiel. Eigenwerte der Transitionsmatrix:

$$\mathbf{A} = \begin{pmatrix} -3 & -1 \\ 2 & 0 \end{pmatrix}, \qquad \mathbf{\Phi}(t)\Big|_{t=T=1} = \begin{pmatrix} -0,098 & -0,233 \\ 0,466 & 0,601 \end{pmatrix} \tag{4.108}$$

$$\det[z\mathbf{I} - \mathbf{\Phi}(T)] = 0 \quad \leadsto \quad z_{1,2} = \lambda_i[\mathbf{\Phi}(T)] = 0,368\ ;\ \ 0,135 \tag{4.109}$$

$$\lambda_i[\mathbf{A}] = -1\ ;\ \ -2 \quad \leadsto \quad e^{\lambda_i[\mathbf{A}]T} = \lambda_i[\mathbf{\Phi}(T)]\ . \ \square \tag{4.110}$$

Beispiel. Eingrößenabtastregelung: Die Annahmen $\mathbf{A} = -1, \mathbf{B} = 1, \mathbf{C} = 1$ entsprechen in Abb. 4.16 einer Übertragungsstrecke aus G_{ho} und einem PT_1-Element $1/(1+s)$. Für dieses findet sich einerseits mit Tabelle 4.1

$$G(z) = \mathcal{Z}\{\frac{1-e^{-sT}}{s(1+s)}\} = (1-z^{-1})\mathcal{Z}\{\frac{1}{s(1+s)}\} = \frac{1-e^{-T}}{z-e^{-T}}\ . \tag{4.111}$$

Andererseits lautet $\mathbf{\Phi}(t) = e^{\mathbf{A}t}$ des PT_1-Elements $\mathbf{\Phi}(t) = e^{-t}$. Aus Gl.(4.86) folgt

$$\mathbf{\Psi}(T) = -1 \cdot (e^{-t} - 1) \cdot 1 \,|_{t=T} = 1 - e^{-T}\ . \tag{4.112}$$

Aus Gl.(4.91) ergibt sich $y(z) = (z - e^{-T})^{-1}(1 - e^{-T})u(z)$. Dadurch ist obiges $G(z)$ bestätigt. □

Beispiel. z-Übertragungsfunktion auf drei Rechenarten: Zu einer nachstehend gegebenen s-Übertragungsfunktion $G(s)$ soll unter Zugrundelegung eines Haltegliedes nullter Ordnung sowohl im Frequenzbereich (a), wie auch im Zustandsraum unter Benützung von $\mathbf{\Phi}(t)$ (b), wie auch unter Verwendung von $\mathbf{\Phi}(z)$ (c) die z-Übertragungsfunktion berechnet werden, und zwar für

$$G(s) = \frac{y(s)}{u(s)} = \frac{1}{(s+1)^2}\ . \tag{4.113}$$

Berechnungsvariante a)

$$\mathcal{Z}\{G_{ho}(s)G(s)\} \triangleq G(z) = \frac{z-1}{z}\mathcal{Z}\{\frac{G(s)}{s}\} = \frac{z(-e^{-T} - Te^{-T} + 1) + e^{-2T} - e^{-T} + Te^{-T}}{(z-e^{-T})^2} \; . \tag{4.114}$$

Berechnungsvariante b) laut Gl.(4.91): Aus $G(s)$ folgen die Matrizen für die Zustandsraumdarstellung

$$\mathbf{A} = \begin{pmatrix} 0 & 1 \\ -1 & -2 \end{pmatrix}, \quad \mathbf{B} = \begin{pmatrix} 0 \\ 1 \end{pmatrix}, \quad \mathbf{C} = (1 \quad 0) \tag{4.115}$$

$$\mathbf{\Phi}(t) = \mathcal{L}^{-1}\{(s\mathbf{I}-\mathbf{A})^{-1}\} = \begin{pmatrix} e^{-t}(1+t) & te^{-t} \\ -te^{-t} & e^{-t}(1-t) \end{pmatrix} \tag{4.116}$$

$$\mathbf{\Psi}(T) = \mathbf{A}^{-1}(e^{\mathbf{A}T} - \mathbf{I})\mathbf{B} = \begin{pmatrix} -(1+T)e^{-T}+1 \\ Te^{-T} \end{pmatrix} \tag{4.117}$$

$$[z\mathbf{I} - \mathbf{\Phi}(T)]^{-1} = \frac{1}{(z-e^{-T})^2}\begin{pmatrix} z-e^{-T}(1-T) & Te^{-T} \\ -Te^{-T} & ze^{-T}(1+T) \end{pmatrix} \tag{4.118}$$

$$\mathbf{C}[z\mathbf{I} - \mathbf{\Phi}(T)]^{-1}\mathbf{\Psi}(T) = \frac{1}{(z-e^{-T})^2}(1 \quad 0)\begin{pmatrix} z-e^{-T}(1-T) & Te^{-T} \\ -Te^{-T} & ze^{-T}(1+T) \end{pmatrix}\begin{pmatrix} -(1+T)e^{-T}+1 \\ Te^{-T} \end{pmatrix} = \tag{4.119}$$

$$= \frac{z(-e^{-T} - Te^{-T} + 1) + e^{-2T} - e^{-T} + Te^{-T}}{(z-e^{-T})^2} \equiv G(z) \; . \tag{4.120}$$

Berechnungsvariante c): Aus Gl.(4.81), bei Benützung der Tabelle der z-Transformierten und nach Zwischenrechnungen folgt

$$\mathbf{\Phi}(z) = \frac{z}{(z-e^{-T})^2}\begin{pmatrix} z-e^{-T}(1-T) & Te^{-T} \\ -Te^{-T} & z-e^{-T}(1+T) \end{pmatrix} . \tag{4.121}$$

Dies ist gemäß $\mathbf{C}[z\mathbf{I} - \mathbf{\Phi}(T)]^{-1}\mathbf{\Psi}(T) = \mathbf{C}\frac{1}{z}\mathbf{\Phi}(z)\mathbf{\Psi}(T)$ dasselbe Resultat. □

4.11 Darstellung im Matrizenverbund

Unter Einschaltung eines Haltegliedes nullter Ordnung und unter Definition einer quadratischen Übermatrix der Dimension $(n+m)\times(n+m)$ ergibt sich folgende Verbunddarstellung (*Tou, J.T., 1964*)

$$\exp\{\begin{pmatrix} \mathbf{A} & \mathbf{B} \\ \mathbf{0}_{m\times n} & \mathbf{0}_{m\times m} \end{pmatrix} T\} = \begin{pmatrix} \mathbf{\Phi}(T) & \mathbf{\Psi}(T) \\ \mathbf{0}_{m\times n} & \mathbf{I}_{m\times m} \end{pmatrix} = \begin{pmatrix} e^{\mathbf{A}T} & T(\mathbf{I}+\mathbf{A}\frac{T}{2}+\ \ldots)\mathbf{B} \\ \mathbf{0}_{m\times n} & \mathbf{I}_{m\times m} \end{pmatrix} . \tag{4.122}$$

Sie stellt die Beziehung zwischen dem Vektor $\binom{\mathbf{x}(k+1)}{\mathbf{u}(k+1)}$ vor dem nächsten Tastschritt und $\binom{\mathbf{x}(k)}{\mathbf{u}(k)}$ nach dem letzten Tastschritt her.

4.12 Abtast-Zustandsregler

Der Zustandsregler für eine Abtastregelung ist in Abb. 4.17 gezeigt. Er ist auch von einem Vorfilter $\mathbf{V}$ in der Sollwertleitung begleitet.

Der rechnerische Ansatz lautet analog zur kontinuierlichen Regelung

$$\mathbf{u}(kT) = \mathbf{K}\mathbf{x}(kT) + \mathbf{V}\mathbf{y}_{ref}(kT) \; . \tag{4.123}$$

In Verbindung mit der Streckengleichung Gln.(4.74) und (4.88) erhält man

$$\mathbf{x}(kT+T) = [\mathbf{\Phi}(T) + \mathbf{\Psi}(T)\mathbf{K}]\mathbf{x}(kT) + \mathbf{\Psi}(T)\mathbf{V}\mathbf{y}_{ref}(kT) \; . \tag{4.124}$$

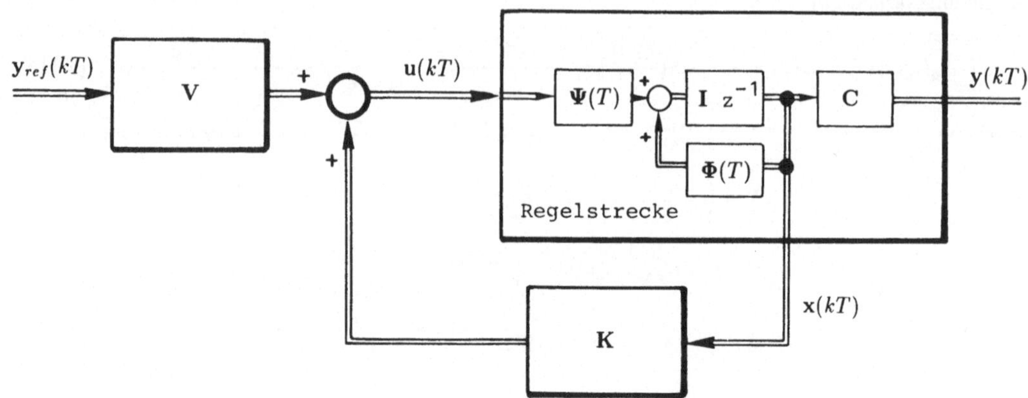

Abbildung 4.17: Abtast-Zustandsregelung

Die Transienten ergeben sich bei $\mathbf{y}_{ref}(kT) = \mathbf{0}$ aus

$$z[\mathbf{x}(z) - \mathbf{x}(0)] = [\mathbf{\Phi}(T) + \mathbf{\Psi}(T)\mathbf{K}]\mathbf{x}(z) \quad \rightsquigarrow \quad \mathbf{x}(z) = z[z\mathbf{I} - \mathbf{\Phi}(T) - \mathbf{\Psi}(T)\mathbf{K}]^{-1}\mathbf{x}(0)\ . \tag{4.125}$$

Mit der Determinante

$$\det[z\mathbf{I} - \mathbf{\Phi}(T) - \mathbf{\Psi}(T)\mathbf{K}] \tag{4.126}$$

können die Eigenwerte (Polstellen) bestimmt werden.

4.13 Entwurf von Abtastregelungen

Viele Entwurfsmethoden von Abtastregelungen fußen auf Verfahren für kontinuierliche Systeme, wie sie schon im Band 1 zusammengestellt und erläutert sind (*Cuno, B., 1976; Strejc, V., 1981; Kučera, V., 1991*).

Beispiel. Quasikontinuierliche Einstellung einer Abtastregelung bei $\mathbf{IT_1}$-Schleife: Die zunächst ohne Abtastung betrachtete kontinuierliche Regelschleife besitze in der Umgebung der Durchtrittsfrequenz ω_D $\mathrm{IT_1}$-Verhalten $F_o(s) = \frac{1}{sT_o(1+sT_1)}$, wobei für betragsoptimale Darstellung des Regelkreises, d.h. $|F_o(j\omega)/[1 + F_o(j\omega)]|$ maximal flach für $\omega \geq 0$, die Beziehungen $T_o = 2T_1$ und $\omega_D \doteq \frac{1}{T_o}$ gelten. Dabei wird T_1 zumeist gleich der Summe aller kleinen Zeitkonstanten der Strecke gesetzt.

Wird das Halteglied nach dem Abtaster $G_{ho}(s) = \frac{1-e^{-sT}}{s}$ für kleine s in eine Potenzreihe entwickelt, so erhält man

$$\frac{1 - e^{-sT}}{s} \doteq T[1 - s\frac{T}{2} + \frac{2}{3}(s\frac{T}{2})^2 - \frac{1}{3}(s\frac{T}{2})^3 + - \ldots] \doteq Te^{-s\frac{T}{2}}\ ; \tag{4.127}$$

mit ausreichender Genauigkeit für $\omega T < 1$. Nach Gln.(4.4) und (4.127) gilt also näherungsweise, daß eine kontinuierliche Ersatzregelschleife aus $F_o(s)$ und einem Totzeitelement mit $T_t = \frac{T}{2}$ zu bestehen hat. Für Signalfrequenzen $\omega < \omega_D$ und $\omega T < 1$ folgt

$$\omega_D < \frac{1}{T} \quad \rightsquigarrow \quad \frac{1}{T_o} < \frac{1}{T} \quad \rightsquigarrow \quad \frac{1}{2T_1} < \frac{1}{T} \quad \rightsquigarrow \quad T < 2T_1\ . \quad \square \tag{4.128}$$

4.13.1 Bode-Diagramm in der w-Ebene

Basierend auf den Ausführungen und der Transformation Gl.(4.66) wird die Möglichkeit geboten, für den Entwurf der Abtastregelung das Bode-Diagramm der w-Übertragungsfunktion der Regelschleife heranzuziehen, also $|KG(jv)|$, und zwar so wie es

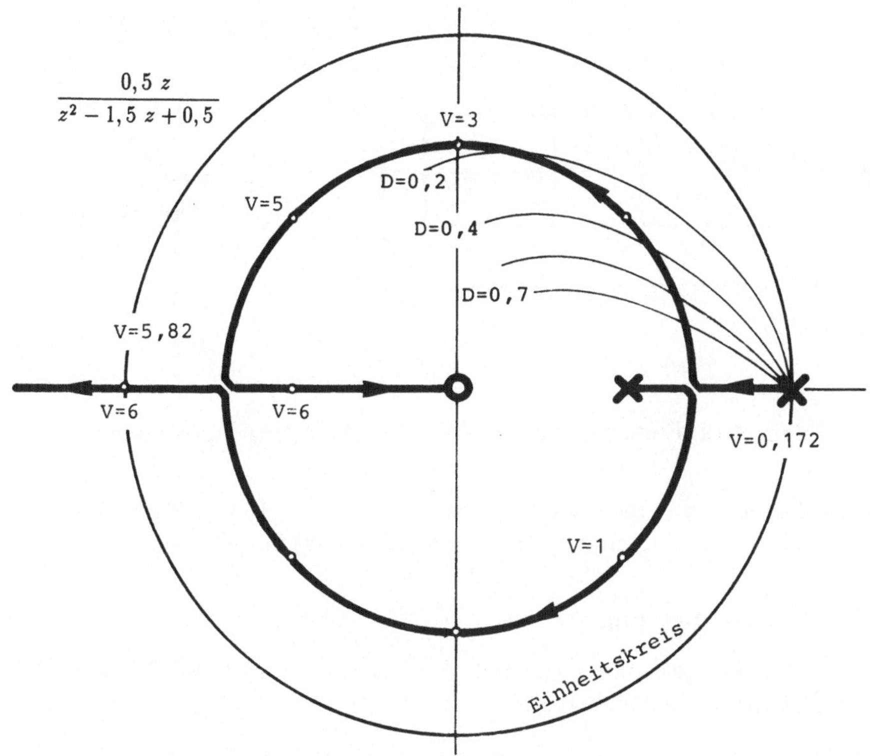

Abbildung 4.18: Wurzelortskurve für das Beispiel

im Prinzip von kontinuierlichen Systemen bekannt ist (*Houpis, C.H., and Lamont, G.B., 1992*).

4.13.2 Wurzelorte

Die Wurzelortsverfahren können unverändert angewendet werden. Mit der Verstärkung der Regelschleife als Kurvenparameter wird der geometrische Ort der Polstellen der z-Übertragungsfunktion des Regelkreises gezeichnet. Die Rolle der imaginären Achse der s-Ebene wird vom Einheitskreis der z-Ebene übernommen. In der Abb. 4.18 ist für das Beispiel mit Gl.(4.53) die Wurzelortskurve gezeigt. Darin gilt bei $T = 1$; $T_1 = 1,45$ und mit $e^{-T/T_1} = 0,50$

$$\mathcal{Z}\{KG(s)\} = \mathcal{Z}\{\frac{V}{s(1+sT_1)}\} = \frac{V(1-e^{-T/T_1})z}{z^2-(1+e^{-T/T_1})z+e^{-T/T_1}} = \frac{0,5\ z}{z^2-1,5\ z+0,5}\,. \tag{4.129}$$

In die z-Ebene wird eine Schar von Kurven konstanten Werts eines Dämpfungsgrads D aufgenommen, wobei $D = \sigma/\omega_N$ gilt. Für den praktischen Entwurf haben die Gebiete innerhalb der Kurven, des besseren Dämpfungsgrads wegen, größere Bedeutung als der ganze Bereich innerhalb des Einheitskreises.

4.13.3 Polvorgabe

Für die Eingrößenregelung ist die Vorgabe von n Polstellen des charakteristischen Polynoms (für das System n-ter Ordnung) zur Bestimmung der n Regler-Matrix-Elemente

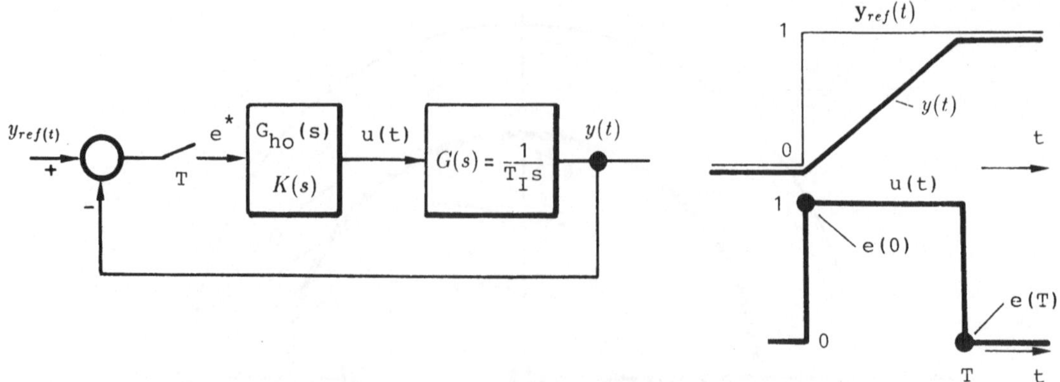

Abbildung 4.19: Einfacher nachschwingfreier Abtastregelkreis für $K(s) = 1$

ausreichend. Für eine m-Größenregelung besitzt die (m, n)-Regler-Matrix nm Elemente, ist also ohne weitere Bedingungen (z.B. Autonomisierung) unterbestimmt.

4.13.4 Vorfilterbemessung

Das Vorfilter muß im stationären Zustand, d.h. bei $\mathbf{x}(kT + T) = \mathbf{x}(kT)$, $\mathbf{y} = \mathbf{C}\mathbf{x} = \mathbf{y}_{ref}$ erfüllen. Dies führt nach Gl.(4.124) auf

$$[\mathbf{I} - \mathbf{\Phi}(T) - \mathbf{\Psi}(T)\mathbf{K}]\mathbf{x} = \mathbf{\Psi}(T)\mathbf{V}\mathbf{y}_{ref} \tag{4.130}$$

$$\mathbf{y} = \mathbf{C}\mathbf{x} = \mathbf{C}[\mathbf{I} - \mathbf{\Phi}(T) - \mathbf{\Psi}(T)\mathbf{K}]^{-1}\mathbf{\Psi}\mathbf{V}\mathbf{y}_{ref} \tag{4.131}$$

und zur Festlegung von $\mathbf{V}$ aus

$$\mathbf{C}[\mathbf{I} - \mathbf{\Phi}(T) - \mathbf{\Psi}(T)\mathbf{K}]^{-1}\mathbf{\Psi}(T)\mathbf{V} = \mathbf{I}\,. \tag{4.132}$$

4.13.5 Aperiodizität

Anstelle von z wird fallweise der Delta-Operator δ verwendet. Der Name rührt von der Relation der Differenzoperation her: $\delta = \frac{z-1}{T}$. Die Rolle des Einheitskreises der z-Ebene übernimmt in der δ-Ebene ein Kreis mit dem Halbmesser $\frac{1}{T}$ und dem Mittelpunkt $(-\frac{1}{T}, j0)$. Um einen vorgegebenen Stabilitätsgrad zu erreichen, kann der Kreis auch verkleinert werden. Im δ-Raum läßt sich auch die Robustheit auf der Basis des charakteristischen Polynoms gut untersuchen (*Soh, C.B., 1991*).

Unter Aperiodizität versteht man die Eigenschaft von Systemen, daß Oszillationen entweder überhaupt nicht auftreten oder nur in begrenzter Anzahl. Strikte Aperiodizität liegt vor, wenn das Abtastsystem so entworfen wird, daß nur reelle und untereinander verschiedene Pole zwischen $z = 0$ und $z = 1$ ($\delta = -\frac{1}{T}$ bis 0) aufscheinen (*Soh, C.B., 1991*).

4.13.6 Kürzeste (endliche) Ausregelzeit und Nachschwingfreiheit

Die prinzipielle Überlegung an einem höchst einfachen Abtastregelkreis zeigt die Abb. 4.19. Stimmt die Abtastperiode T mit der Integrierzeitkonstante T_I überein, dann erreicht die Regelgröße nach einer Abtastperiode exakt den vom Sollwertsprung vorgezeichneten Wert. Ab $n = 1$ ist dann keine Regelabweichung mehr vorhanden und keine weitere Stellgröße vonnöten.

Für eine Regelung nach Abb. 4.20 kann das Prinzip der exakten Ausregelung innerhalb endlich vieler Abtastperioden rechnerisch dadurch verfolgt werden, daß für $e(z)$ ein Polynom in z^{-1} verlangt wird, das den Grad $r - 1$ besitzt. Der Wert r muß größer oder gleich der Ordnung n der Strecke bleiben. Wenn ausschließlich Sprungeingänge $y_{ref}(z)$ angenommen werden, so gilt $y_{ref}(z) = y_{ref,o}/(1 - z^{-1})$.

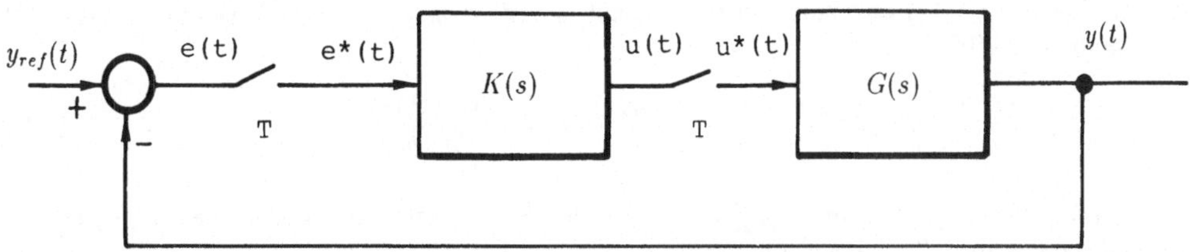

Abbildung 4.20: Standardregelkreis mit einem Regler unter Tastung an dessen Eingang und Ausgang

Zur Synthese empfiehlt sich, von der Streckendarstellung mit Zähler- und Nennerpolynom in z^{-1}

$$G(z^{-1}) = \frac{b(z^{-1})}{a(z^{-1})} = \frac{\sum_1^n b_i z^{-i}}{\sum_1^n a_i z^{-i}} = \frac{y(z)}{u(z)} \tag{4.133}$$

auszugehen, und vom Verlauf der Stellgröße $u(z)$ und der Regelgröße $y(z)$ im z-Bereich

$$u(z) = u_o + u_1 z^{-1} + \ \dots \ + u_{r-1} z^{-(r-1)} + u_r \frac{z^{-r}}{1 - z^{-1}} \ . \tag{4.134}$$

Die Gl.(4.134) beruht auf der Annahme, daß zum Zeitpunkt 0 die Stellamplitude u_o, zum Zeitpunkt 1 die Stellamplitude u_1 usw. wirkt und dies bis zum Zeitpunkt $r-1$ und zur Amplitude u_{r-1}. Ab dem Zeitpunkt r wirkt die konstante Stellamplitude u_r, also ein getasteter Sprung der Höhe u_r und einer Verschiebung um r Abtastperioden. Sinngemäß dieselbe Überlegung wird im folgenden für $y(z)$ angestellt

$$y(z) = 0 + y_1 z^{-1} + \ \dots \ + y_{r-1} z^{-(r-1)} + y_{ref,o} \frac{z^{-r}}{1 - z^{-1}} = u(z) \frac{b(z^{-1})}{a(z^{-1})} \ . \tag{4.135}$$

Der getastete Sollwertsprung $y_{ref}(z)$ wird zerlegt, und zwar aufgrund der Identität

$$y_{ref}(z) = \frac{y_{ref,o}}{1 - z^{-1}} \equiv y_{ref,o} \left(1 + z^{-1} + \ \dots \ z^{-(r-1)}\right) + \frac{y_{ref,o} z^{-r}}{1 - z^{-1}} \ . \tag{4.136}$$

Die Regelabweichung wird definitionsgemäß verwendet als

$$e(z) = y_{ref}(z) - y(z) = y_{ref,o} + y_{ref,o} z^{-1} + \ \dots \ + \frac{y_{ref,o} z^{-r}}{1 - z^{-1}} -$$

$$- y_o - y_1 z^{-1} - y_2 z^{-2} - \ \dots\dots \ - y_{r-1} z^{-(r-1)} - \sum_{\mu=r}^{\infty} y_\mu z^{-\mu} = e_o + e_1 z^{-1} + \ \dots \ + e_{r-1} z^{-(r-1)} \ . \tag{4.137}$$

Dabei ist $e_o = y_{ref,o} - y_o$ bis $e_{r-1} = y_{ref,o} - y_{r-1}$. Der Ausdruck mit $1/(1 - z^{-1})$ hebt sich mit dem Summenausdruck auf. Wird die Gl.(4.135) auf beiden Seiten mit $(1 - z^{-1})$ multipliziert, erhält man

$$y(z)(1 - z^{-1}) = [y_1 z^{-1} + \ \dots \ + y_{r-1} z^{-(r-1)}](1 - z^{-1}) + y_{ref,o} z^{-r} = u(z) \frac{b(z^{-1})(1 - z^{-1})}{a(z^{-1})} \ . \tag{4.138}$$

Da die linke Seite von Gl.(4.138) ein Polynom endlichen Grades ist, hat $u(z)$ den Nenner $a(z^{-1})$ der Strecke zu kompensieren.

Damit $u(kT)$ für $k \to \infty$ nicht null wird (siehe Gl.(4.33), Endwerttheorem), muß $u(z)$ den Ausdruck $1/(1 - z^{-1})$ enthalten. Ein zusätzliches Polynom $d(z^{-1}) \triangleq c_o + c_1 z^{-1} + \ \dots . \ + c_m z^{-m}$ ist in $u(z)$ noch zulässig, um den Übergangsvorgang zu dehnen. Aus beiden Überlegungen ergibt sich

$$u(z) = \frac{a(z^{-1}) d(z^{-1})}{(1 - z^{-1})} \ . \tag{4.139}$$

Wird in Gl.(4.138) $z = 1$ gesetzt, folgt

$$y_{ref,o} = b(1) d(1) = (\sum_1^n b_i)\,(\sum_1^m c_i) \ . \tag{4.140}$$

Da Sprungeingänge $y_{ref}(z)$ angenommen werden, gilt $y_{ref}(z) = y_{ref,o}/(1 - z^{-1})$. Daraus resultiert mit Gln.(4.139) und (4.140)

$$u(z) = \frac{a(z^{-1})d(z^{-1})y_{ref}(z)}{y_{ref,o}} = \frac{a(z^{-1})q(z^{-1})y_{ref}(z)}{\sum_1^n b_i} . \tag{4.141}$$

Zur Abkürzung wurde $q(z^{-1}) \triangleq d(z^{-1})/\sum_1^m c_i$ verwendet. Somit liegt nach Gl.(4.135) auch $y(z)$ fest. Der Regler lautet daher nach Zwischenrechnungen

$$K(z^{-1}) = \frac{u(z)}{y_{ref}(z) - y(z)} = \frac{a(z^{-1})q(z^{-1})}{\sum_1^n b_i - b(z^{-1})q(z^{-1})} . \tag{4.142}$$

Mit dem Polynom $q(z^{-1})$ kann man die Einstellzeit $rT > nT$ vorwählen, zumeist mit $r > n + 1$. Die Koeffizienten von $q(z)$ geben weiten Spielraum hinsichtlich Stellgrößenbegrenzung oder Optimierungskriterien. Die Wahl $q = 1$ bedeutet den Fall minimaler Einstellzeit $r = n$; sein Anwendungsbereich erweist sich — wegen möglicher ungünstiger Antwort auf andere Sollwertformen als Sprünge — zumeist als relativ eng (*Arndt, G., 1980; Jury, E.I., and Schroeder, W., 1957*).

Regler mit endlicher Einstellzeit sind an Prozessen mit gleichartig wiederkehrenden Sollwertverläufen bedeutsam. Diese treten bei Handhabungsvorgängen der automatisierten Fertigungstechnik und Robotertechnik (teach-in-Verfahren) häufig auf. Der raschen Stellgrößenberechnung wegen werden Regler endlicher Einstellzeit auch bei adaptiven Regelungen bevorzugt eingesetzt.

Beispiel. Nachschwingfreier Abtastregelkreis: Der Regelkreis nach Abb. 4.20 bestehe aus der Regelstrecke $G(z)$ laut Gl.(4.114) und dem Regler

$$K(z^{-1}) = \frac{(1 - z^{-1}e^{-T})^2}{1 - 2e^{-T} + e^{-2T} - z^{-1}(1 - e^{-T} - Te^{-T}) - z^{-2}(e^{-2T} - e^{-T} + Te^{-T})} . \tag{4.143}$$

Aus $G(z)$ wird $G(z^{-1})$ gewonnen. Dann ergibt sich für Sollwertsprung und $T = 1$

$$u(z^{-1}) = \frac{K(z)}{1 + K(z)G(z)} y_{ref}(z) = \frac{K(z^{-1})}{1 + K(z^{-1})G(z^{-1})} y_{ref}(z) = \tag{4.144}$$

$$= \frac{(1 - z^{-1}e^{-T})^2}{(1 - e^{-T})^2} \frac{1}{1 - z^{-1}} = 2,5027 + 0,6613\, z^{-1} + z^{-2} + z^{-3} + \ \ldots \tag{4.145}$$

und weiters, siehe Abb. 4.21,

$$y(z^{-1}) = \frac{K(z^{-1})G(z^{-1})}{1 + K(z^{-1})G(z^{-1})} y_{ref}(z) = 0,6613\, z^{-1} + z^{-2} + z^{-3} + \ \ldots \ . \ \square \tag{4.146}$$

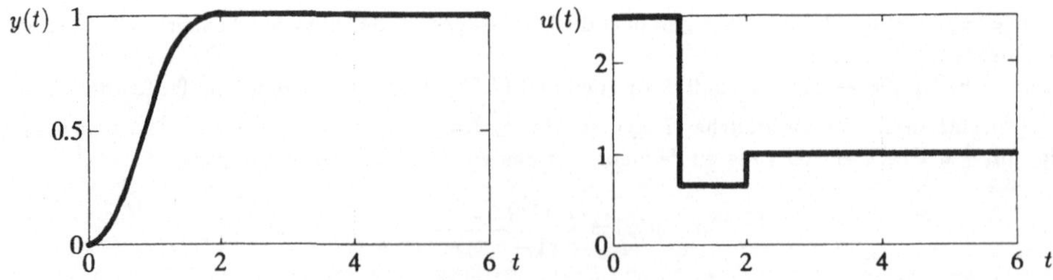

Abbildung 4.21: Regelgröße $y(t)$ und Stellgröße $u(t)$ zu und zwischen den Abtastzeitpunkten

Kapitel 5

Mehrgrößenregelungen

In der industriellen Praxis treten oft Regelstrecken auf, an denen nicht nur eine, sondern mehrere Größen geregelt werden sollen. Sind diese Größen, bedingt durch die physikalische Wirkungsweise der Regelstrecke, voneinander in gewisser Abhängigkeit, so spricht man von gekoppelten Regelungen oder Mehrgrößenregelungen (Mehrfach- oder multivariablen Regelungen). Dementsprechend sind auch mehrere Stellgrößen zur Beeinflussung des Mehrfachprozesses erforderlich.

Viele grundlegende Erkenntnisse an Mehrgrößenregelungen gehen auf *Mesarović, M.D., 1960; Kavanagh, R.J., 1957; Rosenbrock, H.H., 1969* und *Starkermann, R., 1964* zurück. *Schwarz, H., 1967; 1971* besorgte eine umfassende methodische Aufbereitung unter Einschluß anderer regelungstechnischer Gebiete. Syntheseverfahren wurden von *Reinisch, K., 1982; Tolle, H., 1983; 1985; Korn, U., und Wilfert, H.H., 1982* ausführlich dargestellt.

In diesem Kapitel wird davon ausgegangen, daß die Anzahl r der Ausgangsgrößen gleich ist der Anzahl m der Stellgrößen. Bei einer linearen m-Größen-Regelung wird aus den m Laplace-Transformierten der Regelgrößen $Y_1(s)$ bis $Y_m(s)$ ein m-dimensionaler Vektor $\mathbf{y}(s)$ gebildet[1]. Diese Regelgrößen entsprechen den m Ausgangsgrößen der Teilregelungen. Zu Zustandsvariablen besteht zunächst kein Konnex. Die Ordnung n des gesamten Systems wird aus der Ordnung aller Teilregelstrecken und Teilregler gebildet.

5.1 Mehrgrößenstrecken

Es wird angenommen, daß die komplexe Strecke mit den erwähnten m Regelgrößen ebenso m Stellgrößen $U_1(s)$ bis $U_m(s)$ besitzt. Die Abhängigkeit aller Regelgrößen von allen Stellgrößen wird durch die Matrixschreibweise ausgedrückt

$$\mathbf{y}(s) \triangleq \begin{pmatrix} y_1(s) \\ \vdots \\ y_m(s) \end{pmatrix}, \quad \mathbf{u}(s) \triangleq \begin{pmatrix} u_1(s) \\ \vdots \\ u_m(s) \end{pmatrix}, \quad \mathbf{G} \triangleq \begin{pmatrix} G_{11} & G_{12} & \dots & G_{1m} \\ \vdots & \vdots & \ddots & \vdots \\ G_{m1} & G_{m2} & \dots & G_{mm} \end{pmatrix}, \quad \mathbf{y}(s) = \mathbf{G}(s)\mathbf{u}(s)\,. \tag{5.1}$$

Dabei ist $\mathbf{G}(s)$ die Matrix der Übertragungsfunktionen (Übertragungsmatrix). Alle neudefinierten Größen werden auch durch das Matrix-Blockschaltbild der Abb. 5.1 veranschaulicht.

Auf die Reihenfolge im Matrizenprodukt ist sehr zu achten: Den Vektor der Ausgangsgröße $\mathbf{y}(s)$ erhält man aus der von links durchgeführten Multiplikation der Übertragungsmatrix $\mathbf{G}(s)$ der Strecke mit dem Vektor der Eingangsgröße $\mathbf{u}(s)$.

Vorausgesetzt wurde, daß seitens physikalischer Einsicht in die Regelstrecke oder seitens einer experimentellen Identifikation über die resultierenden Ein- und Ausgangsgrößen

[1] In der Folge werden Vektoren mit $\mathbf{y}(s)$ und nicht mit $\mathbf{Y}(s)$ bezeichnet, auch wenn deren Elemente Laplace-Transformierte sind.

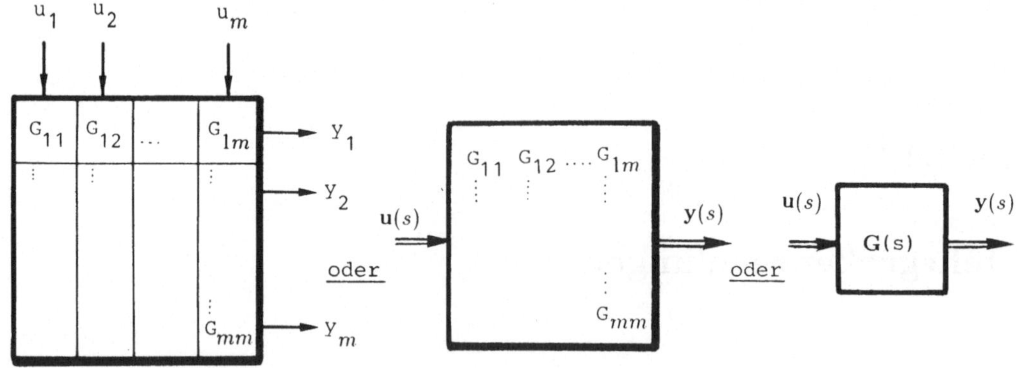

Abbildung 5.1: Matrix-Blockschaltbild einer m-Größen-Regelung

eine Untergliederung nach dem Schema der Gl.(5.1) möglich ist. Die Elemente G_{ik} sind als Teilübertragungsfunktionen komplexe Funktionen von s. Die Teilübertragungsfunktion $G_{ik}(s)$ gibt den Einfluß auf die i-te Ausgangsgröße an, der von der k-ten Eingangsgröße ausgeht.

5.1.1 Kanonische Formen

Obige Matrix $\mathbf{G}(s)$ ist die Streckendarstellung in sogenannter P-kanonischer Form. Kanonische oder Normal-Formen sind strukturelle Grundformen. Jeder Ausgang ist bei P-kanonischen Formen ausschließlich von allen Eingangsgrößen abhängig. Die Teileinflüsse setzen sich additiv zusammen. Die Abb. 5.2a verdeutlicht die Zusammenhänge für $m = 2$, kurz als P_2-Strecke bezeichnet. Charakteristisch für P-kanonische Strukturen ist die eingangsseitige Verzweigung und die ausgangsseitige Anordnung der Mischglieder.

Wird eine Grundstruktur aufgebaut, bei der die i-te Eingangsstellgröße um Rückmeldungen aller anderen Ausgänge (ungleich i) ergänzt wird und dieses Ergebnis mit $H_{ii}(s)$ an den i-ten Ausgang übertragen wird, spricht man von einer V-kanonischen Regelstrecke. Damit kann das Matrix-Blockschaltbild der Abb. 5.3 gezeichnet werden. Es benötigt im Vorwärtszweig eine Diagonalmatrix $\mathbf{H}(s)$ und im Rückwärtszweig eine Matrix $\mathbf{S}(s)$, deren Charakteristikum die durchwegs mit null besetzte Hauptdiagonale ist. Die klassische V_2-Darstellung zeigt die Abb. 5.2b.

Für V_n-Strukturen gilt

$$\mathbf{H}(s)[\mathbf{u}(s) + \mathbf{S}(s)\mathbf{y}(s)] = \mathbf{y}(s) \quad \text{oder} \quad [\mathbf{I} - \mathbf{H}(s)\mathbf{S}(s)]\mathbf{y}(s) = \mathbf{H}(s)\mathbf{u}(s)\ . \tag{5.2}$$

Vereinfacht folgt

$$\mathbf{y}(s) = [\mathbf{I} - \mathbf{H}(s)\mathbf{S}(s)]^{-1}\mathbf{H}(s)\mathbf{u}(s)\ . \tag{5.3}$$

Für die Ausrechnung von Gl.(5.3) gilt das assoziative Gesetz. Es betrifft die Reihenfolge der Matrizenmultiplikationen: $\mathbf{A}(\mathbf{BC}) = (\mathbf{AB})\mathbf{C}$. Das kommutative Gesetz gilt nicht; ausgenommen davon sind nur wenige Sonderfälle, z.B. $(\mathbf{I}+\mathbf{G})^{-1}\mathbf{G} = \mathbf{G}(\mathbf{I}+\mathbf{G})^{-1}$.

Zur Inversion der Matrizen sei erinnert:

$$(\mathbf{I} - \mathbf{HS})^{-1} = \frac{\mathrm{adj}(\mathbf{I} - \mathbf{HS})}{\det(\mathbf{I} - \mathbf{HS})}\ . \tag{5.4}$$

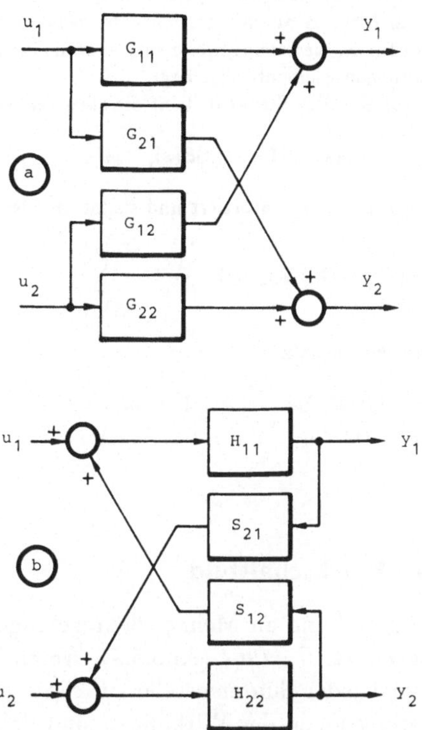

Abbildung 5.2: Zweigrößenstrecken. Klassisches Blockschaltbild einer P_2-Strecke (a) und einer V_2-Strecke (b)

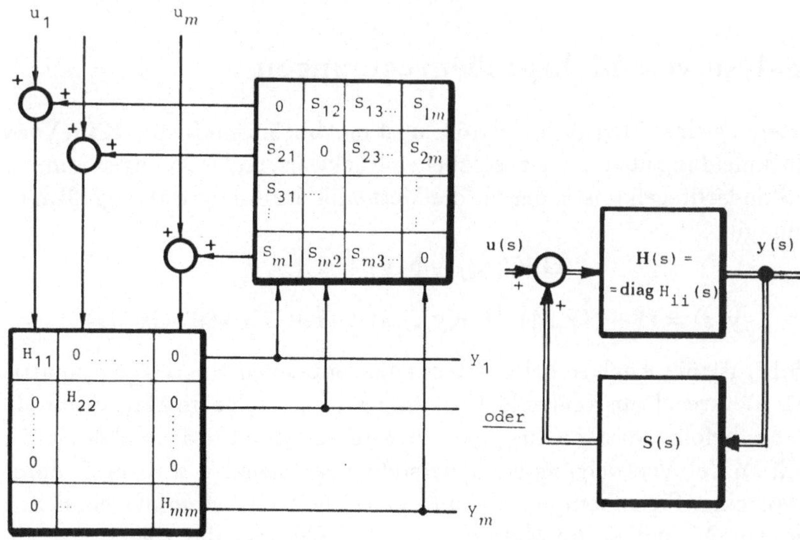

Abbildung 5.3: Matrixblockschaltbild einer V-kanonischen m-Größen-Regelstrecke

Mit $\mathbf{A} \triangleq \mathbf{matrix}[a_{ik}]$ erhält man $\mathbf{adjA} = \mathbf{matrix}[b_{ki}]$, indem $b_{ik} = (-1)^{i+k} m_{ik}$ gebildet wird. Darin ist m_{ik} jene Unterdeterminante, die sich aus $\mathbf{A}$ durch Streichung der Zeile i und Spalte k ergibt. Die Bezeichnungen Kofaktor und Minor sind für b_{ik} beziehungsweise m_{ik} gebräuchlich. Man beachte die Transponierung, die in der Matrixbildung mit den Elementen b_{ki} liegt.

Zur Umrechnung einer V_n- auf eine P_n- Struktur dient die stets realisierbare Beziehung

$$\mathbf{G}(s) = [\mathbf{I} - \mathbf{H}(s)\mathbf{S}(s)]^{-1}\mathbf{H}(s) \ . \tag{5.5}$$

In umgekehrter Weise, wenn obige Gleichung invertiert und skalar umgeschrieben wird auf

$$U_k(s) = (\mathbf{G}^{-1}\mathbf{Y})_k = Y_k \frac{1}{H_{kk}} - \sum_{i=1,\ i\neq k}^{m} S_{ki} Y_i \ , \tag{5.6}$$

folgt der nur bedingt realisierbare Formelsatz

$$H_{kk}(s) = 1/(\mathbf{G}^{-1})_{kk} \quad \forall\ k = 1,2...m \tag{5.7}$$

$$S_{ki}(s) = -(\mathbf{G}^{-1})_{ki} \quad \forall\ k = 1,2...m; \ \forall\ i = 1,2...m; i \neq k \ . \tag{5.8}$$

5.1.2 Verallgemeinertes Blockschaltbild

Von Vorteil für manche Fragestellung an Mehrgrößenregelungen ist das verallgemeinerte Blockschaltbild nach *Starkermann, R., 1964* (Abb.5.4). Wesentliches Charakteristikum ist dabei, daß das Ausgangssignal jeder Summenstelle auf sämtliche übrigen Summenstellen einwirkt. Die Übertragungsfunktionen der Wirkungen sind dabei im allgemeinen voneinander verschieden. Natürlich können sie auch zu null entarten, d.h. als Wirkungspfade entfallen. Die betroffenen Misch- oder Verzweigungsstellen dienen dann nur der Orientierung, wenn sie als blind eingetragen bleiben.

Das verallgemeinerte Blockschaltbild bewahrt viele Details der Wirkungszusammenhänge; für technisch betriebliche Probleme sind diese selbstverständlich laufend gegenwärtig zu halten.

5.2 Analyse von Mehrgrößenregelungen

Zur Bereitstellung einer Mehrfachstellgröße $\mathbf{u}$ ist in Abb. 5.5 ein Regler $\mathbf{K}$ im Vorwärtszweig und eine Rückmeldung über einen zusätzlichen Rückwärtsregler $\mathbf{M}$ angenommen. Zur Analyse dieses Standardregelkreises, der für die Methodik der Analyse als signifikant angesehen werden kann, gilt

$$\mathbf{G}[\mathbf{K}(\mathbf{y}_{ref} - \mathbf{M}\mathbf{y}) + \mathbf{w}_d] = \mathbf{y} \tag{5.9}$$

$$\mathbf{y}(s) = (\mathbf{I} + \mathbf{GKM})^{-1}\mathbf{GK}\mathbf{y}_{ref}(s) + (\mathbf{I} + \mathbf{GKM})^{-1}\mathbf{G}\mathbf{w}_d(s) \ . \tag{5.10}$$

Nach Gl.(5.10) ist die Analyse bei gegeben angenommenen Übertragungsmatrizen vorzunehmen. Als Merkregel zur Kontrolle der richtigen Reihenfolge im Matrizenprodukt **GKM** kann folgendes befolgt werden: Ausgegangen wird von der Tatsache, daß Gl.(5.10) die Signalidentität an der Verzweigungsstelle darstellt. Das Signal $\mathbf{y}$ wird in $\mathbf{G}$ durch anteilige Anregung von einer Signalkomponente aufgebaut, die von $\mathbf{y}$ stammt, nämlich von $\mathbf{y}$ nach Durchlaufen von $\mathbf{M}$ und $\mathbf{K}$. Im Matrizenprodukt steht aber das zuletzt durchlaufene Regelkreiselement an erster Stelle. Die geschriebene Reihenfolge im endgültigen Produkt, also **GKM** in Gl.(5.10), ist also von der Verzweigungsstelle im Übertragungsweg von $\mathbf{y}$ *zurück*zuverfolgen.

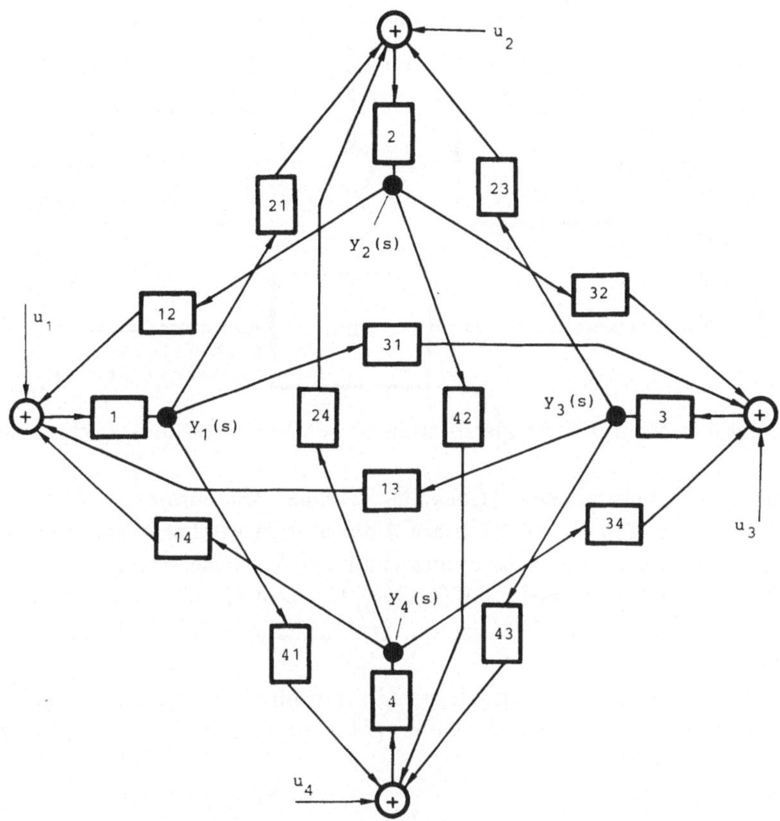

Abbildung 5.4: Verallgemeinertes Blockschaltbild einer Vierfachregelstrecke. Zur Vereinfachung sind von den Teilübertragungsfunktionen nur die Indizes eingetragen, d.h. statt G_{13} nur 13 usw.

Jedes Matrixelement $(\mathbf{I}+\mathbf{GKM})$ ist eine Funktion von s. Die Inversion unter Zuhilfenahme des Digitalrechners kann allgemein oder auch nur für eine Folge besonderer Zahlenwerte, etwa $s = j\omega$, durchgeführt werden. So wird für die Berechnung des Umkehrintegrals der Laplace-Transformation beim Führungsverhalten wie folgt

$$\mathbf{y}(t) = \frac{1}{2\pi}\int_{-\infty}^{\infty} [(\mathbf{I}+\mathbf{GKM})^{-1}\mathbf{GK}\ \mathbf{y}_{ref}]\Big|_{s=j\omega} \exp(j\omega t)d\omega \tag{5.11}$$

vorzugehen sein.

5.3 Stabilität allgemein

Für die Stabilität und Stabilitätsgüte ist die Lage der Polstellen des Mehrfachregelkreises maßgebend. Diese folgen aus

$$\det[\mathbf{I}+\mathbf{G}(s)\mathbf{K}(s)\mathbf{M}(s)] = 0 \tag{5.12}$$

als charakteristische Gleichung in s. Auf sie sind die Stabilitätskriterien, wenn übliche praktische Verhältnisse vorliegen, in ähnlicher Weise anwendbar, wie sie von den

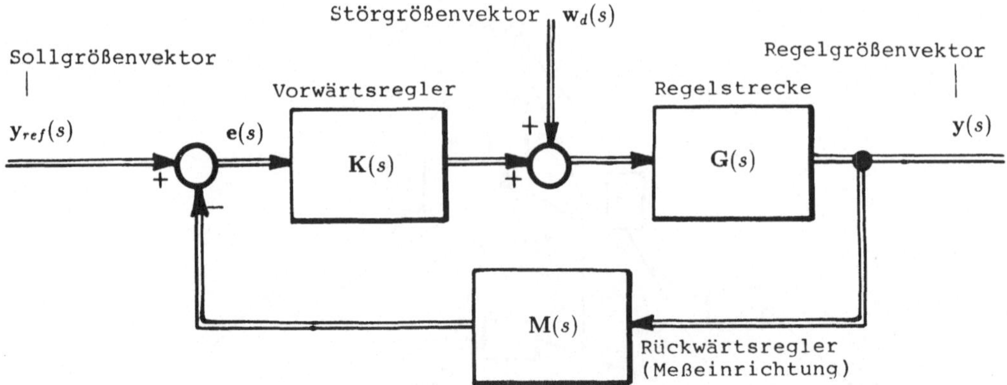

Abbildung 5.5: Mehrgrößenregler bestehend aus Vorwärts- und Rückwärtsregler

Eingrößenregelungen bekannt sind (*Chen, C.T., 1968; MacFarlane, A.G.J., 1970; Wonham, W.M., and Morse, A.S., 1972*). Stabilitätskriterien werden in späteren Abschnitten behandelt. Stabilitätsverhältnisse etwas außerhalb der Norm siehe Gl.(5.25) und Abb. 5.14. Wegen $\det[\mathbf{I}_r + \mathbf{G}(s)\mathbf{K}(s)] \equiv \det[\mathbf{I}_m + \mathbf{K}(s)\mathbf{G}(s)]$ für m Stellgrößen und r Regelgrößen und daher $\mathbf{G}(s) \in \mathcal{C}^{r\times m}$, $\mathbf{K}(s) \in \mathcal{C}^{m\times r}$ ist die Stabilitätsbedingung Gl.(5.12) vom Ort der Schnittstelle unabhängig.

Für die Verfolgung der Stabilitätsfragen im einzelnen sei auf die Verallgemeinerung des Nyquistkriteriums in Gl.(5.83) verwiesen (*MacFarlane, A.G.J., and Postlethwaite, I., 1977*).

5.4 Autonomisierung

Aus Gl.(5.10) ist in Analogie zu den Eingrößenregelungen als Führungsübertragungsmatrix

$$\mathbf{T}(s) = (\mathbf{I} + \mathbf{GKM})^{-1}\mathbf{GK} \tag{5.13}$$

und als Störungsübertragungsmatrix

$$\mathbf{F}_{St}(s) = (\mathbf{I} + \mathbf{GKM})^{-1}\mathbf{G} \tag{5.14}$$

zu definieren. Die Spezialfälle, daß $\mathbf{T}(s)$ oder $\mathbf{F}_{St}(s)$ zu einer Diagonalmatrix $\mathbf{diag}\{D_{Ti}\}$ oder $\mathbf{diag}\{D_{St\ i}\}$ entarten, nennt man führungs-(leit-) bzw. störungsautonom. Die i-te Komponente der Führungs-(Stör-)Größe wirkt dann nur auf die i-te Komponente der Regelgröße. Die ursprünglich vermaschten Regelkreise sind stationär und dynamisch entkoppelt. Der Preis dafür ist eine oft komplexe nichtdiagonale Reglermatrix.

Wichtig ist auch der Fall, in dem die Schleifen-Übertragungsmatrix $\mathbf{F}_o(s)$ des in der Rückführung vor $\mathbf{M}$ aufgeschnittenen Systems

$$\mathbf{F}_o(s) = \mathbf{G}(s)\mathbf{K}(s)\mathbf{M}(s) \tag{5.15}$$

als Diagonalmatrix $\mathbf{diag}\ D_o$ angestrebt wird. Dieser Sonderfall heißt eigenautonom. Ist die Mehrfachregelung eigenautonom, so ist wegen $\mathbf{GKM} = \mathbf{diag}D_o$ auch $(\mathbf{I} + \mathbf{GKM})$ eine Diagonalmatrix; desgleichen die Inverse. Das charakteristische Polynom aus Gl.(5.12) wird als Determinante einer Diagonalmatrix zum Produkt der Elemente der Hauptdiagonale

$$\det(\mathbf{I} + \mathbf{GKM}) = \prod_{i=1}^{m} [1 + (\mathbf{GKM})_{ii}] \ . \tag{5.16}$$

Die innere Dynamik der m-fach-Regelung zerfällt in m Einfachregelungen. Sehr anschaulich ist die von *H. Schwarz* gegebene Formulierung: Wird ein eigenautonomes Regelungssystem in einem seiner Ausgänge virtuell gestört, so beeinflußt der entstehende Ausgleichsvorgang keinen anderen Ausgang.

Nach Gl.(5.13) und (5.14) sind eigenautonome Regelungen nicht zwangsläufig führungs- oder störungsautonom. Durch die Multiplikation mit **GK** bzw. **G** wird nämlich die Diagonalität aufgehoben.

Ist Autonomisierung nur bezüglich mancher Komponenten y_i oder mancher Anregung w_{dj} oder $y_{ref,k}$ anzustreben, so ist beim Entwurf dafür zu sorgen, daß die entsprechende Zeile in $\mathbf{T}(s)$ oder $\mathbf{F}_{St}(s)$ passend mit Nullelementen ausgestattet wird.

Die Realisierung verschiedener Autonomisierungswünsche verlangt neben der Matrizenbehandlung zumeist die Überprüfung an Hand skalarer Einzeldarstellung, etwa bezüglich Nullstellenüberschuß, Phasenminimumverhalten usw. Ist vollständige Beobachtbarkeit und Steuerbarkeit nicht gegeben, was bei angewandten Fragestellungen zwar höchst selten zutrifft, so werden einzelne der angegebenen Gleichungen, etwa die charakteristische Gleichung, noch komplexer.

Beispiel. Entwurf eines Rückwärtsreglers: Für die Anordnung nach Abb. 5.5 folgt die Systemgleichung

$$\mathbf{y}(s) = \mathbf{G}\mathbf{w}_d + \mathbf{G}\mathbf{K}\mathbf{y}_{ref} - \mathbf{G}\mathbf{K}\mathbf{M}\mathbf{y} \ . \tag{5.17}$$

Eigenautonomisierung ist erreichbar, wenn die Produktmatrix **GKM** diagonal wird. Führungsautonomie ergibt sich, wenn zusätzlich **GK** allein diagonal ist, was nur bei diagonalem **M** zutreffen kann. Störungsautonomisierung erfordert mit

$$(\mathbf{I} + \mathbf{G}\mathbf{K}\mathbf{M})\mathbf{y} = \mathbf{G}\mathbf{w}_d \tag{5.18}$$

aus Gl.(5.17), daß

$$(\mathbf{I} + \mathbf{G}\mathbf{K}\mathbf{M})^{-1}\mathbf{G} = \mathbf{diag}\{D_{St\,i}\} \ . \tag{5.19}$$

Dies ist mit spezieller Matrix **M**, und zwar

$$\mathbf{M} = (\mathbf{G}\mathbf{K})^{-1}\mathbf{G}\ \mathbf{diag}\{D_{St\,i}^{-1}\} - (\mathbf{G}\mathbf{K})^{-1} \ , \tag{5.20}$$

möglich, aber wegen der Streckeninversen nur bedingt realisierbar. Aus den angegebenen Richtlinien ist für jeden praktischen Anwendungsfall ein Kompromiß zu schließen, ob z.B. für gewisse Größen Führungs- oder Störungsautonomisierung erwünscht wird oder nur näherungsweise erreicht werden soll.

5.5 Zweigrößenregelung

In der Abb. 5.6 ist für den Sonderfall einer Zweigrößenregelung ($m = 2$) sowohl das Matrixblockschaltbild (Vektorsignalbild) von Regler und Strecke wie auch das konventionelle Bild mit einfachen (skalaren) Signalen gezeigt. Für die Darstellungsvariante Signal*fluß*diagramm ist derselbe Sachverhalt in die Abb. 5.7 aufgenommen.

Um einen Richtwert über das Ausmaß der Verkopplung zu erhalten, wird für Zweigrößenregelungen mit

$$C(s) = \frac{G_{12}(s)G_{21}(s)}{G_{11}(s)G_{22}(s)} \tag{5.21}$$

ein dynamischer Kopplungsfaktor definiert.

Bei Zweigrößenregelungen kann im Falle von $\mathbf{M} = \mathbf{I}$ und $\mathbf{K}(s) = \mathbf{diag}\{K_i(s)\}$ der Kopplungsfaktor nach Gl.(5.21) herangezogen werden, um Gl.(5.12) anzuschreiben als

$$[1 + F_{o1}(s)][1 + F_{o2}(s)][1 - T_1(s)T_2(s)C(s)] = 0 \ . \tag{5.22}$$

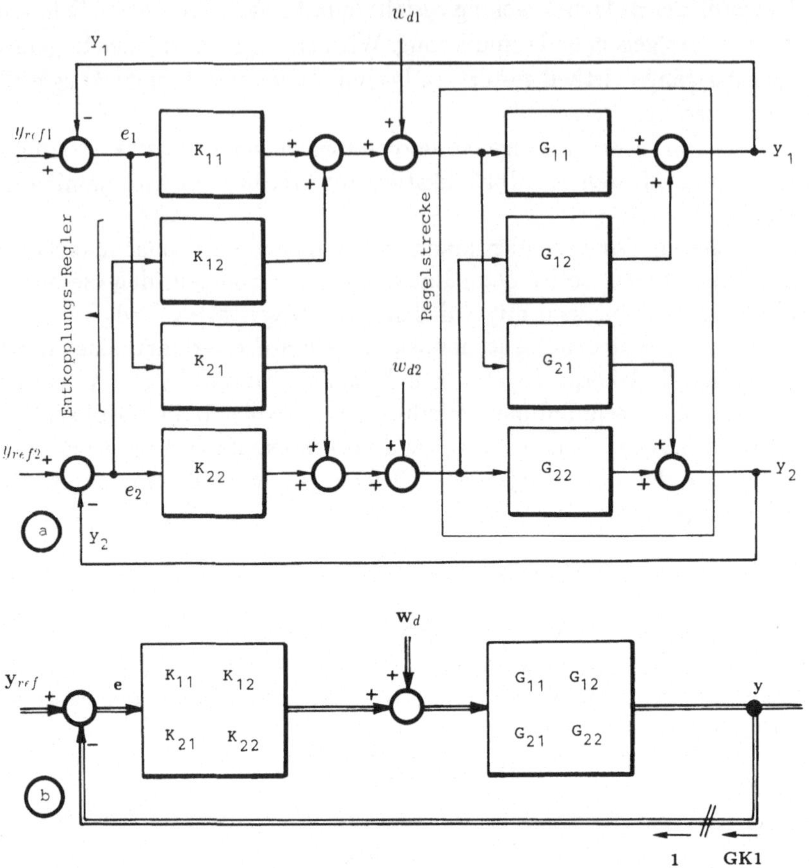

Abbildung 5.6: Zweigrößenregelung in P-kanonischer Regler- und Streckenstruktur. Konventionelles Blockschaltbild (a) und Matrixblockschaltbild (b)

Darin bedeutet $F_{o1}(s) = K_1(s)G_{11}(s)$ die Schleifenübertragungsfunktion für den Teilkreis 1 bei außer Betrieb befindlichem Teilkreis 2, ferner $T_1(s)$ sinngemäß die Führungsübertragungsfunktion usw.

Als auffälliges Phänomen der Zweigrößenregelung ist anschaulich erkennbar, daß (in hinreichendem Sinne) neben der Stabilität der Teilregelkreise 1 und 2 eine weitere (eine dritte) Schleife $T_1(s)T_2(s)C(s)$ stabil zu bleiben hat, in der $C(s)$ eine sehr maßgebliche Rolle spielt[2].

Ein positiver statischer Kopplungsfaktor $C(0)$ signalisiert eine Mitkopplung und somit eine latente Gefahr monotoner Instabilität; enthält doch die Ersatzschleife keine Vorzeichenumkehr.

Beispiel. Autonomisierung einer Zweigrößenregelung: Nach Abb. 5.6 oder 5.7 ist Eigenautonomisierung $\mathbf{F}_o(s) = \mathbf{G}(s)\mathbf{K}(s) = \mathbf{diag}\{D_{oi}\}$ gleichbedeutend mit dem Nullsetzen der Elemente aus

[2]Die Gl.(5.22) stellt eine zwar regelungstechnisch anschauliche, mathematisch aber willkürliche Faktorisierung dar. Die Forderung nach stabilen Nullstellen in den ersten beiden Faktoren ist daher nicht notwendig, dennoch aber technisch-betrieblich bequem. Eine Aufspaltung des willkürlich gewählten Ausdrucks $1 + s = (1 - s)[1 + 2s/(1 - s)] = 0$ verlangt notwendigerweise nicht, daß beide Faktoren stabile Lösungen besitzen. Der erste Faktor erfüllt ob seiner willkürlichen Abtrennung nicht die Forderung nach einer stabilen Lösung.

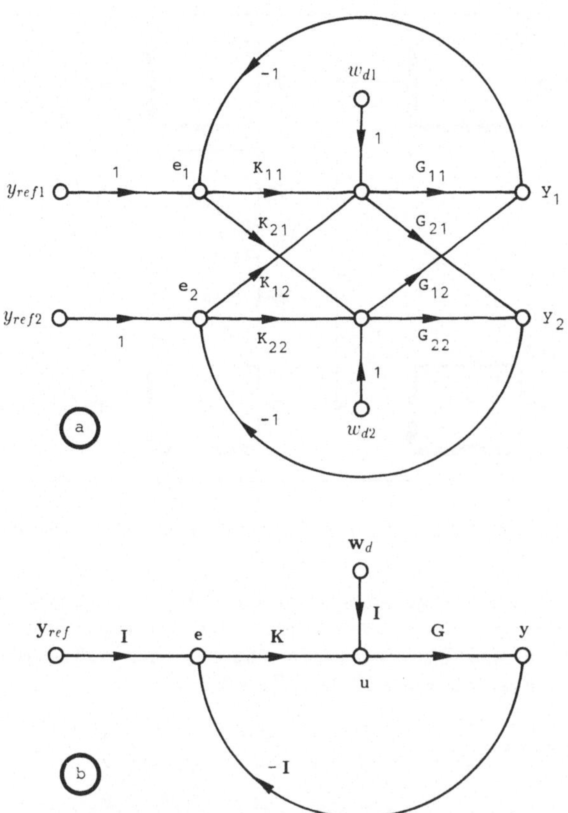

Abbildung 5.7: Konventionelles (a) und matrixorientiertes (b) Signalflußdiagramm

$\mathbf{G}(s)\mathbf{K}(s)$ außerhalb der Hauptdiagonale. Dies führt auf

$$K_{12}(s) = -\frac{G_{12}K_{22}}{G_{11}} \quad \text{und} \quad K_{21} = -\frac{G_{21}K_{11}}{G_{22}} \ . \tag{5.23}$$

Wegen $\mathbf{M} = \mathbf{I}$ folgt aus Gl.(5.10)

$$\mathbf{y}(s) = (\mathbf{I} + \mathbf{GK})^{-1}\mathbf{GK}\mathbf{y}_{ref} + (\mathbf{I} + \mathbf{GK})^{-1}\mathbf{G}\mathbf{w}_d \ . \tag{5.24}$$

In diesem Beispiel bedeutet Eigenautonomisierung zugleich auch Führungsautonomisierung.

Der Wunsch nach Störungsautonomisierung verlangt $(\mathbf{I} + \mathbf{GK})^{-1}\mathbf{G} = \mathbf{diag}\{D_{St\ i}\}$. Wird daraus $\mathbf{K}$ separiert, führt dies auf $\mathbf{K} = \mathbf{diag}\{D_{St\ i}^{-1}\} - \mathbf{G}^{-1}$. Die Inverse $\mathbf{G}^{-1}$ besitzt einen Nullstellenüberschuß. Daraus ergeben sich Schwierigkeiten bei der physikalischen Realisierung.

Selbst wenn nur eines der beiden Verkopplungselemente G_{12} oder G_{21} verschwindet (etwa $G_{12} = 0$), kann die Variante, beide Reglerverkopplungselemente K_{12} und K_{21} als null anzusetzen, verfolgt werden. Man erhält in

$$\det(\mathbf{I} + \mathbf{GK}) = 1 + G_{11}K_{11} + G_{22}K_{22} + G_{11}G_{22}K_{11}K_{22} \tag{5.25}$$

eine Unabhängigkeit auch von dem verbliebenen endlichen Element G_{21}. Gemäß Gl.(5.24) bestimmt aber nicht nur die Inverse von $(\mathbf{I} + \mathbf{GK})$ und darin die Determinante gemäß Gl.(5.25) das transiente Verhalten, sondern zusätzlich $\mathbf{GK}$ bzw. $\mathbf{G}$. Daraus resultiert die Möglichkeit der Instabilität der Regelung bei Instabilität des einen endlichen Verkopplungselements (*Becker, C., Litz, L., und Siffling, G., 1984*). Von *Reinisch, K., 1982* wird deshalb der Ausdruck aus Gl.(5.25) in der Nullsetzung als verkürzte charakteristische Gleichung bezeichnet. Weitere Einzelheiten zeigt der Abschnitt mit Gl.(5.130). □

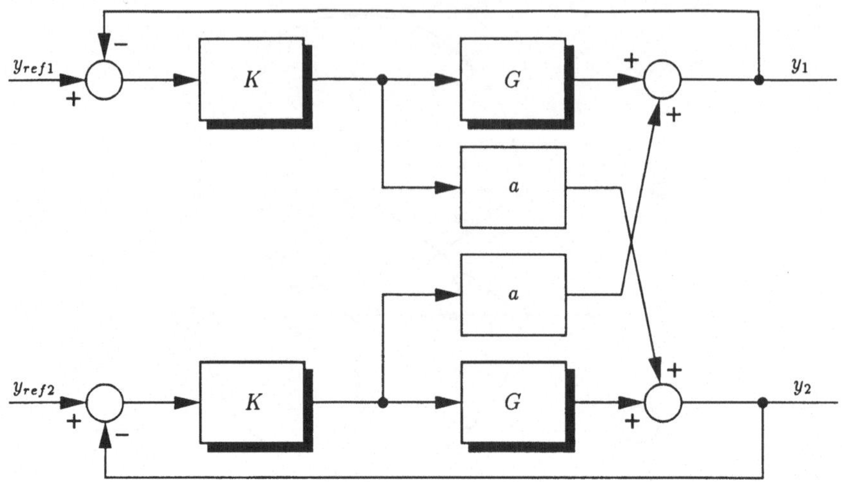

Abbildung 5.8: Symmetrisches Zweigrößensystem

Beispiel. Symmetrisches Zweigrößensystem: Laut Abb. 5.8 liege zwar eine Verkopplung in der Strecke vor, nicht aber im Regler. Für $a = 0$ zerfällt das System in zwei gleiche unverkoppelte Regelungen, die betragsoptimal eingestellt sind. Bis zu welchem $a \neq 0$ ist das Mehrgrößensystem stabil?

Aus Abb. 5.8 folgt für $K(s) = 2/s$ und $G(s) = 1/(1 + 0{,}25\ s)$

$$\mathbf{K}(s)\mathbf{G}(s) = \begin{pmatrix} \frac{2}{s} & 0 \\ 0 & \frac{2}{s} \end{pmatrix} \begin{pmatrix} \frac{1}{1+0{,}25\ s} & a \\ a & \frac{1}{1+0{,}25\ s} \end{pmatrix} \quad \text{und} \tag{5.26}$$

$$\det[\mathbf{I} + \mathbf{K}(s)\mathbf{G}(s)] = 0 \quad \rightsquigarrow \quad s^4 + 8\ s^3 + 4(8 - a^2)s^2 + 32(2 - a^2)s + 64(1 - a^2) = 0\ . \tag{5.27}$$

Nach dem Stabilitätskriterium nach Routh müssen alle Koeffizienten des charakteristischen Polynoms größer null sein, was auf $|a| < 1$ führt. Weiters darf das Routh-Schema in der ersten Spalte keinen Vorzeichenwechsel besitzen, was $|a| < 2$ bedingt. Bei $|a| = 1$ liefe also das System an die *monotone* Stabilitätsgrenze. □

Beispiel. Führungsautonomer Regler: Ein Mehrgrößenregler $\mathbf{K}(s)$ soll — vor oder auch nach einer Strecke $\mathbf{G}(s)$ angeordnet — ein autonomes und sehr spezielles Führungsverhalten $\mathbf{T}(s)$ liefern

$$\mathbf{T}(s) = \begin{pmatrix} \frac{1}{1+sT} & 0 \\ 0 & \frac{1}{1+sT} \end{pmatrix} = \frac{1}{1+sT}\mathbf{I}\ , \quad \text{wobei} \quad \mathbf{G}(s) = \frac{1}{s^2+s+1}\begin{pmatrix} s+1 & -s \\ -1 & s+1 \end{pmatrix} . \tag{5.28}$$

Da $\mathbf{T}(s)$ und $\mathbf{F}_o(s)$ diagonal sind, und zwar mit jeweils gleichen Elementen, ist die Reihenfolge **GK** oder **KG** belanglos, siehe auch Gl.(5.13) für $\mathbf{M} = \mathbf{I}$. Aus ihr folgt mit Zwischenrechnungen

$$\mathbf{F}_o(s) = \frac{1}{sT}\mathbf{I}\ , \quad \mathbf{K}(s) = \mathbf{G}^{-1}(s)\mathbf{T}(s)[\mathbf{I} - \mathbf{T}(s)]^{-1} = \frac{1}{sT}\begin{pmatrix} s+1 & s \\ 1 & s+1 \end{pmatrix} . \quad □ \tag{5.29}$$

Beispiel. Restverkopplung: Welche Verkopplung verbleibt zwischen den beiden Teilregelkreisen der Abb. 5.9? Aus

$$\mathbf{y}(s) = [\mathbf{I} + \mathbf{G}(s)\mathbf{K}(s)]^{-1}\mathbf{G}(s)\mathbf{K}(s)\mathbf{y}_{ref}(s) \triangleq \mathbf{T}(s)\mathbf{y}_{ref}(s) \tag{5.30}$$

folgt mit den Zahlenangaben aus Abb. 5.9

$$T_{12}(s) = T_{21}(s) = \frac{3bs(s+1)}{s^4 + 2\ s^3 + (1+6a)s^2 + 6\ as + 9(a^2 - b^2)} \tag{5.31}$$

als Übertragungsfunktion zwischen den nichtkorrespondierenden Größen y_{ref1} und y_2 bzw. y_{ref2} und y_1. Die Verkopplung ist wegen der Nullstelle im Ursprung von flüchtiger Art. Stationär hat der P-Regler

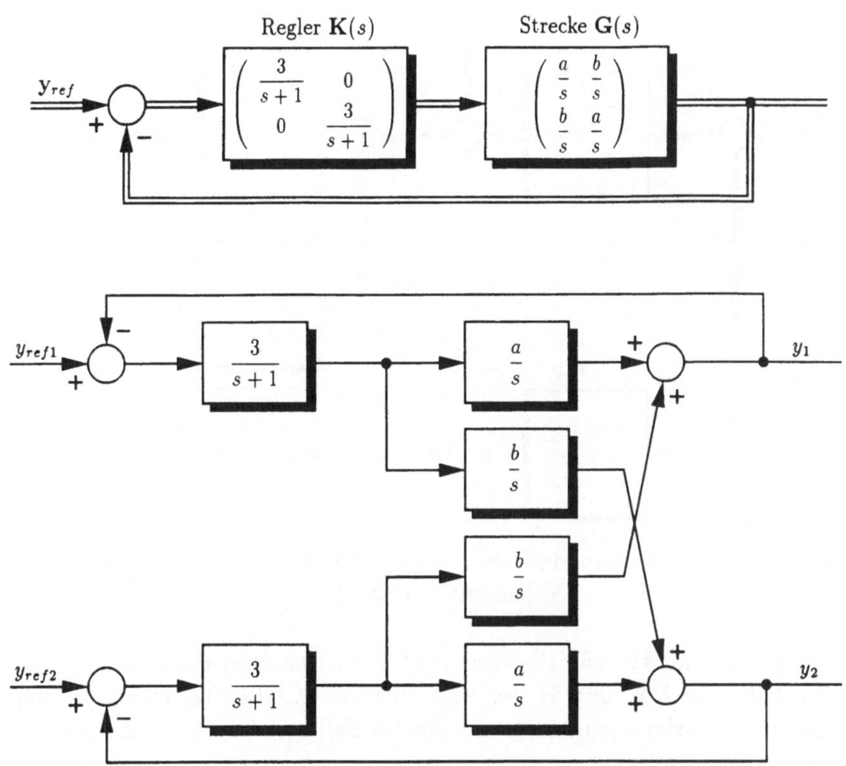

Abbildung 5.9: Symmetrisches Mehrgrößensystem mit unverkoppeltem Regler

$\mathbf{K}(s)$ kein Ausgangssignal abzugeben. Der Kopplungsfaktor $C(s)$ nach Gl.(5.21) beträgt b^2/a^2, und zwar unabhängig von s. Nach dem Routh-Kriterium ist Stabilität bei $|b| < a$ gesichert, was $a > 0$ bedingt. □

5.6 Entwurf von Zweigrößenregelungen

Neben den allgemeinen Kriterien, wie sie von Eingrößenregelungen bekannt sind, ist geringer Autonomisierungsaufwand ein zusätzliches Kriterium für den Entwurf. So wird für V_2-Strecken von *H. Schwarz* eine Diagonalübertragungsmatrix $\mathbf{K}$ im Vorwärtszweig angeordnet und ein Rückführungsregler $\mathbf{M}$ mit Einsen in der Hauptdiagonale (Abb. 5.10). Die Einsen sind zur korrekten Meßwertübertragung erforderlich. Nach einfachen Zwischenrechnungen findet sich

$$(\mathbf{I} - \mathbf{HS} + \mathbf{HKM})\mathbf{y} = \mathbf{HK}\mathbf{y}_{ref} + \mathbf{H}\mathbf{w}_d \ . \tag{5.32}$$

Zu suchen sind nur vier Übertragungsfunktionen als Elemente von $\mathbf{K}$ und $\mathbf{M}$, in jeder Matrix zwei.

Der Wunsch nach Eigenautonomisierung führt auf

$$\mathbf{I} - \mathbf{HS} + \mathbf{HKM} = \mathbf{diag}\{D_{oi}\} \ . \tag{5.33}$$

Dies ergibt nach Zwischenrechnungen

$$M_{12}(s) = \frac{S_{12}(s)}{K_1(s)} \quad \text{und} \quad M_{21}(s) = \frac{S_{21}(s)}{K_2(s)} \ . \tag{5.34}$$

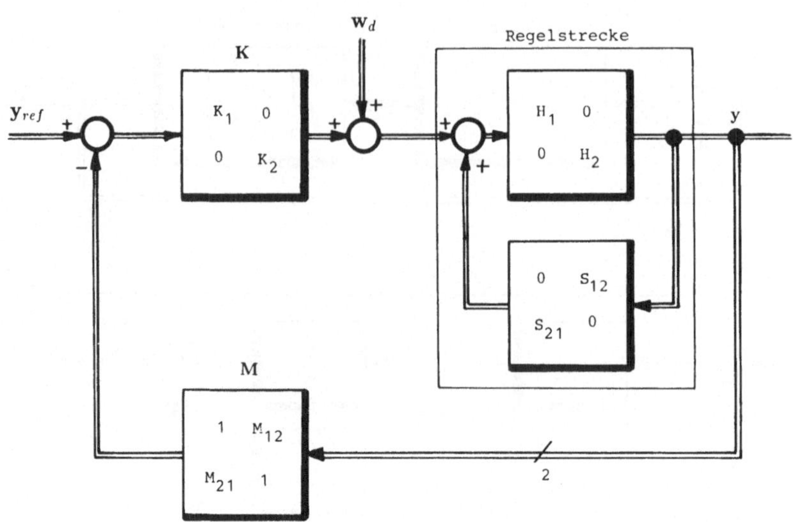

Abbildung 5.10: Einfach autonomisierbare Zweifachregelung mit einer Regelstrecke in V-kanonischer Struktur

Da **K** ansatzgemäß und **H** definitionsgemäß (für V_2-Systeme) Diagonalmatrizen darstellen, sind die Faktoren **HK** und **H** der rechten Seite in Gl.(5.32) ebenfalls Diagonalmatrizen. Eigenautonomisierung bedeutet in diesem Fall also zugleich auch Führungs- und Störungsautonomisierung.

Bei vollständiger Eigenautonomisierung lautet die Gleichung des Regelkreises

$$\mathbf{y}(s) = \mathbf{diag}\{(1 + H_iK_i)^{-1}\}\mathbf{diag}\{H_iK_i\}\ \mathbf{y}_{ref} + \mathbf{diag}\{(1 + H_iK_i)^{-1}\}\mathbf{diag}\{H_i\}\ \mathbf{w}_d\ . \quad (5.35)$$

In ihr können die K_i bemessen werden, als ob es sich um zwei getrennte Regelkreise handelte. Eine der gängigen Methoden, etwa das Bode-Diagramm für H_i und K_i, sind zur Bemessung von K_i heranzuziehen. Danach lassen sich die Kopplungsregler M_{12} und M_{21} nach Gl.(5.34) endgültig festlegen.

Bei unvollständiger Entkopplung lautet die Verkopplung etwa von y_{ref2} nach y_1

$$y_1(s) = [\begin{pmatrix} 1 + H_1K_1 & H_1K_1M_{12} - H_1S_{12} \\ H_2K_2M_{21} - H_2S_{21} & 1 + H_2K_2 \end{pmatrix}^{-1} \begin{pmatrix} H_1K_1 & 0 \\ 0 & H_2K_2 \end{pmatrix}]_{12}\ y_{ref2}(s)\ . \quad (5.36)$$

Es bedarf gar keiner sehr komplizierten Regelstrecke, daß die Entkopplungselemente M_{12} und M_{21} oder die Entkopplungsregler nach Gl.(5.23) umfangreiche Übertragungsfunktionen annehmen. Zur Realisierung sind Vereinfachungen oft unausweichlich. Methoden des Frequenzbereichs bieten sich dafür besonders an (z.B. das Bode-Diagramm). Viele Anwendungen zeigen nur eine geringe Empfindlichkeit der Regelkreis-Entkopplungsqualität auf die Realisierungsgenauigkeit der Entkopplungsglieder.

Die vollständige Entkopplung ist nur eine mögliche Entwurfsdevise. Durch Anstreben voller Entkopplung wird sogar manchmal Regelqualität verschenkt; daher wird umgekehrt für eine höhere Regelqualität oft eine gewisse Restverkopplung aufrechterhalten.

Zum Entwurf dienen noch die Methoden des inversen Nyquist-Schemas und der Gershgorin-Kreise aus späteren Abschnitten (*Rosenbrock, H.H., 1969; Böttiger, F., und Engell, S., 1979; MacFarlane, A.G.J., 1970; Reinisch, K., 1982; Hung, Y.S., and MacFarlane, A.G.J., 1982*). Auf der Basis des Frequenzbereichs sind unter gleichzeitiger

Berücksichtigung des Stör- und Führungsverhaltens bestimmte Synthesebedingungen (Pol-Nullstellen-Verteilungen) erarbeitet worden (*Bär, W., 1981; Cremer, M., 1973; Roppenecker, G., und Preuss, H.P., 1982*). Die Verfahren des Zustandsraums zur direkten Synthese benützen unter anderem das Modellverhalten verschiedener Anregungen oder auch das modale Konzept (siehe z.B. *Schwarz, H., 1971; Wonham, W.M., 1979; Weihrich, G., 1977; Köhle, S., 1971; 1974; Kimura, H., 1982*). Auch ein sukzessives Schließen aufeinanderfolgender Rückführungsschleifen erlaubt die laufende Entwurfsbeurteilung (*Hartmann, U., und Wüst, P., 1970*). Weiterhin sind die bekannten Ziegler-Nichols-Einstellregeln auf Mehrfachregelungen übertragbar (*Niederlinski, A., 1971*).

5.7 Pole und Polpolynome von Übertragungsmatrizen

Man bezeichnet mit s_P eine Polstelle der Übertragungsmatrix $\mathbf{G}(s)$, wenn eines der Elemente der Übertragungsmatrix bei s_P einen Pol aufweist. Bei mehreren Polen s_{Pi} wird ein Polynom $g(s)$ gebildet; es enthält in faktorisierter Darstellung als Faktoren $(s - s_{Pi})$ alle Pole s_{Pi}. Davon zu unterscheiden ist das zu $\mathbf{G}(s)$ gehörige Polpolynom; es wird mit $\text{pp}\mathbf{G}(s)$ bezeichnet. (pp ist als Operator zu verstehen, detto später np.)

Mehrfachpole in einem $\mathbf{G}(s)$-Element werden mit derselben Vielfachheit in $g(s)$ aufgenommen. Die Übertragungsmatrix $\mathbf{G}(s)$ kann somit zerlegt werden in einen skalaren Vorfaktor mit dem Polpolynom im Nenner und in eine Polynommatrix $\mathbf{P}(s)$ (*Roppenecker, G., und Preuss, H.P., 1971*)

$$\mathbf{G}(s) = \frac{1}{g(s)}\mathbf{P}(s) . \tag{5.37}$$

Mit der Kurzbezeichnung „Pole einer Übertragungsmatrix (Übertragungsfunktionsmatrix)“ sind (vereinfacht) jene Pole gemeint, die sich in Gl.(5.37) im Nenner ergeben. Exakt sind die Pole einer Übertragungsfunktionsmatrix $\mathbf{G}(s)$ als das Produkt der Nennerpolynome ihrer Smith-McMillan-Form $\text{M}\{\mathbf{G}(s)\}$ definiert. Ebensolches gilt für die Nullstellen. Die Smith-McMillan-Form einer Übertragungsmatrix $\mathbf{G}(s)$ erhält man wie folgt:

- Durch Multiplikation von $\mathbf{G}(s)$ mit dem kleinsten gemeinsamen Nennerpolynom $g(s)$ aller Matrixelemente entsteht in dem Produktausdruck $g(s)\mathbf{G}(s)$ eine Polynommatrix $\mathbf{P}(s)$. Das Nennerpolynom $g(s)$ ist in $\text{pp}\mathbf{G}(s)$ enthalten.
- Die Polynommatrix $\mathbf{P}(s)$ wird aufgetrennt in

  $$\mathbf{P}(s) = \mathbf{L}(s)\ \text{S}\{\mathbf{P}(s)\}\ \mathbf{R}(s) . \tag{5.38}$$

  Darin sind $\mathbf{L}(s)$ und $\mathbf{R}(s)$ unimodulare Matrizen. Für diese gilt $\det \mathbf{L}(s)$ und $\det \mathbf{R}(s)$ = konstant (d.h. unabhängig von s). Der Ausdruck $\text{S}\{\mathbf{P}(s)\}$ ist die sogenannte Smith-Form.
- Division von $\text{S}\{\mathbf{P}(s)\}$ durch $g(s)$ ergibt letztlich die Smith-McMillan-Form

  $$\text{M}\{\mathbf{G}(s)\} = \frac{1}{g(s)}\text{S}\{\mathbf{P}(s)\} = \frac{1}{g(s)}\text{S}\{g(s)\mathbf{G}(s)\} . \tag{5.39}$$

- Für $\mathbf{G}(s) \in \mathcal{C}^{r\times m}$ ist die Smith-McMillan Form

  $$M\{\mathbf{G}(s)\} = \begin{pmatrix} \textbf{diag}\{\frac{z_1(s)}{n_1(s)}, & \frac{z_2(s)}{n_2(s)}, & \ldots, & \frac{z_q(s)}{n_q(s)}\} & \vdots & \mathbf{O}_{q,m-q} \\ \ldots & \ldots & \ldots & \ldots & & \ldots \\ \mathbf{O}_{r-q,q} & & & & \vdots & \mathbf{O}_{r-q,m-q} \end{pmatrix} \in \mathcal{C}^{m\times r}, \tag{5.40}$$

  wobei q der Rang von $\mathbf{G}(s)$ ist. In den $z_i(s)$ und $n_i(s)$ sind schon alle Kürzungen ausgeschöpft; es muß sich aber bei $j > 0$ jedes $z_{i+j}(s)$ durch $z_i(s)$ ohne Rest teilen lassen und jedes $n_{i-j}(s)$ durch $n_i(s)$.

- Die Matrizen $\mathbf{L} \in \mathcal{C}^{r\times r}$ und $\mathbf{R} \in \mathcal{C}^{m\times m}$ sind Polynommatrizen von vollem Rang r bzw. m.

Die Verallgemeinerung des bei Systemen mit einer Eingangs- und einer Ausgangsgröße gebräuchlichen Konzepts der Pole und Nullstellen von Übertragungsfunktionen auf Übertragungsfunktionsmatrizen geschieht also durch Verwendung der Smith-McMillan-Form. Das Polpolynom $\text{pp}\mathbf{G}(s)$ wird auch als kleinster gemeinsamer *Haupt*nenner bezeichnet. Das Polpolynom ist zugleich das Produkt der Nennerpolynome der Smith-McMillan-Form von $\mathbf{G}(s)$ (*MacFarlane, A.G.J., and Karcanias, N., 1976*).

Die Pole von $\mathbf{G}(s)$ sind definiert als die Nullstellen von $\text{pp}\mathbf{G}(s)$. Der Hauptnenner ist auch der kleinste gemeinsame Nenner jener von null verschiedenen speziellen Minoren, die sich aus $\mathbf{G}(s)$ bilden lassen. Heranzuziehen sind Minoren jeder Ordnung.

Die Vielfachheiten der Pole sind die Vielfachheiten der Wurzeln des Polpolynoms. Der Grad der Übertragungsmatrix $\partial\mathbf{G}(s)$ ist die Summe aller Polvielfachheiten im Polpolynom $\text{pp}\mathbf{G}(s)$.

Von der Vielfachheit eines Pols ist die Ordnung eines Pols zu unterscheiden: Eine komplexe Zahl s_μ ist ein Pol der Übertragungsmatrix $\mathbf{G}(s)$, wenn eines der Elemente $G_{ij}(s)$ von $\mathbf{G}(s)$ einen Pol bei $s = s_\mu$ besitzt. Der Pol hat die Ordnung ν_μ, wenn ein Element $G_{ij}(s)$ einen Pol bei $s = s_\mu$ der Ordnung ν_μ hat und kein Element von $\mathbf{G}(s)$ einen Pol höherer Ordnung als ν bei $s = s_\mu$ besitzt.

Zwischen der Vielfachheit der Pole und der Ordnung der Pole besteht kein unmittelbarer Zusammenhang. Der Grad der Übertragungsmatrix entspricht dem Grad der Polpolynoms und ist gleich der minimalen Anzahl von Energiespeichern, die für eine technische Realisierung des Systems benötigt werden.

Eine andere Möglichkeit der Bestimmung des Polpolynoms beruht auf folgender Vorgangsweise: Durch Vormultiplikation einer Matrix mit einer Diagonalmatrix werden die Zeilen der Matrix mit den Elementen der Diagonalmatrix multipliziert. Ein gemeinsamer Faktor der i-ten Zeile kann durch ein Element in der Diagonalmatrix an der i-ten Stelle der Hauptdiagonale besorgt werden. Eine Nachmultiplikation betrifft ein spaltenweises Multiplizieren. Durch diese Multiplikationsvorgänge können gemeinsame Faktoren aus Zeilen oder Spalten herausgezogen werden. Man kann die Pole einer Übertragungsmatrix also dadurch finden, daß man zunächst aus jeder Zeile die größten gemeinsamen Teilpolynome der Nenner herauszieht und zu einem Teilpolynom $p_{T1}(s)$ zusammenfaßt, dann in allen Spalten einzeln Hauptnenner bildet und diese Hauptnenner zu einem Teilpolynom $p_{T2}(s)$ vereinigt; das Polpolynom ist schließlich $\text{pp}\mathbf{G}(s) = p_{T1}(s)p_{T2}(s)$ (*Tolle, H., 1983*).

Beispiel 1. 3 × 2-Übertragungsmatrix: Für die gegebene Übertragungsfunktionsmatrix

$$\mathbf{G}(s) = \begin{pmatrix} \frac{1}{(s+1)(s+2)} & \frac{-1}{(s+1)(s+2)} \\ \frac{-4+s+s^2}{(s+1)(s+2)} & \frac{-8-s+2s^2}{(s+1)(s+2)} \\ \frac{-4+s^2}{(s+1)(s+2)} & \frac{-8+2s^2}{(s+1)(s+2)} \end{pmatrix} \tag{5.41}$$

lautet die dazugehörige Smith-McMillan-Form (*MacFarlane, A.G.J., and Karcanias, N., 1976*)

$$M\{\mathbf{G}(s)\} = \begin{pmatrix} \frac{1}{(s+1)(s+2)} & 0 \\ 0 & \frac{(s-2)}{(s+1)} \\ 0 & 0 \end{pmatrix}. \tag{5.42}$$

Daraus folgt das Polpolynom als kleinster gemeinsamer Hauptnenner zu $\text{pp}\mathbf{G}(s) = (s+1)^2(s+2)$.

Die Zustandsraumdarstellung minimaler Ordnung für das durch $\mathbf{G}(s)$ beschriebene Mehrgrößensystem ergibt sich mit MATLAB-Routinen zu

$$\mathbf{A} = \begin{pmatrix} -2.9569 & 1.5966 & -0.8883 \\ -1.2264 & 0 & -0.5567 \\ -0.0962 & 0.0785 & -1.0437 \end{pmatrix}, \quad \mathbf{B} = \begin{pmatrix} 1.3108 & -1.0789 \\ -0.0046 & -0.2847 \\ -0.2858 & -0.7450 \end{pmatrix}, \tag{5.43}$$

$$\mathbf{C} = \begin{pmatrix} 0.0475 & -0.7820 & 0.2301 \\ 0.3942 & 0.0566 & 8.8039 \\ -0.4024 & -0.0368 & 8.6508 \end{pmatrix}, \quad \mathbf{D} = \begin{pmatrix} 0 & 0 \\ 1 & 2 \\ 1 & 2 \end{pmatrix}. \tag{5.44}$$

Die Eigenwerte der Matrix $\mathbf{A}$ lauten $-1, -1$ und -2 und bestätigen das obgenannte Polpolynom.

Die Aufspaltung gemäß Gl.(5.38) führt zu

$$g(s) = (s+1)(s+2) \qquad \Big(\neq \mathrm{pp}G(s) = (s+1)^2(s+2) \Big) \tag{5.45}$$

$$\mathbf{P}(s) = \begin{pmatrix} 1 & -1 \\ -4+s+s^2 & -8-s+2s^2 \\ -4+s^2 & -8+2s^2 \end{pmatrix} = \mathbf{L}(s) \underbrace{g(s)\ M\{\mathbf{G}(s)\}}_{S\{\mathbf{P}(s)\}} \mathbf{R}(s) \tag{5.46}$$

$$\mathbf{L} = \begin{pmatrix} 1 & 0 & 0 \\ s & 1 & 1 \\ 0 & 1 & 0 \end{pmatrix} \qquad \mathbf{R} = \begin{pmatrix} 1 & -1 \\ 1 & 2 \end{pmatrix}. \quad \square \tag{5.47}$$

Beispiel 2. Unerwarteter Grad des Polpolynoms: Gegeben ist

$$\mathbf{G}(s) = \begin{pmatrix} \frac{1}{(s+1)(s+2)} & \frac{1}{(s+3)(s+1)} \\ \frac{1}{(s+2)(s+3)} & \frac{1}{(s+2)(s+1)} \end{pmatrix}. \tag{5.48}$$

Aus dieser Angabe $\mathbf{G}(s)$ werden spezielle Minoren wie folgt berechnet: Man bildet quadratische Untermatrizen bezüglich gewisser Zeilen und Spalten. Die Zeilen werden als hochgestellte, die Spalten als tiefgestellte Ziffern angemerkt. Die speziellen Minoren folgen aus den Determinanten dieser Untermatrizen. Diesem Algorithmus sind alle möglichen Untermatrizen zugrundezulegen.

Minoren 1.Ordnung:

$$\det \mathbf{G}_1^1(s) = \frac{1}{(s+1)(s+2)}, \ \det \mathbf{G}_2^1 = \frac{1}{(s+3)(s+1)}, \ \det \mathbf{G}_1^2 = \frac{1}{(s+2)(s+3)}, \ \det \mathbf{G}_2^2 = \frac{1}{(s+2)(s+1)} \tag{5.49}$$

Minor 2.Ordnung:

$$\det \mathbf{G}_{1,2}^{1,2}(s) = \frac{1}{(s+1)^2(s+2)^2} - \frac{1}{(s+1)(s+2)(s+3)^2} = \frac{(3s+7)}{(s+1)^2(s+2)^2(s+3)^2}. \tag{5.50}$$

Das Polpolynom folgt aus dem kleinsten gemeinsamen Nenner aller speziellen Minoren, die nicht identisch null sind, also zu

$$\mathrm{pp}\mathbf{G}(s) = (s+1)^2(s+2)^2(s+3)^2. \tag{5.51}$$

Man sieht deutlich, daß eine alleinige Betrachtung der Minoren 1.Ordnung ein anderes Ergebnis geliefert hätte.

Aus diesem Beispiel könnte man fälschlich den Schluß ziehen, daß für quadratische Systeme die Berechnung der Determinante $\det \mathbf{G}(s)$ zur Bestimmung des Polpolynoms ausreichen würde. Dies stimmt jedoch nur für Systeme ohne Nullelemente, d.h. für Systeme, bei denen keine einseitige Kopplung vorliegt. Siehe nachstehendes Beispiel 3.

Deutlich zu erkennen ist, daß — unter Vorgriff auf die Gl.(5.62) — die Nullstellen des Nullstellenpolynoms $\mathrm{np}\mathbf{G}(s)$ nicht mit den Nullstellen der Elemente $G_{ij}(s)$ identisch sind. Das Produkt aus Polpolynom und $\det \mathbf{G}(s)$ ergibt laut Gl.(5.62) das Nullstellenpolynom

$$\mathrm{pp}\mathbf{G}(s). \det \mathbf{G}(s) = \Big((s+3)^2 - (s+1)(s+2)\Big) = s^2 + 6s + 9 - s^2 - 3s - 2 = 3s + 7 = \mathrm{np}\mathbf{G}(s). \tag{5.52}$$

Die minimale Zustandsraumdarstellung folgt mit MATLAB-Routinen zu

$$\mathbf{A} = \begin{pmatrix} -3.1777 & 1.1645 & 1.2951 & -1.3892 & -1.1705 & -0.0052 \\ 0.3183 & -2.7969 & -0.0080 & 1.0092 & 0.9337 & -0.3571 \\ -0.0890 & 0.3617 & -3.3394 & -0.7905 & -0.4920 & -2.2830 \\ 0.8200 & -0.9464 & -1.2321 & -1.2911 & 0.8177 & -1.0868 \\ 0 & 0 & -0.2847 & 1.2365 & -1.3960 & -0.0167 \\ 0 & 0 & 0.9789 & 0.3596 & 0.0903 & 0.0011 \end{pmatrix}, \quad \mathbf{B} = \begin{pmatrix} -0.8155 & 0.8155 \\ 0.5787 & -0.5787 \\ 0.9093 & 0.9093 \\ 0.4162 & 0.4162 \\ 0 & 0 \\ 0 & 0 \end{pmatrix}, \tag{5.53}$$

$$\mathbf{C} = \begin{pmatrix} 0 & 0 & 0 & 0 & -0.4243 & 1.0661 \\ 0 & 0 & 0 & 0 & 0.5468 & 0.8273 \end{pmatrix}, \quad \mathbf{D} = \mathbf{0}\,. \tag{5.54}$$

Daraus lauten die Eigenwerte von $\mathbf{A}$ zu $-1,\ -1,\ -2,\ -2,\ -3,\ -3$. □

Beispiel 3. Einseitige Kopplung: In Fortsetzung des Beispiels 2 findet man

$$\mathbf{G}(s) = \begin{pmatrix} \frac{1}{(s+1)(s+2)} & \frac{1}{(s+3)^3(s+1)} \\ 0 & \frac{1}{(s+2)(s+1)} \end{pmatrix} \quad \leadsto \quad \mathrm{pp}\mathbf{G}(s) = (s+1)^2(s+2)^2(s+3)^3. \quad \Box \tag{5.55}$$

Beispiel 4. 2 × 3-Übertragungsmatrix: Für die Angabe $\mathbf{G}(s)$ folgt

$$\mathbf{G}(s) = \begin{pmatrix} \frac{1}{s+1} & 0 & \frac{s-1}{(s+1)(s+2)} \\ \frac{-1}{s-1} & \frac{1}{s+2} & \frac{1}{s+2} \end{pmatrix} \qquad M\{\mathbf{G}(s)\} = \begin{pmatrix} \frac{1}{(s+1)(s+2)(s-1)} & 0 & 0 \\ 0 & \frac{s-1}{s+2} & 0 \end{pmatrix} \tag{5.56}$$

$\mathrm{pp}\mathbf{G}(s) = (s+1)(s+2)^2(s-1)$ (*MacFarlane, A.G.J., and Karcanias, N., 1976*).

Durch Herausziehen je eines Pols $\frac{1}{s+2}$ aus der zweiten und dritten Spalte von $\mathbf{G}(s)$ ergibt sich als deren Hauptnenner das erste Teilpolynom $p_{T1}(s) = \frac{1}{(s+2)^2}$ und es verbleibt

$$\begin{pmatrix} \frac{1}{s+1} & 0 & \frac{s-1}{s+1} \\ \frac{-1}{s-1} & 1 & 1 \end{pmatrix} \quad \leadsto \quad \begin{pmatrix} \frac{1}{s+1} & 0 & \frac{s-1}{s+1} \\ \frac{-1}{s-1} & \frac{s-1}{s-1} & \frac{s-1}{s-1} \end{pmatrix}. \tag{5.57}$$

Aus letzterer Matrix lassen sich aus ihren Zeilen die Pole $\frac{1}{s+1}$ und $\frac{1}{s-1}$ herausziehen (*Tolle, H., 1986*) und daher gilt $p_{T2}(s) = (s+1)(s-1)$. Das Polpolynom resultiert zu $\mathrm{pp}\mathbf{G}(s) = (s+1)(s+2)^2(s-1)$ wie zuvor.

Die speziellen Minoren 1. Ordnung lauten aus $\mathbf{G}(s)$ zu

$$\begin{matrix} \frac{1}{s+1} & 0 & \frac{s-1}{(s+1)(s+2)} \\ \frac{-1}{s-1} & \frac{1}{s+2} & \frac{1}{s+2}\,, \end{matrix} \tag{5.58}$$

die speziellen Minoren 2. Ordnung

$$\det \mathbf{G}_{1,2}^{1,2}(s) = \det \begin{pmatrix} \frac{1}{s+1} & 0 \\ \frac{-1}{s-1} & \frac{1}{s+2} \end{pmatrix} = \frac{1}{(s+1)(s+2)} \tag{5.59}$$

$$\det \mathbf{G}_{2,3}^{1,2}(s) = \det \begin{pmatrix} 0 & \frac{s-1}{(s+1)(s+2)} \\ \frac{1}{s+2} & \frac{1}{s+2} \end{pmatrix} = \frac{-(s-1)}{(s+1)(s+2)^2} \tag{5.60}$$

$$\det \mathbf{G}_{1,3}^{1,2}(s) = \det \begin{pmatrix} \frac{1}{s+1} & \frac{s-1}{(s+1)(s+2)} \\ \frac{-1}{s-1} & \frac{1}{s+2} \end{pmatrix} = \frac{2}{(s+1)(s+2)}\ . \quad \Box \tag{5.61}$$

5.8 Nullstellen und Nullstellenpolynome von Übertragungsmatrizen

Eine Nullstelle einer Übertragungsmatrix $\mathbf{G}(s)$ bei $s = n_i$ liegt dann vor, wenn der Rang rang $\mathbf{G}(s)|_{s=n_i}$ kleiner ist als rang $\mathbf{G}(s)|_{s\neq n_i}$. Die solcherart definierten Nullstellen sind im allgemeinen Fall nicht mit den Nullstellen der Elemente $G_{ij}(s)$ identisch. Ist $\mathbf{G}(s)$ quadratisch, dann sind Polpolynom und Nullstellenpolynom np$\mathbf{G}(s)$ gemäß

$$\det \mathbf{G}(s) = \frac{\mathrm{np}\mathbf{G}(s)}{\mathrm{pp}\mathbf{G}(s)} \tag{5.62}$$

verknüpft. Dies gilt unter der Voraussetzung, daß np$\mathbf{G}(s)$ und pp$\mathbf{G}(s)$ teilerfremd sind.

Zu unterscheiden ist von den *Entkopplungsnullstellen*: Die Entkopplungsnullstellen bezüglich des Eingangs sind jene Werte n_{ei}, für die $\mathrm{rang}(s\mathbf{I} - \mathbf{A} \vdots \mathbf{B})|_{s=n_{ei}} < n$ gilt. Grund für diese Definition ist, daß Entkopplungsnullstellen mit den *nicht steuerbaren* Polstellen der Übertragungsfunktionsmatrix $\mathbf{G}(s)$ zusammenfallen.

Die Entkopplungsnullstellen bezüglich des Ausgangs n_{ai} sind durch

$$\mathrm{rang}\begin{pmatrix} s\mathbf{I} - \mathbf{A} \\ \dots \\ \mathbf{C} \end{pmatrix}\Bigg|_{s=n_{ai}} < n \tag{5.63}$$

definiert. Sie stimmen mit den *nicht beobachtbaren* Polen von $\mathbf{G}(s)$ überein. Bei der Bildung von $\mathbf{G}(s)$ kürzen sich diese Nullstellen mit den nicht beobachtbaren Polen von $\mathbf{G}(s)$ heraus (*Korn, U., und Wilfert, H.H., 1982*).

Die Kurzbezeichnung Nullstellen s_{Ni} einer Übertragungsmatrix steht für die Nullstellen eines zugehörigen Nullstellenpolynoms np$\mathbf{G}(s)$

$$\mathrm{np}\mathbf{G}(s)\Big|_{s=s_{Ni}} = 0\ . \tag{5.64}$$

Das Nullstellenpolynom np$\mathbf{G}(s)$ ist für quadratische Übertragungsmatrizen durch Gl.(5.62) definiert. Die s_{Ni} sind normalerweise nicht gleich den Nullstellen der $\mathbf{G}(s)$-Elemente.

Aus den Gln.(5.13) und (5.15) folgt mit $\mathbf{M} = \mathbf{I}$

$$\mathbf{T}(s) = (\mathbf{I} + \mathbf{F}_o)^{-1}\mathbf{F}_o\ , \tag{5.65}$$

siehe auch Abb. 5.11b. Unter Beachtung von

$$\det \mathbf{G}^{-1}(s) = \frac{\mathrm{np}\mathbf{G}^{-1}}{\mathrm{pp}\mathbf{G}^{-1}} = \frac{1}{\det \mathbf{G}} = \frac{\mathrm{pp}\mathbf{G}}{\mathrm{np}\mathbf{G}} \tag{5.66}$$

kann in Determinanten

$$\det \mathbf{T}(s) = \frac{\det \mathbf{F}_o}{\det(\mathbf{I} + \mathbf{F}_o)} \tag{5.67}$$

ausgeführt werden. Die Matrizen der Mehrgrößen-Regelschleife $\mathbf{F}_o$ und der Mehrgrößen-Rückführdifferenz $\mathbf{I} + \mathbf{F}_o(s)$ haben sichtlich dieselben Polpolynome. Somit folgt

$$\det \mathbf{T}(s) = \frac{\mathrm{np}\mathbf{T}}{\mathrm{pp}\mathbf{T}} = \frac{\mathrm{np}\mathbf{F}_o\ \mathrm{pp}(\mathbf{I} + \mathbf{F}_o)}{\mathrm{pp}\mathbf{F}_o\ \mathrm{np}(\mathbf{I} + \mathbf{F}_o)} = \frac{\mathrm{np}\mathbf{F}_o}{\mathrm{np}(\mathbf{I} + \mathbf{F}_o)}\ . \tag{5.68}$$

Die Übertragungsmatrizen $\mathbf{T}(s)$ und $\mathbf{F}_o(s)$ besitzen also dieselben Nullstellen — in Analogie zu den Eingrößenregelungen.

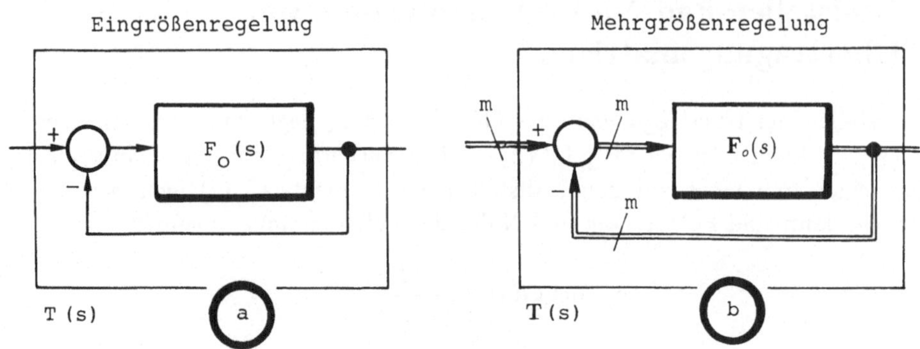

Abbildung 5.11: Eingrößenregelung (a) und Mehrgrößenregelung (b) gleicher Struktur

5.9 Verallgemeinertes Nyquist-Kriterium für Mehrgrößensysteme

5.9.1 Eingrößenfall als Vorstufe

Zur Definition einer entsprechenden Symbolik wird zunächst eine Eingrößenregelung herangezogen. Für eine Anordnung laut Abb. 5.11a gilt

$$T(s) = \frac{F_o(s)}{1 + F_o(s)} \quad \text{oder} \quad 1 + F_o(s) = \frac{F_o(s)}{T(s)} \,. \tag{5.69}$$

Nach Band 1 lautet der Satz vom logarithmischen Residuum, angewendet auf die Gl.(5.69), rechts

$$\underset{s \in C_{s\ mps}}{\Delta\arg} \; [1 + F_o(s)] = 2\pi(N - P) \;\text{ von }\; 1 + F_o(s) \;\text{ oder von }\; \frac{F_o(s)}{T(s)} \;\text{ innerhalb } C_s \,. \tag{5.70}$$

Darin bedeuten N und P die Anzahl der Nullstellen bzw. Anzahl der Polstellen und $_{mps}$ mathematisch positiver Sinn (Zählsinn). Zur Stabilitätsprüfung wird eine Kontour C_s in der s-Ebene gewählt, bestehend aus der Imaginärachse und einem unendlich großen Halbkreis um die rechte s-Halbebene. Die Anzahl der Nullstellen und Polstellen von $F_o(s)$ in der rechten Halbebene wird mit

$$\text{anz nul}_{rHE}\; F_o(s) \quad \text{und} \quad \text{anz pol}_{rHE}\; F_o(s) \tag{5.71}$$

bezeichnet. Analoges gilt für $T(s)$. Nach Gl.(5.68) besitzen $F_o(s)$ und $T(s)$, Regelschleife und Regelkreis, gleiche Anzahl von Nullstellen. Daher folgt aus Gl.(5.70)

$$\begin{aligned} \underset{s \in C_{s\ mps}}{\Delta\arg} \; [1 + F_o] &= 2\pi[\, \text{anz nul}_{rHE}\; F_o(s) - \text{anz pol}_{rHE}\; F_o(s) + \text{anz pol}_{rHE}\; T(s) - \text{anz nul}_{rHE}\; T(s) \,] \\ &= 2\pi[\, -\text{anz pol}_{rHE}\; F_o(s) + \text{anz pol}_{rHE}\; T(s) \,] \,. \end{aligned} \tag{5.72}$$

Mit der Stabilitätsbedingung anz $\text{pol}_{rHE}\; T(s) = 0$ ergibt sich

$$\underset{s \in C_{s\ mps}}{\Delta\arg} \; [1 + F_o] = -2\pi \;\text{anz pol}_{rHE}\; F_o(s) \,. \tag{5.73}$$

Nach dem Satz vom logarithmischen Residuum ist die Argumentänderung das 2π-fache der Umlaufzahl „circ" um den Ursprung

$$\Delta \arg G(s) = 2\pi \underset{(0,\mathrm{j}0)_{\mathrm{mps}};\ \mathrm{s}\in \mathrm{C}_{\mathrm{s}\ \mathrm{uzs}}}{\mathrm{circ}} G(s) \ . \tag{5.74}$$

Dabei können die Umläufe sowohl von C_s als auch die der konformen Abbildung $1 + F_o(s)$, also *beide*, im Uhrzeigersinn $_{uzs}$ positiv gezählt werden, um bei C_s den Durchlaufungspfeil nach steigenden ω beibehalten zu können

$$\underset{\mathrm{s}\in \mathrm{C}_{\mathrm{s}\ \mathrm{mps}}}{\Delta\mathrm{arg}} [1{+}F_o(s)] = 2\pi \underset{(0,\mathrm{j}0)_{\mathrm{mps}};\ \mathrm{s}\in \mathrm{C}_{\mathrm{s}\ \mathrm{mps}}}{\mathrm{circ}} [1{+}F_o(s)] = 2\pi \underset{(0,\mathrm{j}0)_{\mathrm{uzs}};\ \mathrm{s}\in \mathrm{C}_{\mathrm{s}\ \mathrm{uzs}}}{\mathrm{circ}} [1{+}F_o(s)] \ . \tag{5.75}$$

Damit folgt letztlich die gebräuchliche Darstellung

$$\underset{(0,\mathrm{j}0)_{\mathrm{uzs}};\ \mathrm{s}\in \mathrm{C}_{\mathrm{s}\ \mathrm{uzs}}}{\mathrm{circ}} [1 + F_o(s)] = \underset{(-1,\mathrm{j}0)_{\mathrm{uzs}};\ \mathrm{s}\in \mathrm{C}_{\mathrm{s}\ \mathrm{uzs}}}{\mathrm{circ}} F_o(s) = -\mathrm{anz}\ \mathrm{pol}_{rHE}\ F_o(s) \ . \tag{5.76}$$

5.9.2 Mehrgrößensysteme

Für die Mehrgrößenregelung laut Abb. 5.11b besteht in den Übertragungsmatrizen die Beziehung

$$\mathbf{T}(s) = [\mathbf{I} + \mathbf{F}_o(s)]^{-1}\mathbf{F}_o(s) \ . \tag{5.77}$$

Mit Inversen ist sie einfacher zu schreiben, und zwar als

$$\mathbf{T}^{-1}(s) = \mathbf{I} + \mathbf{F}_o^{-1}(s) \ . \tag{5.78}$$

In Rückführdifferenzform lautet sie

$$\mathbf{I} + \mathbf{F}_o(s) = \mathbf{F}_o(s)\mathbf{T}^{-1}(s) \ . \tag{5.79}$$

Für Stabilität darf $\mathbf{T}(s)$ keine Pole in der rechten Halbebene besitzen

$$\mathrm{anz}\ \mathrm{pol}_{rHE}\ \mathbf{T}(s) = 0 \ . \tag{5.80}$$

Diese Beziehung zu berücksichtigen gelingt mit den zugehörigen Systemdeterminanten und ihren Pol- und Nullstellenpolynomen

$$\det[\mathbf{I} + \mathbf{F}_o(s)] = \det \mathbf{F}_o(s) \det \mathbf{T}^{-1}(s) = \frac{\det \mathbf{F}_o(s)}{\det \mathbf{T}(s)} = \frac{\mathrm{np}\mathbf{F}_o(s)\,\mathrm{pp}\mathbf{T}(s)}{\mathrm{pp}\mathbf{F}_o(s)\,\mathrm{np}\mathbf{T}(s)} = \frac{\mathrm{pp}\mathbf{T}(s)}{\mathrm{pp}\mathbf{F}_o(s)} \tag{5.81}$$

$$\frac{1}{2\pi} \underset{\mathrm{s}\in \mathrm{C}_{\mathrm{s}\ \mathrm{mps}}}{\Delta\mathrm{arg}} \det[\mathbf{I} + \mathbf{F}_o(s)] = \underbrace{\mathrm{anz}\ \mathrm{nul}_{rHE}\ \mathrm{pp}\mathbf{T}(s)}_{0} - \mathrm{anz}\ \mathrm{nul}_{rHE}\ \mathrm{pp}\mathbf{F}_o(s) \tag{5.82}$$

$$\underset{(0,\mathrm{j}0)_{\mathrm{uzs}};\ \mathrm{s}\in \mathrm{C}_{\mathrm{s}\ \mathrm{uzs}}}{\mathrm{circ}} \det[\mathbf{I} + \mathbf{F}_o(s)] = -\mathrm{anz}\ \mathrm{pol}_{rHE}\ \mathbf{F}_o(s) \ . \tag{5.83}$$

Dies ist das verallgemeinerte Nyquist-Kriterium für Mehrgrößensysteme. Die Anwendung an einer Ortskurve ist in einem späteren Beispiel (Abb. 5.13) gezeigt. Man beachte, daß $\det[\mathbf{I} + \mathbf{F}_o(s)]$ nicht als $1 + \det[\mathbf{F}_o(s)]$ geschrieben werden darf; daß also die klassische Nyquist-Formulierung für Eingrößenregelungen mit dem Nyquistpunkt bei $(-1, j0)$ keine unmittelbare Verallgemeinerung auf Mehrgrößenregelungen zuläßt.

Das Bode-Diagramm ist für den Entwurf bei Mehrgrößenregelungen nicht anwendbar; treten doch bei der Determinantenbildung nicht nur Multiplikationen, sondern auch Subtraktionen auf, sodaß keine einfache Relation $\det[\mathbf{I} + \mathbf{F}_o(s)]$ zu den Knickpunkten der Elemente von $\mathbf{F}_o(s)$ besteht.

Das Bode-Diagramm mit all seinen Vorteilen aus den Grundlagen der Regelungstechnik wird dann einsatzbereit, wenn man Pauschalbeschreibungen mit Singulärwerten (Spektralnormen) verwendet, siehe Gl.(5.146). Diese sind frequenzabhängige positive Skalare, die aus den Übertragungsmatrizen $\mathbf{G}(s)$ und $\mathbf{K}(s)$ gebildet werden, insbesondere für $s = j\omega$.

Beispiel. Entkoppelter Sonderfall: Wendet man das verallgemeinerte Nyquist-Kriterium auf den Sonderfall m entkoppelter Einzelregelungen an, so ist als Ergebnis die Gesamtheit der Aussagen der Einzelregelungen zu erwarten. Mit $\mathbf{F}_o = \mathbf{diag}\{F_{oi}\}$ folgt aus Gl.(5.83)

$$\det[\mathbf{I} + \mathbf{diag}\{F_{oi}\}] = \det \mathbf{diag}\{(1 + F_{oi})\} = \prod_1^m (1 + F_{oi}) \tag{5.84}$$

$$\underset{(0,\mathrm{j}0)_{\mathrm{uzs}};\ \mathrm{s} \in \mathrm{C_{s\ uzs}}}{\mathrm{circ}} \det \mathbf{diag}\{1 + F_{oi}(s)\} = \sum_{i=1}^m \underset{(0,\mathrm{j}0)_{\mathrm{uzs}};\ \mathrm{s} \in \mathrm{C_{s\ uzs}}}{\mathrm{circ}} [1 + F_{oi}(s)] = \tag{5.85}$$

$$= \sum_{i=1}^m \underset{(-1,\mathrm{j}0)_{\mathrm{uzs}};\ \mathrm{s} \in \mathrm{C_{s\ uzs}}}{\mathrm{circ}} F_{oi} = -\mathrm{anz\ pol}_{rHE}\ \mathbf{F}_o(s) = -\sum_{i=1}^m \mathrm{anz\ pol}_{rHE}\ F_{oi}(s)\ . \tag{5.86}$$

Das Ergebnis ist mit der arithmetischen Summe der einfachen Nyquist-Bedingungen identisch.

Für den folgenden Abschnitt ist bedeutsam, daß die Elemente der Matrix $[\mathbf{I} + \mathbf{diag}\{F_{oi}\}]$, nämlich durchwegs Hauptdiagonalelemente, auch als Eigenwerte der Matrix angesehen werden können. □

5.10 Charakteristische Übertragungsfunktion

Zu der quadratischen Regelschleifen-Übertragungsmatrix $\mathbf{F}_o(s)$ können s-abhängige Eigenwerte $\lambda_i[\mathbf{F}_o](s)$ definiert werden

$$\det\{\lambda_i[\mathbf{F}_o](s)\mathbf{I}_m - \mathbf{F}_o(s)\} = 0 \qquad \mathbf{F}_o(s) \in \mathcal{C}^{m \times m}\ . \tag{5.87}$$

Die $\lambda_i[\mathbf{F}_o](s)\ \forall i = 1, 2...m$ heißen charakteristische Übertragungsfunktionen (*MacFarlane, A.G.J., and Belletrutti, J.J., 1973; MacFarlane, A.G.J., and Postlethwaite, I., 1977; Postlethwaite, I., and MacFarlane, A.G.J., 1979*). Sie sind praktisch nur numerisch zu ermitteln, nicht analytisch geschlossen. Die Funktionen $\lambda_i[\mathbf{F}_o](j\omega)$ werden als charakteristische Frequenzgänge bezeichnet. Zumeist stehen nur ihre Ortskurven in Verwendung.

Die Eigenvektoren zu $\mathbf{F}_o(s)$ sind als $\mathbf{f}_{oi}(s)$ aus

$$\{\ \mathbf{G}(s) - \lambda_i[\mathbf{G}](s)\mathbf{I}_m\ \}\ \mathbf{f}_{oi}(s) = \mathbf{0} \tag{5.88}$$

zu berechnen. Mit ihnen wird die spektrale Modalmatrix definiert; dann gilt

$$\mathbf{F}_o(s) = \mathbf{T}_o^{mo}(s)\ \mathbf{diag}\{\lambda_i[\mathbf{F}_o(s)]\}\ \mathbf{T}_o^{mo,-1}(s) \tag{5.89}$$

und für die Führungsübertragungsfunktion

$$\begin{aligned}
\mathbf{T}(s) &= [\mathbf{I}+\mathbf{F}_o]^{-1}\mathbf{F}_o = &(5.90)\\
&= \left[\mathbf{T}_o^{mo}\mathbf{I}\mathbf{T}_o^{mo,-1} + \mathbf{T}_o^{mo}\mathbf{diag}\{\lambda_i[\mathbf{F}_o]\}\mathbf{T}_o^{mo,-1}\right]^{-1}\mathbf{T}_o^{mo}\mathbf{diag}\{\lambda_i[\mathbf{F}_o]\}\mathbf{T}_o^{mo,-1} &(5.91)\\
&= \left[\mathbf{T}_o^{mo}(\mathbf{I}+\mathbf{diag}\{\lambda_i[\mathbf{F}_o]\})\mathbf{T}_o^{mo,-1}\right]^{-1}\mathbf{T}_o^{mo}\mathbf{diag}\{\lambda_i[\mathbf{F}_o]\}\mathbf{T}_o^{mo,-1}\ . &(5.92)
\end{aligned}$$

Unter Reduktion der Diagonalmatrizen im Inneren des Ausdrucks folgt schließlich

$$\mathbf{T}(s) = \mathbf{T}_o^{mo}\ \mathbf{diag}\{\frac{\lambda_i[\mathbf{F}_o]}{1+\lambda_i[\mathbf{F}_o]}\}\ \mathbf{T}_o^{mo,-1}\ . \tag{5.93}$$

Mit dieser theoretisch übersichtlichen Darstellung kann auch eine auf den charakteristischen Übertragungsfunktionen (Frequenzgängen) $\lambda_i[\mathbf{F}_o]$ basierende Stabilitätsbedingung formuliert werden, und zwar analog zu Gl.(5.83) als

$$\sum_{i=1}^{m} \underset{(-1,\mathrm{j}0)_{\mathrm{uzs}};\ \mathrm{s}\in \mathrm{C_{s\ uzs}}}{\mathrm{circ}} \lambda_i[\mathbf{F}_o](s) = -\mathrm{anz\ pol}_{rHE}\ \mathbf{F}_o(s)\ . \tag{5.94}$$

5.11 Diagonal dezentralisierte Stabilität

Gegeben ist eine quadratische Übertragungsmatrix $\mathbf{Z}(s)$. Die Frage lautet, unter welchen Bedingungen

$$\sum_{i=1}^{m} \underset{(0,\mathrm{j}0)_{\mathrm{uzs}};\ \mathrm{s}\in \mathrm{C_{s\ uzs}}}{\mathrm{circ}} Z_{ii}(s) \overset{?}{=} \underset{(0,\mathrm{j}0)_{\mathrm{uzs}};\ \mathrm{s}\in \mathrm{C_{s\ uzs}}}{\mathrm{circ}} \det \mathbf{Z}(s) \tag{5.95}$$

erfüllt ist. Unter der Zerlegung in eine Diagonalmatrix $\mathbf{D}(s)$ und in eine Matrix $\mathbf{S}(s)$ mit Nullen in der Hauptdiagonale folgt

$$\mathbf{Z}(s) \triangleq \mathbf{D}(s)+\mathbf{S}(s) = \mathbf{D}(s)[\mathbf{I}+\mathbf{D}^{-1}(s)\mathbf{S}(s)] \qquad \mathbf{D}(s) \triangleq \mathbf{diag}\{Z_{ii}(s)\}\ \in \mathcal{C}^{m\times m}\ . \tag{5.96}$$

Als Interaktionsmatrix wird $\mathbf{M}_{IN}(s)$ definiert

$$\mathbf{M}_{IN}(s) \triangleq \mathbf{D}^{-1}(s)\mathbf{S}(s)\ . \tag{5.97}$$

Somit gilt

$$\det \mathbf{Z}(s) = \det \mathbf{D}(s) \det[\mathbf{I}+\mathbf{M}_{IN}(s)] \tag{5.98}$$

$$\frac{\det \mathbf{Z}(s)}{\prod_{i=1}^{m} Z_{ii}(s)} = \det[\mathbf{I}+\mathbf{M}_{IN}(s)]\ . \tag{5.99}$$

Die Bedingung Gl.(5.95) gilt dann und nur dann, wenn $N_M - P_M = 0$ ist, wobei N_M und P_M die Anzahl der Nullstellen und Pole von $\det[\mathbf{I}+\mathbf{M}_{IN}(s)]$ in der geschlossenen rechten Halbebene sind.

Zum Beweis wird angeführt: Nach dem Satz von Cauchy folgt

$$\begin{aligned}
\underset{(0,\mathrm{j}0)_{\mathrm{uzs}};\ \mathrm{s}\in \mathrm{C_{s\ uzs}}}{\mathrm{circ}} \det \mathbf{Z}(s) &= \underset{(0,\mathrm{j}0)_{\mathrm{uzs}};\ \mathrm{s}\in \mathrm{C_{s\ uzs}}}{\mathrm{circ}} \{\det \mathbf{D}(s) \det[\mathbf{I}+\mathbf{M}_{IN}(s)]\} &(5.100)\\
&= \underset{(0,\mathrm{j}0)_{\mathrm{uzs}};\ \mathrm{s}\in \mathrm{C_{s\ uzs}}}{\mathrm{circ}} \det \mathbf{D}(s) + \underset{(0,\mathrm{j}0)_{\mathrm{uzs}};\ \mathrm{s}\in \mathrm{C_{s\ uzs}}}{\mathrm{circ}} \det[\mathbf{I}+\mathbf{M}_{IN}(s)].
\end{aligned}$$

Damit Gl.(5.95) erfüllt ist, muß

$$\underset{(0,j0)_{uzs};\ s\in C_{s\ uzs}}{\text{circ}} \det[\mathbf{I}+\mathbf{M}_{IN}(s)] = 0 \tag{5.101}$$

gelten. Nach dem Argumentsprinzip ist die linke Seite gleich $N_M - P_M$ und daher folgt als Bedingung $N_M - P_M = 0$. Wenn $\mathbf{M}_{IN}$ stabil ist, dann gilt $N_M = 0$ und folglich $P_M = 0$. Damit ist $N_M - P_M = 0$ dann und nur dann erfüllt, wenn $\det[\mathbf{I}+\mathbf{M}_{IN}(s)]$ begrenzt und nicht verschwindend in der geschlossenen rechten Halbebene ist. □

Die Differenz zwischen instabilen Polen und Nullstellen in $\det \mathbf{Z}(s)$ muß also mit der entsprechenden Differenz im Produkt der $Z_{ii}(s)$ übereinstimmen. Die Ergebnisse können auch auf Blockmatrizen übertragen werden (*Nwokah, O.D.I., and Perez, R., 1991*).

5.12 Verallgemeinertes Nyquist-Kriterium für schwache Verkopplung

Schwach verkoppelte Systeme weisen eine dominierende Rolle der Hauptdiagonalelemente auf, außerhalb der Hauptdiagonale liegen Elemente schwacher Wirksamkeit, also kleineren Betrags der Übertragungsfunktion. Dominieren in der Matrix $\mathbf{I} + \mathbf{F}_o(s)$ die Hauptdiagonalelemente, so werden diese zwar nicht mehr allein die Eigenwerte bestimmen, doch sind keine großen Unterschiede zum reinen Diagonalfall zu erwarten.

Im Fall einer durchwegs entkoppelten Mehrgrößenregelung zerfällt, wie das Beispiel mit Gl.(5.86) zeigt, die Frage der Stabilitätsanalyse des gesamten Systems in m Stabilitätsanalysen der m Einzelsysteme (Hauptdiagonalelemente). Gleiches gilt für Entwurfsfragen, die auf der Stabilitätsanalyse aufbauen.

Nunmehr stellt sich die Frage, ob und inwieweit die Nyquist-Aussage der Hauptdiagonalelemente für die Stabilität des schwach verkoppelten Mehrgrößensystems Gültigkeit besitzt. Eine Aussage in Form einer Näherung in hinreichendem Sinne wäre wünschenswert und soll nachstehend entwickelt werden.

Ausgegangen wird von der anwendungsnahen Annahme, daß für verschwindende Kopplungselemente (Elemente außerhalb der Hauptdiagonale von $\mathbf{F}_o$) Stabilität herrscht. Die Umlaufzahl aus Gl.(5.83) bestätige dies. Auch die Gl.(5.86) würde dieselbe Aussage liefern.

Nun wird angenommen, daß bei gewissem Ausmaß der Kopplungselemente die Stabilität verletzt wird. Die Umlaufzahl aus Gl.(5.83) gäbe einen Hinweis darauf. Damit diese Aussage durch die Umlaufzahl erbracht wird, müßte die Ortskurve $\det[\mathbf{I} + \mathbf{F}_o(s)]$ den Nullpunkt „einmal mehr (oder öfter) aus- oder einschließen". Die Grenze liegt offenbar dort, wo die Ortskurve $\det[\mathbf{I}+\mathbf{F}_o(s)]$ für $s = j\omega$ den Nullpunkt gerade enthält, $\det[\mathbf{I}+\mathbf{F}_o(s)]$ für $s = j\omega$ also eine Nullstelle hat.

Weiters wird die Hilfsaussage verwendet, daß die Nullstelle von $\det[\mathbf{I} + \mathbf{F}_o(s)]$ gleichbedeutend ist — nach der Eigenwertdefinition — mit einem Eigenwert[3] null der Matrix $[\mathbf{I} + \mathbf{F}_o(s)]$. Es kann also ebenso überprüft werden, ob der Eigenwert *null* auftritt. Der frequenzabhängige Eigenwert null darf für kein s auftreten. Mit $\mathbf{F} \triangleq \mathbf{I} + \mathbf{F}_o$ folgt aus $\det \mathbf{F}(s) = 0$ die Formulierung $\det\Big(\lambda[\mathbf{F}]\ \mathbf{I} - \mathbf{F}\Big)\ |_{\lambda[\mathbf{F}]=0} = 0$; Nichtgefährdung der Stabilität bedeutet also nach der Eigenwertdefinition, daß kein Eigenwert $\lambda[\mathbf{F}(j\omega)]$ verschwindet. Dies ist weiters wegen $\lambda[\mathbf{I} + \mathbf{F}_o(s)] \equiv 1 + \lambda[\mathbf{F}_o(s)]$ gleichbedeutend damit, daß kein Eigenwert

[3] Die Eigenwerte der Matrix $\mathbf{I}+\mathbf{F}_o(s)$ von der Anzahl m sind charakteristische Eigenwerte, unabhängig von der Ordnung n des m-Größensystems. Sie dürfen nicht mit den Eigenwerten der Anzahl n der Zustandsraumdarstellung verwechselt werden.

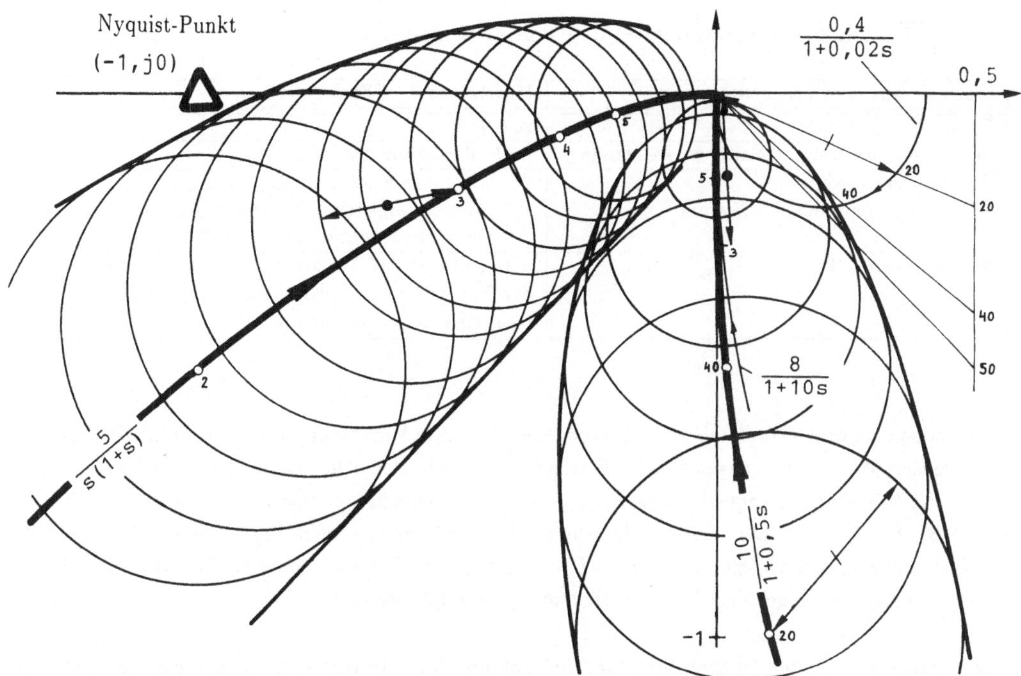

Abbildung 5.12: Zeilen-Gershgorin-Bänder zu dem Zweigrößensystem

$\lambda[\mathbf{F}_o(s)]$ mit dem Nyquist-Punkt $(-1, j0)$ zusammenfällt. Die Eigenwerte $\lambda[\mathbf{F}_o(s)]$ werden letztlich durch den Satz von Gershgorin genähert.

Zur Unterscheidung der verschiedenen Möglichkeiten von Eigenwertdefinitionen beachte man die Tabelle 5.1.

Die Überprüfung mit der Ortskurve $\det[\mathbf{I} + \mathbf{F}_o(s)]$ ist in vielen Fällen aufwendig, vor allem in der zeichnerischen Darstellung. Man sucht deshalb nach einer Näherung.

Diese Näherung gelingt durch Benützung des Satzes von Gershgorin, der aus den Hauptdiagonalelementen einer Matrix sowie globalen Angaben über die Koppelelemente die Eigenwerte dieser Matrix abzuschätzen gestattet.

Verläuft diese Abschätzung so, daß null nicht zu den Eigenwerten zählt, dann ändert sich die Stabilitätsaussage durch Hinzunehmen der Kopplungselemente nicht. Die Stabilitätsaussage kann in einem solchen Fall aus den Hauptdiagonalelementen allein, wie im Beispiel mit Gl.(5.86), aufrechterhalten werden.

Die Überprüfung der einen komplizierten Frequenzgangs-Ortskurve für $\det[\mathbf{I} + \mathbf{F}_o(s)]$ nach Gl.(5.83) wird also ersetzt durch zwei Überprüfungen: Durch die Gershgorin-Bedingung und durch die Umlaufbedingung von m einfachen Hauptdiagonalelementen $F_{oi}(s)$. Diese Ersatzüberprüfung gilt näherungsweise, aber hinreichend. Hinreichend deshalb, weil der Satz von Gershgorin eine hinreichende Aussage ist und sich herausstellt, daß alle Zwischenwerte in den Kopplungselementen, bis *null* herab, in die Untersuchung eingebunden sind.

Der **Satz von Gershgorin** (*Sinha, P.K., 1984*) betrifft die Bereichseingrenzung der Eigenwerte einer (komplexen) Matrix. Eine quadratische m-dimensionale Matrix $\mathbf{F}$ habe die Elemente F_{ij} und die Eigenwerte λ . Um jedes Hauptdiagonalelement F_{ii} kann eine Kreisscheibe mit dem Radius $\sum_{\mu=1,\ \mu\neq i}^{\mu=m} |F_{i\mu}|$ definiert werden, also der Summe der Beträge der betreffenden i-ten Zeile. Wird dies für jedes Element der

Tabelle 5.1: Gegenüberstellung von Matrizen und ihren Eigenwerten

Matrizen aus dem Frequenzbereich	Matrix aus dem Zustandsraum
$\mathbf{F}_o(s),\ \mathbf{F}(s) \in \mathcal{C}^{m \times m}$	$\mathbf{A} \in \mathcal{R}^{n \times n}$
m...Anzahl der Eingänge $\mathbf{u}$ bzw. Ausgänge $\mathbf{y}$	n...Ordnung des Systems
$\mathbf{F}_o(s)$...frequenzabhängige Schleifenübertragungsmatrix	$\mathbf{A}$...konstante Koeffizientenmatrix des Differentialgleichungssystems der Zustandsraumdarstellung im Zeitbereich
m Eigenwerte $\lambda[\mathbf{F}_o(s)] = \lambda[\mathbf{F}_o](s)$	n Eigenwerte $\lambda[\mathbf{A}) =$ konstant, identisch mit den Polen der zugehörigen Übertragungsfunktion bzw. Übertragungsmatrix

Hauptdiagonale besorgt, so entstehen m Kreisscheiben B_{zi}. Ihre Vereinigungsmenge wird mit B_z bezeichnet. In gleicher Weise vorgegangen für die Beträge der betreffenden i-ten Spalte liefert den Bereich B_s. Der Satz von Gershgorin besagt, daß alle Eigenwerte λ in der Durchschnittsmenge beider Bereiche liegen: $\lambda \in B_z \wedge B_s$. Hinreichend dafür, daß eine beliebige komplexe Zahl k_o keinem Eigenwert von $\mathbf{F}$ entspricht, ist die Bedingung $k_o \notin B_z$. Wegen $B_z = B_{z1} \vee B_{z2} \vee \ldots \vee B_{zm}$ ist sie fortzuführen als $k_o \notin B_{zi} \ \ \forall\, i = 1...m$. Statt B_z und B_{zi} kann ergebnisgleich auch B_s und B_{si} gewählt werden. □

Die Anwendung des Satzes von Gershgorin auf die Mehrgrößenregelungen erfolgt mit den beiden folgenden Gleichsetzungen:

$$\mathbf{F} \;=\; \mathbf{F}(j\omega) := \mathbf{I} + \mathbf{F}_o(j\omega) \tag{5.102}$$

$$k_o \;:=\; 0\,. \tag{5.103}$$

Die Vereinigungsmenge aller Kreisscheibenbereiche für variables ω von 0 bis ∞ heißt Gershgorin-Band. Jede Kreisscheibe wird um den Punkt $F_{oii}(j\omega)$ der Hauptdiagonale, und zwar mit dem Radius $\sum_{\mu=1,\ \mu\neq i}^{\mu=m} |F_{oi\mu}(j\omega)|$ angelegt. Der Zeilenbetragssumme wegen entsteht ein Zeilen-Gershgorin-Band.

Enthält das Gershgorin-Band den Ursprung nicht, dann bleiben die Umlaufeigenschaften der Hauptdiagonalelemente, wie im Beispiel der Gl.(5.86), allein repräsentativ für den Umlauf der gesamten Mehrgrößenregelung. Solche Mehrgrößenregelungen werden als diagonal dominant bezeichnet. Die Gershgorin-Bänder können statt für $1 + F_{oii}(s)$ auch für F_{oii} gezeichnet und dann der Nyquist-Punkt als Umfahrungskriterium angesehen werden (siehe z.B. Abb. 5.12). Beides läßt sich in den folgenden Formulierungen vereinigen

$$\sum_{i=1}^{m} \ \underset{(-1,\mathrm{j}0)_{\mathrm{uzs}};\ \mathrm{s}\in \mathrm{C}_{\mathrm{s\ uzs}}}{\mathrm{circ}} \ \mathrm{gersh}\ F_{oii}(j\omega) = -\mathrm{anz\ pol}_{rHE}\mathbf{F}_o(s)\,. \tag{5.104}$$

Die zeichnerische oder numerische Interpretation dieser Stabilitätsbedingung (basierend auf der Summe der aus den Hauptdiagonal*elementen* abzuleitenden Gershgorin-Bändern) ist ungleich einfacher als die Diskussion der Umläufe von $\det[\mathbf{I} + \mathbf{F}_o(s)]$.

Vor allem für den Entwurf von Regelkreisen ist es wesentlich angenehmer, durch die Zerlegung in mehrere Gershgorin-Bänder aufgrund ihrer Lage und Dicke eine Stabilisierungsmaßnahme oder andere Güteverbesserungen selektiv einzuleiten.

Die Gl.(5.83) kann mit den Beziehungen in Gl.(5.106) zwischen Determinante und Eigenwerten — angewendet auf die charakteristischen Funktionen der Gl.(5.87) — alternativ

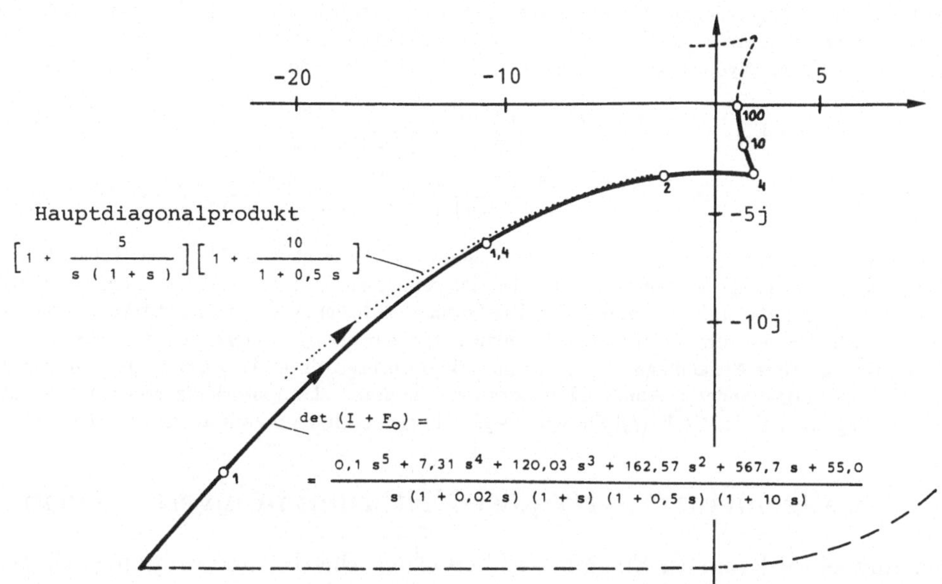

Abbildung 5.13: Frequenzgangsortskurve von $\det[\mathbf{I}+\mathbf{F}_o(s)]$ und Gegenüberstellung zur Ortskurve des Hauptdiagonalprodukts. Der kritische Punkt bei der Rückführdifferenzortskurve ist der Ursprung

hergeleitet werden

$$\underset{(0,\mathrm{j}0)_{\mathrm{uzs}};\; s\in C_{s\ \mathrm{uzs}}}{\mathrm{circ}} \det[\mathbf{I}+\mathbf{F}_o(s)] = -\mathrm{anz\ pol}_{rHE} \det[\mathbf{I}+\mathbf{F}_o(s)] = -\mathrm{anz\ pol}_{rHE}\, \mathbf{F}_o(s)\,. \tag{5.105}$$

Wegen

$$\det[\mathbf{I}+\mathbf{F}_o(s)] = \prod_{i=1}^{m} \lambda_i[\mathbf{I}+\mathbf{F}_o(s)] = \prod_{i=1}^{m} \Big\{1+\lambda_i[\mathbf{F}_o(s)]\Big\} \qquad \mathbf{F}_o \in \mathcal{C}^{m\times m} \tag{5.106}$$

folgt unmittelbar

$$\underset{(0,\mathrm{j}0)_{\mathrm{uzs}};\; s\in C_{s\ \mathrm{uzs}}}{\mathrm{circ}} \prod_{i=1}^{m} \Big\{1+\lambda_i[\mathbf{F}_o(s)]\Big\} = \sum_{i=1}^{m} \underset{(0,\mathrm{j}0)_{\mathrm{uzs}};\; s\in C_{s\ \mathrm{uzs}}}{\mathrm{circ}} \Big\{1+\lambda_i[\mathbf{F}_o(s)]\Big\} = \tag{5.107}$$

$$= \sum_{i=1}^{m} \underset{(-1,\mathrm{j}0)_{\mathrm{uzs}};\; s\in C_{s\ \mathrm{uzs}}}{\mathrm{circ}} \lambda_i[\mathbf{F}_o] = \sum_{i=1}^{m} \underset{(-1,\mathrm{j}0)_{\mathrm{uzs}};\; s=\mathrm{j}\omega}{\mathrm{circ}} \ \mathrm{gersh}\ F_{oii}(j\omega) = -\mathrm{anz\ pol}_{rHE}\, \mathbf{F}_o(s)\,. \tag{5.108}$$

Beispiel Zeilen-Gershgorin-Bänder: Folgendes Zweigrößensystem ist auf Stabilität zu untersuchen

$$\mathbf{F}_o(s) = \begin{pmatrix} \frac{5}{s(1+s)} & \frac{-8}{1+10s} \\ \frac{0,4}{1+0,02s} & \frac{10}{1+0,5s} \end{pmatrix}. \tag{5.109}$$

Die Ortskurven der Hauptdiagonalelemente werden von Gershgorin-Bändern aus Kreisscheiben umgeben, deren Radien dem Betrag der Nebendiagonalelemente gleichkommen (Abb. 5.12). Die Elemente außerhalb der Hauptdiagonale sind mit positivem Zähler eingetragen, weil die Radien der Gershgorin-Kreise vom Betrag bestimmt werden. Nach Gl.(5.104) ist die Regelung stabil.

Das verallgemeinerte Nyquist-Kriterium nach Gl.(5.83) ist in der Abb. 5.13 als Ortskurve von

$$\det(\mathbf{I}+\mathbf{F}_o) = \frac{(5+s+s^2)(11+0,5s)}{s(1+s)(1+0,5s)} + \frac{3,2}{(1+10s)(1+0,02s)} = \qquad (5.110)$$

$$= \frac{0,1s^5+7,31s^4+120,03s^3+162,57s^2+567,7s+55,0}{s(1+0,02s)(1+s)(1+0,5s)(1+10s)} \qquad (5.111)$$

wiedergegeben. Der Ursprung wird nicht umfahren, somit ist das System stabil. Zwei Nullstellen von $\det(\mathbf{I}+\mathbf{F}_o)$ liegen sehr knapp an den zwei Polen der Nebendiagonale — man vergleiche auch das Beispiel zu Gl.(5.124) —, sodaß die fünfte auf praktisch dritte Ordnung reduziert wird und die Ortskurve innerhalb der Zeichengenauigkeit nur drei Quadranten durchläuft. Der nur geringe Unterschied der Ortskurven in Abb. 5.13 (mit und ohne Nebendiagonale in $\mathbf{F}_o$) und die doch beachtliche Auswirkung der Nebendiagonale auf die Gershgorin-Bänder in Abb. 5.12 demonstriert die praktische Auswirkung einer hinreichenden Stabilitätsbedingung. Bei $\det[\mathbf{I}+\mathbf{F}_o(s)]$ für $s=\sigma+j\omega$ läßt sich auch die Stabilitätsgüte abschätzen. □

5.13 Verallgemeinertes Nyquist-Kriterium in inverser Form

Als Vorstufe sei wiederum der Eingrößenfall betrachtet. Die Gl.(5.69) wird umgeschrieben auf

$$1+F_o(s) = \frac{T^{-1}(s)}{F_o^{-1}(s)} \quad \text{oder} \quad 1+F_o^{-1}(s) = T^{-1}(s)\,. \qquad (5.112)$$

Damit und nach Gl.(5.76) kann die Stabilitätsbedingung jetzt formuliert werden als

$$\underset{(0,j0)_{\mathrm{mps}};\ s\in C_{s\ \mathrm{mps}}}{\mathrm{circ}} [1+F_o(s)] = \underset{(0,j0)_{\mathrm{uzs}};\ s\in C_{s\ \mathrm{uzs}}}{\mathrm{circ}} T^{-1}(s) - \underset{(0,j0)_{\mathrm{uzs}};\ s\in C_{s\ \mathrm{uzs}}}{\mathrm{circ}} F_o^{-1}(s)$$

$$= -\mathrm{anz\ pol}_{rHE}\ F_o(s)\ . \qquad (5.113)$$

Aus der Umlaufbedingung nach Gl.(5.112) rechts folgt aus obiger Gleichung

$$\underset{(0,j0)_{\mathrm{uzs}};\ s\in C_{s\ \mathrm{uzs}}}{\mathrm{circ}} [1+F_o^{-1}(s)] = \underset{(0,j0)_{\mathrm{uzs}};\ s\in C_{s\ \mathrm{uzs}}}{\mathrm{circ}} T^{-1}(s) = \qquad (5.114)$$

$$= \underset{(0,j0)_{\mathrm{uzs}};\ s\in C_{s\ \mathrm{uzs}}}{\mathrm{circ}} F_o^{-1}(s) - \mathrm{anz\ pol}_{rHE}\ F_o(s)$$

$$\underset{(-1,j0)_{\mathrm{uzs}};\ s\in C_{s\ \mathrm{uzs}}}{\mathrm{circ}} F_o^{-1}(s) - \underset{(0,j0)_{\mathrm{uzs}};\ s\in C_{s\ \mathrm{uzs}}}{\mathrm{circ}} F_o^{-1}(s) = -\mathrm{anz\ pol}_{rHE}\ F_o(s)\ . \qquad (5.115)$$

Diese Darstellung heißt inverses Nyquistkriterium. Grund für seine Verwendung ist die besonders einfache Beziehung zwischen „inverser Regelschleife" und „inversem Regelkreis", nämlich Gl.(5.112). Sie besteht in einer Parallelverschiebung zwischen der F_o^{-1}-Ebene und der T^{-1}-Ebene. Da $F_o(s)$ in allen praktischen Fällen einen Polüberschuß aufweist, vollführt $F_o^{-1}(s)$ für große s entsprechend viele Umläufe auf Bögen im Unendlichen. Sie sind als Umlauf bezüglich $(-1,j0)$ oder $(0,j0)$ von der gleichen Anzahl, sodaß sie in die Betrachtung nicht näher eingehen müssen.

Für Mehrgrößenregelungen wird die Herleitung bei Gl.(5.83) fortgesetzt. Nach der einfachen Beziehung

$$\det[\mathbf{I}+\mathbf{F}_o(s)] = \frac{\det \mathbf{F}_o(s)}{\det \mathbf{T}(s)} = \frac{\det \mathbf{T}^{-1}(s)}{\det \mathbf{F}_o^{-1}(s)} = \frac{\det[\mathbf{I}+\mathbf{F}_o^{-1}(s)]}{\det \mathbf{F}_o^{-1}(s)} \tag{5.116}$$

kann das Ergebnis Gl.(5.83) zu der inversen Formulierung des verallgemeinerten Nyquistkriteriums führen

$$\underset{(0,j0)_{\mathrm{uzs}};\ s\in C_{s\ \mathrm{uzs}}}{\mathrm{circ}} \det[\mathbf{I}+\mathbf{F}_o^{-1}(s)] - \underset{(0,j0)_{\mathrm{uzs}};\ s\in C_{s\ \mathrm{uzs}}}{\mathrm{circ}} \det \mathbf{F}_o^{-1}(s) = -\mathrm{anz\ pol}_{rHE}\, \mathbf{F}_o(s)\,. \tag{5.117}$$

5.14 Analytische Stabilitätsprüfung mit Polynommatrizen

Betrachtet wird der Fall der Abb. 5.11b. Die Übertragungsmatrix $\mathbf{F}_o(s)$ wird in teilerfremde Polynommatrizen gespalten, d.h. $\mathbf{F}_o(s) = \mathbf{Z}(s)\mathbf{N}^{-1}(s)$. Die Matrizen $\mathbf{Z}(s)$ und $\mathbf{N}(s)$ heißen Zähler und Nenner der Übertragungsmatrix. Zu ihrer Bildung gibt es mehrere Möglichkeiten (*Hippe, P., und Wurmthaler, Ch., 1985; Wolovich, W.A., 1974; Aracil, J., and Montes, C.G., 1976*). Die Anfügung von rechts trägt die Bezeichnung *rechtsteilerfremd (rechtskoprim)*. Damit läßt sich aus Gl.(5.77) herleiten: Aus

$$\mathbf{T} \triangleq [\mathbf{I}+\mathbf{F}_o]^{-1}\mathbf{F}_o \equiv \mathbf{F}_o[\mathbf{I}+\mathbf{F}_o]^{-1} \tag{5.118}$$

folgt mit $\mathbf{F}_o(s) = \mathbf{Z}(s)\mathbf{N}^{-1}(s)$

$$\mathbf{T}(s) = \mathbf{Z}(s)\mathbf{N}^{-1}(s)[\mathbf{I}+\mathbf{Z}\mathbf{N}^{-1}]^{-1} = \mathbf{Z}\mathbf{N}^{-1}[(\mathbf{N}+\mathbf{Z})\mathbf{N}^{-1}]^{-1} = \mathbf{Z}\mathbf{N}^{-1}\mathbf{N}(\mathbf{N}+\mathbf{Z})^{-1} = \mathbf{Z}(\mathbf{N}+\mathbf{Z})^{-1} \tag{5.119}$$

und die Aussage, daß

$$\frac{\mathrm{np}\mathbf{T}(s)}{\mathrm{pp}\mathbf{T}(s)} \triangleq \det \mathbf{T}(s) = \frac{\det \mathbf{Z}}{\det(\mathbf{N}+\mathbf{Z})}\,. \tag{5.120}$$

Da die Nullstellen im Nullstellenpolynom $\mathrm{np}\mathbf{T}$ nur aus $\det \mathbf{Z}$ folgen können, also wegen $\mathrm{np}\mathbf{T} = \det \mathbf{Z}$, resultiert

$$\mathrm{pp}\mathbf{T} = \det(\mathbf{N}+\mathbf{Z})\,. \tag{5.121}$$

Die Summe der beiden Polynommatrizen ergibt, dem Determinantenkalkül unterworfen, das Polpolynom (charakteristische Polynom) der Mehrgrößenregelung. Es darf für Stabilität in der rechten Halbebene keine Nullstellen aufweisen. Aus der Gl.(5.121) folgt die Feststellung

$$\mathrm{pp}\mathbf{T}(s) = \det(\mathbf{N}+\mathbf{Z}) = 0 \qquad \text{entspricht} \qquad \det[\mathbf{I}+\mathbf{F}_o(s)] = 0\,. \tag{5.122}$$

Im Falle instabiler Elemente außerhalb der Hauptdiagonale gehen diese in Gl.(5.121) ein. Sie würden allerdings nicht bei Dreiecksmatrixform von $\mathbf{F}_o(s)$ in Gl.(5.122) aufscheinen; in solchen Fällen müßten für Stabilität alle Elemente von $\mathbf{F}_o(s)$ außerhalb der Hauptdiagonale stabil sein. Bezüglich der Inversion von Polynommatrizen siehe *Schuster, A., und Hippe, P., 1992*, bezüglich Realisierungsmöglichkeiten *Grasselli, O.M., and Tornambè, A., 1992*.

Beispiel. Zerlegung in Polynommatrizen: Mit den Zahlenangaben aus Gl.(5.109) erhält man für die Zerlegung von $\mathbf{F}_o(s)$ in Zähler und Nenner

$$\mathbf{F}_o(s) = \begin{pmatrix} \dfrac{z_{11}}{n_{11}} & \dfrac{z_{12}}{n_{12}} \\ \dfrac{z_{21}}{n_{21}} & \dfrac{z_{22}}{n_{22}} \end{pmatrix} = \begin{pmatrix} z_{11}n_{21} & z_{12}n_{22} \\ z_{21}n_{11} & z_{22}n_{12} \end{pmatrix} \begin{pmatrix} n_{11}n_{21} & 0 \\ 0 & n_{12}n_{22} \end{pmatrix}^{-1} = \mathbf{Z}\mathbf{N}^{-1} = \tag{5.123}$$

$$= \begin{pmatrix} 5(1+0,02s) & -8(1+0,5s) \\ 0,4s(1+s) & 10(1+10s) \end{pmatrix} \begin{pmatrix} s(1+s)(1+0,02s) & 0 \\ 0 & (1+0,5s)(1+10s) \end{pmatrix}^{-1} . \tag{5.124}$$

Daraus folgt für Gl.(5.121)

$$\det(\mathbf{Z}+\mathbf{N}) = \det \begin{pmatrix} (5+0,1\,s)+(s+1,02\,s^2+0,02\,s^3) & -8-4\,s \\ 0,4\,s+0,4\,s^2 & (10+100\,s)+(1+10,5\,s+5\,s^2) \end{pmatrix} \tag{5.125}$$

und für das charakteristische Polynom

$$s^5+73,1\,s^4+1200,3\,s^3+1625,7\,s^2+5677\,s+550=0\,. \tag{5.126}$$

Der Koeffizient von s^5 ist dabei zur Vereinfachung auf 1 verändert worden. Es ergibt sich dasselbe Polynom, das in Gl.(5.111) im Zähler von $\det[\mathbf{I}+\mathbf{F}_o(s)]$ steht. Die Lösungen sind alle stabil, im einzelnen lauten sie $-0,0995; -0,516 \pm j2,167; -22,53; -49,44$. □

5.15 Einseitige Kopplungen

Einseitige Kopplungen in Mehrgrößenregelungen besitzen eine formale Matrizendarstellung in Dreiecksform, sowohl für $\mathbf{F}_o$ als auch für $\mathbf{I}+\mathbf{F}_o$. Instabile Kopplungselemente (außerhalb der Hauptdiagonale, etwa im unteren Matrixdreieck) bewirken eine über alle Grenzen wachsende und einseitige Querbeeinflussung zwischen den Hauptregelkreisen.

Sind koppelnde Übertragungswege zur Rückmeldung (etwa im oberen Matrixdreieck bei einer Dreieckssystemmatrix) mit Nullelementen bestückt, so wirkt die Kopplung insgesamt einseitig. Der Umstand, daß bei Dreiecksmatrizen die Eigenwerte (wie bei Diagonalmatrizen) schon in der Hauptdiagonale stehen, kann zu einer Beschränkung der Betrachtung auf die Hauptregelungen verleiten. Einseitige Kopplungselemente werden auch von der vereinfachten Stabilitätsbetrachtung Gl.(5.122) nicht erfaßt.

Beispiel. Schwache und einseitige Kopplung einer Zweigrößenregelung: Für die Regelschleife einer Zweigrößenregelung gelte

$$\mathbf{F}_o(s) = \begin{pmatrix} \frac{1}{s+2} & a \\ \frac{1}{s-1} & 4 \end{pmatrix} . \tag{5.127}$$

Mit dem Parameter a kann eine schwache oder eine einseitig wirkende Kopplung vorgegeben werden, letzteres bei $a=0$. Die Determinante der Rückführdifferenz lautet

$$\det(\mathbf{I}+\mathbf{F}_o) = \frac{5(s+3)}{s+2} - \frac{a}{s-1} = \frac{5s^2+s(10-a)-(15+2a)}{(s+2)(s-1)} . \tag{5.128}$$

- **Kleine Parameter** a: Für kleine, aber von null verschiedene a ergeben sich die Nullstellen von $\det(\mathbf{I}+\mathbf{F}_o)$ zu

$$s_1 = (-3-\varepsilon_1) \quad \text{und} \quad s_2 = (+1-\varepsilon_2). \tag{5.129}$$

  Dabei sind ε_1 und ε_2 sehr kleine Hilfsgrößen. Die Stabilitätsaussage entsprechend s_2 lautet, daß der Zweigrößenregelkreis instabil ist.

- **Parameter** $a=0$: Für $a=0$ ist der Sachverhalt der einseitigen Kopplung streng erfüllt. Die obige Determinante führt zu einer Kürzung bezüglich $(s-1)$. Aus der Angabe folgt bei $a=0$

$$\det(\mathbf{I}+\mathbf{F}_o) = \frac{5(s+3)}{s+2} = 0\,. \tag{5.130}$$

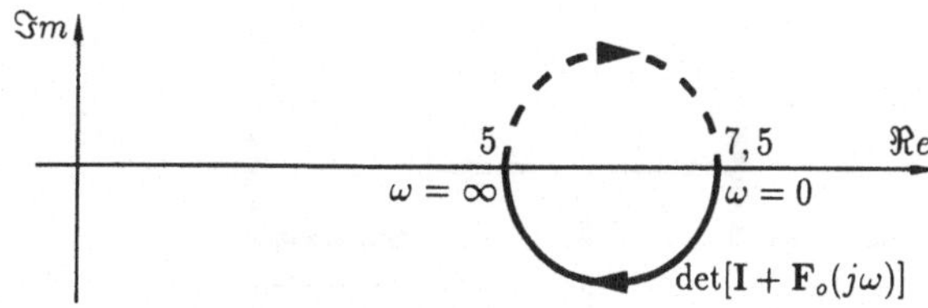

Abbildung 5.14: Ortskurve der Determinante der Rückführdifferenz

Es wird also Stabilität und niedrigere Systemordnung dadurch vorgetäuscht, daß in obiger Gleichung nur eine Nullstelle in der linken Halbebene vorliegt. Dies ist genau die Fehlaussage der „verkürzten charakteristischen Gleichung".

- **Ortskurve der Rückführdifferenz:** Das verallgemeinerte Nyquist-Stabilitätskriterium laut Gl. (5.83) ist nicht erfüllt, die Aussage lautet richtigerweise auf Instabilität; denn aus Abb. 5.14 und Gl. (5.127) erhält man

$$\underset{(0,j0)_{\mathrm{uzs}};\ s \in C_{s\ \mathrm{uzs}}}{\mathrm{circ}} \quad \det[\mathbf{I} + \mathbf{F}_o(s)] = 0 \quad \neq \quad -\mathrm{anz}\ \mathrm{pol}_{rHE}\ \mathbf{F}_o(s) = -1\ . \tag{5.131}$$

- **Analytische Stabilitätsprüfung:** Mit der Zähler- und Nennerdefinition der Regelschleifenmatrix aus Gl.(5.124) folgt

$$\mathbf{F}_o = \begin{pmatrix} \frac{1}{s+2} & a \\ \frac{1}{s-1} & 4 \end{pmatrix} = \begin{pmatrix} s-1 & a \\ s+2 & 4 \end{pmatrix} \begin{pmatrix} (s-1)(s+2) & 0 \\ 0 & 1 \end{pmatrix}^{-1} = \mathbf{Z}\mathbf{N}^{-1} \tag{5.132}$$

$$\det(\mathbf{N}+\mathbf{Z}) = \det \begin{pmatrix} s-1+(s-1)(s+2) & a \\ s+2 & 4+1 \end{pmatrix} = 5s^2 + (10-a)s - (15+2a) = 0\ . \tag{5.133}$$

Die Instabilitätsaussage wird auch für $a = 0$ richtig angegeben. □

Mehrgrößenregelungen mit *einseitigen* Kopplungen über instabile (grenzstabile) Elemente entbehren also nicht einer gewissen Tücke. Kopplungselemente mit instabilem oder grenzstabilem Verhalten bleiben in der Determinante zufolge Multiplikation mit einem anderen Kopplungselement von verschwindender Übertragungsfunktion unberücksichtigt, gehen also in die charakteristische Gleichung nicht ein. Sie wirken sich aber mit einer anwachsenden Störgröße auf den empfangenden Teilregelkreis aus; dies macht den gesamten Mehrgrößenregelkreis unbrauchbar, es sei denn, der empfangende Regelkreis vermag die anwachsende Kopplungsgliedeingangsgröße (Störgröße) auszuregeln.

Selbst dann, wenn der sendende Teilregelkreis die instabile Kopplung nicht anregt, d.h. ein Eingangssignal null vorlegt, ist das Ausgangssignal der instabilen Kopplung anwachsend und ein technisch unvertretbares Signal.

Gleiche instabile Elemente in den Verkopplungs- und Hauptdiagonalelementen: Enthält etwa der Teilregelkreis 1 einen Integrator und regt er ein integrierendes Kopplungselement an, dann besteht die Möglichkeit, daß die den Kopplungsintegrator anregende Signalgröße aus dem Teilregelkreis 1 auf null zurückgeht und der Ausgang des Kopplungselements gegen eine Konstante strebt, also für den Teilregelkreis 2 eine konstante Störgröße abgibt, die er leicht zur Ausregelung bringen kann. Ist also die instabile Komponente der Kopplung auch in einem der Teilregelkreise enthalten, dann findet er in der „verkürzten charakteristischen Gleichung" doch Berücksichtigung. □

5.16 Youla-Parametrierung

Analog zu Gl.(3.39) wird die Regelstrecke $\mathbf{G}(s)$ koprim faktorisiert, und zwar links- und rechtskoprim als

$$\mathbf{G}(s) \ \hat{=}\ \bar{\mathbf{N}}^{-1}(s)\bar{\mathbf{Z}}(s) \ \hat{=}\ \mathbf{Z}(s)\mathbf{N}^{-1}(s)\ . \tag{5.134}$$

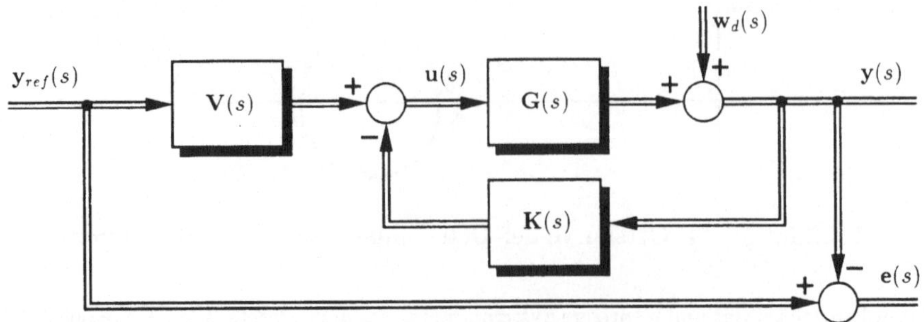

Abbildung 5.15: Mehrgrößenregelkreis mit Vorwärts- und Rückwärtsregler

Dabei seien $\mathbf{N}(s), \bar{\mathbf{N}}(s), \mathbf{Z}(s), \bar{\mathbf{Z}}(s) \in \mathcal{C}^{m\times m}$ stabile Übertragungsmatrizen. Koprime Matrizen sind durch die Existenz der sogenannten Bezout-Identitäten

$$\mathbf{X}(s)\mathbf{Z}(s) + \mathbf{Y}(s)\mathbf{N}(s) = \mathbf{I}_m \quad \text{und} \quad \bar{\mathbf{Z}}(s)\bar{\mathbf{X}}(s) + \bar{\mathbf{N}}(s)\bar{\mathbf{Y}}(s) = \mathbf{I}_m \tag{5.135}$$

mit neudefinierten stabilen Matrizen $\mathbf{X}(s)$, $\bar{\mathbf{X}}(s)$, $\mathbf{Y}(s)$, $\bar{\mathbf{Y}}(s)$ charakterisiert. Die Frage, welche Rückführungs- und Vorwärtsübertragungsmatrix $\mathbf{K}(s)$ und $\mathbf{V}(s)$ den Regelkreis nach Abb. 5.15 vom Typ eines Kontrollbeobachters intern stabilisiert, wird von der Youla-Parametrierung beantwortet, und zwar in der Form

$$\mathbf{K}(s) = [\mathbf{Y}(s) - \mathbf{Q}_d(s)\bar{\mathbf{Z}}(s)]^{-1}[\mathbf{X}(s) + \mathbf{Q}_d(s)\bar{\mathbf{N}}(s)] \tag{5.136}$$

$$\mathbf{V}(s) = [\mathbf{Y}(s) - \mathbf{Q}_d(s)\bar{\mathbf{Z}}(s)]^{-1}\mathbf{Q}_r(s) \tag{5.137}$$

(*Youla, D.C., 1961*). Darin sind $\mathbf{Q}_d(s)$ und $\mathbf{Q}_r(s) \in \mathcal{C}^{m\times m}$ frei wählbare stabile Übertragungsmatrizen. Dann ergibt sich resultierend eine verallgemeinerte partitionierte Übertragungsmatrix $\mathbf{T}_P(s)$ für

$$\begin{pmatrix} \mathbf{u}(s) \\ \mathbf{e}(s) \end{pmatrix} = \mathbf{T}_P(s) \begin{pmatrix} \mathbf{y}_{ref}(s) \\ \mathbf{w}_d(s) \end{pmatrix} \qquad \mathbf{e}(s) \triangleq \mathbf{y}_{ref}(s) - \mathbf{y}(s) \quad \text{als} \tag{5.138}$$

$$\mathbf{T}_P(s) = \begin{pmatrix} [\mathbf{I}_m + \mathbf{K}(s)\mathbf{G}(s)]^{-1}\mathbf{V}(s) & -[\mathbf{I}_m + \mathbf{K}(s)\mathbf{G}(s)]^{-1}\mathbf{K}(s) \\ \mathbf{I}_m - \mathbf{G}(s)[\mathbf{I}_m + \mathbf{K}(s)\mathbf{G}(s)]^{-1}\mathbf{V}(s) & -\mathbf{I}_m + \mathbf{G}(s)[\mathbf{I}_m + \mathbf{K}(s)\mathbf{G}(s)]^{-1}\mathbf{K}(s) \end{pmatrix} \tag{5.139}$$

$$\mathbf{T}_P(s) = \begin{pmatrix} \mathbf{N}(s)\mathbf{Q}_r(s) & -\mathbf{N}(s)[\mathbf{X}(s) + \mathbf{Q}_d(s)\bar{\mathbf{N}}(s)] \\ \mathbf{I}_m - \mathbf{Z}(s)\mathbf{Q}_r(s) & -\mathbf{I}_m + \mathbf{Z}(s)[\mathbf{X}(s) + \mathbf{Q}_d(s)\bar{\mathbf{N}}(s)] \end{pmatrix}. \tag{5.140}$$

Als Teilmatrizen in Gl.(5.140) treten durchwegs nur Produkte stabiler matrixwertiger Übertragungsfunktionen auf, daher ist innere (interne) Stabilität des gesamten Systems sichergestellt. Zufolge der speziellen Partitionierung ist auch zu erkennen, daß den Matrizen $\mathbf{Q}_r(s)$ und $\mathbf{Q}_d(s)$ eine spezielle Bedeutung zukommt; sind doch $\mathbf{Q}_r(s)$ und $\mathbf{Q}_d(s)$ spaltengebunden; die Matrix $\mathbf{Q}_r(s)$ legt den Einfluß von ausschließlich $\mathbf{y}_{ref}(s)$ auf $\mathbf{u}(s)$ und $\mathbf{e}(s)$ fest, also das Führungsverhalten bezüglich $\mathbf{y}_{ref}(s)$. In analoger Weise bestimmt $\mathbf{Q}_d(s)$ das Störungsverhalten bezüglich $\mathbf{w}_d(s)$.

5.17 Pauschalanforderungen an einen Mehrgrößenregelkreis

Eine grobe Klassifizierung der Anforderungen an einen Mehrgrößenregelkreis wird durch folgende Bedingungen gegeben. Dazu bedient man sich der Abb. 8.1 und der in Gl.(19.4) definierten Singulärwerte. Je nach Schnittstelle werden die Sensitivitätsmatrizen $\mathbf{S}(s)$ und $\bar{\mathbf{S}}(s)$ definiert. Mit den Definitionen $\mathbf{S}(s) \triangleq (\mathbf{I}+\mathbf{KG})^{-1}$ und $\bar{\mathbf{S}}(s) \triangleq (\mathbf{I}+\mathbf{GK})^{-1}$ sowie mit $\mathbf{T}(s) \triangleq \mathbf{I} - \mathbf{S}(s)$ hat zu gelten:

- Für die Unterdrückung von Störsignalen am Streckenausgang und für gutes Führungsverhalten in einem bestimmten Frequenzbereich Ω_f die Bedingungen[4]

$$\sigma_{\max}[\mathbf{S}(j\omega)] \ll 1 \quad \text{oder} \quad \sigma_{\min}[\mathbf{G}(j\omega)\mathbf{K}(j\omega)] \gg 1 \quad \forall\omega \in \Omega_f\,. \tag{5.141}$$

- Für Unterdrückung von Störsignalen am Streckeneingang im Frequenzbereich Ω_s

$$\sigma_{\max}[\mathbf{S}(j\omega)\mathbf{G}(j\omega)] \ll 1 \quad \forall\omega \in \Omega_s\,. \tag{5.142}$$

- Für gute Führungsgenauigkeit soll die Regelabweichung klein sein, was auf $\sigma_{\min}[\mathbf{G}(j\omega)\mathbf{K}(j\omega)] \gg 1 \quad \forall\omega \in \Omega_{ref}$ führt, siehe auch Gl.(3.83). In den Begriffen Störungsausgleich und Führungseigenschaften ist die Stabilitätsgüte und Entkopplung subsumiert.

- Für gute Robustheit siehe Gl.(3.81).

- Für Ausblendung von Meßrauschen im Frequenzbereich Ω_n

$$\sigma_{\max}[\mathbf{T}(j\omega)] \ll 1 \quad \text{oder} \quad \sigma_{\max}[\mathbf{G}(j\omega)\mathbf{K}(j\omega)] \ll 1 \quad \forall\omega \in \Omega_n\,. \tag{5.143}$$

Die Vorteile bei Anwendung der Singulärwerte zeigen die folgenden Überlegungen: Nach der Beziehung

$$\sigma_{\max}[(\mathbf{I}+\mathbf{GK})^{-1}] \ll 1 \quad \rightsquigarrow \quad \sigma_{\min}[\mathbf{I}+\mathbf{GK}] \gg 1 \tag{5.144}$$

und wegen

$$\sigma_{\min}[\mathbf{GK}] - 1 \leq \sigma_{\min}[\mathbf{I}+\mathbf{GK}] \quad \text{sowie} \quad \sigma_{\min}[\mathbf{GK}] \geq \sigma_{\min}[\mathbf{G}]\ \sigma_{\min}[\mathbf{K}] \tag{5.145}$$

folgt weiters

$$\Leftarrow \quad \sigma_{\min}[\mathbf{GK}] \gg 1 \quad \Leftarrow \quad \sigma_{\min}[\mathbf{G}]\sigma_{\min}[\mathbf{K}] \gg 1\,. \tag{5.146}$$

Damit wird die Möglichkeit geboten, die Bode-Diagramme von den Skalaren $\sigma_{\min}[\mathbf{G}(j\omega)]$ und $\sigma_{\min}[\mathbf{K}(j\omega)]$ im Frequenzbereich Ω im einzelnen zu studieren, gezielt zu verändern und so für den Entwurf heranzuziehen.

Durch zusätzliche Einführung von frequenzabhängigen Gewichtungen (siehe Gl.(8.10) und Abb. 8.1) können diese Aussagen auf die verschiedenen Anforderungen in den Teilregelkreisen eines Mehrgrößensystems angepaßt, entsprechend modifiziert oder differenziert vorgegeben werden. Diese Maßnahmen werden zumeist als *Shaping* bezeichnet.

5.18 Entkopplung in Zustandsraumdarstellung

Für Zustandsrückführung und Vorfilter gemäß $\mathbf{u} = \mathbf{Kx}+\mathbf{Vy}_{ref}$ folgt für die Übertragungsmatrix des Gesamtsystems

$$\mathbf{y}(s) = \mathbf{T}(s)\mathbf{y}_{ref}(s) = \mathbf{C}(s\mathbf{I}-\mathbf{A}-\mathbf{BK})^{-1}\mathbf{BVy}_{ref} \quad \rightarrow \quad \mathbf{diag}\{T_i(s)\}\,. \tag{5.147}$$

Bei Ausgangsrückführung und Vorfilter gemäß $\mathbf{u} = \mathbf{K}_y\mathbf{y} + \mathbf{Vy}_{ref}$ folgt analog

$$\mathbf{T}(s) = \mathbf{C}(s\mathbf{I}-\mathbf{A}-\mathbf{BK}_y\mathbf{C})^{-1}\mathbf{BV} \quad \rightarrow \quad \mathbf{diag}\{T_i(s)\}\,. \tag{5.148}$$

[4]Siehe Rechenregeln Gl.(19.9) bis (19.11).

Die Bedingungen für Diagonalisierbarkeit sind oft schwer erfüllbar (*Fossard, A.J., 1977; Gilbert, E.G., 1969*). Keinesfalls dürfen die Diagonalisierbarkeitsbedingungen ausschließlich betrachtet werden, weil sonst unter Umständen gänzlich unzulässige Dynamik in $T_i(s)$ resultiert.

Die Entkoppelbarkeitsbedingungen für Zustandsregler sind auch noch auf verschiedene andere Art und Weise bestimmbar. Einen Ausweg für die Entkopplung bieten auch dynamische Zustandsrückführungen. Wie schon erwähnt, bleibt aber abzuwägen, ob jede vollständige Entkopplung durch ein sehr komplexes dynamisches Regelgesetz und entsprechend hohe Stellgrößen erkauft werden soll (*Lohmann, B., 1991*).

5.19 Rosenbrock-Matrix

Unter Verwendung der

$$\text{Rosenbrock-Matrix} \quad \begin{pmatrix} s\mathbf{I}-\mathbf{A} & \mathbf{B} \\ -\mathbf{C} & \mathbf{D} \end{pmatrix} \tag{5.149}$$

lassen sich die Nullstellen n_i eines vollständig steuerbaren und regelbaren Systems dadurch beschreiben, daß

$$\operatorname{rang}\begin{pmatrix} n_i\mathbf{I}-\mathbf{A} & \mathbf{B} \\ -\mathbf{C} & \mathbf{D} \end{pmatrix} < \max_s \operatorname{rang}\begin{pmatrix} s\mathbf{I}-\mathbf{A} & \mathbf{B} \\ -\mathbf{C} & \mathbf{D} \end{pmatrix} . \tag{5.150}$$

Die Rosenbrock-Matrix ist nur bei gleicher Anzahl der Eingangsgrößen $\mathbf{u}$ und Ausgangsgrößen $\mathbf{y}$ quadratisch.

Bei Eingrößensystemen ist die skalare Übertragungsfunktion mit dem Durchgangskoeffizienten d

$$G(s) = \mathbf{c}^T(s\mathbf{I}-\mathbf{A})^{-1}\mathbf{b} + d = \frac{\mathbf{c}^T\mathbf{adj}(s\mathbf{I}-\mathbf{A})\mathbf{b} + d\det(s\mathbf{I}-\mathbf{A})}{\det(s\mathbf{I}-\mathbf{A})} . \tag{5.151}$$

Die Determinante der Rosenbrock-Matrix ist bei Eingrößensystemen

$$\det\begin{pmatrix} s\mathbf{I}-\mathbf{A} & \mathbf{b} \\ -\mathbf{c}^T & d \end{pmatrix} = \det(s\mathbf{I}-\mathbf{A})\det[d + \mathbf{c}^T(s\mathbf{I}-\mathbf{A})^{-1}\mathbf{b}] = \tag{5.152}$$

$$= [\det(s\mathbf{I}-\mathbf{A})][d + \mathbf{c}^T(s\mathbf{I}-\mathbf{A})^{-1}\mathbf{b}] = \tag{5.153}$$

$$= d\det(s\mathbf{I}-\mathbf{A}) + \mathbf{c}^T\mathbf{adj}(s\mathbf{I}-\mathbf{A})\mathbf{b} . \tag{5.154}$$

Daher ist der Zähler der Übertragungsfunktion $G(s)$ gleich der Determinante der Rosenbrock-Matrix.

5.20 Invarianz der Nullstellen von Schleife und Regelkreis

Wird zur Regelstrecke Gl.(1.1) der Zustandsregler $\mathbf{u}(t) = \mathbf{K}\mathbf{x}(t) + \mathbf{V}\mathbf{y}_{ref}(t)$ herangezogen, so lautet die Rosenbrock-Matrix für den entstandenen Regelkreis wie folgt

$$\begin{pmatrix} s\mathbf{I}-\mathbf{A}-\mathbf{B}\mathbf{K} & \mathbf{B}\mathbf{V} \\ -\mathbf{C} & \mathbf{0} \end{pmatrix} = \begin{pmatrix} s\mathbf{I}-\mathbf{A} & \mathbf{B} \\ -\mathbf{C} & \mathbf{0} \end{pmatrix}\begin{pmatrix} \mathbf{I} & \mathbf{0} \\ -\mathbf{K} & \mathbf{V} \end{pmatrix} . \tag{5.155}$$

Letztere Aufspaltung läßt sich leicht verifizieren. Die Rosenbrock-Matrix der Regelstrecke liefert also durch Aufnahme des Zustandsreglers eine Nachmultiplikation mit einer Dreiecksmatrix $\begin{pmatrix} \mathbf{I} & \mathbf{0} \\ -\mathbf{K} & \mathbf{V} \end{pmatrix}$. Wegen

$$\text{rang}[\mathbf{MN}] \leq \min\{\text{rang}\mathbf{M},\ \text{rang}\mathbf{N}\} \tag{5.156}$$

bleiben durch Hinzunahme des Zustandsreglers die Nullstellen nach Definition Gl.(5.150) erhalten.

5.21 Dynamischer Mehrgrößen-Zustandsregler

Betrachtet wird die Kombination einer Regelstrecke in Zustandsraumdarstellung Gl.(1.1) und (1.2) (mit $\mathbf{D} = \mathbf{0}$) und ein dynamischer Regler, der von der Ausgangsgröße der Strecke angesteuert wird. Zur Kennzeichnung des dynamischen Reglers wird die Zustandsraumdarstellung

$$\dot{\mathbf{z}} = \mathbf{A}_c\mathbf{z} + \mathbf{B}_c\mathbf{y} \tag{5.157}$$

$$\mathbf{y}_c = \mathbf{C}_c\mathbf{z} + \mathbf{D}_c\mathbf{y} \tag{5.158}$$

$$\mathbf{u} = \mathbf{V}\mathbf{y}_{ref} + \mathbf{y}_c \tag{5.159}$$

verwendet. Elimination von $\mathbf{y}$ und $\mathbf{y}_c$ führt auf

$$\begin{pmatrix} \dot{\mathbf{x}} \\ \dot{\mathbf{z}} \end{pmatrix} = \begin{pmatrix} \mathbf{A} + \mathbf{B}\mathbf{D}_c\mathbf{C} & \mathbf{B}\mathbf{C}_c \\ \mathbf{B}_c\mathbf{C} & \mathbf{A}_c \end{pmatrix} \begin{pmatrix} \mathbf{x} \\ \mathbf{z} \end{pmatrix} + \begin{pmatrix} \mathbf{B}\mathbf{V} \\ \mathbf{0} \end{pmatrix} \mathbf{y}_{ref} \triangleq \tag{5.160}$$

$$\triangleq \mathbf{A}_{cl} \begin{pmatrix} \mathbf{x} \\ \mathbf{z} \end{pmatrix} + \begin{pmatrix} \mathbf{B}\mathbf{V} \\ \mathbf{0} \end{pmatrix} \mathbf{y}_{ref} \tag{5.161}$$

$$\mathbf{y} = (\mathbf{C}\ \ \mathbf{0}) \begin{pmatrix} \mathbf{x} \\ \mathbf{z} \end{pmatrix} . \tag{5.162}$$

Der Index $_{cl}$ steht für closed loop. Im Frequenzbereich folgt für die Übertragungsmatrix von Strecke und dynamischem Regler

$$\mathbf{G}(s) = \mathbf{C}(s\mathbf{I} - \mathbf{A})^{-1}\mathbf{B} \qquad \mathbf{G}_c(s) = \mathbf{C}_c(s\mathbf{I} - \mathbf{A}_c)^{-1}\mathbf{B}_c + \mathbf{D}_c . \tag{5.163}$$

Dabei bedeutet $\mathbf{G}_c(s)$ die Übertragungsmatrix des dynamischen Reglers. In den Übertragungsmatrizen $\mathbf{G}(s)$ und $\mathbf{G}_c(s)$ der klassischen Frequenzbereichdarstellung betrachtet man üblicherweise koprime (teilerfremde) Übertragungsfunktionen als Matrixkomponenten, sodaß nicht steuerbare und nicht beobachtbare Teile nach einer Kürzung nicht mehr aufscheinen. An den Schnittstellen $\mathbf{y}$ beziehungsweise $\mathbf{y}_c$ ergibt sich für die Rückführdifferenzmatrix

$$\mathbf{I} + \mathbf{G}(s)\mathbf{G}_c(s) \qquad \text{und} \qquad \mathbf{I} + \mathbf{G}_c(s)\mathbf{G}(s) . \tag{5.164}$$

Zwischen Sollwert $\mathbf{y}_{ref}(s)$ und Ausgangsgröße $\mathbf{y}(s)$ folgt

$$\mathbf{y}(s) = [\mathbf{I} + \mathbf{G}(s)\mathbf{G}_c(s)]^{-1}\mathbf{G}(s)\mathbf{G}_c(s)\mathbf{y}_{ref}(s) \triangleq \mathbf{T}(s)\mathbf{y}_{ref}(s) . \tag{5.165}$$

Das charakteristische Polynom des Regelkreises, aus dem die Polstellen von $\mathbf{T}(s)$ resultieren, ergibt sich auch aus $\det(s\mathbf{I} - \mathbf{A}_{cl})$ nach Gl.(5.161). Es wird durch Anwendung der

Determinantenregeln verfolgt, und zwar

$$\det\begin{pmatrix} \mathbf{A} & \mathbf{B} \\ \mathbf{C} & \mathbf{D} \end{pmatrix} = \det\begin{pmatrix} \mathbf{A} & \mathbf{B} \\ \mathbf{0} & \mathbf{D}-\mathbf{C}\mathbf{A}^{-1}\mathbf{B} \end{pmatrix} = [\det \mathbf{A}][\det(\mathbf{D}-\mathbf{C}\mathbf{A}^{-1}\mathbf{B})] \tag{5.166}$$

$$= \det\begin{pmatrix} \mathbf{A}-\mathbf{B}\mathbf{D}^{-1}\mathbf{C} & \mathbf{0} \\ \mathbf{C} & \mathbf{D} \end{pmatrix} = [\det \mathbf{D}][\det(\mathbf{A}-\mathbf{B}\mathbf{D}^{-1}\mathbf{C})] \tag{5.167}$$

und

$$\det(\mathbf{I}+\mathbf{M}\mathbf{N}) = \det(\mathbf{I}+\mathbf{N}\mathbf{M})\ . \tag{5.168}$$

Voraussetzung ist, daß **A** und **D** nichtsingulär sind und **M** und **N** in der Dimension zueinander kompatibel stehen. Danach resultiert, ohne die Zwischenrechnungen im einzelnen anzuschreiben, das Theorem von *Hsu, C.H., and Chen, C.T., 1968*

$$\underbrace{\det(s\mathbf{I}-\mathbf{A}_{cl})}_{\text{charakteristisches Polynom des (geschlossenen) Regelkreises}} = \tag{5.169}$$

$$= \underbrace{\det(s\mathbf{I}-\mathbf{A})\det(s\mathbf{I}-\mathbf{A}_c)}_{\text{charakteristisches Polynom der (offenen) Regelschleife}} \times \underbrace{\det[\mathbf{I}+\mathbf{G}(s)\mathbf{G}_c(s)]}_{\text{Determinante der Rückführdifferenzmatrix}}\ . \tag{5.170}$$

Unter Verwendung von

$$\frac{\mathrm{np}[\mathbf{I}+\mathbf{G}(s)\mathbf{G}_c(s)]}{\mathrm{pp}[\mathbf{I}+\mathbf{G}(s)\mathbf{G}_c(s)]} = \det[\mathbf{I}+\mathbf{G}(s)\mathbf{G}_c(s)] \tag{5.171}$$

und der Tatsache

$$\mathrm{pp}[\mathbf{I}+\mathbf{G}(s)\mathbf{G}_c(s)] = \mathrm{pp}[\mathbf{G}(s)\mathbf{G}_c(s)] = \mathrm{pp}\mathbf{G}(s)\ \mathrm{pp}\mathbf{G}_c(s) \tag{5.172}$$

folgt

$$\det(s\mathbf{I}-\mathbf{A}_{cl}) = \frac{\det(s\mathbf{I}-\mathbf{A})\det(s\mathbf{I}-\mathbf{A}_c)\ \mathrm{np}[\mathbf{I}+\mathbf{G}(s)\mathbf{G}_c(s)]}{\mathrm{pp}\mathbf{G}(s)\ \mathrm{pp}\mathbf{G}_c(s)}\ . \tag{5.173}$$

Unter gewissen Vereinfachungen kürzt sich auf der rechten Seite das Polpolynom gegen die korrespondierende Determinante und es verbleibt

$$\det(s\mathbf{I}-\mathbf{A}_{cl}) = \mathrm{np}[\mathbf{I}+\mathbf{G}(s)\mathbf{G}_c(s)]\ . \tag{5.174}$$

Diese Vereinfachungen gelten bei vollständiger Steuerbarkeit und Beobachtbarkeit des Systems; siehe auch Beispiel mit Gl.(1.29) und (5.177). Nur bei vollständiger Steuerbarkeit und Beobachtbarkeit gelten die Beziehungen

$$\mathrm{pp}\mathbf{G}(s) = \det(s\mathbf{I}-\mathbf{A}), \tag{5.175}$$

wobei darin $\mathbf{G}(s)$ die zur Zustandskoeffizientenmatrix **A** gehörige Übertragungsmatrix darstellt. Wenn vollständige Steuerbarkeit und Beobachtbarkeit nicht vorliegt, dann „verstecken" sich in **A** gewisse Polstellen, die in $\mathbf{G}(s)$ nicht aufscheinen, und zwar deshalb nicht, weil sie durch Multiplikation mit einer besonders gelagerten Matrix **B** oder **C** *herausfallen*. Gleiches gilt für $\mathbf{G}_c(s)$ und $\mathbf{A}_c$. Siehe auch das Beispiel mit Gl.(5.177). Bei nicht steuerbarem oder beobachtbarem **A** oder $\mathbf{A}_c$ ist also deren Stabilität auch für die Stabilität von $\mathbf{A}_{cl}$ erforderlich. Dies wird durch die Kurzbezeichnung stabilisierbar und detektierbar umschrieben.

Zu beachten ist schließlich, daß die Hsu-Chen-Gleichung eine „Mischung" aus Polynomen und rational gebrochenen Funktionen darstellt.

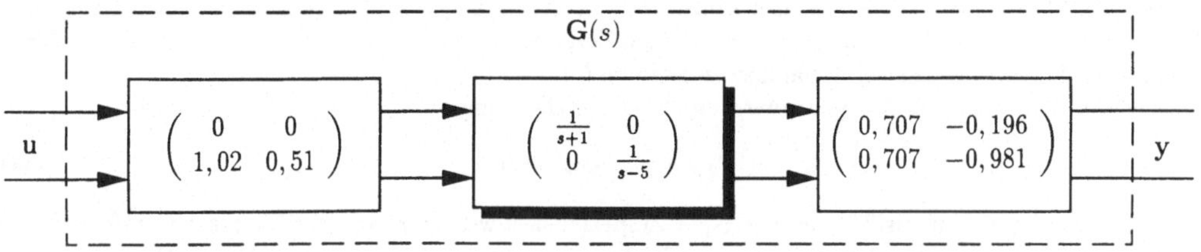

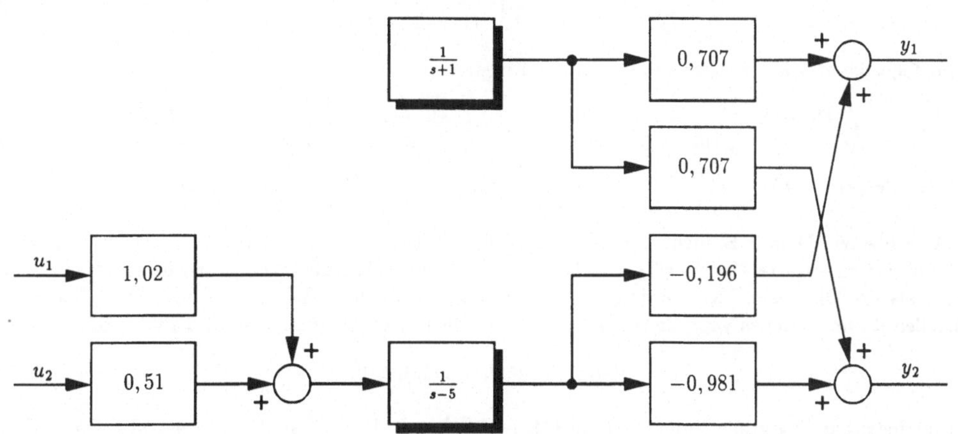

Abbildung 5.16: Blockschaltbild und kanonische Zerlegung einer Mehrgrößenstrecke

Beispiel. Schwach steuerbares Mehrgrößensystem: Für die Angabe

$$\mathbf{A}=\begin{pmatrix} 0 & -1 \\ -5 & 4 \end{pmatrix} \qquad \lambda_1[\mathbf{A}]=-1 \qquad \lambda_2[\mathbf{A}]=5 \tag{5.176}$$

liegt $\mathbf{T}^{mo}$ laut Gl.(1.29) vor. Unter der speziellen Annahme von **B**

$$\mathbf{B}=\begin{pmatrix} -0,2 & -0,1 \\ 1 & 0,5 \end{pmatrix} \tag{5.177}$$

folgt

$$\mathbf{T}^{mo,-1}\mathbf{B}=\begin{pmatrix} 1,178 & 0,236 \\ -0,850 & 0,850 \end{pmatrix}\begin{pmatrix} -0,2 & -0,1 \\ 1 & 0,5 \end{pmatrix}=\begin{pmatrix} 0 & 0 \\ 1,02 & 0,510 \end{pmatrix} . \tag{5.178}$$

Das System ist laut Gl.(1.41) offenbar nicht steuerbar, weil es eine Nullzeile enthält. Nun werden die Beziehungen aus der Zusammenstellung in Abb. 1.10 verwendet, nämlich

$$\mathbf{\Phi}(s)=\mathbf{T}^{mo}\mathbf{diag}(s-\lambda_i[\mathbf{A}])^{-1}\mathbf{T}^{mo,-1} \qquad \text{und} \qquad \mathbf{G}(s)=\mathbf{C\Phi B} . \tag{5.179}$$

Mit der Annahme von $\mathbf{C}=\mathbf{I}$ folgt unter gewissen Erweiterungen

$$\mathbf{G}(s) = \mathbf{C\Phi B}=\mathbf{CT}^{mo}\mathbf{T}^{mo,-1}\mathbf{\Phi T}^{mo}\mathbf{T}^{mo,-1}\mathbf{B}=\mathbf{CT}^{mo}\mathbf{diag}\{(s-\lambda_i[\mathbf{A}])^{-1}\}\mathbf{T}^{mo,-1}\mathbf{B} \tag{5.180}$$

$$\mathbf{G}(s) = \begin{pmatrix} 0,707 & -0,196 \\ 0,707 & -0,981 \end{pmatrix}\begin{pmatrix} \frac{1}{s+1} & 0 \\ 0 & \frac{1}{s-5} \end{pmatrix}\begin{pmatrix} 0 & 0 \\ 1,02 & 0,510 \end{pmatrix}=\begin{pmatrix} \frac{-0,2}{s-5} & \frac{-0,1}{s-5} \\ \frac{1}{s-5} & \frac{0,5}{s-5} \end{pmatrix} , \tag{5.181}$$

siehe auch Abb. 5.16. Es ist leicht festzustellen, daß

$$\mathrm{pp}\mathbf{G}(s)=s-5 \quad \neq \quad \det(s\mathbf{I}-\mathbf{A})=\det\begin{pmatrix} s & 1 \\ 5 & s-4 \end{pmatrix}=s^2-4\,s-5=(s+1)(s-5) . \quad \square \tag{5.182}$$

Beispiel. Durchgangsmatrix und kleine Zeitkonstante T_k: Die Durchgangsmatrix **D** trete nicht allein, sondern in Verbindung mit einer sehr kleinen Zeitkonstanten T_k auf. Welcher Art sind die dadurch auftretenden Pole des gesamten dynamischen Systems?

In Verbindung mit $\dot{\mathbf{x}} = \mathbf{A}\mathbf{x} + \mathbf{B}\mathbf{u}$ wird die Ausgangsgleichung

$$T_k\dot{\mathbf{y}} + \mathbf{y} = \mathbf{C}\mathbf{x} + \mathbf{D}\mathbf{u} \tag{5.183}$$

betrachtet, aus der die zumeist verwendete Gl.(1.2) spezialisiert werden kann. Durch einfache Umformungen erhält man für das mit T_k behaftete System in Verbindung mit einem Ausgangsregler $\mathbf{u} = \mathbf{K}\mathbf{y}$

$$\begin{pmatrix} \mathbf{I}_n & 0 \\ 0 & T_k\mathbf{I}_r \end{pmatrix}\begin{pmatrix} \dot{\mathbf{x}} \\ \dot{\mathbf{y}} \end{pmatrix} = \begin{pmatrix} \mathbf{A} & \mathbf{B}\mathbf{K} \\ \mathbf{C} & -\mathbf{I}_r + \mathbf{D}\mathbf{K} \end{pmatrix}\begin{pmatrix} \mathbf{x} \\ \mathbf{y} \end{pmatrix} . \tag{5.184}$$

Daraus folgt das charakteristische Polynom mit Erweiterung

$$\begin{aligned} p(s) &= \det\begin{pmatrix} s\mathbf{I}_n - \mathbf{A} & -\mathbf{B}\mathbf{K} \\ -\mathbf{C} & sT_k\mathbf{I}_r + \mathbf{I}_r - \mathbf{D}\mathbf{K} \end{pmatrix} \equiv \det\begin{pmatrix} s\mathbf{I}_n - \mathbf{A} & -\mathbf{B}\mathbf{K} \\ 0 & sT_k\mathbf{I}_r + \mathbf{I}_r - [\mathbf{D} + \mathbf{C}(s\mathbf{I}_n - \mathbf{A})^{-1}\mathbf{B}]\mathbf{K} \end{pmatrix} \\ p(s) &= \det(s\mathbf{I}_n - \mathbf{A}) \cdot \det\Big(sT_k\mathbf{I}_r + \mathbf{I}_r - [\mathbf{D} + \mathbf{C}(s\mathbf{I}_n - \mathbf{A})^{-1}\mathbf{B}]\mathbf{K}\Big) . \end{aligned} \tag{5.185}$$

Bei $T_k = 0$ sowie **D** und **K** nicht vorhanden sind die Nullstellen von $p(s)$ mit den Eigenwerten von **A** identisch, wie zu erwarten ist. Für T_k sehr klein liegen ebensoviele Nullstellen n_i bei betragsmäßig großen Werten als die Dimension des Ausgangsvektors beträgt, nämlich r. Bei $T_k = 0$ und $\mathbf{D} = \mathbf{0}$ können r Nullstellen im unendlichen gedacht werden. Die Nullstellen n_i erhält man aus Gl.(5.185) vereinfacht aus

$$\det[sT_k\mathbf{I}_r + (\mathbf{I}_r - \mathbf{D}\mathbf{K})] = 0 , \tag{5.186}$$

denn für betragsmäßig große Nullstellen gilt $(s\mathbf{I}_n - \mathbf{A})^{-1} \to \mathbf{0}$. Die Nullstellen von $\det(s\mathbf{I}_n - \mathbf{A})$, d.h. die Eigenwerte von **A**, werden stabil vorausgesetzt. Die Nullstellen n_i liegen also bei den mit $\frac{1}{T_k}$ multiplizierten Eigenwerten von $-(\mathbf{I}_r - \mathbf{D}\mathbf{K})$. Sämtliche Eigenwerte von $-(\mathbf{I}_r - \mathbf{D}\mathbf{K})$ müssen also in der linken Halbebene liegen. Dieser Entwurf ist neben der richtigen Polvorgabe zu $\mathbf{A} + \mathbf{B}\mathbf{K}(\mathbf{I}_r - \mathbf{D}\mathbf{K})^{-1}\mathbf{C}$ auch für ein System mit Durchgriff **D** aber $T_k = 0$ empfehlenswert (*Lohmann, B., und Trächtler, A., 1991*). □

5.22 Integrität

Einzelne Hauptregelkreise können abschnittweise in Betrieb genommen werden oder können während des Betriebs eine Auftrennung erleiden; Ausfall von Meß- oder Stellsignalen, Leitungsunterbrechung oder Kurzschluß, letztlich auch Umschaltung von „Automatik“ auf „Hand“ sind Gründe dafür. Sind die verbleibenden Regelungen in einem regulären Betrieb, d.h. stabil, spricht man von Integrität oder Auslegungssicherheit.

Ist in Abb. 5.5 die k-te Stellgröße (am Ausgang von **K**) nicht im Eingriff, so ist in der ursprünglichen Rückführdifferenzmatrix $(\mathbf{I}+\mathbf{KMG})$ die k-te Zeile und Spalte nicht mehr maßgeblich. Das verallgemeinerte Nyquist-Kriterium ist dann bezüglich dieser Hauptdiagonal*unter*matrix anzuwenden.

Je nach Stelle des Nichtbetriebs (Ausfalls) und je nach Komponente der betroffenen Vektorsignale treten andere Matrizen in Erscheinung. Die Integrität bezüglich aller dieser Möglichkeiten verlangt entsprechend viele Nyquist-Überprüfungen. Erleichternd wirkt die Feststellung (ohne Beweis), daß diagonaldominante Systeme bei stabilem $\mathbf{F}_o$ in der Regel die Eigenschaft der Integrität besitzen.

5.23 Ausblick

Neben den Gershgorin-Bändern gibt es noch in diesen die sogenannten Ostrowski-Bänder, schmäler und präziser in der Aussage, aber mühsamer zu berechnen (*Tolle, H., 1983; 1985*). Auch inverse Bänder sind zu definieren. Sind die Gershgorin-Bänder hinreichend schmal oder werden Ostrowski-Bänder verwendet, so kann neben der Stabilität auch die Stabilitätsgüte studiert werden. Inverse Bänder lassen sich mit der Beschreibungsfunktion in Matrizendarstellung kombinieren oder auch mit dem Popov-Stabilitätskriterium.

Die Stabilitätsaussage von Mehrgrößenregelungen ist nicht nur Selbstzweck, sondern wie bei Eingrößensystemen theoretischer Ausgangspunkt für Entwurfsüberlegungen (*Sinha, P.K., 1984; Korn, U., und Wilfert, H.H., 1982*). Fragen zuverlässiger Mehrgrößenregelungen ähnlich der Integrität wurden unter anderem von *Veillette, R.J., et al. 1992* behandelt.

Kapitel 6

Regelungen örtlich verteilter Systeme

Bei industriellen Anwendungen der Regelungstechnik treten oft Regelstrecken auf, deren dynamisches Verhalten weder durch eine einzige Regelgröße charakterisierbar ist, noch durch einige wenige Regelgrößen vollständig beschrieben werden könnte; Regelstrecken also, bei denen viele örtlich verteilte Größen herangezogen werden müssen. Derartige Regelstrecken verlangen — von Ausnahmen abgesehen (siehe Abb. 6.7) — auch eine Vielzahl von örtlich verteilten Stellgrößen (*Köhne, M., 1973; Mäder, H.F., 1976; Gilles, E.D., 1965; Chaudhuri, S.P., 1972; Wiedemann, U., 1977*).

6.1 Verteilte Regelstrecken in modaler Darstellung

Anwendungsfälle örtlich verteilter Regelstrecken sind Prozesse mit inneren Ausgleichsvorgängen, wie Wärmeleitung, Diffusion, Strömung oder Kraftausbreitung.

Im folgenden sei eine Einschränkung auf den räumlich eindimensionalen Fall vorgenommen. Eindimensionale Regelstrecken sind bei Anwendungen noch am ehesten anzutreffen. Das Wesen der Behandlungsmethode ist dabei voll erkennbar, sogar eher anschaulich, weil einfacher. Der zwei- oder mehrdimensionale Fall ist analog darstellbar. Wichtig für den vorstellungsmäßigen Zugang zu solchen Prozessen, die also von der Zeit t und vom Ort[1] v abhängen, ist die Betrachtung der beiden Sonderfälle: Prozeßgröße (Stell- oder Regelgröße) einerseits an einem festen Ort v_o in Abhängigkeit der Zeit t und andererseits bei fester Zeit t_o in Abhängigkeit des Ortes v. Ersteres entspricht der klassischen Eingrößenregelstrecke, letzteres einer „Momentaufnahme" des Prozeßzustandes. Die daraus resultierende Funktion $x(v,t)$ des Ortes für festgehalten gedachtes $t = t_o$ wird statt $x(v) \,|_{t=t_o}$ vereinfacht als Profil $x(v,t_o)$ bezeichnet. Gleiches gilt für $u(v,t)$. Die „Übertragung" eines Profils durch die Regelstrecke (oder ein anderes dynamisches System) wird, siehe Abb. 6.1, mit einer Doppellinie in voll/strichpunktierter Linie dargestellt.

Als Gleichung für das Verhalten des Prozesses ist eine partielle Differentialgleichung maßgebend. Im folgenden wird eine Vereinfachung auf eine normierte partielle Differentialgleichung zweiter Ordnung nach dem Ort und erster Ordnung nach der Zeit gewählt

$$Dx(v,t) = \frac{\partial x(v,t)}{\partial t} - \frac{\partial^2 x(v,t)}{\partial v^2} + x(v,t) = u(v,t) \; . \tag{6.1}$$

Der Differentialoperator D kann dabei additiv in einen zeitlichen D_t und einen räumlichen D_v zerlegt werden

$$D_t = \frac{\partial}{\partial t} \qquad \text{und} \qquad D_v = -\frac{\partial^2}{\partial v^2} \; . \tag{6.2}$$

[1] Das Symbol v wird vom lateinischen *via* abgeleitet.

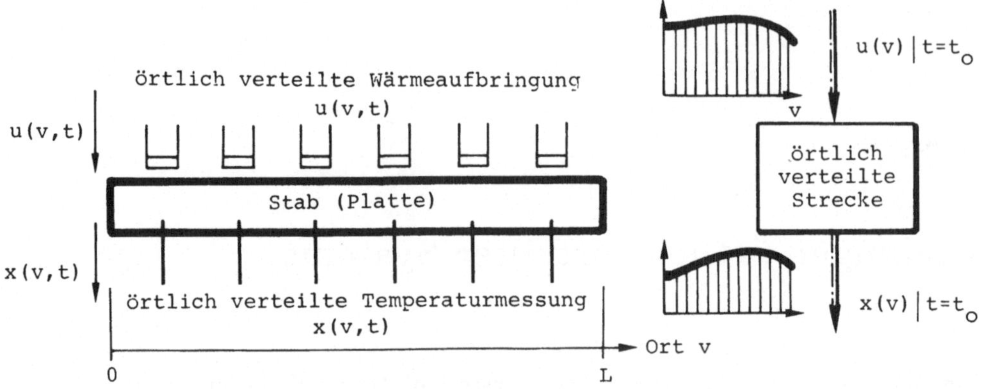

Abbildung 6.1: Anregung einer örtlich verteilten Regelstrecke durch ein Stellgrößenprofil und Übertragung zu einem Regelgrößenprofil

Ohne noch die Lösung $x(v,t)$ innerhalb der linearen Ausdehnung L der Regelstrecke zu kennen, wird die zu untersuchende Regelstrecke örtlich periodisch fortgesetzt gedacht, sodaß ein örtlich unendliches Kontinuum entsteht. Aus den Profilen der Ein- und Ausgangssignale in Abb. 6.1 wird für $v \in (-\infty, \infty)$ eine periodische Funktion des Ortes. Die Periode lautet L und nach einer Normierung 1 (oder unter Symmetrierungsspiegelung $2L$ und 2).

In Anlehnung an die Fourier-Entwicklung örtlich verteilter elektrischer Zustände (etwa in der Wicklung einer elektrischen Maschine) wird die periodische Funktion $x(v,t)$ in eine Fourier-Reihe des Ortes entwickelt (*Gilles, E.D., 1973; Föllinger, O., 1975; Gilles, E.D., und Zeitz, M., 1969*). Die Basis hiefür bilden Sinus- oder Cosinus-Funktionen, allgemeiner die Eigenfunktionen des räumlichen Differentialoperators D_v. Sie sind mit $h(v)$ bezeichnet und durch

$$D_v h(v) = \lambda\, h(v) \tag{6.3}$$

definiert. Mit D_v aus Gl.(6.2) ergibt sich demnach

$$D_v h(v) = -\frac{\partial^2}{\partial v^2} h(v) = -\frac{d^2}{dv^2} h(v) = \lambda\, h(v)\ . \tag{6.4}$$

Vom partiellen auf den totalen Differentialquotienten konnte übergegangen werden, weil nur eine unabhängige Variable auftritt. Aus Gl.(6.4) folgt als Lösungsmannigfaltigkeit

$$h(v) = c_1 \cos\sqrt{\lambda}\, v + c_2 \sin\sqrt{\lambda}\, v\ . \tag{6.5}$$

Mit besonderen Randbedingungen können die Konstanten c_1 und c_2 in den Eigenfunktionen berechnet werden. So entsprechen spezielle Annahmen

$$\frac{d}{dv} h(v)\Big|_{v=0} = h'(0) = 0 \qquad \text{und} \qquad h'(1) = 0 \tag{6.6}$$

einem Wärmeleiter mit freien Enden. Damit findet sich

$$c_2 = 0 \qquad \text{und} \qquad \lambda = k^2\pi^2 \quad \forall\, k = 1,2,3....\infty \tag{6.7}$$

oder

$$h_o(v) = c_o \tag{6.8}$$

$$h(v) = h_k(v) = c_1 \cos k\pi v \quad \forall\, k = 1,2,3.....\infty\ . \tag{6.9}$$

Die Eigenfunktionen, die sich für verschiedene k ergeben, werden mit entsprechenden Indizes versehen.

Die Eigenfunktionen $h(v)$ stellen orthogonale Funktionen dar, denn im entscheidenden Bereich zwischen $v = 0$ und $v = 1$ ist

$$\int_0^1 h_k(v)h_i(v)dv = 0 \quad \forall\, i \neq k \tag{6.10}$$

erfüllt. Wird weiters gewünscht, wenn auch ohne regelungstechnisch nähere Bedeutung, daß die h_k nicht nur orthogonal, sondern orthonormal sind, dann folgt

$$\int_0^1 h_k^2(v)dv = 1 \quad \text{und} \quad c_1 = \sqrt{2}\,. \tag{6.11}$$

Nach diesen solcherart ermittelten Eigenfunktionen

$$h_k = \sqrt{2}\cos k\pi v \quad \text{und} \quad h_o = 1 \tag{6.12}$$

soll nun die Lösung $x(v,t)$ — ohne sie noch zu kennen — entwickelt werden. Damit hat die Prüfung einherzugehen, ob diese Entwicklung auch zweckmäßig ist. Die Entwicklung wird für jedes Profil, für jeden Zeitpunkt t, als Ansatz vorgenommen

$$x(v,t) = \sum_0^\infty b_k h_k(v)\,. \tag{6.13}$$

Mit der Veränderung des Profils in Abhängigkeit von der Zeit ändert sich nichts an der Tatsache der Entwicklung nach den Eigenfunktionen. Daher muß die Zeitabhängigkeit ausschließlich in der Zeitabhängigkeit der Entwicklungskoeffizienten $b_k(t)$ liegen. Wird nicht das Symbol b_k weiterverwendet, sondern $x_k^{mo}(t)$, um zum Ausdruck zu bringen, daß es sich um eine Entwicklung der Funktion $x(v,t)$ handelt, so lautet der Entwicklungsansatz

$$x(v,t) = \sum_0^\infty x_k^{mo}(t)h_k(v)\,. \tag{6.14}$$

Der k-te Summand wird als k-ter Modus bezeichnet; $x(v,t)$ ist in eine unendliche Summe von Moden entwickelt. Die Gl.(6.14) entspricht dem Bernoullischen Produktansatz zur Lösung partieller Differentialgleichungen.

Wäre $x(v,t)$ bereits bekannt, so hätte der Entwicklungskoeffizient $x_k^{mo}(t)$ ähnlich den Fourierkoeffizienten

$$x_k^{mo}(t) = \int_0^1 x(v,t)h_k(v)dv \quad \forall\, k = 0,1,2,\ldots\infty \tag{6.15}$$

entwickelt zu werden. Der Ansatz laut Gl.(6.14) muß, so er möglich und richtig ist, eine Lösung von Gl.(6.1) darstellen. In Analogie zu $x(v,t)$ wird auch für $u(v,t)$ ein Ansatz wie Gl.(6.14) verwendet

$$u(v,t) = \sum_0^\infty u_k^{mo}(t)h_k(v)\,. \tag{6.16}$$

Durch Einsetzen der Gln.(6.14) und (6.16) in Gl.(6.1) resultiert

$$\sum_0^\infty \dot{x}_k^{mo}(t)h_k(v) - \sum_0^\infty x_k^{mo}(t)h_k''(v) + \sum_0^\infty x_k^{mo}(t)h_k(v) = \sum_0^\infty u_k^{mo}(t)h_k(v)\,. \tag{6.17}$$

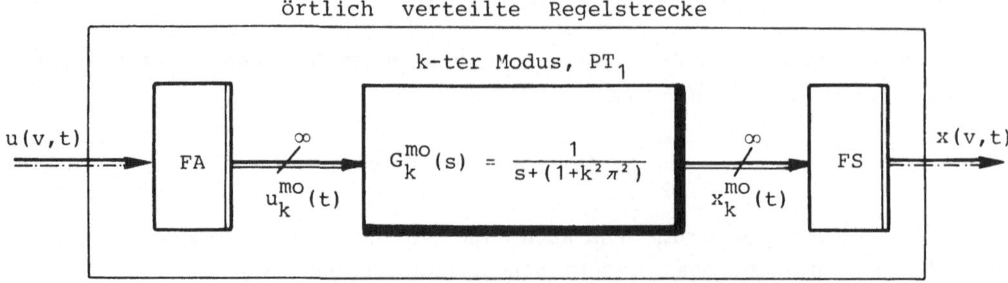

Abbildung 6.2: Modale Zerlegung der Regelstrecke

Unter Verwendung der hier gültigen speziellen Entwicklung gemäß Gl.(6.12) folgt weiter

$$\sum_{0}^{\infty}[\dot{x}_k^{mo}(t) + x_k^{mo}(t)(k\pi)^2 + x_k^{mo}(t)]h_k(v) = \sum_{0}^{\infty} u_k^{mo}(t)h_k(v)\,. \tag{6.18}$$

Gleichheit muß für alle Moden herrschen. Dies führt auf

$$\dot{x}_k^{mo}(t) + (1 + k^2\pi^2)x_k^{mo}(t) = u_k^{mo}(t) \qquad \forall\, k = 0,1,2,3....\infty\,. \tag{6.19}$$

Dieses System unendlich vieler Gleichungen enthält nur mehr die unabhängige Variable t; als angenehme Konsequenz des Produktansatzes in Gl.(6.14). Die Gl.(6.15) wird kurz als Fourier-Analyse (FA), die Gl.(6.14) als Fourier-Synthese (FS) bezeichnet; selbst dann, wenn bei partiellen Differentialgleichungen höherer Ordnung die Eigenfunktionen keine Kreisfunktionen mehr sind.

Dieses Gleichungssystem kann in bekannter Weise im Bildbereich der Laplace-Transformation gelöst werden zu

$$\frac{X_k^{mo}(s)}{U_k^{mo}(s)} = \frac{1}{s+1+k^2\pi^2} = G_k^{mo}(s) \qquad \forall\, k = 0,1,2...\infty\,. \tag{6.20}$$

Darin ist als Ausgang von der Ruhelage $x(v,0) = 0$ vorausgesetzt worden.

Die Entwicklung nach Gl.(6.14) ist auch als Parallelschaltung unendlich vieler Teilsysteme zu deuten, als sogenannte modale Zerlegung. Für die Regelstrecke laut Gl.(6.1) sind die Entwicklungskoeffizienten aus PT_1-Systemen mit den Polstellen (Eigenwerten) bei $-(1+k^2\pi^2)$ zu entnehmen. Dies ist in Abb. 6.2 veranschaulicht. An die Stelle einer partiellen Differentialgleichung tritt ein System von (theoretisch unendlich vielen) gewöhnlichen Differentialgleichungen erster Ordnung.

Von großem praktischem Nutzen ist, daß die Polstellen bei der angenommenen Regelstreckenklasse zweiter Ordnung mit dem Quadrat der Ordnungszahl k ins (negativ) Unendliche streben. Dies bedeutet für praktische Aufgaben die Beschränkung auf meist nur einige wenige Moden.

Der Sachverhalt der Orthogonalität der Eigenfunktionen $h_k(v)$ besitzt für den Entwurf der Regelung den großen Vorteil, daß die Moden voneinander entkoppelt sind.

Als Verallgemeinerung des bekannten Faltungsintegrals kann die Ermittlung des Regelstreckenausgangs $x(v,t)$ bei gegebenem Eingang $u(v,t)$ als Lösung von Gl.(6.1) auch zu

$$x(v,t) = \int_0^t \int_0^L g_s(v,t,v_e,t_e)\; u(v_e,t_e)\; dv_e dt_e\,. \tag{6.21}$$

angegeben werden. Der Ausdruck $g_s(v,t,v_e,t_e)$ stellt jene Verallgemeinerung der Gewichtsfunktion dar, die angibt, wie die Anregung $u(v_e,t_e)$ am Ort v_e zur Zeit t_e auf $x(v,t)$ am Ort v zur Zeit t wirkt. Auch

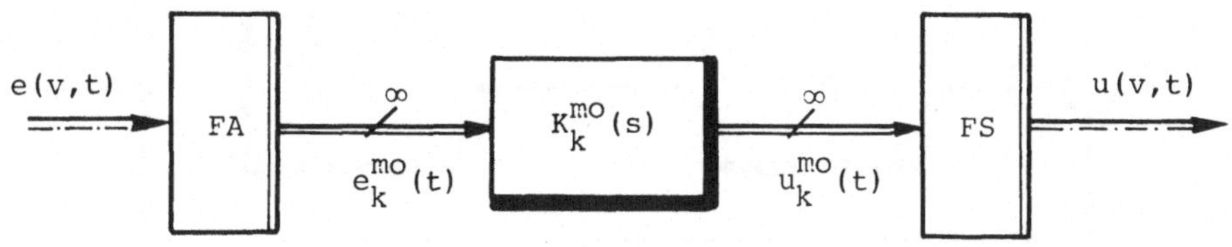

Abbildung 6.3: Verteilter Regler

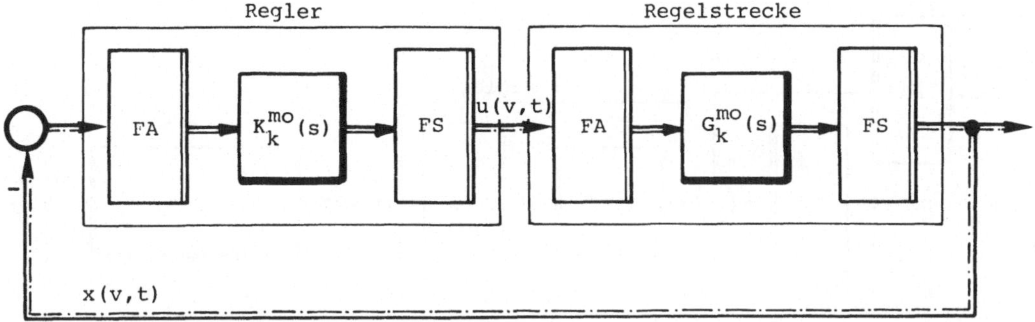

Abbildung 6.4: Regelung aus den modal zerlegten Elementen Regler und Strecke

die Bezeichnungen Einflußfunktion, verallgemeinerte Übertragungsfunktion oder Greensche Funktion sind dafür in Verwendung. Für $g_s(v,t,v_e,t_e)$ ist eine Reihendarstellung möglich

$$g_s(v,t,v_e,t_e) = \sum_0^\infty g_{si}^{mo}(t,t_e)\, h_i(v)\, h_i(v_e) \quad \text{mit} \quad g_{si}^{mo} \quad \text{aus} \quad D_t\, g_{si}^{mo}(t,t_e) - \lambda_i\, g_{si}^{mo}(t,t_e) = \delta(t,t_e)\,. \tag{6.22}$$

6.2 Verteilter Regler in modaler Darstellung

Zur Aufbringung des Stellgrößenprofils $u(v,t)$ aus dem Profil einer Regelabweichung $e(v,t)$ kann ein Regler angesetzt werden, der ebenso wie die Strecke laut Abb. 6.2 aufgebaut ist (*Franke, D., 1970; Gilles, E.D., 1967; Butkovskiy, A.G., 1969*). Dabei hat man sich vorzustellen, daß die in zeitlich dichter Abfolge anstehenden Abweichungsprofile $e(v,t)$ aus Abb. 6.3 laufend nach dem Ort fourierzerlegt werden (FA), jede Modalkomponente von $e_k^{mo}(t)$ mit der Komponente $K_k^{mo}(s)$ der Reglerübertragungsfunktion verarbeitet wird und zuletzt alle mittels örtlicher Fourier-Synthese (FS) zum Profil der Stellgröße $u(v,t)$ zusammengesetzt werden.

Die Kombination des modal zerlegten Reglers und Prozesses zeigt die Abb. 6.4. Im Übertragungsverhalten kürzen sich die hintereinanderliegenden FS- und FA-Elemente zur Übertragungsfunktion 1. Dann ist im dynamischen Verhalten die Anordnung lediglich den Modalkomponenten $K_k^{mo}(s)$ und $G_k^{mo}(s)$ äquivalent (Abb. 6.5). Daraus läßt sich sofort erkennen, daß jedes $K_k^{mo}(s)$ auf das zugehörige $G_k^{mo}(s)$ bemessen werden kann. Querabhängigkeiten liegen wegen der Orthogonalität nicht vor. Klassische Entwurfsverfahren sind für jeden Modus separat anwendbar.

In der Regelungsanordnung der Abb. 6.5 muß hingewiesen werden, daß die modale Zerlegung bei der Regelstrecke lediglich zu Rechenzwecken erfolgt. Das dynamische Verhalten der echten Strecke bedarf im technischen Regelkreis keiner Simulation. Für den Regleraufbau hingegen stellt die modale Zerlegung die Basis für den Geräteaufbau dar.

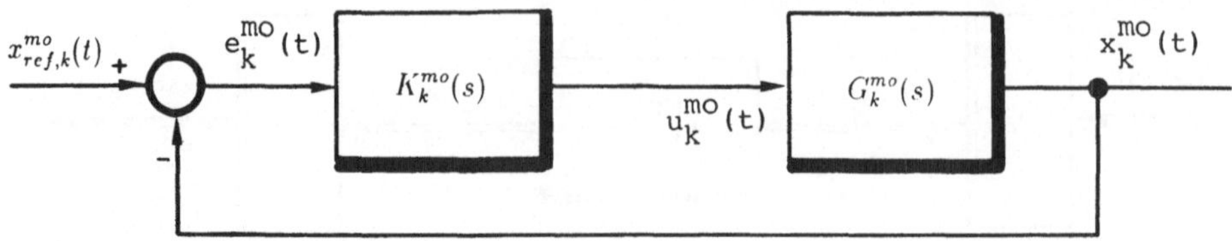

Abbildung 6.5: Blockschaltbild des k-ten Modus der verteilten Regelung

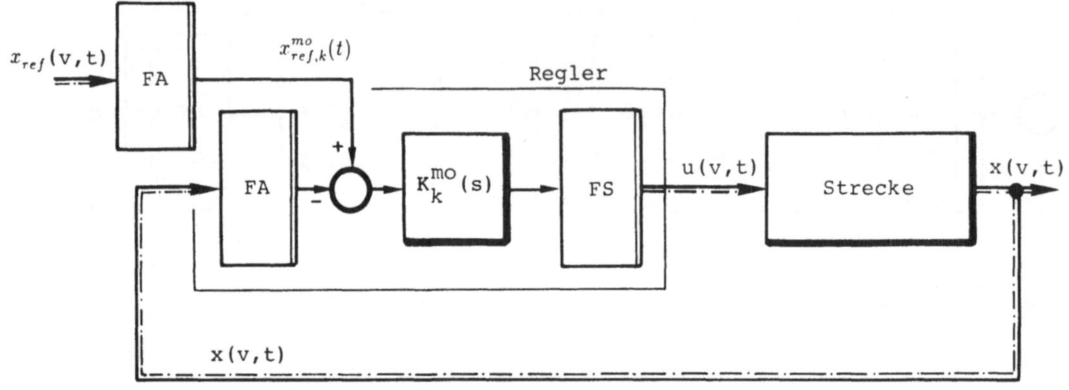

Abbildung 6.6: Modaler Regler mit verteilter Regelstrecke

Die Bildung des Regelabweichungsprofils ist technisch schwierig realisierbar. Die Bildung des Abweichungssignals wird besser auf die Modalkomponenten verlegt. Die Ergebnisse dieser Überlegungen sind in Abb. 6.6 gezeigt.

6.3 Modale Algebraisierung verteilter Systeme

Aus den Eigenfunktionen $h_k(v)$ laut Gl.(6.12) sowie den modalen Komponenten $x_k^{mo}(t)$ aus Gl.(6.15) können Vektoren aufgebaut werden

$$\mathbf{h}(v) \triangleq \begin{pmatrix} h_o(v) \\ h_1(v) \\ \vdots \\ h_\infty(v) \end{pmatrix}, \quad \mathbf{x}^{mo}(t) \triangleq \begin{pmatrix} x_o^{mo}(t) \\ x_1^{mo}(t) \\ \vdots \\ x_\infty^{mo}(t) \end{pmatrix}, \quad \mathbf{u}^{mo}(t) \triangleq \begin{pmatrix} u_o^{mo}(t) \\ u_1^{mo}(t) \\ \vdots \\ u_\infty^{mo}(t) \end{pmatrix}. \tag{6.23}$$

Ihre Dimension ist theoretisch unendlich, praktisch in der Größenordnung fünf bis zehn. Mit den Definitionen aus Gl.(6.23) folgt aus den Gln.(6.14) und (6.19)

$$x(v,t) = \mathbf{x}^{moT}(t)\mathbf{h}(v) = \mathbf{h}^T(v)\mathbf{x}^{mo}(t) \tag{6.24}$$

$$\dot{\mathbf{x}}^{mo}(t) = \mathbf{diag}\{1 + k^2\pi^2\}\ \mathbf{x}^{mo}(t) + \mathbf{u}^{mo}(t) \tag{6.25}$$

$$\mathbf{X}^{mo}(s) = [\ \mathbf{diag}\{(1 + k^2\pi^2 + s)^{-1}\}\ ]\mathbf{U}^{mo}(s)\ . \tag{6.26}$$

Auf solche Art und Weise gelingt eine Algebraisierung von Problemen mit partiellen Differentialgleichungen.

6.4 Räumlich diskrete Stellgrößen und Regelgrößen

Auch jener Fall kann vorliegen, daß die Stellgrößen örtlich verteilt nur an m diskreten Stellen wirken. Sie erhalten eine örtliche Verteilung nach der entsprechenden Komponente von $\mathbf{b}(v)$ und eine Intensität, die den m Komponenten eines resultierenden Eingangsvektors $\mathbf{u}(t)$ entspricht. Dazu kann der Ansatz

$$u(v,t) = \mathbf{b}^T(v)\mathbf{u}(t) \ , \qquad \mathbf{b}(v),\ \mathbf{u}(t) \in \mathcal{R}^m \tag{6.27}$$

dienen; weiters gilt

$$u_k^{mo}(t) = \int_0^1 u(v,t)h_k(v)dv = \int_0^1 \mathbf{b}^T(v)\mathbf{u}(t)h_k(v)dv = \int_0^1 \mathbf{b}^T(v)h_k(v)dv\, \mathbf{u}(t) \triangleq \mathbf{b}_k^{moT}\mathbf{u}(t) \tag{6.28}$$

oder

$$\mathbf{u}^{mo}(t) = \mathbf{B}^{mo}\mathbf{u}(t) \qquad \text{mit} \qquad \mathbf{B}^{mo} \triangleq (\mathbf{b}_o^{mo}\ \ \mathbf{b}_1^{mo} \ldots \mathbf{b}_\infty^{mo})^T \in \mathcal{R}^{\infty\times m} \ . \tag{6.29}$$

Werden auch von $x(v,t)$ die Meßgrößen nur örtlich diskret abgegriffen und diese den r Komponenten eines resultierenden Ausgangsvektors $\mathbf{y}(t)$ zugeordnet, so gilt

$$\mathbf{y}(t) = \int_0^1 \mathbf{c}(v)x(v,t)dv = \int_0^1 \mathbf{c}(v)\mathbf{h}^T(v)\mathbf{x}^{mo}(t)dv \triangleq \mathbf{C}^{mo}\mathbf{x}^{mo} \qquad \mathbf{C}^{mo} \in \mathcal{R}^{r\times\infty} \ . \tag{6.30}$$

Damit ist auch die Problemstellung örtlich diskret verteilter Steuer- und Ausgangsgrößen an verteilten Regelstrecken auf die modale Darstellung vom Schema der Gln.(1.35) und (1.37) gebracht worden.

6.5 Punktweise Regelung an verteilten Regelstrecken

In gewissen Sonderfällen können Regelstrecken mit verteilten Parametern geschlossen behandelt werden, ohne auf eine modale Entwicklung aufzubauen. Dazu zählen Regelungen mit punktförmiger Stelleinwirkung und nur punktuell maßgeblicher Regelgröße.

Aus Gründen der Einfachheit wird eine spezielle Regelstrecke betrachtet. Ausgegangen wird von einem über seine ganze Länge $0 < v \leq 1$ isolierten Wärmeleiter mit der normierten partiellen Differentialgleichung in der Temperatur $y(v,t)$ über dem Ort v und der Zeit t

$$\frac{\partial y(v,t)}{\partial t} - \frac{\partial^2 y(v,t)}{\partial v^2} = 0 \ . \tag{6.31}$$

Diese Gleichung geht aus Gl.(6.1) durch Weglassen der Stammfunktion $y(v,t)$, der völligen Wärmeisolierung wegen, hervor; weiters dadurch, daß die örtlich verteilte Stellgröße $u(v,t)$ null gesetzt wird, weil keine verteilten Wärmequellen über v wirken (Abb. 6.7). Stattdessen erfolge die Beeinflussung des Wärmeleiters durch Einprägung der Temperatur am linken Rand

$$y(v,t)\Big|_{v=0} = y(0,t) \triangleq u(t) \ , \tag{6.32}$$

durch Heizung oder Kühlung, je nach Bedarf. Am rechten Rand bestehe keine Zustandsänderung (Wärmeabgabe), also gilt

$$\frac{\partial y(v,t)}{\partial v}\Big|_{v=1} = 0 \ . \tag{6.33}$$

Die Anfangsbedingung laute über dem gesamten Ort

$$y(v,0) = 0 \ . \tag{6.34}$$

Nunmehr wird die Laplace-Transformation hinsichtlich der Variablen t angewendet. Da es sich bei der Gl.(6.31) um eine partielle Differentialgleichung in v und t handelt, stellt v bezüglich dieser Laplace-Transformation einen Parameter dar. Nach Ausführung der Laplace-Transformation verbleibt nur mehr eine Kategorie von Differentialoperationen,

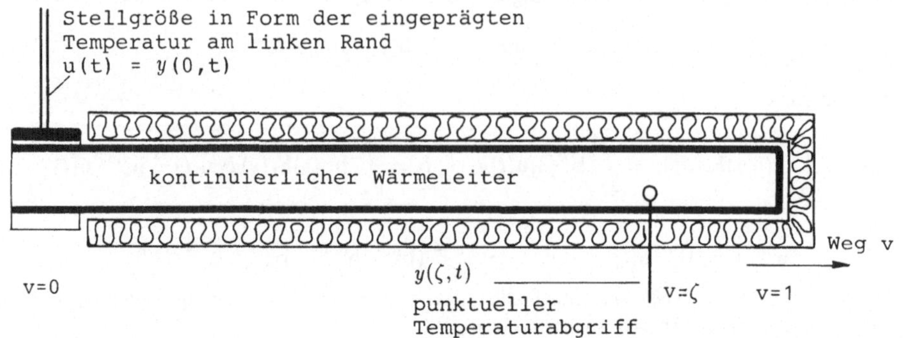

Abbildung 6.7: Punktuelle Stellgröße über die Randbedingung am linken Rand und punktueller Abgriff der Regelgröße bei $v = \zeta$ am Beispiel des isolierten Wärmeleiters

nämlich die nach dem Ort v. Sie werden als totale Differentiationen mit einem hochgestellten Strich charakterisiert. Durch Transformation der Gln.(6.31) bis (6.33) erhält man (in ebensolcher Reihenfolge)

$$sY(v,s) - y(v,0) - Y''(v,s) = 0 \tag{6.35}$$

$$Y(0,s) = U(s) \tag{6.36}$$

$$Y'(v,s)\Big|_{v=1} = 0\ . \tag{6.37}$$

Durch Einsetzen von Gl.(6.34) in Gl.(6.35) ergibt sich

$$Y''(v,s) - sY(v,s) = 0\ . \tag{6.38}$$

Dies ist eine gewöhnliche Differentialgleichung in Y nach v vom homogenen Typ. Der Laplace-Operator s ist bloß Parameter in der Lösung Y über v. Die Randbedingungen sind durch die Gln.(6.36) und (6.37) vorgezeichnet.

Mit dem Ansatz von Exponentialfunktionen des Ortes v für die Unbekannte $Y(v,s)$ ergibt sich folgende charakteristische Gleichung und aus ihr das Paar von Eigenwerten (Lösungen) β zu

$$\beta^2 - s = 0 \quad \leadsto \quad \beta_{1,2} = \pm\sqrt{s}\ . \tag{6.39}$$

Hätte die Aufgabenstellung Gl.(6.31) auch noch die Stammfunktion $y(v,t)$ enthalten, so folgte $\beta_{1,2} = \pm\sqrt{s+1}$. Da es sich um eine Differentialgleichung zweiter Ordnung handelt, sind zwei Integrationskonstanten zwingend

$$Y(v,s) = c_1(s)\exp\beta_1 v + c_2(s)\exp\beta_2 v\ . \tag{6.40}$$

Man findet c_1 und c_2 mit den Gl.(6.36) und (6.37). Mit ihnen ergibt sich die Lösung am Ort ζ schließlich zu

$$Y(\zeta,s) = \frac{\cosh\sqrt{s}(1-\zeta)}{\cosh\sqrt{s}}U(s) \triangleq G(s;\zeta)U(s) = G_s(s,\zeta)U(s)\quad . \tag{6.41}$$

Die Übertragungsfunktion $G(s;\zeta)$ der Strecke ist transzendent. Sie ist ein Spezialfall der Greenschen Funktion $G_s(s,v)$ für punktförmigen Ein- und Ausgang. Reihenentwicklungen sind möglich, so etwa für $\zeta = 1$

$$G(s) = \sum_{k=0}^{\infty} \pi(-1)^k(2k+1)\frac{1}{s+\pi^2(k+0,5)^2}\quad . \tag{6.42}$$

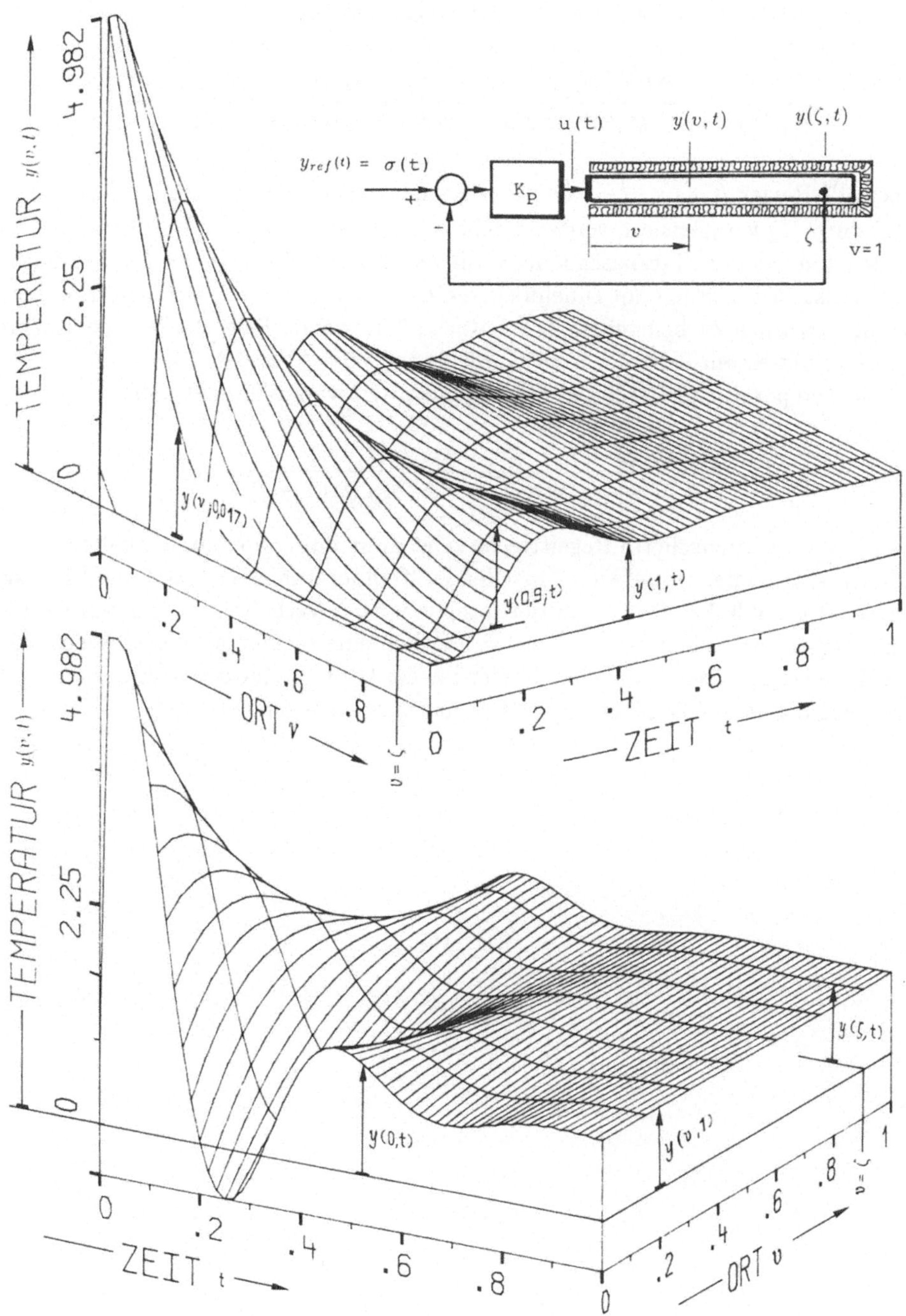

Abbildung 6.8: Temperaturverteilung $y(v,t)$ und $y(\zeta,t)$ der verteilten Wärmeleitungsstrecke mit punktförmiger Regelung der Temperatur an der Ortskoordinate ζ, wenn die Regelung von einem P-Regler mit der Verstärkung K_P besorgt wird und ein Sollwertsprung $y_{ref}(t) = \sigma(t)$ auftritt. (Darstellung in zwei Ansichten, beide für $K_P = 5$ und $\zeta = 0,9$)

Läßt man die in Gl.(6.41) analysierte Regelstrecke mit einem P-Regler von der Verstärkung K_P zusammenarbeiten, so ergibt sich für den Regelkreis

$$\frac{Y(\zeta,s)}{Y_{ref}(s)} = \frac{K_P \frac{\cosh\sqrt{s}(1-\zeta)}{\cosh\sqrt{s}}}{1+K_P \frac{\cosh\sqrt{s}(1-\zeta)}{\cosh\sqrt{s}}} = \frac{K_P \cosh\sqrt{s}(1-\zeta)}{\cosh\sqrt{s}+K_P\cosh\sqrt{s}(1-\zeta)} \,. \tag{6.43}$$

Mit einem PI-Regler $K_P(1+\frac{1}{T_I s})$ könnte zweckmäßigerweise die größte Zeitkonstante aus Gl.(6.42) durch T_I kompensiert werden. (Bei $\zeta = 1$ läge sie bei $4/\pi^2$.) Die charakteristische Gleichung ist in jedem Fall transzendent. Sie liefert also unendlich viele Polstellen der Regelung. Die Polstellen nehmen mit zunehmendem k an Bedeutung ab. Mit Wurzelortskurven sind sie übersichtlich zu beurteilen. Die zeitliche Aufeinanderfolge der Temperaturprofile bei Regelung mit einem P-Regler nach Gl.(6.43) zeigt die Abb. 6.8.

Für die Temperatur $y(v,t)$ bei v, der laufenden Ortsvariablen, gilt dabei

$$\frac{Y(v,s)}{Y_{ref}(s)} = \frac{K_P \cosh\sqrt{s}(1-v)}{\cosh\sqrt{s}+K_P\cosh\sqrt{s}(1-\zeta)} \,. \tag{6.44}$$

Die rundum wärmeisolierte Regelstrecke zeigt zwar integrierendes Verhalten zwischen zugeführter Wärmemenge und sich einstellender Temperatur, doch durch die Einprägung der Temperatur am linken Rand resultiert proportionales Verhalten und für den Regelkreis mit dem Regler von kleiner Verstärkung 5 letztlich eine bleibende Regelabweichung von 16 %. Auf die numerischen Probleme, die sich bei der Laplace-Rücktransformation ergeben, etwa den Anfangswert 4,982 statt 5, wird nicht näher eingegangen.

Kapitel 7

Ordnungsreduzierung

Die regelungstechnische Identifikation komplexer Prozesse führt häufig auf Übertragungsfunktionen hoher Ordnung. Da diese sehr unhandlich und unübersichtlich sind, tritt der Wunsch nach vereinfachten Ansätzen, nach Ansätzen mit gezielt reduzierter Ordnung auf. In der Praxis zeigt sich, daß damit fast ebenso günstige Regler entworfen werden können wie bei Zugrundelegung der ursprünglichen Übertragungsfunktion hoher Ordnung.

Die Verfahren modaler Ordnungsreduzierung im speziellen sind für anwendungsrelevante Aufgaben in mehrfacher Hinsicht mit Erfolg eingesetzt worden. Dies ist nicht zuletzt auf die konzentrierte und prägnante Aussage modaler Koordinaten zurückzuführen. Eine Übersicht über die wichtigsten Verfahren zur Systemordnungsreduktion, auch anderer als modaler, finden sich bei *Föllinger, O., 1982; Jaschek, H., 1983; Davison, E.J., 1966; Litz, L., 1979; 1979a; 1983; Marshall, S.A., 1966; Troch, I., et al., 1992* und anderen.

Das Verfahren modaler Ordnungsreduzierung ist zunächst geprägt von der Definition der Dominanz der Eigenwerte. Neben den Eigenschaften des Stabilitätsgrades (des Abstands zur imaginären Achse) werden die Fakten der Steuerbarkeit und Beobachtbarkeit eingearbeitet (*Gilbert, E.G., 1963; Kalman, R.E., 1963; Litz, L., 1983; Lückel, J., und Müller, P.C., 1975; Lückel, J., und Kasper, R., 1981; Dourdoumas, N., 1975; Bonvin, D., and Mellichamp, D.A., 1982*). Eine Übersicht über Verfahren und Werkzeuge findet man auch in *Fasol, K.H., und Varga, A., 1993*.

In der Zustandsraumdarstellung linearer Mehrgrößensysteme

$$\dot{\mathbf{x}}(t) = \mathbf{A}\mathbf{x}(t) + \mathbf{B}\mathbf{u}(t) \qquad \mathbf{A} \in \mathcal{R}^{n\times n}, \quad \mathbf{B} \in \mathcal{R}^{n\times m} \tag{7.1}$$

$$\mathbf{y}(t) = \mathbf{C}\mathbf{x}(t) \qquad \mathbf{C} \in \mathcal{R}^{r\times n} \tag{7.2}$$

wird durch die Modalmatrix $\mathbf{T}^{mo}$ der Eigenvektoren $\mathbf{a}_i$ die Transformation von $\mathbf{x}(t)$ auf modale Koordinaten $\mathbf{x}^{mo}(t)$ vorgenommen bzw. gilt umgekehrt

$$\mathbf{x}^{mo}(t) = \mathbf{T}^{mo,-1}\mathbf{x}(t)\ . \tag{7.3}$$

Dies reduziert die Gln.(7.1) und (7.2) bei einfachen Eigenwerten $\lambda_i[\mathbf{A}]$ auf

$$\dot{\mathbf{x}}^{mo}(t) = \mathbf{diag}\{\lambda_i[\mathbf{A}]\}\ \mathbf{x}^{mo}(t) + \mathbf{T}^{mo,-1}\mathbf{B}\mathbf{u}(t) \tag{7.4}$$

$$\mathbf{y}(t) = \mathbf{C}\mathbf{T}^{mo}\mathbf{x}^{mo}(t)\ . \tag{7.5}$$

Das Element $(\mathbf{T}^{mo,-1}\mathbf{B})_{ik}$ gibt an, mit welcher Intensität $x_i^{mo}(t)$ von $u_k(t)$ beeinflußt werden kann, also welches komponentenbezogene Steuerbarkeitsmaß vorliegt. Das Element $(\mathbf{C}\mathbf{T}^{mo})_{jk}$ zeigt, wie von $y_j(t)$ her gesehen die Modalkomponente x_k^{mo} zu beurteilen ist, also welches komponentenbezogene Beobachtbarkeitsmaß besteht (siehe auch Abb. 1.9).

An Hand einer sprungförmigen Einwirkung über alle Komponenten von $\mathbf{u}(t)$ ist dies zu veranschaulichen. Die Komponente j des Ausgangs $\mathbf{y}(t)$, die durch Sprunganregung der

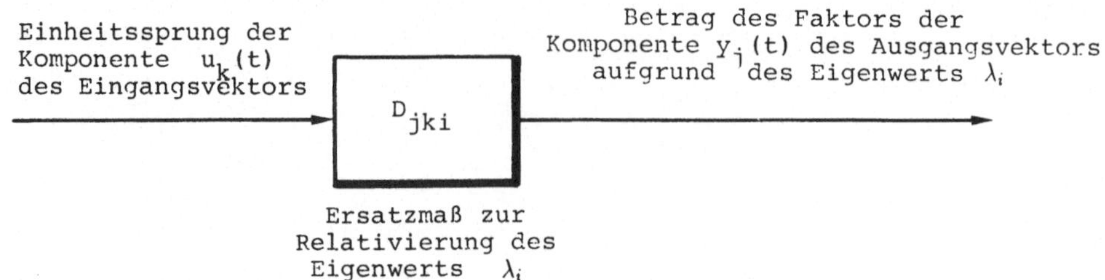

Abbildung 7.1: Zur Bedeutung der Dominanzkennzahl D_{jki}

k-ten Komponente in $\mathbf{u}(t)$ über den Eigenwert $\lambda_i[\mathbf{A}]$ erfolgt, läßt sich aus den Gln.(7.4) und (7.5) in bekannter Weise berechnen zu

$$y_j(t) = \sum_{i=1}^{n}(\mathbf{CT}^{mo})_{ji}\frac{e^{\lambda_i t}-1}{\lambda_i}\sum_{k=1}^{m}(\mathbf{T}^{mo,-1}\mathbf{B})_{ik} \; . \tag{7.6}$$

7.1 Dominanzmaße

In Gl.(7.6) ist der Umweg über die Modalkomponenten $\mathbf{x}^{mo}(t)$ deshalb notwendig gewesen, um eine „entkoppelte" Zuordnung von $u_k(t)$ auf $y_j(t)$ zu ermöglichen. In der Gl.(7.6) steckt die Zeitabhängigkeit $(e^{\lambda_i t}-1)$, die für alle Ausdrücke gleichartig von 0 nach -1 übergeht. Wenngleich diese Transiente nach sehr unterschiedlichen Zeitkonstanten $1/\lambda_i$ abläuft, so ist in Anlehnung an die Residuen (siehe Band 1) die Betrachtung der Faktoren in Gl.(7.6) allein aufschlußreich. Zur Verfolgung der Bedeutung der Eigenwerte λ_i untereinander ist eine Orientierung ausschließlich am Betrag der Faktoren ausreichend. Dazu dient die Dominanzkennzahl D_{jki} nach Abb. 7.1

$$D_{jki} \triangleq \left|\frac{(\mathbf{CT}^{mo})_{ji}(\mathbf{T}^{mo,-1}\mathbf{B})_{ik}}{\lambda_i}\right| \qquad \forall\, i=1...n, \quad k=1...m, \quad j=1...r \; . \tag{7.7}$$

Aus dieser Fülle von $m\cdot n\cdot r$ Kennzahlen werden nun für jeden Eigenwert λ_i nur die hinsichtlich j und k größten ausgewählt und als Dominanzmaß für den i-ten Eigenwert λ_i

$$D_i = \max_{jk} D_{jki} \tag{7.8}$$

festgehalten. Das Dominanzmaß D_i für den Eigenwert λ_i wird dann relativ klein bleiben, wenn entweder die Steuerbarkeitskomponente $(\mathbf{T}^{mo,-1}\mathbf{B})$ oder die Beobachtbarkeitskomponente $(\mathbf{CT}^{mo})$ klein ist oder der Eigenwert λ_i selbst groß ist, d.h. weit links in der s-Ebene liegt.

Für industrielle Regelungsaufgaben wird (unter Zuhilfenahme des Digitalrechners) das Dominanzmaß D_i nach den Gln.(7.7) und (7.8) für jeden Eigenwert berechnet und tabelliert. Die Dominanzmaße zeigen zumeist auffallende Größenunterschiede. Dadurch fällt es relativ leicht, eine Unterteilung auf wichtige (dominante) und weniger ausschlaggebende (nichtdominante) zu treffen. Die Entscheidung wird mangels klarer Unterscheidungsschranken keine eindeutige sein. Dementsprechend gibt es oft mehrere günstige Vorschläge für die reduzierte Anzahl $\hat{n}$ der dominanten Eigenwerte und damit auch für die Festlegung des ordnungsreduzierten Modells auf $\hat{n}$ Zustandsvariable.

7.2 Wesentliche Zustandsgrößen

Neben der Beschränkung auf $\hat{n}$ dominante Eigenwerte sind ebensoviele wesentliche Zustandsgrößen auszuwählen. Ungeachtet der Tatsache, daß die Numerierung der Eigenwerte im allgemeinen nicht nach ihrer Dominanz vorgenommen ist, hat die Numerierung der Zustandsvariablen nichts mit der Numerierung wesentlicher Zustandsgrößen gemeinsam. Wesentliche Zustandsgrößen sind nach *Barth, J., und Jaschek H., 1985* und *Weisang, C., 1982* jene, die große Wesentlichkeitsmaßzahlen D_{ji} aufweisen oder mit vielen Eigenbewegungen dominanter Eigenwerte verkoppelt sind oder mit Komponenten $y_j(t)$ des Ausgangs in enger Beziehung stehen.

Die Wesentlichkeitsmaßzahl D_{ji} ist, basierend auf Gl.(7.7), definiert als

$$D_{ji} = \max_k D_{jki} \; . \tag{7.9}$$

Darunter ist also jene maximale Dominanzkennzahl zu verstehen, die bezüglich aller m Eingangsgrößen als größtmöglich ausgewählt wurde und angibt, mit welcher Intensität ein Eigenwert λ_i auf die Zustandsvariable x_j „durchschlägt".

Als Variante der Ordnungsreduktion kann auch eine Methode herangezogen werden, die darin besteht, jene Gruppe der Ein- und Ausgangssignale, die wesentlich sind, sorgfältig auszuwählen (*Keller, J.P., and Bonvin, D., 1992*).

7.3 Wesentlichkeitsmaßzahlen

Die Wesentlichkeitsmaßzahlen werden zweckmäßigerweise in eine $n \times n$ Tabelle eingetragen (Zeilen für festes x_j, Spalten für festes λ_i). Aus dieser Tabelle können dann nicht nur die Maßzahlen selbst, sondern auch ihre Lage in den Spalten dominant erklärter Eigenwerte beurteilt werden. Daraus ergibt sich in der Regel ein brauchbarer Anhaltspunkt zur Festlegung der wesentlichen Zustandsvariablen. In der Spalte dominanter Eigenwerte sollten große Wesentlichkeitsmaßzahlen zur Deklaration wesentlicher Zustandsgrößen führen. Je mehr dominante Eigenwerte ein und dieselbe Zustandsgröße mit großen Maßzahlen abdeckt, desto „wesentlicher" ist sie. Besitzt eine Zeile der angesprochenen Tabelle nur kleine Maßzahlen in allen Spalten dominanter Eigenwerte, so sind in dieser Zustandsgröße die dominanten Eigenbewegungen nur schwach beteiligt; diese Zeile gehört also offenbar zu keiner wesentlichen Zustandsgröße. Jene Zustandsvariablen, die mit nicht dominanten Eigenwerten durch große Maßzahlen stark verkoppelt sind, sollten ebenfalls als nicht wesentlich erklärt werden.

In der Wahl der Dominanz- und Wesentlichkeitsmaße (oder allgemeiner Steuer- und Beobachtbarkeitsmaße) sollte nie an Aufwand gespart werden. Direkte Vergleiche von Original und ordnungsreduziertem Modell erforderten noch größeren Aufwand an Messungen oder Simulation. Wird ein Regler aufgrund eines reduzierten Modells entworfen, in dem wichtige Eigenwerte (Moden) nicht aufgenommen sind, so kann dies bis zur Instabilität des Regelkreises führen (Effekt des *spillover*).

7.4 Umgruppierung. Reduktion im Modalbereich

Für die Gruppe dominanter Eigenwerte und wesentlicher Zustandsvariabler (bzw. für jede gewählte Variante) wird zweckmäßigerweise eine Umgruppierung (Umnumerierung) derart vorgenommen, daß die dominanten Eigenwerte und wesentlichen Zustandsvariablen x_i^{mo} Indizes 1 bis $\hat{n}$ erhalten.

7.5 Ordnungsreduziertes Modell

Aus dem ursprünglichen Zustandsvektor $\mathbf{x}^{mo}(t)$ der Dimension n wird ein Vektor $\mathbf{x}_r^{mo}(t)$ abgespalten, der in den ersten $\hat{n}$ Elementen die wesentlichen Zustandsvariablen enthält und der zugleich Zustandsvektor des reduzierten Modells ist. Um dies auch formal bewältigen zu können, ist die Diagonalmatrix $\mathbf{diag}\{\lambda_1, \ldots \lambda_{\hat{n}}\}$ abzuspalten, desgleichen $(\mathbf{T}^{mo,-1}\mathbf{B})_r$ aus $(\mathbf{T}^{mo,-1}\mathbf{B})$. Mit ihr lautet das reduzierte Modell im Modalbereich

$$\dot{\mathbf{x}}_r^{mo} = \mathbf{diag}\{\lambda_1, \lambda_2, \ldots \lambda_{\hat{n}}\}\mathbf{x}_r^{mo} + (\mathbf{T}^{mo,-1}\mathbf{B})_r\mathbf{u}(t) . \tag{7.10}$$

Die Verknüpfung des Modalvektors mit dem Zustandsvektor $\mathbf{x} = \mathbf{T}^{mo}\mathbf{x}^{mo}$ verlangt eine Unterteilung

$$\mathbf{x} = \begin{pmatrix} \mathbf{x}_r \\ \mathbf{x}_s \end{pmatrix} = \begin{pmatrix} \mathbf{T}_{rr}^{mo} & \mathbf{T}_{rs}^{mo} \\ \mathbf{T}_{sr}^{mo} & \mathbf{T}_{ss}^{mo} \end{pmatrix} \begin{pmatrix} \mathbf{x}_r^{mo} \\ \mathbf{x}_s^{mo} \end{pmatrix} . \tag{7.11}$$

Die Reduktion bezogen auf den Zustandsvektor $\mathbf{x}(t)$ des Originals kann nun dadurch vorgenommen werden, daß alle die Restkomponente $\mathbf{x}_s^{mo}$ betreffenden Terme schlicht und einfach weggelassen werden und als reduziertes Modell

$$\mathbf{x}_r = \mathbf{T}_{rr}^{mo}\mathbf{x}_r^{mo} \tag{7.12}$$

zusammen mit der Gl.(7.10) als gültig erklärt wird. Für das reduzierte Modell gilt dann

$$\dot{\mathbf{x}}_r = \mathbf{T}_{rr}^{mo}\mathbf{diag}\{\lambda_1, \ldots \lambda_{\hat{n}}\}\mathbf{T}_{rr}^{mo,-1}\mathbf{x}_r + \mathbf{T}_{rr}^{mo}(\mathbf{T}^{mo,-1}\mathbf{B})_r\mathbf{u}(t) . \tag{7.13}$$

Diese auf *Davison, E.J., 1966* zurückgehende Methode ist sehr einfach; sie erfährt dadurch noch eine Verbesserung, daß die Komponenten $\mathbf{x}_s^{mo}$ nicht völlig unterdrückt, sondern zu einem neuen Vektor genäherten Vektor $\hat{\mathbf{x}}_s^{mo}$ verarbeitet werden (*Litz, L., 1979*). Dieser neue genäherte Vektor geht durch eine Zustandsschätzung aus $\mathbf{x}_r^{mo}$ hervor, und zwar mittels

$$\hat{\mathbf{x}}_s^{mo} = \mathbf{L}\mathbf{x}_r^{mo} . \tag{7.14}$$

Als Entwurfsdevise für $\mathbf{L}$ dient die Minimierung der Abweichungsquadrate. Aus den Gln.(7.11) und (7.14) folgt sodann

$$\mathbf{x}_r = \mathbf{T}_{rr}^{mo}\mathbf{x}_r^{mo} + \mathbf{T}_{rs}^{mo}\mathbf{x}_s^{mo} \tag{7.15}$$

$$\hat{\mathbf{x}}_r = \mathbf{T}_{rr}^{mo}\mathbf{x}_r^{mo} + \mathbf{T}_{rs}^{mo}\hat{\mathbf{x}}_s^{mo} = (\mathbf{T}_{rr}^{mo} + \mathbf{T}_{rs}^{mo}\mathbf{L})\mathbf{x}_r^{mo} . \tag{7.16}$$

Wird Gl.(7.16) mit Gl.(7.10) verschmolzen, ergibt sich in $\hat{\mathbf{x}}_r$ das resultierend ordnungsreduzierte Modell zu

$$\dot{\hat{\mathbf{x}}}_r = (\mathbf{T}_{rr}^{mo} + \mathbf{T}_{rs}^{mo}\mathbf{L})\mathbf{diag}\{\lambda_i, \ldots \lambda_{\hat{n}}\}(\mathbf{T}_{rr}^{mo} + \mathbf{T}_{rs}^{mo}\mathbf{L})^{-1}\hat{\mathbf{x}}_r + (\mathbf{T}_{rr}^{mo} + \mathbf{T}_{rs}^{mo}\mathbf{L})(\mathbf{T}^{mo,-1}\mathbf{B})_r\mathbf{u} . \tag{7.17}$$

Damit läßt sich die ordnungsreduzierte Blockschaltung nach Abb. 7.2 zeichnen.

Eine Variante bedient sich zusätzlicher Freiheitsgrade bei der Transformation $\mathbf{T}^{mo,-1}\mathbf{B}$ der Eingangsmatrix und bei der Ausgangstransformation nach Gl.(7.11). Die Parameter dieser Freiheitsgrade werden zur optimalen Approximation des dynamischen und stationären Verhaltens genützt (*Roth, H., 1984*).

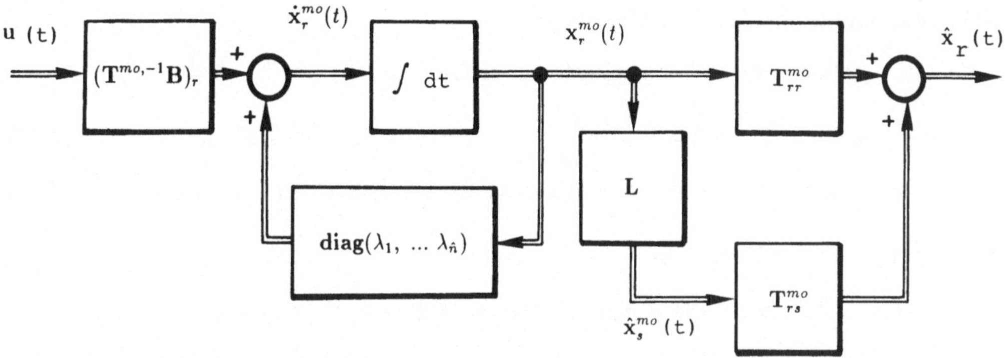

Abbildung 7.2: Ordnungsreduzierung unter Zustandsschätzung

7.6 Varianten der Ordnungsreduzierung

7.6.1 Aggregation

Eine Alternative zu den gezeigten Methoden der Ordnungsreduktion stellt die Methode der Aggregation dar (*Aoki, M., 1968*). Aus dem ursprünglichen System der Gl.(7.1) wird dabei mit Hilfe der Aggregation $\mathbf{x}_r = \mathbf{\Gamma x}$ das reduzierte (aggregierte) Modell gebildet

$$\begin{array}{llll} \text{Originalsystem} & \dot{\mathbf{x}}(t) = \mathbf{A}\mathbf{x}(t) + \mathbf{B}\mathbf{u}(t) & \mathbf{y}(t) = \mathbf{C}\mathbf{x}(t) & \mathbf{x} \in \mathcal{R}^n \\ \text{reduziertes System} & \dot{\mathbf{x}}_r(t) = \mathbf{A}_r\mathbf{x}(t) + \mathbf{B}_r\mathbf{u}(t) & \mathbf{y}_r(t) = \mathbf{C}_r\mathbf{x}_r(t) & \mathbf{x}_r \in \mathcal{R}^l \ . \end{array} \tag{7.18}$$

Das reduzierte Modell und das ursprüngliche System sind nur verträglich, wenn die Beziehungen $\mathbf{A}_r\mathbf{\Gamma} = \mathbf{\Gamma A}$ und $\mathbf{B}_r = \mathbf{\Gamma B}$ gelten sollten. Es handelt sich dabei aber um ein überbestimmtes System. Als Näherungslösung bietet sich die lineare Regression an. Bei ihr wird die Frobenius-Norm $\|\mathbf{A}_r\mathbf{\Gamma} - \mathbf{\Gamma A}\|_F$ minimisiert, siehe z.B. *Weinmann, A., 1991*. Als Ergebnis erhält man (unter Verwendung der Pseudoinversen)

$$\mathbf{A}_r = \mathbf{\Gamma A \Gamma}^T(\mathbf{\Gamma\Gamma}^T)^{-1} \ . \tag{7.19}$$

Vergleichende Betrachtungen verschiedener Methoden finden sich in *Bízik, J., and Kozák, Š., 1992*.

7.6.2 Erhaltung gleicher Ausgangsgrößen

Aus der Gleichsetzung $\mathbf{y}(t) = \mathbf{y}_r(t)$ folgt

$$\mathbf{Cx} = \mathbf{C}_r\mathbf{x}_r = \mathbf{C}_r\mathbf{\Gamma x} \quad \leadsto \quad \mathbf{C}_r\mathbf{\Gamma} = \mathbf{C} \ . \tag{7.20}$$

7.6.3 Stationäre Genauigkeit

Bei $\mathbf{u}(t) = \boldsymbol{\sigma}(t)$ bedeutet stationäre Genauigkeit, daß der Grenzwert für $t \to \infty$ der Differenz aus $\mathbf{x}_r(t)$ und $\mathbf{\Gamma x}(t)$ verschwinden möge; laut *Harrer, H., 1993* folgt

$$[\mathbf{Ax}(t)+\mathbf{B}\boldsymbol{\sigma}(t)]\Big|_{t\to\infty} = 0 \ \leadsto \ \mathbf{x}_\infty = \mathbf{A}^{-1}\mathbf{B} \quad \text{und} \quad [\mathbf{A}_r\mathbf{x}_r(t)+\mathbf{B}_r\boldsymbol{\sigma}(t)]\Big|_{t\to\infty} = 0 \ \leadsto \ \mathbf{x}_{r\infty} = \mathbf{A}_r^{-1}\mathbf{B}_r \tag{7.21}$$

$$[\mathbf{x}_r(t) - \mathbf{\Gamma x}(t)]\Big|_{t\to\infty} = \mathbf{x}_{r\infty} - \mathbf{\Gamma x}_\infty = \mathbf{A}_r^{-1}\mathbf{B}_r - \mathbf{\Gamma A}^{-1}\mathbf{B} = 0 \quad \leadsto \quad \mathbf{B}_r = \mathbf{A}_r\mathbf{\Gamma A}^{-1}\mathbf{B} \ . \tag{7.22}$$

7.6.4 Verschwindender Gleichungsfehler

Für den als $\mathbf{e}_d(t)$ definierten Gleichungsfehler erhält man (*Troch, I., et al., 1992*)

$$\mathbf{e}_d(t) \triangleq \dot{\mathbf{x}}_r(t) - \mathbf{A}_r\mathbf{x}_r(t) - \mathbf{B}_r\mathbf{u}(t)\Big|_{\mathbf{x}_r=\mathbf{\Gamma x}} = \mathbf{\Gamma}\dot{\mathbf{x}}(t) - \mathbf{A}_r\mathbf{x}_r(t) - \mathbf{B}_r\mathbf{u}(t) = \quad (7.23)$$

$$= \mathbf{\Gamma}(\mathbf{Ax}+\mathbf{Bu}) - \mathbf{A}_r\mathbf{\Gamma x} - \mathbf{B}_r\mathbf{u} = (\mathbf{\Gamma A} - \mathbf{A}_r\mathbf{\Gamma})\mathbf{x}(t) + (\mathbf{\Gamma B} - \mathbf{B}_r)\mathbf{u}(t)\,. \quad (7.24)$$

Soferne Gl.(7.22) erfüllt ist, folgt

$$\mathbf{e}_d(t) = (\mathbf{\Gamma A} - \mathbf{A}_r\mathbf{\Gamma})\mathbf{x} + (\mathbf{\Gamma B} - \mathbf{A}_r\mathbf{\Gamma A}^{-1}\mathbf{B})\mathbf{u} = (\mathbf{\Gamma A} - \mathbf{A}_r\mathbf{\Gamma})[\mathbf{x}(t) + \mathbf{A}^{-1}\mathbf{Bu}(t)]\,. \quad (7.25)$$

Verschwindender Gleichungsfehler verlangt somit $\mathbf{\Gamma A} - \mathbf{A}_r\mathbf{\Gamma} = \mathbf{0}$, also dieselbe Bedingung wie bei der Aggregation.

7.6.5 Ordnungsreduktion mit vektoriellem Gütekriterium

Eine sehr zweckmäßige und praxisorientierte Methode der Ordnungsreduktion bietet sich bei Verwendung des vektoriellen Gütekriteriums an. Für Teilgütekriterien, siehe Gl.(19.114), kann der Betrag der Differenz zwischen Originalsystem und ordnungsreduziertem Modell verwendet werden, und zwar bezüglich der Überschwingweite, der Überschwingzeit, der An- oder Ausregelzeit, des maximalen Frequenzgangs, der maximalen Frequenzgangsabweichung untereinander, der Durchtrittsfrequenz, des Phasenrands, der maximalen Phasenabweichung, der Fläche unter dem Quadrat der Differenz der Ausgangsgrößen in Abhängigkeit der Zeit oder der Fläche zwischen der Frequenzgangsdifferenz innerhalb bestimmter Frequenzgrenzen. Je nach Gewichtung der oberen Schranke c_i wird ein iterativer Entwurf ermöglicht (*Gehre, G., und Grübel, G., 1987; Fasol, K.H., und Gehre, G., 1991*).

7.6.6 Bewertung des Reduktionsfehlers mit Normen

Ordnungsreduzierung vermag auch auf der Formulierung beruhen, daß der geschlossene Regelkreis bestimmte Qualitätseigenschaften behält, und zwar trotz des durch die Ordnungsreduzierung begründeten Fehlers. Zusätzlich wird eine frequenzabhängige Gewichtsfunktion verwendet, mit der das Sollwert-, Störungs- oder Empfindlichkeitsspektrum gewichtet wird. Zur Bewertung der Fehlerfunktion bieten sich die H_2-, die H_∞- und μ_D-Norm an, vgl. Gln.(8.2), (8.3) und (8.4) (*Rivera, D.E., und Morari, M., 1992*).

Ordnungsreduzierung kann auch als Problem einer zusätzlichen Streckenunsicherheit aufgefaßt und mit Methoden der robusten Regelung behandelt werden (*Al-Saggaf, U.M., 1992*).

Kapitel 8

Optimierung technischer Prozesse

Der Einsatz von Regelungen in technischen Prozessen oder Produktionen trägt wesentlich dazu bei, die betrieblichen Wünsche, wie Zuverlässigkeit, Wirkungsgrad, Lastaufteilung, zu erfüllen sowie den technologischen Zielsetzungen, Randbedingungen und Relationen zu benachbarten Gebieten zu entsprechen. Häufig wird verlangt, solchen Aufgabenstellungen nicht nur absolut sehr gut, sondern auch unter all diesen guten Varianten bestmöglich zu entsprechen (*Papageorgiou, M., 1991*). Dies setzt voraus, daß der Optimierungswunsch präzise formuliert wird und daß im Falle mehrerer Optimierungswünsche klare Gewichtungen der Einzelwünsche getroffen werden.

Die Qualitätssteigerung, Produktionsverbesserung usw., die sich durch den Einsatz von Regelungen ergibt, kann nur auf der Basis präziser Formulierungen beurteilt werden. Erst dadurch entstehen verläßliche Daten für Kalkulationen, Rentabilitätsrechnungen usw.

8.1 Statische Optimierungskriterien

Zur optimalen Erfüllung stationärer technologischer oder betrieblich-produktionsbedingter Anforderungen sind die Zusammenhänge zu Kenndaten $\mathbf{p}$ der Regelungen sehr genau zu verfolgen. Dies stellt eine Weiterführung der Entwurfskriterien aus den Grundlagen der Regelungstechnik dar (siehe etwa Band 1). So ist die Ausregelzeit, die stationäre Regelabweichung oder die Überschwingweite bei Führung oder Störung mit der Güte eines Produktes in enger Beziehung; dies legt die Aufgabe klar, welche „punktuellen" Regelungskenndaten einer Optimierung zu unterwerfen sind. Ein Anwendungsfall wäre die Minimierung des Störfrequenzgangs über den Reglerparameter $\mathbf{p}_R$, also $\min_{\mathbf{p}_R} \max_\omega |F_{St}(j\omega)|$.

Auch wenn die Zusammenhänge dabei oft komplex und verwickelt sind, gelten sie doch stationär. Die Optimierung resultiert aus algebraischen Beziehungen. Mathematisch klassifiziert ist sie eine gewöhnliche Extremalaufgabe.

8.2 Dynamische Optimierungskriterien im Zeitbereich

Dynamische Prozesse sind in vielen Fällen nicht durch einzelne Funktionswerte zu charakterisieren, sondern durch den gesamten zeitlichen Verlauf oder die gesamte spektrale Zusammensetzung. Die Reglerparameter bestimmen dessen bzw. deren gesamtes Bild. Dies gilt unter der Voraussetzung, daß die Reglerstruktur gegeben ist und nur noch die Reglerparameter p_{Ri} frei sind. (Die Fragestellung der dynamischen Optimierung kann darüber hinaus auf Regler unbekannter Struktur ausgedehnt werden, siehe nächstfolgendes Kapitel). Will man den gesamten zeitabhängigen (oder spektral zerlegten) Verlauf der Abweichungen bewerten, muß man sich der Funktionale bedienen. Die Formulierung der Bewertung wird dabei vielfältiger als in dem Fall eines transienten Prozesses, bei dem nur eine einzige punktuelle Kenngröße (z.B. Überschwingweite) zu beurteilen ist.

Die Gütefunktionale werden zeitkontinuierlich oder zeitdiskret im Prinzip wie folgt angesetzt und — wie bei den meisten praktischen Aufgaben — als existent angenommen

$$I = \int_0^{t_f} f_e(e)dt \qquad \text{bzw.} \qquad I = \sum_{k=1}^{N} f_e(e_k) \,. \tag{8.1}$$

Die Ansätze sind nicht dimensionsgleich. Soferne nicht andere Wünsche bestehen, wählt man als untere Integrationsgrenze 0 zum Beginn einer Abweichung $e(t)$ und $t_f = \infty$ im ausgeregelten Zustand bzw. teilt das Bewertungsintervall in N gleiche Schritte. Um zu vermeiden, daß Abweichungen unterschiedlichen Vorzeichens einander gegenseitig schmälern, sind für $f_e(e)$ gerade Funktionen zu wählen. Die Tabelle 8.2 zeigt typische und bewährte Beispiele. Fallweise wird im Gütekriterium ein Faktor $0,5$ vor das Integral gesetzt, um nach Differenzierung den Faktor 2 nicht mitschleppen zu müssen, siehe z.B. Gl.(20.7).

Einfache Gütekriterien sind in Tabelle 8.1 aufgelistet. Als obere Integralgrenze wird aus Gründen der Vereinfachung zumeist $t_f = \infty$ genommen, nur beim zeitoptimalen Fall gilt $t_f = T_{\min}$. Die Gütekriterien sind nicht nur auf Zustandsgrößen $\mathbf{x}(t)$ (von gewissen Anfangsbedingungen aus) beschränkt oder — alternativ — auf Abweichungen der Regelgröße von Sollwerten, nämlich $\mathbf{e}(t)$; sie lassen sich auch auf den Aufwand der Stellgröße $\mathbf{u}(t)$, auf die bei der Regelung benötigten Hilfsenergie oder eine andere Bewertung beziehen (siehe Tabelle 8.2). Die Gütekriterien können — unter Bedachtnahme auf ihre physikalische Dimension — zusammengesetzt und physikalisch einsichtig als kombiniertes Gesamtkriterium aufgefaßt werden. Die theoretische Berechtigung hiezu gibt die Aussage des Lagrange-Multiplikators. Der Lagrange-Multiplikator stellt auch die partielle Änderung des Erfolges (Ertrages) $\mathbf{x}^T\mathbf{Q}\mathbf{x}$ nach der Änderung der Nebenbedingung des Aufwandes $\mathbf{u}^T\mathbf{R}\mathbf{u}$ dar. Im Bedarfsfall kann die Bewertungsmatrix $\mathbf{Q}$ durch eine zeitabhängige $\mathbf{Q}(t)$ oder $\mathbf{Q}(k)$ ersetzt werden.

Bei Formulierung der Regelung im Zustandsraum besteht die Möglichkeit, die Kriterien auf alle Zustandskomponenten zu erstrecken. Dazu dienen Bewertungsmatrizen $\mathbf{Q}$, $\mathbf{R}$ und $\mathbf{S}_d$, die symmetrisch und positiv-definit gewählt werden. Die differentielle Sensitivität $\partial\mathbf{x}/\partial p_i \triangleq \mathbf{x}_{pi}$ des Zustandsvektors bezüglich eines Parameters p_i kann zur Unterstützung eines robusten Reglerentwurfs herangezogen werden.

Die Koeffizienten im Gütekriterium bzw. die Elemente der Matrizen $\mathbf{Q}$, $\mathbf{R}$ und $\mathbf{S}_d$ bestimmen maßgeblich das Ergebnis der Daten des optimalen Reglers. Die Wahl der Koeffizienten ist nicht unproblematisch. Sie ist stets darauf abzustimmen, daß technologischen und betrieblichen Anforderungen vorteilhaft entsprochen wird. Andernfalls hätte man es nur mit einer „Problemverlagerung" von herkömmlichen Entwurfsdaten zu den Koeffizienten von $\mathbf{Q}$, $\mathbf{R}$ und $\mathbf{S}_d$ zu tun. Daß es sich um keine Problemverlagerung handelt, geht aus folgendem hervor: Tritt für eine erste spezielle Annahme von $\mathbf{Q}$ und $\mathbf{R}$ ein Ergebnis ein, das in der Detaildiskussion von $\mathbf{x}(t)$, $F_{St}(j\omega)$ usw. den gewünschten verbalen ästhetischen Ansprüchen nicht genügt, so hat man durch Veränderung innerhalb von $\mathbf{Q}$ und $\mathbf{R}$ die Möglichkeit, gezielt einzugreifen. Diese Vorgehensweise ist als Entwurfsverfahren sehr gut konvergent.

Bezüglich getrennter Weiterbehandlung der Teilgütekriterien in vektorieller Form siehe Abb. 19.8.

In der Regel steigt die Trennschärfe der Gütebewertung zu komplexeren Gütekriterien hin an. Die rechnerische Mühe wird also bei aufwendigeren Kriterien durch eine eher tiefgehende und gehaltvolle Aussage belohnt. Einfache Kriterien, wie das bloße ISE-Kriterium,

Tabelle 8.1: Prizipieller Aufbau von Gütekriterien

Kriterium I	Kurzbezeichnung des Kriteriums, Kommentar
$\int_0^{t_f} e^2(t)\,dt$	ISE – Integral of squared error
$\int_0^{t_f} te^2(t)\,dt$	ITSE – Integral of time multiplied squared error
$\int_0^{t_f} t^2e^2(t)\,dt$	ISTSE – Integral of squared time squared error
$\int_0^{t_f} \lvert e(t)\rvert\,dt$	IAE – Integral of absolute value of error
$\int_0^{t_f} \exp(2\delta_o t)\,e^2(t)\,dt$	IEXSE – Integral of exponentially weighted squared error
$\int_0^{t_f} [1-\exp(-2\delta_o t)]\,e^2(t)\,dt$	IMEXSE – Integral of modified exponentially squared error
$\int_0^{t_f} 1\,dt\,\Big\vert_{t_f=T_{\min}},\ \lvert u\rvert \leq U_o$	obere Grenze $t_f = T_{\min}$, zeitoptimales Kriterium (schnelligkeitsoptimale Regelung)

Tabelle 8.2: Übersicht über Gütekriterien

Kriterium I	Kurzbezeichnung des Kriteriums, Kommentar
$\int_0^{t_f} [\mathbf{x}^T\mathbf{Q}\mathbf{x}+\mathbf{u}^T\mathbf{R}\mathbf{u}]\,dt$	quadratisches Kriterium für Zustands- und Stellgrößenbewertung eines kontinuierlichen Prozesses
$\int_0^{t_f} [\mathbf{y}^T\mathbf{Q}_y\mathbf{y}+\mathbf{u}^T\mathbf{R}\mathbf{u}]\,dt$	quadratisches Kriterium für Ausgangs- und Stellgrößenbewertung eines kontinuierlichen Prozesses
$\sum_{k=1}^{N} [\mathbf{x}^T(k)\mathbf{Q}\mathbf{x}(k)+\mathbf{u}^T(k-1)\mathbf{R}\mathbf{u}(k-1)]$	quadratisches Kriterium für Zustandsgröße und Stellgröße eines diskreten Prozesses
$\int_0^{t_f} [\mathbf{x}^T\mathbf{Q}\mathbf{x}+\mathbf{u}^T\mathbf{R}\mathbf{u}+\mathbf{x}_{pi}^T\mathbf{S}_d\mathbf{x}_{pi}]\,dt$	quadratisches Kriterium für Zustandsgröße, Stellgröße und Parameterempfindlichkeit von $\mathbf{x}$ bezüglich p_i

Tabelle 8.3: Gütekriterien für Übertragungsmatrizen

$\sqrt{\frac{1}{2\pi}\int_{-\infty}^{\infty} \mathrm{tr}\mathbf{G}^H(j\omega)\mathbf{G}(j\omega)d\omega}$	H_2-Norm $\|\mathbf{G}(j\omega)\|_2$
$\sup_\omega \sigma_{\max}[\mathbf{G}(j\omega)]$	H_∞-Norm $\|\mathbf{G}(s)\|_\infty$
$\sup_\omega \mu_D[\mathbf{G}(j\omega)]$	strukturierter Singulärwert, μ_D-Norm $\|\mathbf{G}(s)\|_{\mu_D}$

neigen zu dem Nachteil, daß wegen der quadratischen Abweichungsbewertung wenige große Abweichungen auf Kosten vieler kleiner ausgeregelt werden (*Truxal, J., 1960; Kopacek, P., und Zauner, E., 1982*).

Die Ergebnisse einer optimalen Bewertung von rationalen Führungsübertragungsfunktionen verschiedener Ordnung werden auch auf sogenannte Normpolynome (Standardpolynome) umgesetzt (siehe etwa Band 1 oder unter *Unbehauen, H., 1983*).

8.3 Dynamische Gütekriterien im Frequenzbereich

Die H_2-Norm lautet

$$\|\mathbf{G}\|_2 \stackrel{\triangle}{=} \sqrt{\frac{1}{2\pi}\int_{-\infty}^{\infty} \mathrm{tr}\mathbf{G}^H(j\omega)\mathbf{G}(j\omega)d\omega} \equiv \sqrt{\frac{1}{2\pi}\int_{-\infty}^{\infty} \sum_{i,j} |G_{ij}(j\omega)|^2 d\omega} \,. \tag{8.2}$$

Sie stellt ein über alle Frequenzen integriertes Maß für die Übertragungsmatrix $\mathbf{G}(s)$ dar.

Die H_∞-Norm hingegen beschränkt sich auf die Angabe des über alle Frequenzen ausgesuchten Maximalwerts des maximalen Singulärwerts

$$\|\mathbf{G}(s)\|_\infty \stackrel{\triangle}{=} \sup_\omega \sigma_{\max}[\mathbf{G}(j\omega)] = \sup_\omega \sqrt{\lambda_{\max}[\mathbf{G}^T(-j\omega)\mathbf{G}(j\omega)]} = \sup_\omega \sqrt{\lambda_{\max}[\mathbf{G}^H\mathbf{G}]} \,. \tag{8.3}$$

Das Hochsymbol ^{H} (von *Hermite*) ist — auch in Tabelle 8.3 — für $\mathbf{G}^H(s) = \mathbf{G}^T(s^*)$ verwendet worden. Für skalare $\mathbf{G}(s) := G(s)$ ist $\|G(s)\|_\infty = \sup_\omega |G(j\omega)|$.

Der strukturierte Singulärwert $\|\cdot\|_{\mu_D}$ wird für blockstrukturierte Matrizen $\mathbf{\Delta}_{bd}$ erforderlich .

$$\|\mathbf{G}(s)\|_{\mu_D} \stackrel{\triangle}{=} \sup_\omega \mu_D[\mathbf{G}(j\omega)] \,, \tag{8.4}$$

$$\text{wobei} \quad \mu_D[\mathbf{G}(j\omega)] = \{\min_{\mathbf{\Delta}_{bd}\in\mathbf{\Delta}_\infty} \sigma_{\max}[\mathbf{\Delta}_{bd}]\}^{-1}\Big|_{\det(\mathbf{I}-\mathbf{G}\mathbf{\Delta}_{bd})=0} \tag{8.5}$$

$$\text{und} \quad \mathbf{\Delta}_\infty = \textbf{block diag}\{\mathbf{\Delta}_1,\, \mathbf{\Delta}_2,\, \ldots..,\, \mathbf{\Delta}_i,\, \ldots\mathbf{\Delta}_r\} \quad | \, \mathbf{\Delta}_i \in \mathcal{C}^{k_i\times k_i} \,, \sigma_{\max}[\mathbf{\Delta}_i] < 1 \tag{8.6}$$

sowie $\sum_{i=1}^r k_i = n$, $\mathbf{G} \in \mathcal{C}^{n\times n}$ gelten. Gesucht werden jene $\mathbf{\Delta}_{bd}$, unter denen die Schleife bestehend aus $\mathbf{G}$ und $\mathbf{\Delta}_{bd}$ singulär wird. Die Auswahl des Minimums über $\mathbf{\Delta}_{bd}$ liefert nach Bildung der Inversen den Größtwert als μ_D-Norm.

Für den Fall, daß $\mathbf{\Delta}_\infty$ nur aus einem Block besteht, sind die beiden Normen $\|\mathbf{G}\|_{\mu_D}$ und $\|\mathbf{G}\|_\infty$ gleich (*Doyle, J.C., 1982*).

Beispiel H_2-Norm: Für ein PT_1-Element $1/(1+sT)$ lautet mit $\int \frac{1}{1+x^2}dx = \arctan x$ die H_2-Norm $\frac{1}{\sqrt{2T}}$ □.

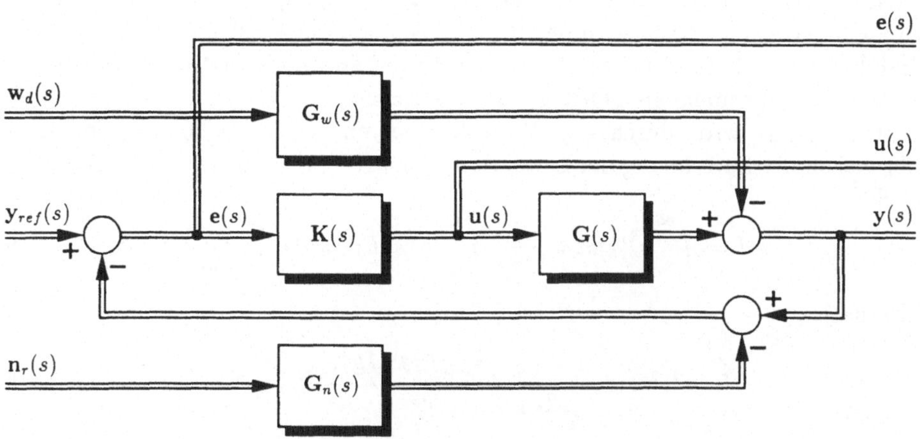

Abbildung 8.1: Mehrgrößenregelung mit den häufigsten Ein- und Ausgangsgrößen

8.4 Allgemeine Optimierung einer Mehrgrößenregelung

Als allgemeine Optimierung einer Mehrgrößenregelung nach Abb. 8.1 kann die Antwort auf den Sollwert, auf Störsignale und auf Meßrauschen betrachtet werden. Der Kürze wegen soll nur eine, nämlich die Einschränkung auf Meßrauschanregung vorgenommen werden; dabei werden $\mathbf{w}_d(s) = \mathbf{0}$ und $\mathbf{y}_{ref}(s) = \mathbf{0}$ gesetzt. Zur Vorgabe unterschiedlicher Meßrauschspektren bedient man sich der Matrix $\mathbf{G}_n(s)$. Somit ergibt sich

$$\mathbf{e}(s) = \bar{\mathbf{S}}(s)\mathbf{G}_n(s)\mathbf{n}_r(s) \;, \qquad \mathbf{u}(s) = \mathbf{K}(s)\bar{\mathbf{S}}(s)\mathbf{G}_n(s)\mathbf{n}_r(s) \tag{8.7}$$

$$\text{und} \qquad \mathbf{y}(s) = \mathbf{G}(s)\mathbf{K}(s)\bar{\mathbf{S}}(s)\mathbf{G}_n(s)\mathbf{n}_r(s) = \bar{\mathbf{T}}(s)\mathbf{G}_n(s)\mathbf{n}_r(s) \,. \tag{8.8}$$

Man beachte dabei $(\mathbf{I}+\mathbf{KG})^{-1}\mathbf{K} \equiv \mathbf{K}(\mathbf{I}+\mathbf{GK})^{-1}$ sowie

$$\bar{\mathbf{T}}(s) \triangleq [\mathbf{I}+\mathbf{G}(s)\mathbf{K}(s)]^{-1}\mathbf{G}(s)\mathbf{K}(s) \equiv \mathbf{G}(s)\mathbf{K}(s)[\mathbf{I}+\mathbf{G}(s)\mathbf{K}(s)]^{-1} \quad \text{und} \quad \bar{\mathbf{S}}(s) \triangleq [\mathbf{I}+\mathbf{G}(s)\mathbf{K}(s)]^{-1} = \mathbf{I}-\bar{\mathbf{T}}(s) \,. \tag{8.9}$$

Bei Einführung von frequenzabhängigen Gewichtsmatrizen $\mathbf{W}_e(s)$, $\mathbf{W}_u(s)$, $\mathbf{W}_y(s)$ für $\mathbf{e}(s)$, $\mathbf{u}(s)$, $\mathbf{y}(s)$ kann aus den Gl.(8.7) und (8.8) eine Gesamtübertragungsmatrix gebildet werden, deren H_∞-Norm — über $\mathbf{K}(s)$ minimiert — das H_∞-Standardproblem darstellt

$$\mathbf{K}^\star(s) = \arg \inf_{\text{stabilisierende } \mathbf{K}(s)} \left\| \begin{pmatrix} \mathbf{W}_e(s) & 0 & 0 \\ 0 & \mathbf{W}_u(s) & 0 \\ 0 & 0 & \mathbf{W}_y(s) \end{pmatrix} \begin{pmatrix} \bar{\mathbf{S}}(s) \\ \mathbf{K}(s)\bar{\mathbf{S}}(s) \\ \bar{\mathbf{T}}(s) \end{pmatrix} \mathbf{G}_n(s) \right\|_\infty \,. \tag{8.10}$$

8.5 Berechnung der Gütekriterien mit dem Parseval-Theorem

Bei komplexen Fällen (umfangreichen Gütekriterien, nicht-analytischen Ansätzen), wie sie in der Praxis oft beschritten werden müssen, bleibt zur Behandlung nur der numerische Lösungsweg, siehe Gl.(8.31). Bei einfacheren Prozessen und Kriterien, etwa den quadratischen, kann der Sachverhalt analytisch weiterverfolgt werden. Sieht man von einer gewissen rechnerischen Mühe ab, so sind die Gütekriterien in Abhängigkeit von offenen Reglerparametern p_{Ri} berechenbar. Dazu wird der Regelkreis in gewohnter Weise mit $e(t; p_{Ri})$ analysiert und damit I nach Gl.(8.1) berechnet. Regelungen linearer Struktur mit quadratischen Kriterien werden allgemein als LQ-Regelungen bezeichnet.

Darüber hinaus wird durch das Parseval-Theorem aus der Theorie der Laplace-Transformation die Berechnung der Gütekriterien nach Gl.(8.1) direkt im Spektralbereich ermöglicht

$$I = \int_0^\infty e^2(t)dt = \frac{1}{2\pi j}\int_{-s_1}^{s_1} E(s)E(-s)ds \;\Big|_{s_1\to j\infty} \tag{8.11}$$

oder alternativ

$$I = \int_0^\infty t^2 e^2(t)dt = \frac{1}{2\pi j}\int_{-s_1}^{s_1} \frac{dE(s)}{ds}\frac{dE(-s)}{ds}\, ds \;\Big|_{s_1\to j\infty} . \tag{8.12}$$

Für einfache rationale Funktionen $E(s)$ an stabilen Systemen findet man überdies Tabellen für I in Abhängigkeit von den Polynomkoeffizienten des Zähler- und Nennerpolynoms von $E(s)$ (*Eveleigh, V.W., 1967*), so z.B. für Nennerpolynome zweiten Grades nach Gl.(8.11)

$$E(s) = \frac{\sum_{i=0}^{1} n_i s^i}{\sum_{i=0}^{2} p_i s^i} \rightsquigarrow I = \frac{1}{2\pi j}\int_{-j\infty}^{j\infty} \frac{[\sum_{i=0}^{1} n_i s^i][\sum_{i=0}^{1} n_i(-s)^i]}{[\sum_{i=0}^{2} p_i s^i][\sum_{i=0}^{2} p_i(-s)^i]}\, ds = \frac{n_1^2 p_o + n_o^2 p_2}{2\; p_o p_1 p_2} . \tag{8.13}$$

8.6 Geschlossene Extremisierung des Gütekriteriums

Die notwendigen Bedingungen dafür, daß das Gütekriterium $I(\mathbf{p}_R)$ nach Gl.(8.1) oder nach Tabelle 8.2 zu einem Optimum (meist Minimum)

$$I = I(\mathbf{p}_R) \to \text{opt (min)} \qquad \mathbf{p}_R \triangleq \text{vec}\{p_{Ri}\} \tag{8.14}$$

geführt wird, lauten als gewöhnliche Extremalaufgabe

$$\frac{\partial I}{\partial p_{Ri}} \triangleq q_i = 0 \quad \forall\, i = 1, 2 ... r \qquad \text{oder} \qquad \underset{\mathbf{p}_R}{\textbf{grad}}\, I = \frac{\partial I}{\partial \mathbf{p}_R} \triangleq \mathbf{q} = \mathbf{0} . \tag{8.15}$$

Daraus sind zwar ebensoviele (r) Bedingungen q_i anzugeben als unbekannte Reglerparameter p_{Ri} vorliegen. Doch das algebraische Gleichungssystem Gl.(8.15) ist zumeist wesentlich nichtlinear. Lösungen sind praktisch nur auf numerischem Weg erzielbar.

Beispiel. Einfache Optimierung: Ein Regelkreis besteht aus einem P-Regler mit der Verstärkung K und einer I-Strecke mit der Nachstellzeit 1. Welche Verstärkung K minimiert das Gütefunktional quadratischer Struktur aus Regelabweichung und erster zeitlicher Ableitung der Stellgröße, wenn der Regelkreis sprungförmigen Sollwertveränderungen unterliegt?

Mit $y_{ref}(t) = \sigma(t)$ folgt nach einfachen Zwischenrechnungen die Regelabweichung $e(t) = e^{-Kt}$ und die Stellgröße $u(t) = Ke^{-Kt}$, also $\dot{u}(t) = -K^2 e^{-Kt}$. Das Gütefunktional nach Tabelle 8.1 laute

$$I = \int_0^\infty [e^2(t) + q\; \dot{u}^2(t)]dt . \tag{8.16}$$

Mit q wird die Gewichtung der beiden Integranden vorgewählt (z.B. $q = 0$: kein Stellgrößeneinfluß; q sehr groß: Überbewertung des Stellgrößenaufwands auf Kosten der Regelabweichung). Der Parameter q

vermag auch den Grenzwert einer integralen Nebenbedingung über $\dot{u}^2(t)$ auszudrücken, siehe Beispiel mit Gl.(8.24). Im speziellen Fall erhält man

$$I = \int_0^\infty [e^{-2Kt} + qK^4 e^{-2Kt}]dt = \frac{0,5}{K} + 0,5\ q\ K^3 = I(K,q)\ . \tag{8.17}$$

Die Ableitung von I nach K nullgesetzt bestimmt das Extremum. Das Ergebnis ist $K^\star = (3q)^{-0,25}$. Der Wert von I im Optimalpunkt beträgt $I^\star(q) = I(K^\star, q) = 0,67(3q)^{0,25}$. □

8.7 Extremisierung unter Nebenbedingungen

8.7.1 Gleichungsnebenbedingungen

Die Optimierung unter der Nebenbedingung in Form der vektoriellen Gleichung $\mathbf{c}(\mathbf{p}_R) = \mathbf{0}$ verlangt die Bildung einer kombinierten Funktion

$$I(\mathbf{p}_R) + \boldsymbol{\lambda}^T \mathbf{c}(\mathbf{p}_R) \rightarrow \min_{\mathbf{p}_R, \boldsymbol{\lambda}} \qquad \mathbf{p}_R \in \mathcal{R}^r; \quad \boldsymbol{\lambda}, \mathbf{c} \in \mathcal{R}^{n_c}\ . \tag{8.18}$$

Darin sind die λ_i aus $\boldsymbol{\lambda}$ die Lagrange-Multiplikatoren. Die partiellen Ableitungen nach allen Komponenten von $\mathbf{p}_R$ und $\boldsymbol{\lambda}$ null gesetzt liefern skalare Gleichungen der Anzahl $r + n_c$ in den unbekannten Komponenten von $\mathbf{p}_R^\star$ und $\boldsymbol{\lambda}^\star$; die Gleichungen sind notwendige Bedingungen für das Optimum

$$\frac{\partial I}{\partial \mathbf{p}_R} + \left[\frac{\partial \mathbf{c}(\mathbf{p}_R)}{\partial \mathbf{p}_R}\right]^T \boldsymbol{\lambda} = \mathbf{0}\ . \tag{8.19}$$

Bezüglich Veränderungen in $\mathbf{p}_R$ ist der Ausdruck $I(\mathbf{p}_R) + \boldsymbol{\lambda}^T \mathbf{c}(\mathbf{p}_R)$ in $\mathbf{p}_R^\star$ und $\boldsymbol{\lambda}^\star$ gleichsam stationär anzusehen.

Der Lagrange-Multiplikator $\boldsymbol{\lambda}^\star$ folgt auch aus der überbestimmten Gleichung Gl.(8.19) als

$$\boldsymbol{\lambda}^\star = -\left[\left.\frac{\partial \mathbf{c}(\mathbf{p}_R)}{\partial \mathbf{p}_R}\right|_{\mathbf{p}_R^\star}\right]^\sharp \left.\frac{\partial I}{\partial \mathbf{p}_R}\right|_{\mathbf{p}_R^\star}\ ; \tag{8.20}$$

darin ist $\mathbf{M}^\sharp = (\mathbf{M}^T\mathbf{M})^{-1}\mathbf{M}^T$ die Linkspseudoinverse (*Papageorgiou, M., 1991*). Wie sich einfach zeigen läßt, ist $\boldsymbol{\lambda}^\star$ (bis auf das Vorzeichen) als die differentielle Sensitivität interpretierbar, die der minimale Wert der Gütefunktion $I(\mathbf{p}_R^\star)$ hinsichtlich einer Veränderung $\Delta\mathbf{c}$ in der Gleichungsnebenbedingung auf $\mathbf{c}(\mathbf{p}_R) + \Delta\mathbf{c} = \mathbf{0}$ darstellt.

Die hinreichenden Bedingungen für das Minimum ergeben sich aus der zweiten Ableitung von $I(\mathbf{p}_R) + \boldsymbol{\lambda}^T \mathbf{c}(\mathbf{p}_R)$ nach $\mathbf{p}_R$. Die dabei resultierende Hesse-Matrix muß in $\mathbf{p}_R^\star$ und $\boldsymbol{\lambda}^\star$ positiv definit sein.

8.7.2 Ungleichungsnebenbedingungen

Unterschiedliche Verhältnisse ergeben sich bei Ungleichungen als Nebenbedingung. Die Optimierung (Minimierung) und Nebenbedingung in Form einer Gleichung [Ungleichung] entspricht der Suche des tiefsten Punktes in einem Gelände genau entlang eines Zauns [nur in einem durch einen Zaun definierten oder abgegrenzten Bereich].

Bei Ungleichungen $\mathbf{h}(\mathbf{p}_R) \leq \mathbf{0}$ als Nebenbedingungen können viele technische Anwendungen vereinfacht derart gelöst werden, daß man den Grenzfall der Gleichungsnebenbedingung $\mathbf{h}(\mathbf{p}_R) = \mathbf{0}$ und die zugehörige etwa proportional veränderte Anregung berechnet.

Es ist dann zu erwarten, daß man aus der Kenntnis dieses Grenzfalls jene Reglerparameterbereiche kennt, in denen $\mathbf{h}(\mathbf{p}_R) < \mathbf{0}$ gilt, z.B. $\mathbf{h}(\mathbf{p}_R) \triangleq \mathbf{h}_c(\mathbf{p}_R) - \mathbf{h}_{co} < \mathbf{0}$ anstelle von $\mathbf{h}_c(\mathbf{p}_R) < \mathbf{h}_{co}$. Die vektorielle Ungleichung ist stets elementweise zu verstehen.

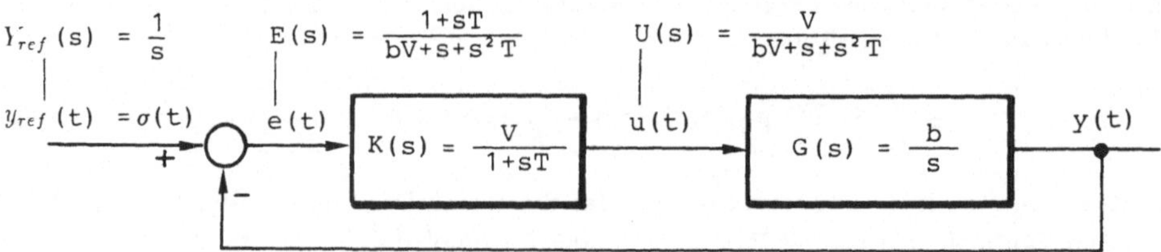

Abbildung 8.2: Regelkreis zur Minimierung von I über b und V

Ist $< \mathbf{0}$ gültig („inaktive" Ungleichung), dann kann die Ungleichungsnebenbedingung für bestimmte $\mathbf{p}_R$ als ohnehin erfüllt betrachtet und weggelassen werden. Oberhalb des vorerwähnten Grenzfalls hat man weiterhin eine Gleichungsnebenbedingung zu beachten, unterhalb außer Acht zu lassen (nicht aber als Gleichungsnebenbedingung aufrechtzuerhalten). Zu beachten sind nur solche Ungleichungsnebenbedingungen, die für bestimmte $\mathbf{p}_R$ in der Form $= \mathbf{0}$ als erfüllt gelten („aktive" Nebenbedingungen).

Mittels einer Schlupfvariablen $\mathbf{v}$ kann die Ungleichungsnebenbedingung $\mathbf{h}(\mathbf{p}_R) \leq \mathbf{0}$ komponentenweise in Gleichungsnebenbedingungen $h_i(\mathbf{p}_R) + v_i^2 = 0$ übergeführt werden und die Optimierungsaufgabe als

$$I(\mathbf{p}_R) + \boldsymbol{\lambda}_c^T \mathbf{c}(\mathbf{p}_R) + \boldsymbol{\lambda}_h^T \mathbf{vec}[h_i(\mathbf{p}_R) + v_i^2] \rightarrow \min_{\mathbf{p}_R, \boldsymbol{\lambda}_c, \boldsymbol{\lambda}_h, \mathbf{v}} , \qquad \mathbf{v} \triangleq \mathrm{vec}\{v_i\} \tag{8.21}$$

dargestellt werden. Darin sind $\boldsymbol{\lambda}_c$ und $\boldsymbol{\lambda}_h$ vektorielle Lagrange-Multiplikatoren.

Der allgemeine Fall mit sowohl Gleichungs- als auch Ungleichungsnebenbedingungen muß als

$$[I(\mathbf{p}_R) + \boldsymbol{\lambda}^T \mathbf{c}(\mathbf{p}_R) + \boldsymbol{\mu}^T \mathbf{h}(\mathbf{p}_R)] \rightarrow \min_{\mathbf{p}_R, \boldsymbol{\lambda}, \boldsymbol{\mu}} \tag{8.22}$$

mit $\boldsymbol{\mu}$ als sogenanntem Kuhn-Tucker-Multiplikator gelöst werden; im Minimum hat notwendig

$$\frac{\partial[\,]}{\partial \mathbf{p}_R} = \mathbf{0}, \quad \frac{\partial[\,]}{\partial \boldsymbol{\lambda}} = 0, \quad \mathbf{h}(\mathbf{p}_R^\star) \leq \mathbf{0}, \quad \boldsymbol{\mu}^{\star T} \mathbf{h}(\mathbf{p}_R^\star) = \mathbf{0} \quad \text{und} \quad \boldsymbol{\mu}^\star \geq \mathbf{0} \tag{8.23}$$

zu gelten. Wenn eine Ungleichung „inaktiv" [„aktiv"] ist, dann muß die zugehörige Komponente μ_i von $\boldsymbol{\mu}$ gleich 0 sein [$\geq$ 0 sein].

Beispiel. Optimierung eines linearen Reglers mittels Parseval-Theorem: Eine Regelung mit I-Strecke und PT$_1$-Regler nach Abb. 8.2 hat einem Sollwertsprung $y_{ref}(t) = \sigma(t)$ optimal zu folgen; optimal nach dem ISE-Kriterium aus Tabelle 8.1

$$I_e = \int_0^\infty e^2(t)\, dt \rightarrow \min \qquad \text{unter der Nebenbedingung} \qquad I_{\dot{u}} = \int_0^\infty \dot{u}^2(t)\, dt \leq C\,. \tag{8.24}$$

Nach dem Parseval-Theorem und nach Gl.(8.13) resultiert

$$I_e = 0,5\frac{1+bVT}{bV} \qquad \text{und} \qquad I_{\dot{u}} = 0,5\frac{V^2}{T}\,. \tag{8.25}$$

Ohne Parseval-Theorem wäre die Integration im Zeitbereich (und auch jene im s-Bereich) sehr mühevoll.

Das Summenkriterium lautet

$$I = I_e + qI_{\dot{u}} = \frac{1}{2bV} + \frac{T}{2} + q(\frac{V^2}{2T} - C)\,. \tag{8.26}$$

Die notwendigen Minimumbedingungen liefern das Minimum

$$\frac{\partial I}{\partial V} = 0 \qquad \text{und} \qquad \frac{\partial I}{\partial T} \qquad \leadsto \qquad V^\star = \frac{1}{\sqrt{2b\sqrt{q}}} \qquad \text{und} \qquad T^\star = \sqrt{\frac{\sqrt{q}}{2b}}\,. \tag{8.27}$$

Das Minimum liegt in Abhängigkeit des Faktors (Kuhn-Tucker- bzw. Lagrange-Multiplikators) q vor. Unter Ausschöpfung der Nebenbedingung $I_{\dot{u}} = C$ ergibt sich $q = 0,25/(C^4b^2)^{0,33}$ und damit letztlich

$V^\star = (C/b)^{0,33}$ und $T^\star = 0,50/(Cb^2)^{0,33}$. Die optimale Auslegung von V und T bezüglich b ist durch den festen Zusammenhang $T^\star V^\star = 0,5/b$ gekennzeichnet, ungeachtet der Variationsbreite über q bzw. C. Der Vergleich mit dem bekannten Betragsoptimum (siehe etwa Band 1) zeigt in gegenständlicher Anwendung eine überraschende Ähnlichkeit; die Ergebnisse sind nämlich dieselben. □

8.8 Iterative Methoden

8.8.1 Jacobi-Matrix-Verfahren

Für beispielsweise $r = 2$ können die Funktionen $q_1(p_{R1}, p_{R2})$ und $q_2(p_{R1}, p_{R2})$ nach Gl.(8.15) als Flächen über der p_{R1}, p_{R2}-Ebene gedeutet werden. Diese Flächen schneiden sich in einer Raumkurve k. Die Suche nach den gemeinsamen Nullstellen $q_i = 0$ ist gleichbedeutend mit dem Durchstoßpunkt der Raumkurve k durch die p_{R1}, p_{R2}-Ebene.

Mit dem Newton-Raphson-Verfahren kann das System Gl.(8.15) iterativ dadurch gelöst werden, daß eine Taylor-Entwicklung angesetzt wird

$$q_i(p_{Rj,n+1}) = q_i(p_{Rj,n}) + \sum_{j=1}^{r} \frac{\partial q_i}{\partial p_{Rj}}(p_{Rj,n+1} - p_{Rj,n}) \qquad \forall\, i = 1,2...r, \quad j = 1,2...r\ . \tag{8.28}$$

Wird Gl.(8.28) zu null gesetzt, so bedeutet dies, daß für die n-te Annahme (den n-ten Schritt) an die Flächen q_1 und q_2 in $(p_{R1,n}, p_{R2,n})$ die Tangentialebenen gelegt werden. Von der Schnittgerade g der Tangentialebenen (als Ersatz von k) wird der Durchstoßpunkt mit der p_{R1}, p_{R2}-Ebene gesucht. Er liefert den Punkt $(p_{R1,n+1}, p_{R2,n+1})$ des $(n+1)$-ten Schritts. In vektorieller Darstellung ergibt sich schließlich

$$\Delta \mathbf{p}_{R,n} = \mathbf{p}_{R,n+1} - \mathbf{p}_{R,n} = -\mathbf{J}_n^{-1}\, \mathbf{q}(\mathbf{p}_{R,n})\ . \tag{8.29}$$

wobei

$$\mathbf{J}_n \triangleq \begin{pmatrix} \left.\frac{\partial q_1}{\partial p_{R1}}\right|_n & \left.\frac{\partial q_1}{\partial p_{R2}}\right|_n & \cdots & \left.\frac{\partial q_1}{\partial p_{Rr}}\right|_n \\ \vdots & \vdots & \ddots & \vdots \\ \left.\frac{\partial q_r}{\partial p_{R1}}\right|_n & \cdots & \cdots & \left.\frac{\partial q_r}{\partial p_{Rr}}\right|_n \end{pmatrix} \triangleq \left.\frac{\partial \mathbf{q}}{\partial \mathbf{p}_R^T}\right|_n \tag{8.30}$$

eine Jacobi-Matrix darstellt.

8.8.2 Gradienten-Verfahren

Auch mittels Gradientenverfahren kann eine Lösung gefunden werden. Eine Verbesserung von I um ΔI ist auch als

$$\Delta I = (\mathbf{grad}\ I)^T \Delta \mathbf{p}_R = (\frac{\partial I}{\partial \mathbf{p}_R})^T \Delta \mathbf{p}_R = (\frac{\partial I}{\partial p_{R1}} \quad \frac{\partial I}{\partial p_{R2}} \quad \cdots\cdots\cdots \quad \frac{\partial I}{\partial p_{Rr}})\Delta \mathbf{p}_R \tag{8.31}$$

anzuschreiben (*Hofer, E., und Lunderstädt, R., 1975*). Wird $\Delta \mathbf{p}_R$ proportional zu **grad** I gewählt, schreitet man in Richtung des Gradienten fort und erzielt die optimale Veränderung. Soferne dieser Ansatz ausgedehnt wird, und zwar auf

$$\Delta \mathbf{p}_R = \frac{\|\mathbf{p}_R\|_F}{\|\mathbf{grad}\ I\|_F}\ \mathbf{grad}\ I\ , \tag{8.32}$$

so ist in der Frobenius-Norm $\|\mathbf{p}_R\|_F$ jene Strecke im Parameterraum zum Ausdruck gebracht, die als $\mathbf{p}_R$ zur Verbesserung von I in Gradientenrichtung zurückgelegt wird.

8.8.3 Rechentechnische Besonderheiten

Um die Gefahr zu verringern, daß sich das Verfahren auf Nebenminima „verhängt", ist der Ausgang von mehreren Startwerten oder einem Suchmuster empfehlenswert.

Als Alternative kann das Complex-Verfahren dienen (*Kanarachos, A., 1978*). Statt eines Parametervektors wird eine „Wolke" hievon benützt. Jener Vektor aus der Wolke mit schlechtesten Gütewerten wird eliminiert; an seine Stelle tritt ein neuer Vektor, der etwa durch Spiegelung des eliminierten Punktes am Schwerpunkt der Wolke hervorgeht. Sollte der Spiegelpunkt schlechter sein als der eliminierte Punkt, so wird eine Kontraktion zum Schwerpunkt vorgenommen. Etliche Varianten davon sind gebräuchlich. Nichtlinearitäten erweisen sich erfreulicherweise als kaum störend.

Zur Suche nach den Extrempunkten eines Gütekriteriums bieten sich noch weitere Methoden (*Jacob, H.G., 1982; Feldbaum, A.A., 1962*) der numerischen Analysis an, etwa das Pattern-Search-Verfahren (*Hooke, R., and Jeeves, J.A., 1961*) oder die Evolutionsstrategie (*Rechenberg, I., 1973*). Verbindungen von LQ-Regelung und Polvorgabe vermittelt *Haddad, W.M., und Bernstein, D.S., 1992*.

8.9 Begrenzungen mit Funktionsnormen

Mit der Güte von Regelsystemen untrennbar verbunden sind noch verschiedene Formen einer Begrenzung. Dafür bieten sich einfache Beträge (wie im Band 1 ausgeführt) oder auch Funktionsnormen wie in diesem Kapitel an.

Beispiel. Begrenzungen der Stellgröße und Regelgröße: Wird die Stellgröße $u(t)$ der Strecke $G(s)$ begrenzt, und zwar gemäß $|u(t)| \leq u_m$, dann ergibt sich bei Wahl der Stellgröße von Rechteckform mit der Amplitude u_m und mit Nulldurchgängen, die gleich sind jenen der Gewichtsfunktion $g(t)$, nach dem Faltungssatz die größte Ausgangsgröße als $\max_t y(t)$. Damit die Ausgangsgröße $y(t)$ beschränkt ist als $|y(t)| \leq y_m$, läßt sich daher als notwendig und hinreichend bestätigen

$$|u(t)| \leq u_m \quad \Leftrightarrow \quad \int_0^\infty |g(\tau)| d\tau \leq \frac{y_m}{u_m}\,. \tag{8.33}$$

Für harmonische Eingangsgrößen $u(t) = u_m e^{j\omega t}$ erhält man $y(t) = G(j\omega) u_m e^{j\omega t}$ und die Beschränkungsbedingung der Ausgangsgröße verlangt $|G(j\omega)| u_m \leq y_m \;\; \forall \omega$. Da die harmonische Bewegung keineswegs die ungünstigste ist, ist die daraus folgende Bedingung nur notwendig

$$|u(t)| \leq u_m \quad \Rightarrow \quad \max_\omega |G(j\omega)| \leq \frac{y_m}{u_m} \tag{8.34}$$

oder es folgt mit Gl.(8.33) die Aussage $\max_\omega |G(j\omega)| \leq \int_0^\infty |g(\tau)| d\tau$. Unter Verwendung der Funktionsnormen

$$\|x\|_i \triangleq [\int_0^\infty |x(\tau)|^i d\tau]^{\frac{1}{i}} \qquad i \geq 1 \tag{8.35}$$

und Gleichungen aus der Tabelle 8.3 lassen sich die Gl.(8.33) und (8.34) umschreiben auf

$$\|u(t)\|_\infty \leq u_m \quad \Leftrightarrow \quad \|g(t)\|_1 \leq \frac{y_m}{u_m} \quad \Rightarrow \quad \|G(s)\|_\infty \leq \frac{y_m}{u_m}\,. \tag{8.36}$$

Man beachte, daß — bei Verwendung anderer aber ähnlicher Normen bezüglich der Eingangsgröße — für die Ausgangsgröße im Aussagewert verschiedene Bedingungen gelten, nämlich

$$\text{bei} \quad \|u(t)\|_1 \leq u_{m1} \quad \text{ist} \quad \|y(t)\|_1 \leq y_{m1} \quad \Leftrightarrow \quad \|g(t)\|_1 \leq \frac{y_{m1}}{u_{m1}} \tag{8.37}$$

$$\text{und bei} \quad \|u(t)\|_2 \leq u_{m2} \quad \text{ist} \quad \|y(t)\|_2 \leq y_{m2} \quad \Leftrightarrow \quad \|G(s)\|_\infty \leq \frac{y_{m2}}{u_{m2}} \tag{8.38}$$

(*Zames, G., 1966; Vidyasagar, M., 1978; Dourdoumas, N., 1987*). □

Kapitel 9

Optimale Regler fester Struktur

9.1 Optimaler Zustandsregler in Zeitbereichsdarstellung

Der Ansatz des Zustandsreglers $\mathbf{u}(t) = \mathbf{Kx}(t)$ verarbeitet alle Zustandsvariablen $x_i(t)$ und daher die vollständige Information über den Zustand der Regelstrecke (siehe Abb. 1.1 und 9.1). Die Linearität des optimalen Zustandsreglers $\mathbf{u} = \mathbf{Kx}$ folgt aus Gl.(20.13). Zur Ermittlung einer *optimalen* Auslegung des Reglers $\mathbf{K}$ ist eine Überlegung typisch, die dem Variationskalkül entspricht. Sie geht von der Behandlung der Strecke allein aus und nimmt kleine Abweichungen $\eta\mathbf{u}_{bel}(t)$ um die optimale Steuergröße $\mathbf{u}_{opt}(t)$ an.

Die Abb. 9.1 zeigt weiters die Bewertung mit einem Güteindex I aus Zustandsgröße $\mathbf{x}(t)$ und Stellgröße $\mathbf{u}(t)$ zur Ausregelung bestimmter Anfangsbedingungen bei fehlender äußerer Einwirkung

$$\dot{\mathbf{x}}(t) = \mathbf{Ax}(t) + \mathbf{Bu}(t) \ , \qquad \mathbf{u}_{opt} = \mathbf{Kx} \ . \tag{9.1}$$

Bei fester Strecke, also festen Matrizen $\mathbf{A}$ und $\mathbf{B}$, wird die quadratische Bewertung I anschreibbar zu

$$I = \int_0^\infty (\mathbf{x}^T\mathbf{Qx} + \mathbf{u}^T\mathbf{Ru})\, dt \ . \tag{9.2}$$

Wegen

$$\mathbf{u}(t) = \mathbf{u}_{opt}(t) + \eta\mathbf{u}_{bel}(t) \tag{9.3}$$

wird

$$\mathbf{x}(t) = \mathbf{x}(t; \eta, \mathbf{u}_{bel}; \mathbf{A}, \mathbf{B}, \mathbf{K}, \mathbf{Q}, \mathbf{R}) \tag{9.4}$$

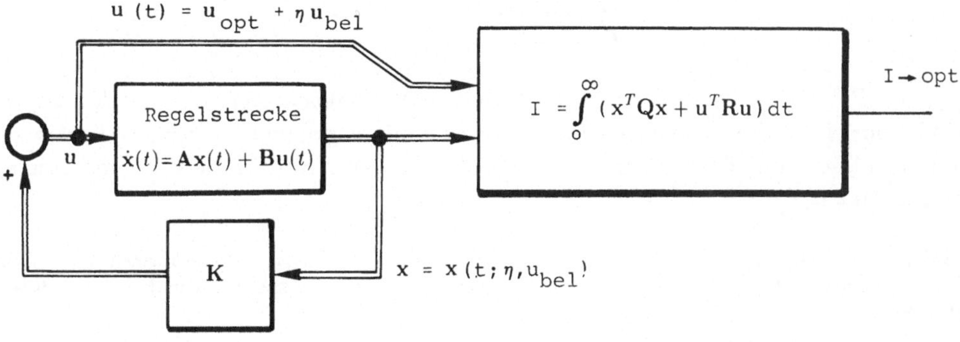

Abbildung 9.1: Bewertung eines optimalen Zustandsreglers

und nach Ausführung des Integrals Gl.(9.2)

$$I = I(\eta, \mathbf{u}_{bel}; \mathbf{A}, \mathbf{B}, \mathbf{K}, \mathbf{Q}, \mathbf{R}) \rightarrow \min_{\mathbf{K}} . \tag{9.5}$$

Der Wunsch $I \rightarrow$ opt führt nach der Formulierung der Variationsrechnung zu der Forderung

$$\frac{d}{d\eta} I(\eta, \mathbf{u}_{bel}; \mathbf{A}, \mathbf{B}, \mathbf{K}, \mathbf{Q}, \mathbf{R}) = 0 \qquad \text{bei} \quad \eta = 0 . \tag{9.6}$$

Die Verknüpfung der genannten Beziehungen liefert nach umfangreichen Zwischenrechnungen — siehe Gl.(20.21) — unabhängig von $\mathbf{u}_{bel}$ für den Regler $\mathbf{K}$ folgendes Ergebnis: Zu lösen ist zunächst die Matrizengleichung in $\mathbf{P}$, nämlich die Riccati-Gleichung

$$\mathbf{Q} + \mathbf{A}^T\mathbf{P} + \mathbf{P}\mathbf{A} - \mathbf{P}\mathbf{B}\mathbf{R}^{-1}\mathbf{B}^T\mathbf{P} = \mathbf{0} . \tag{9.7}$$

Mit der Lösung $\mathbf{P}$, die stets symmetrisch ist, wird der optimale Zustandsregler bestimmt zu

$$\mathbf{K} = -\mathbf{R}^{-1}\mathbf{B}^T\mathbf{P} . \tag{9.8}$$

Dieses Ergebnis ist von den Anfangsbedingungen $\mathbf{x}(0^+)$ unabhängig; eine für den technischen Einsatz entscheidende Voraussetzung (*Perkins, W.R., and Cruz, J.B., 1969*).

Die Lösungen aus Gl.(9.7), einem System von n^2 quadratischen algebraischen Gleichungen, können sehr mühevoll zu ermitteln sein. Ein Vorschlag von R.E. Kalman zur Näherung lautet, die Matrix $\mathbf{P}$ iterativ zu ermitteln und dazu in Gl.(9.7) die Null auf der rechten Seite als i-ten Iterationsschritt $-\Delta\mathbf{P}$ zu erklären (siehe auch Gl.(20.21) im zeitvarianten Fall) (*Noton, A.R.M., 1965; Pun,L., 1974; Zach, F., 1974*). Im einem späteren Kapitel wird die Gl.(9.7) als Gl.(20.21) nach der Hamilton-Theorie hergeleitet. Überdies wird nachgewiesen, daß bei quadratischen Kriterien aus allen möglichen Regleransätzen der lineare Zustandsregler-Ansatz der beste ist.

Die Optimierung kann auch auf strukturvariable Regler als Folge variabler Strecken ausgedehnt werden (*Kreitner, H., 1982*). Häufig bedient man sich des suboptimalen Prinzips nach *Kiendl, H., 1972*, das in der wiederholten Verkleinerung des jeweils restlichen Gütefunktionals besteht. Auch vorfilterähnliche Matrixvorsteuerungen sind in die Optimierungsansätze gut einzubeziehen (*Franke, D., 1980*). Der Entwurf nach der Riccati-Gleichung kann auch durch einen mit Polynom-Gleichungen ersetzt werden (*Casavola, A., et al., 1991*).

Zur gemeinsamen Lösung (Reglerentwurf und Regelkreisanalyse) wird verschiedentlich die sogenannte Hamilton-Matrix

$$\begin{pmatrix} \mathbf{A} & \mathbf{B}\mathbf{R}^{-1}\mathbf{B}^T \\ \mathbf{Q} & -\mathbf{A}^T \end{pmatrix} \in \mathcal{R}^{2n\times 2n} \tag{9.9}$$

verwendet. Bei der „vollständigen modalen Synthese" (*Roppenecker, G., und Kocher, P., 1988*) ist nur ein m-dimensionales Gleichungssystem für sogenannte invariante Parametervektoren zu lösen statt des $2n$-dimensionalen Gleichungssystems für die Eigenvektoren der Hamilton-Matrix.

Beispiel: Für eine I_2-Strecke $2/s^2$ liefert das Gütekriterium mit $Q_{11} = 1$, allen übrigen $Q_{ij} = 0$ und $\mathbf{R} = R_{11} = 1$ einen in Abb. 9.2 festgehaltenen PD-Regler. Die Angabe wird zunächst in den Zustandsraum übertragen

$$\mathbf{A} = \begin{pmatrix} 0 & 1 \\ 0 & 0 \end{pmatrix} , \quad \mathbf{B} = \begin{pmatrix} 0 \\ 2 \end{pmatrix} , \quad \mathbf{C} = (1 \ \ 0) . \quad \text{Daraus folgt} \quad \mathbf{P} = \begin{pmatrix} 1 & 0,5 \\ 0,5 & 0,5 \end{pmatrix} \tag{9.10}$$

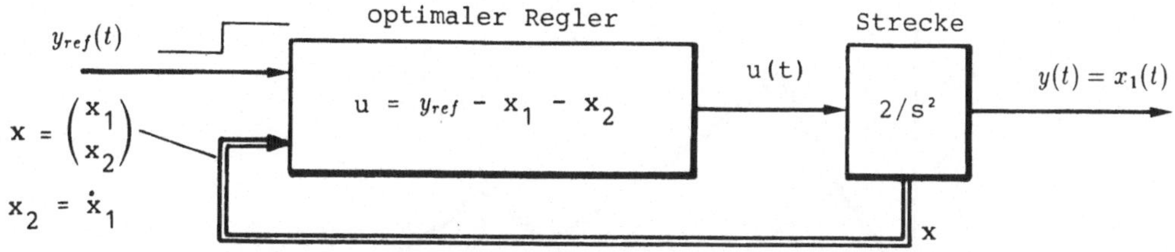

Abbildung 9.2: Optimaler Zustandsregler für die I_2-Strecke

als Lösung der Riccati-Gleichung Gl.(9.7). Sodann ergibt sich der optimale Regler zu

$$\mathbf{K} = -\mathbf{R}^{-1}\mathbf{B}^T\mathbf{P} = -(0 \;\; 2)\begin{pmatrix} 1 & 0,5 \\ 0,5 & 0,5 \end{pmatrix} = (-1 \;\; -1)\,. \tag{9.11}$$

Die Reaktion auf eine spezielle Sollwerteinwirkung lautet

$$y = \mathbf{C}\mathbf{x} = \mathbf{C}(s\mathbf{I} - \mathbf{A} - \mathbf{B}\mathbf{K})^{-1}\mathbf{x}(0^+) + \mathbf{C}(s\mathbf{I} - \mathbf{A} - \mathbf{B}\mathbf{K})^{-1}\mathbf{B}\mathbf{V}y_{ref} \triangleq \mathcal{L}\{y_{ho}(t) + y_{ih}(t)\}\,. \tag{9.12}$$

Für $\mathbf{x}(0^+) = \binom{3}{1,2}$ folgt bei $y_{ref} = 0$ die homogene Lösung zu

$$\begin{aligned} y_{ho}(s) &= \mathbf{C}(s\mathbf{I} - \mathbf{A} - \mathbf{B}\mathbf{K})^{-1}\mathbf{x}(0^+) = \mathbf{C}\begin{pmatrix} s & -1 \\ 2 & s+2 \end{pmatrix}^{-1}\mathbf{x}(0^+) = (1 \;\; 0)\frac{\begin{pmatrix} s+2 & 1 \\ -2 & s \end{pmatrix}}{s^2+2\,s+2}\begin{pmatrix} 3 \\ 1,2 \end{pmatrix} = \\ &= \frac{(s+2 \;\vdots\; 1)}{s^2+2\,s+2}\begin{pmatrix} 3 \\ 1,2 \end{pmatrix} = \frac{3(s+2)+1,2}{s^2+2\,s+2} = \frac{3(s+1)+4,2}{(s+1)^2+1} \qquad (9.13) \\ y_{ho}(t) &= e^{-t}(4,2\sin t + 3\cos t) \qquad t \geq 0\,, \qquad (9.14) \end{aligned}$$

weiters für $y_{ref} = \sigma(t)$, $y_{ref}(s) = \frac{1}{s}$ und wegen der erforderlichen Vorfilterdimensionierung $\mathbf{V} = 1$ und Anfangsbedingung 0

$$y_{ih}(s) = \frac{2}{(s+1)^2+1}\frac{1}{s} = \mathcal{L}\{1 - e^{-t}(\cos t + \sin t)\} \tag{9.15}$$

schließlich

$$y(t) = y_{ho}(t) + y_{ih}(t) = 1 + e^{-t}(3,2\sin t + 2\;\cos t) \qquad t \geq 0 \quad \text{und} \tag{9.16}$$

$$\left.\frac{dy}{dt}\right|_{t=t^\star} = 0 \quad \rightsquigarrow \quad t^\star = 0,23;\; 3,37;\; \ldots \;\; \text{mit} \;\; y(t^\star) = 3,13;\; 0,91;\; \ldots\,, \tag{9.17}$$

siehe Abb. 9.4 letztes Oszillogramm.

Die Abhängigkeit des erzielbaren Optimums I_{opt} von $\mathbf{x}(0)$ ist in Abb. 9.3 gezeigt. Das Ergebnis des optimalen Reglers ist zwar das jeweils beste, die Optima I_{opt} sind untereinander jedoch nicht gleich.

Bei Sprungeinwirkung $y_{ref}(t) = \sigma(t)$ ist die Lösung $y(t)$ identisch mit den speziellen Anfangsbedingungen $x_1(0) = 1$ und $x_2(0) = \dot{x}_1(0) = 0$; es kommt gar keine Regelabweichung zustande, Stellgröße ist keine vonnöten. In diesem Trivialfall verschwindet naturgemäß I_{opt}.

Oszillogramme $y(t)$ für verschiedene $\mathbf{x}(0)$ zeigt die Abb. 9.4. □

9.2 Optimaler Regler in Frequenzbereichdarstellung

Ausgegangen wird von dem Gütefunktional Gl.(9.2). Dieses kann alternativ auch auf das Ausgangssignal $\mathbf{y}(t)$ angewendet werden, wenn $\mathbf{C}^T\mathbf{Q}_y\mathbf{C} = \mathbf{Q}$ und $\mathbf{y}(t) = \mathbf{C}\mathbf{x}(t)$ gesetzt wird; dann erstreckt sich das Integral über den Integrandenteil $\mathbf{y}^T(t)\mathbf{Q}_y\mathbf{y}(t)$.

Aus den Gleichungen der Regelstrecke im Zustandsraum, Gl.(1.1) und (1.2) für $\mathbf{D} = \mathbf{0}$, kann der Ausdruck

$$\mathbf{y}(s) = \mathbf{C}(s\mathbf{I} - \mathbf{A})^{-1}\mathbf{B}\mathbf{u}(s) \triangleq \mathbf{Z}\mathbf{N}^{-1}\mathbf{u}(s) \tag{9.18}$$

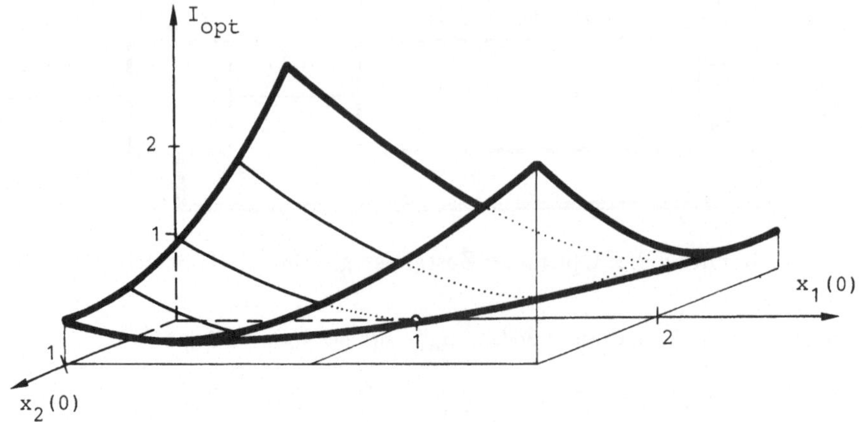

Abbildung 9.3: Abhängigkeit des Gütekriteriums-Optimalwerts von den Anfangswerten

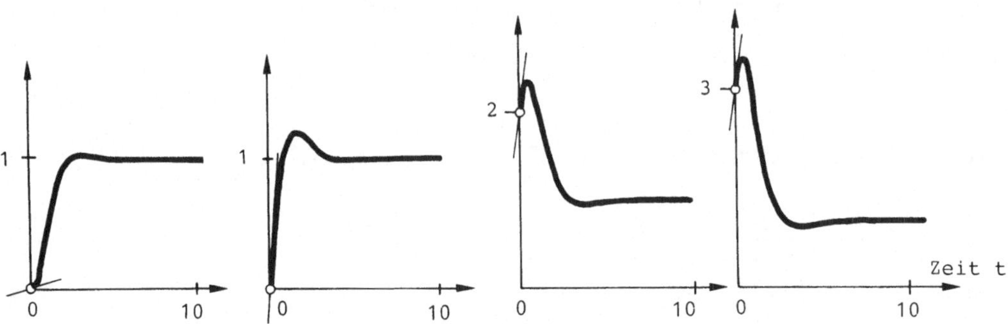

Abbildung 9.4: Einige Sprungantworten $y(t)$ der optimalen Regelung

entwickelt werden, wobei zwei Polynommatrizen in s, nämlich $\mathbf{Z}(s)$ und $\mathbf{N}(s)$ definiert wurden[1]. Der Zustandsregler wird mit den konstanten Matrizen $\mathbf{K}$ und $\mathbf{V}$ als

$$\mathbf{u}(s) = \mathbf{K}\mathbf{x}(s) + \mathbf{V}\mathbf{y}_{ref}(s) \tag{9.19}$$

angesetzt. Aus dem Laplacebild von Gl.(1.1) folgt

$$\mathbf{x}(s) = (s\mathbf{I} - \mathbf{A})^{-1}\mathbf{B}\mathbf{u}(s) \ . \tag{9.20}$$

Kombination mit Gl.(9.19) bei Eliminierung von $\mathbf{x}(s)$ liefert

$$\mathbf{u}(s) = [\mathbf{I} - \mathbf{K}(s\mathbf{I} - \mathbf{A})^{-1}\mathbf{B}]^{-1}\mathbf{V}\mathbf{y}_{ref}(s) \ . \tag{9.21}$$

Einsetzen von Gl.(9.21) in Gl.(9.18) führt auf die Ausdrücke

$$\mathbf{y}(s) = \mathbf{Z}\underbrace{\mathbf{N}^{-1}[\mathbf{I} - \mathbf{K}(s\mathbf{I} - \mathbf{A})^{-1}\mathbf{B}]^{-1}}_{\triangleq \mathbf{N}_{cl}^{-1}}\mathbf{V}\mathbf{y}_{ref} \triangleq \mathbf{Z}\mathbf{N}_{cl}^{-1}\mathbf{V}\mathbf{y}_{ref}(s) = \mathbf{Z}\mathbf{N}^{-1}\mathbf{u}(s) \tag{9.22}$$

und[2]

$$\mathbf{u}(s) = \mathbf{N}\mathbf{N}_{cl}^{-1}\mathbf{V}\mathbf{y}_{ref}(s) \ . \tag{9.23}$$

[1] Das Argument s wird weggelassen, soferne keine Verwechslungsgefahr besteht.
[2] Der Index $_{cl}$ verweist auf closed loop.

Die Polstellen des Regelkreises werden somit aus den Nullstellen von $\det \mathbf{N}_{cl}$ zu folgern sein[3]. Der Vergleich der Gln.(9.21) und (9.23) zeigt

$$[\mathbf{I}-\mathbf{K}(s\mathbf{I}-\mathbf{A})^{-1}\mathbf{B}]^{-1} = \mathbf{N}\mathbf{N}_{cl}^{-1} \quad \leadsto \quad \mathbf{I}-\mathbf{K}(s\mathbf{I}-\mathbf{A})^{-1}\mathbf{B} = \mathbf{N}_{cl}\mathbf{N}^{-1}\ , \tag{9.24}$$

gleichgültig welches Vorfilter $\mathbf{V}$ gewählt wird.

Aus der Riccati-Gleichung Gl.(9.7) wird durch Veränderung im Vorzeichen und Addition sowie Subtraktion von $s\mathbf{P}$ folgender Ausdruck gewonnen und weiterentwickelt

$$-\mathbf{PA}-\mathbf{A}^T\mathbf{P}+\mathbf{PBR}^{-1}\mathbf{B}^T\mathbf{P}-\mathbf{C}^T\mathbf{Q}_y\mathbf{C}+s\mathbf{P}-s\mathbf{P}=\mathbf{0} \tag{9.25}$$

$$\mathbf{P}(s\mathbf{I}-\mathbf{A})+(-s\mathbf{I}-\mathbf{A}^T)\mathbf{P}+\mathbf{PBR}^{-1}\mathbf{B}^T\mathbf{P}=\mathbf{C}^T\mathbf{Q}_y\mathbf{C} \tag{9.26}$$

$$\mathbf{B}^T(-s\mathbf{I}-\mathbf{A}^T)^{-1}\ \times\ |\quad \text{obige Gleichung}\quad |\ \times\ (s\mathbf{I}-\mathbf{A})^{-1}\mathbf{B} \tag{9.27}$$

$$\mathbf{B}(-s\mathbf{I}-\mathbf{A}^T)^{-1}\underbrace{\mathbf{PB}}_{-\mathbf{K}^T\mathbf{R}}+\underbrace{\mathbf{B}^T\mathbf{P}}_{-\mathbf{RK}}(s\mathbf{I}-\mathbf{A})^{-1}\mathbf{B}+\mathbf{B}^T(-s\mathbf{I}-\mathbf{A}^T)^{-1}\underbrace{\mathbf{PB}}_{-\mathbf{K}^T\mathbf{R}}\underbrace{\mathbf{R}^{-1}\mathbf{B}^T\mathbf{P}}_{-\mathbf{K}}(s\mathbf{I}-\mathbf{A})^{-1}\mathbf{B}=$$

$$=\mathbf{B}^T(-s\mathbf{I}-\mathbf{A}^T)^{-1}\mathbf{C}^T\mathbf{Q}_y\mathbf{C}(s\mathbf{I}-\mathbf{A})^{-1}\mathbf{B}\ . \tag{9.28}$$

Die Umformung auf den Produktausdruck der folgenden linken Gleichungsseite ist leicht zu bestätigen

$$[\mathbf{I}-\mathbf{B}^T(-s\mathbf{I}-\mathbf{A}^T)^{-1}\mathbf{K}^T]\mathbf{R}\underbrace{[\mathbf{I}-\mathbf{K}(s\mathbf{I}-\mathbf{A})^{-1}\mathbf{B}]}_{\mathbf{N}_{cl}\mathbf{N}^{-1}}=\mathbf{B}^T(-s\mathbf{I}-\mathbf{A}^T)^{-1}\mathbf{C}^T\mathbf{Q}_y\mathbf{C}(s\mathbf{I}-\mathbf{A})^{-1}\mathbf{B}+\mathbf{R}\ . \tag{9.29}$$

- Der zweite der obigen Ausdrücke in eckiger Klammer ergibt sich laut Gl.(9.24). Für den ersten Ausdruck in eckiger Klammer kann wie folgt durch Transponierung und durch Ersetzen von s durch $-s$ entwickelt werden

$$\mathbf{I}-\mathbf{K}(s\mathbf{I}-\mathbf{A})^{-1}\mathbf{B}=\mathbf{N}_{cl}\mathbf{N}^{-1} \quad \leadsto \quad \mathbf{I}-\mathbf{B}^T(s\mathbf{I}-\mathbf{A}^T)^{-1}\mathbf{K}^T=\mathbf{N}^{T,-1}(s)\mathbf{N}_{cl}^T(s) \tag{9.30}$$

$$\leadsto \quad \mathbf{I}-\mathbf{B}^T(-s\mathbf{I}-\mathbf{A}^T)^{-1}\mathbf{K}^T=\mathbf{N}^{T,-1}(-s)\ \mathbf{N}_{cl}^T(-s)\triangleq\mathbf{N}^{R,-1}\ \mathbf{N}_{cl}^R\ . \tag{9.31}$$

Das hochgestellte ^{R} wird für reflektiertes Argument gebraucht, also für Vertauschung des Vorzeichens von s bei gleichzeitiger Transponierung.

- In ähnlicher Weise läßt sich für die rechte Seite von Gl.(9.29) herleiten

$$\mathbf{y}(s)=\mathbf{C}(s\mathbf{I}-\mathbf{A})^{-1}\mathbf{Bu}(s)=\mathbf{ZN}^{-1}\mathbf{u}(s) \quad \leadsto \quad \mathbf{C}(s\mathbf{I}-\mathbf{A})^{-1}\mathbf{B}=\mathbf{Z}(s)\mathbf{N}^{-1}(s) \tag{9.32}$$

$$\leadsto \quad \mathbf{B}^T(-s\mathbf{I}-\mathbf{A}^T)^{-1}\mathbf{C}^T=\mathbf{N}^{T,-1}(-s)\mathbf{Z}^T(-s)=\mathbf{N}^{R,-1}\mathbf{Z}^R\ . \tag{9.33}$$

Mit beiden Entwicklungen folgt aus Gl.(9.29)

$$\mathbf{N}^{R,-1}\mathbf{N}_{cl}^R\mathbf{R}\mathbf{N}_{cl}\mathbf{N}^{-1}=\mathbf{N}^{R,-1}\mathbf{Z}^R\mathbf{Q}_y\mathbf{Z}\mathbf{N}^{-1}+\mathbf{R} \tag{9.34}$$

oder schließlich

$$\mathbf{N}_{cl}^R\mathbf{R}\mathbf{N}_{cl}=\mathbf{Z}^R\mathbf{Q}_y\mathbf{Z}+\mathbf{N}^R\mathbf{R}\mathbf{N}\ . \tag{9.35}$$

Diese Gleichung entspricht dem noch unbekannten Optimalregler $\mathbf{K}$ samt der Riccati-Gleichung in $\mathbf{P}$, sie ist nach der unbekannten Matrix $\mathbf{N}_{cl}$ in s aufzulösen. Auf der rechten Seite von Gl.(9.35) stehen symmetrische Matrizen, wenn die Vorzeichenumkehr in s mitbeachtet wird.

[3]Die Matrizen $\mathbf{A}$, $\mathbf{B}$, $\mathbf{C}$, $\mathbf{Q}$, $\mathbf{Q}_y$, $\mathbf{R}$, $\mathbf{R}_o$, $\mathbf{K}$, $\mathbf{P}$ und $\mathbf{V}$ sind konstant (frequenzunabhängig), hingegen sind die folgenden Matrizen s-abhängig: $\mathbf{Z}$, $\mathbf{N}$, $\mathbf{N}_{cl}, \mathbf{\Lambda}, \mathbf{\Lambda}_o$.

Im allgemeinen führt das Problem auf ein System von zwei Diophantischen Gleichungen, d.h. auf Diophantische Gleichungen in Polynom-Matrizen, siehe *Hunt, K.J., et al., 1987; Grimble, M.J., 1987; Kučera, V., 1983; Mosca, E., et al. 1990.*

Die Symmetrie[4] auf der rechten Seite kann dazu dienen, durch geeignete Multiplikation mit einer unimodularen[5] Matrix **U** Diagonalität zu erzwingen. Dann folgt wegen der Symmetrie auf der rechten Seite

$$\mathbf{U}\mathbf{N}_{cl}^R\mathbf{R}_o^T\mathbf{R}_o\mathbf{N}_{cl}\mathbf{U}^R = \mathbf{U}(\mathbf{Z}^R\mathbf{Q}\mathbf{Z} + \mathbf{N}^R\mathbf{R}\mathbf{N})\mathbf{U}^R \triangleq \mathbf{\Lambda}(s) \triangleq \mathbf{\Lambda}_o^R\mathbf{\Lambda}_o \tag{9.36}$$

$$\mathbf{U}\mathbf{N}_{cl}^R\mathbf{R}_o^T \quad (\mathbf{U}\mathbf{N}_{cl}^R\mathbf{R}_o^T)^R = \mathbf{\Lambda}_o^R(s)\mathbf{\Lambda}_o(s) \tag{9.37}$$

$$\mathbf{R}_o\mathbf{N}_{cl}\mathbf{U}^R = \mathbf{\Lambda}_o \; . \tag{9.38}$$

Die Determinante $\det \mathbf{\Lambda}$ der Diagonalmatrix $\mathbf{\Lambda}$ hat ihre Nullstellen spiegelbildlich zur imaginären Achse der s-Ebene. Die Pole der Diagonalmatrix $\mathbf{\Lambda}_o$ entsprechen den Polstellen des Regelkreises. Das Ergebnis kann schließlich angeschrieben werden als

$$\mathbf{N}_{cl} = \mathbf{R}_o^{-1}\mathbf{\Lambda}_o\mathbf{U}^{R,-1} \; . \tag{9.39}$$

Beispiel: Für das Beispiel laut Abb. 9.2 gilt wegen $y(s) = x_1(s) = \frac{2}{s^2}u(s)$ für die Übertragungsfunktion $G(s) = \frac{2}{s^2}$ und $\mathbf{Q} = \begin{pmatrix} 1 & 0 \\ 0 & 0 \end{pmatrix}$, $\mathbf{Q}_y = 1$, $\mathbf{R} = r = 1$. Der erste Integrand im Beispiel mit Gl.(9.11) ist auf Gl.(9.2) aufgebaut und als $\mathbf{x}^T\mathbf{Q}\mathbf{x}$ angesetzt. Dem ist $\mathbf{y}^T\mathbf{Q}_y\mathbf{y}$ dann gleichwertig, wenn wegen $\mathbf{y} = \mathbf{C}\mathbf{x}$ die Beziehung $\mathbf{C}^T\mathbf{Q}_y\mathbf{C} = \mathbf{Q}$ gilt. Es folgt $\mathbf{Z} = 2$, $\mathbf{N} = s^2$. Aus Gl.(9.35) ergibt sich

$$\mathbf{N}_{cl}^R\mathbf{N}_{cl} = \mathbf{Z}^R\mathbf{Q}_y\mathbf{Z} + \mathbf{N}^R\mathbf{R}\mathbf{N} = 4 + s^4 \; . \tag{9.40}$$

Der Ansatz $\mathbf{N}_{cl} = a + bs + cs^2$ führt auf $a = 2,\ b = 2,\ c = 1$ und auf $\mathbf{N}_{cl} = 2 + 2s + s^2$.

Aus der Definitionsgleichung für $\mathbf{N}_{cl}$, nämlich $[\mathbf{I} - \mathbf{K}(s\mathbf{I} - \mathbf{A})^{-1}\mathbf{B}]\mathbf{N} = \mathbf{N}_{cl}$, folgt durch Gleichsetzung mit obigem Ergebnis von $\mathbf{N}_{cl}$

$$[\mathbf{I} - (K_1 \quad K_2)\frac{1}{s^2}\begin{pmatrix} s & 1 \\ 0 & s \end{pmatrix}\begin{pmatrix} 0 \\ 2 \end{pmatrix}]s^2 = \mathbf{N}_{cl} = 2 + 2s + s^2 \tag{9.41}$$

oder durch Koeffizientenvergleich $K_1 = -1,\ K_2 = -1$. Das Verhalten des Regelkreises ist durch

$$\frac{y(s)}{y_{ref}(s)} = \frac{1}{1 + s + s^2/2} \quad \text{oder durch} \quad \omega_N = \sqrt{2},\ D = \sqrt{2}/2 \tag{9.42}$$

charakterisiert. Das Vorfilter $V = 1$ ist möglich.

Für ein alternatives $R = 0,25$ folgt $\mathbf{P} = 0,25\begin{pmatrix} 4/\sqrt{2} & 1 \\ 1 & 1/\sqrt{2} \end{pmatrix}$ sowie $\mathbf{N}_{cl} = 4 + 2\sqrt{2}\ s + s^2$ sowie $\mathbf{K} = (-2 \quad -\sqrt{2})$ und $V = 2$. Für manche Anwendung ist die differentielle Sensitivität der Reglermatrix $\mathbf{K}$ auf Änderungen in der Zustandsmatrix $\Delta\mathbf{A}$ interessant. Wird $\mathbf{K}$ durch $\Delta\mathbf{K}$ ersetzt und die veränderte Angabe $\mathbf{A} + \Delta\mathbf{A}$ verwendet, so ergibt sich in $\Delta\mathbf{K}$ eine Lyapunov-Gleichung in $\Delta\mathbf{P}$

$$(\mathbf{A}^T - \mathbf{K}\mathbf{B}\mathbf{Q}^{-1}\mathbf{B}^T)\Delta\mathbf{K} + \Delta\mathbf{K}(\mathbf{A} - \mathbf{B}\mathbf{Q}^{-1}\mathbf{B}^T\mathbf{K}) + (\Delta\mathbf{A}^T\mathbf{K} + \mathbf{K}\Delta\mathbf{A}) = \mathbf{0} \; . \tag{9.43}$$

Bei $\Delta\mathbf{A} = \begin{pmatrix} 0 & 0,1 \\ 0 & 0 \end{pmatrix}$ resultiert $\Delta\mathbf{K} = (0 \ \vdots \ \sqrt{2} - \sqrt{2,2})$. □

Nach der Definition von $\mathbf{N}_{cl}$ läßt sich zeigen, daß $|\det \mathbf{N}_{cl}(s)| > 1$ gilt, d.h., daß bei Eingrößenregelungen die Ortskurve von $1 - \mathbf{K}(s\mathbf{I} - \mathbf{A})^{-1}\mathbf{B}$ nicht in die Einheitskreisscheibe

[4] Jede positiv definite Matrix $\mathbf{R}$ kann wegen $\mathbf{u}^T\mathbf{R}\mathbf{u} > 0$ und $\mathbf{u}_1\mathbf{R}_o^T\mathbf{R}_o\mathbf{u}_1 = \|\mathbf{R}_o\mathbf{u}_1\|_F^2 > 0$ in $\mathbf{R} \triangleq \mathbf{R}_o^T\mathbf{R}_o$ zerlegt werden.

[5] Eine unimodulare Matrix besitzt defnitionsgemäß eine von s unabhängige Determinante.

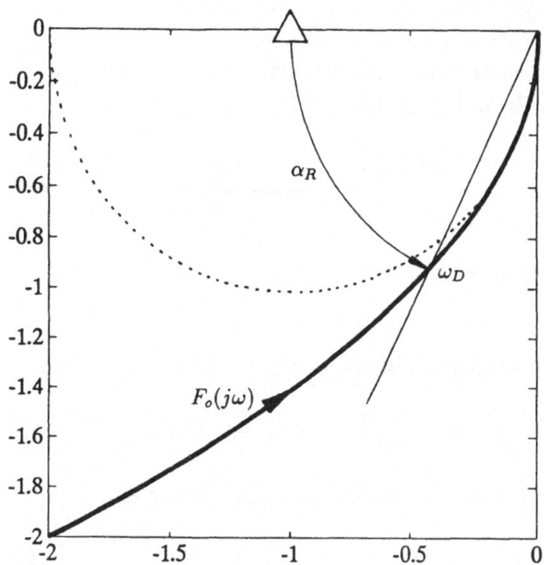

Abbildung 9.5: Ortskurve von $F_o(j\omega)$ für die optimale Regelschleife

eindringt (*MacFarlane, A.G.J., 1970*) oder $-\mathbf{K}(s\mathbf{I}-\mathbf{A})^{-1}\mathbf{B}$ nicht in die Einheitskreisscheibe um den Nyquist-Punkt; siehe auch Abb. 9.5. Der Phasenrand ist daher größer als 60°.

Für das Beispiel laut Abb. 9.2 folgt mit $\mathbf{\Phi}(s) = \frac{1}{s^2}\begin{pmatrix} s & 1 \\ 0 & s \end{pmatrix}$ die Regelschleifenübertragungsfunktion zu

$$F_o(s) = -\mathbf{K}\,\mathbf{\Phi}(s)\,\mathbf{B} = \frac{2(1+s)}{s^2} \quad \rightsquigarrow \quad F_o(j\omega) = -\frac{2}{\omega^2} - j\frac{2}{\omega}\,. \tag{9.44}$$

Die Ortskurve von $F_o(j\omega)$ ist eine Parabel zweiter Ordnung mit dem Scheitel im Ursprung und dem Brennpunkt bei $(-0,5+j0)$ (Abb. 9.5). Aus $|F_o(j\omega_D)| = 1$ folgt die Durchtrittsfrequenz ω_D zu $\sqrt{2+\sqrt{8}} = 2,197$ rad/Sekunde und der Phasenrand $\alpha_R = \arctan\ 2,197 = 65,5^o$. □

9.3 Optimaler diskreter Zustandsregler

Die im Kapitel über Stabilität nichtlinearer Regelungen angegebene Stabilitätsformulierung kann im Falle von $m = \dim \mathbf{u} = n$ auch zur Synthese eines optimalen Reglers herangezogen werden (*Sage, A.P., and White, Ch.C.III, 1977; Jacobs, O.L.R., 1977*).

Für das diskrete System nach Gl.(4.88)

$$\mathbf{x}(k+1) = \mathbf{\Phi}(T)\mathbf{x}(k) + \mathbf{\Psi}(T)\mathbf{u}(k) \tag{9.45}$$

lautet eine quadratisch angesetzte Lyapunov-Funktion (entsprechend mit $\mathbf{P} = \mathbf{P}^T$)

$$V[\mathbf{x}(k+1)] = \mathbf{x}^T(k+1)\mathbf{P}\mathbf{x}(k+1)\,. \tag{9.46}$$

Die Abnahme von $V[\mathbf{x}(k+1)]$ gegenüber $V[\mathbf{x}(k)]$ beträgt

$$\Delta V = \mathbf{x}^T(k+1)\mathbf{P}\mathbf{x}(k+1) - \mathbf{x}^T(k)\mathbf{P}\mathbf{x}(k) = \tag{9.47}$$

$$= \mathbf{x}^T(k)(\mathbf{\Phi}^T\mathbf{P}\mathbf{\Phi} - \mathbf{P})\mathbf{x}(k) + \mathbf{u}^T(k)\mathbf{\Psi}^T\mathbf{P}\mathbf{\Phi}\mathbf{x}(k) + \mathbf{x}^T(k)\mathbf{\Phi}^T\mathbf{P}\mathbf{\Psi}\mathbf{u}(k) + \mathbf{u}^T(k)\mathbf{\Psi}^T\mathbf{P}\mathbf{\Psi}\mathbf{u}(k)\,. \tag{9.48}$$

Nun wird jenes $\mathbf{u}(k)$ gesucht, für welches ΔV maximiert wird. Es werden also komponentenweise die Differentialquotienten nach u_i genommen und zu einem neuen Vektor, dem Gradienten, aufgebaut und null gesetzt. Mit Benützung der Differentiationsregeln $\frac{\partial}{\partial \mathbf{u}}(\mathbf{u}^T\mathbf{h}) = \frac{\partial}{\partial \mathbf{u}}(\mathbf{h}^T\mathbf{u}) = \mathbf{h}$ und $\frac{\partial}{\partial \mathbf{u}}\mathbf{u}^T\mathbf{H}\mathbf{u} = (\mathbf{H}+\mathbf{H}^T)\mathbf{u}$ ergibt sich

$$\mathbf{u} = -\mathbf{H}^{-1}\mathbf{\Psi}^T\mathbf{P}\mathbf{\Phi}\mathbf{x} = \underbrace{-(\mathbf{\Psi}^T\mathbf{P}\mathbf{\Psi})^{-1}\mathbf{\Psi}^T\mathbf{P}\mathbf{\Phi}}_{\hat{=}\mathbf{K}}\,\mathbf{x} = \mathbf{K}\mathbf{x}\,. \tag{9.49}$$

Zum Vergleich siehe auch Gl.(20.72).

Beispiel. Optimaler Abtastregler : Zu bestimmen ist der digitale Riccati-Regler für die Angabe

$$\mathbf{\Phi} = \begin{pmatrix} 1 & T \\ 0 & 1 \end{pmatrix}, \quad \mathbf{\Psi} = \begin{pmatrix} T^2 \\ 2T \end{pmatrix}, \quad \mathbf{C} = (1 \ \ 0), \quad \mathbf{Q} = \begin{pmatrix} 4 & 0 \\ 0 & 0 \end{pmatrix}, \quad \mathbf{R} = R = 1\,. \tag{9.50}$$

Die Angabe baut auf dem kontinuierlichen Systemteil bestehend aus

$$G(s) = \frac{2}{s^2} \quad \text{oder} \quad \mathbf{A} = \begin{pmatrix} 0 & 1 \\ 0 & 0 \end{pmatrix} \quad \mathbf{b} = \begin{pmatrix} 0 \\ 2 \end{pmatrix} \quad \mathbf{C} = (1 \ \ 0) \tag{9.51}$$

und einem Halteglied $G_{ho}(s)$ auf. Gemäß den Gln.(20.71) und (20.72) folgt für $T = 1$

$$\mathbf{P} = \begin{pmatrix} 8 & 2 \\ 2 & 1,5 \end{pmatrix}, \quad \mathbf{K} = (-1 \ \vdots \ -1)\,, \quad V = [\mathbf{C}(\mathbf{I}-\mathbf{\Phi}-\mathbf{\Psi}\mathbf{K})^{-1}\mathbf{\Psi}]^{-1} = 1 \tag{9.52}$$

$$T(z) = \mathbf{C}(z\mathbf{I}-\mathbf{\Phi}-\mathbf{\Psi}\mathbf{K})^{-1}\mathbf{\Psi}V = \frac{1+z}{1-3z+4z^2} = \frac{1+z}{4(z-0,375-j0,331)(z-0,375+j0,331)}\,. \quad \square \tag{9.53}$$

Kapitel 10

Optimale Steuerungen und Regelungen bei freier Struktur

Die Optimierung von Reglern freier Struktur im Zusammenwirken mit gegebenen Regelstrecken ist ein Gebiet, das bei erschöpfender Behandlung den Rahmen hoher industrieller Anwendungshäufigkeit verläßt. Der Regelungstechniker kann aber dennoch in entscheidenden Sonderfällen mit dieser Thematik konfrontiert werden. Ein Abriß der wichtigsten Optimierungsmethoden, der Zusammenhänge untereinander sowie eine Wertung aus der Sicht des industriellen Anwenders erweist sich deshalb als nützlich.

Aus methodischen Überlegungen und wegen der Anschaulichkeit wird das Gradientenverfahren als Leitfaden der Erklärungen verwendet. Die Frage der Nutzung der allgemeinen Optimierungsergebnisse für Regelungen ist nicht unumstritten: Die Resultate sind von konkreten Anfangs-(Rand-)Bedingungen abhängig; die die Optimierung entscheidend mitgestaltenden Störgrößen sind sehr unterschiedlich erfaßbar; die Rechenzeit zur Berechnung der Optimalstellgröße (auf plötzliche Veranlassung) ist nicht vernachlässigbar, es sei denn, man berechnet und speichert prädiktiv eine große Anzahl von Stellgrößenvarianten; schließlich benötigt der Prozeß — zusätzlich zur eigentlichen Optimierungsbehandlung — zumeist einen Hintergrundregler, der den Optimierungsalgorithmus nach Erledigung der Optimierungsaufgabe abschaltet und der auf die Einhaltung des Endzustandes ausgelegt ist.

10.1 Gradientenverfahren. Prinzipielles

Das Gradientenverfahren zur Optimierung der Stellgröße $u(t)$ an einer vorgegebenen (nichtlinearen, nicht-autonomen) Regelstrecke mit dem nichtlinearen Differentialgleichungssystem

$$\dot{\mathbf{x}}(t) = \mathbf{g}(\mathbf{x}, u, t) \qquad \mathbf{x}(0^+) = \mathbf{x}_o \tag{10.1}$$

geht von einer ersten Annahme $u(t)$ aus, die im Prinzip willkürlich gewählt werden kann. Zur Erzielung günstiger Rechenzeiten und Vermeidung unnötiger Konvergenzschwierigkeiten wird man von klassischen Entwurfsergebnissen ausgehen. Ohne explizites t in $\mathbf{g}(t)$ wäre das System autonom (zeitinvariant). Das Zeitintervall, in dem eine Regelung zu optimieren ist, erstrecke sich von einem Anfangszustand $t = t_o = 0$ bis zu einem Endzustand $t = t_f$. Für jede Wahl $u(t)$ liefert Gl.(10.1) bei vorgegebenem $\mathbf{x}_o$ ein einziges $\mathbf{x}(t)$ und ein ganz bestimmtes Gütekriterium $I(u, \mathbf{x}_o)$; je nach Problemstellung kann auch die obere Grenze t_f den Wert I mitbestimmen.

10.2 Adjungierte Variable

Die erste Teilaufgabe besteht darin, die Auswirkung einer Änderung oder Variation $\delta u(t)$ auf $\mathbf{x}(t)$ und I zu ermitteln. Das Gütefunktional ist von diesen $\delta u(t)$ abhängig; neben der Abhängigkeit von Anfangsbedingungen. Zur Feststellung der Auswirkung wird die Gl.(10.1) in der Umgebung der Lösung $\mathbf{x}(t)$ unter der ersten Annahme $u(t)$ erweitert auf

$$\dot{\mathbf{x}} + \delta\dot{\mathbf{x}} = \mathbf{g}(\mathbf{x} + \delta\mathbf{x},\ u + \delta u,\ t) \tag{10.2}$$

oder — als Vorstufe zu einer Matrizenschreibweise —

$$\frac{d}{dt}\delta x_i(t) = \sum_{j=1}^{n} \frac{\partial g_i}{\partial x_j}\bigg|_{x_{jo}} \delta x_j(t) + \frac{\partial g_i}{\partial u}\bigg|_{u_o} \delta u(t) \qquad \forall i = 1, 2...n\ . \tag{10.3}$$

Die Gl.(10.3) ist ein durch Linearisierung mit Taylor-Entwicklung gewonnenes System linearer Differentialgleichungen in $\delta x_i(t)$ mit konstanten Koeffizienten. Sie lauten $\partial g_i/\partial x_j$ und $\partial g_i/\partial u$ im Betriebspunkt x_{jo} bzw. u_o und entsprechen einer Jacobi-Matrix.

Die sogenannten adjungierten Variablen $\lambda_i(t)$ sind weitere neudefinierte n Variable zu den n Zustandsvariablen; sie sind definiert durch

$$\frac{d}{dt}\lambda_i(t) \triangleq -\sum_{j=1}^{n} \frac{\partial g_j}{\partial x_i}\bigg|_{x_{io}} \lambda_j\ . \tag{10.4}$$

Ihre Koeffizientenmatrix ist im Vergleich zu Gl.(10.3) durch Transponierung und Vorzeichenwechsel hervorgegangen und gleich der negativen transponierten Jacobi-Matrix. Eine physikalisch anschauliche Interpretation wird durch Gl.(10.11) besorgt. Dazu ist notwendig, daß die freien Randwerte des adjungierten Systems Gl.(10.4) an der oberen Intervallgrenze als

$$\lambda_i(t_f) = \frac{\partial I}{\partial x_i}\bigg|_{t=t_f} \qquad \forall\ i = 1, 2...n \tag{10.5}$$

angesetzt werden. Dieser Ansatz ist willkürlich, aber vorteilhaft, wie Gl.(10.11) zeigen wird. Voraussetzung ist zunächst, daß in $\mathbf{x}(t_f)$ keine obere Randbedingung vorliegt; bezüglich gewisser Fälle mit Randbedingungen siehe Gl.(10.29).

10.3 Einflußfunktion

Betrachtet man den willkürlich gewählten Ausdruck

$$\frac{d}{dt}\Big(\sum_{i=1}^{n} \lambda_i \delta x_i\Big) = \sum_{i=1}^{n} \lambda_i \delta\dot{x}_i + \sum_{i=1}^{n} \dot{\lambda}_i \delta x_i \tag{10.6}$$

und wird darin Gl.(10.3) und (10.4) in gekürzter Schreibweise eingesetzt, so findet man

$$\frac{d}{dt}\Big(\sum_{i=1}^{n} \lambda_i \delta x_i\Big) = \sum_{i=1}^{n} \lambda_i \Big(\sum_{j=1}^{n} \frac{\partial g_i}{\partial x_j}\delta x_j(t) + \frac{\partial g_i}{\partial u}\delta u(t)\Big) + \sum_{i=1}^{n}\Big(-\sum_{j=1}^{n} \frac{\partial g_j}{\partial x_i}\lambda_j\Big)\delta x_i\ . \tag{10.7}$$

In Gl.(10.7) rechts kann der erste gegen den dritten Term gekürzt werden. Es verbleibt

$$\frac{d}{dt}\Big(\sum_{i=1}^{n} \lambda_i \delta x_i\Big) = \sum_{i=1}^{n} \lambda_i \frac{\partial g_i}{\partial u}\delta u(t)\ . \tag{10.8}$$

Durch einfache Integration nach der Zeit zwischen 0 und t_f findet man

$$\Big(\sum_{i=1}^{n} \lambda_i \delta x_i\Big)\Big|_{t=t_f} - \Big(\sum_{i=1}^{n} \lambda_i \delta x_i\Big)\Big|_{t=0} = \int_0^{t_f} \sum_{i=1}^{n} \lambda_i \frac{\partial g_i}{\partial u} \delta u(t)\, dt\,. \tag{10.9}$$

Im ersten Term von Gl.(10.9) kann die Gl.(10.5) als $\delta I\,|_{t=t_f}$ aufgenommen werden

$$\sum_{i=1}^{n} \frac{\partial I}{\partial x_i}\Big|_{t=t_f} \delta x_i\Big|_{t=t_f} = \delta I\Big|_{t=t_f}\,. \tag{10.10}$$

Damit erhält man als wichtige Beziehung der Variation $\delta I(t_f)$ aus Gl.(10.9)

$$\delta I(t_f) = \Big(\sum_{i=1}^{n} \lambda_i \delta x_i\Big)\Big|_{t=0} + \int_0^{t_f} \sum_{i=1}^{n} \Big(\lambda_i \frac{\partial g_i}{\partial u}\Big) \delta u(t) dt\,. \tag{10.11}$$

Ihr ist zu entnehmen, daß die adjungierte Variable λ_i als eine differentielle Sensitivitätsfunktion (Influenzfunktion) dafür angesehen werden kann, wie sich eine Änderung der Anfangsbedingung $\delta x_i(0^+)$ auf $\delta I(t_f)$ auswirkt. Maßgebend hiefür ist $\lambda_i(0)$. Auch für spätere Variationen $\delta x_i(t)$ ließe sich $\lambda_i(t)$ mit Gl.(10.11) ähnlich als Zustands-Influenzfunktion interpretieren (*Pun, L., 1974*).

Die adjungierte Variable $\boldsymbol{\lambda}(t)$ kann auch als Vektor von n zeitabhängigen Lagrange-Multiplikatoren gedeutet werden, die die Nebenbedingung des Streckendifferentialgleichungssystems $\dot{\mathbf{x}}(t) - \mathbf{g}(\mathbf{x}, u, t) = \mathbf{0}$ in das Gütefunktional I einbinden.

In Gl.(10.11) ist noch eine weitere Sensitivitätsinterpretation enthalten. Die Summe

$$\sum_{i=1}^{n} \lambda_i \frac{\partial g_i}{\partial u} \triangleq \lambda_u(t) \tag{10.12}$$

weist darauf hin, wie sich $\delta u(t)$ auf $\delta I(t_f)$ auswirkt. Die Größe $\lambda_u(t)$ heißt deshalb Steuer-Influenzfunktion (Einflußfunktion, Veränderungsfunktion). Für eine gedachte Änderung $\delta u(t)$ in Form einer Dirac-Nadel $\delta(t)$ ergibt sich die in Abb. 10.1 dargestellte Situation.

Für Mehrgrößensysteme mit einem m-dimensionalen Eingangsvektor $\mathbf{u}$ ist die Einflußfunktion aus Gl.(10.12) zu verändern auf

$$\lambda_{u_k}(t) \triangleq \sum_{i=1}^{n} \lambda_i \frac{\partial g_i}{\partial u_k}\,, \qquad \boldsymbol{\lambda}_u \triangleq \mathrm{vec}\{\lambda_{u_k}\}\,. \tag{10.13}$$

Die Steuer-Influenzfunktion $\boldsymbol{\lambda}_u$ wird also wie $\mathbf{u}$ eine m-dimensionale Vektorgröße.

10.4 Gradientenverfahren

Die größte Änderung $\delta I(t_f)$ in Gl.(10.11) erzielt man beim Gradientenverfahren mit $\delta u(t)$ offenbar dann, wenn

$$\delta u(t) = K\,\lambda_u(t) \tag{10.14}$$

gewählt wird, wenn also $\delta u(t)$ in Richtung des Gradienten der Einflußfunktion verändert wird. Der Proportionalitätsfaktor K in Gl.(10.14) bestimmt die Konvergenz des Schrittverfahrens. Dieses wird, wie in in einem früheren Abschnitt festgehalten ist, von einer günstigen Funktion $u(t) = u_1(t)$ eingeleitet, mit $\delta u(t)$ nach Gl.(10.14) schrittweise verbessert und hinsichtlich des Ausmaßes der Verbesserung in δI je Schritt überprüft.

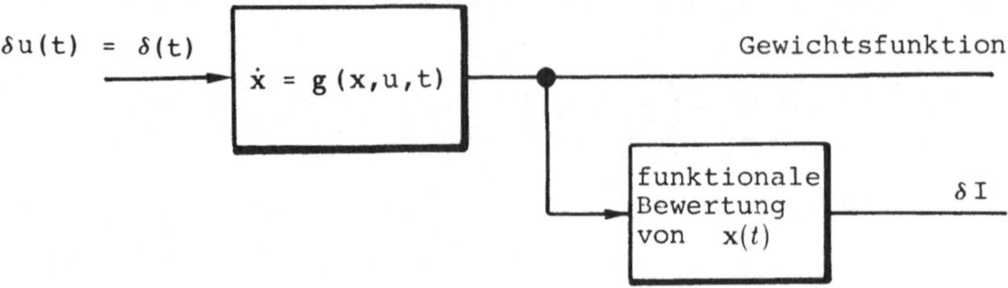

identisch formulierbar als:

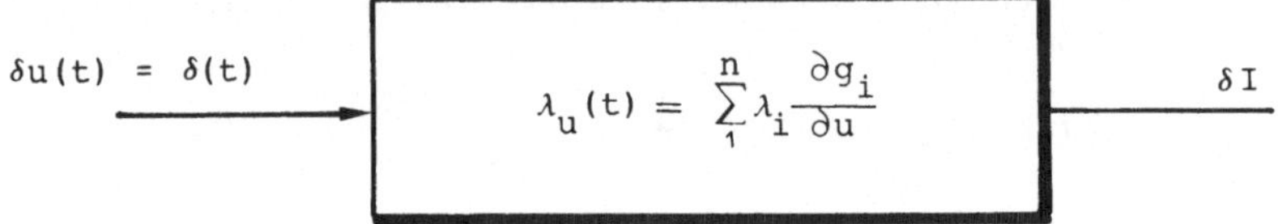

Abbildung 10.1: Gewichtsfunktion und Steuer-Influenzfunktion

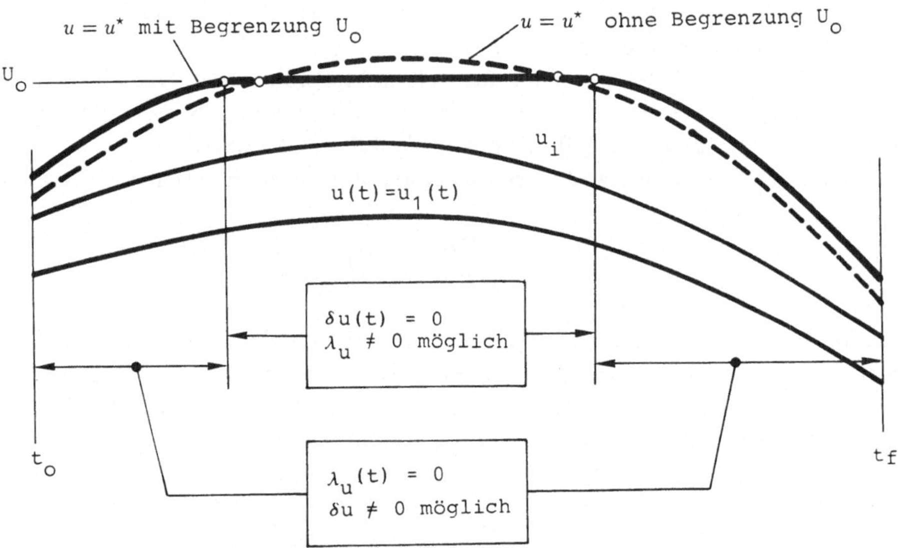

Abbildung 10.2: Optimale Steuergröße bei teilweisem Anschlag an die Begrenzung

10.5 Begrenzungen

Die Variationsaufgabe unter der Nebenbedingung der Streckendifferentialgleichung ist bisher ohne Begrenzungen mittels der Einflußfunktionen behandelt worden. Im Falle zwingender Stellgrößenbegrenzungen U_o sind die Differenzierbarkeitsvoraussetzungen der klassischen Variationsrechnung nicht mehr erfüllt. Verfahren, die diese Voraussetzungen nicht benötigen, sind das vorliegende Gradientenverfahren, das Maximum-Prinzip und das Dynamische Programmieren. Das Gradientenverfahren kann der Begrenzung vor dem nächsten Verbesserungsschritt den Vorrang einräumen (siehe Abb.10.2).

Unter Vorgriff auf die Ergebnisse des Maximum-Prinzips (vereinfachte Optimalitätsbedingung in der Form $\frac{\partial H}{\partial u_i} = 0$) sei die Gl.(10.11) nochmals betrachtet. Bei unveränderlichen Anfangsbedingungen $\delta x_i(t = 0)$ ist das Optimum offenbar dann erreicht, wenn sich $\delta I(t_f)$ nicht mehr verbessern läßt. Verschwindender Zuwachs in $\delta I(t_f)$ wird in folgenden Fällen verzeichnet:

- Erstens bei Variation von (endlich großem) $\delta u(t)$ bei verschwindendem $\lambda_u(t)$, was nach Gl.(10.12) dem ersten Faktor im zweiten Term von Gl.(10.11) entspricht; diese erste Bedingung korrespondiert mit der Minimalbeziehung von Pontrjagin.

- Zweitens bei endlichem $\lambda_u(t)$, also noch nicht erfüllten Minimalbeziehungen, dafür aber verschwindendem $\delta u(t)$, was bei Anschlag an die Begrenzungen zutrifft (siehe Abb. 10.2).

Das Gradientenverfahren muß, wenn bei t_f eine bestimmte Endbedingung $\mathbf{x}(t_f)$ zu erfüllen ist, mit einer diesbezüglichen weiteren Nebenbedingung versehen werden (*Denham, W.F., and Bryson, A.E., 1964; Tolle, H., 1971; Haider, M., et al., 1982; Kelley, H.J., et al. 1967*).

Zieht man einen Vergleich zwischen der (direkten) Gradientenmethode und den (indirekten) Verfahren des Maximum-Prinzips und des Dynamischen Programmierens, so stellt man folgendes fest: Die Gradientenmethode bewältigt das Zweipunkt-Randwertproblem unter gestellten Nebenbedingungen auf anschaulich überprüfbare Art und Weise, die Ordnung der Regelstrecke (Dimension des Optimierungsproblems) ist nicht kritisch. Als Nachteil ist das Verlangen nach Differenzierbarkeit von I und g_i (für die Influenzfunktion) zu werten, ferner die gewisse Gefahr des Hängenbleibens in Nebenminima und keine unbeschränkte Konvergenzsicherheit. Die möglichen Nachteile haben zu etlichen Verbesserungsvorschlägen geführt (*Hofer, E., und Lunderstädt, R., 1975; Hasdorf, L., 1976*).

10.6 Maximum-Prinzip nach Hamilton und Pontrjagin

Zur strukturungebundenen Optimierung sowohl von Bewegungsabläufen als auch von Zielzuständen technischer Prozesse oder zur Vorausberechnung von Sollwertfunktionen für optimales Prozeßgeschehen wird das Optimalitätsprinzip (Maximumprinzip) von Pontrjagin verwendet. Es stellt eine Weiterentwicklung der Hamilton-Formulierung der Variationsrechnung dar, gültig auch für eine nicht stetig differenzierbare und begrenzte Stellgröße $\mathbf{u}(t)$, wie dies in der Technik üblich ist. Statt einzelner oder mehrerer Zielzustände können auch bestimmte Zielbedingungen treten.

Das Maximum-Prinzip (*Pontrjagin, L.S., et al. 1967; Kopp, R.E., 1962; Pun, L., 1974; Tou, J.T., 1964; Lee, E.B., and Markus, L., 1967; Merriam, C.W. III, 1964; Frank, W., 1969*) geht von der Gl.(10.1) des zu regelnden Prozesses aus. Als Randwert für das adjungierte System Gl.(10.4) wird bei $t = t_f$ der Wert $\lambda_i(t_f) = -a_i$ gewählt; dabei sind die a_i Beiwerte aus einem verallgemeinerten Gütekriterium I_v, nämlich

$$I_v \triangleq \sum_{i=0}^{n} a_i x_i(t) \quad \rightarrow \quad \text{opt} \; . \tag{10.15}$$

Das Kriterium I_v ist für $n+1$ Zustandsvariable definiert: Die hinzugekommene Zustandsvariable x_o wird aus einem integralen Gütekriterium ähnlich Gl.(8.1), und zwar (für Eingrößensysteme)

$$I_t \triangleq \int_{t_o}^{t} f(\mathbf{x}, \mathbf{u}, t) dt \tag{10.16}$$

zu

$$\dot{x}_o = \frac{d}{dt} I_t(t) = f, \qquad x_o(t) = I_t, \qquad x_o(t_f) = I_t \Big|_{t=t_f} = I \tag{10.17}$$

angenommen.

Das Maximum-Prinzip benützt eine Hamilton-Funktion (genau eine Pseudo-Hamiltonsche Funktion)

$$H \triangleq \sum_{i=0}^{n} \lambda_i(t) g_i(\mathbf{x}, u, t) \triangleq \boldsymbol{\lambda}^T \mathbf{g} = \lambda_o f + \sum_{i=1}^{n} \lambda_i g_i \ . \tag{10.18}$$

Mit dieser Hamilton-Funktion kann das Gleichungssystem der Regelstrecke Gl.(10.1) und das adjungierte System Gl.(10.4) als

$$\dot{x}_i = \frac{\partial}{\partial \lambda_i} H \qquad \text{und} \qquad \dot{\lambda}_i = -\frac{\partial}{\partial x_i} H \tag{10.19}$$

formuliert werden.

Die Verflechtungen der Gln.(10.15) bis (10.19) zeigen einen engen Zusammenhang zwischen der Änderung des Gütekriteriums δI einerseits und der Änderung der Hamilton-Funktion andererseits; beide Änderungen genommen bezüglich einer Anregung seitens der Abweichung δu von $u^\star$. Der hochgestellte Stern * weist auf das Optimum hin. Der gegenständliche Zusammenhang lautet

$$\delta I = -\int_{t_o}^{t_f} [H(\mathbf{x}^\star, u^\star + \delta u, \ \boldsymbol{\lambda}^\star, t) - H(\mathbf{x}^\star, u^\star, \boldsymbol{\lambda}^\star, t)] dt \ . \tag{10.20}$$

Er zeigt, daß bei $I \to$ min und daher ausschließlich positiven δI die Ungleichung

$$H(\mathbf{x}^\star, u^\star + \delta u, \boldsymbol{\lambda}^\star, t) < H(\mathbf{x}^\star, u^\star, \boldsymbol{\lambda}^\star, t) \tag{10.21}$$

gelten muß. Die Hamilton-Funktion H ist bei Wahl $u = u^\star$ offenbar auf einem Maximum über u zu halten. Aus dieser wichtigen Aussage leitet sich der Name Maximum-Prinzip ab. Genau hat H im Optimum die kleinste obere Schranke, das Supremum, bezüglich der Steuervariablen $u(t)$ darzustellen

$$H^\star = \sup_u H(\mathbf{x}, \boldsymbol{\lambda}, u, t) \ . \tag{10.22}$$

Eine anschauliche Fassung der Pontrjagin-Aussage lautet, daß die Steuergröße $u(t)$, oder im mehrdimensionalen Fall der Steuervektor $\mathbf{u}(t)$, so einzustellen ist, daß das Skalarprodukt aus dem „Geschwindigkeitsvektor“ $\dot{\mathbf{x}}(t)$, der $\mathbf{g}(\mathbf{x}, u, t)$ identisch ist, und dem Vektor der adjungierten Variablen $\boldsymbol{\lambda}$ ein Maximum wird; dabei ist angenommen, daß I als Minimum verlangt wird.

Die adjungierte Variable $\boldsymbol{\lambda}(t)$ stellt also auch jene Zeitfunktion dar, mit der die Richtungsvektoren $\mathbf{g}(\mathbf{x}, u, t)$ zu multiplizieren sind, um die Hamilton-Funktion im optimalen Bewegungsverlauf $\mathbf{x}(t)$ zu maximieren.

Das Pontrjagin-Maximum-Prinzip liefert notwendige Bedingungen für das Optimum, für die „Extremale“. Im Falle linearer Prozesse vom Typ $\dot{\mathbf{x}} = \mathbf{A}\mathbf{x}(t) + \mathbf{g}_u(\mathbf{u})$ sind sie auch hinreichend.

Für die Praxis erhält man für eine Strecke n-ter Ordnung $2n$ gewöhnliche Differentialgleichungen mit — je nach Aufgabe — unterschiedlich umfangreichen Randbedingungen (vorgegebenem Zielpunkt $\mathbf{x}(t_f)$ oder vorgegebener Zielzeit t_f). Dort liegt zumeist der hohe

Rechenaufwand (vgl. einige spätere Beispiele). Das Ergebnis lautet $u = u^{\star}(t)$ als Funktion der Zeit.

Klassische Aufgabenstellungen für optimale Steuerungen sind Roboterbewegungen, optimale Flugbahnen, optimale Chargenprozesse etc. Für die Implementierung optimaler Regelungen ist weniger $u^{\star}(t)$ als $u^{\star}(x_i)$ interessant, was für konkrete Lastfälle entsprechende Umrechnungen verlangt.

10.7 Minimierung von I und Maximierung von H

Der n-dimensionale, nicht zwangsläufig lineare Prozeß der Gl.(10.1) wird über die m-dimensionale Stellgröße $\mathbf{u}(t)$ angesteuert. Ihre Komponenten liegen innerhalb der Grenzen $u_{i,\min} \leq u_i(t) \leq u_{i,\max}$, stellen also nur sogenannte zulässige Steuergrößen dar. Die Gl.(10.1) und die Begrenzung der Stellgröße sind Nebenbedingungen des Variationsproblems (*Weihrich, G., 1973*).

Für die Optimierung der Prozeßbewegung (und/oder des Prozeßziel- oder Endzustands) stehe das Zeitintervall t_o bis t_f zur Verfügung. Die Endzeit t_f bzw. das Intervall $(t_f - t_o)$ kann frei oder fest vorgegeben sein. Das Gütefunktional zur Bewertung der Optimalität laute („Bolza-Problem")

$$I = z_f[\mathbf{x}(t_f), t_f] + \int_{t_o}^{t_f} f(\mathbf{x}, \mathbf{u}, t) dt \, . \tag{10.23}$$

Der Term z_f berücksichtigt die „Regelung" auf eine optimale Zielbedingung (oder spezialisiert auf einzelne Zielzustände), der Integralterm mit f als Integrand die Optimalität in bezug auf funktional bilanzierte Größen.

Als Randwerte (Randbedingungen) für die Zustandsgröße $\mathbf{x}(t)$ liegen vor: Die n-fache Anfangsbedingung $\mathbf{x}(t_o)$ und eine q-fache Zielbedingung $\mathbf{r}_f[\mathbf{x}(t_f), t_f] = \mathbf{0}$ innerhalb der $x_i(t_f) \; \forall \; i = 1, 2 \; ...q$. Damit sind praktisch alle regelungstechnischen Aufgabenstellungen erfaßbar.

Der Integralterm („Lagrange-Term") kann in den Zielterm („Mayer-Term") übersetzt werden, indem zu den Zustandsvariablen x_1 bis x_n nach Gl.(10.15) eine weitere Zustandsvariable x_o hinzugenommen wird, und zwar von der Form $\dot{x}_o = f = g_o$.

Die Hamilton-Funktion ist durch Gl.(10.18) definiert. Das darin neu aufgenommene λ_o ist stets gleich -1, und zwar nach folgender Begründung. Nach der fiktiven Erweiterung des Zustandsvektors $\mathbf{x}(t)$ um $x_o(t)$ wird der Lagrange-Term zum Mayer-Term z_f hinzugefügt. Weder f, $\mathbf{r}_f$ noch g_i hängen explizit von diesem x_o ab. Daher ist einerseits nach Gl.(10.28) $\dot{\lambda}_o = 0$, andererseits nach Gl.(10.29)

$$\lambda_o(t_f) = -\frac{\partial z_f}{\partial x_o(t_f)} = -1 \, . \tag{10.24}$$

Aus beiden Gleichungen folgt $\lambda_o(t) = -1 =$ konstant.

Das optimale $\mathbf{u}(t)$, d.h. $\mathbf{u}^{\star}(t)$, ist derart zu bestimmen, daß unter den beschriebenen Neben- und Randbedingungen und den daraus resultierenden $\lambda_i(t)$ und $x_i(t)$ das Gütefunktional minimisiert wird. Nach der Theorie von Hamilton und Pontrjagin ist dies gleichbedeutend mit der Maximierung von H. Die Extremisierung verläuft deshalb gegensinnig, weil $\lambda_o = -1$ ist. Es gilt also

$$\min_{\mathbf{u}} I = \max_{\mathbf{u}} H \, , \tag{10.25}$$

d.h.

$$H(\mathbf{x}^\star, \mathbf{u}, \boldsymbol{\lambda}^\star, t) \leq H(\mathbf{x}^\star, \mathbf{u}^\star, \boldsymbol{\lambda}^\star, t) \qquad \text{oder} \qquad H_{\max} = \max_{\mathbf{u}} H \; . \tag{10.26}$$

Aufgrund der gegebenen Hamilton-Funktion läßt sich vektoriell einerseits die Prozeßgleichung umschreiben

$$\dot{\mathbf{x}} = \mathbf{g}(\mathbf{x}, \mathbf{u}, t) \quad \rightsquigarrow \quad \dot{\mathbf{x}} = \frac{\partial H}{\partial \boldsymbol{\lambda}} \, , \tag{10.27}$$

andererseits das sogenannte adjungierte System (kanonische System nach Hamilton) aufbauen, und zwar aus

$$\dot{\boldsymbol{\lambda}} = -\frac{\partial H}{\partial \mathbf{x}} \; . \tag{10.28}$$

Der Vektor $\boldsymbol{\lambda}$ wird nur für die n Elemente λ_1 bis λ_n definiert, weil λ_o konstant -1 bleibt.

10.8 Randbedingungen

Die Randwerte für die $2n$ Differentialgleichungen in x_i und λ_i begründen eine Zweipunkt-Randwertaufgabe; im Detail haben sie einerseits den Anfangsbedingungen in $\mathbf{x}(t_o)$ zu entsprechen; andererseits werden sie (als Transversalitätsbedingung) vorgewählt, und zwar unter Verwendung der Jacobi-Matrix $\partial \mathbf{r}_f / \partial \mathbf{x}^T(t_f)$ und des vektoriellen Lagrange-Multiplikators $\mathbf{v}$ zu

$$\boldsymbol{\lambda}(t_f) = -\frac{\partial}{\partial \mathbf{x}(t_f)} z_f[\mathbf{x}(t_f), t_f] + \left\{ \frac{\partial \mathbf{r}_f[\mathbf{x}(t_f), t_f]}{\partial \mathbf{x}^T(t_f)} \right\} \mathbf{v} \; . \tag{10.29}$$

In gewissen Fällen mit einfachen Gütekriterien I können die Gleichungssysteme Gl.(10.27) und Gl.(10.28) in x_i und λ_i separiert, d.h. entkoppelt auftreten, siehe Gl.(10.47). Dann liegt je ein Einpunkt-Randwertproblem in x_i und λ_i vor. Ein solches ist numerisch wesentlich einfacher zu bewältigen als ein Zweipunkt-Randwertproblem. Bei letzterem kommt man zum Start der numerischen Integration nicht ohne allgemeine Annahme von $\boldsymbol{\lambda}(t_o)$ oder $\mathbf{x}(t_f)$ aus, was auf ein langwieriges Suchverfahren hinausläuft.

Der q-dimensionale Lagrange-Multiplikator $\mathbf{v} = (v_1, \; v_2, \; ...v_q)^T$ hat $\mathbf{r}_f[\mathbf{x}(t_f), t_f] = \mathbf{0}$ als Randbedingungen an der oberen Intervallgrenze t_f zu erfüllen.

Eine andere Problemstellung ergibt sich, wenn t_f nicht fest vorgegeben ist. Dann folgt t_f (ohne Herleitung) aus

$$H(\mathbf{x}^\star, \mathbf{u}^\star, \boldsymbol{\lambda}^\star, t_f) = \frac{\partial z_f}{\partial t_f} - \left(\frac{\partial \mathbf{r}_f}{\partial t_f}\right)^T \mathbf{v} \; . \tag{10.30}$$

10.9 Anwendungsfälle

10.9.1 Sonderfall fester Zielbedingung

Ein erster Sonderfall mit spezieller Angabe laute

$$z_f[\mathbf{x}(t_f), t_f] = x_1(t_f) \; . \tag{10.31}$$

Dies ist eine Minimalwert-Regelung, eine Regelung auf minimalen Wert der willkürlich herausgegriffenen Zustandskomponente $x_1(t_f)$. In diesem Fall wird

$$-\frac{\partial}{\partial \mathbf{x}(t_f)} z_f = (-1, \; 0, \; ...0)^T \; . \tag{10.32}$$

Dies wird für Gl.(10.29) benötigt.

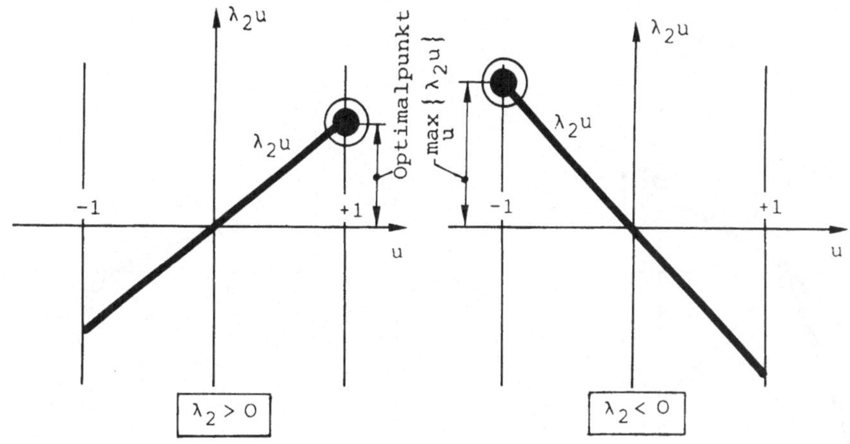

Abbildung 10.3: Zur Maximumbestimmung der Funktion $\lambda_2 u$

10.9.2 Sonderfall vollkommener Ausregelung

Ein weiterer Sonderfall mit $\mathbf{r}_f[\mathbf{x}(t_f), t_f]$ in Form von

$$e(t_f) = y_{ref} - x_1(t_f) = 0 \quad \text{und} \quad x_k(t_f) = 0 \;\forall\; k = 2, 3 \ldots n \tag{10.33}$$

stellt eine Regelung auf verschwindende Regelabweichung im Endzustand dar; dieser Endzustand hat zugleich Ruhezustand (Gleichgewichtszustand) zu sein. Bei $n = 3$ folgt damit für Gl.(10.29) im einzelnen

$$\frac{\partial \mathbf{r}_f}{\partial \mathbf{x}^T(t_f)} \mathbf{v} = \begin{pmatrix} -1 & 0 & 0 \\ 0 & 1 & 0 \\ 0 & 0 & 1 \end{pmatrix} \begin{pmatrix} v_1 \\ v_2 \\ v_3 \end{pmatrix} = \mathbf{diag}\{-v_1,\ v_2,\ v_3\} \; . \tag{10.34}$$

Die obstehend formulierte Transversalitätsbedingung entspricht im ersten Term genau der Gl.(10.5), wenn f durch Wahl von $\dot{x}_o = f$ in z_f hineingezogen wird. (Vom Vorzeichen, das in diesem Zusammenhang nur Ansichtsache ist, ist abzusehen.)

Da in Gl.(10.1) keine Randbedingung $\mathbf{r}_f$ gestellt ist, scheint dort kein zweiter Term der hier formulierten Transversalitätsbedingung auf.

10.9.3 Zeitoptimale Steuerung an einer I_2-Regelstrecke

Die Hamilton-Funktion lautet in diesem Spezialfall aus Gl.(10.18) mit $f = 1$

$$H = -1 + \lambda_1 x_2 + \lambda_2 u = H(u) \; . \tag{10.35}$$

Die Größen λ_1 und x_2 sind als Konstante anzusehen, als unabhängig von u; und zwar einerseits wegen Gl.(10.28) $\dot{\lambda}_1 = 0$, andererseits wegen Gl.(10.27) $\dot{x}_2 = \partial H/\partial \lambda_2 = u$. Das Maximum der von u abhängigen Komponente $\lambda_2 u$ ist für beschränkte u in den Grenzen $-1 \leq u \leq 1$ für λ_2 als Parameter der Abb. 10.3 zu entnehmen. Der Optimalpunkt, in dem $\max_u H = \max_u\{\lambda_2 u\}$ eintritt, befindet sich an den Grenzlagen bezüglich u, je nach dem, welchen Wert der Parameter λ_2 annimmt. Die Abhängigkeit der Optimalpunkte von λ_2 ist durch die Signumfunktion beschrieben

$$u = \text{sign}\{\lambda_2\} \; . \tag{10.36}$$

Beispiel: Die zeitoptimale Regelung eines linearen Prozesses n-ter Ordnung mit einer begrenzten Stellgröße in Form des n-ten Differentialquotienten von $x(t)$ ist zu betrachten. Das Ergebnis in diesem Spezialfall, auch unter *Satz von Feldbaum* bekannt, besteht in einem $(n-1)$-fachen Schalten zwischen den Grenzen (Maximalwerten) der Stellgröße, wenn alle n Pole des Prozesses reell sind (vgl. zeitoptimale Prozesse in späteren Beispielen) (*Feldbaum, A.A., 1962; Gakhov, F.D., 1966*). □

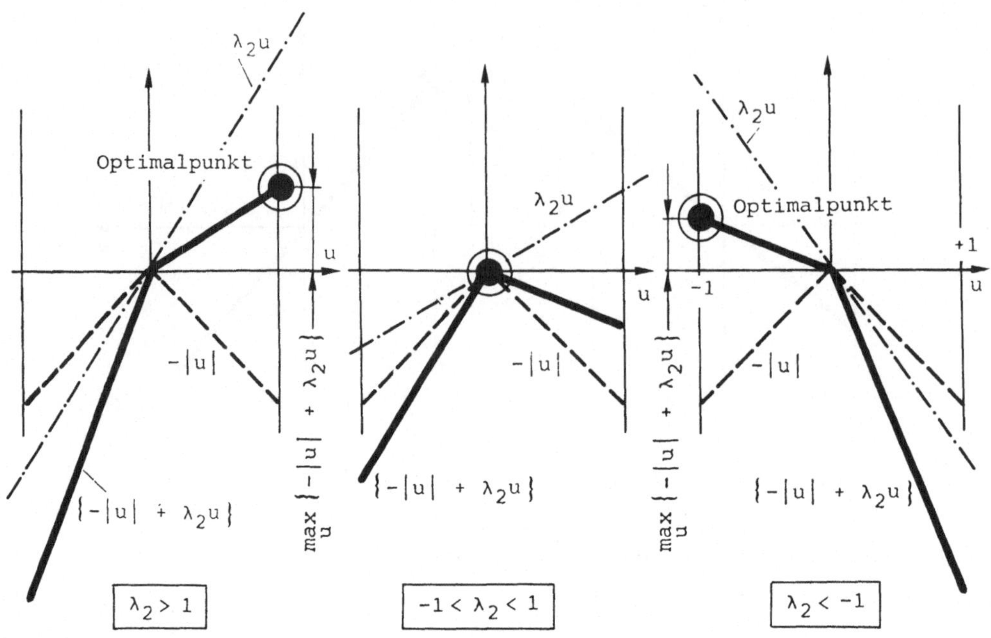

Abbildung 10.4: Zur Maximumbestimmung der Funktion $-|u| + \lambda_2 u$

10.9.4 Optimalität in der Ausregelzeit und $|u|$-Fläche

Für eine I_2-Regelstrecke gilt dabei $f = 1 + |u|$ und die Hamilton-Funktion lautet

$$H = -1 - |u| + \lambda_1 x_2 + \lambda_2 u \; . \tag{10.37}$$

Der Anteil $[-|u| + \lambda_2 u]$ zeigt je nach λ_2 einen Verlauf gemäß Abb. 10.4. Es gelte $-1 \leq u \leq 1$. Aus den Optimalpunkten $\max_u\{-|u| + \lambda_2 u\}$ über u läßt sich unschwer der Zusammenhang $u^\star(\lambda_2)$ angeben

$$u^\star = 1 \qquad 1 < \lambda_2 \tag{10.38}$$
$$u^\star = 0 \qquad -1 < \lambda_2 < 1 \tag{10.39}$$
$$u^\star = -1 \qquad \lambda_2 < -1 \; . \tag{10.40}$$

10.9.5 Zeit- und/oder energieoptimale Regelung

Für eine I_2-Regelstrecke und mit $f = 1 + 0,5\,u^2$ lautet die Hamilton-Funktion

$$H = -1 - 0,5\,u^2 + \lambda_1 x_2 + \lambda_2 u \; . \tag{10.41}$$

Der von u abhängige Anteil $-0,5u^2 + \lambda_2 u$ ist in Abb. 10.5 dargestellt. Wieder ergeben sich drei Unterscheidungsfälle je nach Größe des Parameters λ_2. Eingeschlossen ist dabei, daß die Stellgröße u auf ± 1 beschränkt bleiben soll. Der Optimalpunkt liefert eine Relation ähnlich wie in Gln.(10.38) bis (10.40); der einzige Unterschied liegt darin, daß $u^\star = 0$ durch $u^\star = \lambda_2$ zu ersetzen ist

$$u^\star = 1 \qquad 1 < \lambda_2 \tag{10.42}$$
$$u^\star = \lambda_2 \qquad -1 < \lambda_2 < 1 \tag{10.43}$$
$$u^\star = -1 \qquad \lambda_2 < -1 \; . \tag{10.44}$$

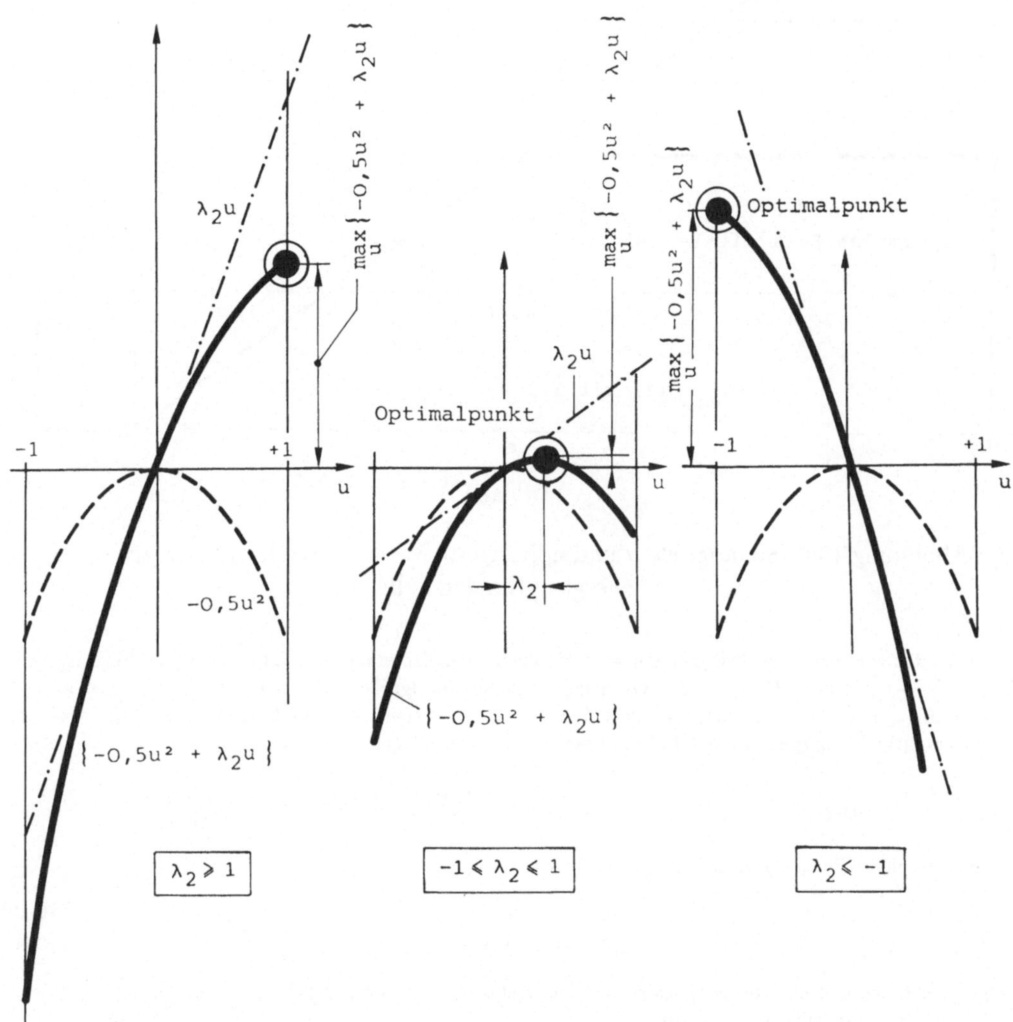

Abbildung 10.5: Zur Maximumbestimmung der Funktion $-0,5\ u^2 + \lambda_2 u$

Beispiel. Energie- und zeitoptimale Positionierung: Eine I_2-Regelstrecke sei energie- und zeitoptimal zu steuern, d.h. unter Minimisierung von

$$I = 0,5 \int_0^{t_f} u^2(t)dt + \int_0^{t_f} dt \tag{10.45}$$

mit $t_o = 0$, den Anfangsbedingungen $x_1(0)$, $x_2(0)$ in die Ruhelage als Endbedingung r_f. Nach Gl.(10.23) ist $f = 1 + 0,5\ u^2$. Dabei ist die Stellgrößenbegrenzung $-1 = u_{\min} \leq u(t) \leq u_{\max} = 1$ zu beachten. Die Streckengleichungen Gl.(10.1) lauten im Zustandsraum $\dot{x}_1 = x_2 = g_1$ und $\dot{x}_2 = u = g_2$. Nach Gl.(10.18) ergibt sich die Hamilton-Funktion somit zu

$$H = -1 - 0,5\ u^2 + \lambda_1 x_2 + \lambda_2 u\ . \tag{10.46}$$

Das kanonische Gleichungssystem in $\boldsymbol{\lambda}$ ergibt sich demzufolge nach Gl.(10.28) zu

$$\dot{\lambda}_1 = 0 \qquad \text{und} \qquad \dot{\lambda}_2 = -\lambda_1\ . \tag{10.47}$$

Dieses Gleichungssystem ist von dem in $\mathbf{x}$ separiert. Eine echte Zweipunkt-Randwertaufgabe ergibt sich dadurch also nicht.

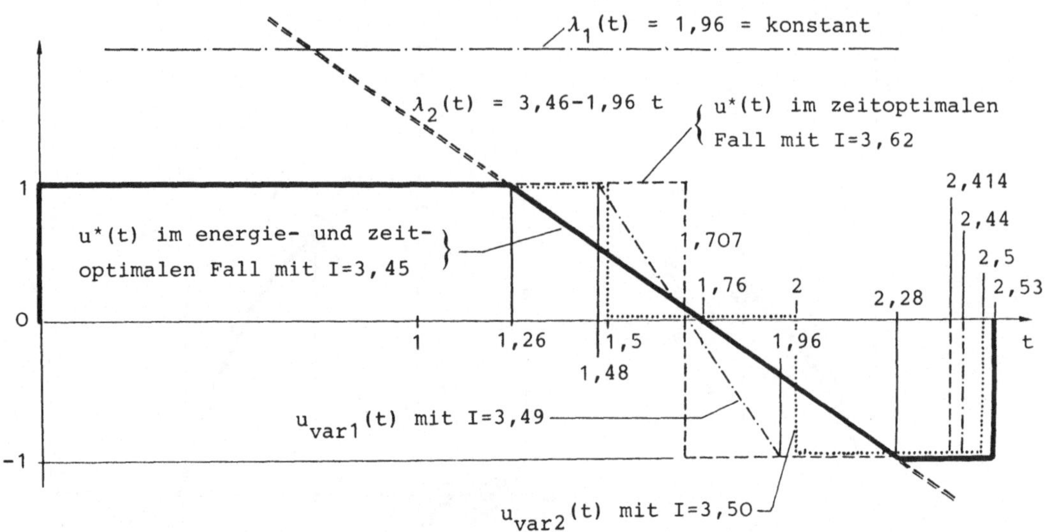

Abbildung 10.6: Steuergröße u und adjungierte Variable $\lambda_1(t)$, $\lambda_2(t)$ im zeit- und energieoptimalen Fall

Nach den vorstehenden Bedingungen wird H folgendermaßen maximiert: Ist laut Gl.(10.42) [Gl.(10.44)] $\lambda_2 > 1$ [< -1], so liegt $H_{\max}$ an den Grenzlagen ± 1 der Stellgröße u. Ist laut Gl.(10.43) $-1 \leq \lambda_2 \leq 1$, so wird $H_{\max}$ bei $u = \lambda_2$ erreicht. Es gibt demnach drei Bereiche I, II, und III, vgl. die Abb. 10.7. Die Transversalitätsbedingung $\boldsymbol{\lambda}$ aus Gl.(10.29) lautet mit $r_f[x(t_f), t_f]$

$$x_1(t_f) = 0, \ \frac{\partial x_1(t_f)}{\partial x_1} = 1 \ ; \ x_2(t_f) = 0, \ \frac{\partial x_2(t_f)}{\partial x_2} = 1 \quad \text{zu} \quad \boldsymbol{\lambda}(t_f) = \begin{pmatrix} v_1 \\ v_2 \end{pmatrix} . \tag{10.48}$$

Die kanonischen Gleichungen in $\boldsymbol{\lambda}$ folgen damit zu

$$\lambda_1(t) = v_1 \tag{10.49}$$

$$\lambda_2(t) = v_1(t_f - t) + v_2 \ . \tag{10.50}$$

Wegen der freien oberen Grenze t_f ist $H = 0$. Die Hamilton-Funktion $H(t_f)$ ergibt sich zufolge $x_2(t_f) = 0$ und $\lambda_2(t_f) = v_2$ und $u(t_f) = u_{\min}$ als

$$H(t_f) = -1 - 0,5u_{\min}^2 + v_1 x_2(t_f) + v_2 u_{\min} = -1 - 0,5 + 0 + v_2(-1) = 0 \ . \tag{10.51}$$

Daher folgt $v_2 = -1,5$. In allen weiteren Einzelheiten der Integration des Gleichungssystems der I_2-Strecke mit der ermittelten optimalen Stellgröße ist diese Aufgabe im Band 3 gerechnet.

Die Abb. 10.6 zeigt das Ergebnis und gibt des weiteren eine Übersicht über verschiedene $u^\star(t)$ und die zugehörigen I-Werte. Die Steuergrößen $u_{var1}(t)$ und $u_{var2}(t)$ sind zwei willkürliche Steuerungsvorgänge, die zwar den Randbedingungen entsprechen, nicht aber der Optimalität.

Der Verlauf $x_1(t)$ und $x_2(t)$ und eine Zusammenstellung der analytischen Ergebnisse und der Konstanten kann man der Abb. 10.7 entnehmen. Die Größen $\lambda_1(t)$ und $\lambda_2(t)$ enthält schon Abb. 10.6. □

Beispiel. Energieoptimale Steuerung (Regelung) in festem endlichem Intervall: Die PT_1-Regelstrecke mit $y = x$ nach Abb. 10.8 soll in einem endlichen Zeitintervall 0 bis t_f von einer bestimmten Anfangsbedingung $x(0)$ aus in einen Endzustand $x(t_f)$ übergeführt werden. Das Abweichungsquadrat ist zu minimisieren. Bei verschwindendem Sollwert $y_{ref} = 0$ ist $e = y_{ref} - y = -y$. Das Gütefunktional laute

$$I = \int_0^{t_f} y^2(t)\, dt \rightarrow \min \qquad t_f = 20 \ . \tag{10.52}$$

Die Nebenbedingung für die Stellgröße $u(t)$,

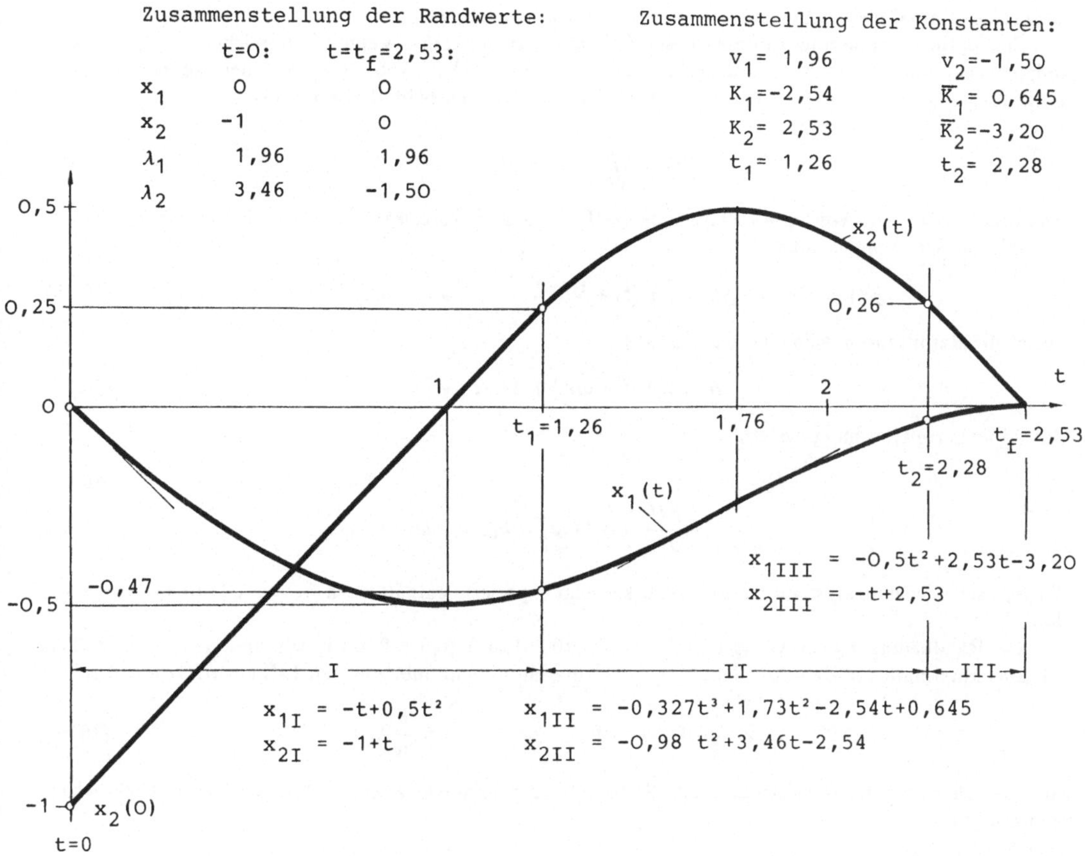

Zusammenstellung der Randwerte:
t=0:
t=t_f=2,53:
x_1 0 0
x_2 -1 0
λ_1 1,96 1,96
λ_2 3,46 -1,50
Zusammenstellung der Konstanten:
v_1= 1,96
v_2=-1,50
K_1=-2,54
K̄_1= 0,645
K_2= 2,53
K̄_2=-3,20
t_1= 1,26
t_2= 2,28
0,5
0,25
0
-0,5
-1
x_2(t)
0,26
t
1
2
t_1=1,26
1,76
t_f=2,53
t_2=2,28
x_1(t)
-0,47
x_1III = -0,5t²+2,53t-3,20
x_2III = -t+2,53
I
II
III
x_1I = -t+0,5t²
x_2I = -1+t
x_1II = -0,327t³+1,73t²-2,54t+0,645
x_2II = -0,98 t²+3,46t-2,54
x_2(0)
t=0

Abbildung 10.7: Zustandsgrößen des zeit- und energieoptimalen Steuerungsvorgangs sowie Zusammenstellung der Randwerte, Konstanten und analytischen Formulierungen der Zustandsgrößen

Regler
PT_1-Regelstrecke
y_ref = 0
e(t)
K(s)
u(t)
ẋ = a x + b u = g_1
x(t)
+
−
x(t)

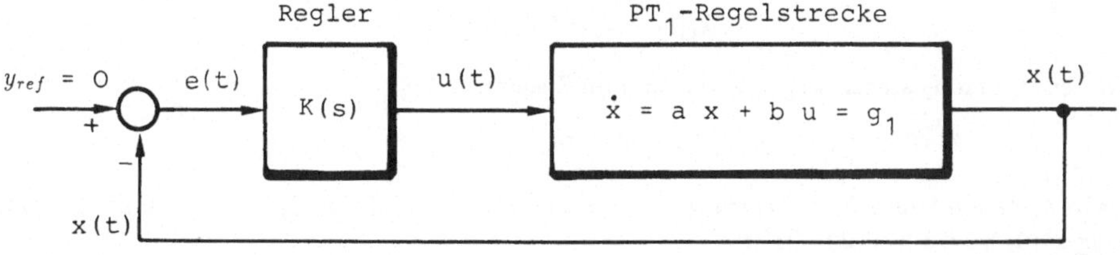

Abbildung 10.8: Regelung, die einer energieoptimalen Auslegung unterzogen wird

$$C = \int_0^{t_f} u^2(t)\,dt \leq C_o\ , \tag{10.53}$$

könnte der Entnahme der Stellenergie aus einer Batterie entsprechen.

Eine optimale Steuerung ist unter dieser Zielsetzung zu entwerfen; wenn mit hinreichender Genauigkeit möglich, soll eine Regelung dazu ausgelegt werden (siehe $K(s)$ in Abb. 10.8). Mit dem konstanten aber noch als unbekannt belassenen Lagrange-Multiplikator q können beide Kriterien zu

$$I_{res} = \int_0^{t_f} [x^2(t) + qu^2(t)]dt \tag{10.54}$$

vereinigt werden. Der Wert q wird am Ende der Rechnung so festgelegt, daß C_o Berücksichtigung findet.

Mit der Streckengleichung

$$\dot{y}(t) = \dot{x}(t) = x_1(t) = ax_1(t) + bu(t) \qquad a = -0,125; \quad b = 100 \tag{10.55}$$

lautet die Hamilton-Funktion nach Gl.(10.18)

$$H = \lambda_o(x_1^2 + qu^2) + \lambda_1(ax_1 + bu)\ , \tag{10.56}$$

das adjungierte Gleichungssystem

$$\lambda_o = -1 \tag{10.57}$$

$$\lambda_1 = -\frac{\partial H}{\partial x_1} = -2\lambda_o x_1 - \lambda_1 a = -a\lambda_1 + 2x_1\ . \tag{10.58}$$

Es ist vom Gleichungssystem der Regelstrecke nicht separiert, enthält doch $\dot{\lambda}_1$ aus Gl.(10.58) den Term $2x_1$.

Die Randbedingung für λ_1 ergibt sich aus Gl.(10.29) zu $\lambda_1(t_f) = 0$, da $z_f = 0$ und kein $\mathbf{r}_f$ zu erfüllen ist. Das Maximum der Hamilton-Funktion findet man in diesem unbegrenzten Fall aus $\partial H/\partial u = 0$ zu

$$2\lambda_o qu + \lambda_1 b = 0 \quad \rightsquigarrow \quad u = \frac{b}{2q}\lambda_1\ . \tag{10.59}$$

Mit der Gleichung der Regelstrecke und Gl.(10.58) liegen nunmehr zwei simultan zu lösende Differentialgleichungen vor

$$\dot{x}_1 = ax_1 + \frac{b^2}{2q}\lambda_1 \quad \text{mit} \quad x_1(0) = x_o = 10 \tag{10.60}$$

$$\dot{\lambda}_1 = -a\lambda_1 + 2x_1 \quad \text{mit} \quad \lambda_1(t_f) = 0\ . \tag{10.61}$$

Sie besitzen ausreichend viele Bestimmungsstücke an den Rändern $t = 0$ und $t = t_f$.

Wird aus Gl.(10.61) x_1 durch λ_1 und $\dot{\lambda}_1$ ausgedrückt, so ergibt sich eine Differentialgleichung zweiter Ordnung, nämlich

$$\ddot{\lambda}_1 - (a^2 + \frac{b^2}{q})\lambda_1 = 0\ . \tag{10.62}$$

Die Lösung lautet mit $c_1 \triangleq -c_2 \triangleq \sqrt{a^2 + b^2/q}$

$$\lambda_1(t) = d_1 e^{c_1 t} + d_2 e^{c_2 t}\ . \tag{10.63}$$

Die Faktoren d_1 und d_2 stehen wegen $\lambda_1(t_f) = 0$ im Zusammenhang

$$d_1 = -d_2 e^{(c_2 - c_1)t_f} = -d_2 e^{-2c_1 t_f}\ . \tag{10.64}$$

Mit diesem $\lambda_1(t)$ kann auch $\dot{\lambda}_1(t)$ berechnet werden und mit Gl.(10.61) $x_1(t)$. Bei $t = 0$ ist die Anfangsbedingung $x_1(0)$ zu erfüllen; dies liefert

$$d_2 = \frac{-2x_o}{(c_1 + a)e^{-2c_1 t_f} + c_1 - a} \qquad d_1 = \frac{2x_o}{c_1 + a + (c_1 - a)e^{2c_1 t_f}}\ . \tag{10.65}$$

Mit der Abkürzung $c_3 \triangleq -d_2/x_o$ folgt

$$\lambda_1(t) = c_3 x_o[e^{-2c_1 t_f}e^{c_1 t} - e^{-c_1 t}]\ . \tag{10.66}$$

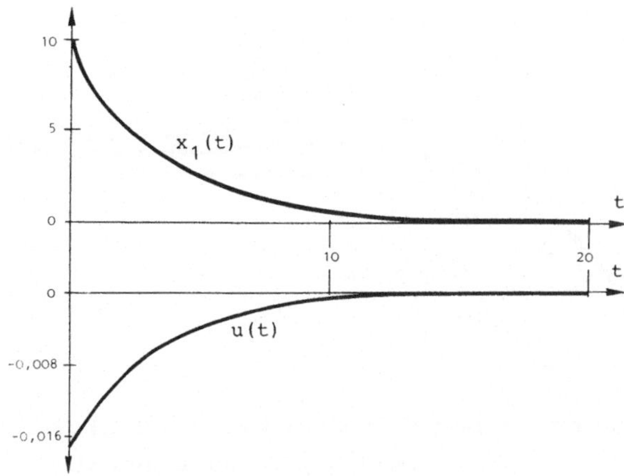

Abbildung 10.9: Verlauf der optimalen Regelgröße $x_1(t) = y(t)$ und der optimalen Stellgröße $u(t)$ der energieoptimalen Steuerung in festem endlichen Intervall

Dieses konkrete $\lambda_1(t)$ stellt für die Differentialgleichung in $x_1(t)$ aus Gl.(10.60) die Anregungsfunktion dar und man erhält

$$\dot{x}_1(t) = ax_1 + \frac{b^2}{2q} c_3 x_o [e^{-2c_1 t_f} e^{c_1 t} - e^{-c_1 t}] \,. \tag{10.67}$$

Durch Anwendung der Laplace-Transformation findet man

$$X_1(s) = \frac{x_o}{s-a} + \frac{b^2 c_3 x_o}{2q} \frac{1}{s-a} [e^{-2c_1 t_f} \frac{1}{s-c_1} - \frac{1}{s+c_1}] \tag{10.68}$$

oder

$$x_1(t) = x_o e^{at} + \frac{b^2 c_3 x_o}{2q(-c_1+a)} e^{-2c_1 t_f} (e^{at} - e^{c_1 t}) - \frac{b^2 c_3 x_o}{2q(c_1+a)} (e^{at} - e^{-c_1 t}) \,. \tag{10.69}$$

Die Lösung mit den speziellen Zahlenwerten der Angabe ist deshalb nur mühsam und numerisch zu besorgen, weil der Lagrange-Multiplikator q im Rechengang mitgeschleppt werden muß und erst abschließend aus C_o mit Gl.(10.53) bestimmt werden kann. Für den speziellen Wert $q = 1,4 \cdot 10^5$ sei die Nebenbedingung $C_o = 5 \cdot 10^{-4}$ zu erfüllen. Daraus und mit den früheren Zahlenangaben folgen die Werte $c_1 = 0,295$ und $c_3 = 4,76$. Den Verlauf von $x_1(t)$ und $u(t)$ als Extremale zeigt die Abb. 10.9.

Die speziellen Zahlenwerte, insbesondere der große obere Grenzwert $t_f = 20$ berechtigen in den Lösungsgleichungen zu einigen Vereinfachungen

$$c_3 \doteq \frac{2}{c_1 - a} = 4,762 \qquad \lambda_1(t) \doteq -47,62\, e^{-0,295t} \qquad u(t) \doteq -0,0170\, e^{-0,295t} \,. \tag{10.70}$$

In der Gl.(10.69) ist der Term mit $e^{-2c_1 t_f}$ zu vernachlässigen und es resultiert

$$x_1(t) \doteq x_o e^{-0,295\, t} \,. \tag{10.71}$$

Legt man dies der Stellgröße zugrunde, so gilt

$$u(t) = -1,70 \cdot 10^{-3} x_1(t) \,. \tag{10.72}$$

Ein P-Regler ohne Verzögerung mit $K_P = 1,70 \cdot 10^{-3}$ erfüllt also die optimale Steuerungsaufgabe. Dieser Regler gilt allerdings nur bei numerisch großem t_f. Bei kleineren wäre die beschriebene zeitabhängige Steuerung zu verwenden.

Das lange Optimierungsintervall 0 bis t_f nahe ∞ läßt vermuten, daß die Riccati-Lösung gemäß Gl.(9.7) maßgebend ist. Dafür gilt $\mathbf{A} = a$, $\mathbf{B} = b$, $\mathbf{Q} = 1$, $\mathbf{R} = q$. Die Lösungsmatrix $\mathbf{P}$ entartet zum Skalar und wird aus der quadratischen Gleichung berechnet

$$\mathbf{P}^2 + 3,5\,\mathbf{P} - 14 = 0 \quad \rightsquigarrow \quad \mathbf{P} = 2,38 \,. \tag{10.73}$$

Nach Gl.(9.8) folgt dasselbe Resultat wie zuvor $\mathbf{K} = -q^{-1} b\, \mathbf{P} = -0,00170$. □

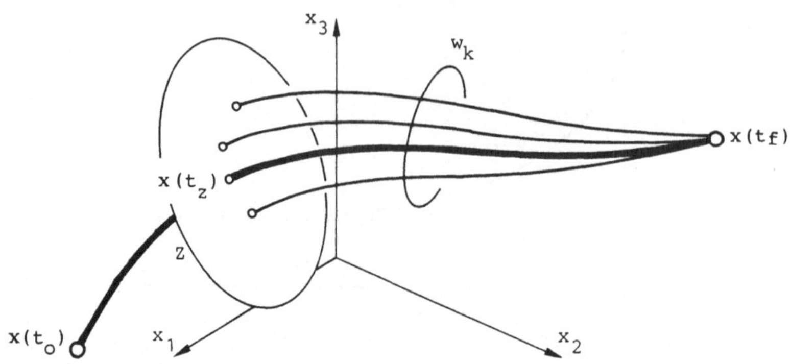

Abbildung 10.10: Optimale Gesamttrajektorie zwischen $\mathbf{x}(t_o)$ und $\mathbf{x}(t_f)$ sowie mehrere optimale Trajektorien zwischen Z und $\mathbf{x}(t_f)$

10.10 Dynamisches Programmieren nach Bellman

Das Optimierungsprinzip des Dynamischen Programmierens geht *ausschließlich* von optimalen Übergangsprozessen aus, die zu variabel gedachten Anfangs-, Zwischen- oder Endwerten gezogen werden. Dies liegt im Gegensatz zu dem klassischen Variationsansatz, der nichtoptimale Trajektorien betrachtet, die in der Nachbarschaft der optimalen Trajektorie liegen (*Bellman, R., 1967; Noton, A.R.M., 1965*).

Die Abb. 10.10 zeigt die optimale Trajektorie, die nach dem Gütekriterium (Tabelle 8.2) die Randbedingungen $\mathbf{x}(t_o)$ und $\mathbf{x}(t_f)$ erfüllen möge. Daneben sind Optimaltrajektorien eingetragen, die zu Zwischenpunkten auf der Fläche Z führen, auf denen eine (nicht unbedingt unveränderliche) Zwischenzeit t_z $(t_o < t_z < t_f)$ gilt. Die Flächen Z dienen — als Hilfsflächen von nicht notwendigerweise festem Zusammenhang in $\mathbf{x}(t)$ — bloß zur Veranschaulichung des Optimierungsprinzips, der Struktur des Optimums und der Reduzierung der Rechenschritte. Über Einzelheiten der Diskretisierung und der Optimierungs-Teilschritte gibt der Rechenvorgang mit Gl.(10.81) Auskunft.

Das Bellman-Optimierungsprinzip beruht auf der einfachen, beinahe selbstverständlichen Aussage, daß die Teilprozesse $\mathbf{x}(t_o)$ bis $\mathbf{x}(t_z)$ und $\mathbf{x}(t_z)$ bis $\mathbf{x}(t_f)$ für sich ebenfalls einen optimalen Prozeß darstellen müssen, bezogen auf die jeweiligen Randbedingungen. Diese Aussage ist aber noch nicht verwertbar, weil der Zwischenpunkt $\mathbf{x}(t_z)$ auf der gesuchten Optimaltrajektorie noch nicht bekannt ist.

Um die Suche nach dem optimalen Übergangsverlauf auf dem Digitalrechner absetzen zu können, wird jeder Übergangsprozeß in diskrete Abschnitte zerlegt. Die Diskretisierung muß nach Rechengenauigkeit und -aufwand beurteilt und festgelegt werden.

Das Optimierungskalkül wird weitergeführt, indem man sich die Ebene Z bis auf einen einzigen Rechenschritt an $\mathbf{x}(t_o)$ herangerückt denkt (Abb. 10.11). Ferner sei Z mit einer Folge von K Punkten überzogen, von denen die Optimaltrajektorien $\mathbf{x}(Z)$ bis $\mathbf{x}(t_f)$ bereits als gefunden angenommen werden. Diese Optimalwege (Trajektorien) werden mit $w_k(w_1$ bis $w_K)$ bezeichnet.

Werden die w_k um den letzten Rechenschritt zu $\mathbf{x}(t_o)$ ergänzt, also um die Verbindung von $\mathbf{x}(t_o)$ zu $\mathbf{x}(t_z)$, benannt als s_k, erhält man K gesamte Übergänge. Von diesen ist einer der in gesamter Hinsicht optimale. Er kann vom Digitalrechner aufgrund des Gütekriteriums nach folgenden beiden Gleichungen herausgesucht werden

$$\mathrm{opt}_{s_k}[I(s_k) + M(w_k)] = M(w^\star + s^\star) \tag{10.74}$$

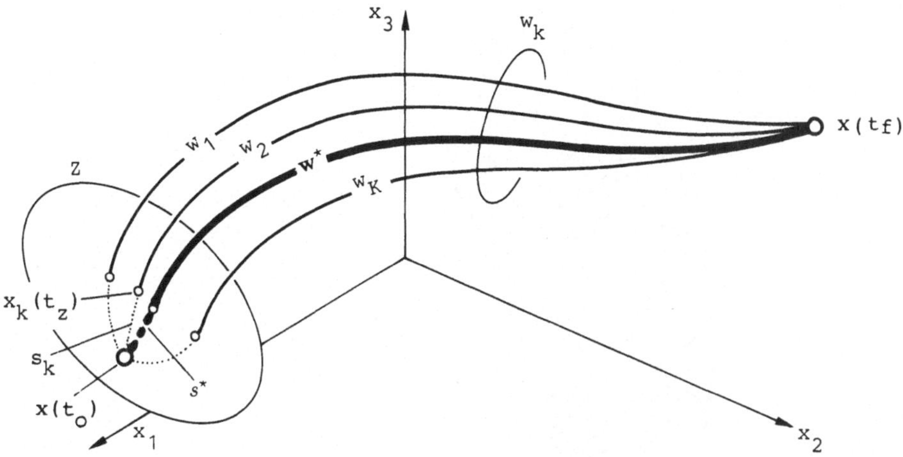

Abbildung 10.11: Optimale Trajektorien mit der bis auf einen einzigen Rechenschritt an $\mathbf{x}(t_o)$ herangerückten Zwischenfläche Z

$$M(w_k) = \text{opt}_{w_k} I(w_k) \ . \tag{10.75}$$

Die Suche ist eine eindimensionale. Die Dimension der Suche ist im Sinne des Optimierungskalküls gemeint, nicht bezogen auf die Dimension der Regelstrecke. Sie führt auf $s^\star$. Dieses ergänzt $w^\star$ zum gesamtoptimalen Verlauf.

Selbstverständlich kann die Suche nach Gl.(10.74) nicht über $I(s_k)$ und $M(w_k)$ getrennt vorgenommen werden, denn die Wege hängen über denselben Stützpunkt $\mathbf{x}_k(t_z)$ zusammen.

Die gesamte Optimierungsaufgabe wird nun folgendermaßen aufgelöst und zu einem praktischen Ergebnis geführt. Der Raum zwischen $\mathbf{x}(t_o)$ und $\mathbf{x}(t_f)$ wird mit N Ebenen Z_i ähnlich Z durchspannt. Wird die Zählung $i = 1$ für die Ebene nahe $\mathbf{x}(t_f)$ begonnen, so werden alle K Übergänge von $\mathbf{x}(Z_1)$ nach $\mathbf{x}(t_f)$ tabelliert und mit I bewertet (Abb. 10.12). Bei Betrachtung der Übergänge von den K Punkten auf Z_1 zu den abermals K Punkten auf Z_2 bieten sich insgesamt K^2 Wege an; zu jedem Punkt auf Z_2 gibt es aber nur einen Optimalweg. Der Bereich Z_2 bis $\mathbf{x}(t_f)$ umfaßt, da man den zur Gesamt-Optimaltrajektorie gehörigen Punkt auf Z_2 noch nicht kennt, K Trajektorien, zu jedem Punkt auf Z_2 eine. Bei Weiterschreiten von Z_2 zu Z_3 (Abb. 10.13) sind zwischen Z_2 und Z_3 abermals K^2 Wege zu betrachten; bei deren Gütebewertungen sind aber von den früheren Wegen (Z_2 bis $\mathbf{x}(t_f)$) nur die optimalen dieses Bereichs zu berücksichtigen. Die Einschränkung darauf fußt auf der sogenannten Markov-Eigenschaft des Entscheidungsprozesses, sie ist wesentlich verantwortlich für die Anwendbarkeit des Dynamischen Programmierens. Sobald eine Stützebene Z durch $\mathbf{x}(t_o)$ geht, sind die Suchvorgänge beendet.

Bei i Stützebenen sind mit dem Dynamischen Programmieren iK^2 Entscheidungen erforderlich; bei Durchmustern aller Wege wären $(K^2)^i$ Entscheidungen erforderlich, eine für praktische Probleme zumeist indiskutabel hohe Anzahl. Die Hochzahl 2 resultiert daraus, daß in den Abb. 10.12 und 10.13 ein zweidimensionales Problem ($n = 2$) betrachtet wurde. Siehe noch die an Gl.(10.82) anschließenden Bemerkungen zur Ordnung n.

Der N-stufige Prozeß setzt sich aus der N-ten Stufe und dem optimalen Ergebnis eines vorangegangenen ($N-1$)-stufigen Prozesses zusammen

$$M_N(\mathbf{x}_1) \;=\; \min_{w_1} \ldots . \min_{w_N} \{I(\mathbf{x}_1, w_1) + I(\mathbf{x}_2, w_2) + \;\ldots .\; + I(\mathbf{x}_N, w_N)\} = \tag{10.76}$$

$$M_N(\mathbf{x}_1) \;=\; \min_{w_1} \{I(\mathbf{x}_1, w_1) + \min_{w_2} \;\ldots .\; \min_{w_N} [I(\mathbf{x}_2, w_2) + \;\ldots .\; + I(\mathbf{x}_N, w_N)]\} = \tag{10.77}$$

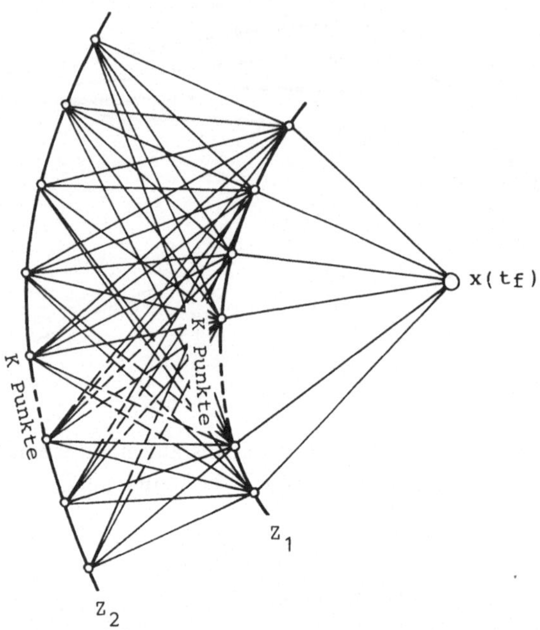

Abbildung 10.12: Optimale Trajektorien unter Diskretisierung des Zustandsraumes auf jeweils K Punkte auf den Zwischenebenen Z_1 und Z_2 nahe $\mathbf{x}(t_f)$

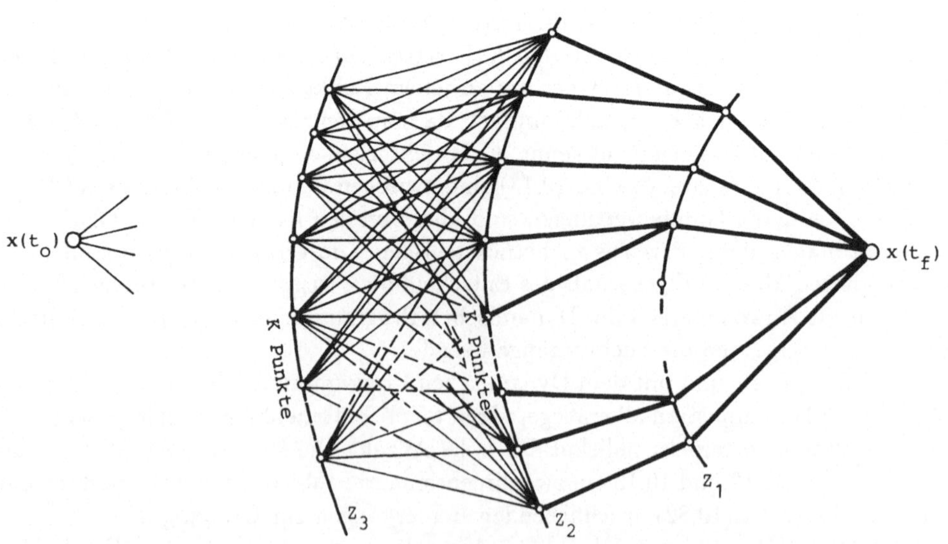

Abbildung 10.13: Fortsetzung der Trajektorien im diskretisierten Zustandsraum von den Zwischenflächen Z_1 und Z_2 auf die weitere Zwischenfläche Z_3

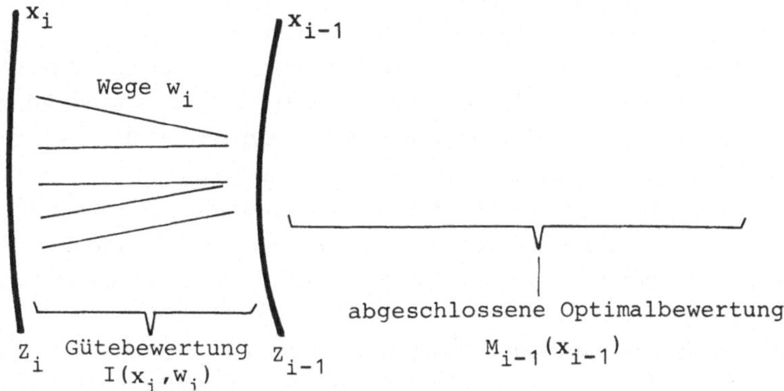

Abbildung 10.14: Zur Rekursion in den optimalen Trajektorien bis einschließlich Zwischenfläche Z_i ausgehend von den Ergebnissen bis zur Zwischenfläche Z_{i-1}

$$M_N(\mathbf{x}_1) = \min_{w_1} \{I(\mathbf{x}_1, w_1) + M_{N-1}(\mathbf{x}_2)\} = \tag{10.78}$$

$$M_N(\mathbf{x}_1) = \min_{w_1} \{I(\mathbf{x}_1, w_1) + M_{N-1}[T(\mathbf{x}_1, w_1)]\} \,. \tag{10.79}$$

Dies ist die wesentliche Aussage des Dynamischen Programmierens, zusammengefaßt in einem Algorithmus. Als Rekursion ist sie in Abb. 10.14 veranschaulicht. Sie dient der Berechnung aufeinanderfolgender Schritte, jeweils in Form eines eindimensionalen Suchvorgangs.

10.11 Optimale Regler nach dem Dynamischen Programmieren

Für den optimalen Steuerungs- oder Regelungsprozeß wird der Transformationsprozeß T durch die Differentialgleichung der Regelstrecke besorgt, also gilt $T(\mathbf{x}_i, w_i) \triangleq \mathbf{g}(\mathbf{x}, u)$ für die Aufgabe

$$\dot{\mathbf{x}} = \mathbf{g}(\mathbf{x}, u) \qquad \mathbf{x}(0) = \mathbf{x}_o \qquad I(u) = \int_{t_o}^{t_f} f(\mathbf{x}, u)dt \,. \tag{10.80}$$

Wenn die sogenannte Invarianten-Einbettung mit $\mathbf{c}$ statt $\mathbf{x}_o$ vorgenommen und t statt t_o gesetzt wird, folgt

$$M_i(\mathbf{c}) = \min_u I(u) = \min_u \int_t^{t_f} f(\mathbf{c}, u)dt = \min_u\{\int_t^{t+\Delta} f(\mathbf{c}, u)dt + \int_{t+\Delta}^{t_f} f(\mathbf{c}, u)dt\} =$$

$$M_i(\mathbf{c}) = \min_u\{f(\mathbf{c}, u)\Delta + M_{i-1}[\mathbf{c} + \mathbf{g}(\mathbf{c}, u)\Delta]\} \tag{10.81}$$

$$M_1 = \min_u\{f(\mathbf{c}, u)\Delta\} \,. \tag{10.82}$$

Der Rechenvorgang besteht nach Vorgabe eines Wertegitters für alle beteiligten Rechengrößen in einer schrittweisen Steigerung der Rekursionsformel Gl.(10.82) für $M_1(c)$, $M_2 = \min\{f\Delta + M_1\}$, $M_3 = \min\{f\Delta + M_2\}$ usw. Dies führt letztlich auf eine Gesamttabelle für alle M_i und die zugehörigen u_i in Abhängigkeit des Anfangszustandes $\mathbf{c}$. Mit $\mathbf{c} = \mathbf{c}_o = \mathbf{x}_o$ und mit der Gesamtstufenzahl N beginnend wird $u_N(\mathbf{c}_o)$ der Tabelle entnommen, $\mathbf{c}_1$ berechnet zu $\mathbf{c}_1 = \mathbf{c}_o + \mathbf{g}[\mathbf{c}_o, u_N(\mathbf{c}_o)]$ und dann für $N-1$ zu $u_{N-1}(\mathbf{c}_1)$ wiederholt.

Zusätzliche Stellgrößenbegrenzungen bringen erstaunlicherweise eine Vereinfachung des Rechenvorganges, weil sie den Suchbereich einschränken.

Numerische Probleme mit dem Dynamischen Programmieren nehmen mit der Ordnung n der Differentialgleichung $\mathbf{x} = \mathbf{g}(\mathbf{x}, u, t)$ der Regelstrecke exponentiell zu, weil ein den n Zustandsvariablen entsprechend umfangreiches Wertegitter auf den Zwischenebenen Z_i aufzubauen ist. Dies treibt die Anforderung an Rechenzeit und Speicherbedarf extrem in die Höhe. *Richard Bellman* hat dies als „Fluch der Dimensionen" bezeichnet.

Suchschläuche mit schrittweiser Verfeinerung des Wertegitters und mit etappenweiser Verkleinerung des Suchbereichs sind ein Ausweg. Aber selbst damit ist keine globale Konvergenz gesichert.

Das Verfahren des Dynamischen Programmierens ist aber nicht nur ein Rechenverfahren, sondern auch ein Algorithmus zur Formulierung einer optimalen Aufgabenstellung. Beispiele dafür sind: Die rasche Herleitung der verallgemeinerten Riccati-Differentialgleichung linear-quadratischer Probleme; die Bestätigung des Maximum-Prinzips von Pontrjagin über die Charakteristiken-Methode; die Herleitung optimaler Steuergesetze zeitvariabler Art, die sich als linear herausstellen, sowohl für zeitinvariante als auch zeitvariante Prozesse (siehe den folgenden Abschnitt und spätere Kapitel). Das Beobachterprinzip (bei unzugänglichen Prozeßvariablen) und das Prinzip der optimalen Schätzung bei stochastischen Störungen kann entsprechend einbezogen werden.

Auch für nichtlineare dynamische Prozesse bis zu höherer Ordnung sind — trotz des starken Ansteigens des Rechenzeitbedarfs — Reglerentwurfsverfahren verschiedentlich erprobt worden (*Sandholzer, R., und Hofer, A., 1982*).

10.12 Optimalregelung für diskrete lineare Regelstrecken

Zu der zeitvarianten Mehrgrößenstrecke

$$\mathbf{x}(k+1) \triangleq \mathbf{x}_{k+1} = \mathbf{\Phi}_{k+1,k}\mathbf{x}_k + \mathbf{\Psi}_{k+1,k}\mathbf{u}_k \tag{10.83}$$

mit der Stellgröße $\mathbf{u}(k)$ ist eine Regelung zu dimensionieren, die die Fehlerfunktion I minimisiert. Sie wird über $\mathbf{x}$ und $\mathbf{u}$ vorzugsweise quadratisch angesetzt und mit zeitvarianten Gewichtsmatrizen über dem Optimierungszeitraum von N Intervallen gewichtet

$$I = \sum_{1}^{N} \mathbf{x}^T(i)\mathbf{Q}(i)\mathbf{x}(i) + \mathbf{u}^T(i-1)\mathbf{R}(i-1)\mathbf{u}(i-1)\ . \tag{10.84}$$

Mit dem Dynamischen Programmieren kann ermittelt werden, daß der lineare Zustandsregler

$$\mathbf{u}(j) = \mathbf{K}(N-j)\mathbf{x}(j) \qquad \mathbf{K} \in \mathcal{R}^{m\times n} \tag{10.85}$$

das optimale Regelgesetz darstellt, obwohl sich dies nicht zwangsläufig so ergeben muß. Der Regler $\mathbf{K}(N-j)$ berechnet sich aus einer Rekursion unter Verwendung der Hilfsmatrizen $\mathbf{L}$ und $\mathbf{S}$ zu (*Meditch, J.S., 1969; Kalman, R.E., und Koepcke, R.W., 1958; Joseph, P.D., and Tou, J.T., 1961*)

$$\mathbf{S}(N-j-1) = \mathbf{Q}(j+1) + \mathbf{L}(N-j-1) \tag{10.86}$$

$$\mathbf{K}(N-j) = [\mathbf{\Psi}^T(j)\mathbf{S}(N-j-1)\mathbf{\Psi}(j) + \mathbf{Q}(j)]^{-1}\mathbf{\Psi}^T(j)\mathbf{S}(N-j-1)\mathbf{\Phi}(j) \tag{10.87}$$

$$\mathbf{L}(N-j) = \mathbf{\Phi}^T(j)\mathbf{S}(N-j-1)\mathbf{\Phi}(j) + \mathbf{\Phi}^T(j)\mathbf{S}(N-j-1)\mathbf{\Psi}(j)\mathbf{K}(N-j)\ . \tag{10.88}$$

Der erste Durchgang für $j = N-1$ liefert mit $\mathbf{L}(0) = 0$ die Werte $\mathbf{S}(0)$, $\mathbf{K}(1)$ und $\mathbf{L}(1)$, der zweite für $j = N-2$ stellt $\mathbf{S}(1)$, $\mathbf{K}(2)$ und $\mathbf{L}(2)$ bereit usw. Selbst für den autonomen (d.h. zeitinvarianten) Fall ergibt sich ein zeitvarianter optimaler Regler $\mathbf{K}(N-j)$. Der optimale Regler ist nur dann zeitinvariant, wenn die Strecke, d.h. $\mathbf{\Phi}$ und $\mathbf{\Psi}$, sowie $\mathbf{Q}$ und $\mathbf{R}$ konstant sind und N sich über ein unendliches Zeitintervall erstreckt.

Kapitel 11

Regelungen unter stationär zufälligen Bewegungen

Als Einwirkungen, Störungen oder sogar als Sollwerte treten beim Betrieb technischer Regelungen häufig zufällige Signale auf. Das häufigste Vorkommen ist als Störgröße und als Meßrauschen zu verzeichnen, als zufälliges Signal additiv zum Meßsignal. Zufällige Signale lassen keine deterministischen Aussagen zu, sie sind nur durch verschiedene stochastische Kenngrößen zu beschreiben.

Eine naheliegende Beschreibungsmöglichkeit besteht darin, einen Signalwert $\xi(t)$ darauf zu überprüfen, mit welcher Wahrscheinlichkeit er unter dem Signalwert x liegt. Diese Wahrscheinlichkeitsverteilung über der Variablen x wird mit $P(x) = P[\xi < x]$ gekennzeichnet. Als Alternative dient die Verteilungsdichte $p(x) = dP/dx$ laut Abb. (11.1). Daneben werden vor allem der lineare Mittelwert

$$E\{x(t)\} = \bar{x} = \int_{-\infty}^{\infty} x\; p(x)dx = \frac{1}{T_o}\int_{t_o}^{t_o+T_o} \xi(t)dt \tag{11.1}$$

und der quadratische Mittelwert

$$E\{x^2(t)\} = \overline{x^2} = \int_{-\infty}^{\infty} x^2 p(x)dx = \frac{1}{T_o}\int_{t_o}^{t_o+T_o} \xi^2(t)dt \tag{11.2}$$

herangezogen.

Streng müßte $T_o \to \infty$ genommen werden. Die Gleichsetzung des Ensemblemittelwerts $\bar{x}$ (über viele Prozesse) mit dem zeitlichen Mittelwert $\overline{x(t)}$ eines Prozesses wird dabei vorausgesetzt, eine Aussage, die als Ergodentheorem bekannt ist.

Stochastisch stationäre Signale besitzen Kenngrößen, die von t_o unabhängig sind.

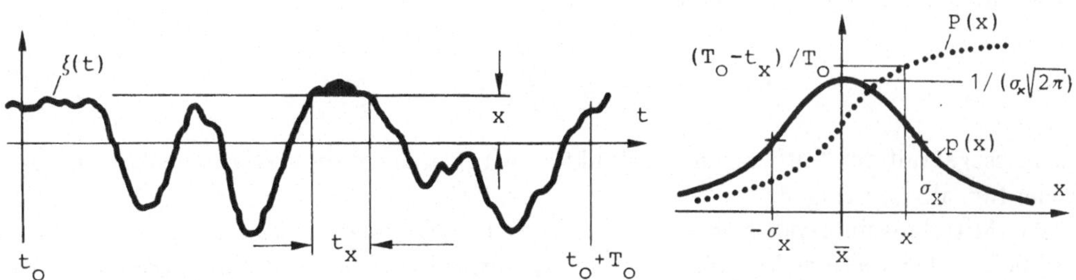

Abbildung 11.1: Rauschsignal, Wahrscheinlichkeitsverteilung und Wahrscheinlichkeitsverteilungsdichte

Bei Regelungen und anderen dynamischen Prozessen bedient man sich häufig der Gauß-Verteilungsdichte

$$p(x) = \frac{1}{\sqrt{2\pi}\sigma_x} \exp[-\frac{(x-\bar{x})^2}{2\sigma_x^2}] . \quad (11.3)$$

Darin ist σ_x die Standardabweichung und σ_x^2 die Varianz. Sie steht mit $\bar{x}$ und $\overline{x^2}$ in den Beziehungen

$$\sigma_x^2 = \overline{x^2} - \bar{x}^2 , \qquad \sigma_x^2 \triangleq \int_{-\infty}^{\infty} [x(t) - \bar{x}]^2 p(x) dx = \frac{1}{T_o} \int_{t_o}^{t_o+T_o} [\xi(t) - \bar{x}]^2 dt . \quad (11.4)$$

Gauß- oder Normal-Verteilungen besitzen zwei technisch wichtige Merkmale: Entstammt erstens das Rauschen mehreren sich überlagernden Zufallsprozessen beliebiger Verteilung, so strebt die Überlagerung (nach dem zentralen Grenzwertsatz) gegen ein Gauß-Rauschen. Treten zweitens normalverteilte Signale zur Anregung eines linearen Systems auf, so ist seine Ausgangsgröße ebenfalls ein normaler Prozeß. Beim Durchlaufen linearer Systeme wird nur σ_x verändert, und zwar umso mehr verkleinert, je träger das System ist; dazu siehe Gl.(11.13) (*Laning, J.H., jr., and Battin, R.H., 1956; Schlitt, H., 1960; 1968*).

11.1 Korrelationsfunktion

Für die gegenständlichen Untersuchungen wird angenommen, daß die beteiligten Signale die Kenngröße der Autokorrelationsfunktion

$$R_{xx}(\tau) \triangleq \lim_{T_o \to \infty} \frac{1}{2T_o} \int_{-T_o}^{T_o} x(t) x(t+\tau) dt \quad (11.5)$$

besitzen. Sie entspricht einer Rechenvorschrift an einem vorliegenden stationären Rauschsignal $x(t)$ in Abhängigkeit von einer Retardierungszeit τ . Für $\tau = 0$ erhält man als $R_{xx}(0)$ den Wert $\overline{x^2}$. Je größer τ angenommen wird, desto weiter sind die Signalwerte, über deren Produkt gemittelt wird, voneinander entfernt und desto weniger statistisch abhängige Werte gelangen in den Integranden. Die Autokorrelationsfunktion $R_{xx}(\tau)$ strebt für große τ bei verschwindendem Mittelwert $\bar{x} = 0$ offenbar gegen null. Die Funktion $R_{xx}(\tau)$ kann so als Maß für die innere statistische Abhängigkeit des Signals $x(t)$ gewertet werden.

Je schmäler $R_{xx}(\tau)$ über τ wird, desto mehr ist dies Ausdruck einer geringen inneren statistischen Erhaltungstendenz des Signals $x(t)$. Der Grenzfall $R_{xx}(\tau) = \delta(\tau)$ stellt die gänzlich fehlende Kohärenz dar. Das zugehörige Signal wird dann als weißes Rauschen bezeichnet. Die Bezeichnung *weiß* ist der Optik entnommen.

Wird die Rechenvorschrift auf zwei verschiedene Signale $x(t)$ und $y(t)$ angewendet, so spricht man von der Kreuzkorrelationsfunktion

$$R_{xy}(\tau) \triangleq \lim_{T_o \to \infty} \frac{1}{2T_o} \int_{-T_o}^{T_o} x(t) y(t+\tau) dt . \quad (11.6)$$

Die Aussagekraft der Autokorrelationsfunktion wird dabei auf die statistische Abhängigkeit zweier Signale übertragen.

Als Mittelungsintervall sind derart große T_o anzunehmen, daß sie ein repräsentatives Bild liefern; bei weiterer Vergrößerung von T_o dürfte keine Änderung im Ergebnis auftreten. Aus Gründen der Meßverzögerung sollte bei Einsatz von Korrelatoren im Regelkreis das Intervall $2T_o$ möglichst klein sein; dann besteht allerdings die Gefahr, daß der Anfangszeitpunkt des Intervalls $2T_o$ auf $R_{xx}(\tau)$ oder $R_{xy}(\tau)$ durchschlägt.

Abhilfe schaffen pseudozufällige Signale. Sie opfern der Reproduzierbarkeit und kurzen Intervalldauer gewisse strenge stochastische Eigenschaften. Für die Regelungstechnik entstehen daraus kaum Nachteile. Mit rückgekoppelten Schieberegistern lassen sich solche pseudozufälligen Signale mit gut einstellbaren Kenngrößen generieren.

Die Autokorrelationsfunktion $R_{xx}(\tau)$ ist auf Vertauschen von $x(t)$ und $x(t+\tau)$ unempfindlich, deshalb ist $R_{xx}(\tau)$ eine gerade Funktion von τ . Die Kreuzkorrelationsfunktion $R_{yx}(\tau)$ hingegen gehorcht $R_{xy}(-\tau)$. Für Rauschsignale gilt stets

$$\lim_{\tau\to\infty} R_{xx}(\tau) = 0 \; . \tag{11.7}$$

Für statistisch voneinander unabhängige Signale[1] $x(t)$ und $y(t)$ ist $R_{xy}(\tau) \equiv 0$ für jedes τ. Enthält $x(t)$ nicht nur Rauschen, sondern zusätzlich einen Gleichanteil $x_o = \bar{x}$, so wird dieser in $\sqrt{R_{xx}(\infty)}$ erkennbar. In ähnlicher Weise gilt $R_{xy}(\infty) = \bar{x}\bar{y}$. Enthält $x(t)$ zusätzlich zum Rauschen eine periodische Komponente, so tritt diese auch in $R_{xx}(\tau)$ auf, und zwar bis zu beliebig großen τ .

11.2 Spektrale Leistungsdichte

Wird das an sich stochastisch stationäre Signal $x(t)$ nur während eines großen Intervalls $-T_o$ bis T_o als existent angenommen, darüber hinaus jedoch $2T_o$ ausreichend groß gegenüber dynamischen Kennzeiten des regelungstechnischen Systems, so besitzt dies zwei Vorteile: Das Signal ist fourier-transformierbar und besitzt in

$$\int_{-T_o}^{T_o} x^2(t)dt = 2T_o\,\overline{x^2} \tag{11.8}$$

eine Größe, die als endlicher Energieinhalt aufgefaßt werden kann. Unter Benützung des verallgemeinerten Parseval-Theorems

$$\lim_{T_o\to\infty} \int_{-T_o}^{T_o} x(t)x(t+\tau)dt = \frac{1}{2\pi}\int_{-\infty}^{\infty} |X(j\omega)|^2 e^{j\omega\tau} d\omega \tag{11.9}$$

geht die Gl.(11.8) für $\tau = 0$ über in

$$2T_o\,\overline{x^2} = \int_{-\infty}^{\infty} |X(j\omega)|^2 d\omega \; . \tag{11.10}$$

Wird die Gl.(11.10) durch $2T_o$ dividiert, so erhält man die (mittlere) Leistung des Signals $x(t)$; nimmt man den durch $2T_o$ dividierten Integranden aus Gl.(11.10) allein, so ist dies die spektral zerlegte Leistung oder definitionsgemäß die spektrale Leistungsdichte $S_{xx}(\omega)$. Sie heißt auch Autospektraldichte

$$S_{xx}(\omega) \triangleq \lim_{T_o\to\infty} \frac{|X(j\omega)|^2}{2T_o} \; . \tag{11.11}$$

[1]Zwei stochastische Variable (Prozesse) sind voneinander unabhängig, wenn die bedingte Wahrscheinlichkeit $p(x|y) = p(x)$ unabhängig davon ist, welchen Verlauf das Signal y nimmt. Zwei stochastische Prozesse mit Mittelwert null sind unkorreliert, wenn ihre Kreuzkorrelationsfunktion (bzw. -matrix) verschwindet. Stochastisch unabhängige Prozesse sind stets unkorreliert. Der Umstand der Unkorreliertheit ist nur bei Gauß-Prozessen und nicht allgemein zugleich Kriterium für die Unabhängigkeit.

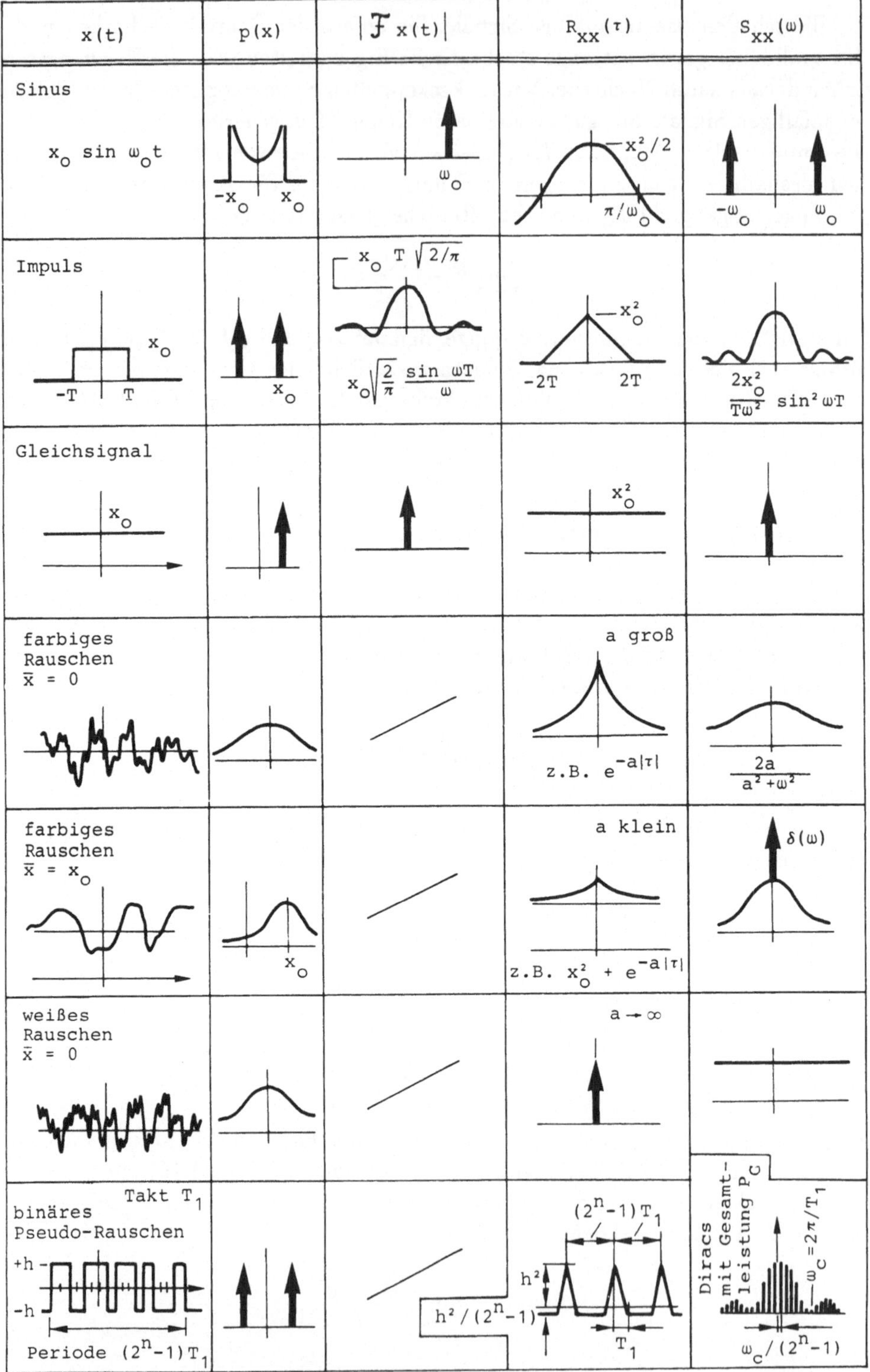

Abbildung 11.2: Beispiele von verschiedenen Signalen und deren stochastischen Kenngrößen

Die Gl.(11.10) geht mit Gl.(11.11) über in

$$\overline{x^2} = \frac{1}{2T_o}\int_{-T_o}^{T_o} x^2(t)dt = \frac{1}{2\pi}\int_{-\infty}^{\infty} \frac{|X(j\omega)|^2}{2T_o} d\omega = \frac{1}{2\pi}\int_{-\infty}^{\infty} S_{xx}(\omega)d\omega \ . \tag{11.12}$$

Die gesamte Leistung läßt sich in x^2 aber auch durch die Korrelationsfunktion

$$\overline{x^2} = R_{xx}(0) = \frac{1}{2\pi}\int_{-\infty}^{\infty} S_{xx}(\omega)d\omega = \sigma_x^2 + \bar{x}^2 \tag{11.13}$$

ausdrücken. Daraus geht hervor, daß $R_{xx}(0)$ durch die inverse Fourier-Transformierte von $S_{xx}(\omega)$ für $\tau = 0$ entsteht.

Die Gl.(11.9), beidseitig durch $2T_o$ dividiert, ergibt

$$R_{xx}(\tau) = \frac{1}{2\pi}\int_{-\infty}^{\infty} \lim_{T_o\to\infty} \frac{|X(j\omega)|^2}{2T_o} e^{j\omega\tau} d\omega = \frac{1}{2\pi}\int_{-\infty}^{\infty} S_{xx}(\omega)e^{j\omega\tau}d\omega = \mathcal{F}^{-1}\{S_{xx}(\omega)\} \ . \tag{11.14}$$

Die spektrale Leistungsdichte ist das Fourierbild der Korrelationsfunktion.

Die Beziehungen sind auf die Kreuzleistungsdichte auszudehnen, wenn

$$\mathcal{F}\{R_{xy}(\tau)\} = S_{xy}(j\omega) \triangleq \lim_{T_o\to\infty} \frac{1}{2T_o} X^*(j\omega)Y(j\omega) \tag{11.15}$$

definiert wird, wobei das hochgestellte * die komplexe Konjugation anmerkt. Während $S_{xx}(\omega)$ reell, gerade und positiv ist, ist $S_{xy}(j\omega)$ komplex. Es gilt ferner

$$S_{xy}(-j\omega) = S_{xy}^*(j\omega) = S_{yx}(j\omega) \ . \tag{11.16}$$

In der Abb. 11.2 werden etliche Beispiele von Rauschsignalen (und zum Vergleich auch von deterministischen Signalen) gezeigt.

Für das binäre Pseudorauschen gilt als Gesamtleistung

$$P_G = 0{,}5\ h^2[1 - \frac{1}{(2^n-1)^2}] \doteq 0{,}5\ h^2 \ . \tag{11.17}$$

11.3 Lineare Regelungen unter stationären Rauschsignalen

Eine lineare Regelung sei durch die Übertragungsfunktion bzw. durch die Gewichtsfunktion gegeben, die etwa die Übertragungsverhältnisse zwischen einer zufälligen Störung $w_d(t)$ und der Regelgröße $y(t)$ festlegen. In diesem Anwendungsfall ist dies die Störungsübertragungsfunktion F_{St} (Abb. 11.3). Dann gilt sowohl die Faltungsbeziehung

$$y(t) = \int_0^{\infty} f_{St}(\alpha)w_d(t-\alpha)d\alpha \tag{11.18}$$

als auch die Kreuzkorrelationsfunktion

$$R_{w_dy}(\tau) = \lim_{T_o\to\infty} \frac{1}{2T_o}\int_{-T_o}^{T_o} w_d(t)y(t+\tau)dt \ . \tag{11.19}$$

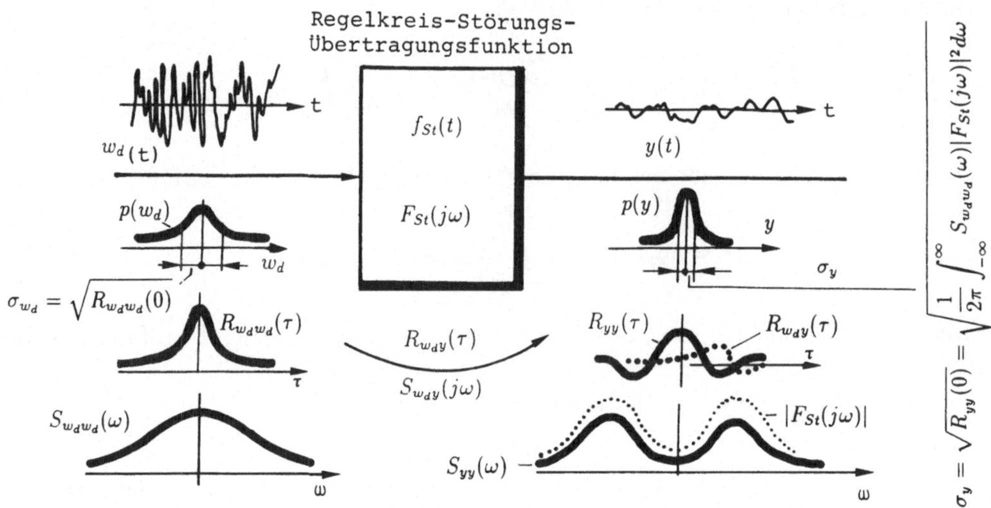

Abbildung 11.3: Anregung eines Regelkreises durch ein Rauschsignal als Störgröße. Für eine typische bandpaßähnliche Störungs-Übertragungsfunktion und für verschwindenden Mittelwert von w_d sind die stochastischen Kenngrößen eingetragen

Die Gl.(11.18) in Gl.(11.19) eingesetzt liefert

$$R_{w_dy}(\tau) = \lim_{T_o\to\infty}\frac{1}{2T_o}\int_{-T_o}^{T_o} w_d(t)\int_0^{\infty} f_{St}(\alpha)w_d(t+\tau-\alpha)d\alpha\, dt = \tag{11.20}$$

$$= \lim_{T_o\to\infty}\int_0^{\infty} f_{St}(\alpha)\frac{1}{2T_o}\int_{-T_o}^{T_o} w_d(t)w_d(t+\tau-\alpha)dtd\alpha = \tag{11.21}$$

$$= \int_0^{\infty} f_{St}(\alpha)R_{w_dw_d}(\tau-\alpha)d\alpha\ . \tag{11.22}$$

Die Kreuz- und die Autokorrelationsfunktion gehorchen also einer Analogie zum Faltungssatz. In Gl.(11.22) kann beidseitig die Fourier-Transformierte genommen werden, was auf

$$S_{w_dy}(j\omega) = F_{St}(j\omega)S_{w_dw_d}(\omega) \tag{11.23}$$

führt.

Zwischen den Autospektraldichten bestehen die Beziehungen

$$S_{yy}(\omega) = \lim_{T_o\to\infty}\frac{1}{2T_o}|Y(j\omega)|^2 = \lim_{T_o\to\infty}\frac{1}{2T_o}|F_{St}(j\omega)|^2|W_d(j\omega)|^2 = |F_{St}(j\omega)|^2 S_{w_dw_d}(\omega)\ . \tag{11.24}$$

Wegen $R_{w_dy}(\tau) = R_{yw_d}(-\tau)$ und $S_{w_dy}(j\omega) = S_{yw_d}(-j\omega) = S^*_{yw_d}(j\omega)$ ergibt sich das resultierende Signalflußdiagramm der Abb. 11.4. In ihm treten die Spektraldichten an die Stelle der Fourier-Transformierten der Signale.

Beispiel. Varianz der Regelabweichung: Der Sollwert $y_{ref}(t)$ sei ein Rauschen mit der Autokorrelationsfunktion $\frac{1}{4}e^{-0,5|\tau|}$

$$S_{y_{ref}y_{ref}}(\omega) = \mathcal{F}\left\{\frac{1}{4}e^{-0,5|\tau|}\right\} = \frac{1}{4}\,\frac{1}{0,25+\omega^2}\ . \tag{11.25}$$

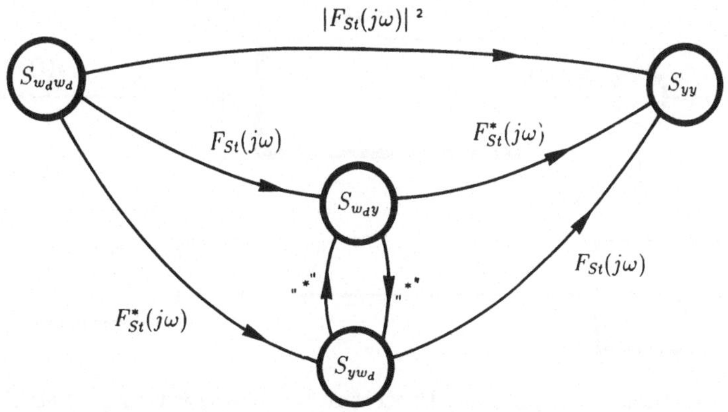

Abbildung 11.4: Signalflußdiagramm der Spektraldichten

Die Varianz $\overline{e^2(\tau)}$ der daraus resultierenden Regelabweichung am Standardregelkreis mit der Schleifenübertragungsfunktion $F_o(s) = 10/(1+2s)$ findet man aus $F_e(s) = 1/[1+F_o(s)]$, den Gln.(11.13) und (11.24) sowie

$$S_{ee}(\omega) = |F_e(j\omega)|^2 S_{y_{ref}y_{ref}}(\omega) = \frac{1+4\omega^2}{121+4\omega^2}\,\frac{1}{1+4\omega^2} = \frac{1}{121+4\omega^2} \quad \text{zu} \tag{11.26}$$

$$\overline{e^2(\tau)} = R_{ee}(0) = \mathcal{F}^{-1}\Big\{S_{ee}(\omega)\Big\}\Big|_{\tau=o} = \frac{1}{2\pi}\int_{-\infty}^{\infty} \frac{e^{j\omega\tau}}{121+4\omega^2}\Big|_{\tau=o} d\omega = \frac{1}{\pi}\frac{1}{4}\arctan\frac{2\omega}{11}\Big|_0^{\infty} = \frac{1}{8}\,. \quad \square \tag{11.27}$$

11.4 Identifikation eines einfachen linearen Systems

Zur Identifikation eines linearen Systems wird dem Eingangssignal $u(t)$ ein nicht korreliertes Rauschen $v(t)$ überlagert (Abb. 11.5). Der Ausgang und die zugehörigen Korrelationsfunktionen lauten bei $\bar{v} = 0$

$$y(t) = \int_0^{\infty} g(\alpha)u(t-\alpha)d\alpha + \int_0^{\infty} g(\alpha)v(t-\alpha)d\alpha \tag{11.28}$$

$$R_{vy}(\tau) = \int_0^{\infty} g(\alpha)\underbrace{R_{vu}(\tau-\alpha)}_{0}d\alpha + \int_0^{\infty} g(\alpha)R_{vv}(\tau-\alpha)d\alpha\,. \tag{11.29}$$

Betrachtet wurde die Korrelationsfunktion $R_{vy}(\tau)$. Weiters sind auch die gleichen Überlegungen angewendet worden, die zur Gl.(11.22) geführt haben. Wegen der angenommenen Unkorreliertheit von $v(t)$ mit $u(t)$ und $R_{vu}(\tau) = 0$ folgt also schließlich

$$R_{vy}(\tau) = \int_0^{\infty} g(\alpha)R_{vv}(\tau-\alpha)d\alpha \tag{11.30}$$

und

$$S_{vy}(j\omega) = G(j\omega)S_{vv}(\omega) \quad \rightsquigarrow \quad G(j\omega) = \frac{S_{vy}(j\omega)}{S_{vv}(\omega)}\,. \tag{11.31}$$

Überzeugend einfach wird das Ergebnis für weißes Rauschen $v(t)$ wegen $R_{vv}(\tau) = \delta(\tau)$. Die gemessene Kreuzkorrelationsfunktion $R_{vy}(\tau)$ wird gleich der Gewichtsfunktion $g(\tau)$ und die Kreuzleistungsdichte $S_{vy}(j\omega)$ gleich dem Frequenzgang $G(j\omega)$ des zu identifizierenden Systems.

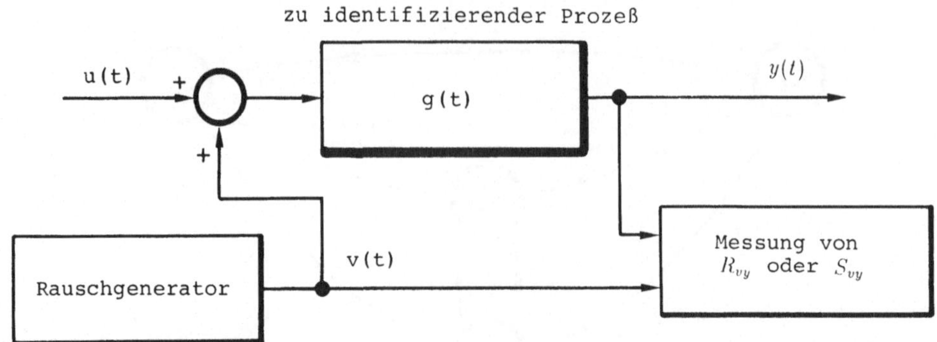

Abbildung 11.5: Identifikation eines Prozesses durch Auswertung eines überlagerten Rauschvorgangs

Der Vorteil dieses Verfahrens liegt darin, daß weder der Betrieb des zu identifizierenden Prozesses bei diesen Messungen unter der Einwirkung eines schwachen unkorrelierten $v(t)$ gestört wird, noch die Betriebsbewegungen $u(t) \neq 0$ und $y(t) \neq 0$ des Systems die Korrelationsmessung beeinflussen (*Korn, G.A., 1966; Unbehauen, H., und Funk, W., 1977*).

Das Schrifttum nennt eine große Zahl weiterentwickelter Verfahren, auch für Systeme mit stochastisch variierenden Parametern (*Beck, J.V., and Arnold, K.J., 1977; Isermann, R., 1974; Kopacek, P., 1978; 1982; Mendel, J.M., 1973*). Für die zeitdiskrete Regelung unter stochastischen Einwirkungen (Sollwert, Störung, Meßrauschen) sind auf der Basis von Polynommatrizen diophantische Matrizengleichungen zu lösen (*Roberts, A.P., 1987*).

Beispiel. Identifikation bei Anregung durch weißes Rauschen $u(t)$: Gemessen wurde die Kreuzspektraldichte $S_{uy}(j\omega) = \frac{1}{2+j\omega}$. Die zu identifizierende Gewichtsfunktion $g(t)$ ergibt sich entweder aus Gl.(11.31)

$$S_{uu}(\omega) = 1, \quad G(j\omega) = \frac{S_{uy}(j\omega)}{S_{uu}(\omega)} = \frac{\frac{1}{2+j\omega}}{1} = \frac{1}{s+2}\bigg|_{s=j\omega} \quad \rightsquigarrow \quad g(t) = e^{-2t} \tag{11.32}$$

oder gemäß Gl.(11.30)

$$R_{uy}(\tau) = \mathcal{F}^{-1}\Big\{S_{uy}(j\omega)\Big\} = \frac{1}{2\pi}\int_{-\infty}^{\infty}\frac{e^{j\omega\tau}}{2+j\omega}d\omega = \frac{1}{2\pi j}\int_{-j\infty}^{j\infty}\frac{e^{s\tau}}{2+s}ds = e^{-2\tau} \tag{11.33}$$

$$R_{uy}(\tau) = \int_{-\infty}^{\infty} g(\alpha)R_{uu}(\tau-\alpha)d\alpha \quad \rightsquigarrow \quad e^{-2\tau} = \int_{-\infty}^{\infty} g(\alpha)\delta(\tau-\alpha)d\alpha \quad \rightsquigarrow \quad g(\alpha) = e^{-2\alpha}\,. \quad \square \tag{11.34}$$

Kapitel 12

Regelungen mit stochastisch optimaler Vorhersage. Kalman-Filter

Regelstrecken, die unter stochastischen Störeinwirkungen $\mathbf{w}_d(t)$ stehen, bieten ein verzerrtes Bild von ihrem wahren dynamischen Zustand $\mathbf{x}(t)$. Unter wahrem Zustand wird jener verstanden, der sich im Betrieb der Regelstrecke ergeben würde, wenn nur Nutzsignale (Steuerbefehle) auf die Regelstrecke einwirken. Darüber hinaus tritt auch ein Meßrauschen $\mathbf{v}(\mathrm{t})$ auf, wodurch das Ergebnis weiter verschlechtert wird (Abb. 12.1).

Dem Regler soll die bestmögliche Information der Strecke zur Verfügung stehen. Bestmöglich in dem Sinne, daß nach Verfahren der statistischen Schätztheorie eine optimale Schätzung $\hat{\mathbf{x}}(k \mid j)$ der Streckeninformation durchgeführt wird. Diese beruht darauf, die Schätzfehler $\tilde{\mathbf{x}}(k \mid j)$ im Sinne eines Gütekriteriums I möglichst klein zu halten. Als Gütekriterium wird der Erwartungswert einer Fehlerfunktion L

$$I = I[\tilde{\mathbf{x}}(k \mid j)] = E\{L[\tilde{\mathbf{x}}(k \mid j)]\} \rightarrow \min \; . \tag{12.1}$$

zu minimieren angestrebt. Der Schätzfehler $\tilde{\mathbf{x}}(k \mid j)$ ist als

$$\tilde{\mathbf{x}}(k \mid j) = \mathbf{x}(k) - \hat{\mathbf{x}}(k \mid j) \tag{12.2}$$

definiert, und zwar aus dem tatsächlichen (wenn auch nicht bekannten) Zustandsvektor $\mathbf{x}(k)$ zum Beobachtungspunkt t_1 (bzw. diskreten Punkt k) und dem bestmöglichen Schätzwert $\hat{\mathbf{x}}(k \mid j)$. Letzterer ist eine bedingt zufällige Variable, und zwar unter der Bedingung, daß die Meßwerte $\mathbf{y}$ bis zum Zeitpunkt t bzw. j bekannt sind (Abb. 12.2).

Eine Fundamentalbeziehung der Schätztheorie ist die Sherman-Beziehung. Sie besagt, daß die bestmögliche Schätzung $\hat{\mathbf{x}}(k \mid j)$ dem bedingten Erwartungswert von der Form $E\{\mathbf{x}(k) \mid \mathbf{y}(1), \mathbf{y}(2) \; .... \; \mathbf{y}(j)\}$ entspricht. Sie ist gültig für symmetrische Wahrscheinlichkeitsverteilungen für $\mathbf{x}$ bezüglich $\bar{\mathbf{x}}$, also auch für die Gauß-Verteilung; ferner gültig für

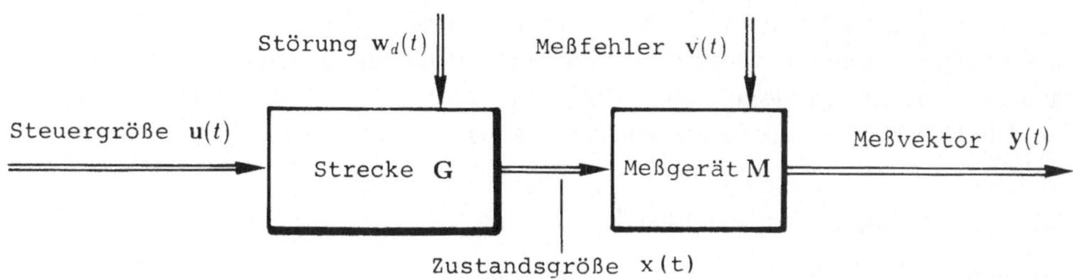

Abbildung 12.1: Gestörte Regelstrecke und fehlerbehaftete Messung

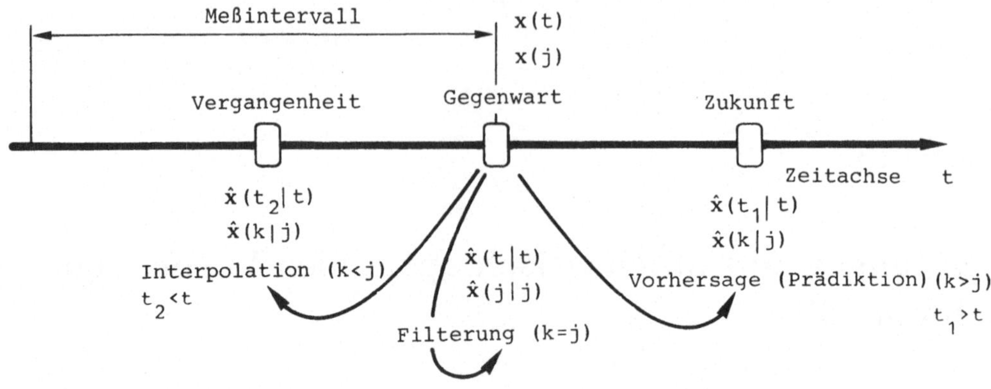

Abbildung 12.2: Interpolation, Filterung und Vorhersage

alle sogenannten zulässigen Fehlerfunktionen, darunter auch die zumeist bevorzugte quadratische Verlustfunktion $L[\tilde{\mathbf{x}}(k \mid j)] = \tilde{\mathbf{x}}^T(k \mid j)\tilde{\mathbf{x}}(k \mid j)$ auf der Basis des Skalarprodukts. Unter zulässigen Verlustfunktionen werden in Anlehnung an die Tabelle 8.2 gerade Funktionen von $\tilde{\mathbf{x}}$ verstanden. Sie stellen eine monoton wachsende Funktion von $\tilde{\mathbf{x}}$ dar (*Sage, A.P., and White, Ch.C.III, 1977; Aoki, M., 1967; Meditch, J.S., 1969; Kopacek, P., 1978; Schneeweiss, W.G., 1974*).

12.1 Zeitdiskrete Prozesse

12.1.1 Optimale Filterung

Für den diskreten dynamischen Prozeß in der Form ohne Anregung $\mathbf{u}(t)$ gilt

$$\mathbf{x}(k+1) = \mathbf{\Phi}(k+1,k)\mathbf{x}(k) + \mathbf{G}_w(k+1,k)\mathbf{w}_d(k) \tag{12.3}$$

$$\mathbf{y}(k+1) = \mathbf{M}(k+1)\mathbf{x}(k+1) + \mathbf{v}(k+1)\ . \tag{12.4}$$

Für diesen dynamischen Prozeß wird der optimale Schätzalgorithmus entwickelt. Der Schätzalgorithmus befolgt die Zielsetzung, daß der Erwartungswert jeder zulässigen Fehlerfunktion $E\{L[\tilde{\mathbf{x}}(k \mid j)]\}$ minimisiert wird. Für quadratisch strukturierte Fehlerfunktionen ist dieser Erwartungswert identisch der Kovarianzmatrix.

Ein angeregter dynamischer Prozeß kann durch Differenzbildung gegenüber einem durch die Stellgröße angesteuerten Modell des Prozesses stets auf den Fall der obigen Gleichungen zurückgeführt werden. Optimale Regelungen auf dieser Basis werden in späteren Abschnitten behandelt, selbstverständlich unter Einschluß von $\mathbf{u}(t)$.

Die Schätzung erfolgt unter der Annahme vorgegebener Kovarianzmatrix $\mathbf{Q}_{w_d}(k)$ und $\mathbf{Q}_v(k+1)$ von Störung und Meßrauschen; ferner dürfen keine Korrelationen bestehen zwischen $\mathbf{w}_d$ und $\mathbf{v}$, d.h. $\mathbf{cov}[w_{di}v_j] = \mathbf{0}$, auch nicht zwischen $\mathbf{x}(0)$ und $\mathbf{w}_d$ und zwischen $\mathbf{x}(0)$ und $\mathbf{v}$. Die Kovarianzmatrix der Anfangsbedingungen laute $E\{\mathbf{x}(0)\mathbf{x}^T(0)\} = \mathbf{Q}_x(0)$.

12.1.2 Grundlagen der Stochastik

Mit dem linearen Mittelwert $\bar{\mathbf{x}}$ lautet die Kovarianzmatrix

$$\mathbf{cov}[x_i y_j] = \mathbf{cov}[\mathbf{x}(t)\mathbf{y}(\tau)] \triangleq E\{[\mathbf{x}(t) - \bar{\mathbf{x}}(t)][\mathbf{y}(\tau) - \bar{\mathbf{y}}(\tau)]^T\} = \mathbf{R}_{xy}(t,\tau) - \bar{\mathbf{x}}(t)\bar{\mathbf{y}}^T(\tau)\ . \tag{12.5}$$

Daraus ist auch der Zusammenhang zur Korrelationsmatrix $\mathbf{R}_{xy}(t,\tau) = E\{\mathbf{x}(t)\mathbf{y}^T(\tau)\}$ zu entnehmen[1]. Für $\tau = t$ wird die Kovarianzmatrix zur Varianzmatrix. In ihrer Hauptdiagonale stehen bei $\mathbf{y} = \mathbf{x}$ die Varianzen der Komponenten x_i des Zustandsvektors. Ihre Quadratwurzeln stellen die Standardabweichungen dar[2].

Ein Gauß-Prozeß (oder normaler Prozeß) ist ein solcher Vektor-Prozeß $\mathbf{x}(t_m)$, der zu allen Zeitpunkten t_m, $m \in 1,2 \ldots N$, gaußverteilte Zufallsvektoren besitzt.

Ein Markov-Prozeß ist dadurch charakterisiert, daß die bedingten Wahrscheinlichkeiten nur von dem einen unmittelbar vorangehenden Prozeßzustand $\mathbf{x}(t_{m-1})$ abhängen

$$p[\mathbf{x}(t_m) \mid \mathbf{x}(t_{m-1}), \mathbf{x}(t_{m-2}), \ldots \mathbf{x}(t_1)] = p[\mathbf{x}(t_m) \mid \mathbf{x}(t_{m-1})] \; . \tag{12.6}$$

Der Wert $p[\mathbf{x}(t_m)]$ wird kurz mit $p(\mathbf{x}_m)$ bezeichnet. Die Größe $p(\mathbf{x}_m)$ und die sogenannte Übergangsdichte $p(\mathbf{x}_m \mid \mathbf{x}_{m-1})$ bestimmen einen Markov-Prozeß vollständig.

Gauß-Markov-Prozesse besitzen sowohl normalverteilte Verteilungsdichte $p(\mathbf{x}_i)$ als auch Übergangsdichte $p(\mathbf{x}_i \mid \mathbf{x}_{i-1})$. Weiße Gauß-Prozesse besitzen Übergangsdichten, die voneinander unabhängig sind. Für sie wird die Kovarianzmatrix

$$\mathbf{cov}[x_i x_j] = \mathbf{cov}[\mathbf{x}(t)\mathbf{x}^T(\tau)] = E\{[\mathbf{x}(t) - \bar{\mathbf{x}}(t)][\mathbf{x}(\tau) - \bar{\mathbf{x}}(\tau)]^T\} = \mathbf{Q}_x(t)\delta(t-\tau) = \mathbf{matrix}[Q_{xi}\delta_{ij}] \; . \tag{12.7}$$

Ist der Prozeß stationär, gilt $\mathbf{Q}_x$ konstant.

Ein weißer Gauß-Prozeß als Eingang $\mathbf{w}_d(t)$ zu $\dot{\mathbf{x}}(t) = \mathbf{A}(t)\mathbf{x}(t) + \mathbf{G}_w(t)\mathbf{w}_d(t)$ liefert in $\mathbf{x}(t)$ einen Gauß-Markov-Prozeß. Die Lösung $\mathbf{x}(t)$ zeigt nämlich, daß keine Information vor dem Zeitpunkt t_{m-1} benötigt wird; denn mit $\dot{\mathbf{\Phi}}(t,\tau) = \frac{\partial}{\partial t}\mathbf{\Phi}(t,\tau) = \mathbf{A}(t)\mathbf{\Phi}(t,\tau)$ und $\mathbf{\Phi}(t,t) = \mathbf{I}$ gilt

$$\mathbf{x}(t_m) = \mathbf{\Phi}(t_m, t_{m-1})\mathbf{x}(t_{m-1}) + \int_{t_{m-1}}^{t_m} \mathbf{\Phi}(t,\tau)\mathbf{G}_w(\tau)\mathbf{w}_d(\tau)d\tau \; . \tag{12.8}$$

12.1.3 Optimaler Schätzalgorithmus

Der optimale Schätzalgorithmus lautet (ohne Herleitung) für $k = 0,1,2, ..$ und $\hat{\mathbf{x}}(0 \mid 0) = \mathbf{0}$

$$\hat{\mathbf{x}}(k+1 \mid k+1) = \mathbf{\Phi}(k+1,k)\hat{\mathbf{x}}(k \mid k) + \mathbf{N}(k+1)\Big[\mathbf{y}(k+1) - \mathbf{M}(k+1)\mathbf{\Phi}(k+1,k)\hat{\mathbf{x}}(k \mid k)\Big] \; . \tag{12.9}$$

Diese Beziehung begründet gemeinsam mit den Gln.(12.10) bis (12.12) das sogenannte Kalman-Filter (*Kalman, R.E., 1960a; Kalman, R.E., and Bucy, R.W., 1961*). Der erste Summand in Gl.(12.9) ist der vorhergesagte Schätzwert $\hat{\mathbf{x}}(k+1 \mid k)$, die dynamische Extrapolation des vorangegangenen Schätzwertes $\hat{\mathbf{x}}(k \mid k)$. Der zweite Ausdruck in der eckigen Klammer entspricht dem Meßwert $\hat{\mathbf{y}}(k+1 \mid k)$, der durch dynamische Extrapolation aus $\hat{\mathbf{x}}(k \mid k)$ gewonnen werden kann. Die eckige Klammer bedeutet resultierend $\tilde{\mathbf{y}}(k+1 \mid k)$ (Abb.12.3). Die Operationsvorschrift $k := k+1$ in Abb. 12.3 entspricht dem Integrationsprozeß bei einem kontinuierlichen System.

Die Kalman-Verstärkungs-Matrix $\mathbf{N}(k+1) \in \mathcal{R}^{n \times r}$ berechnet sich nach

$$\mathbf{N}(k+1) = \mathbf{P}_{KF}(k+1 \mid k)\mathbf{M}^T(k+1)\Big[\mathbf{M}(k+1)\mathbf{P}_{KF}(k+1 \mid k)\mathbf{M}^T(k+1) + \mathbf{Q}_v(k+1)\Big]^{-1} . \tag{12.10}$$

Mit ihr wird der Korrekturterm $\tilde{\mathbf{y}}(k+1 \mid k)$ gewichtet. Die neudefinierte Matrix $\mathbf{P}_{KF}(k+1 \mid k)$ ist nach

$$\mathbf{P}_{KF}(k+1 \mid k) = \mathbf{\Phi}(k+1,k)\mathbf{P}_{KF}(k \mid k)\mathbf{\Phi}^T(k+1,k) + \mathbf{G}_w(k+1,k)\mathbf{Q}_{w_d}(k)\mathbf{G}_w^T(k+1,k) \tag{12.11}$$

[1] Durch das dyadische Produkt $\mathbf{x}\mathbf{y}^T$ wird eine Matrix gebildet, in der die Kreuzprodukte aller Komponenten zueinander als Matrixelemente vorkommen.

[2] Im gesamten Kapitel wird τ als *weitere laufende* Zeitvariable verwendet, ebenso wie α im Faltungsintegral Gl.(11.18). Demgegenüber wird in den Definitionsgleichungen Gl.(11.6) usw. die Variable τ als Verschiebungszeit zu t verstanden.

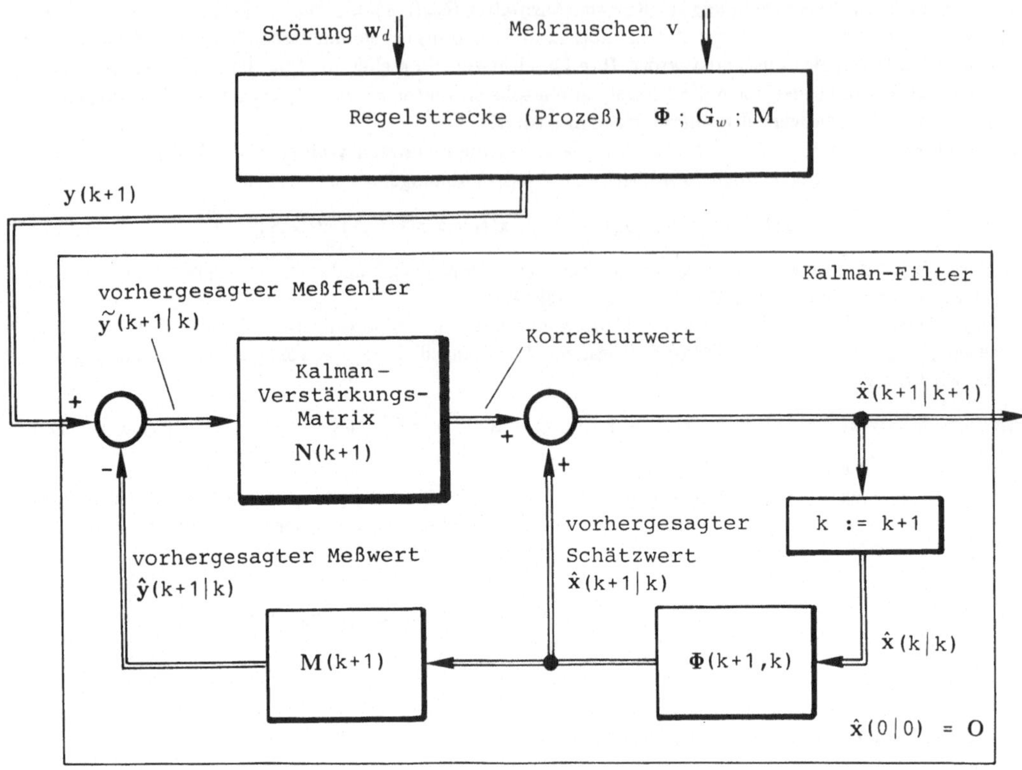

Abbildung 12.3: Kalman-Filter für einen diskreten linearen Prozeß

zu ermitteln, und zwar mit $\mathbf{P}_{KF}(0 \mid 0)$ gleich dem gegebenen $\mathbf{P}_{KF}(0)$.

Um nach einem vollen Zeitschritt mit $k := k+1$ wieder $\mathbf{P}_{KF}(k \mid k)$ zur Verfügung zu haben, muß noch die Matrix $\mathbf{P}_{KF}(k+1 \mid k+1)$ berechnet werden. Sie folgt zu

$$\mathbf{P}_{KF}(k+1 \mid k+1) = \Big[\mathbf{I} - \mathbf{N}(k+1)\mathbf{M}(k+1)\Big]\ \mathbf{P}_{KF}(k+1 \mid k)\ . \tag{12.12}$$

Die Matrizen $\mathbf{P}_{KF}(k+1 \mid k)$ und $\mathbf{P}_{KF}(k+1 \mid k+1)$ sind die Kovarianzmatrizen der Gauß-Markov-Prozesse $\tilde{\mathbf{x}}(k+1 \mid k)$ und $\tilde{\mathbf{x}}(k+1 \mid k+1)$ mit $k = 0, 1, 2, \ldots$. Hinsichtlich Messung der Störungs-Kovarianzen und Filterrealisierung siehe *Krebs, V., 1983*.

12.1.4 Optimale Vorhersage

Bei abgeschlossener Filterung $\hat{\mathbf{x}}(j \mid j)$ ergibt sich die bestmögliche Vorhersage aus

$$\hat{\mathbf{x}}(k \mid j) = \Phi(k, j)\hat{\mathbf{x}}(j \mid j)\ . \tag{12.13}$$

Der stochastische Prozeß $\tilde{\mathbf{x}}(k \mid j)$ für $k = j+1, j+2 \ldots$ ist ein Gauß-Markov-Prozeß vom Mittelwert null und vom zeitlichen Verlauf der Kovarianzmatrix nach

$$\mathbf{P}_{KF}(k|j) = \Phi(k,j)\mathbf{P}_{KF}(j|j)\Phi^T(k,j) + \sum_{i=j+1}^{k} \Phi(k,i)\mathbf{G}_w(i,i-1)\mathbf{Q}_{w_d}(i-1)\mathbf{G}_w^T(i,i-1)\Phi^T(k,i)\ . \tag{12.14}$$

Die Anfangsbedingung $\mathbf{P}_{KF}(j \mid j)$ folgt aus der optimalen Filterung (Abb. 12.3).

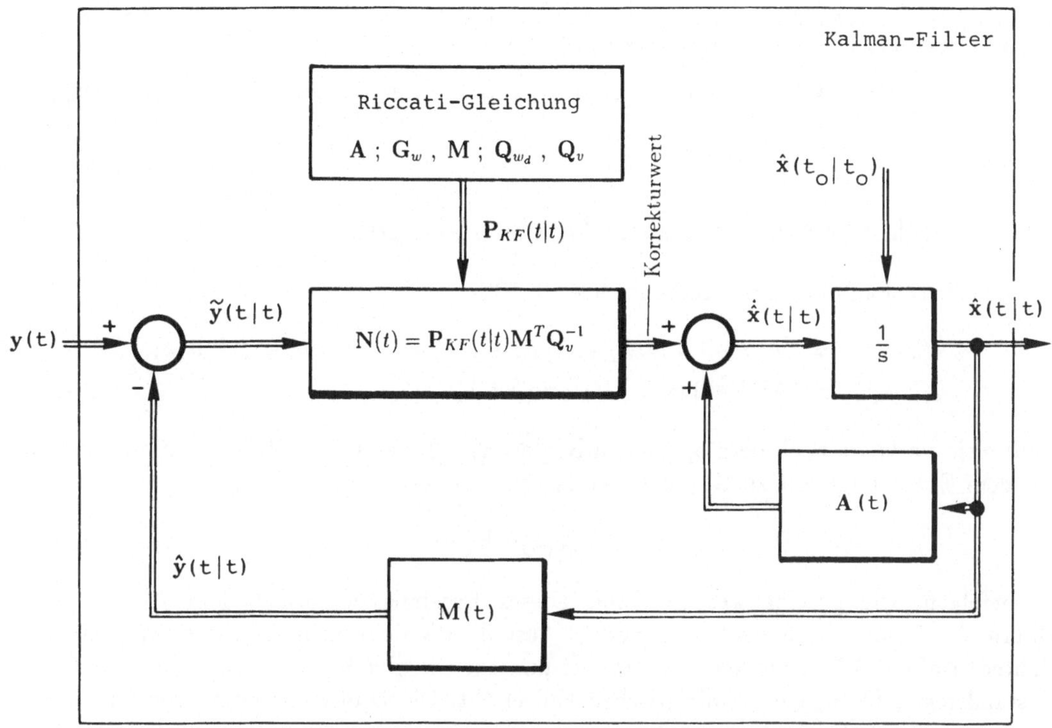

Abbildung 12.4: Kalman-Filter für einen kontinuierlichen linearen Prozeß

12.2 Kontinuierliche Prozesse

12.2.1 Optimale Filterung

Betrachtet wird der kontinuierliche Prozeß mit den Gleichungen

$$\begin{aligned} \dot{\mathbf{x}}(t) &= \mathbf{A}(t)\mathbf{x}(t) + \mathbf{G}_w(t)\mathbf{w}_d(t) && (12.15) \\ \mathbf{y}(t) &= \mathbf{M}(t)\mathbf{x}(t) + \mathbf{v}(t)\ . && (12.16) \end{aligned}$$

In ihnen ist $\mathbf{w}_d(t)$ und $\mathbf{v}(t)$ weißes Gauß-Rauschen mit verschwindendem Mittel und den Kovarianzmatrizen $\mathbf{Q}_{w_d}$ und $\mathbf{Q}_v$. Die Signale $\mathbf{w}_d$ und $\mathbf{v}$ seien voneinander unabhängig. Daraus folgt die beste Schätzung zu

$$\dot{\hat{\mathbf{x}}}(t) = \mathbf{A}(t)\hat{\mathbf{x}}(t) + \mathbf{N}(t)[\mathbf{y}(t) - \mathbf{M}(t)\hat{\mathbf{x}}(t)]\ . \qquad (12.17)$$

Die Kalman-Verstärkungsmatrix resultiert aus

$$\mathbf{N}(t) = \mathbf{P}_{KF}(t \mid t)\mathbf{M}^T(t)\mathbf{Q}_v^{-1}(t)\ . \qquad (12.18)$$

Das Signal $\tilde{\mathbf{x}}(t \mid t)$ wird zu einem Gauß-Markov-Prozeß mit verschwindendem Mittel. Die $(n \times n)$-Kovarianzmatrix $\mathbf{P}_{KF}(t \mid t)$ des Schätzfehlers $\tilde{\mathbf{x}}(t \mid t)$ ergibt sich aus

$$\dot{\mathbf{P}}_{KF}(t \mid t) = \mathbf{A}\mathbf{P}_{KF}(t \mid t) + \mathbf{P}_{KF}(t \mid t)\mathbf{A}^T - \mathbf{P}_{KF}(t \mid t)\mathbf{M}^T\mathbf{Q}_v^{-1}\mathbf{M}\mathbf{P}_{KF}(t \mid t) + \mathbf{G}_w\mathbf{Q}_{w_d}\mathbf{G}_w^T\ , \qquad (12.19)$$

einer gewöhnlichen Differentialgleichung erster Ordnung vom Riccati-Typ (siehe Abb. 12.4).

12.2.2 Optimale Vorhersage

Nach abgeschlossener optimaler Filterung $\hat{\mathbf{x}}(t \mid t)$ kann die Vorhersage auf t_1, also $\hat{\mathbf{x}}(t_1 \mid t)$ für $t_1 > t$, durchgeführt werden; und zwar mittels

$$\dot{\hat{\mathbf{x}}}(t_1 \mid t) = \mathbf{A}(t_1)\hat{\mathbf{x}}(t_1 \mid t)\ . \qquad (12.20)$$

Als Anfangsbedingung gilt $\hat{\mathbf{x}}(t \mid t)$. Der Schätzfehler $\tilde{\mathbf{x}}(t_1 \mid t) = \mathbf{x}(t_1) - \hat{\mathbf{x}}(t_1 \mid t)$ ist ein Gauß-Markov-Prozeß vom Mittelwert $\mathbf{0}$ und einer Kovarianzmatrix $\mathbf{P}_{KF}(t_1 \mid t)$ aus

$$\dot{\mathbf{P}}_{KF}(t_1 \mid t) = \mathbf{A}(t_1)\mathbf{P}_{KF}(t_1 \mid t) + \mathbf{P}_{KF}(t_1 \mid t)\mathbf{A}^T(t_1) + \mathbf{G}_w(t_1)\mathbf{Q}_{w_d}(t_1)\mathbf{G}_w^T(t_1)\ . \tag{12.21}$$

12.3 Diskrete stochastische Optimal-Regelung

Für den Prozeß an der Regelstrecke nach Abb. 12.1

$$\mathbf{x}(k+1) = \mathbf{\Phi}(k+1,k)\mathbf{x}(k) + \mathbf{G}_w(k+1,k)\mathbf{w}_d(k) + \mathbf{\Psi}(k+1,k)\mathbf{u}(k) \tag{12.22}$$

$$\mathbf{y}(k+1) = \mathbf{M}(k+1)\mathbf{x}(k+1) + \mathbf{v}(k+1) \tag{12.23}$$

stellt sich die Frage nach dem optimalen Regler. Er soll das Gütekriterium minimisieren, das dem Erwartungswert zu Gl.(10.84) entspricht. Der optimale Regler hat

$$\mathbf{u}(k) = \mathbf{K}(k)\hat{\mathbf{x}}(k \mid k) \tag{12.24}$$

zu befolgen, wie gezeigt werden kann. Dieses Ergebnis entspricht dem Ansatz der Gl.(10.85). Zusammenfassend: Das System besteht aus dem optimalen linearen (zeitvarianten) Kalman-Filter für $\hat{\mathbf{x}}(k \mid k)$, ergänzt um jenen Regler $\mathbf{K}(k)$, der sich als optimaler Zustandsregler für den deterministischen Fall ergibt. Die Dimensionierung von Kalman-Filter und Optimalregler kann unabhängig voneinander durchgeführt werden.

12.4 Kontinuierliche stochastische Optimal-Regelung

Für den Prozeß der Regelstrecke

$$\dot{\mathbf{x}}(t) = \mathbf{A}(t)\mathbf{x}(t) + \mathbf{G}_w(t)\mathbf{w}_d(t) + \mathbf{B}(t)\mathbf{u}(t) \tag{12.25}$$

$$\mathbf{y}(t) = \mathbf{M}(t)\mathbf{x}(t) + \mathbf{v}(t)\ , \tag{12.26}$$

den Kovarianzmatrizen $\mathbf{Q}_{w_d}$ und $\mathbf{Q}_v$ für $\mathbf{w}_d(t)$ und $\mathbf{v}(t)$ sowie dem quadratischen Gütekriterium mit den Bewertungsmatrizen $\mathbf{Q}(t)$ und $\mathbf{R}(t)$ für $\mathbf{x}(t)$ und $\mathbf{u}(t)$ ergibt sich

$$\mathbf{u}(t) = \mathbf{K}(t)\hat{\mathbf{x}}(t \mid t) \qquad \mathbf{K}(t) = -\mathbf{R}^{-1}(t)\mathbf{B}^T(t)\mathbf{P}(t)\ . \tag{12.27}$$

Dabei folgt zueinander separat einerseits $\mathbf{P} = \mathbf{P}(t)$ aus

$$\dot{\mathbf{P}} = -\mathbf{A}^T\mathbf{P} - \mathbf{P}\mathbf{A} + \mathbf{P}\mathbf{B}\mathbf{R}^{-1}\mathbf{B}^T\mathbf{P} - \mathbf{Q} \tag{12.28}$$

— dies analog zu Gl.(9.7) — und andererseits $\hat{\mathbf{x}}(t)$ aus

$$\dot{\hat{\mathbf{x}}} = \mathbf{A}\hat{\mathbf{x}} + \mathbf{N}(\mathbf{y} - \mathbf{M}\hat{\mathbf{x}}) + \mathbf{B}\mathbf{u}\ . \tag{12.29}$$

Beispiel. Diskretes Kalman-Filter und kontinuierlicher Prozeß: Ein kontinuierlicher PT_2-Prozeß, formal

$$\dot{\mathbf{x}}(t) = \begin{pmatrix} 0 & 1 \\ -2 & -3 \end{pmatrix}\mathbf{x}(t) + \begin{pmatrix} 0 \\ 1 \end{pmatrix}u(t) \qquad y(t) = (3 \quad 0)\ \mathbf{x}(t) + v(t)\ , \tag{12.30}$$

sei ausschließlich in der Messung durch $v(t)$ verrauscht. Es gilt $\mathbf{M} = (3 \quad 0)$. Nach Einschalten des zugehörigen diskreten Kalman-Filters zum Zeitpunkt t_o und während $u(t) = \sigma(t - t_o)$ stellen sich die

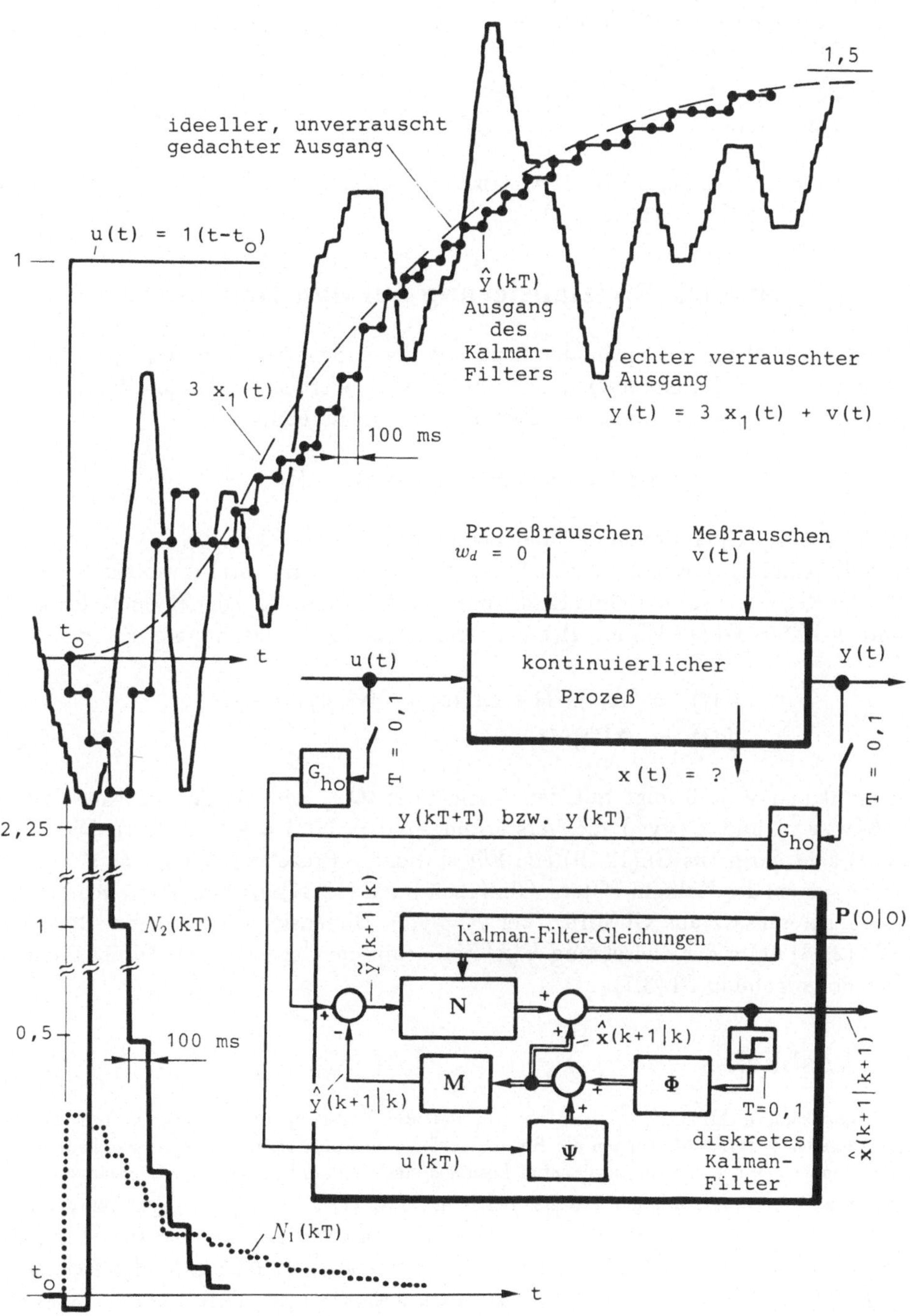

Abbildung 12.5: Oszillogramm an einem kontinuierlichen PT_2-Prozeß mit Meßrauschen $v(t)$ und an dem zugehörigen diskreten, am Rechner implementierten Kalman-Filter

Kalman-Verstärkungsfaktoren ein; etwa binnen einer Sekunde (Abb. 12.5). Nach den Gln.(12.9) bis (12.12) ergeben sich wegen $\mathbf{Q}_{w_d} = \mathbf{0}$ die Endwerte 0.

Für das Kalman-Filter wird $T = 0,1$; $Q_v = 0,04$; $\mathbf{P}_{KF}(0 \mid 0) = 10\,\mathbf{I}$ und $\hat{\mathbf{x}}(0 \mid 0) = \mathbf{0}$ angenommen. Dann gilt (*Weinmann, R.D., 1986*)

$$\mathbf{\Phi} = \begin{pmatrix} 0,9909 & 0,0861 \\ -0,1722 & 0,7326 \end{pmatrix}, \quad \mathbf{\Psi} = \begin{pmatrix} 0,0045 \\ 0,0861 \end{pmatrix}, \quad \hat{y}(kT) = 3\,\hat{x}_1(kT), \quad \hat{x}_2(kT) = \Delta x_1(kT)/T . \tag{12.31}$$

Die im diskreten Kalman-Filter (Abb.12.5) benötigten Kalman-Filter-Gleichungen folgen aus den Gln.(12.9), (12.10), (12.11) und (12.12). □

12.5 Folgerungen. Spezialisierung auf den Beobachter

Wird die Gl.(12.29) für den optimalen kontinuierlichen Schätzwert für $\mathbf{w}_d = 0$ und $\mathbf{v} = 0$ spezialisiert, so verbleibt ein deterministischer Prozeß. Werden weiters die Bezeichnungen $\mathbf{B} = \mathbf{G}_u$ und $\mathbf{y} = \mathbf{y}_m$ substituiert, so führt dies zu dem Ergebnis

$$\dot{\hat{\mathbf{x}}}(t) = (\mathbf{A} - \mathbf{NM})\hat{\mathbf{x}} + \mathbf{NMx} + \mathbf{Bu} \tag{12.32}$$

und entspricht den Operationen des Luenberger-Beobachters Gl.(3.10).

Wird die Gl.(12.15) rechts um den Steuergrößeneinfluß $\mathbf{B}(t)\mathbf{u}(t)$ erweitert, so hat der Prozeß (die Regelstrecke) die Gln.(12.25) und (12.26). Wird demgemäß auch der Ansatz des Kalman-Filters Gl.(12.17) um $\mathbf{B}(t)\mathbf{u}(t)$ ergänzt, so lautet das Kalman-Filter

$$\dot{\hat{\mathbf{x}}}(t) = \mathbf{A}(t)\hat{\mathbf{x}}(t) + \mathbf{B}(t)\mathbf{u}(t) + \mathbf{N}(t)[\mathbf{y}(t) - \hat{\mathbf{y}}(t)] \tag{12.33}$$

$$\hat{\mathbf{y}}(t) = \mathbf{M}(t)\hat{\mathbf{x}}(t) . \tag{12.34}$$

Bei $\mathbf{w}_d \neq 0$ und $\mathbf{v} \neq 0$ folgt mit den Intensitäten $\mathbf{Q}_{w_d}$ und $\mathbf{Q}_v$ für die Kovarianzmatrizen $E\{\mathbf{w}_d\mathbf{w}_d^T\}$ und $E\{\mathbf{v}\mathbf{v}^T\}$ die Verstärkungsmatrix $\mathbf{N}(t)$ aus Gl.(12.18). Die Matrix $\mathbf{P}_{KF}(t \mid t)$ geht darin aus Gl.(12.19) ein. Für stationäre Prozesse gilt $\dot{\mathbf{P}}_{KF}(t \mid t) = \mathbf{0}$. Das Gleichungssystem des Kalman-Filters, Gln.(12.33) und (12.34), ist nun aber auch identisch dem Beobachteransatz aus Gl.(3.10) (bei $\mathbf{y} = \mathbf{y}_m$). Dimensioniert ist dieser Beobachter nach Gl.(12.18) unter der Zielsetzung $E\{\tilde{\mathbf{x}}^T\tilde{\mathbf{x}}\} \to \min$; im Gegensatz zur Dimensionierung nach der Polvorgabe in Gl.(3.7).

12.6 Ausblick

In der Praxis kann nicht ausgeschlossen werden, daß die Rauschsignale $\mathbf{w}_d$ und $\mathbf{v}$ in statistischer Abhängigkeit stehen. Durch Messungen der Rauschvorgänge im Ruhezustand des Prozesses kann ein Bild darüber gewonnen werden. Die Literatur nennt Lösungen auch bei abhängigen Rauschvorgängen.

Der formale Ansatz zeitvarianter Prozesse laut Gln.(12.3), (12.15) und (12.22) geht von der Kenntnis des Prozesses aus. Diese zu erlangen kann einen mühevollen Weg bedeuten, der Überblick und genaue Studien verlangt (*Sage, A.P., and Melsa, J.L., 1971; Kopacek, P., 1976; 1978; Åström, K.J., and Eykhoff, P., 1971*). Nicht immer ist die Schätzung mittels Rekursion (Abb. 12.3) einer one-shot-Methode überlegen, auch das Gegenteil kann der Fall sein (*Baumann, U., et al. 1975*). Für zeitinvariante Prozesse und Rauschvorgänge gehen die Kalman-Filter in die Wiener-Filter über (*Csaki, F., 1977*). Auch robustes Systemverhalten kann durch Einsatz von Beobachtern (Kalman-Filtern) erreicht werden; dabei läßt sich überdies ein Kompromiß zur Rauschübertragung schließen (*Doyle, J.C., and Stein, G., 1979*).

Kapitel 13

Nichtlineare Regelungen allgemeiner Art. Fuzzy Regelung

Nichtlineare Regelungen liegen vor, wenn Elemente wesentlich nichtlinearen Übertragungsverhaltens in einem Regelkreis wirksam sind. Die Unterscheidung von linearen Regelungen schafft zwei Gebiete sehr ungleicher Größe, denn die Vielfalt nichtlinearer Beziehungen ist ungleich größer als die linearer (*Göldner, K., und Kubik, S., 1978; Philippow, E., 1963*). Die Abb. 13.1 veranschaulicht die Verhältnisse grob. Innerhalb der nichtlinearen Regelungen ist noch eine Unterscheidung hinsichtlich der Stetigkeit getroffen. Neben dem Klassifizierungsmerkmal der Amplitudenabhängigkeit ist auch noch jenes der zeitlichen Kontinuität angedeutet.

Hochwertige Regelungen zeigen im Normalbetrieb stets nur kleine Abweichungen um einen Arbeits-(Betriebs-)Punkt. Dieser Umstand schafft die Voraussetzung dafür, die Bewegungen auf der Kennlinie des nichtlinearen Elements nur in einem kleinen Bereich betrachten zu dürfen. Handelt es sich um stetige Kennlinien, so ist eine ersatzweise Verfolgung an der Tangente der jeweiligen Kennlinie naheliegend. Das Ergebnis bedeutet eine Lineari-

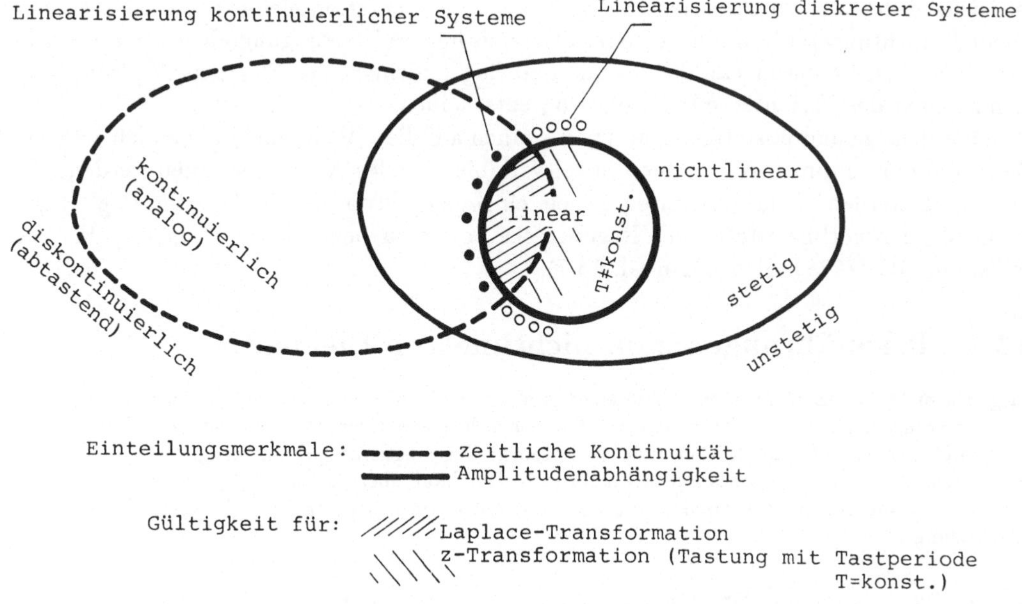

Abbildung 13.1: Einteilungsbereiche nichtlinearer Regelungen

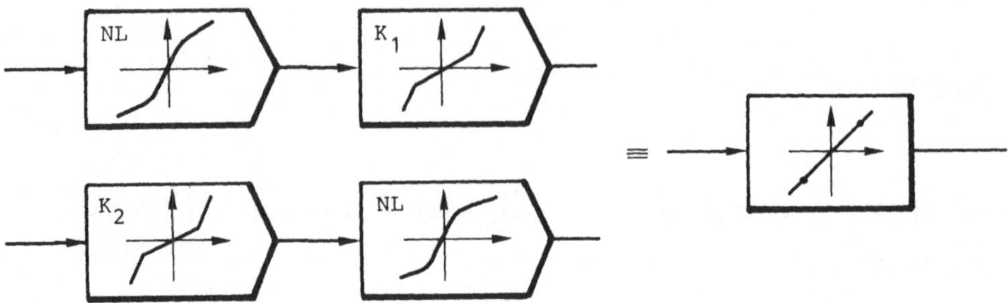

Abbildung 13.2: Kompensation nichtlinearer Kennlinien

sierung im betrachteten Betriebspunkt; und zwar nur in einem kleinen Bereich um diesen.

Nichtlineare Regelungen unter Linearisierung in einem engen Arbeitsbereich führen auf Beziehungen in den Analyse- und Synthesemethoden, die den linearen Systemen nahezu identisch sind. Auf die Arbeits-(Betriebs-)Punktabhängigkeit der Koeffizienten (Parameter) sei aber ausdrücklich hingewiesen.

Dieses Kapitel ist Verfahren gewidmet, die bei großem Arbeitsbereich und relativ „allgemeiner" Nichtlinearität zur Anwendung kommen können. Weiters werden Verfahren der Kompensation mit Zustandstransformationen und Polvorgabe für nichtlineare Systeme in ihren Grundlagen behandelt. Schließlich wird *fuzzy control* dargestellt.

13.1 Kennlinien-Kompensation

Nicht jede nichtlineare Kennlinie NL, die in Regelkreiselementen vorkommt, muß hingenommen und in der regelungsdynamischen Auswirkung mühsam studiert werden. Häufig ist, siehe Abb. 13.2, durch Serienschaltung eines Kompensationselements K_1 oder K_2 mit ebenfalls nichtlinearer Kennlinie eine resultierende lineare Übertragungseigenschaft erreichbar. Je nach Leistungsniveau der Signale und Zugänglichkeit des Elements NL wird man sich zu einer der Varianten mit K_1 oder K_2 entscheiden.

Mehrdeutige und unstetige Kennlinien können auf diese Weise nicht behandelt werden. Zeitvariable Kennlinien NL müßten in zeitvariable K_1 oder K_2 übernommen werden.

Häufig werden Nichtlinearitäten gezielt eingesetzt, etwa als überlagerter Regler, um vorhandene Nichtlinearitäten der Regelstrecke besser zu beherrschen (*Kopacek, P., und Pillmann, W., 1978*). Siehe dazu Gl.(13.7).

13.2 Rückführungen zum nichtlinearen Element

Liegt ein nichtlineares Element innerhalb eines größeren Verbandes und besteht eine entsprechende Dimensionierungsmöglichkeit, so kann man trachten, das nichtlineare Element in sinnvoller Kombination mit Nachbarelementen mit einer Rückführung zu versehen. Der Positionsregler an Stellgliedern mit nichtlinearer Kennlinie ist ein typisches Beispiel dafür (z.B. Durchfluß über Position). Nach außen hin tritt der Teilregelkreis mit dem nichtlinearen Element zumeist mit wesentlich weniger nichtlinearen Merkmalen in Erscheinung.

13.3 Anpassung der Zustandsraum-Verfahren

Häufig liegt die Aufgabe vor, eine nichtlineare Regelung in mehreren Phasen und betrieblichen Konstellationen sukzessive analysieren zu müssen und dadurch einen günstigen Reglerentwurf zu verfolgen. Die Regelung kann amplituden- und/oder zeitabhängige Elemente enthalten.

Tabelle 13.1: Algorithmus der schrittweisen Linearisierung im Zustandsraum

¶	**A**, **B**, **C** durch Linearisierung für den k-ten Rechenschritt festlegen; $\mathbf{\Phi}$ aus **A** berechnen
	$\mathbf{x}(t) = \mathbf{\Phi}(t)\mathbf{x}(0^+) + \int_0^t \mathbf{\Phi}(t-\tau)\mathbf{B}u(\tau)d\tau \qquad \mathbf{y}(t) = \mathbf{C}\mathbf{x}(t)$ $\mathbf{x}(T) = \mathbf{\Phi}(T)\mathbf{x}(0^+) + \int_0^T \mathbf{\Phi}(T-\tau)\mathbf{B}u(\tau)d\tau \qquad \mathbf{y}(T) = \mathbf{C}\mathbf{x}(T)$
	$\mathbf{x}(0^+) := \mathbf{x}(T) \qquad k := k+1$, if $k \le N$ go to ¶ else stop

Ein erfolgversprechender Weg besteht in einer feinen zeitlichen Rasterung, unter Umständen einer Rasterung nach Maßgabe der augenblicklichen Bewegungsphasen. Unter hinreichend feiner zeitlicher Quantisierung können (nichtlineare) Abhängigkeiten von Amplituden auf Abhängigkeiten von der Zeit zurückgeführt werden. So etwa kann die Bedingung eines amplitudenabhängigen Schaltens in jedem Rasterpunkt überprüft und das Ergebnis entsprechend weiterverarbeitet werden. Dazu wird die Transitionsmatrix und die Steuermatrix den jeweiligen Gegebenheiten angepaßt (*Tou, J.T., 1964*).

Die Tabelle 13.1 skizziert das zu befolgende Kalkül. Zu Beginn jedes Rechenintervalls, in der Tabelle des k-ten, werden für das kommende Intervall die Matrizen **A**, **B** und **C** der Zustandsraumdarstellung (etwa durch Linearisierung) festgelegt. Aus **A** folgt $\mathbf{\Phi}(t)$. Damit kann $\mathbf{x}(t)$ während und $\mathbf{x}(T)$ am Ende des Rechenintervalls berechnet werden, ebenso $\mathbf{y}(t)$. Die Variable t ist die relative Zeit zum letzten Bezugspunkt kT. Am Ende des Intervalls wird $\mathbf{x}(T)$ als $\mathbf{x}(0^+)$ für den nächsten Schritt übergeben und n um eins erhöht, bis alle N Teilschritte erledigt sind.

13.4 Analyseverfahren der numerischen Analysis

Die mathematische Literatur nennt viele Verfahren zur Integration nichtlinearer Differentialgleichungen (*Hairer, E., und Wanner, G., 1980; Hairer, E., Norsett S.P., und Wanner, G., 1980*). Das Runge-Kutta-Verfahren ist nicht auf Systeme linearer Differentialgleichungen beschränkt. Auch die Erstreckung auf solche zweiter Ordnung, unter anderem mit dem Nyström-Verfahren, kann ausgenützt und am Digitalrechner abgesetzt werden (*Zurmühl, R., 1965; Ralston, A., und Wilf, H.S., 1967*).

Aufgaben des Entwurfs sind allerdings durch mehrfache Analyse zu behandeln. Kompromißvarianten hinsichtlich Rechenaufwand und Genauigkeit sind in Modifikationen in der Reihenentwicklung der Lösung begründet, siehe z.B. die modifizierte Euler-Methode oder die Adams-Methode (*Cunningham, W.J., 1958*).

13.5 Störungsmethode mit Reihenentwicklung der Nichtlinearität

Die Störungsmethode nach *Poincaré, H., 1892*, ist zur Näherungslösung für Regelungssysteme dann anwendbar, wenn die Nichtlinearität einen verhältnismäßig schwachen Einfluß besitzt. In der Differentialgleichung (etwa zweiter Ordnung) des Regelkreises

$$\ddot{x}(t) + 2D\omega_o\,\dot{x}(t) + \omega_o^2\,x(t) = \mu f(x,\dot{x}) \tag{13.1}$$

wird $f(x,\dot{x})$ als in eine Potenzreihe entwickelbar angenommen, also beispielsweise

$$f(x,\dot{x}) = x + a_3x^3 + a_5x^5 + \ldots + b_1\dot{x} + b_3\dot{x}^3 + \ldots \quad . \tag{13.2}$$

Wegen des Einflusses der Nichtlinearität über den kleinen Parameter μ wird die Lösung als Potenzreihe in μ angesetzt

$$x(t) = x_o(t) + \mu x_1(t) + \mu^2 x_2(t) + \ldots \quad . \tag{13.3}$$

Mittels der Gln.(13.1) und (13.2) wird sie auf prinzipielle Zulässigkeit und Richtigkeit überprüft. Dabei führt ein Vergleich der Koeffizienten in μ^i zu einer Folge von Beziehungen, nämlich

$$\ddot{x}_o(t) + 2D\omega_o\,\dot{x}_o(t) + \omega_o^2\,x_o(t) = 0 \tag{13.4}$$

$$\ddot{x}_1(t) + 2D\omega_o\,\dot{x}_1(t) + \omega_o^2\,x_1(t) = x_o(t) + a_3x_o^3(t) + \ldots + b_1\dot{x}_o(t) + \ldots \quad \text{usw.} \tag{13.5}$$

Alle Differentialgleichungen sind linear. Aus der Gl.(13.4) kann $x_o(t)$ berechnet werden. Dieses $x_o(t)$ stellt in Gl.(13.5) die Störfunktion dar. Aus Gl.(13.5) wird $x_1(t)$ mit einem umfangreichen partikulären Integral ermittelt. In dieser Weise kann sukzessive x_o, x_1 usw. berechnet werden. Die Zusammensetzung nach Gl.(13.3) führt zu der Lösung $x(t)$.

Generelle Konvergenz des Verfahrens ist nicht sichergestellt, dazu ist die Vielfalt in Differentialgleichungen und Nichtlinearitäten zu groß. Die Überprüfung im speziellen Fall bleibt unausweichlich.

Das Schrifttum enthält noch zahlreiche weitere Lösungs- und Verbesserungsvorschläge (*Bogoljubow, N.N., und Mitropolski, J.A., 1965; Gibson, J.E., 1963; Blaquière, A., 1966*).

13.6 Linearisierung mit kompensierenden Zustandstransformationen

13.6.1 Linearisierung mit Transformationen der Stellgröße

Betrachtet man die Darstellung einer Regelstrecke in der üblichen Regelungsnormalform ($\dot{x}_1 = x_2,\ \dot{x}_2 = x_3$ usw.), bei der aber die letzte Zeile die Struktur

$$\dot{x}_n = f(\mathbf{x}) + g(\mathbf{x})\,u \tag{13.6}$$

besitzt, dann führt eine Steuergrößentransformation

$$u = \frac{1}{g(\mathbf{x})}\,[v - f(\mathbf{x})] \tag{13.7}$$

die letzte Zeile der Zustandsraumdarstellung, Gl.(13.6), auf die lineare Form $\dot{x}_n = v$. Zwischen der neuen Steuergröße v und $\mathbf{x}$ herrscht Linearität. Der Ansatz eines Zustandsreglers $v = \mathbf{k}^T\mathbf{x}$ läßt einen Entwurf nach der linearen Theorie mittels Polvorgabe zu. Der Regler selbst hat $u = \frac{1}{g(\mathbf{x})}\,[\mathbf{k}^T\mathbf{x} - f(\mathbf{x})]$ bereitzustellen.

13.6.2 Linearisierung mit Zustandsgrößen- und Stellgrößentransformation

Im allgemeineren Fall wird zusätzlich eine Zustandsgrößentransformation $\boldsymbol{\xi} = \Xi(\mathbf{x})$ erforderlich. Mit ihr ist eine Linearisierung zwischen Ersatzsteuergröße v und Ersatzzustandsgröße $\boldsymbol{\xi}$ zu erreichen und das Regelgesetz $v = \mathbf{k}^T\boldsymbol{\xi}$ anzuwenden. Dieser Fall ist als *Input-State-Linearisierung* bekannt. (Die in Band 1 oftmals angewendete Linearisierung entspricht einer Eingangs-Ausgangs-Linearisierung, und zwar nur für kleine Signalauslenkungen.)

Beispiel : Die nichtlineare Regelstrecke

$$\dot{x}_1 = a x_2 + p(x_1) \tag{13.8}$$
$$\dot{x}_2 = q(x_1)\,u \tag{13.9}$$

wird der Zustandstransformation $\boldsymbol{\xi} = \Xi(\mathbf{x})$, im einzelnen

$$\xi_1 \stackrel{\Delta}{=} x_1 \tag{13.10}$$
$$\xi_2 \stackrel{\Delta}{=} a x_2 + p(x_1), \tag{13.11}$$

unterworfen. Diese wird auf die Gln.(13.8) und (13.9) der Regelstrecke angewendet und liefert

$$\dot{\xi}_1 = \xi_2 \tag{13.12}$$
$$\dot{\xi}_2 = \frac{d}{dt}[a x_2 + p(x_1)] = a\dot{x}_2 + p'(x_1)\,\dot{x}_1 = a q(\xi_1) u + p'(x_1)\Big|_{x_1=\xi_1} \xi_2\,. \tag{13.13}$$

Dabei ist $p'(x_1) \triangleq dp(x_1)/dx_1$. Mit dem Regelgesetz nach Gl.(13.7) bei $g := a\,q(\xi_1)$ und $f := p'(\xi_1)\xi_2$ folgt

$$u = \frac{1}{a\,q(\xi_1)}\,[v - p'(\xi_1)\xi_2] \tag{13.14}$$

und der lineare Ersatzprozeß in der Zustandsvariablen $\boldsymbol{\xi}$ zu

$$\dot{\xi}_1 = \xi_2 \tag{13.15}$$

$$\dot{\xi}_2 = v\,. \tag{13.16}$$

Der lineare Zustandsregler $v = \mathbf{k}^T\boldsymbol{\xi}$ läßt jede gewünschte Polvorgabe realisieren. Der zum Einsatz kommende Regler hat in den ursprünglichen Zustandsvariablen x_1 und x_2

$$u = \frac{1}{a\,q(x_1)}\{v - p'(x_1)[ax_2 + p(x_1)]\} = \frac{1}{a\,q(x_1)}\{\mathbf{k}^T\Xi(\mathbf{x}) - p'(x_1)[ax_2 + p(x_1)]\} \tag{13.17}$$

zu lauten. □

13.6.3 Differentialgeometrische Darstellung

Betrachtet man in $r(\mathbf{x})$ eine skalare Funktion und in $\mathbf{f}(\mathbf{x})$ ein Vektor-Feld, dann wird durch die Lie-Ableitung von $r(\mathbf{x})$ nach $\mathbf{f}$, nämlich

$$L_{\mathbf{f}}\,r \triangleq \left(\frac{\partial r}{\partial \mathbf{x}}\right)^T \mathbf{f}\,, \tag{13.18}$$

die Ableitung von $r(\mathbf{x})$ nach $\mathbf{x}$ in Richtung des Vektors $\mathbf{f}$ definiert. Zur Anwendung auf ein nichtlineares dynamisches System ist diese Definition sehr geeignet, wie die folgende Formulierung zeigt

$$\dot{\mathbf{x}} = \mathbf{f}(\mathbf{x}) \tag{13.19}$$

$$y = r(\mathbf{x}) \quad \rightsquigarrow \quad \dot{y} = \left(\frac{\partial r}{\partial \mathbf{x}}\right)^T \dot{\mathbf{x}} = \left(\frac{\partial r}{\partial \mathbf{x}}\right)^T \mathbf{f} = L_{\mathbf{f}}\,r\,. \tag{13.20}$$

Betrachtet werden nur glatte Funktionen und glatte Vektor-Felder; für sie existieren beliebig hohe Ableitungen von $\mathbf{f}(\mathbf{x})$.

Die Funktion $\Xi(\mathbf{x})$ wird als Diffeomorphismus bezeichnet, wenn $\Xi(\mathbf{x})$ glatt ist und die Inversfunktion Ξ^{-1} existiert. Für das Problem

$$\dot{\mathbf{x}} = \mathbf{f}(\mathbf{x}) + \mathbf{g}(\mathbf{x})\,u \tag{13.21}$$

$$y = r(\mathbf{x}) \tag{13.22}$$

wird bei $\boldsymbol{\xi} \triangleq \Xi(\mathbf{x})$ und

$$\dot{\boldsymbol{\xi}} = \frac{\partial \Xi}{\partial \mathbf{x}^T}\dot{\mathbf{x}} = \frac{\partial \Xi}{\partial \mathbf{x}^T}[\mathbf{f}(\mathbf{x}) + \mathbf{g}(\mathbf{x})u] \tag{13.23}$$

zur Umformung auf $\dot{\boldsymbol{\xi}} = \bar{\mathbf{f}}(\boldsymbol{\xi}) + \bar{\mathbf{g}}(\boldsymbol{\xi})u$ und $y = \bar{r}(\boldsymbol{\xi})$ die Beziehung $\mathbf{x} = \Xi^{-1}(\boldsymbol{\xi})$ benötigt (*Freund, E., und Hoyer, H., 1980; Sommer, R., 1979; 1980; Hauser, J., et al. 1992; Isidori, A., 1985; Slotine, J.J.E., and Li, W., 1991; Föllinger, O., 1993; Schlacher, K., und Hofer, A., 1993*).

13.7 Nichtlineare Regelung auf der Basis unscharfer Mengen (Fuzzy Control)

Die klassische binäre Logik (Boole'sche Algebra) bedient sich zweier scharf unterschiedener logischer Zustände 0 und 1. Sie findet auch in der industriellen Automatisierungstechnik

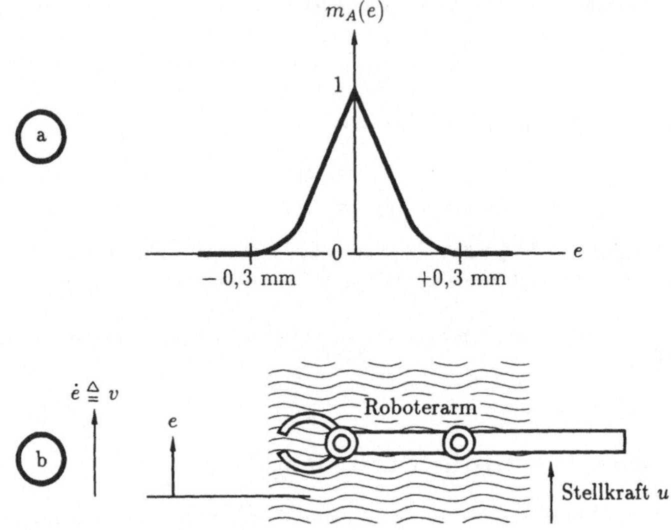

Abbildung 13.3: Roboterarm im widerstrebenden Medium (a) und einfache Zugehörigkeitsfunktion (b)

große Verbreitung, weil viele praktische Betriebszustände sich bereits durch zwei Werte 0, 1 einer Variablen ausreichend beschreiben lassen. Siehe dazu etwa das Kapitel über Diskrete Steuerungen aus Band 1.

Denkt man an das Beispiel einer Roboterarm-Positionierung unter schwierigen Bewegungsverhältnissen, dann sind zwei Zustände, selbst für Weg- *und* Geschwindigkeitsabweichung, als Signal zur Ansteuerung eines Positionierreglers zu grob. Man wird dafür

- entweder eine analoge, wenn auch nicht unbedingt feinstufige quantisierte Meßgröße für den Positionsfehler und die Positioniergeschwindigkeit verlangen, samt einer zugehörigen Bewertung des Einflusses auf den Roboterarm
- oder — im Sinne der unscharfen Mengen (*Zadeh, L.A., 1965*) — die Definition von bestimmten Mengen und bestimmten Zugehörigkeits- oder Zuordnungsfunktionen.

Ähnliches ergibt sich bei Bioprozessen, bei Therapien, beim Einstellen von Geräten nach dem Empfinden von Kontrastreichtum, Helligkeit usw.

13.7.1 Fuzzifizierung

Wird die Menge eines winzigen Positionsfehlers mit A und die Zugehörigkeitsfunktion zu ihr mit m_A bezeichnet, so bedeutet m_A einen Zahlenwert kontinuierlich zwischen 0 und 1, mit dem zum Ausdruck gebracht wird, wie der beliebige Positionierfehler e zu der Menge A winziger Positionsfehler zugeordnet wird. Die Abb. 13.3 zeigt dies an einem Beispiel. Statt einer starren Bindung von 0-1-Werten von $m_A(e)$ an e erfolgt nunmehr eine „elastische".

Abweichungen e größer als (etwa) 0,3 mm werden nicht mehr der Menge A winziger Positionsfehler zugeordnet, es gilt demnach $m_A\,|_{|e|>0{,}3} = 0$; Abweichungen nahe null werden mit einer Zugehörigkeitsfunktion nahe eins der Menge A zugewiesen. Die Menge A ist unscharf begrenzt. Den Prozeß, $m_A(e)$ als Funktion aufzustellen, nennt man Fuzzifizierung. Die unscharfen Mengen kommen den unscharfen Definitionen und auch den unscharfen menschlichen Denkvorgängen und Empfindungen entgegen.

Zur Vereinfachung setzt man den Übergang zumeist linear an. Neben der Menge winziger (Z) Positionsfehler lassen sich weitere Mengen, z.B. für positiv klein (PK), positiv mittel (PM), positiv groß (PG), negativ klein (NK) usw. definieren. Die unscharfen Ränder werden überdeckend angesetzt (Abb.13.7), sodaß für jede Positionsabweichung die Summe der Zugehörigkeitsfunktion eins ergibt. Die Summe muß aber nicht mit eins angenommen werden.

Für die Verknüpfungen von Zugehörigkeitsfunktionen gibt es einfache Rechenregeln (*Dubois, D., und Prade, H., 1980; Zimmermann, H.J., 1992*); sie lassen sich aus den Operatoren der Mengenlehre ableiten. Die Zugehörigkeit eines Zustands zu der Menge A *oder* der Menge B ergibt sich aus der größeren der beiden Teilzugehörigkeitszahlen $m_A(e)$ und $m_B(e)$, also

$$m_{A\cup B}(e) = \max\{m_A(e);\ m_B(e)\}\ . \tag{13.24}$$

Dabei bedeutet $A \cup B$ die Vereinigungsmenge.

Für die Zugehörigkeit zur Durchschnittsmenge $A \cap B$ ist die kleinere der beiden Zugehörigkeitsfunktionen bestimmend

$$m_{A\cap B}(e) = \min\{m_A(e);\ m_B(e)\}\ . \tag{13.25}$$

Besitzt A nur ein Gegenüber, also eine Komplementärmenge $A^{\neg}$, dann gilt

$$m_A(e) + m_{A^{\neg}}(e) = 1\ . \tag{13.26}$$

Beispiel : Die Zugehörigkeitsfunktion für die Temperaturbereiche *kalt*, *heiß*, *warm*(≡ 'sowohl kalt als auch heiß'), *nicht heiß*, zeigt die Abb. 13.4, linker Bildteil. □

13.7.2 Maßnahmen im unscharfen Beschreibungsbereich (Inferenz)

Hat man die praktische Situation der Abweichung eines Regelkreises, z.B. der Roboterarm-Positionierung, Abb. 13.3, bestimmten Abweichungsklassen zugeordnet und hat man sich dabei an einschlägigen Erfahrungen orientiert, dann schließt sich daran die Implementierung jener Maßnahmen, die man nach Zuordnung zu den einzelnen Abweichungsklassen zu setzen beabsichtigt.

Dieser Maßnahmenteil wird in den meisten Anwendungsfällen nach linguistischen Regeln gestaltet, nach sorgfältigem Abwägen der erwünschten Maßnahmen, nach einem *qualitative reasoning* oder der Erfahrung tüchtigen Bedienungspersonals. Die Strategie wird direkt vom erfahrenen Bediener übernommen. Man folgt dem üblichen Sprachschatz in WENN-DANN-Regeln oder einer ähnlichen versierten Ausdrucksform. Diese Vorgangsmöglichkeit braucht zumeist nicht erst mühsam erlernt zu werden, mit ihr finden sich Anwender der verschiedensten Gebiete sehr leicht zurecht. Dies ist der Grund für den verbreiteten Einsatz und die große Begeisterung, mit der *Fuzzy Control* aufgenommen wurde (*Sugeno, M., 1985; Abel, D., 1991; Preuß, H.P., 1992; Tilli, T., 1992; Lee, C.C., 1990*).

Die notwendigen Festlegungen sind den menschlichen Denkstrukturen sehr gut angepaßt und die implementierte Funktion stets sehr transparent.

13.7.3 Defuzzifizierung

Mit Defuzzifizierung wird jener operative Bereich bezeichnet, in dem die Ergebnisse aller Maßnahmen aus dem unscharfen Bereich in eine klar determinierte Stellgrößeninformation übersetzt werden.

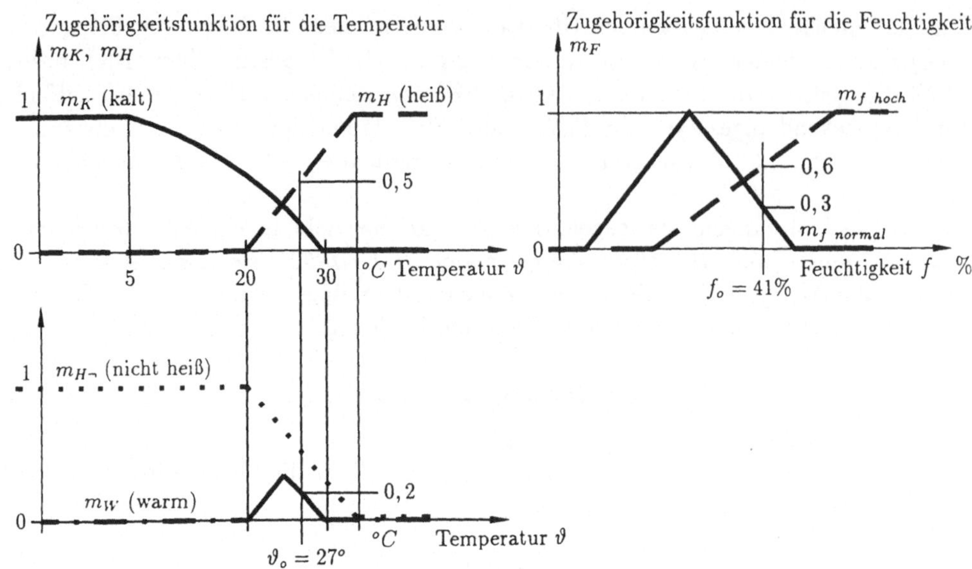

Abbildung 13.4: Zugehörigkeitsfunktionen verschiedener Temperatur- und Feuchtigkeitskonstellationen

Beispiel. Inferenz bei Zugrundelegung von zwei linguistischen Produktionsregeln: Aus eingehenden Gesprächen mit dem Betriebspersonal seien folgende in langjähriger Erfahrung begründete Produktionsregeln erkennbar:

- Produktionsregel 1: Wenn entweder die Temperatur ϑ_0 heiß *oder* die Feuchtigkeit f_o hoch ist, dann soll die Maßnahme ergriffen werden, daß die Kennlinie V_1 laut Abb. 13.5a gefahren wird. Laut Abb. 13.4 ergibt sich für die eingetragenen Werte $\vartheta_o = 27^o$ und $f_o = 41\%$ die Zugehörigkeitsfunktionswerte 0,5 bzw. 0,6. Wegen der obgenannten *Oder*-Verknüpfung ist der Erfülltheitsgrad $\max\{0,5; 0,6\} = 0,6$.
- Produktionsregel 2: Ein anderer seriöser Erfahrungswert für günstigen Betrieb lautet: Wenn die Temperatur ϑ_o warm *und* die Feuchtigkeit f_o normal ist, dann soll die Kennlinie V_2 laut Abb. 13.5 betrieben werden. Aus der Abb. 13.4 folgt mit $\vartheta_o = 27^o$ und $f_o = 41\%$ und wegen der *Und*-Verknüpfung $\min\{0,2; 0,3\} = 0,2$ als Erfülltheitsgrad.
- Es könnten noch beliebig viele weitere Produktionsregeln genannt und aufgenommen werden. Aus Aufwandsgründen sei die Verwendung auf die beiden genannten beschränkt.

Die aufgezählten Produktionsregeln werden auf eine der folgenden Arten verknüpft und defuzzifiziert:

- Entsprechend der Erfülltheitsgrade 0,6 und 0,2 werden die Kennlinien aus Abb. 13.5a proportional gemindert, wie in Abb. 13.5b angegeben (Produktmethode). Aus den Flächen unter den reduzierten Kennlinien wird nach Gl.(13.35) der Flächenschwerpunkt gerechnet und dessen Abszisse als Ausgangssignal verwendet, z.B. 3,4 l/sek.
- Die Kennlinien werden auf den Werten der Erfülltheitsgrade abgeschnitten (Min-Methode), wie in Abb. 13.5c mit der Schwerpunktsabszisse 2,7 l/sek gezeigt. □

Beispiel. Fuzzy Positionsregelung: In Abb. 13.6 sind die Komponenten eines Fuzzy Control Systems dargestellt, wie sie in vorhergehenden Abschnitten beschrieben wurden. Dabei ist Orientierung an einem Positioniersystem genommen worden.

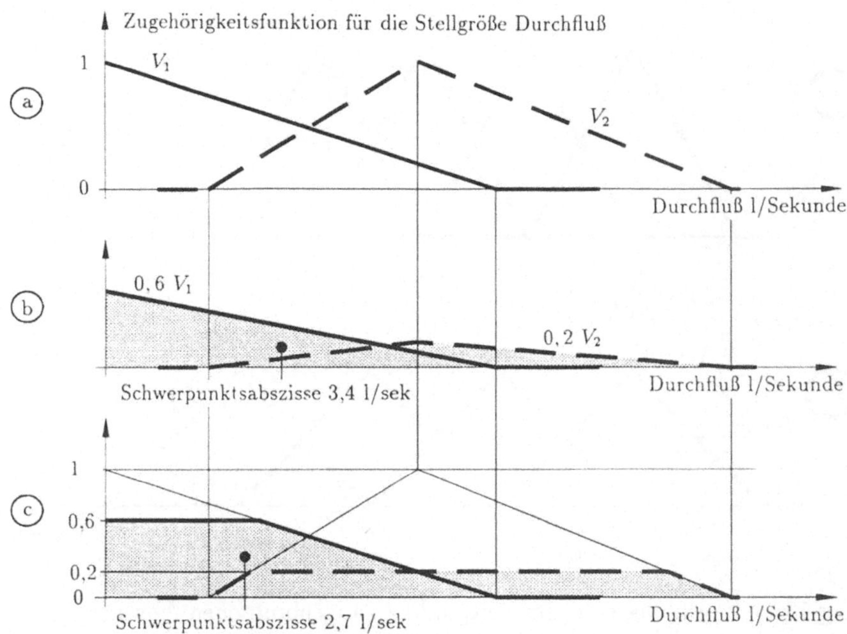

Abbildung 13.5: Kennlinien (Bildteil a) und Inferenz nach proportionaler Absenkung (Bildteil b) und durch Abschneiden (Bildteil c)

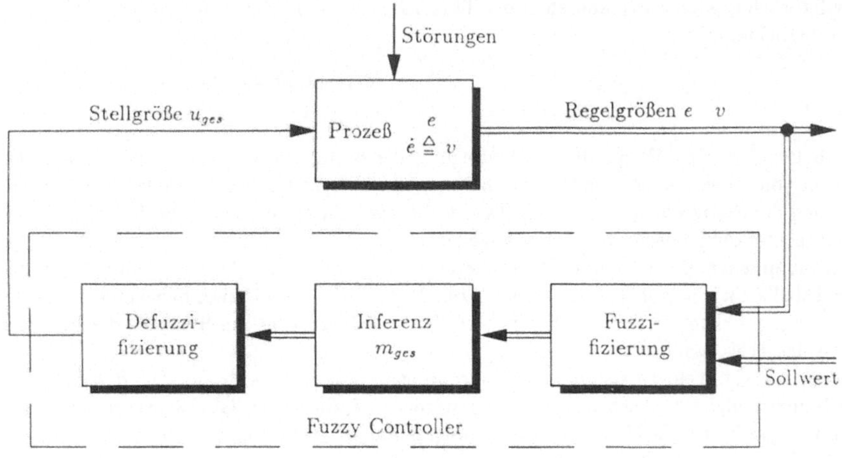

Abbildung 13.6: Fuzzy Control

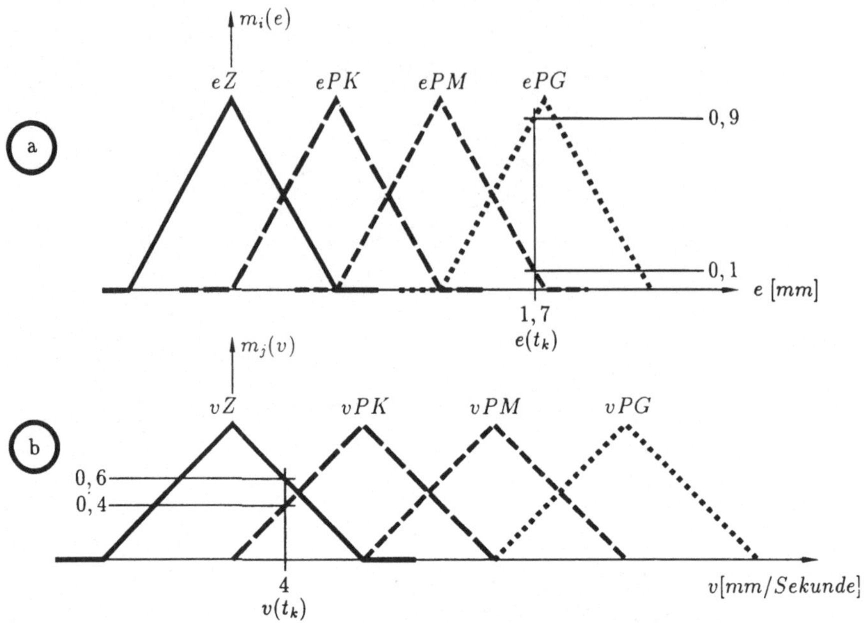

Abbildung 13.7: Zuordnung einer im Zeitpunkt t_k angenommenen Abweichung e (Bildteil a) und der Geschwindigkeit v (Bildteil b)

Die Fuzzifizierung der Positionsabweichung e und der Abweichungsgeschwindigkeit v erfolgen nach der Abb. 13.7a und b.

Darin bedeuten die Großbuchstaben N, P negativ und positiv; G, M, K groß, mittel und klein. Sie werden zu sechs Abweichungsklassen kombiniert. Im Nullumgebungsbereich winziger Abweichung gilt Z.

In der Zugehörigkeitsfunktion $m_i(e)$ bedeutet also i sieben verschiedene Positionsabweichungswerte eNG über eZ bis ePG, bei $m_j(v)$ steht j für vNG bis vPG.

In der Abb. 13.7 und in der Tabelle 13.2 sind konkrete Fälle momentaner Abweichung $e(t_k)$ und Abweichungsgeschwindigkeit $v(t_k)$ angenommen. Für sie gelte im Sinne komplementärer Mengen, Gl.(13.26), bei dem willkürlich gewählten t_k und ebenso willkürlich gewählten Momentanwerten $e(t_k) = 1,7$ mm und $v(t_k) = 4$ mm/Sekunde

$$m_{ePM}(1,7) = 0,1 \qquad m_{ePG}(1,7) = 0,9 \tag{13.27}$$
$$m_{vZ}(4) = 0,6 \qquad m_{vPK}(4) = 0,4\,. \tag{13.28}$$

Die Tabelle 13.2 zeigt die qualitative Festlegung der Stellgröße u zwischen uNG und uPG je nach Konstellation von Abweichung e und Abweichungsgeschwindigkeit v des Roboterarmes laut Abb. 13.3b. Die Festlegung der Stellgröße innerhalb der Tabelle 13.2 ist schiefsymmetrisch bezüglich des Mittelpunkts. Durch Punkte sind die Koordinatenachsen angedeutet.

Im angenommenen Betriebspunkt t_k mit $e(t_k) = 1,7$ mm und $v(t_k) = 4$ mm/Sekunde sind vier Felder der Tabelle 13.2 betroffen, da nach den Abb. 13.7a und b jeweils zwei benachbarte Mengen von der Zuordnung angesprochen werden. In diesen betroffenen Feldern sind die Symbole der Stellgrößenmenge durch Fettdruck hervorghoben.

Zu jedem der vier Felder existiert eine Zuordnungsfunktion, die sich aus den Regeln ergibt, mit der zwei Zuordnungsmengen zugleich angesprochen werden, nämlich nach Gl.(13.25) zu $\min\{m_i(e); m_j(v)\}$. Diese Zuordnungszahl ist als Meßgröße und damit als Faktor zu verstehen, mit der die im Feld stehende fettgedruckte Zuordnungsfunktion in die Rechnung eingeht

$$\text{Feld } ePM,\ vZ : \quad \min\{0,1;\ 0,6\} \wedge m_{NK}(u) = 0,1 \wedge m_{NK}(u) \tag{13.29}$$
$$\text{Feld } ePG,\ vZ : \quad \min\{0,9;\ 0,6\} \wedge m_{NM}(u) = 0,6 \wedge m_{NM}(u) \tag{13.30}$$
$$\text{Feld } ePM,\ vPK : \quad \min\{0,1;\ 0,4\} \wedge m_{NM}(u) = 0,1 \wedge m_{NM}(u) \tag{13.31}$$
$$\text{Feld } ePG,\ vPK : \quad \min\{0,9;\ 0,4\} \wedge m_{NG}(u) = 0,4 \wedge m_{NG}(u)\,. \tag{13.32}$$

Tabelle 13.2: Zuordnung der Stellgröße u zu Abweichungen e und v

	eNG	eNM	eNK	eZ	ePK	ePM	ePG
vNG	uPG	uPG	uPG	uPM	uPK	uZ	uNK
vNM	uPG	uPG	uPM	uPK	uPK	uZ	uNK
vNK	uPG	uPM	uPM	uPK	uZ	uNK	uNM
$\cdots vZ \cdots$	uPM	uPK	uPK	uZ	uNK	**uNK**	**uNM**
vPK	uPM	uPK	uZ	uNK	uNM	**uNM**	**uNG**
vPM	uPK	uZ	uNK	uNK	uNM	uNG	uNG
vPG	uPK	uZ	uNK	uNM	uNG	uNG	uNG

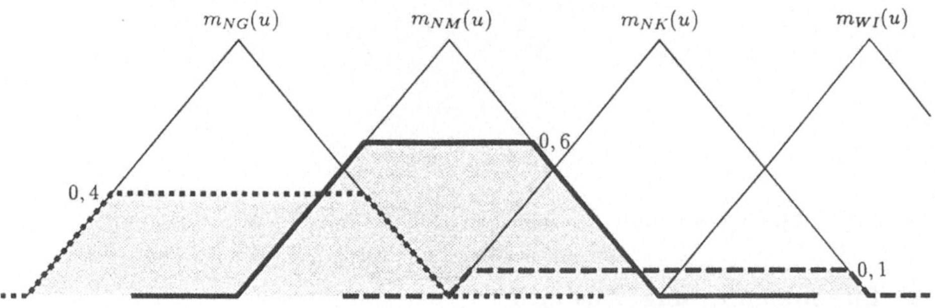

Abbildung 13.8: Defuzzifizierung nach der Schwerpunktsmethode

Das Symbol $\wedge$ bedeutet in obigen Gleichungen, daß die Zugehörigkeitsfunktion der Stellgrößen $m_{..}(u)$ mit dem davorstehenden Faktor $\min\{\cdot,\cdot\}$, der dem Erfülltheitsgrad der entsprechenden Regel gleichkommt, abgeschnitten (d.h. auf das Minimum der beiden gesetzt) werden; siehe Abb. 13.8.

Für die Ermittlung der Stellgröße ist disjunktiv eines der Felder maßgebend, daher ist nach Gl.(13.24) das Maximum der Teilzuordnungsfunktionen maßgebend. Die Zusammenfassung zu einem *fuzzy set* geschieht dadurch, daß man verlangt, daß die resultierende Zugehörigkeitsfunktion für die Stellgröße u die größtmögliche aus allen sein muß; dadurch scheidet — beim Übergang von Gl.(13.33) auf (13.34) — der Term $0,1 \wedge m_{NM}(u)$ aus, weil er kleiner ist als $0,6 \wedge m_{NM}(u)$. Man spricht von Max-Min-Inferenz

$$\begin{aligned} m_{ges}(u) &= \max\{0,1 \wedge m_{NM}(u);\ 0,4 \wedge m_{NG}(u);\ 0,1 \wedge m_{NK}(u);\ 0,6 \wedge m_{NM}(u)\} = \quad (13.33) \\ &= \max\{0,1 \wedge m_{NK}(u);\ 0,6 \wedge m_{NM}(u);\ 0,4 \wedge m_{NG}(u)\}\ , \quad (13.34) \end{aligned}$$

siehe Abb. 13.8.

Aus dieser resultierenden Zugehörigkeitsfunktion von u zum Maximum von negativ kleinen, mittleren und großen Stellgrößen (*fuzzy output set*) wird eine klare Stellgröße defuzzifiziert und durch folgende Ersatzmaßnahmen determiniert: Es wird aus der in Abb. 13.8 grau angelegten Fläche der Schwerpunkt gebildet

$$u_{ges}(t_k) = \frac{\int_{-\infty}^{\infty} m_{ges}(u)\ u\ du}{\int_{-\infty}^{\infty} m_{ges}(u)\ du}\ . \quad (13.35)$$

Der daraus folgende Zahlenwert u_{res} wird als bestmögliche Approximation der Zugehörigkeitsfunktion m_{ges} aufgefaßt; dies ist auch schon die im Zeitpunkt t_k auszuweisende Stellgröße $u_{ges}(t_k)$ als Reglerreaktion auf $e(t_k)$ und $v(t_k)$.

Resultierend wird also je nach Abweichungslage e und v ein u ausgegeben, das eine nichtlineare Abbildung in der vorgewählten dynamischen Klasse darstellt. Diese Abbildung ist in Abb. 13.9 als Kennfläche u über e und v festgehalten (mit Ursprungsverschiebung am Koordinatenkreuz). □

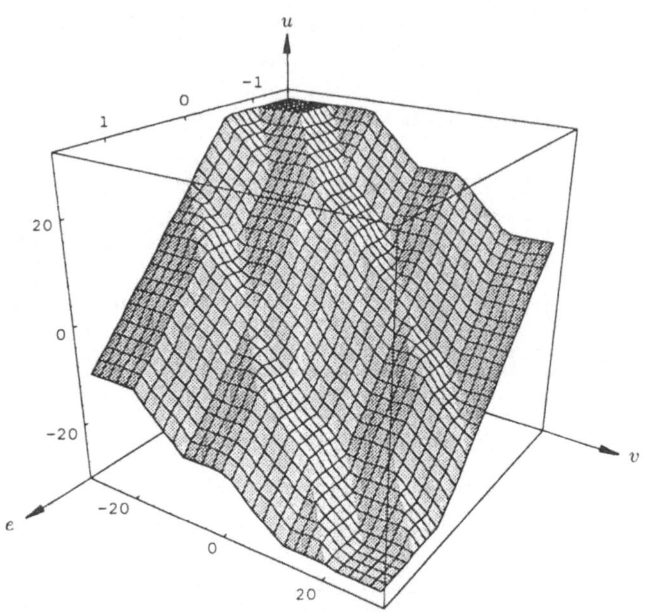

Abbildung 13.9: Reglerkennfläche der Stellgröße u über den Abweichungen e und v

13.7.4 Zusammenfassung. Ausblick

Die Auslegung einer Regelung nach diesem Fuzzy-Inferenz-Prinzip ist einem Regler auf der Basis klassischer Modellbildung (etwa nach Gesetzen der Mechanik) nur dann überlegen, wenn — beispielsweise — der Roboterarm in stark widerstrebendem Medium, oder unter erheblicher Reibung, mit erheblicher Unsicherheit bezüglich transportierter Masse und zu erwartender Gegenkräfte zu arbeiten hat (z.B. Sandstrahlen, Schweißnahtentgratung).

Im Prinzip handelt es sich beim Einsatz der Fuzzy Control um eine nichtlineare Abbildung mit einem gut erlernbaren System für die Ermittlung der Parameter; sie besitzt den faszinierenden Vorteil, daß man eine Wissensbasis leicht einfließen lassen kann. In erster Linie wird man dieses Werkzeug dort einsetzen, wo man mit den konventionellen Methoden nicht sehr erfolgreich war, wo die Strecke analytisch nicht bekannt ist oder wo eher stark nichtlineare pseudostationäre Prozesse vorliegen, die keine höhere dynamische Komplexheit besitzen. Auch dann, wenn Fuzzy Control zu keiner Verbesserung gegenüber klassischen Methoden führt, so ergibt sich doch zumeist eine Vereinfachung. Nicht selten ist aber auch eine neue zusätzliche Qualität erreichbar oder es wird einfach eine alternative Ausführungsform geschaffen. Manchmal wird auch eine Kombination mit klassischen Reglern verfolgt (*Moore, C.G., and Harris, C.J., 1992; Wegmann, H., 1992*).

Für Stabilitätsfragen gibt es noch keine geschlossene Lösung (*Bouslama, F., and Ichikawa, A., 1992; Tanaka, K., and Sugeno, M., 1992*), aber Ansätze dafür (*Kiendl, H., und Rüger, J., 1993*).

Trotz des einfachen Zugangs zu der Realisierung von fuzzy Reglern ist der Rechenaufwand zumeist beträchtlich. So ist es verständlich, daß spezielle Rechnerchips entwickelt wurden, die eine sehr schnelle Berechnung der Defuzzifizierung ermöglichen (*Trautzl, G., 1991*).

Ähnlichkeiten und Unterschiede von fuzzy PI-Reglern zu klassischen sind in *Siler, W., und Ying, H., 1989; Gupta, M.M., and Qi, J., 1991; Hofstetter, R., und Scherf, H., 1992* aufgezeigt. Als *parametric functions method* werden Methoden für Regelgesetze von Fuzzy-Logic-PID-Reglern verstanden (*Peng, X.T., 1990*). Entwurfsmethoden sind von *Ebert, C., und Schaub, A., 1993* und *Koch, M., et al., 1993* dargestellt worden.

Fuzzy Regelungssysteme besitzen oft und unerwartet eine sehr gute Robustheit. Sie lassen bei sonst gleicher Qualität auch weniger Überschwingen im Vergleich zu komplexen linearen Reglern erreichen. Auch zur Adaption von Parametern eines klassischen Reglers findet man fuzzy Regler eingesetzt.

Kapitel 14

Nichtlineare Regelungen in der Zustandsebene

In der Zustands- oder Phasenebene, also im zweidimensionalen Spezialfall des Zustandsraumes, können lineare dynamische Systeme zweiter Ordnung in bekannter Weise behandelt werden. Die Einfachheit ebener graphischer Darstellungen läßt es darüber hinaus zu, in die Analyse der Dynamik auch ein nichtlineares Verhalten der Regelstrecke oder nichtlineare Regler (Stellglieder) einzuschließen.

Die für lineare Verhältnisse gültige Gl.(1.5) für eine Eingangs- und eine Ausgangsgröße ($m = 1$, $r = 1$) braucht nur im Teil der homogenen Lösung (der freien Bewegung)

$$\mathbf{x}(t) = \mathbf{\Phi}(t)\mathbf{x}(0^+) \tag{14.1}$$

studiert zu werden, wenn die prinzipielle dynamische Qualität zu beurteilen ist. Bei Kenntnis von $\mathbf{\Phi}(t)$ folgt die Bewegung $\mathbf{x}(t)$ aus der Gl.(14.1), gleichgültig von welcher Anfangsbedingung $\mathbf{x}(0^+)$ die Bewegung ihren Ausgang nimmt oder auf welche Art auch immer die Anfangsbedingung $\mathbf{x}(0^+)$ aus dem Bewegungsablauf *vor* dem willkürlich gewählten Zeitursprung $t = 0$ entstanden sein mag.

Wird, von einer bestimmten Anfangsbedingung $\mathbf{x}(0^+)$ aus, die Bewegung $\mathbf{x}(t)$ in die Zustandsebene eingezeichnet, so wird der sich ergebende Kurvenzug als Zustandskurve bezeichnet. Die Zustandskurve stellt bei unverändertem $\mathbf{\Phi}(t)$ die Systembewegungen auch von anderen Anfangsbedingungen dar, und zwar von solchen, die auf der Zustandskurve selbst liegen. Jeder Punkt der Zustandskurve kann also auch als Anfangspunkt der folgenden Systembewegung angesehen werden.

Auch gewisse inhomogene Lösungen lassen sich in der Zustandsebene behandeln, nämlich solche auf sprungförmige Einwirkungen. Diese lassen sich durch Koordinatentransformation der Zustandsgröße oder entsprechende nicht verschwindende Anfangsbedingungen berücksichtigen.

14.1 Unstetige Ansteuerung der Regelstrecke

Ein Sonderfall nichtlinearer Systeme ist in unstetigen Systemen gegeben. Wird ein unstetiges Element im Regelkreis vorzugsweise im Regler oder Stellglied angenommen (einfache Fälle dazu zeigt Abb. 14.1), so ist die plötzliche Systemveränderung zu einem Umschaltzeitpunkt t_u von einer Veränderung der resultierenden Transitionsmatrix begleitet. Die Veränderung sei von $\mathbf{\Phi}_1(t)$ auf $\mathbf{\Phi}_2(t - t_u)$ bezeichnet. Es gilt dann

$$t < t_u \qquad \mathbf{x}(t) = \mathbf{\Phi}_1(t)\mathbf{x}(0^+) \tag{14.2}$$

$$t = t_u \qquad \mathbf{x}(t_u) = \mathbf{\Phi}_1(t_u)\mathbf{x}(0^+) \tag{14.3}$$

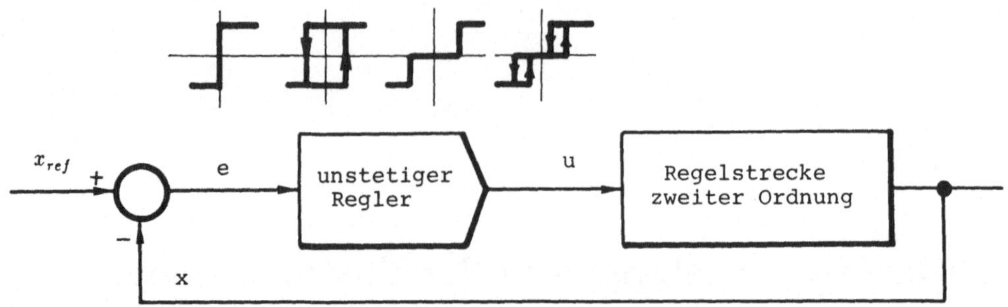

Abbildung 14.1: Unstetige Regelung und Kennlinien für unstetige Regler

und bei stetigem Übergang der Zustandsvariablen $\mathbf{x}(t_u^+) = \mathbf{x}(t_u)$

$$t > t_u \qquad \mathbf{x}(t) = \mathbf{\Phi}_2(t - t_u)\mathbf{x}(t_u)\ . \tag{14.4}$$

Ein stetiger Übergang liegt dann vor, wenn die Regelstrecke zweiter Ordnung keine Nullstelle in der Übertragungsfunktion enthält, siehe Anfangswertübergabematrix aus Band 1. Die plötzliche Systemveränderung, die von der unstetigen (nichtlinearen) Arbeitsweise eines Regelkreiselements herrührt, wird im typisch nichtlinearen Fall von den Zustandsvariablen x_1 oder x_2 oder Funktionen von ihnen ausgelöst; sie kann aber auch zeitabhängig gesteuert werden.

Die Fälle der Auslösung durch Zustandsvariable sind in der Zustandsebene besonders vorteilhaft zu behandeln, da in ihr die Abhängigkeit gerade von den Zustandsvariablen ausgedrückt wird.

Um alle möglichen Systembewegungen in der Zustandsebene festzuhalten, wird die Zustandsebene mit einem Zustandskurvennetz hinreichender Dichte überdeckt. Verursacht eine Nichtlinearität zwei oder mehrere $\mathbf{\Phi}_i(t)$, so hat man die Zustandsebene von ebensovielen Netzen zu überdecken (siehe Abb. 14.2 und 14.7). In der Praxis wird man die Netze auf transparentem Papier zeichnen, von Plottern verschiedenfärbig abrufen usw. Bei fortschreitender Prozeßkenntnis genügt es, aus diesen Netzen nur die maßgeblichen Abschnitte auszuwählen und darzustellen (Abb. 14.5 und 14.7).

Die in Abb. 14.1 zitierten einfachen nichtlinearen dynamischen Systeme zweiter Ordnung werden ersatzweise als lineare Systeme mit unstetiger Anregung $\sigma(t)$ untersucht. Die sprungartige Änderung der Anregung $u(t)$ von einem konstanten zum nächsten konstanten Wert u_o erfolgt in Abhängigkeit von den Zustandsgrößen des Systems. Für stückweise konstante Anregung u_o gelingt es, diese nicht als Anregung $u(t)$ weiter zu verarbeiten, sondern sie in die modifizierte Zustandsvariable und deren nichtverschwindende Anfangsbedingungen hineinzuziehen und weiterhin so zu rechnen, als ob nur eine freie Bewegung zu untersuchen wäre. (Für mögliche andere Fälle — etwa bei unstetiger Veränderung der Dämpfung — sind andere Wege einzuschlagen.)

Wird nun die lineare Regelstrecke zweiter Ordnung über eine unstetige Stellgröße $u(t)$ angesteuert, und ist $u(t)$ ein zwischen zwei oder mehreren konstanten Werten sprungförmig sich änderndes Signal, so kann das Systemverhalten durch

$$\ddot{x}(t) + 2D\omega_N\ \dot{x}(t) + \omega_N^2\ x(t) = \omega_N^2\ u(t) \qquad \begin{array}{ll} D \geq 1: & \text{Klasse 1} \\ D < 1: & \text{Klasse 2} \end{array} \tag{14.5}$$

mit $u(t) = u_o$ beschrieben werden, siehe auch Tabelle 14.1.

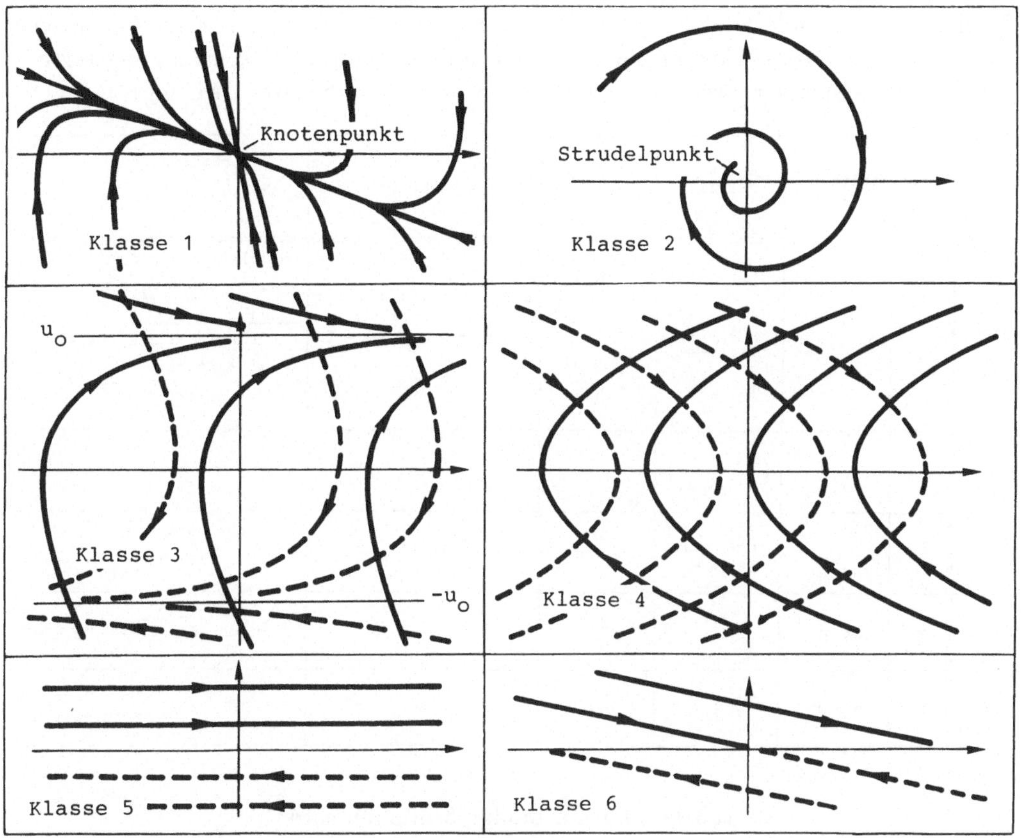

Abbildung 14.2: Zustandskurven für Regelstrecken der Klasse 1 bis 6, die bei konstanter Anregung gelten. Abszisse: $x = x_1$; Ordinate: x_2 als Änderungsgeschwindigkeit von x_1.

Der Streckenausgang $y(t)$ sei der Zustandsgröße $x(t)$ gleich. Der Sollwert kann in diesem Fall als $y_{ref}(t)$ oder $x_{ref}(t)$ bezeichnet werden. Zu der Ausgangsgröße gelten die Anfangsbedingungen $x(0^+)$ und $\dot{x}(0^+)$. Für technische Anwendungen sind vor allem stabile Regelstrecken maßgebend, also Eigenwerte, die entweder beide negativ reell sind (Klasse 1) oder konjugiert komplex mit negativem Realteil (Klasse 2).

Ferner treten in der Praxis IT_1-, I_2- und I_1-Systeme auf

$$\text{Klasse 3 } (IT_1): \quad T_2\ddot{x}(t) + \dot{x}(t) = u_o \tag{14.6}$$

$$\text{Klasse 4 } (I_2): \quad \ddot{x}(t) = u_o \tag{14.7}$$

$$\text{Klasse 5 } (I_1): \quad \dot{x}(t) = u_o \tag{14.8}$$

$$\text{Klasse 6 } (PT_1): \quad T\dot{x}(t) + x(t) = u_o \,. \tag{14.9}$$

Die Klasse 5 und 6 betreffen Regelstrecken erster Ordnung. Diese sechs praktisch relevanten Systeme besitzen Zustandskurven, die in der Abb. 14.2 gezeigt werden. Bei den Zustandskurven der Klasse 1 kann die *Steigung* der Asymptoten durch die Eigenwerte der Koeffizientenmatrix **A**, also der Pole der Regelstrecke, ausgedrückt werden, nämlich durch $\lambda_{1,2}[\mathbf{A}] = -\omega_N(D \pm \sqrt{D^2 - 1})$.

Neben der Gestalt der Kurven ist auch die Bezifferung nach t entscheidend. Man darf sich also nicht nur auf die mathematische Abhängigkeit $\dot{x}$ über x oder x_2 über x_1 be-

Tabelle 14.1: Zustandsvariable, Systemmatrix, Eigenwerte, Isoklinen und mathematische Kategorie der Zustandskurven sowie Inkrementalbeziehungen für konstant angeregte Regelstrecken zweiter Ordnung (bei Klasse 5 und 6 erster Ordnung)

Klasse	Zustandsvariable x_1	Zustandsvariable x_2	System-matrix $\mathbf{A}$	Eigen-werte $\lambda[\mathbf{A}]$	Isokline	mathematische Kategorie der Zustandskurve
1	$x-u_o$	$dx/d(\omega_N t)$	$\begin{pmatrix} 0 & \omega_N \\ -\omega_N & -2D\omega_N \end{pmatrix}$	$-D\omega_N \pm \omega_N\sqrt{D^2-1}$	$x_1/x_2 = -dx_2/dx_1\|_T - 2D$	verallgemeinerte Parabel $-x_1 = c_1x_2 + c_2(c_3x_1+x_2)^{c_4}$
2	$x-u_o$	$dx/d(\omega_N t)$	$\begin{pmatrix} 0 & \omega_N \\ -\omega_N & -2D\omega_N \end{pmatrix}$	$-D\omega_N \pm j\omega_N\sqrt{1-D^2}$	$x_1/x_2 = -dx_2/dx_1\|_T - 2D$	logarithmische Spirale $x_1^2 + x_2^2 = c_1 e^{-Dt}$ $x_2/x_1 = \tan(\omega_N\sqrt{1-D^2}t + c_2)$
3	x/T_2	dx/dt	$\begin{pmatrix} 0 & 1/T_2 \\ 0 & -1/T_2 \end{pmatrix}$	$0\ ;\ -\frac{1}{T_2}$	$x_2 = u_o/(dx_2/dx_1\|_T+1)$	$-x_1 = x_2+u_o\ln\|u_o-x_2\|+c_o$
4	x	dx/dt	$\begin{pmatrix} 0 & 1 \\ 0 & 0 \end{pmatrix}$	$0\ ;\ 0$	$x_2 = u_o/(dx_2/dx_1\|_T)$	einfache Parabeln $x_1 = c_1x_2^2 + c_2$
5	x	dx/dt	0	0	—	horizontale Gerade $x_2 = c_o$
6	x	dx/dt	$-\frac{1}{T}$	$-\frac{1}{T}$	—	geneigte Gerade $x_2 = (u_o-x_1)/T$

Tabelle 14.2: Zustandgrößeninkremente

Klasse	1 und 2	3	4	5	6
$\frac{\Delta x_2}{\Delta x_1}$	$-\frac{x_1}{x_2} - 2D$	$\frac{u_o}{x_2} - 1$	$\frac{u_o}{x_2}$	0	$-\frac{1}{T}$

schränken, wie man sie formal durch Eliminieren von t erhält. Man hat vielmehr die Zustandskurven unter voller Bezifferung nach dem Parameter t zu zeichnen oder die Zahlentripel (x_1, x_2, t) zu speichern. Dieser Weg ist zweckmäßig, wenngleich es möglich ist, die Bezifferung nach t aus der Gestalt allein zurückzugewinnen, siehe Gl.(14.17).

Zu welcher mathematischen Kategorie die Zustandskurven zählen, ist in der Tabelle 14.1 erwähnt. Für inkrementelle Veränderung der Zustandsgrößen x_1 und x_2 ist das Inkrement Δx_2 über Δx_1 der Tabelle 14.2 zu entnehmen. Für rechnergestützte Untersuchungen sind diese Inkremente von Nutzen.

Die Transitionsmatrix $\mathbf{\Phi}(t)$ gibt Tabelle 14.3 wieder. Zur Abkürzung dient die Definition $s_{1,2} \triangleq -D\omega_N \pm \omega_N\sqrt{D^2-1}$.

14.2 Zustandskurven für lineare Strecken zweiter Ordnung

Aus Gl.(14.5) folgt mit $u_o = 0$ für die Klassen 1 und 2

$$\frac{d^2x}{d(\omega_N t)^2} + 2D\frac{dx}{d(\omega_N t)} + x = 0 \tag{14.10}$$

Tabelle 14.3: Transitionsmatrix $\mathbf{\Phi}(t)$ für Regelstrecken zweiter und erster Ordnung für Klasse 1 bis 6

1	$\frac{1}{s_1-s_2}\begin{pmatrix}(s_1+2D\omega_N)\,e^{s_1t}-(s_2+2D\omega_N)\,e^{s_2t} & \omega_N\,(e^{s_1t}-e^{s_2t})\\ -\omega_N\,(e^{s_1t}-e^{s_2t}) & s_1\,e^{s_1t}-s_2\,e^{s_2t}\end{pmatrix}$
2	$\frac{e^{-D\omega_Nt}}{\sqrt{1-D^2}}\begin{pmatrix}\sqrt{1-D^2}\,\cos\sqrt{1-D^2}\,\omega_Nt+D\,\sin\sqrt{1-D^2}\,\omega_Nt & \sin\sqrt{1-D^2}\,\omega_Nt\\ -\sin\sqrt{1-D^2}\,\omega_Nt & \sqrt{1-D^2}\,\cos\sqrt{1-D^2}\,\omega_Nt-D\,\sin\sqrt{1-D^2}\,\omega_Nt\end{pmatrix}$
3	$\begin{pmatrix}1 & 1-e^{-t/T_2}\\ 0 & e^{-t/T_2}\end{pmatrix}$
4	$\begin{pmatrix}1 & t\\ 0 & 1\end{pmatrix}$
5	1
6	$e^{-t/T}$

und mit den Zustandsvariablen

$$x_1 \triangleq x \qquad \text{und} \qquad x_2 \triangleq \frac{dx}{d(\omega_N t)} \qquad \rightsquigarrow \qquad \frac{dx_2}{d(\omega_N t)} = \frac{d^2x}{d(\omega_N t)^2} \tag{14.11}$$

$$\frac{dx_2}{d(\omega_N t)} = -x_1 - 2D\frac{dx_1}{d(\omega_N t)} \,. \tag{14.12}$$

Beidseitiges Multiplizieren mit $d(\omega_N t)/dx_1$ liefert schließlich

$$\frac{dx_2}{dx_1} = -\frac{x_1}{x_2} - 2D \,. \tag{14.13}$$

Wird die Frage gestellt, welche Beziehung jene Punkte der Zustandskurven auszeichnet, in denen die Zustandskurven gleiche Steigung $(dx_2/dx_1)|_T$ besitzen, also die Frage nach Isoklinen formuliert, so lautet aus Gl.(14.13) die Antwort

$$\frac{x_1}{x_2} = -(dx_2/dx_1)|_T - 2D \,. \tag{14.14}$$

Das tiefgestellte $_T$ steht für Trajektorie. Die Isoklinen für Zustandskurven der Klasse 1 und 2 sind ein Geradenbüschel durch den Ursprung. Die Einzelheiten dazu zeigt Abb. 14.3.

Für $u_o \neq 0$ folgt aus Gl.(14.5) mit neuen modifizierten Zustandsvariablen

$$x_1 = x - u_o \qquad \text{und} \qquad x_2 = \frac{dx}{d(\omega_N t)} \tag{14.15}$$

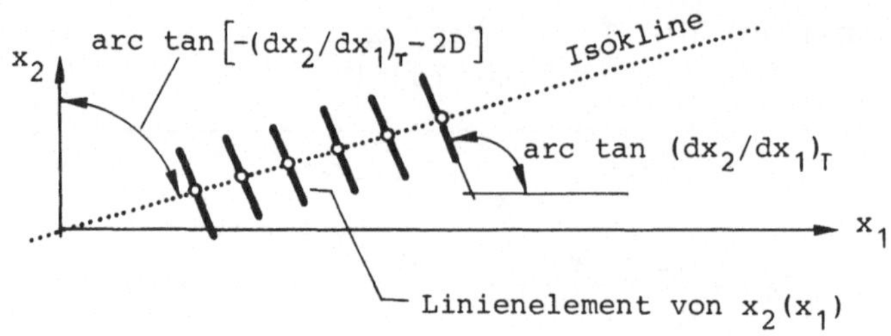

Abbildung 14.3: Grundlegende Zusammenhänge der Isokline

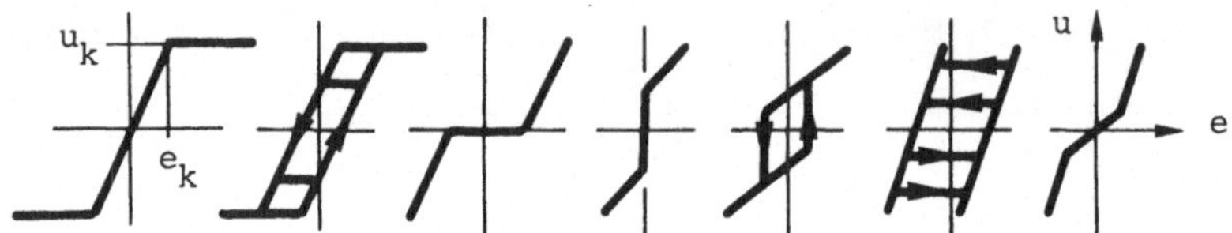

Abbildung 14.4: Kennlinien nichtlinearer Regler mit linearen Abschnitten

dasselbe formale Ergebnis wie die Gl.(14.3) bis (14.14). Im (x_1, x_2)-Koordinatensystem ergeben sich die gleichen Isoklinen und Zustandskurven. In den ursprünglichen $(x, \dot{x})$-Koordinaten sind die Isoklinen und Zustandskurven am Punkt $x = u_o$ orientiert. Er stellt zu den Zustandskurven den Knotenpunkt dar.

Für die digitalrechnergestützte Ermittlung der Zustandskurven bietet sich die auf Gl.(14.13) aufbauende Modifikation mit $x_1 := x_1 + \Delta x_1$ zu

$$x_2 := x_2 + \Delta x_2 \qquad \Delta x_2 = \frac{dx_2}{dx_1}\Delta x_1 = -(\frac{x_1}{x_2} + 2D)x_1 \tag{14.16}$$

an. Man erhält so ein inkrementales Verfahren.

Für die Klassen 3 bis 6 folgen die Isoklinen und inkrementalen Beziehungen in analoger Weise. Das Ergebnis aller sechs Klassen ist in Tabelle 14.1 zusammengefaßt.

Die Systeme nach Klasse 2 entarten für $D = 0$, also im ungedämpften energiekonservativen Fall zu Kreisen (bzw. je nach Maßstab zu Ellipsen). Systeme nach Klasse 1 können auch unter einem Eigenwert in der rechten s-Halbebene betrachtet werden. Die dann resultierenden Zustandskurven umgeben einen Sattelpunkt.

14.3 Stückweise lineare Regelungen

An praktischen Regelungen können nichtlineare Regler oder Stellglieder auch mit den in Abb. 14.4 dargestellten Kennlinien auftreten. Diese sind in der Abb. 14.1 noch nicht enthalten gewesen. In den horizontalen Kennlinienabschnitten folgt konstante Stellgröße, die anderen Abschnitte bieten proportionalen Zusammenhang Δu zu Δe. In diesen Abschnitten verhält sich das System wie eine lineare Regelung. Bei Sprüngen in der Kennlinie muß zusätzlich auf die Aussagen im vorhergehenden Abschnitt zurückgegriffen werden.

Beispiel. Stückweise linearer Regler und Regelstrecke nach Klasse 1: Für die erste Kennlinie aus Abb. 14.4 und für ein System nach Klasse 1 mit Stationärverstärkung 1 ist die Regelung näher untersucht. Dabei sind drei Scharen von Zustandskurven zu zeichnen: Erstens für $u_o = u_k$ im Bereich

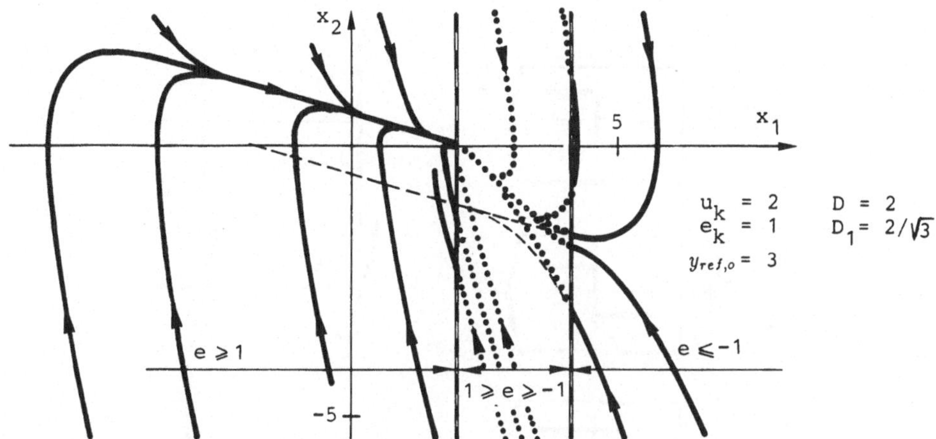

Abbildung 14.5: Zustandskurven des Beispiels. (Die Zustandskurven für den mittleren Teil der nichtlinearen Kennlinie sind punktiert eingetragen)

$y_{ref,o} - x > e_k$ mit dem Knotenpunkt bei u_k (Knotenpunkt, weil $D = 2 > 1$), zweitens für $u_o = -u_k$ bei $y_{ref,o} - x < -e_k$ und dem Knotenpunkt bei $-u_k$ und schließlich drittens der lineare Regelungsfall. Für diesen gilt $D_1 = D/\sqrt{1 + u_k/e_k}$. Die Größe $y_{ref,o}$ ist der feste Sollwert. Die Zahlenwerte enthält die Abb. 14.5. Der Dämpfungsgrad D_1 ist im Beispiel ebenfalls > 1. Die Zustandskurven umschließen ebenfalls einen Knotenpunkt bei $u_k y_{ref,o}/(e_k + u_k)$. Alle Ergebnisse zeigt die Abb. 14.5.

14.4 Nahtlinie

Auf den Scharen der Zustandskurven sind jeweils nur gewisse Abschnitte maßgeblich; und zwar jene, die seitens der nichtlinearen Kennlinie vorgegeben und vom Verband der Regelung bestimmt sind. Dazu ist das Vorzeichen am Mischelement und die Höhe des Sollwerts maßgebend.

Zweckmäßigerweise wird die Zustandsebene durch Nahtlinien in Bereiche geteilt, die den Abschnitten auf der Kennlinie des nichtlinearen Elements entsprechen. Die Nahtlinie stellt dann zugleich die Menge aller Punkte dar, in denen die Bewegung des Systems von den Zustandskurven einer Schar auf die einer anderen Schar wechselt.

Im Falle unstetiger Regelungen wird die Nahtlinie auch als Schaltlinie bezeichnet, weil die Nahtliniendurchschreitung zugleich einen Schaltvorgang darstellt.

Weitere Nahtlinien für nichtlineare Elemente im Regelkreis enthält die Abb. 14.6. Wegen $y(t) = x(t)$ ist der Sollwert für x mit y_{ref} bezeichnet.

14.5 Resultierende Trajektorie der Regelung

Der gesamte Verlauf der Bewegung eines unstetigen (stückweise linearen) Systems in der Zustandsebene — unter Einschluß des Wechsels zwischen verschiedenen Zustandskurvenscharen — wird als Trajektorie bezeichnet. Davon werden üblicherweise nur wenige in das Diagramm eingetragen, und zwar jene, die von interessierenden Anfangsbedingungen ausgehen oder die einen charakteristischen Verlauf nehmen.

In der Abb. 14.5 sind diese Trajektorien angemerkt. Für einen anderen Fall, nämlich ein I_2-System, geschaltet von einem totzonebehafteten Schaltglied mit Begrenzung, zeigt

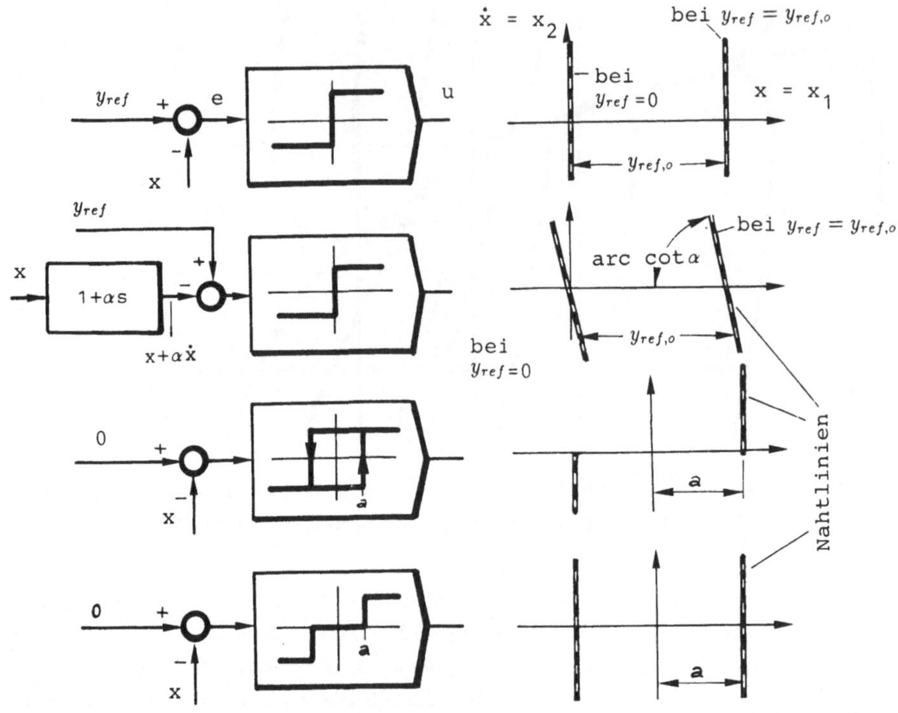

Abbildung 14.6: Nahtlinien für einige unstetige Regler

Abb. 14.7 das Zustandskurvenporträt, die Nahtlinien und zwei Trajektorien (*Huba, M., 1992*).

Durch die Aufnahme der Zustandskurven, der Nahtlinie und der ausgezeichneten Trajektorien in ein gemeinsames Diagramm werden Methoden offenbar, die zur Verbesserung und Optimierung des dynamischen Verhaltens führen. So etwa macht die Abb. 14.8 deutlich, wie ein unstetiger Regler (ohne Hysterese) an einer IT_1-Strecke durch eine passend geneigte Schaltlinie optimiert werden kann. Erreichbar ist die Neigung der Schaltlinie laut Abb. 14.6 durch zusätzliche Rückführung von $\dot{x}$ an die Mischstelle, was der Vorschaltung eines PD-Elements gleichkommt. Eine ordinatenparallele Schaltlinie bei direkter (proportionaler) Ansteuerung des Schaltelements hätte in Abb. 14.6 oftmaliges Schalten zur nachteiligen Folge.

Auch lassen sich im Phasendiagramm gerätemäßige Begrenzungen in x_2 übersichtlich aufnehmen (in Abb. 14.7 bezüglich x_2) oder Schaltbedingungen bzw. Nahtlinien für eine zeitoptimale Regelung anschaulich diskutieren (*Solodownikow, W.W., 1959; Föllinger, O., 1970; Leonhard, W., und Schnieder, E., 1983*). Letztere Nahtlinien ergeben sich zumeist als jene Trajektorien, die durch den Punkt $(x_1, x_2) = (0,0)$ der Ruhelage hindurchgehen. Werden sie zwecks einfacherer gerätemäßiger Realisierung rechnerisch vereinfacht, so führt dies auf suboptimale Regler.

Beispiel. Positionierung mit trockener Reibung m_R**:** Als Beschleunigungsmoment einer Positionsregelung wirkt $m - m_R \cdot \text{sign}\ \omega_n$. Die Position φ wird geregelt. Es gilt unter einer nicht näher beschriebenen Skalierung $\dot{\varphi} = \omega_n$. Das Blockbild entspricht einer Kette aus zwei Integratoren. Der erste ist durch ein Zweipunktelement $m_R \cdot \text{sign}\ \omega_n$ rückgeführt; über beide liegt die äußere Schleife der Posi-

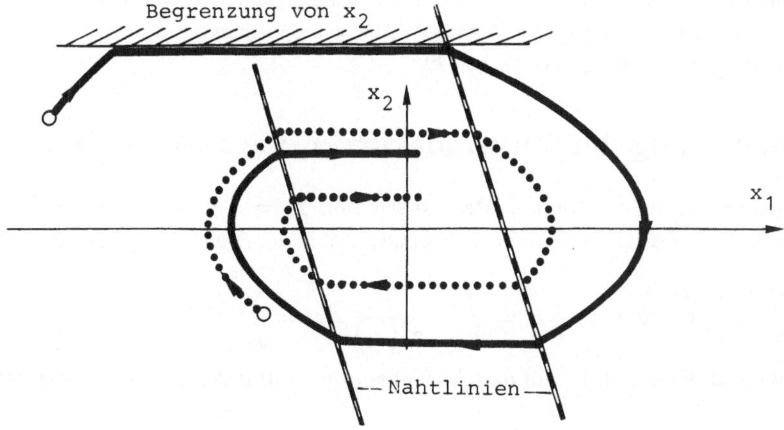

Abbildung 14.7: Nahtlinie und Trajektorien einer I_2-Regelstrecke mit totzonebehaftetem unstetigem Regler

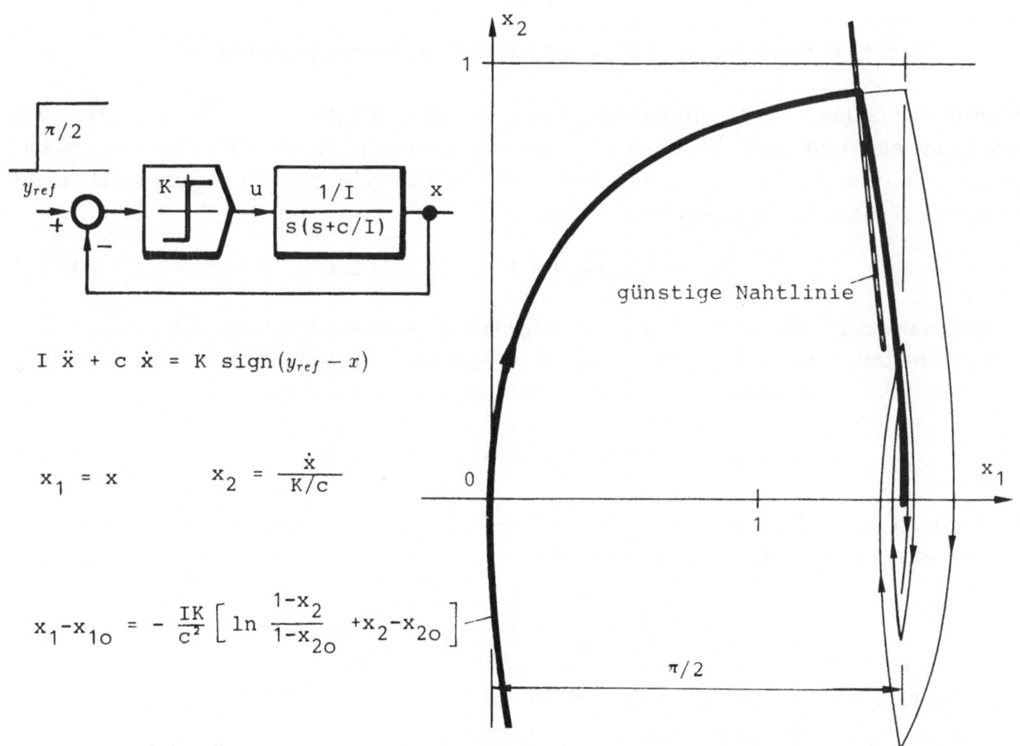

Abbildung 14.8: Trajektorie und günstige Nahtlinie für eine IT_1-Regelstrecke mit unstetigem Regler

tionsrückführung. Die sich ergebenden Zustandskurven sind konzentrische Kreise mit dem Mittelpunkt $+m_R$ (bzw. $-m_R$) auf der reellen Achse, gültig für den Bereich der unteren (oberen) φ-ω_n-Zustandsebene. Die ω_n-Achse ist zugleich Nahtlinie. Der Positionsfehler ist proportional $\pm\, m_R$, denn für $|\varphi| < m_R$ ist keine Beschleunigung des Antriebs möglich. □

14.6 Bezifferung der Zustandskurven nach der Zeit

Wurden Zustandskurven mit den Zustandsvariablen $x_1 = x$ und $x_2 = \dot{x} = dx/dt$ bereits ermittelt, so kann eine nachträgliche Auflösung nach der Zeit erfolgen, und zwar in der Form

$$\int_{t_o}^{t_f} dt = t_f - t_o = \int_{x_{1o}}^{x_{1f}} \frac{1}{x_2(x_1)}\, dx_1 = \int_{x_{1o}}^{x_{1f}} \frac{1}{\dot{x}(x)}\, dx\ . \tag{14.17}$$

Darin weisen die Indizes $_o$ und $_f$ auf den Anfangs- und Endpunkt des Bewegungzeitintervalls hin.

Die Wegstrecke, die man auf der Trajektorie von einem beliebigen Punkt $x(t_1), \dot{x}(t_1)$ zu dem benachbarten Punkt $x(t_2), \dot{x}(t_2)$ zurücklegt, erscheint aus der Perspektive des Spiegelpunktes $-x(t_1), \dot{x}(t_1)$ unter einem Winkel α; dieser hängt mit dem Zeitintervall $\Delta t = t_2 - t_1$ zwischen den beiden Punkten über $\tan\alpha = \Delta t/2$ zusammen, wenn Δt klein ist. Für konstante Δt-Schritte erscheinen Nachbarpunkte der Trajektorie aus einem ihrer Spiegelpunkte stets unter gleichem Winkel (*Gibson, J.E., 1963*).

14.7 Zustandskurven bei allgemeiner Nichtlinearität

Wird in der Gl.(14.5) der feste Beiwert $2D\omega_N$ zu einer Funktion $f = f(x, \dot{x}) = f(x_1, x_2)$ verallgemeinert und auch der Faktor ω_N^2 als allgemeine nichtlineare Funktion angesetzt, nämlich als $g = g(x, \dot{x}) = g(x_1, x_2)$, und ausschließlich eine freie Bewegung in Betracht gezogen, so lautet die Bewegungsgleichung

$$\ddot{x}(t) + f(x, \dot{x})\ \dot{x}(t) + g(x, \dot{x})\ x(t) = 0\ . \tag{14.18}$$

In ihr können etliche Varianten von Bewegungen dargestellt werden, deren Gleichungen Beiwerte enthalten, die etwa lage-, geschwindigkeits-, winkel-, spannungs- oder stromabhängig sind. Als Isoklinen ergeben sich Linienzüge gemäß den algebraischen Beziehungen

$$f(x_1, x_2) + g(x_1, x_2)\frac{x_1}{x_2} = -(dx_2/dx_1)|_T = \text{konstant}\ . \tag{14.19}$$

Wird für einen Regelkreis die nichtlineare Differentialgleichung der Form Gl.(14.18) betrachtet, so wird in ihr für $\ddot{x}$ zunächst

$$\ddot{x} = \frac{d\dot{x}}{dt} = \frac{dx_2}{dt} = \frac{dx_2}{dx_1}\frac{dx_1}{dt} = \frac{dx_2}{dx_1}x_2 \tag{14.20}$$

substituiert. Diese Beziehung wurde auch für Gl.(14.19) verwendet.

Für konstanten Sollwert $y_{ref}(t) = y_{ref,o}$ findet man mit $x_1 \triangleq x - y_{ref,o}$ und $x_2 \triangleq \dot{x}$

$$\frac{dx_2}{dx_1} = -\frac{f x_2 + g x_1}{x_2}\ . \tag{14.21}$$

Für kleine endliche Δx_1 (und Δx_2) läßt sich eine dichte Folge als Näherung angeben, wenn das Differentiationssymbol durch ein Δ ersetzt wird. Das Zeichnen kann auch mit

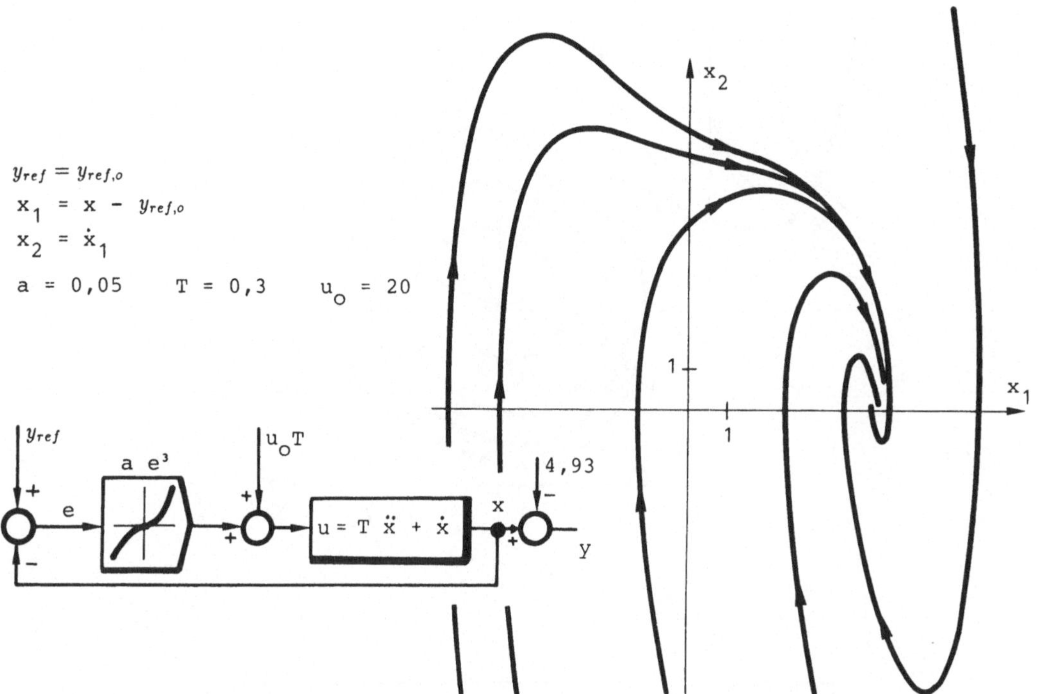

Abbildung 14.9: Blockschaltbild einer nichtlinearen Regelung samt Trajektorien

vorgewählter fester Schrittweite besorgt werden. Diese Verfahren sind als Delta-Methode oder Inkrementalmethode bezeichnet worden.

Die Abb. 14.9 und 14.10 zeigen die Phasenporträts für zwei konkrete nichtlineare Regelungen.

14.8 Grenzzyklen

Viele nichtlineare Regelungen finden keinen asymptotischen Ruhezustand, sondern vollführen stationär ein unvermeidliches Arbeitsspiel. Dies tritt etwa bei unstetigen Reglern oder zufolge Entdämpfung bei kleinen Auslenkungen auf (siehe Abb. 14.10). Bei nichtlinearen Regelungen zweiter Ordnung strebt dann die Trajektorie nicht asymptotisch gegen einen Endpunkt, sondern läuft stationär in eine als Grenzzyklus benannte Umlaufbahn.

Aus dem Vorhandensein und der Größe des Grenzzyklus können für praktische Anwendungen die folgenden beiden Kategorien betrachtet werden.

In der Abb. 14.11a scheidet der instabile Grenzzyklus innerhalb liegende stabile Bewegungen (kleine Auslenkungen um $\mathbf{x}_\infty$) von außerhalb liegenden instabilen Bewegungen. Zu solchen Grenzzyklen gelangt man etwa bei „steifen“ Kennlinien (vgl. Tabelle 15.1). Da ein derartiges System zu gefährlichen aufklingenden Bewegungen fähig ist, muß der Grenzzyklus hinreichend „groß“ sein bzw. müssen zusätzliche Maßnahmen bei Überschreitung dieses Grenzzyklus ergriffen werden. Das Verhalten einer solchen Regelung läßt sich durch folgendes Analogon veranschaulichen: Man betrachtet die Umlaufbewegung einer Kugel auf einer speziell geformten Fläche (Abb. 14.11 unten).

Die Abb. 14.11b hingegen zeigt einen stabilen Grenzzyklus. Kleine Auslenkungen um $\mathbf{x}_e$ führen zu einem Aufklingen bis zum Grenzzyklus. Große Auslenkungen stabi-

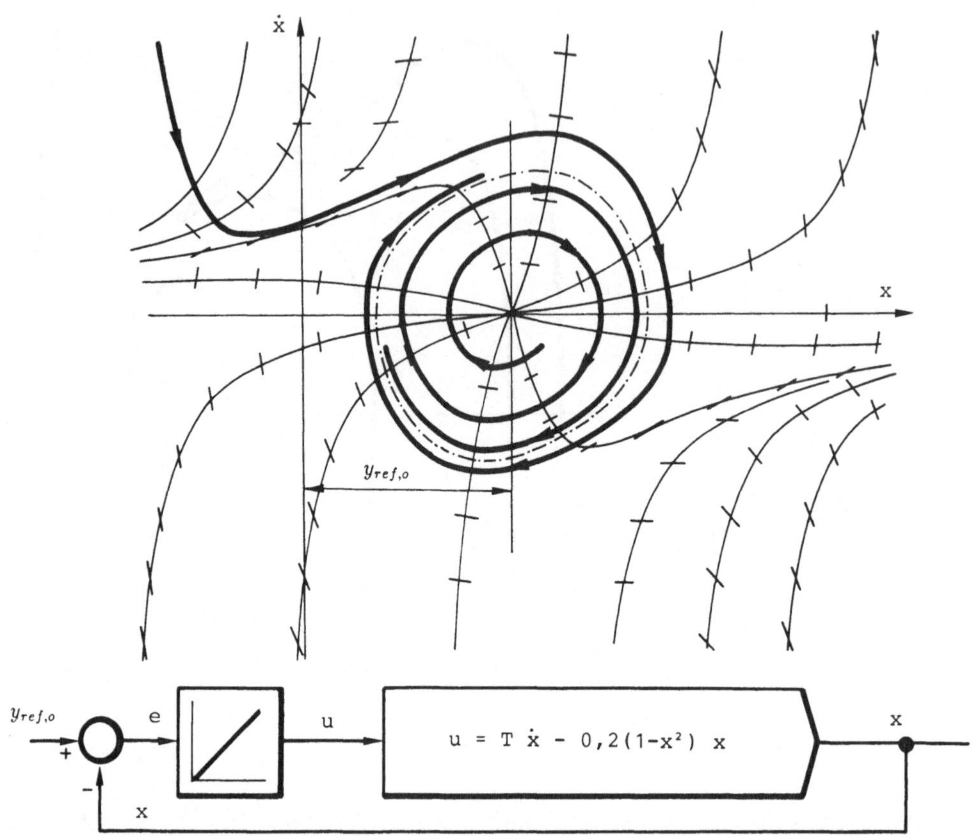

Abbildung 14.10: Blockbild und Trajektorien einer nichtlinearen Regelung samt Grenzzyklus

lisieren sich zum Grenzzyklus. Solche Grenzzyklen treten bei Sättigungskennlinien oder bei Dämpfungen auf, die mit der Bewegungsamplitude zunehmen. Um praktisch taugliche Regelkreise sicherzustellen, muß ein solcher stabiler Grenzzyklus „klein" sein.

Für weiterführende Untersuchungen sei auf das Schrifttum verwiesen (*Andronov, A.A., et al. 1973; Cosgriff, R.L., 1958; Vidal, P., 1969*).

Beispiel. Grenzzyklen von Zweipunktregelungen gemäß Abb. 14.12a: Bei $G(s) = \frac{1}{s}$ gilt $v \stackrel{\Delta}{=} \dot{x} = \pm K$ und der Grenzzyklus nach Abb. 14.12b. Bei $a = 0$ beträgt die Durchlaufdauer (Periode) des Grenzzyklus von K unabhängig $T_c = 4T_t$. Wird das Schaltelement mit der Schaltschwelle a angenommen, dann verbreitert sich der Grenzzyklus um $2a$ und T_c verlängert sich auf $4T_t + 4a/K$.

Für $G(s) = \frac{1}{1+sT}$ gilt $v \stackrel{\Delta}{=} \dot{x} = (\pm K - x)\frac{1}{T}$. Erreicht für $a = 0$ und $T_t \neq 0$ das Signal $x(t_1)$ bei $t = t_1$ den Sollwert y_{ref}, dann wird noch nicht geschaltet, sondern erst bei $t = t_2$ und $y(t_2) = x(t_2 - T_t) = x(t_1) = y_{ref}$, also um T_t später. Die Größe $x_1 \stackrel{\Delta}{=} x - y_{ref}$ läuft inzwischen von 0 bis x_{1s} weiter. Aus der Zeitbeziehung Gl.(14.17) folgt

$$T_t = \int_o^{x_{1s}} \frac{1}{v} dx_1 = \int_o^{x_{1s}} \frac{T}{K - x_1} dx_1 = -T \ln |K - x_1| \Big|_o^{x_{1s}} \quad \rightsquigarrow \quad x_{1s} = K(1 - e^{-\frac{T_t}{T}}) \qquad (14.22)$$

und der Grenzzyklus nach Abb. 14.12c. Die Verweildauer bei negativem v zwischen $x_1 = x_{1s}$ und $x_1 = 0$

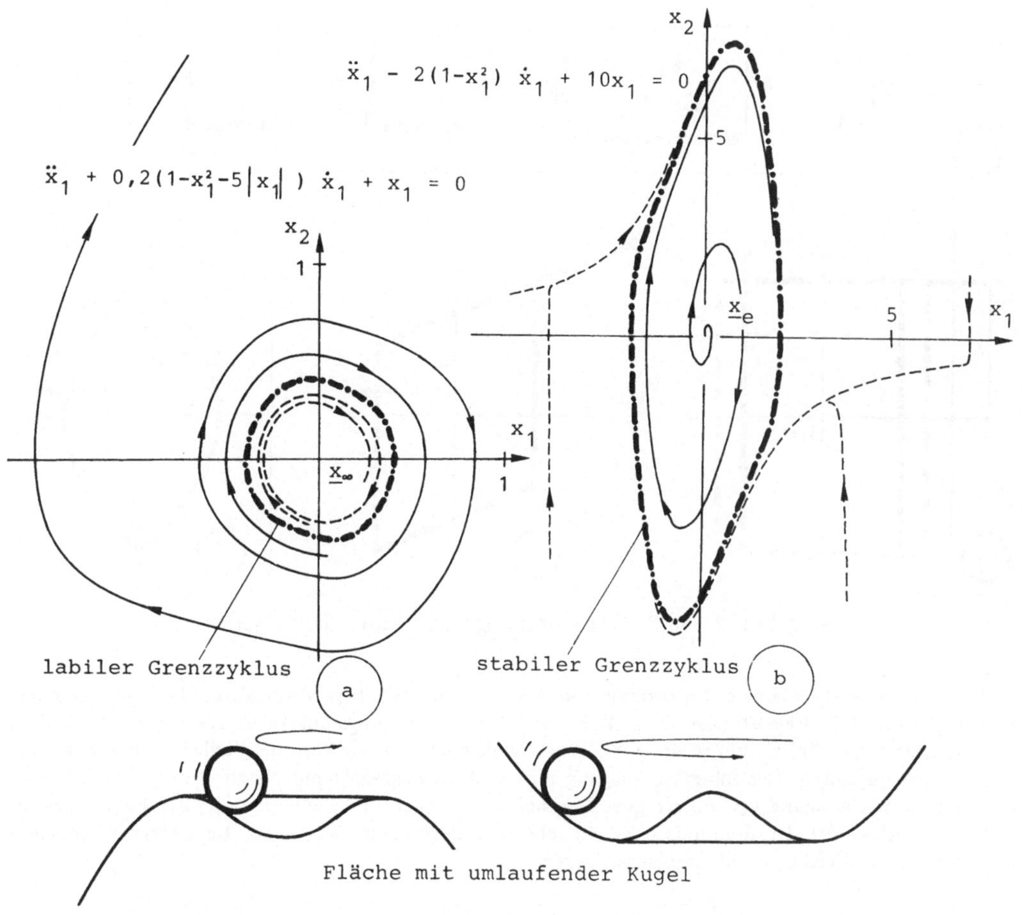

Abbildung 14.11: Grenzzyklen und umgebende Zustandskurven

beträgt

$$t_3 - t_2 \triangleq T_1 = \int_{x_{1s}}^{0} \Big(-\frac{T}{K+x_1}\Big) dx_1 = T \ln |K+x_1| \Big|_{o}^{x_{1s}} = T \ln \frac{K+x_{1s}}{K} . \tag{14.23}$$

Daraus resultiert $T_1 = T \ln (2 - e^{-\frac{T_t}{T}})$ und die Grenzzyklusdurchlaufzeit (Periode) zu

$$T_c = 2(T_t + T_1) = 2T_t + 2T \ln (2 - e^{-\frac{T_t}{T}}) . \tag{14.24}$$

Für $G(s) = \frac{1}{s^2}$; $T_t = 0$; $a = 0$ schließlich folgt

$$\ddot{x} = \pm K; \quad x_1 \triangleq x - y_{ref}; \quad \dot{x}_1 = \dot{x} \triangleq v \quad \leadsto \quad \frac{v^2}{2} = \pm K x_1 + C \tag{14.25}$$

und für die Parabelabschnitte P_1 und P_2 in Abb. 14.12d zu $v^2 = 2[\pm K(x_1 \pm x_{1o})]$, $x_{1o} > 0$. Der Durchlauf durch den ganzen Zyklus dauert

$$T_c = 4 \int_{-x_{1o}}^{0} \frac{1}{v} dx_1 = 4 \int_{1o}^{0} \frac{1}{\sqrt{2K}\sqrt{x_1 + x_{1o}}} dx_1 = \Big|_{x_1 + x_{1o} \triangleq \alpha} = \frac{4}{\sqrt{2K}} \int_{-x_{1o}}^{0} \frac{1}{\sqrt{\alpha}} d\alpha = \sqrt{\frac{2}{K}}\sqrt{x_{1o}} . \ \square \tag{14.26}$$

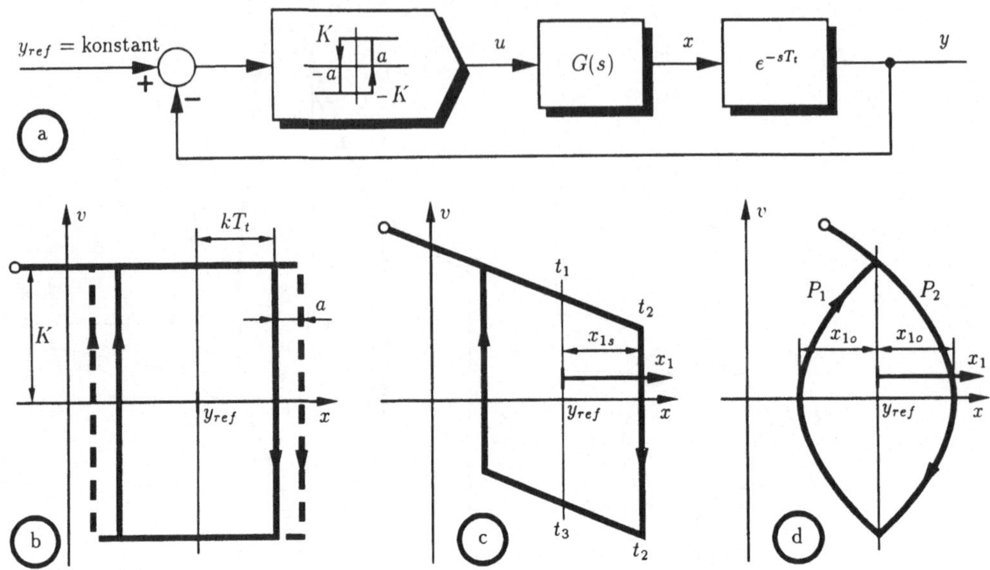

Abbildung 14.12: Zweipunktregelung samt Grenzzyklen

Beispiel. Regelkreis mit Begrenzer und Anti-Reset-Windup-Maßnahme: In eine Anordnung aus I-Regler und PT_1-Regelstrecke (Abb.14.13a) mit den Übertragungsfunktionen $1/s$ und $V/(1+Ts)$ ist ein Begrenzer eingeschaltet, um in der zur Debatte stehenden Betriebsform die Stellamplitude innerhalb fester Grenze zu halten. Der Integratorausgang $v(t)$ wird im Begrenzer nur bis zur Amplitude $\pm 0,1$ unverändert an den Ausgang $u(t)$ übertragen. Darüber hinaus bleibt die Stellgröße $u(t)$ bei $\pm 0,1$ begrenzt. Im linearen Abschnitt der Kennlinie oder bei fehlender Begrenzung würde der Regelkreis die folgende charakteristische Gleichung und Ergebnisse zeigen

$$\frac{1}{s}\frac{V}{1+Ts}+1=0 \quad \leadsto \quad 1+\frac{1}{V}s+\frac{T}{V}s^2 \triangleq 1+\frac{2D}{\omega_N}s+\frac{s^2}{\omega_N^2}=0 \quad \leadsto \quad \omega_N=\sqrt{\frac{V}{T}}, \; D=\frac{1}{2\sqrt{VT}} \,. \tag{14.27}$$

Mit den Zahlenwerten $V = 20$, $T = 10$ folgt $\omega_N = 1,414$ und $D = 0,035$. Die Periode der Schwingung ist $2\pi/\omega_N = 4,44$ Sekunden. Der Dämpfungsgrad ist klein und schlecht, was auf die zahlenmäßige Besonderheit des zu studierenden Falls zurückzuführen ist.

Im Zeitraum $t_1 < t < t_2$ (Abb.14.13b) steht am Integratoreingang die unverminderte Regelabweichung $e(t)$ an und wird zu $v(t)$ integriert. Infolge Stellgrößenbegrenzung wirkt sie längere Zeit als im unbegrenzt gedachten Fall. Der Ausgang $y(t)$ wächst mit dem PT_1-Verhalten der Strecke an. Bei etwa $t = 8$ Sekunden gilt zwar $e(t) = 0$, doch befindet sich $v(t)$ auf dem Wert etwa 3. Dieser Wert ist sogar das Maximum von $v(t)$. Der Begrenzereingang ist rund dreißigfach übersteuert, $u(t)$ bleibt aber weiter konstant 0,1. Das Signal $e(t)$ wird negativ, $v(t)$ sinkt durch Abwärtsintegration. Erst bei $t = t_2$ und $v(t) = 0,1$ wird begonnen, $u(t)$ zurückzunehmen, obwohl $e(t)$ schon lange und stark negativ ist.

Die Abb. 14.13c zeigt die Regelstrecke in der Phasenebene. Die unter Geraden abfallenden Abschnitte gelten im begrenzten Fall; bei ihm ist nur die erste Ordnung bestimmend, weil $u(t)$ als konstant wirkt. Die zwischenliegenden Abschnitte, z.B. $t_2 < t < t_3$, liegen auf logarithmischen Spiralen, wie sie im ungesättigten Betriebsbereich dem niedrigen Dämpfungsgrad entsprechen, siehe Klasse 2 in Abb. 14.2.

In der Abb.14.13d ist eine Anti-Reset-Windup-Maßnahme dargestellt (*Noisser, R., 1987*). Sie steht auf der Basis eines Rückführsignals $a(t)$ ab den Zuständen $-0,1 > v(t)$ oder $v(t) > 0,1$, also jenen Werten, in denen die Begrenzerkennlinie den linearen Abschnitt verläßt. Durch die mit dem Parameter p variierbare Rückführung am Integrator wird dieser samt Rückführung praktisch zu einem PT_1-Element. Im konkreten Zeitpunkt t_1 erreicht $v(t)$ laut Abb. 14.13e den Wert 0,2 , wodurch bei $p = 10$ der Signalwert $a(t_1) = 10(0,2 - 0,1) = 1$ resultiert. Somit gilt $y_{ref} - a = 0$ und der Integrator wird mangels Eingangssignals am Integrieren gehindert und daher blockiert. Nach Maßgabe des Anwachsens von $y(t)$ kann $a(t)$ zurückgehen, ohne den Integrator freizugeben. Bei t_2 schließlich ist $v(t)$ auf 0,1 zurückgegangen, $u(t)$

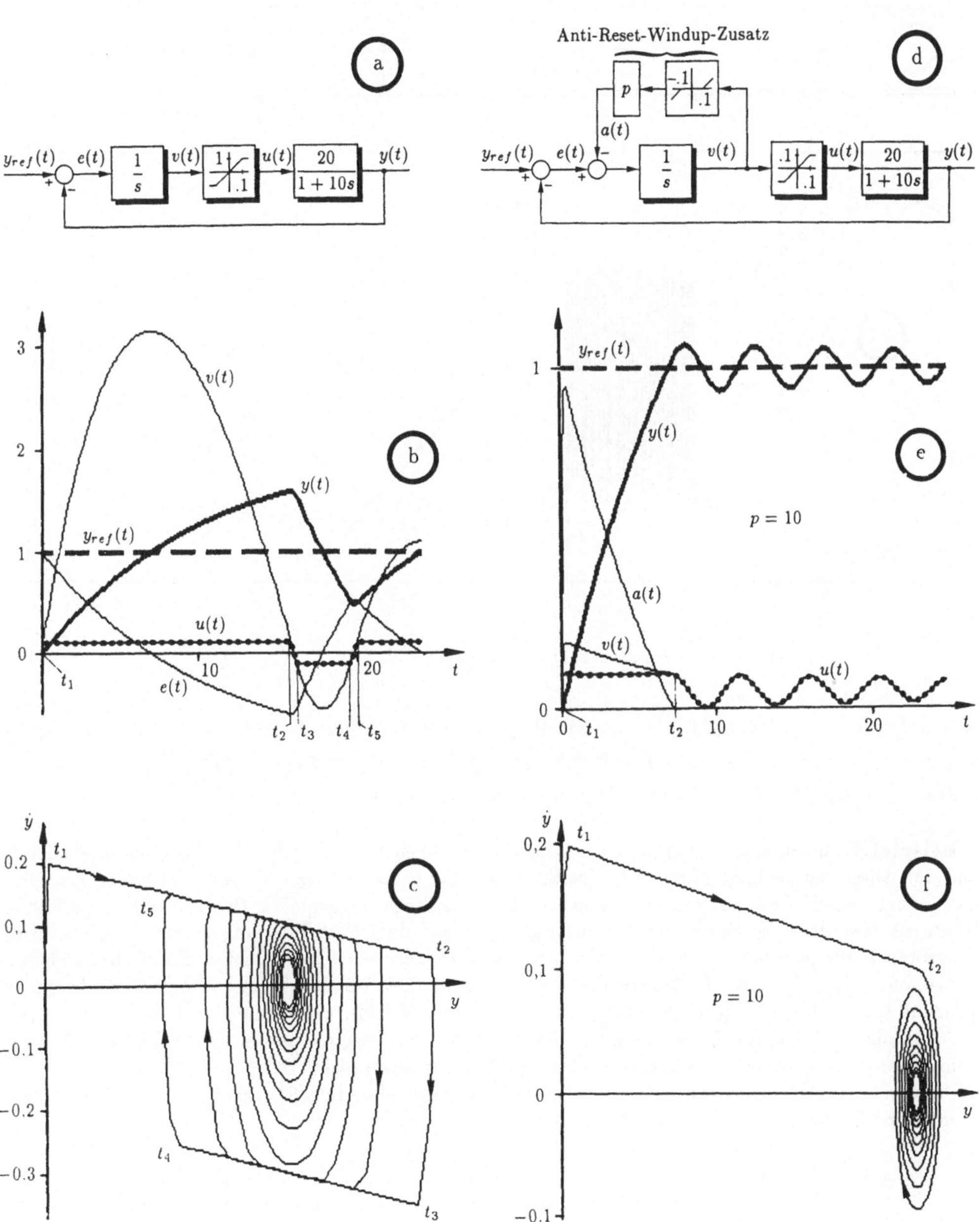

Abbildung 14.13: Blockschaltbilder, Oszillogramme und Trajektorien in der Phasenebene einer Regelung mit Begrenzer sowie einer zugehörigen Anti-Reset-Windup-Maßnahme

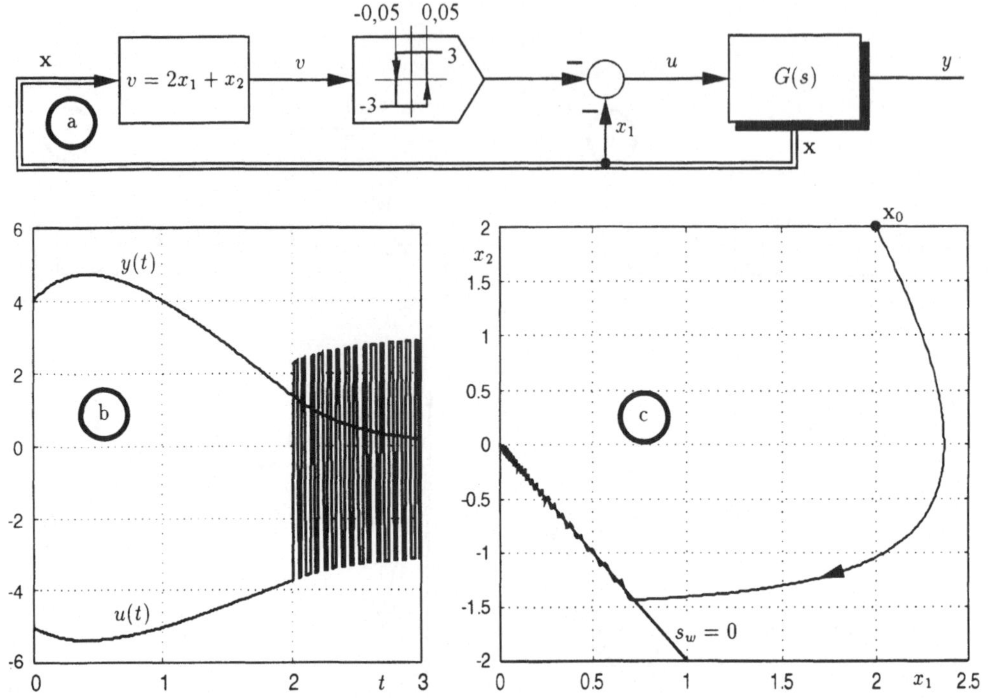

Abbildung 14.14: Unstetige Regelung vor und im Gleitzustand

gleicht $v(t)$ für $t > t_2$. Die auf solche Art von Windup-Nachteilen befreite Trajektorie zeigt Abb. 14.13f. Das langsame Ausklingen bei $t > t_2$ ist auf den geringen Dämpfungsgrad $D = 0,035$ zurückzuführen, nicht auf den Begrenzer oder die Anti-Reset-Windup-Maßnahme. □

Beispiel Gleitzustand: Innerhalb ursprungsnaher Zonen tritt manchmal ein sogenannter Gleitzustand auf. Dieser ist bedingt durch den Umstand, daß die Umschaltung stets auf eine solche Zustandskurve erfolgt, die die Bewegung in denselben von der Schaltlinie abgegrenzten Bereich der Zustandsebene zurückwirft, aus dem die Bewegung unmittelbar davor auf die Schaltlinie aufgelaufen ist. Daher kann die Zustandskurve jeweils nur infinitesimal kurze Zeit aufrechterhalten werden. Das Schaltglied sieht sich nämlich sofort nach Verlassen der Schaltlinie zu einer gegenteiligen Schalthandlung veranlaßt, da die Schaltbedingung für den gegenteiligen Schaltzustand des Schaltglieds erfüllt ist. Geometrisch ist dies dann gegeben, wenn die Schaltlinie im Umschaltepunkt flacher ist als die Tangente an die Zustandskurve. Die Folge ist ein „Vibrieren" entlang der Schaltlinie. Diese wird so zur Zustandskurve.

Für einen Regelkreis laut Abb. 14.14a sollen nun die Anfangswerte $y(0) = y_o$ oder $x_{1o} = 2, x_{2o} = 2$ zu null ausgeregelt werden. Die Regelstrecke ist durch

$$\mathbf{A} = \begin{pmatrix} 0 & 1 \\ 1 & -2 \end{pmatrix}, \quad \mathbf{b} = \begin{pmatrix} 0 \\ 1 \end{pmatrix}, \quad \mathbf{c}^T = (2 \;\; 0)\,, \quad G(s) = \frac{2}{s^2 + 2s - 1} = \frac{Y(s)}{U(s)} \tag{14.28}$$

gegeben. Die Schaltlinie laute $s_w(\mathbf{x}) \stackrel{\Delta}{=} 2x_1 + x_2 \stackrel{\Delta}{=} 0$, siehe Abb. 14.14c. Bei verschwindender Hysteresebreite ist dann das Regelgesetz durch $u \stackrel{\Delta}{=} -x_1 - 3\,\mathrm{sign}(2x_1 + x_2)$ bestimmt.

Frequenzbegrenztes Schalten wird erreicht, wenn statt der Signum-Funktion die unstetige Kennlinie mit der Hystereseschwelle (etwa) $a = 0,05$ gewählt wird. Die resultierende Systembewegung zeigt die Abb. 14.14b. Im Gleitzustand (*Sliding Mode*) ist die Dynamik von niedrigerer Ordnung; dadurch kann mit dem Entwurf gezielt sogar robustes Verhalten erreicht werden. □

Kapitel 15

Grenzzyklennäherung durch Beschreibungsfunktion

In der Regelungstechnik sind Grenzzyklen graphische Darstellungen von Gleichgewichtszuständen allgemeiner stationärer Schwingungen in der Zustandsebene oder im mehrdimensionalen Zustandsraum. Das Auftreten von Grenzzyklen bei der Analyse von Regelungen hat (siehe auch Abb. 14.11) folgende Konsequenzen:

- Bei einem stabilen Grenzzyklus, der praktisch ein stationäres Verharren in einer Schwingungsform bedeutet, ist die Form und die Größenordnung der Schwingung nach Amplitude und Frequenz maßgeblich. Da eine stationäre Schwingung regelungstechnisch als unangenehm bis störend zu werten ist, hat man die im stabilen Grenzzyklus auftretende Schwingungsamplitude „klein" zu halten.

- Ein instabiler Grenzzyklus zeigt mit seiner Größenordnung an, bis zu welcher Amplitude eine stabile Betriebsform vorliegt, bzw. ab welcher Amplitude ein unbrauchbarer instabiler Zustand eintritt. Diese Amplituden sind als zulässige Auslenkung oder ungünstigst zulässige Anfangsbedingung aufzufassen. Instabile Grenzzyklen sind nur vertretbar, wenn sie „groß" sind.

In keinem der genannten Fälle besteht Bedarf an genauen Schwingungsdaten. Lediglich die Größenordnung (vergleichbar einer Toleranzzone von $\pm 20\%$ in der Amplitude oder Frequenz) ist von Interesse. Durch die beträchtliche Toleranz für die Schwingungsamplitude liegt es nahe, die Schwingungsform sinusförmig zu nähern. In der Phasenebene etwa treten Abweichungen von der Sinusform durch Abweichungen von der Kreis- oder Ellipsenform im Grenzzyklus zutage. Auch in Fällen höherdimensionaler Grenzzyklen kann der Oberschwingungsgehalt und damit die Güte der Sinusapproximation abgeschätzt werden.

15.1 Beschreibungsfunktion

Die Beschreibungsfunktion geht von der Annahme aus, daß die Schwingungsform, die den Grenzzyklus nähert, von vornherein sinusförmig angesetzt wird. Dadurch wird die Größenordnung des Grenzzyklus mit wesentlich geringerem Aufwand abgeschätzt.

Dem Sinus-Ansatz kommt der Umstand entgegen, daß wesentliche Teile jedes Regelkreises, insbesondere die Regelstrecke, Tiefpaßverhalten zeigen. Angenommene Schwingungen im System, die von der Sinusform abweichen, erfahren in den Oberschwingungen eine ungleich stärkere Minderung als in der Grundschwingung.

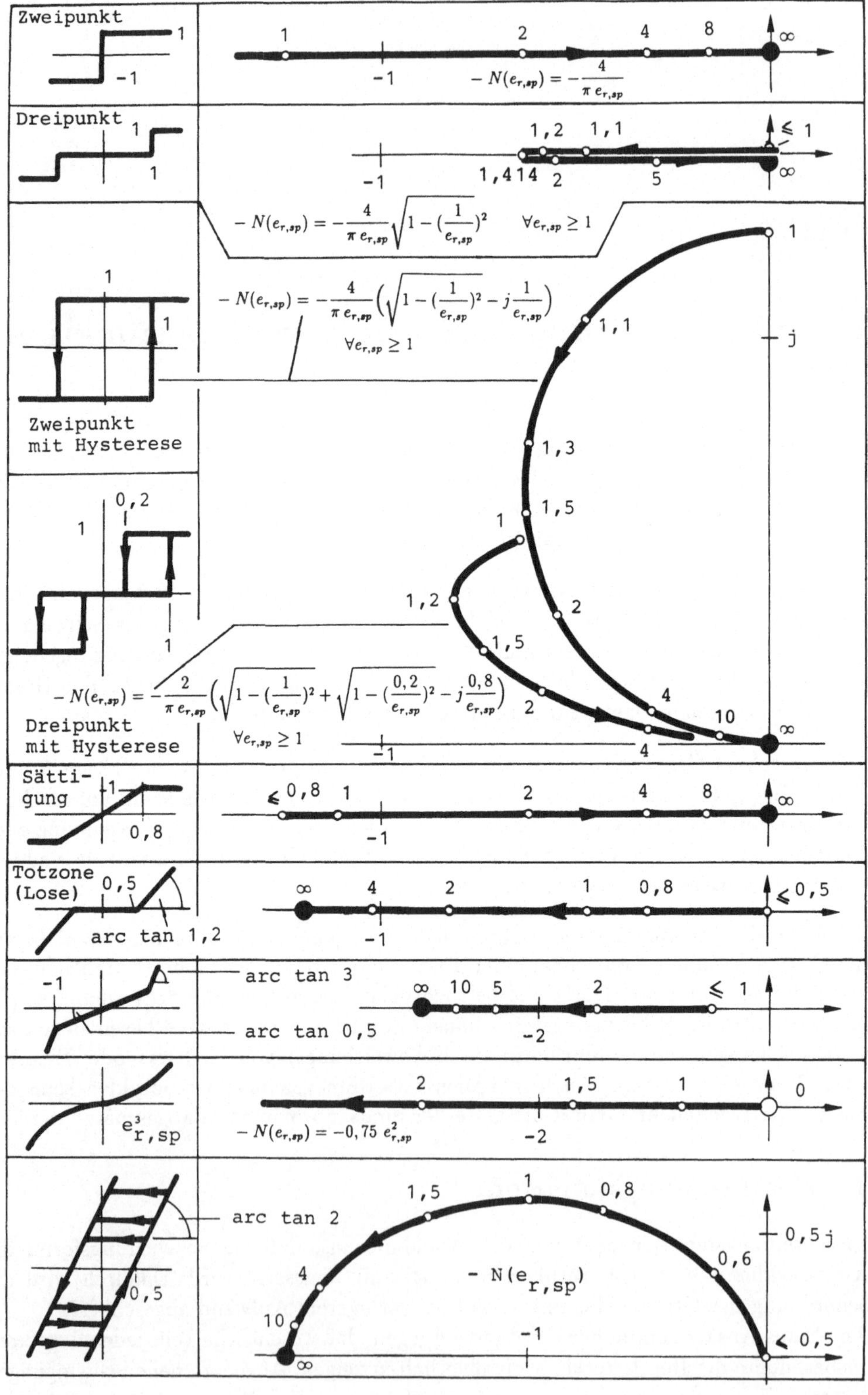

Zweipunkt
$-N(e_{r,sp}) = -\frac{4}{\pi e_{r,sp}}$
Dreipunkt
$-N(e_{r,sp}) = -\frac{4}{\pi e_{r,sp}}\sqrt{1-(\frac{1}{e_{r,sp}})^2} \quad \forall e_{r,sp} \geq 1$
$-N(e_{r,sp}) = -\frac{4}{\pi e_{r,sp}}\left(\sqrt{1-(\frac{1}{e_{r,sp}})^2} - j\frac{1}{e_{r,sp}}\right)$
$\forall e_{r,sp} \geq 1$
Zweipunkt mit Hysterese
$-N(e_{r,sp}) = -\frac{2}{\pi e_{r,sp}}\left(\sqrt{1-(\frac{1}{e_{r,sp}})^2} + \sqrt{1-(\frac{0,2}{e_{r,sp}})^2} - j\frac{0,8}{e_{r,sp}}\right)$
$\forall e_{r,sp} \geq 1$
Dreipunkt mit Hysterese
Sättigung
Totzone (Lose)
arc tan 1,2
arc tan 3
arc tan 0,5
$e^3_{r,sp}$
$-N(e_{r,sp}) = -0,75\, e^2_{r,sp}$
arc tan 2
$-N(e_{r,sp})$

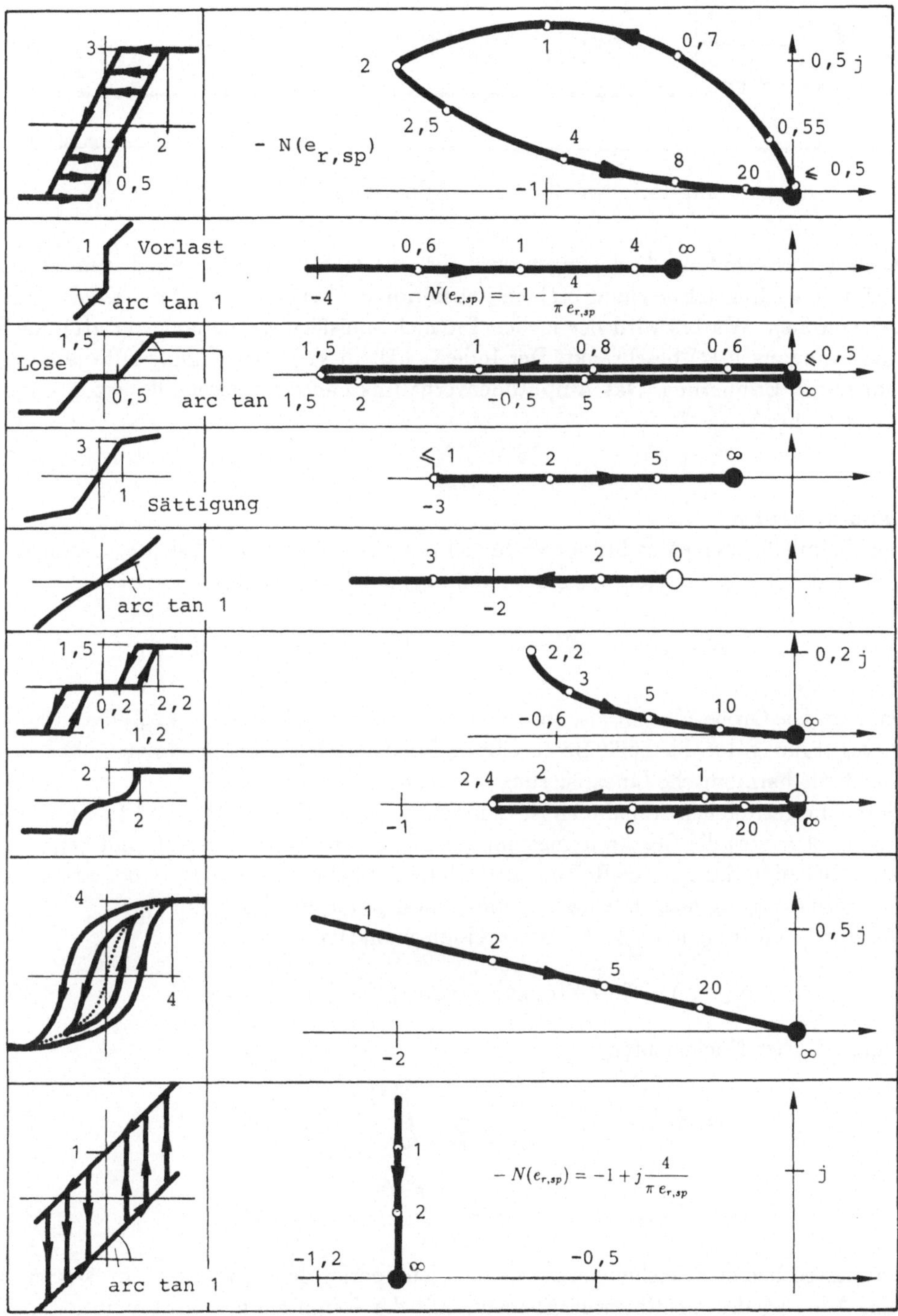

Tabelle 15.1: Ortskurven der negativen Beschreibungsfunktion für etliche nichtlineare Kennlinien. Die Skalierung der Ortskurven $-N$ erfolgt nach $e_{r,sp}$

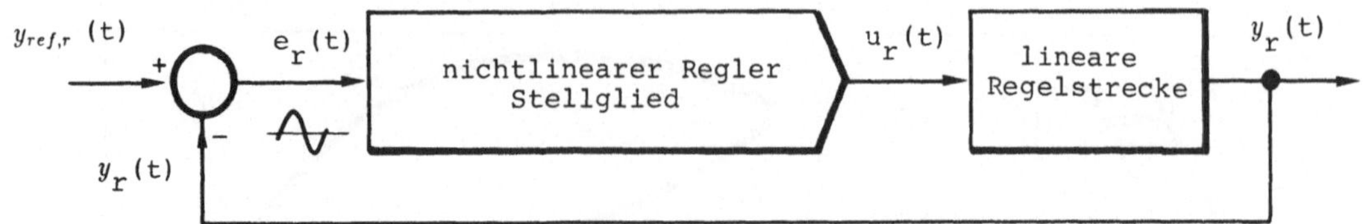

Abbildung 15.1: Nichtlinearer Regler und lineare Regelstrecke

Nach den erwähnten Überlegungen wird für eine nichtlineare Regelung vom Typ der Abb. 15.1 in der Regelabweichung $e(t)$ ein sinusförmiger Verlauf $e_r(t)$ mit der Kreisfrequenz ω_r angenommen. Weiters wird der in der Tat nichtsinusförmige Verlauf von $u(t)$ auf die Grundschwingung $u_r(t)$ beschränkt. Der Index $_r$ hält diese Beschränkung auf die Grundschwingung in Erinnerung. Das Amplitudenverhältnis und die Phasendifferenz φ kann in komplexer Schreibung als

$$N \triangleq \frac{u_{r,sp}}{e_{r,sp}} e^{-j\varphi} \tag{15.1}$$

ausgedrückt werden.

Bei einem allgemeinen nichtlinearen Regler oder Stellelement wird sich $u_{r,sp}$ keinesfalls proportional mit $e_{r,sp}$ verändern, sondern von $e_{r,sp}$ abhängen, sodaß

$$N \triangleq N(e_{r,sp}), \qquad |N| = \frac{u_{r,sp}}{e_{r,sp}} = |N|(e_{r,sp}), \qquad \varphi = \varphi(e_{r,sp}) \tag{15.2}$$

gelten wird. Die Größe N stellt also in Abhängigkeit von der Amplitude $e_{r,sp}$ eine komplexe Ersatzverstärkung dar. Sie heißt Beschreibungsfunktion. Das dabei beschrittene Verfahren wird auch als harmonische Linearisierung bezeichnet.

Durch die getroffenen Annahmen ist es möglich, für die in Abb. 14.1 und 14.4 gezeigten Kennlinien $u = u(e)$ die Beschreibungsfunktion N zu berechnen. Der Aufwand liegt dabei im wesentlichen in der Fourier-Reihenentwicklung der Schwingung $u(t)$, in der Ermittlung der Grundschwingung nach Betrag $u_{r,sp}$ und Phase φ und im Bezug auf $e_{r,sp}$.

Die Real- und Imaginärteile der Beschreibungsfunktion

$$N(e_{r,sp}) = \Re e\ \{N(e_{r,sp})\} + j\Im m\ \{N(e_{r,sp})\} = \ |N|e^{-j\varphi} \tag{15.3}$$

lauten als Fourier-Koeffizienten

$$\Re e\ \{N(e_{r,sp})\} = \frac{1}{e_{r,sp}} \frac{2}{2\pi/\omega_r} \int_0^{2\pi/\omega_r} u(t) \sin \omega_r t\ dt \tag{15.4}$$

$$\Im m\ \{N(e_{r,sp})\} = \frac{1}{e_{r,sp}} \frac{2}{2\pi/\omega_r} \int_0^{2\pi/\omega_r} u(t) \cos \omega_r t\ dt \quad . \tag{15.5}$$

In den letzten beiden Gleichungen ist als $u(t)$ jene periodische Funktion einzusetzen, die sich am Ausgang des nichtlinearen Elements mit der Kennlinie $u = u(e)$ ergibt, wenn es mit $e(t) = e_{r,sp} \sin \omega_r t$ angeregt wird.

Auch bei anderen Kennlinien, selbst bei nur empirisch gegebenen, ist dieses Verfahren anwendbar. An die Stelle der Rechnung der Grundschwingung kann auch eine Messung treten.

Für Kennlinien ohne Hysterese ist N reell, da die Phasenverwerfung fehlt; für Kennlinien mit Hysterese ist N komplex. Als Darstellungsform für die Beschreibungsfunktion N

ist die komplexe Ebene gebräuchlich. Die Bezifferung erfolgt nach $e_{r,sp}$. Ausgestattet wird die N-Kurve mit einem Pfeil nach steigenden Amplitudenwerten $e_{r,sp}$. Für reelle N fällt die Ortskurve N in die reelle Achse; für diese N ist die Unterstützung der Untersuchungen mit der kartesischen Darstellung $N = N(e_{r,sp})$ manchmal von Vorteil (*Gelb, A., and Vander Velde, W.E., 1963*).

Die Tabelle 15.1 gibt einen Überblick über das quantitative Aussehen der Beschreibungsfunktion. Die Abbildung enthält die negative Beschreibungsfunktion $-N$, wie sie zur Untersuchung des Regelkreisverhaltens zumeist benötigt wird. Für Kennlinien mit Sättigungscharakter weist $-N$ in Richtung Ursprung, für „steife" Kennlinien (z.B. überproportional mit dem Weg zunehmende Federkraft) von diesem weg. Zahlreiche Beschreibungsfunktionen sind auch in analytischer Formulierung zu finden (*Gibson, J.E., 1963; Smith, O.J.M., 1958; Šiljak, D.D., 1969*).

15.2 Regelkreisanalyse mittels Beschreibungsfunktion

Wegen der Annahme ausschließlich sinusförmiger Bewegungen kann auch die auf der Beschreibungsfunktion aufbauende Regelkreisanalyse nur eine Aussage über sinusförmige Bewegungen des Regelkreises geben. Durch sie wird der tatsächliche Grenzzyklus, so überhaupt vorhanden, genähert. Da die Grenzzyklen für freie Bewegungen definiert sind, ist die Sollgröße oder allenfalls auch die Störgröße in Abb. 15.1 null zu setzen.

Die Analyse des Regelkreises unter harmonischen Bewegungen kann direkt auf der Schließbedingung linearer Regelkreise an der Stabilitätsgrenze aufgebaut werden. Als Bedingung für die Existenz einer Schwingung im Regelkreis gilt Phasen- und Amplitudengleichheit an einer Schnittstelle, bevorzugt im $e(t)$-Signal. Damit ist die Gleichgewichtsbedingung aufgestellt. Sie lautet, wenn der Frequenzgang der linear angenommen Regelstrecke als $G(j\omega)$ vorliegt, zu

$$N(e_{r,sp})\, G(j\omega_r)\, (-1) = 1 \quad \leadsto \quad -N(e_{r,sp}) = \frac{1}{G(j\omega_r)}\,. \tag{15.6}$$

Der Schnittpunkt der Ortskurve $-N(e_{r,sp})$ mit der inversen Ortskurve $1/G(j\omega_r)$ liefert also — so vorhanden — unter den beschriebenen Annahmen die Daten der Gleichgewichtsschwingung bzw. des Grenzzyklus. Aus der ω-Bezifferung von $1/G(j\omega_r)$ kann ω_{rG} abgelesen werden, aus der $e_{r,sp}$-Bezifferung von $-N$ die Amplitude $e_{r,sp,G}$. Der Index $_G$ steht für Grenzzyklus wie für Gleichgewichtsschwingung.

Eine Modifikation der Beschreibungsfunktion in Richtung Digitalisierung stellt die Methode mittels Abtastmatrizen dar (*Teodorescu, D., 1973*).

Hinsichtlich unsymmetrischer Schwingungen, der Berücksichtigung höherer Harmonischer und der Abschätzung von Übergangsvorgängen siehe *Popow, E.P., und Paltow, I.P., 1963*.

Nichtlineare Abtastsysteme unter periodischen Bewegungen sind von *Vidal, P., 1969*, behandelt worden.

15.3 Stabilität. Stabiler oder instabiler Grenzzyklus

Die Gl.(15.6) gibt die Bedingung für die Existenz des Gleichgewichtszustands einer Dauerschwingung an; offen ist noch, ob es ein stabiler oder instabiler Gleichgewichtszustand (Grenzzyklus) ist.

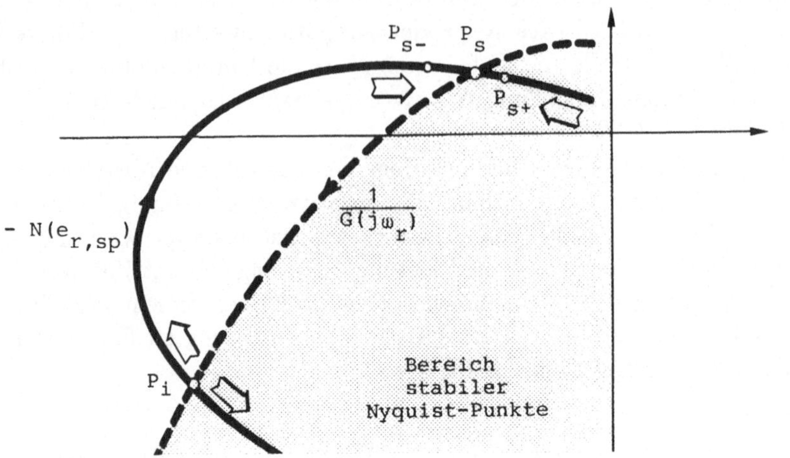

Abbildung 15.2: Beurteilung des Schwingungs-Gleichgewichtszustands auf Stabilität

Der Schnittpunkt P_s von $-N$ mit $1/G(j\omega_r)$ kann nach dem vereinfachten Nyquist-Kriterium als kritischer Punkt (Nyquist-Punkt) aufgefaßt werden, durch den die $1/G(j\omega_r)$-Ortskurve gerade hindurchtritt; dies entspricht der Dauerschwingung im Ansatz.

Wird eine kleine Auslenkung, und zwar eine virtuelle Vergrößerung in der Amplitude $e_{r,sp,G}$ genommen, so wird auf der Ortskurve $-N(e_{r,sp})$ ein Nachbarpunkt P_{s+} maßgebend. Er entspricht in Abb. 15.2 einem kritischen Punkt, der die Rolle des Nyquist-Punkts übernimmt. Dieser Punkt wird von $1/G(j\omega_r)$ eingeschlossen. Das vereinfachte Nyquist-Kriterium bescheinigt in diesem Fall Stabilität, also ein Abklingen der Schwingungen. Der angenommenen Vergrößerung von $e_{r,sp,G}$ wirkt der Regelkreis also entgegen.

Eine virtuelle Verkleinerung von $e_{r,sp,G}$ führt auf P_{s-}, das Regelkreisverhalten ist schwach instabil, der Regelkreis tendiert mit Vergrößerung der Amplitude zurück zum Punkt P_s. Der Punkt P_s bedeutet also einen stabilen Schwingungszustand (Grenzzyklus).

Der zweite in Abb. 15.2 auftretende Schnittpunkt P_i ist als instabiler Gleichgewichtszustand zu erkennen. Bei einer virtuellen Vergrößerung von $e_{r,sp,G}$ liegt nämlich der zugehörige Punkt der Beschreibungsfunktionskurve außerhalb von $1/G(j\omega_r)$, der Regelkreis antwortet mit einer weiteren Vergrößerung. Eine virtuelle Verkleinerung von $e_{r,sp,G}$ führt im Regelkreis zu einer weiteren Verkleinerung. Je nach Vorzeichen der virtuellen Veränderung entsteht bei P_i eine Schwingung anwachsender oder abnehmender Amplitude. Der Punkt P_i gehört also zu einem instabilen Grenzzyklus.

Die Tabelle 15.1 kann auch zur Diagnose dafür herangezogen werden, welche Nichtlinearität im Regelkreis vorhanden ist. Ferner können jene Maßnahmen erwogen werden, die zum Einsatz kommen müssen, wenn der stabile Grenzzyklus zu groß sein oder unpassende Frequenz aufweisen sollte.

Kapitel 16

Frequenzkennlinien für unstetige Regelungen

Unstetige Regelungen können unter bestimmten Voraussetzungen in der Zustandsebene oder mittels Beschreibungsfunktion untersucht werden. Beide Methoden nehmen zumeist gewisse Vereinfachungen in Kauf, wie Beschränkung auf Regelungen zweiter Ordnung bzw. die Studie ausschließlich sinusförmiger Grenzzyklen.

Von *Zypkin, J.S., 1958* wurde ein exaktes Verfahren angegeben, das mit Kennlinien arbeitet, die den Frequenzkennlinien ähnlich sind, wenngleich sie keine unmittelbare Behandlung im Frequenzbereich darstellen.

Unstetige Regler oder Stellglieder bilden einen festen Bestandteil regelungstechnischer Installationen. Gerätemäßige Einfachheit, robuste, zuverlässige und nicht zuletzt billige Ausführungsformen sind für die Verbreitung bestimmend.

Das Verfahren zur exakten Analyse unstetiger Regelungen zeichnet sich dadurch aus, daß nach Abb. 16.1 die linear angenommene Regelstrecke höherer Ordnung $G(s)$ unter ausschließlich sprungförmigen Einwirkungen des Reglers (Stellglieds) steht. Zwar sind die Schaltzeitpunkte, weil von der Amplitude von $e(t)$ abhängig, nicht bekannt, doch ist $y(t)$ einfach die Summe zeitverschobener Sprungantworten. Zum betrachteten Regelkreis in Abb. 16.1 ist noch zu bemerken, daß in $G(s)$ — statt der Regelstrecke allein — alle im Regelkreis liegenden linearen Komponenten zusammengefaßt verstanden sein können.

16.1 Eigenschwingungen

Ausgegangen wird von der Voraussetzung, Strecken ohne Integratoren nur bei $y_{ref} = 0$, Strecken mit Integratoren auch bei $y_{ref} \neq 0$ zu untersuchen. Die Ausgangsgröße $y(t)$ der Strecke wird der Zustandsgröße $x(t)$ gleichgesetzt. Dabei ergibt sich nach Abb. 16.1 eine Rechteckschwingung (ohne Gleichanteil) für $u(t)$ und eine Schwingung mit symmetrischen Halbwellen in $x(t)$, d.h. $x(t + \pi/\omega_r) = -x(t)$. Dies ist auch in der Abb. 16.2 zu sehen.

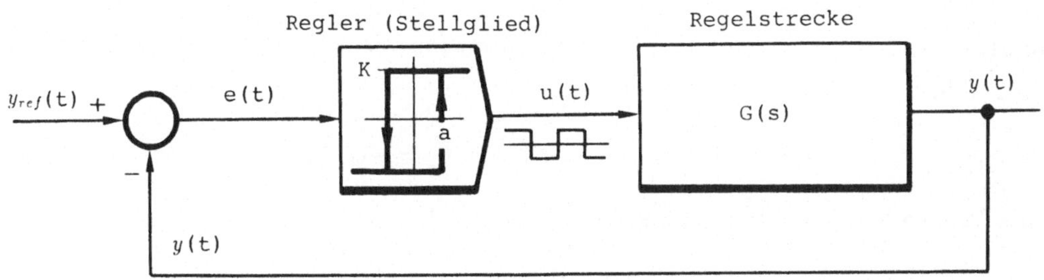

Abbildung 16.1: Schaltender Regler mit linearer Regelstrecke

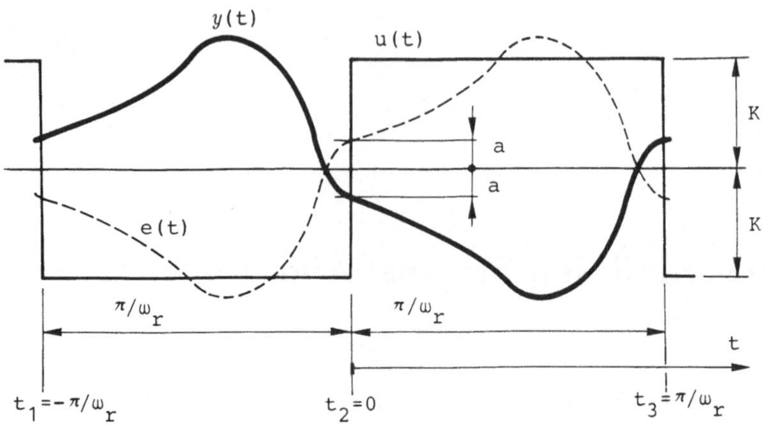

Abbildung 16.2: Eigenschwingung und Schaltzeitpunkte

Die Größe ω_r ist die noch nicht bekannte Kreisfrequenz der Grundschwingung, die aus der Rechteckschwingung resultiert. Stetigkeit von $\dot{x}(t)$ wird vorausgesetzt.

Auslösend für die Schalthandlung ist die Erfüllung der Schaltbedingungen $e(t_1) = -a$, $e(t_2) = a$, $e(t_3) = -a$ usw. Dieses Schalten hat unter Einhaltung der richtigen Steigung von $e(t)$, also $\dot{e}(t_1) < 0$, $\dot{e}(t_2) > 0$, $\dot{e}(t_3) < 0$ usw., zu erfolgen. Letztere Bedingungen sind Schaltrichtungsbedingungen. Beide Bedingungen zusammen stellen die Schließbedingung dar.

Wird die Rechteckschwingung $u(t)$ in eine Fourierreihe entwickelt, ergibt sich

$$u(t) = \frac{4\,K}{\pi} \sum_{i=1,3,\ldots}^{\infty} \frac{1}{i} \sin(i\omega_r t) \; . \tag{16.1}$$

Jede Harmonische der Ordnungszahl i wird um $|G(ji\omega_r)|$ im Betrag und um $\arg G(ji\omega_r)$ in der Phase verändert, da sie ein lineares System mit der Übertragungsfunktion $G(s)$ durchläuft. Der Frequenzgang $G(j\omega)$ werde auch nach Real- und Imaginärteil getrennt

$$G(j\omega) = U(\omega) + jV(\omega) \; . \tag{16.2}$$

Daher lautet die Entwicklung von $x(t)$ unter Verwendung der Ordnungszahl i

$$x(t) = \frac{4\,K}{\pi} \sum_{i=1,3,\ldots}^{\infty} \frac{1}{i} |G(ji\omega_r)| \; \sin[i\omega_r t + \arg G(ji\omega_r)] \; . \tag{16.3}$$

Mit $x(t) = -e(t)$ ist eine repräsentative Schaltbedingung etwa bei t_2, und zwar willkürlich $t_2 \stackrel{\wedge}{=} 0$, d.h. $t_3 = \pi/\omega_r$ usw., zu formulieren

$$e(t_2) = e(0) = a \qquad \text{oder} \qquad x(0) = -e(0) = -a \; . \tag{16.4}$$

Unter Verwendung der Gln.(16.2) und (16.3) ergibt sich

$$x(0) = \frac{4\,K}{\pi} \sum_{i=1,3,\ldots}^{\infty} \frac{1}{i} V(i\omega_r) = -a \; . \tag{16.5}$$

Die Schaltrichtungsbedingung $\dot{e}(t_2) = \dot{e}(0) > 0$ ist mit Gl.(16.3) zu finden, und zwar als

$$\dot{x}(t)\Big|_{t=0} = \frac{4K}{\pi} \sum_{i=1,3,\ldots}^{\infty} \frac{1}{i}(i\omega_r)|G(ji\omega_r)| \cos[i\omega_r t + \arg G(ji\omega_r)]_{t=0} = \frac{4K}{\pi} \sum_{i=1,3,\ldots}^{\infty} \omega_r U(i\omega_r) < 0 . \tag{16.6}$$

Nach Zypkin wird eine Frequenzkennlinie (Schaltcharakteristik) $I(j\omega_r)$ definiert

$$I(j\omega_r) \triangleq \frac{1}{\omega_r}\dot{x}(0) + jx(0) = \frac{4K}{\pi} \sum_{i=1,3,\ldots}^{\infty} [U(i\omega_r) + j\frac{1}{i}V(i\omega_r)] . \tag{16.7}$$

Ihrer Definition nach enthält $I(j\omega_r)$ im Imaginär- und Realteil momentane Signal- und Steigungswerte, und zwar zu den Zeitpunkten der Schalthandlung. Als Frequenzkennlinie ist sie nur zufolge ihrer Abhängigkeit von ω_r zu bezeichnen. Mit Gl.(16.7) läßt sich die Schaltbedingung zu

$$\Im m\ \{I(j\omega_r)\} = -a , \tag{16.8}$$

die Schaltrichtungsbedingung zu

$$\Re e\ \{I(j\omega_r)\} < 0 \tag{16.9}$$

formulieren.

Die Gl.(16.8) läßt sich nach ω_r analytisch nicht auflösen, sondern nur graphisch oder numerisch. Zwecks einfacheren Bezugs auf die Frequenzgangsortskurve wird häufig die Ortskurve $\pi/(4K)I(j\omega_r)$ bevorzugt (Abb. 16.3). Als Schaltbedingung tritt der Schnitt der $\pi/(4K)I(j\omega_r)$-Ortskurve mit einer Abszissenparallelen bei $-\pi a/(4K)$ auf. Zur Erfüllung der Schaltrichtungsbedingung muß der Schnittpunkt in der linken $I(j\omega_r)$-Halbebene liegen. Im Schnittpunkt liefert die Bezifferung der Kurve $\pi/(4K)I(j\omega_r)$ die tatsächliche Eigenfrequenz ω_{re} .

Die Konstruktion der Schaltcharakteristik oder ihre Ermittlung mittels Rechner nach Gl.(16.7) kann in der Praxis auf meist wenige i beschränkt bleiben.

Die Gestalt (Kurvenform) der Eigenschwingung läßt sich mit bekanntem ω_{re} dadurch finden, daß die Grundschwingung und einige wenige Harmonische superponiert werden. Je näher $G(j\omega)$ und $\pi/(4K)I(j\omega_r)$ im Schaubild beisammen liegen, und zwar einschließlich Bezifferung, wie etwa in Abb. 16.3, desto mehr ist ausschließlich die Grundschwingung maßgebend, desto genauer — absolut gesehen — wäre auch das Ergebnis mittels Beschreibungsfunktion ausgefallen.

Das Verfahren der Eigenfrequenzermittlung kann von Zweipunkt- auch auf n-Punkt-Regelungen ausgedehnt werden (*Weinmann, A., 1969*).

Beispiel. Zweipunktregler mit integraler Totzeitstrecke: Ein Regelkreis besteht aus einem Zweipunktregler ohne Hysterese und einer totzeitbehafteten I-Strecke (Abb. 16.4). Das System wird bei Ausgang von der Ruhelage $y(0) = 0$ durch einen Sollwertsprung in $y_{ref}(t)$ der Höhe $y_{ref,o}$ angeregt. Zufolge der einfachen Verhältnisse kann der Verlauf von $u(t)$, $u_1(t)$, $y(t)$ und $e(t)$ durch Anstückelung ermittelt werden, siehe Abb. 16.11 und 16.4. Die Anregelzeit beträgt demnach $(T_t + y_{ref,o}/K)$, die Amplitude der Dauerdreieckschwingung KT_t, deren Periode $4T_t$ bzw. Kreisfrequenz $\omega_{re} = \pi/(2T_t)$. Die Ausgangsgröße $y(t)$ ist in diesem Beispiel der Zustandsgröße $x(t)$ identisch.

In der Phasenebene $(\dot{x}, x)$ ergibt sich die Trajektorie zu dem in Abb. 16.5 gezeigten Verlauf. Die Trajektorie wird in den vertikalen Abschnitten durchsprungen. Durch Strichstärke ist das oszillographische Bild nachempfunden. Die Periode der Schwingung beträgt nach einer Überlegung gemäß Gl.(14.17)

$$\oint \frac{1}{\dot{x}}dx = \frac{1}{K}(2KT_t) + (-\frac{1}{K})(-2KT_t) = 4T_t . \tag{16.10}$$

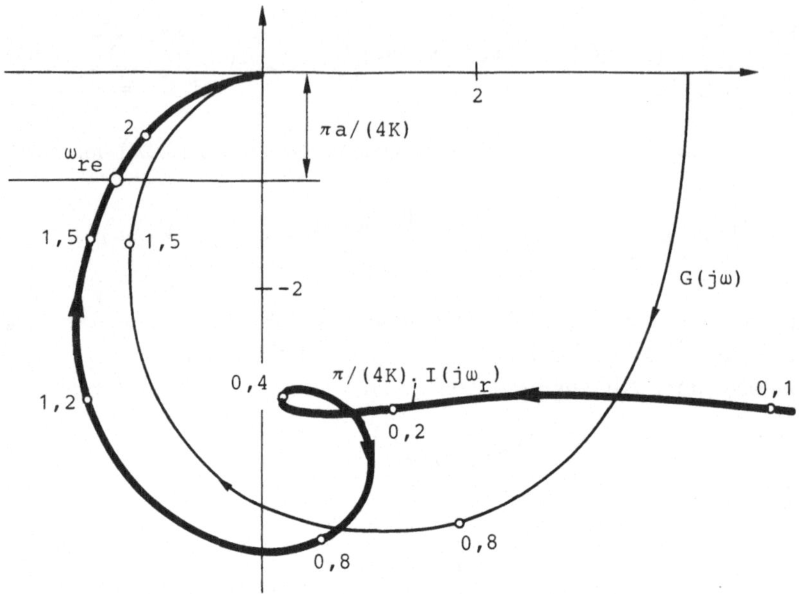

Abbildung 16.3: Genäherte Schaltcharakteristik zu $G(s) = 4/(1 + s + s^2)$

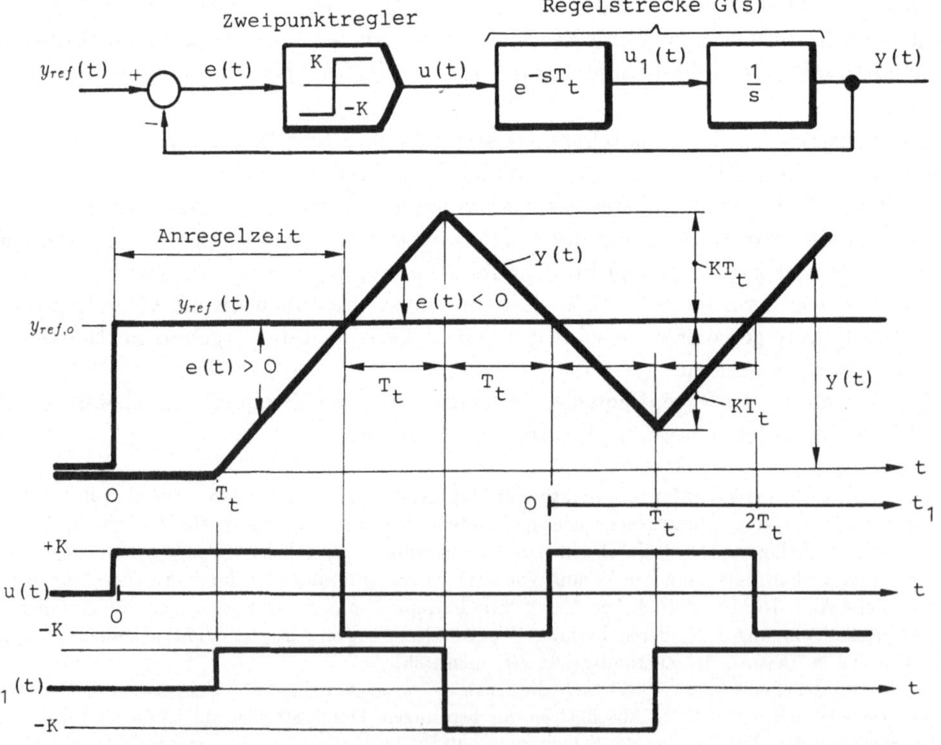

Abbildung 16.4: Zweipunktregler mit IT_t-Regelstrecke. Blockschaltbild und Zeitverhalten

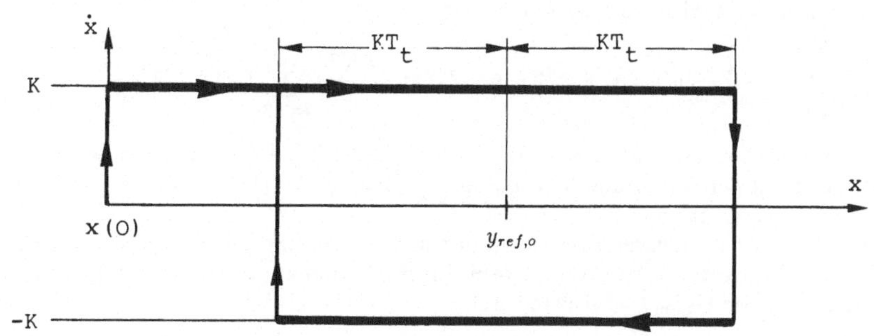

Abbildung 16.5: Trajektorie in der Phasenebene

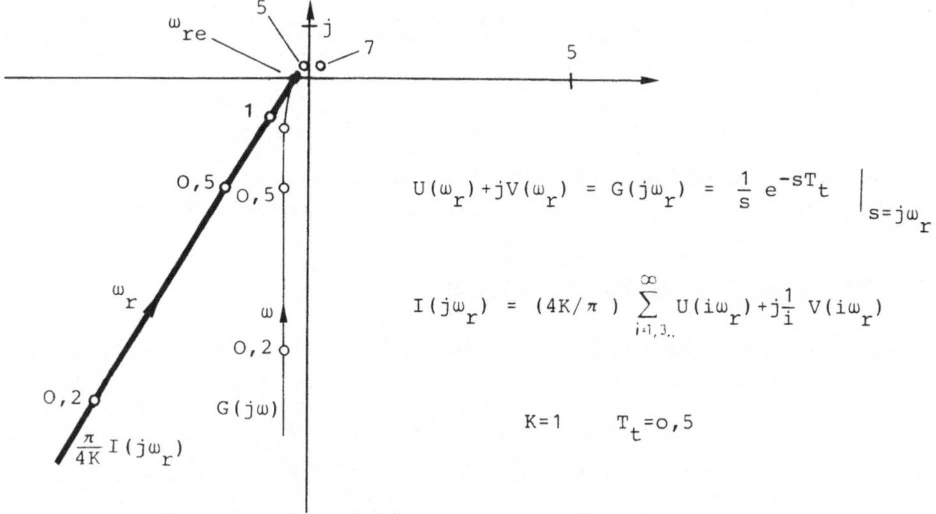

Abbildung 16.6: Schaltcharakteristik zur IT$_t$-Regelstrecke

Nach Gl.(16.7) erhält man mit $G(j\omega) = \frac{1}{j\omega}e^{-j\omega T_t}$ für die Zypkin-Schaltcharakteristik $I(j\omega_r)$

$$I(j\omega_r) = \frac{4K}{\pi} \sum_{i=1,3..}^{\infty} [-\frac{1}{i\omega_r} \sin i\omega_r T_t - \frac{j}{i^2\omega_r} \cos i\omega_r T_t] \,. \tag{16.11}$$

Sie ist in Abb. 16.6 für $K = 1$ und $T_t = 0,5$ wiedergegeben. Für $a = 0$, wie es der verschwindenden Hysteresebreite in der Angabe entspricht, ist der Schnittpunkt der Schaltcharakteristik mit der reellen Achse zu suchen. Im Schnittpunkt ergibt sich die Eigenfrequenz ω_{re} mit einem Wert knapp über 3.

Der vorliegende Fall ist analytisch geschlossen lösbar. Gegen die Bedingung, daß $\dot{x}(t)$ stetig sein muß, kann in diesem Fall deshalb verstoßen werden, weil die Unstetigkeit nicht im Schaltzeitpunkt auftritt. Der Gl.(16.11) wird $\Im m\ \{I(j\omega_r)\}$ entnommen. Der Ausdruck $\Im m\ \{I(j\omega_r)\}$ gleichgesetzt $-a = 0$ besitzt eine Lösung bei $\omega_{re} = \pi/(2T_t)$; für speziell $T_t = 0,5$ bei $\omega_{re} = 3,14$. Die stationäre Rechteckschwingung der Stellgröße $u(t)$ wird mit einer verschobenen Zeitskala t_1 (Abb. 16.4) in eine Fourier-Reihe zerlegt, also

$$u(t_1) = \frac{4K}{\pi} \sum_{i=1,3..}^{\infty} \frac{1}{n} \sin i\omega_{re} t_1 \,. \tag{16.12}$$

Ferner wird beachtet, daß die i-te Harmonische von der Regelstrecke (Totzeit und Integrator) in der Amplitude um den Faktor $\frac{1}{\omega_{re}}$ abgemindert und in der Phase um $-\pi/2$ (vom Integrator) und $-i\omega_{re}T_t$

(vom Totzeitelement) verworfen wird. So erhält man

$$x(t_1) = \frac{4K}{\pi} \sum_{i=1,3..}^{\infty} \frac{1}{i} \frac{1}{i\omega_{re}} \sin(i\omega_{re}t_1 - \pi/2 - i\omega_{re}T_t) = -\frac{8KT_t}{\pi^2} \sum_{i=1,3..}^{\infty} (-1)^{0,5(i+3)} \frac{1}{i^2} \sin i\omega_{re}t_1 \ . \qquad (16.13)$$

Die Fourier-Zerlegung von $x(t_1)$ ist also — wie einschlägigen Tabellen entnommen werden kann — eine Dreieckschwingung mit der Amplitude KT_t und in Antiphase zu $u(t_1)$. Dies wird schon im Zeitverlauf in der Abb. 16.4 vorweggenommen.

Die Abschätzung der stationären Dreieckschwingung (des Grenzzyklus) erfolgt über die Beschreibungsfunktion $N(e_{r,sp})$. Wegen $a = 0$ ist $N(e_{r,sp})$ reell. Im Schnittpunkt $-N(e_{r,sp})$ mit $1/G(j\omega_r)$ muß daher auch der Imaginärteil von $G(j\omega_r)$ verschwinden

$$\Im m \ \{G(j\omega_r)\} = V(\omega_r) = -\frac{1}{\omega_r} \cos \omega_r T_t = 0 \qquad \rightsquigarrow \qquad \omega_{rG} = \frac{\pi}{2T_t} \ . \qquad (16.14)$$

Dies ist derselbe Wert wie ω_{re}. Aus Gl.(15.6) folgt weiters

$$-N(e_{r,sp}) = -\frac{4K}{\pi e_{r,sp}} = \frac{1}{G(j\omega_r)} = \frac{1}{U(\omega_r)} \qquad (16.15)$$

und bei $\omega_r = \omega_{rG}$

$$e_{r,sp} = -\frac{4}{\pi} KU(\omega_{rG}) = -\frac{4}{\pi} K(-\frac{1}{\omega_{rG}} \sin \omega_{rG} T_t) = \frac{8}{\pi^2} KT_t \ . \qquad (16.16)$$

Mit eingesetzten Zahlenwerten folgt 0,405 gegenüber dem Dreiecksspitzenwert 0,50 . Der Wert 0,405 folgt auch aus Gl.(16.3), wenn $i = 1$, $\omega_r = \omega_{re} = \pi$ und $|G(j\omega_r)| = 1/\omega_r$ eingesetzt wird. □

16.2 Erzwungene Schwingungen

Wird eine Anregung des Regelkreises nach Abb. 16.1 über ein zusätzliches Schwingungssignal $y_{ref,f}(t)$

$$y_{ref,f}(t) \triangleq y_{ref,f,sp} f(t, \psi) \triangleq -y_{ref,f,sp} f(t + \pi/\omega_f, \psi) \qquad (16.17)$$

an der Mischstelle zugelassen, wobei ψ die Phasenverschiebung zu $u(t)$ angibt, so gilt an der Mischstelle einfach

$$e(t) = y_{ref,f}(t) - x(t) \ . \qquad (16.18)$$

Die Schalt- und Schaltrichtungsbedingung in $e(t)$ bleiben gleich, wie im vorhergehenden Abschnitt ausgeführt. Sie werden aber nach Gl.(16.18) von $y_{ref,f}(t)$ mitgestaltet. Dies führt dazu, daß die Gln.(16.4) und (16.6) entsprechend Gl.(16.18) zu erweitern und für die gegebene Frequenz der erzwingenden Schwingung ω_f statt eines variablen ω_r aufzustellen sind (Abb.16.7). Dies basiert auf der Annahme, daß $y_{ref,f}(t)$ eine Regelkreisschwingung anregt, die die Eigenschwingung unterbindet. Bei näherer Betrachtung stellt sich dies unter hinreichender Amplitude $y_{ref,f,sp}$ als richtig heraus. Dieser Effekt heißt Frequenzmitnahme. Die sonst von den Regelsystemparametern abhängige Eigenfrequenz wird durch die Frequenzmitnahme aufgehoben und somit die Systembewegung robust bezüglich der Parameter.

Nach Zypkin ist es weiters zweckmäßig, ähnlich Gl.(16.7) noch die Funktion

$$F(\psi) = \frac{1}{\omega_f} y_{ref,f,sp} \dot{f}(0, \psi) + j y_{ref,f,sp} f(0, \psi) \qquad (16.19)$$

anzusetzen. Mit ihr lassen sich die Schalt- und Schaltrichtungsbedingung

$$e(t) \Big|_{t=0} = y_{ref,f}(t) - y(t) \Big|_{t=0} = y_{ref,f,sp} f(0, \psi) - y(0) = a \qquad (16.20)$$

$$\dot{e}(t) \Big|_{t=0} = \dot{y}_{ref,f}(t) - \dot{y}(t) \Big|_{t=0} = y_{ref,f,sp} \dot{f}(0, \psi) - \dot{y}(0) > 0 \qquad (16.21)$$

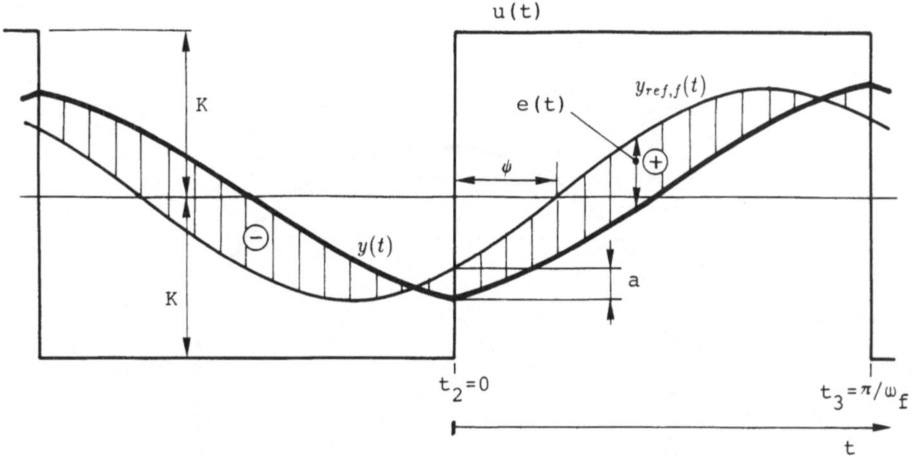

Abbildung 16.7: Erzwungene Schwingung und Schaltzeitpunkte

zu

$$\Im m\,\{I(j\omega_f) - F(\psi)\} = -a \qquad \text{und} \qquad \Re e\,\{I(j\omega_f) - F(\psi)\} < 0 \tag{16.22}$$

formulieren.

Zur Ermittlung der Kenndaten des erzwungenen stationären Schwingungszustandes wird zunächst auf der Schaltcharakteristik $I(j\omega)$ der Punkt der erzwingenden Frequenz ω_f aufgesucht. Um diesen Punkt wird die Ortskurve $-F(\psi)$ gezeichnet und nach ψ beziffert. Im Schnittpunkt dieser Ortskurve $-F(\psi)$ mit der Geraden im Abstand $-a$ sind die Schalt- und Schaltrichtungsbedingung erfüllt. Die Größe ψ_f ist abzulesen. Die für die Frequenzmitnahme erforderliche Amplitude ist umso kleiner, je näher sich die Frequenz ω_f der erzwungenen Schwingung bei der Eigenfrequenz ω_{re} befindet. Die erzwungenen Schwingungen können oft schon durch sehr kleine Anregungen über ein *dither* erreicht werden. Auf diese Art und Weise lassen sich Reibungs-, Lose- und Hystereseeffekte mindern.

16.3 Qualitative Stabilitätsuntersuchung

Die Schalt- und die Schaltrichtungsbedingung stellen in notwendiger Form nur die Existenz, nicht aber die Stabilität des Schwingungs-Gleichgewichtszustandes sicher. Wegen interessanter Verflechtungen mit anderen Abschnitten und der geschlossenen Lösungsmöglichkeit sei auf die Stabilitätsfragen näher eingegangen, wenngleich aus Umfangsgründen nur qualitativ.

Die Stabilität eines periodischen Zustandes in einer unstetigen Regelung läßt sich mittels einer virtuellen Differenzbewegung zum Gleichgewichtszustand beurteilen. Je nach Auf- oder Abklingen der virtuellen Differenzbewegung ist der periodische Zustand instabil oder stabil.

Die virtuelle Differenzbewegung ist als eine Differenz zwischen dem Gleichgewichtszustand und einem benachbarten, durch externe Anregung entstandenen Schwingungszustand aufzufassen. Die Abb. 16.9 zeigt die betroffenen Stellgrößenschwingungen für eine beliebige, kleine Anregung. Es fällt auf, daß die Stellgrößen-Differenzschwingung aus schmalen Rechteckimpulsen besteht, also praktisch nadelförmig ist. Zur Analyse kann dafür die Methode der Signal-Abtastung herangezogen werden; und zwar der linearen Abtastung, denn die virtuelle Stellgrößendifferenz wirkt nur auf den linearen Teil $G(s)$.

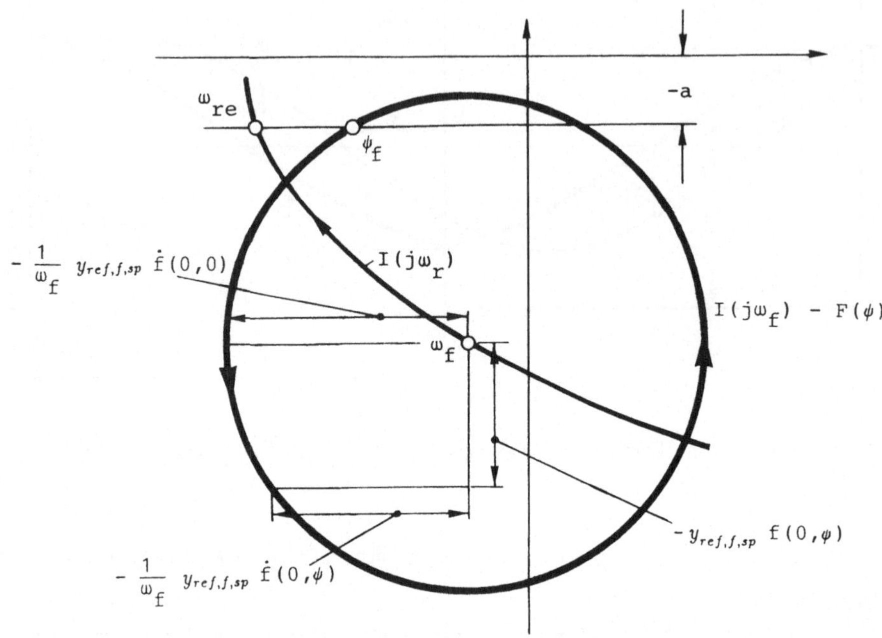

Abbildung 16.8: Schaltcharakteristik für die erzwungene Schwingung unter der Annahme sinusförmiger Anregung $f(t, \psi) = \sin(\omega_f t - \psi)$

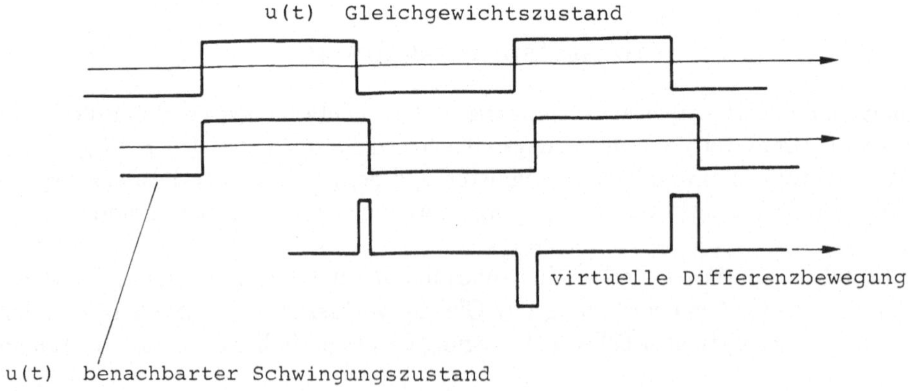

Abbildung 16.9: Virtuelle Differenzbewegung in der Stellgröße $u(t)$

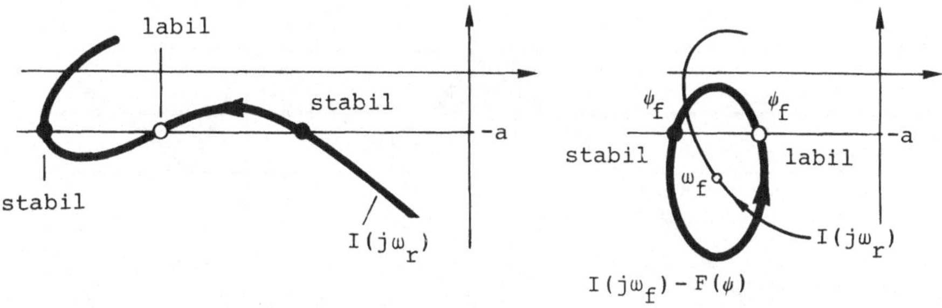

Abbildung 16.10: Stabilitätskriterium für Eigenschwingungen und erzwungene Schwingungen

Die zur Stabilitätsprüfung von Abtastregelungen erforderliche Ortskurve $G^*(j\omega)$ hängt mit der Ortskurve $G(j\omega)$ nach Gl.(4.13) eng zusammen. Auch die Schaltcharakteristik nach Gl.(16.7) geht aus $G(j\omega)$ mit einfachen Operationen hervor. Deshalb ist ein direkter Zusammenhang zwischen Stabilitätsprüfung der unstetigen Regelung (virtuellen Differenzschwingung) und der Schaltcharakteristik zu erwarten. Er lautet (ohne Herleitung): Im Schnittpunkt ω_{re} muß für Stabilität ein im Sinne des Bezifferungspfeils (Abb. 16.10) steigender Imaginärteil vorliegen. Etwas anders gelagert ist die (vereinfachte) Beziehung für die Stabilität erzwungener Schwingungen: Der Schnittpunkt ψ_f muß weiter links liegen als der Punkt ω_f auf $I(j\omega_r)$.

16.4 Synthesebeziehungen

Die Entwurfsbestrebungen an unstetigen Regelungen zielen darauf ab, das Schaltverhalten optimal zu gestalten. Kontaktbehaftete oder mechanische Schaltelemente verlangen aus Erwägungen der Lebensdauer eine nach oben limitierte Schaltfrequenz. Elektronische Schaltelemente lassen hohe Schalthäufigkeit ohne Probleme zu und garantieren so niedrige Eigenschwingungsamplituden.

Breite Gestaltungsmöglichkeiten für die optimale Schaltfrequenz bieten wie bei linearen Regelungen Serien- und Parallel-Elemente zu $G(s)$. Parallel-Elemente von $G(s)$ können als Rückführungen des Schaltelements in Abb. 16.1 aufgefaßt, gerätemäßig solcherart auch realisiert und konstruktiv verbunden werden. Schon ein Thermostat mit einem einfachen Widerstand unter dem Temperaturfühler stellt eine solche Rückführung dar, wenn der Widerstand stets zugleich mit dem Heizorgan zu- und abgeschaltet wird. Die Linearität der Schaltcharakteristik in $U(\omega)$ und $V(\omega)$ läßt es zu, Parallel-Elemente zu $G(s)$ in der geometrischen Summe der zugehörigen Schaltcharakteristiken zu berücksichtigen.

Auch durch die Frequenzmitnahme kann die Schwingungsfrequenz des Regelkreises wesentlich vergrößert und die Arbeitsbewegung verkleinert werden. Die Erhöhung von K oder Verringerung von a besitzt hingegen, siehe etwa Abb. 16.3, nur geringen Einfluß auf die Erhöhung von ω_{re}.

Weitere Entwurfsvorkehrungen kann die Abhängigkeit der Schaltfrequenz von der Höhe des Sollwerts in Relation zur Stellgliedauslegung erfordern, wie der zeitliche Verlauf der Regelgröße einer PT_1-Regelstrecke mit Zweipunktregler zeigt (Abb. 16.11). Mit zunehmender Annäherung an einen Stellgliedanschlag wird der Schaltzyklus stark unsymmetrisch. Der resultierende Verlauf von $y(t)$ kann durch „Anstückelung" leicht überprüft werden.

Linearisierungsmöglichkeiten beim Entwurf und bei der Analyse bestehen dann, wenn

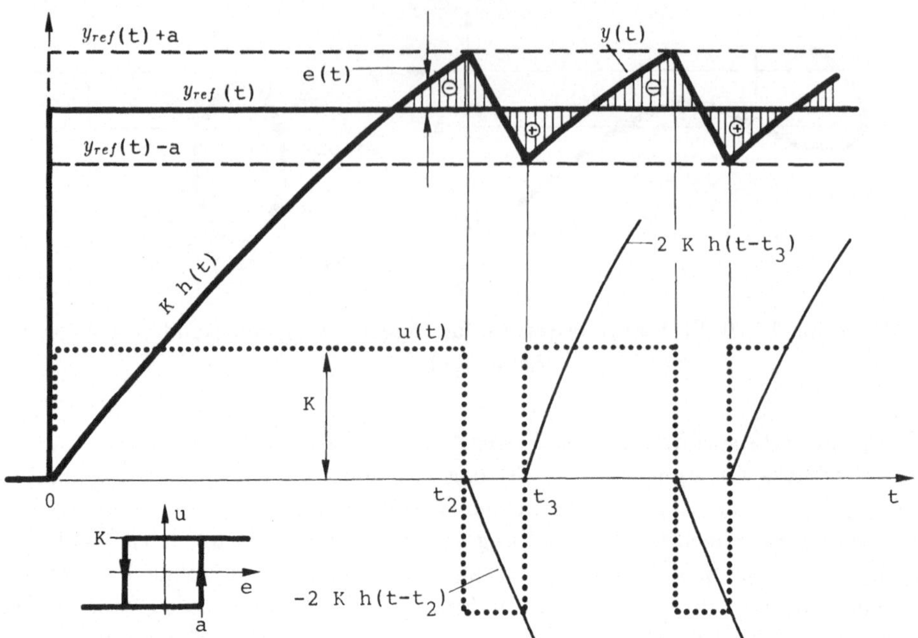

Abbildung 16.11: Superponierung einzelner Sprungantworten zur Ermittlung des Übergangsverlaufs einer Regelgröße mittels „Anstückelung"

die Schaltfrequenz hoch ist, und zwar im Vergleich zu den Streckeneigenfrequenzen (zum Kehrwert der größten Streckenzeitkonstanten). In diesen Fällen läßt sich dann das Schaltspiel des Reglers (Stellglieds) in der Wirkung auf die Strecke durch den Mittelwert ersetzen.

Der Einsatz von Pulsbreitenmodulatoren zur Ansteuerung eines schaltenden Stellglieds, im übrigen aber ein analoger Aufbau der Regelung stellt in weiten Bereichen ein lineares (stetig-ähnliches) Verhalten sicher (*Vidal, P., 1969*).

Kapitel 17

Stabilität nichtlinearer Regelungen

Bei linearen Regelungen ist die Formulierung der Stabilität relativ einfach. Für geschlossene Regelungen ist praktisch nur der Fall abklingender Schwingungen (mit hinreichenden Dämpfungsverhältnissen) brauchbar, der Fall der Dauerschwingungen oder aufklingenden Bewegungen scheidet als unbrauchbar aus. Notwendig und hinreichend erweist sich für Stabilität linearer Regelungen die Lage der Pole in der linken s-Halbebene bei kontinuierlichen Systemen bzw. innerhalb des Einheitskreises der z-Ebene bei diskreten Systemen. Ohne die charakteristische Gleichung des Regelkreises lösen zu müssen, läßt sich die Lage der Pole auf Bedingungen in Determinanten (z.B. Routh-Kriterium) oder die topographische Situation von Ortskurven (z.B. des aufgeschnittenen Regelkreises beim Nyquist-Kriterium) zurückführen. Für nichtlineare Systeme muß man den Stabilitätsbegriff allgemeiner fassen. Weiters existiert keine geschlossene Theorie ihrer Stabilität.

17.1 Verschiedene Stabilitätsformulierungen

Ein Systemzustand $\mathbf{x}_e$ wird dann als *einfach oder gewöhnlich stabiler* Gleichgewichtszustand im Sinne von Lyapunov bezeichnet, wenn für $t > t_o$ die Systembewegung $\mathbf{x}(t)$ in einer beschränkten Umgebung ε bleibt. Die beschränkte Umgebung wird durch die Frobenius-Norm des zeitabhängigen Differenzvektors, die eine zeitabhängiger Skalar ist, gegeben; sie hat also die Bedingung zu erfüllen, daß

$$\|\mathbf{x}(t) - \mathbf{x}_e\|_F(t) < \varepsilon \qquad \forall\, t > t_o\,. \tag{17.1}$$

Dabei ist $\mathbf{x}(t)$ bei nichtlinearen Regelungen nicht nur von t, sondern als $\mathbf{x} = \mathbf{x}(t, \mathbf{x}_o, t_o)$ zusätzlich vom Anfangswert $\mathbf{x}_o$ und Anfangszeitpunkt t_o abhängig. Vorausgesetzt wird noch, daß $\mathbf{x}_o$ von $\mathbf{x}_e$ nur begrenzt weit entfernt liegt, also

$$\|\mathbf{x}_o - \mathbf{x}_e\|_F < \delta \tag{17.2}$$

gilt. Außerhalb des δ-Kreises befindet sich möglicherweise ein instabiler Grenzzyklus. Es handelt sich im vorliegenden Fall um eine lokale Stabilitätsbestimmung, um eine sogenannte Stabilität im kleinen. Für zweidimensionale Prozesse wird dies in Abb. 17.1 veranschaulicht. Die gewöhnliche Stabilität ist mit dem Einlaufen in einen stabilen Grenzzyklus gleichwertig.

Sind keine Einschränkungen hinsichtlich $\mathbf{x}_o$ und δ erforderlich, besitzt das System also einen (im Zustandsraum) großen Einzugsbereich, spricht man auch von globaler Stabilität oder Stabilität im großen.

Die Unabhängigkeit von t_o wird als *gleichförmige* Stabilität bezeichnet.

Asymptotische Stabilität liegt bei

$$\lim_{t\to\infty} \mathbf{x}(t, \mathbf{x}_o, t_o) = \mathbf{x}_\infty = \mathbf{x}_e \tag{17.3}$$

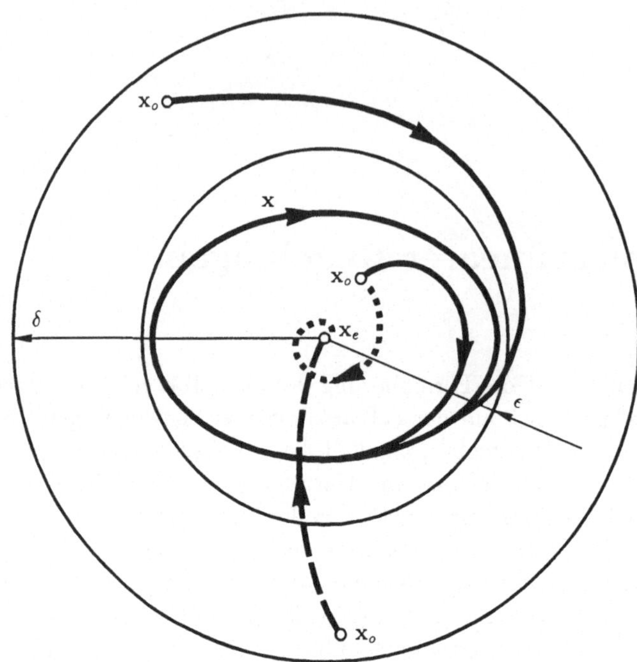

Abbildung 17.1: Gewöhnliche und asymptotische Stabilität in der Phasenebene

vor, also beim Einlaufen in einen fixen Endpunkt $\mathbf{x}_\infty$.

Globale Stabilität eines Systems im Ruhezustand $\mathbf{x} = \mathbf{0}$ ist dann gegeben, wenn sich eine skalare Lyapunov-Funktion $V(\mathbf{x})$ finden läßt, die die folgenden Bedingungen erfüllt: $V(\mathbf{x})$ positiv und $\dot{V}(\mathbf{x})$ negativ definit[1] und schließlich $V(\mathbf{x}) \to \infty$ bei $\|\mathbf{x}\|_F \to \infty$.

Lokale Stabilität in einem Bereich B liegt dann vor, wenn die Lyapunov-Funktion $V(\mathbf{x})$ in B positiv definit und $\dot{V}(\mathbf{x})$ negativ semidefinit ist. Soferne $\dot{V}(\mathbf{x})$ negativ definit vorliegt, ist lokal asymptotische Stabilität gegeben.

Exponentielle Stabilität einer nichtlinearen Regelung liegt dann vor, wenn sich für $\beta > 0$ und $\lambda > 0$

$$\|\mathbf{x}(t)\|_F \leq \beta \|\mathbf{x}(t_o)\|_F \; e^{-\lambda(t-t_o)} \quad \forall t \geq t_o \tag{17.4}$$

nachweisen läßt.

Hinsichtlich der Formulierung und weiterer Merkmale des Stabilitätsverhaltens nichtlinearer Systeme siehe *Šiljak, D.D., 1969; Slotine, J.J.E., and Li, W., 1991.*

17.2 Notwendige und hinreichende Stabilitätsbedingungen

Ist die Möglichkeit der exakten Stabilitätsprüfung gegeben, wie etwa an linearen Regelungen, so besteht zunächst keine Veranlassung, notwendige und hinreichende Bedingungen in Betracht zu ziehen. Die Möglichkeit der Überprüfung allenfalls vorhandener Eigenwerte der Systemkoeffizientenmatrix (Polstellen der Übertragungsfunktion) in der rechten Halbebene mit einer exakten Grenze lassen notwendige und hinreichende Stabilitätsbedingungen zusammenfallen. Notwendige und hinreichende Bedingungen werden erforderlich, sobald eine

[1] Positiv [negativ] definit: $V(\mathbf{0}) = 0, \; V(\mathbf{x})|_{\mathbf{x}\neq\mathbf{0}} > 0 \; [< 0]$,
positiv [negativ] semidefinit: $V(\mathbf{0}) = 0, \; V(\mathbf{x})|_{\mathbf{x}\neq\mathbf{0}} \geq 0 \; [\leq 0]$.

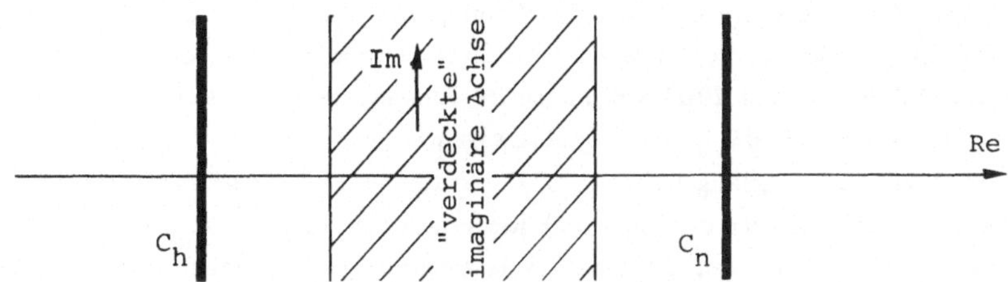

Abbildung 17.2: Notwendige und hinreichende Stabilitätsgrenze in der s-Ebene

Ersatzaussage statt der exakten Stabilitätsaussage verwendet werden muß. Dies kann darauf zurückzuführen sein, daß die Unterscheidungsmöglichkeit zwischen stabilen und instabilen Systemzuständen entweder mangels Kenntnis exakter Verfahren fehlt oder angesichts der Anwendung einfacherer Ermittlungsmethoden getrübt wird.

Ein solcher Fall ist auch etwa dann gegeben, wenn man an linearen Systemen auf die Trennungsfunktion der imaginären Achse der s-Ebene bewußt verzichtet, d.h. die imaginäre Achse „verdeckt“ (Abb. 17.2). Man betrachtet also bewußt die Linie C_h statt der imaginären Achse. Eigenwerte links von C_h sind sicher stabil, rechts von C_h nur bedingt instabil. Die Gerade C_h stellt also eine hinreichende Stabilitätsgrenze dar. Im Gegensatz dazu gibt C_n eine notwendige Stabilitätsbedingung an. Die Erfüllung einer notwendigen Stabilitätsbedingung ist für Stabilität nur erforderlich, aber noch nicht ausreichend, die Bedingung ist „unvollständig“.

Die hinreichende Stabilitätsbedingung hingegen liegt auf der sicheren Seite, ist für Techniker demnach eine angepaßte Aussage. Wird die hinreichende Stabilitätsbedingung verletzt, so muß das System deswegen noch nicht zwangsläufig instabil sein. Wenn allerdings eine notwendige Stabilitätsbedingung verletzt wird, so liegt sicher Instabilität vor.

Die Bedingungsgrenzen C_h und C_n stellen an linearen Systemen eine bewußte Verzerrung der exakten Verhältnisse dar. Bei nichtlinearen Systemen bestehen aber — wegen vereinfachender Annahmen oder Ausführungen — oft nur unscharfe Ersatzüberlegungen, die mit dem Ersatz der imaginären Achse durch C_h oder C_n vergleichbar sind.

Als Merksätze zur Beurteilung von Ersatzaussagen auf „hinreichend“ und „notwendig“ werden zusammengefaßt:

- „Hinreichend“ („stabil, wenn“): Ist eine hinreichende Stabilitätsbedingung erfüllt, so ist das System verläßlich stabil (deshalb: „hinreichend“). Wird eine hinreichende Stabilitätsbedingung verletzt, so ist damit — der Mehraussage wegen — noch nicht zwangsläufig Instabilität des Systems verbunden.
- „Notwendig“ („stabil, nur wenn“): Ist eine notwendige Stabilitätsbedingung erfüllt, so ist das System noch nicht in seiner Stabilität gesichert. Wird allerdings die notwendige Stabilitätsbedingung verletzt, so ist das System zwangsläufig instabil.

Beispiel einer notwendigen Stabilitätsbedingung. Spurbedingung: Als Beispiel einer notwendigen Stabilitätsbedingung kann die folgende Aussage über die Systemmatrix **A** eines linearen Regelkreises dienen, nämlich

$$\mathrm{tr}\mathbf{A} \triangleq \sum_{1}^{n} A_{ii} = \sum_{1}^{n} \lambda_i[\mathbf{A}] < 0 \ . \tag{17.5}$$

Die Spur (*trace* tr) bedeutet bekanntlich die Summe der Hauptdiagonalelemente. Sie ist der Eigenwertsumme gleich. Die Eigenwerte $\lambda_i[\mathbf{A}]$ müssen für Regelkreisstabilität durchwegs negativen Realteil besitzen. Daher ist auch ihre Summe (als Ersatzaussage) bei stabilen Regelkreisen sicher von negativem Realteil.

Umgekehrt bedeutet die Ersatzaussage $\sum_1^n \lambda_i[\mathbf{A}] < 0$ noch nicht, daß alle λ_i einzeln negativen Realteil besitzen. Denkbar sind nämlich Fälle, in denen stark negative Eigenwerte ein oder mehrere positive Eigenwertrealteile kompensieren. (Konjugiert komplexe Eigenwerte heben sich im Imaginärteil auf.) Wird die Spur-Ersatzaussage verletzt, gilt also $\sum_1^n \lambda_i[\mathbf{A}] > 0$, so kann dies nur eintreten, wenn mindestens ein Eigenwert λ_i positiven Realteil aufweist; dann liegt jedoch schon Instabilität vor.

Durch Vergleich mit den obstehenden allgemeinen Betrachtungen über hinreichende und notwendige Stabilitätsbedingungen ist zu erkennen, daß es sich um eine notwendige Stabilitätsaussage handelt, wenn $\mathrm{tr}\mathbf{A} < 0$ geprüft wird. Die Spur zu berechnen und zu überprüfen ist allerdings rechnerisch ungleich einfacher als die Ermittlung der Eigenwerte und ihre Beurteilung. Die Summe der Hauptdiagonale erfordert n Additionen (bzw. Subtraktionen), der Aufwand der Lösung eines Polynoms n-ten Grades hingegen besteht je nach Rechenverfahren in rund $20\,n^3$ arithmetischen Einzeloperationen. Der Rechenaufwand und die Schärfe der Ersatzaussage sind also gegenseitig abzuwägen. □

Werden im Zuge einer regelungstechnischen Untersuchung Systemveränderungen in ausschließlich verschärfender (die Stabilität eher gefährdenden) Richtung unternommen, verbunden mit rechnerischen oder zeichnerischen Vereinfachungen der Stabilitätsuntersuchung, so entsteht eine hinreichende Stabilitätsbedingung. Zu begrüßen sind zwar hinreichende Kriterien, weil der Entwurf eher sicher gestaltet wird. Leider werden aber manche Ergebnisse derart „intensiv hinreichend", daß eine Erfüllung einer „solch hinreichenden" Bedingung nur mehr schwer möglich wird. Dadurch ist der praktische Nutzen von Kriterien „allzu hinreichender" Art eingeschränkt. Eine hinreichende Bedingung an robusten Regelungen wird in der Herleitung von Gl.(19.45) gezeigt.

17.3 Stabilitätskriterium nach Lyapunov

Die Stabilitätssätze von Lyapunov nach der sogenannten direkten Methode beruhen auf dem Ansatz von Lyapunov-Funktionen V. Sie werden zumeist als quadratische Funktion oder Funktionen höherer Ordnung in den Zustandsvariablen x_i angesetzt. Eine physikalische Deutung als verallgemeinerte Energiefunktion ist dadurch möglich und auch üblich (*Atherton, D.P., 1981; LaSalle, J., und Lefschetz, S., 1967; Lyapunov, A.M., 1966, 1992; Zubov, V.I., 1964; Zypkin, J.S., 1981; Slotine, J.J.E., and Li, W., 1991*).

Unter Vereinfachungen können folgende Aussagen getroffen werden: Ist in der Umgebung von $\mathbf{x}_e$ die Lyapunov-Funktion $V(x_i)$ positiv[2] und ihre Ableitung $\dot{V}(x_i)$ negativ

$$\dot{V} = \frac{dV}{dt} = \sum_1^n \frac{\partial V}{\partial x_i}\frac{dx_i}{dt} = \sum_1^n \frac{\partial V}{\partial x_i} f_i(x_k) < 0 \quad \forall\, k = 1,2\,\dots\,n\;, \tag{17.6}$$

so liegt mit der Prozeßgleichung für freie Bewegungen $\dot{x}_i = f_i(x_k)\ \forall\, i,k = 1,2\,...n$ Stabilität vor; denn die positiv angesetzte „Energie" in den Zustandsvariablen nimmt mit der Zeit ab. Ist eine Funktion V zu finden, so ist dies für Stabilität hinreichend. Sind ein oder mehrere Versuche, ein passendes V zu finden, fehlgeschlagen, so ist das noch kein Beweis für Instabilität. Siehe auch Herleitung der Gln.(19.14) und (20.44).

Eine weitere Formulierungsvariante lautet: Eine Regelung ist notwendigerweise in einem Bereich dann instabil, wenn in ihm zu einer negativ definit angesetzten Funktion $\dot{V}$ kein positiv definites V gefunden werden kann.

17.4 Krasovski-Theorem

Die Differentialgleichung des autonomen Prozesses sei $\dot{\mathbf{x}} = \mathbf{g}(\mathbf{x})$, die der mit ihm aufgebauten Regelung $\dot{\mathbf{x}} = \mathbf{f}(\mathbf{x})$. Die Regelung ist im Ursprung $\mathbf{x} = \mathbf{0}$ dann asymptotisch stabil, wenn bei $V(\mathbf{x}) \stackrel{\Delta}{=} \mathbf{f}^T\mathbf{f} > 0$ die Ableitung $\dot{V}(\mathbf{x}) < 0$ ist, also[3]

$$\dot{V} = \frac{d}{dt}V(\mathbf{x}) = \dot{\mathbf{f}}^T\mathbf{f} + \mathbf{f}^T\dot{\mathbf{f}} = (\frac{\partial \mathbf{f}}{\partial \mathbf{x}^T}\dot{\mathbf{x}})^T\mathbf{f} + \mathbf{f}^T\frac{\partial \mathbf{f}}{\partial \mathbf{x}^T}\dot{\mathbf{x}} = \mathbf{f}^T\left[\frac{\partial \mathbf{f}}{\partial \mathbf{x}^T} + (\frac{\partial \mathbf{f}}{\partial \mathbf{x}^T})^T\right]\mathbf{f} < 0\;, \tag{17.7}$$

[2]Genau positiv definit, d.h. positiv mit Ausnahme jenes Falles, daß alle x_i verschwinden.

[3]Rechenregeln z.B. nach *Weinmann, A., 1991, Gl.(5.103)*.

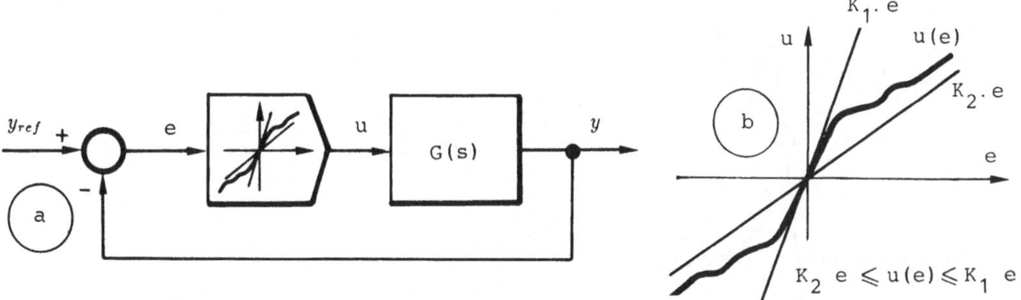

Abbildung 17.3: Nichtlinearer Regelkreis (a) und nichtlineare Kennlinie (b)

d.h. wenn die Matrix $[\frac{\partial \mathbf{f}}{\partial \mathbf{x}^T} + (\frac{\partial \mathbf{f}}{\partial \mathbf{x}^T})^T]$ negativ definit[4] ist. Die Matrix $\frac{\partial \mathbf{f}(\mathbf{x})}{\partial \mathbf{x}^T}$ ist die sogenannte Jacobi-Matrix, siehe auch Gl.(8.30).

17.5 Hyperstabilität. Ansatz und Definition

Für Regelungsstrukturen, bei denen die Regelstrecke nach den Gln.(1.1) und (1.2) über einen nichtlinearen Regler rückgekoppelt und geregelt wird, ist die Hyperstabilität wie folgt definiert (*Opitz, H.P., 1986; Landau, Y.D., 1979; Popov, V.M., 1973*): Für Eingangssignale $\mathbf{u}(t)$ in der Beschränkungsform

$$\int_0^T \mathbf{u}^T(t)\mathbf{y}(t)dt < \beta_o^2 \qquad \text{hat} \qquad \|\mathbf{x}(t)\|_F < \beta_1 \tag{17.8}$$

zu gelten, muß also die Zustandsvariable $\mathbf{x}(t)$ beschränkt bleiben. Der Fall von $\beta_1 = 0$ wird als asymptotische Hyperstabilität definiert. Obwohl dieser Sachverhalt in der Aussage der Lyapunov-Stabilität enthalten ist, bietet die Hyperstabilität doch eher konkrete Ansatzmöglichkeiten zur Regelungssynthese.

17.6 Absolute Stabilität

Das von *Popov, V.M.*, angegebene Verfahren (auch als *absolute Stabilität* bezeichnet) läßt für Regelkreise mit dem Strukturbild nach Abb. 17.3a verschiedene nichtlineare Kennlinien zu (*Aiserman, M.A., und Gantmacher, F.R., 1965; Föllinger, O., 1970; Unbehauen, H., 1983*). Die Kennlinien müssen nur innerhalb eines bestimmten Sektors liegen, wie ungünstig auch immer sie für die Stabilität des Regelkreises wirksam sein mögen (Abb. 17.3b). Das Ergebnis ist in einer Form darstellbar, die dem Nyquistkriterium ähnelt: Nach den in Abb. 17.4 genannten Formeln ist zunächst $G_T(s)$ und danach $G_P(j\omega)$ zu rechnen und letztere als Popov-Ortskurve darzustellen. Sie besitzt zu $G_T(j\omega)$ nur einen um ω gestreckten Imaginärteil. Als Popov-Gerade wird irgendeine passende Gerade durch den Punkt $[-1/(K_1 - K_2), j0]$ definiert. Soferne G_T selbst stabil ist, ist für Stabilität zufolge der nichtlinearen Kennlinie hinreichend, wenn sich eine Popov-Gerade linksseitig der Popov-Ortskurve finden läßt, ohne sich mit ihr zu schneiden.

---

[4]Die positive [negative] Definitheit einer Matrix $\mathbf{Q}$ ist dann gegeben, wenn $\mathbf{x}^T\mathbf{Q}\mathbf{x} > 0$ $[< 0]$ $\forall \mathbf{x} \neq \mathbf{0}$ erfüllt ist. Die notwendigen und hinreichenden Bedingungen hiefür sind aus Bedingungen der Elemente von $\mathbf{Q}$ in Form von Determinanten abzuleiten, siehe z.B. *Weinmann, A., 1991, S. 199*.

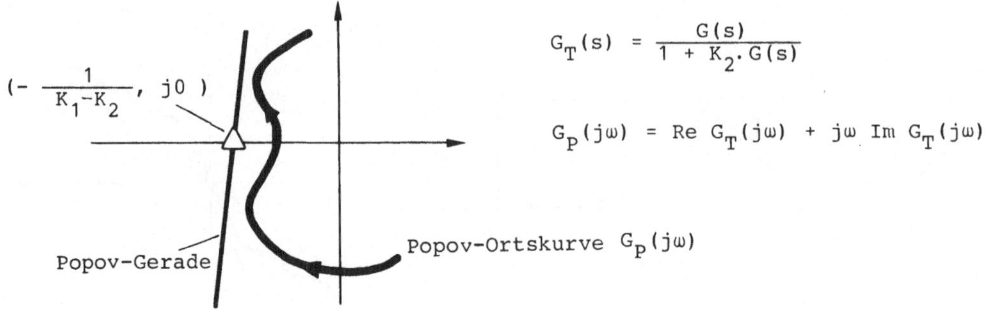

Abbildung 17.4: Popov-Gerade, Popov-Ortskurve und zugehörige Formeln

17.7 Kreiskriterium

Ein dynamisches System der Struktur

$$\dot{\mathbf{x}} = \mathbf{A}\mathbf{x} + \mathbf{b}\,\phi(\mathbf{c}^T\mathbf{x}) \tag{17.9}$$

entspricht einer Regelstrecke $G(s) = \mathbf{c}^T(s\mathbf{I} - \mathbf{A})^{-1}\mathbf{b}$ mit nichtlinearem Regler $\phi(\mathbf{c}^T\mathbf{x})$ auf der Basis der Ausgangsgröße $\mathbf{c}^T\mathbf{x}$. Nun wird angenommen, daß die nichtlineare Funktion ϕ dem Sektor (k_2, k_1) angehört, d.h. daß wie in Abb. 17.3

$$k_2\ \mathbf{c}^T\mathbf{x} \leq \phi(\mathbf{c}^T\mathbf{x}) \leq k_1\ \mathbf{c}^T\mathbf{x} \tag{17.10}$$

gilt, daß also die Steigungen k_1 und k_2 die nichtlineare Kennlinie ϕ eingrenzen. Vorausgesetzt wird, daß die Matrix $\mathbf{A}$ in der rechten Halbebene P Eigenwerte besitzt, auf der imaginären Achse aber keinen. Dann ist bei $k_1 \geq k_2 > 0$ die Regelung in hinreichendem Sinne stabil, wenn die Ortskurve $G(j\omega)$ in die Kreisscheibe um den Punkt $-\frac{1}{2}(\frac{1}{k_1} + \frac{1}{k_2})$ mit Radius $\frac{1}{2}(\frac{1}{k_2} - \frac{1}{k_1})$ zwar nicht eintritt, sie aber $-P$ Male im Uhrzeigersinn umläuft. Das Kriterium geht auf Bongiorno, J.J., zurück (*Sandberg, I.W., 1964; Zames, G., 1966; Föllinger, O., 1993; Böcker, J., et al. 1986*). Die Sektorbedingung korrespondiert mit der allgemeinen sogenannten Lipschitz-Bedingung von $\mathbf{f}(\mathbf{x}, t)$ in der Umgebung von $\mathbf{x}_o$, nämlich $\|\mathbf{f}(\mathbf{x}, t) - \mathbf{f}(\mathbf{x}_o, t)\|_F < k\,\|\mathbf{x} - \mathbf{x}_o\|_F$.

17.8 Praktische Stabilität

Die Zielsetzung der globalen Stabilität bleibt praktisch nur bei strukturell und analytisch einfachen Regelungen erfüllbar. Bei komplexen Regelungen kann man von der Ergebnissen unter Vereinfachungen zwar ausgehen, hat sich aber auch für die Stabilitätsuntersuchung mit vielen Fallstudien unter eingehenden Simulationen am Digitalrechner zu behelfen; in hinreichender Dichte über die verschiedensten eher ungünstigen Betriebsfälle. Abschätzungen der Stabilitätsreserve sind anzustellen, etwa durch die „Distanz" zu den Grenzzyklen unter linearer Hilfsvorstellung (*Hartmann, I., et al. 1978*).

In seltenen Fällen sind auch Stabilitätstests an der betriebsfertigen Regelungsanlage möglich; zum Teil unter entsprechenden Sicherheitsvorkehrungen, zum Teil unter beträchtlichen Versuchskosten (*Bratley, P., et al. 1983*).

Kapitel 18

Adaptive und neuronale Regelungen

Regelkreise können in ihren Systemteilen eine veränderliche Struktur oder veränderliche Parameter zeigen. Meist treten diese Veränderungen in der Regelstrecke oder im Stellglied auf. Beispiele für veränderliche Strecken sind bei elektromotorischen Antrieben, in der Luft- und Raumfahrt, in der chemischen Verfahrenstechnik usw. in großer Zahl anzutreffen (*Unbehauen, H., und Schmid, Chr., 1980; Kunze, E.G., und Salaba, M., 1979; Narendra, K.S., und Monopoli, R.V., 1980*).

An sich besitzen Regelungen die Eigenschaft, daß derartige Veränderungen nur mittelbare Auswirkung auf das Verhalten der geschlossenen Regelung zeigen. So etwa drückt sich die Änderung an der Zeitkonstanten einer PT_1-Strecke in der geschlossenen Regelung mit einem P-Regler der Verstärkung V bekanntlich nur mit der Zeitkonstante $T_1/(V+1)$ aus; auf die Stationärgenauigkeit bleibt sie ohne Einfluß.

Demgegenüber können Regelungen auch eine stärkere Empfindlichkeit auf Streckenveränderungen zeigen, etwa dann, wenn durch die Veränderungen der Strecke die Stabilität oder die Genauigkeit der Regelung gefährdet wird. In diesen Fällen ließe sich zwar insofern Abhilfe schaffen, als bei der Bemessung der Regelung schon auf den ungünstigen Fall Rücksicht genommen wird. Ein Nachteil liegt aber darin, daß dann in gewissen Betriebsbereichen träges Verhalten der Regelung in Kauf genommen werden muß.

Wie unterschiedlich die Sensitivität des Regelkreises auf Systemveränderungen gelagert sein mag und wie auch immer ein Kompromiß schon in den Reglerentwurf aufgenommen werden kann, in Fällen hochwertiger Regelungen ist man daran interessiert, das Regelungsverhalten von Systemveränderungen weitestgehend unabhängig zu gestalten. Zu diesem Zweck muß man gesonderte Maßnahmen am Regler ergreifen.

Die Maßnahmen einer selbsttätigen Anpassung des Reglers an unterschiedliche Streckenverhältnisse werden als Adaption bezeichnet (*Mishkin, E., and Braun, L., 1961; Aseltine, J.A., et al. 1958; Åström, K., 1983; Voronov, A.A., and Rutkovsky, V.Y., 1984; Martin-Sánchez, J.M., and Shah, S.L., 1984*). Zur Bewertung der Anpassung bedient man sich oft eines Gütekriteriums, das selbsttätig zu einem Optimum geführt wird. Statt des Begriffs adaptive Systeme ist auch die Bezeichnung selbst-organisierende Systeme gebräuchlich (*Zypkin, J.S., 1970; Saridis, G.N., 1977; Aoki, M., 1967*).

Während robuste Regler (siehe nächstes Kapitel) im Betrieb keine Information über die Systemveränderungen benötigen (eine solche ist auch häufig unzugänglich), muß zum Aufbau adaptiver Regler darüber eine Information (oder Ersatzinformation) eingeholt werden.

18.1 Adaption durch Parameter-Vorsteuerung

Soweit Hinweise über Veränderungen der Regelstrecke oder des Stellglieds direkt gewonnen werden können, ist davon Gebrauch zu machen, etwa im Wege der Aufschaltung von Daten

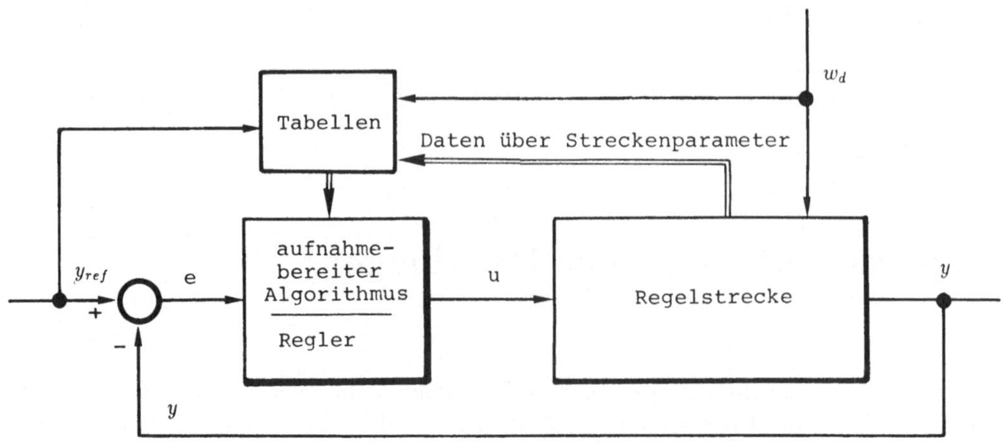

Abbildung 18.1: Grundlegende adaptive Regelung

des ungefähren momentanen Betriebspunktes (Abb. 18.1). So werden die Abhängigkeiten günstiger Reglerparameter von Streckenkenndaten, aber auch von (meßbaren) Störgrößen $w_d(t)$ oder von verwandten Last- oder Richtgrößen oder vom Sollwert $y_{ref}(t)$, häufig zur Reglerparametervorsteuerung ausgenützt. Für diesen Typ der Adaption ist der Begriff *parameter scheduling control* gebräuchlich.

Die Anordnung und gerätemäßige Behandlung dieser Adaption bleibt zumeist recht einfach. An Multiplikatoren oder Funktionsbildnern im Regler können die gewünschten Veränderungen mit wenig Aufwand installiert werden. Welche günstigen Reglerparameter bei verschiedenen Stör-, Last- oder Betriebsgrößen eingestellt werden sollen, kann zumeist durch Vorversuche ermittelt, in Tabellen gespeichert und prozeßsimultan abgerufen werden. Die Digitaltechnik schafft hiefür ausgezeichnete Voraussetzungen.

Auszuwählen für den Regler ist ein passend aufnahmebereiter Algorithmus, etwa jener auf Nachschwingfreiheit aus Gl.(4.142).

18.2 Adaption mittels simultaner Streckenidentifikation

Etwas schwieriger gestaltet sich die Sachlage, wenn veränderliche Streckenparameter erst im Wege einer Identifikation erfaßt werden müssen, d.h. wenn das Modell der Strecke *aus gemessenen Eingangs- und Ausgangsdaten* laufend an die wirklichen Gegebenheiten anzupassen ist. In Abb. 18.2 ist ein solcher adaptiver Regelkreis dargestellt. Er enthält eine der Regelstrecke aufgeschaltete simultane Identifikationseinrichtung. Mit Hilfe ihrer Ausgangsdaten werden unter Beachtung des gewählten Gütekriteriums für das Regelkreisverhalten jene Parameter des Reglers berechnet (oder aus Tabellen abgerufen), die das Gütekriterium optimieren.

Resultierend besteht die adaptive Regelung aus zwei überlagerten Regelschleifen: die Regelung in den herkömmlichen Regelungssignalen, dieser überlagert der Regelkreis in den Regelstrecken-Parametern.

Direkte Parameterschätzung der Regelstrecke und Weiterleitung zur Reglerparameterberechnung in einem separaten Algorithmus wird als explizite Schätzung der Prozeßparameter bezeichnet. Eine direkte Reglerparameterermittlung aus Identifikationsdaten führt auf den impliziten parameter-adaptiven Regler, weil bei der Reglerparameterschätzung das Regelstreckenmodell implizit einfließt.

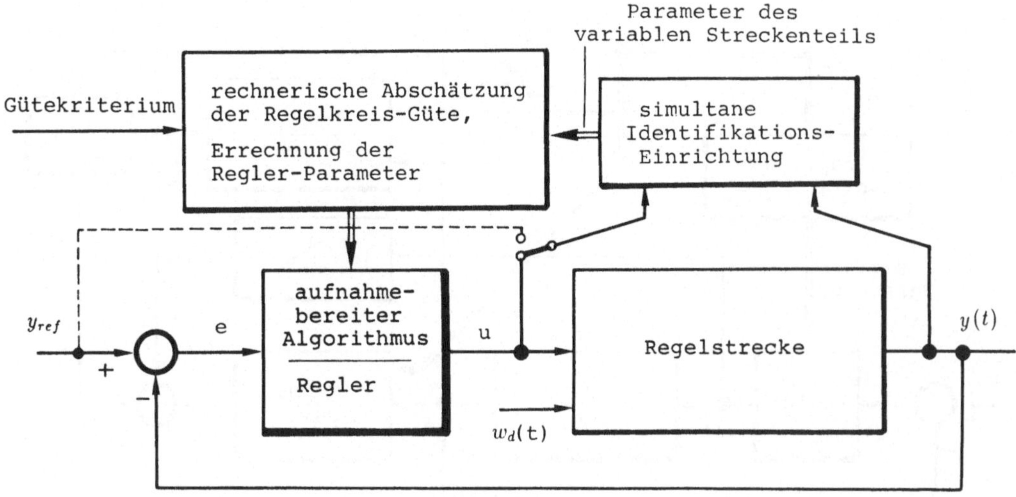

Abbildung 18.2: Adaptive Regelung mit Identifizierung der Regelstrecke oder des Regelkreises

Die Anordnung der Abb. 18.2 stellt gewisse Anforderungen: Die Identifikation, der Regler-Parameter-Ermittlungsteil und der verarbeitende Regleralgorithmus müssen schnell arbeiten, um keine nennenswerten Zusatzverzögerungen aufkommen zu lassen. Angesichts rechenintensiver Identifikationsverfahren ist dies nicht zu mißachten. Die Stabilität und Qualität der adaptiven Regelung wäre sonst in Frage gestellt. Schnelligkeit der Identifikation und Reglerparameterberechnung bedingen zumeist die Auswahl eher einfacher Algorithmen (*Davies, W.D.T., 1973; Egart, B., 1979; Unbehauen, H., 1985; Ackermann, J., 1985; Isermann, R., 1977*).

Eine Schwierigkeit allgemeiner Natur besteht darin, daß die Anwendung „klassischer" Rechenverfahren bei adaptiven Systemen nicht gesichert ist. Der Regelungstechniker ist gewohnt, in Übertragungsfunktionen, Zustandsmodellen, Frequenzgängen usw. zu denken. In Ermangelung anderer Verfahren ist er förmlich dazu gezwungen. Vorausssetzung für die Behandlung mit Übertragungsfunktionen ist aber, daß die Differentialgleichung, auf die die Laplace-Transformation zur Ermittlung der Übertragungsfunktion usw. angewendet wird, konstante Koeffizienten besitzt. Doch gerade konstante Koeffizienten sind bei veränderlichen Strecken nicht gegeben.

Die Vermutung liegt nahe und wird in der Praxis bestätigt, daß für zumindest langsame Veränderungen der Streckenparameter doch quasistationär mit quasikonstanten Parametern gerechnet werden kann. Es gibt aber auch Regelstrecken, in denen sich die Parameter rasch verändern, d.h. mit etwa derselben Dynamik wie die Signale am Eingang oder Ausgang der geregelten Strecke. Theoretisch gesehen ist in diesen Fällen der quasikonstante Rechenvorgang mit Übertragungsfunktionen längst nicht mehr zulässig.

Erfreulicherweise zeigt sich an etlichen praktischen Beispielen, daß eine Untersuchung mit quasikonstanten Berechnungsmodellen auch bei raschen Parameteränderungen von gewisser Gültigkeit und Richtigkeit bleiben kann.

Wegen des Wegfalls der mathematisch strengen Fundamente besteht keine Gewähr, daß die quasikonstanten Kalküle zu richtigen Aussagen führen müssen. Um sicher zu gehen, bleibt nur der Ausweg, an konkreten praktischen Problemen eine umfassende, alle Details einschließende Simulation vorzunehmen, nachdem unter quasikonstanten Verfah-

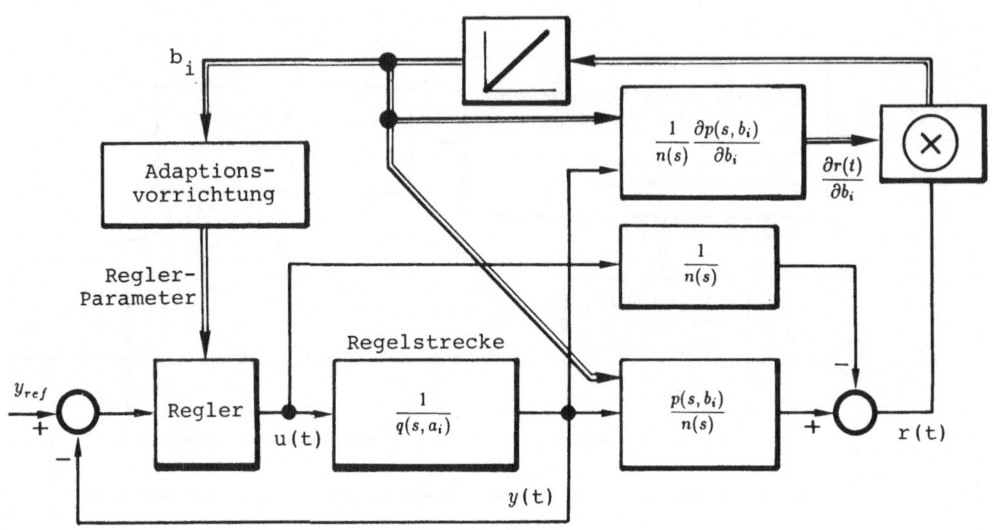

Abbildung 18.3: Adaptive Regelung mit Serienmodell

ren ein Lösungsweg skizziert und notwendigerweise ein technisch sinnvolles Ergebnis erzielt wurde. Das Beispiel am Ende dieses Abschnitts zeigt eine solche einfache Realisierung.

Angesichts des Umstands, bei Adaptionen stochastische Informationen und Signale verarbeiten zu müssen, werden adaptive Regelungen häufig mit einschlägigen stochastischen Verfahren, insbesondere Identifikationsverfahren, funktionell kombiniert (*Saridis, G.N., 1977; Aoki, M., 1967; Sworder, D., 1966*).

Eine häufig verwendete Methode besteht darin, bestimmte zufällige Prozeßstörgrößen zur Reglereinstellung (Adaption) auszunützen. Wird dem Gesichtspunkt gefolgt, die Varianz σ_e^2 der von den Prozeßstörgrößen hervorgerufenen Regelabweichung zu minimieren, entsteht der Minimum-Varianz-Regler. Er hat überdies den Vorteil eines einfachen Berechnungskalküls (*Åström, K.J., und Wittenmark, B., 1973; De Keyser, R.M.C., und Van Cauwenberghe, A.R., 1981*).

Wird der Einstellung des Minimum-Varianz-Reglers statt der exakten Regelstreckenparameter ein Schätzwert zugrundegelegt und verläßt man sich darauf, daß bei Reglerwirkung und anschließender Schätzung die Schätzwerte laufend verbessert werden, so folgt man dem sogenannten Gewißheits-Äquivalenz-Prinzip (*Sun, J., and Ioannou, P., 1992*). Für die Verbesserung der Schätzung wird zumeist ein rekursives Verfahren quadratischer Güte eingesetzt, etwa nach dem Quadrat des Vorhersagefehlers. Die dadurch entstehenden adaptiven Algorithmen werden als Self-Tuning-Verfahren benannt, auch bei anderen On-line-Streckenidentifikations-Verfahren.

Die Gleichung der Regelstrecke ist auch erweiterbar um Beziehungen in den partiellen Ableitungen der Zustandsvariablen nach Systemparametern, vgl. Gl.(19.117). Mit ihnen kann der Regelkreis unter Zugrundelegung eines Regelkreis-Referenzmodells auf eine bestimmte Parameterempfindlichkeit und auf optimales Betriebsverhalten entworfen werden. Von Vorteil ist dieser Entwurf bei Ungenauigkeiten des Streckenmodells und bei nur unvollständiger Zustandsrückführung. Die Vorteile sind aber insbesondere unter Anwesenheit von Systemstörungen zu beurteilen (*Winsor, Ch.A., and Roy, R.J., 1970; Skala, K., 1967*).

Beispiel. Adaption mit Serienmodell: Die Abb. 18.3 zeigt eine lineare Regelstrecke mit „konstanten" Koeffizienten im Nennerpolynom $q(s,a_i)$. Zur Regelstrecke in Serie wird ein Serienmodell angeordnet. Es besitze ein Zählerpolynom $p(s,b_i)$ von der gleichen Struktur wie $q(s,a_i)$. Aus Gründen der physikalischen Realisierbarkeit muß ein Nennerpolynom $n(s)$ im Serienmodell aufgenommen werden. Weiters wird parallel zur Kaskade aus Regelstrecke und Serienmodell ein Element $1/n(s)$ angeordnet und laut Abb. 18.3 eine Differenz $r(t)$ gebildet (*Hildebrandt, H.G., und Meißner, A., 1977; Vladova, V.N., und Müller, J.A., 1970; Marsik, J., 1966; Rumold, G., und Speth, W., 1968*).

Im Fall idealen Abgleichs $b_i = a_i$ wäre $r(t) = 0$ gültig, und zwar für jede Anregung seitens der Stellgröße $u(t)$. Bei Abweichungen $b_i \neq a_i$, also im normalen Betriebsfall, erhielte man unter quasikonstanter Vor-

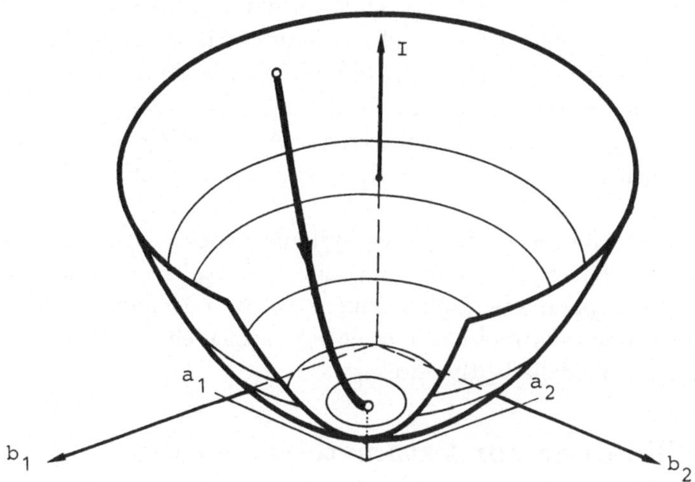

Abbildung 18.4: Fläche des Gütekriteriums I für zwei Parameter a_1 und a_2

gangsweise

$$R(s) = U(s)[\frac{1}{q(s,a_i)}\frac{p(s,b_i)}{n(s)} - \frac{1}{n(s)}] \qquad (18.1)$$

und als Sensitivität hinsichtlich b_i den Ausdruck

$$\frac{\partial R(s)}{\partial b_i} = U(s)\frac{1}{q(s,a_i)n(s)}\frac{\partial p(s,b_i)}{\partial b_i} = Y(s)\frac{1}{n(s)}\frac{\partial p(s,b_i)}{\partial b_i} . \qquad (18.2)$$

Die Sensitivität des Zählerpolynoms $p(s, b_i)$ bezüglich b_i ist schlicht eine Potenz von s. Eine Gütebewertung des Abweichungssignals $r(t)$ kann mittels des nachstehenden Ansatzes I geführt werden. Naheliegend ist ferner, bei Abweichungen $b_i - a_i$ zwischen den Parametern die Serienmodell-Parameter um Δb_i zu verändern. Diese werden proportional der relativen Abhängigkeit der Güte von b_i als Arbeitsgleichung des Adaptivreglers angesetzt (*Rake, H., 1966*)

$$\Delta b_i = K_i\frac{\partial I}{\partial b_i} = 2K_i\int_0^\infty r(t)\frac{\partial r(t)}{\partial b_i}dt , \qquad \text{wobei} \qquad I = \int_0^\infty r^2(t)dt . \qquad (18.3)$$

Der zweite Term im Integranden läßt sich aus Gl.(18.2) ermitteln. Er ist auch als Sensitivitätsfunktion gut zu veranschaulichen, und zwar als Signaldifferenz $r(t, b_i + \Delta b_i) - r(t, b_i)$, bezogen auf Δb_i.

Die Ergebnisse der Gln.(18.2) und (18.3) sind in der Abb. 18.3 bereits aufgenommen worden. Sie schließen — im Parameterraum — den Kreis der variabel angesetzten Parameter b_i. In gewohnter Weise können jetzt die Werte Δb_i bzw. b_i zur Adaption des Reglers herangezogen werden. Sie dienen so als Ersatz für die Streckendaten a_i.

Zur Verbesserung der Vorstellung kann laut Abb. 18.4 die Fläche der Gütefunktion $I(b_1, b_2)$ mit einigen Isogütelinien und dem Tiefstpunkt bei (a_1, a_2) betrachtet werden. In diesen „läuft" der Adaptionsalgorithmus selbsttätig ein.

Zur Bereitstellung von Δb_i ist nach Gl.(18.3) ein Integrator erforderlich, zur Ermittlung von b_i aus Δb_i wäre ein weiterer Integrator notwendig; auf letzteren wurde nach eingehenden Studien mit Simulationen verzichtet, um die Adaption zu beschleunigen. Die Schaltung funktioniert auch ohne diesen. Der Weg der quasistationären Betrachtungsweise muß eben nicht sklavisch befolgt werden, er ist nur als Orientierungshilfe zu sehen. Es zeigt sich, daß eine derartige Adaptionsschaltung auch bei schnellen Änderungen in a_i gut funktioniert, obwohl der quasikonstante Entwicklungsgang keine Gewähr dafür bietet. □

18.3 Adaption mit Identifikation des Regelkreises. Modelladaptive Systeme

Ähnlich dem Übergang von Steuerungen zu Regelungen kann auch bei adaptiven Anordnungen das Güteergebnis am Regelkreis (statt an der Regelstrecke) einer Identifikation unterzogen werden, genau jenes Ergebnis, das sich unter Einschluß der betrieblichen Funktion des Adaptivreglers einstellt (siehe strichlierter Pfad in Abb. 18.2). Als Leitgröße zur Einstellung der Adaption wird statt eines Gütekriteriums in Abb. 18.2 ein Bezugs- oder Referenzmodell instrumentiert. Die Verfahren zur Adaptierung des Regelkreisverhaltens werden demnach auch als modelladaptive Systeme bezeichnet (*Hiza, J.G., and Li, C.C., 1963*).

Zur methodischen Gliederung adaptiver Systeme haben sich auch folgende Bezeichnungen eingebürgert (*Egart, B., 1979*): Implizite und explizite Adaption bezüglich der Ermittlung der *Strecken*parameter (Self-Tuning: explizit, modelladaptiv: implizit). Gleichwertig ist die Bezeichnungsform direkt und indirekt bezüglich der *Regelkreis*eigenschaften (Self-Tuning: indirekt, modelladaptiv: direkt).

18.4 Modellbildung zur Parameterschätzung

Die vektorielle Beziehung

$$a_o y(k) = \mathbf{p}^T \mathbf{m}(k) + d_o w_{do}(k) \tag{18.4}$$

wird als Basis für das Prozeßmodell verwendet. Darin ist

$$\mathbf{m}(k) = [-y(k-1) \ldots - y(k-n) \vdots u(k-d-1) \ldots u(k-d-n) \vdots w_{do}(k-1) \ldots w_{do}(k-n)]^T \tag{18.5}$$

der Vektor der gemessenen Daten. Der Vektor der unbekannten Parameter lautet

$$\mathbf{p} = (a_1 \ldots a_n \vdots b_1 \ldots b_n \vdots d_1 \ldots d_n)^T \, . \tag{18.6}$$

Somit gilt

$$a_o y(k) + \sum_{i=1}^{n} a_i y(k-i) = \sum_{i=1}^{n} b_i u(k-d-i) + d_o w_{do}(k) + \sum_{i=1}^{n} d_i w_{do}(k-i) \, . \tag{18.7}$$

$$\text{Mit} \quad a(z^{-1}) \triangleq \sum_{i=0}^{n} a_i\, z^{-i} \qquad b(z^{-1}) \triangleq \sum_{i=1}^{n} b_i\, z^{-i} \qquad d(z^{-1}) \triangleq \sum_{i=0}^{n} d_i\, z^{-i} \tag{18.8}$$

resultiert als z-transformierte Differenzengleichung und als z-Übertragungsfunktion

$$a(z^{-1})y(z) = b(z^{-1})\, z^{-d} u(z) + d(z^{-1}) w_{do}(z) \quad \leadsto \quad y(z) = \frac{b(z^{-1})}{a(z^{-1})} z^{-d} u(z) + \frac{d(z^{-1})}{a(z^{-1})} w_{do}(z) \, . \tag{18.9}$$

Bei $d(z^{-1}) \neq 0$ liegt ein stochastisches, bei $d(z^{-1}) \equiv 0$ ein deterministisches Prozeßmodell vor.

18.5 Parameterschätzung für Self-Tuning-Regler

Unter $d_i = 0$ und unter der Zielsetzung der Minimierung der Quadrate von ε ergibt sich (*Isermann, R., 1987; Åström, K., 1970; Wu, W.T., et al. 1987; Schaub, G., 1985*)

$$\hat{\mathbf{p}}(k+1) = \hat{\mathbf{p}}(k) + \boldsymbol{\gamma}(k)\varepsilon(k+1) \tag{18.10}$$

$$\boldsymbol{\gamma}(k) = [\lambda(k+1) + \mathbf{m}^T(k+1)\mathbf{P}(k)\mathbf{m}(k+1)]^{-1}\mathbf{P}(k)\mathbf{m}(k+1) \tag{18.11}$$

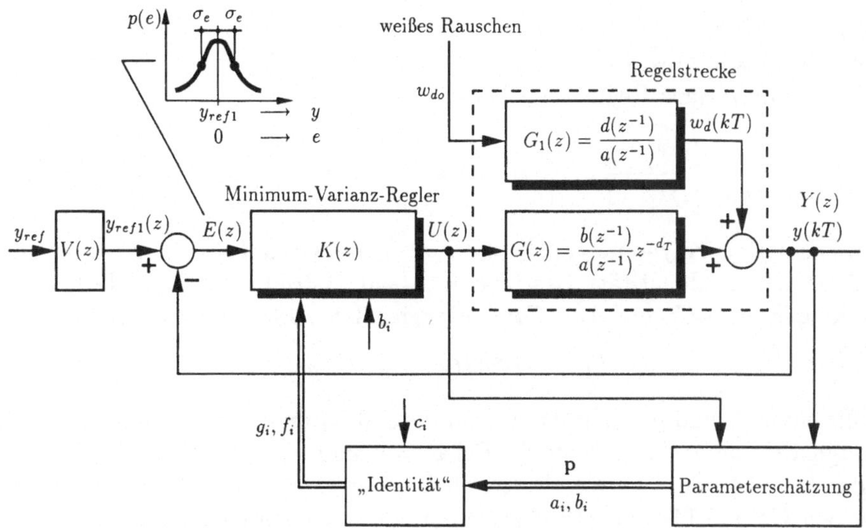

Abbildung 18.5: Regelung mit Minimum-Varianz-Regler $K(s)$

$$\varepsilon(k+1) = y(k+1) - \mathbf{m}^T(k+1)\hat{\mathbf{p}}(k) \tag{18.12}$$

$$\mathbf{P}(k+1) = \frac{[\mathbf{I} - \boldsymbol{\gamma}(k)\mathbf{m}^T(k+1)]\mathbf{P}(k)}{\lambda(k+1)} \,. \tag{18.13}$$

Darin ist $\lambda(k)$ in den Grenzen 0 bis 1 ein Vergessensfaktor, $\mathbf{P}(k)$ die Kovarianzmatrix der Parameterschätzwerte, $\boldsymbol{\gamma}(k)$ ein Korrekturvektor, $\varepsilon(k+1)$ der Gleichungsfehler (vorhergesagter Fehler) und $w_{do}(k)$ ein stochastisch unabhängiges Rauschsignal vom Mittelwert $\bar{w}_{do} = 0$. Unter der Voraussetzung eines weißen Rauschens w_{do} und desselben Nennerpolynoms $a(z^{-1})$ in $G_1(z)$ wie in $G(z)$ ist biasfreie Parameterschätzung möglich.

18.6 Minimum-Varianz-Regler

Die Abb. 18.5 skizziert eine Regelung mit einem Minimum-Varianz-Regler $K(z)$. Der Minimum-Varianz-Regler wird unter der Zielsetzung entworfen, die Varianz σ_e^2 der stochastischen Regelabweichung e zu minimieren, die sich unter Anregung einer Störgröße $w_d(kT)$ ergibt, und dabei Identifikation und Regelung gemeinsam zu behandeln. Ersatzweise entsteht $w_d(kT)$ über $G_1(z)$ aus weißem Rauschen w_{do}.

Aus Gründen der Kausalität erscheint es unter den Verzögerungen und der Totzeit in der Regelstrecke $G(z)$ zweckmäßig, zum Leitwert $y_{ref1}(kT)$ den optimalen Schätzwert (Vorhersagewert) $\hat{y}(k + d_T \mid k)$, also den noch beeinflußbaren Wert der Ausgangsgröße, in Relation zu setzen. Als Totzeit innerhalb der Übertragung durch die Strecke wird das d_T-fache der Abtastperiode T angesetzt. Mit gewissen Abstrichen läßt sich auch eine Bewertung der Stellgröße $u(kT)$ mit dem Faktor q in die Rechnung einbeziehen. Der Sollwert wird über ein dynamisches Vorfilter $V(z)$ eingekoppelt.

In $G_1(z)$ ist zweierlei vertreten: Erstens das Übertragungsverhalten vom Angriff der echten Störung $w_d(kT)$ bis zur Auswirkung auf die Regelgröße $y(kT)$; zweitens die Darstellung der (farbigen) Störung aus weißem Rauschen passender Amplitude.

Die Polynome $a(z^{-1})$, $b(z^{-1})$ und $c(z^{-1})$ aus Abb. 18.5 sind nach Gl.(18.8) als „reziproke" Polynome zu jenen Polynomen zu verstehen, die in den üblichen z-Übertragungsfunktionen den Zähler und Nenner bilden. Zumeist trifft man $d_T = 1$ an, auch bei Verzögerungsstrecken höherer Ordnung, wenn $a_o = 1$ und $c_o = 1$ gesetzt sind. Enthält die Strecke Totzeiten, so wird $d_T > 1$.

Der Minimum-Varianz-Regler folgt bei $q = 0$ zu

$$K(z) = \frac{U(z)}{E(z)} = \frac{g(z^{-1})}{b(z^{-1})f(z^{-1})}, \qquad f(z^{-1}) \triangleq \sum_{0}^{d_T-1} f_i\, z^{-i}, \quad g(z^{-1}) \triangleq \sum_{0}^{n-1} g_i\, z^{-i}. \quad (18.14)$$

Die darin benötigten Polynome $f(z^{-1})$ und $g(z^{-1})$ vom Grad $d_T - 1$ und $n - 1$ findet man aus der sogenannten „Identität" (*Åström, K., 1970; Åström, K.J., and Wittenmark, B., 1971; DeKeyser, R.M.C., and Van Cauwenberghe, A.R., 1981; Chien, I.L., et al. 1985*)

$$c(z^{-1}) = a(z^{-1})f(z^{-1}) + z^{-d_T}g(z^{-1}). \quad (18.15)$$

Die Koeffizienten f_i und g_i (von der Anzahl d_T und n) resultieren daraus mittels Koeffizientenvergleichs von z^0 bis $z^{-(n+d_T-1)}$. Bei $c_o = 1$ und $a_o = 1$ gilt zwangsläufig $f_o = 1$. Der Regler $K(z)$ ist demnach von der ziemlich hohen Ordnung $n + d_T - 1$. Aus der Abb. 18.5 und den Gln.(18.14) und (18.15) folgt für die Regelabweichung bei ausschließlicher Störungsanregung $E(z) = f(z^{-1})W_{do}(z)$, was im Sinne der Zielsetzung der minimalen Varianz σ_e als Abweichung e einer Summe aus retardierten Signalen aus weißem Rauschen w_{do} entspricht.

Unter zusätzlicher mit q durchgeführten Stellgrößenbewertung (Stellgröße zufolge Anregung durch das Rauschen) folgt (*Clarke, D.W., and Hastings-James, R., 1971*)

$$K(z) = \frac{g(z^{-1})}{b(z^{-1})f(z^{-1}) + \frac{q}{b_o}c(z^{-1})}. \quad (18.16)$$

Die Gl.(18.15) bleibt weiter maßgebend.

Damit sind alle wesentlichen Fakten des Minimum-Varianz-Reglers dargelegt. Zu folgern ist die z-Übertragungsfunktion des Regelkreises nach Abb. 18.5 zu

$$\frac{Y(z)}{Y_{ref}(z)} = \frac{V(z)b(z^{-1})g(z^{-1})z^{-d_T}}{c(z^{-1})[b(z^{-1}) + \frac{q}{b_o}a(z^{-1})]} = T(z). \quad (18.17)$$

Ein Vorfilter zur Kompensation der Regelkreis-Übertragungsfunktion auf die Ersatztotzeit z^{-d_T} lautet

$$V(z) = \frac{c(z^{-1})}{g(z^{-1})}[1 + \frac{q}{b_o}\,\frac{a(z^{-1})}{b(z^{-1})}]. \quad (18.18)$$

Die Variante der Regelung ohne Vorfilter wird als $\frac{Y(z)}{Y_{ref1}(z)}$ geschrieben. Auf die Ähnlichkeit zu Kontrollbeobachtern in Abb. 3.3 sei hingewiesen.

Beispiel: Für $T = 0,05$; $T_t = 3T$; $n = 2$ und $d_T = 4$ folgt

$$G(z) = \mathcal{Z}\{G_{ho}(s)e^{sT_t}\frac{1}{s}\} \triangleq \frac{b(z^{-1})}{a(z^{-1})}z^{-d_T} = \frac{0,05\, z^{-4}}{1 - z^{-1}}\,\frac{1 - 0,826\, z^{-1}}{1 - 0,826\, z^{-1}} \quad (18.19)$$

$$G_1(z) \triangleq \frac{c(z^{-1})}{a(z^{-1})} = \frac{1 + 0,2\, z^{-1}}{(1 - z^{-1})(1 - 0,826\, z^{-1})}. \quad (18.20)$$

Die Ergänzung $\frac{1-0,826\, z^{-1}}{1-0,826\, z^{-1}}$ in Gl.(18.19) schafft in $G(z)$ und $G_1(z)$ den gleichen Nenner. Weiters gilt

$$a(z^{-1}) = 1 - 1,826\, z^{-1} + 0,826\, z^{-2} \quad (18.21)$$
$$b(z^{-1}) = 0,05(1 - 0,826\, z^{-1}) \quad (18.22)$$
$$c(z^{-1}) = 1 + 0,2\, z^{-1}. \quad (18.23)$$

Der Koeffizientenvergleich nach der „Identität“ in Gl.(18.15)

$$1 + 0,2\ z^{-1} = (1 - 1,826\ z^{-1} + 0,826\ z^{-2})(1 + f_1 z^{-1} + f_2 z^{-2} + f_3 z^{-3}) + z^{-4}(g_o + g_1 z^{-1}) \quad (18.24)$$

liefert

$$\begin{array}{lrcll} z^{-1}: & 0,2 & = & -1,826 + f_1 & \rightsquigarrow \quad f_1 = 2,026 \\ z^{-2}: & 0 & = & 0,826 - 1,826 f_1 + f_2 & \rightsquigarrow \quad f_2 = 2,874 \\ z^{-3}: & 0 & = & 0,826 f_1 - 1,826 f_2 + f_3 & \rightsquigarrow \quad f_3 = 3,574 \\ z^{-4}: & 0 & = & 0,826 f_2 - 1,826 f_3 + g_o & \rightsquigarrow \quad g_o = 4,152 \\ z^{-5}: & 0 & = & 0,826 f_3 + g_1 & \rightsquigarrow \quad g_1 = -2,952\,. \end{array} \quad (18.25)$$

Als Ergebnis erhält man die Polynome

$$f(z^{-1}) = 1 + 2,026\ z^{-1} + 2,874\ z^{-2} + 3,574\ z^{-3} \quad (18.26)$$

$$g(z^{-1}) = 4,152 - 2,952\ z^{-1}. \quad (18.27)$$

Durch Einsetzen in Gl.(18.16) findet man die z^{-1}-Übertragungsfunktion des Minimum-Varianz-Reglers

$$K(z^{-1}) = \frac{83,04(1 - 0,711\ z^{-1})}{(1 + 400q) + (1,2 + 80q)z^{-1} + 1,2\ z^{-2} + 1,2\ z^{-3} - 2,952\ z^{-4}}\,. \quad (18.28)$$

Für $q = 0$ handelt es sich um einen instabilen Regler mit Polen bei $0,826; -1,616$ und $-0,205 \pm j1,473$. Für größere q rücken die drei instabilen Pole ins Innere des Einheitskreises.

Die charakteristische Gleichung lautet nach Gl.(18.17)

$$c(z^{-1})[b(z^{-1}) + \frac{q}{b_o} a(z^{-1})] = 0 \quad \rightsquigarrow \quad (1 + 0,2\ z^{-1})(1 - 0,826\ z^{-1})(1 + 400\ q - 400\ qz^{-1}) = 0\,. \quad (18.29)$$

Der Regelkreis besitzt demnach stets drei stabile Pole bei $-0,2;\ 0,826$ und $\frac{400\ q}{1+400\ q}$. Für die Eingangs-Ausgangs-Relation ergibt sich

$$\frac{Y(z)}{Y_{ref1}(z)} = \frac{b(z^{-1})G(z)z^{-d_T}}{c(z^{-1})[b(z^{-1}) + (q/b_o)a(z^{-1})]} = \frac{4,152(1 - 0,711\ z^{-1})z^{-4}}{(1 + 0,2\ z^{-1})(1 + 400\ q - 400\ qz^{-1})}\,. \quad (18.30)$$

Stationär folgt bei y_{ref1}-Sprung $4,152(1 - 0,711)/1,2 = 1$. Das Vorfilter ergibt sich aus Gl.(18.18) zu

$$V(z) = \frac{1 + 0,2\ z^{-1}}{4,152(1 - 0,711\ z^{-1})}(1 + 400\ q - 400\ qz^{-1}). \quad (18.31)$$

Es dient nur zur allfälligen dynamischen Korrektur, stationär überträgt es mit Verstärkung eins.

Zur Dimensionierung von q kann auch die Anfangsamplitude der Stellgröße bei Regelkreisanregung durch einen Sprung in y_{ref1} dienen. Man erhält dabei unter $Y_{ref1}(z) = z/(z-1)$

$$u(kT)\Big|_{k=0} = \frac{K(z)}{1 + K(z)G(z)} Y_{ref1}(z)\Big|_{z\to\infty} = \frac{g_o}{b_o + q/b_o} = \frac{83,04}{1 + 400\ q}\,. \quad \square \quad (18.32)$$

18.7 Besonderheiten adaptiver Regelungen

Adaptive Regler sind durch viele Vorteile ausgezeichnet, sie besitzen aber auch manche prinzipiellen Nachteile (*Ioannou, P.A., and Kokotovic, P.V., 1982; Weber, W., 1971; Landau, Y.D., 1979*).

Basiert die Adaption auf einer Identifikationsschaltung, so sind die feststellbaren Ausgangssignale der Identifikationsschaltung, z.B. $r(t)$ in Abb. 18.3, von der Höhe der Anregung essentiell abhängig. Fehlen Anregungen der Strecke — in Abb. 18.3 seitens $u(t)$ — so „ruht“ der Adaptionsalgorithmus. Währenddessen auftretende Änderungen von a_i sind nicht erkennbar. Zur erfolgreichen Funktion der Adaption muß also für eine gewisse laufende

Systembewegung im Regelkreis gesorgt werden, und sei es durch künstliche Bewegungen in der Sollgröße (*Eveleigh, V.W., 1967*). Das Anregungssignal muß auch hinreichende spektrale Vielfalt aufweisen, damit die Identifikation brauchbare Ergebnisse liefert. Man darf nicht mit schmalbandigen Signalen breitbandige Systeme anregen. Als Richtwert mag dienen, daß je zwei zu identifizierenden Parametern „eine Spektrallinie" des Anregungssignals erforderlich ist.

Vorsicht ist auch wegen des Nachteils angebracht, den Störungen der Regelstrecke $w_d(t)$ oder ein Meßrauschen verursachen (Abb. 18.2). Der Identifikationsalgorithmus kann im Ausgang der Strecke nicht unterscheiden zwischen Signalanteilen, die von Streckenänderungen herrühren, und solchen, die von Störungen ausgelöst werden. In der Praxis werden Adaptionsschaltungen also nur in störgrößenfreien Phasen funktionieren, bei Meß- und Kompensierbarkeit der Störgrößenauswirkung oder bei störgrößenausblendenden Verfahren. In der Messung R_{vy} in Gl.(11.30) bleiben solche Störungen $w_d(t)$ auf den Prozeß $g(t)$ ausgeblendet, die mit $v(t)$ nicht korreliert sind.

Obwohl man an adaptiven Schaltungen Bedarf nach Systembewegungen hat, um Ruhezustände zu vermeiden, kann man sich die Systembewegungen zufolge Störungen nur selten dienlich machen.

Nicht zu unterschätzen ist der Umstand, daß bei der Identifikation von Strecken sehr große Unterschiede in der Empfindlichkeit der Identifikationsergebnisse bezüglich verschiedener Parameter bestehen können. Auch sind die Ermittlungsschritte — ähnlich Mehrgrößenregelungen — verkoppelt (*Stepan, J., 1965; Åström, K.J., and Eykhoff, P., 1971*). Für zeitvariante Mehrgrößensysteme können adaptive Entkoppler eingesetzt werden (*Wahba, A.M., and Sheirah, M.A., 1993*).

Erwartet wird eine genügende Konvergenzgeschwindigkeit des Adaptionsalgorithmus, gleichzeitig aber auch eine gewisse Unempfindlichkeit gegenüber Prozeß- und Meßrauschen sowie Toleranz gegenüber Moden, die im Modell nicht vorgesehen sind (Strukturdiskrepanz).

Im Idealfall hätte der Regler durch die Ausgabe des Stellsignals sowohl für hinlängliche Funktion der Regelung zu sorgen, als auch ausreichende Anregung für die Strecke zu geben, um deren zufriedenstellende Identifikation zu ermöglichen. Dieses Prinzip führt bei konsequenter Anwendung zu sogenannten dualen Reglern (*Feldbaum, A.A., 1965; Zypkin, J.S., 1970*). Bei wiederkehrenden Bewegungsabläufen, etwa an Robotern oder Handhabungsgeräten mit periodischen Sollwertvorgaben, liegen günstige Voraussetzungen für die Adaption vor; selbst wenn Störungen hingenommen werden müssen.

Die überwiegende Zahl industriell eingesetzter adaptiver Regelungen entspricht einer Maßanfertigung mit vielen individuellen anwendungsspezifischen Zügen. Auf alle Einzelheiten, auch auf solche, die man bei linearen Regelungen als Randeffekte abzutun geneigt ist, hat man sorgfältig einzugehen, vorwiegend mittels Simulation.

Durch Überwachungsbauteile kann man für Verbesserungen der adaptiven Regelungen sorgen, z.B. für die Beschränkung der Adaptionsdauer; damit der Betrieb selbst dann sichergestellt ist, wenn gewisse Vorbedingungen nicht erfüllt sind, unter denen sonst adaptive Regelungen entworfen werden (*Isermann, R., and Lachmann, K.H., 1985*). In den letzten Jahren hat es nicht an Versuchen gefehlt, die verschiedensten Adaptionsverfahren methodisch zu verallgemeinern (*Allidina, A.Y., and Hughes, F.M., 1983; Prokop, R., and Dostál, P., 1992*).

Vorteile verspricht die Kombination adaptiver Regelalgorithmen mit robusten (*Weinmann, A., 1985a*). Die Qualität der adaptiven Regelung hängt selbstverständlich vom Streß-Niveau ab, unter dem der adaptive Regler den mehr oder weniger schnellen Änderungen der Regelstrecke folgen muß. Um Parameter hinreichend adaptieren zu können, ist es oft notwendig, An- oder Ausregelzeiten im nominalen Fall zu verlängern. Die Verbindung zu Lernprozessen und Fragen der künstlichen Intelligenz liegt auf der Hand (*Gottwald, P., 1971; Zemanek, H., 1962; Winston, P.H., 1984; Hayes-Roth, F., et al. 1983*).

18.8 Künstliche neuronale Netze und neuronale Regler

18.8.1 Mehrschichten-Perceptron. Backpropagation-Algorithmus

Mit künstlichen neuronalen Netzen wird die Informationsverarbeitung von biologischen Systemen nachgeahmt, auf eine Softwaregrundlage gestellt und mit Computern simuliert.

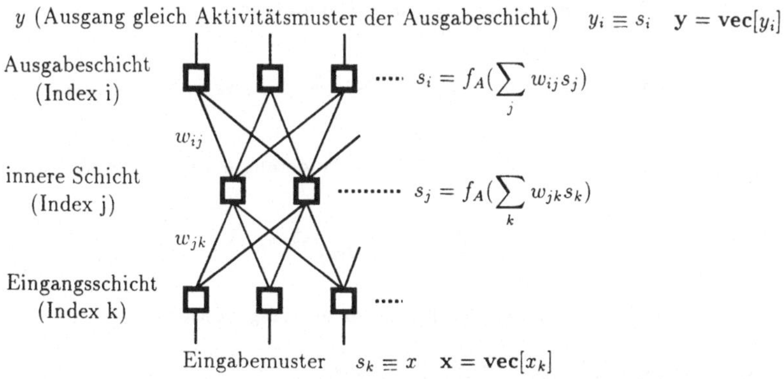

Abbildung 18.6: Dreilagiges Neuronennetz (Perceptron)

Ein Neuron ist eine Nervenzelle. Das Neuron ist mit einer Vielzahl von anderen verbunden. Solcherart wird eine besondere Form der Informationsverarbeitung begründet. Zwischen mehreren Eingangsgrößen x_{ek} und einer Ausgangsgröße x_a wird die Wirkungsweise des Neurons als statischer Zusammenhang mit der Formel $x_a = f_A(\mathbf{w}^T \mathbf{x}_e) = f_A(\sum_k w_k x_{ek})$ nachgebildet. In ihr ist $\mathbf{w}$ ein Vektor an Gewichten und $\mathbf{x}_e$ der Vektor aus x_{ek}. Die Funktion f_A ist eine zumeist nichtlineare Aktivierungsfunktion, z.B. die unstetige Schwellwertfunktion $\theta(\cdot) \stackrel{\Delta}{=} 0,5[1 + \mathrm{sign}(\cdot)]$ oder die stetige Fermi-Funktion $[1 + 1/e^{(\cdot)}]^{-1}$. Eine größere Zahl von Neuronen bildet ein Perceptron in mehreren Schichten, jede davon wird durch einen Vektor $\mathbf{x}_a$ beschrieben. Die Information $\mathbf{x}_a$ kann wiederum Eingangssignal eines anderen Perceptrons sein. Dermaßen wird ein großes Netz eines sogenannten Mehrschichten-Perceptrons gebildet, siehe Abb. 18.6. Die Eingangsschicht des Perceptrons entspricht der Sensor-Ebene.

Durch Verändern der Gewichte (Synapsen) vermag man ein Verhalten zu erreichen, in dem das System zu lernen imstande ist. Neben dieser Selbstorganisationseigenschaft besitzen künstliche neuronale Netze die Eigenschaft, auch mit verrauschten, unscharfen und unvollständigen, ja sogar widersprüchlichen Informationen operieren zu können.

Die Abb. 18.6 zeigt ein Dreischichtmodell: Eingabeschicht mit dem Eingabemuster $\mathbf{x}$, Ausgabeschicht mit Ausgabemuster $\mathbf{y}$ und innerer Schicht (*Ritter, H., et al. 1990*). Die Aktivität der Neuronen in jeder Schicht wird mit s und entsprechendem Index gekennzeichnet, und zwar i, j, k für Ausgabe-, innerer und Eingangsschicht. Das Eingabemuster wird auch mit dem Vektor $\mathbf{x}$ belegt, also $\mathbf{x} = \mathbf{vec}[x_k] = \mathbf{vec}[s_k]$. Analoges gilt für die Ausgabeschicht, also $\mathbf{y} = \mathbf{vec}[y_i] = \mathbf{vec}[s_i]$. Die Zuordnungen lauten

$$s_i = f_A(\sum_j w_{ij} s_j) \qquad \text{und} \qquad s_j = f_A(\sum_k w_{jk} s_k)\ . \tag{18.33}$$

Obige Beziehungen sind zunächst so angeschrieben, wie sie die Ausgabeinformation aus der Eingangsinformation bei gegebenen Gewichten berechnen ließe. Ein solches Feedforward-Netz wird aber in der Form genützt, daß bei gegebener Ausgangs- und Eingangsinformation die Synapsen erlernt werden.

Zum Zweck des selbsttätigen Lernens wird nicht nur ein einziges Eingabemuster $\mathbf{x}$ mit den Elementen x_k herangezogen, sondern etliche. Sie werden durch „Hochzahlen" μ unterschieden. Die Eingabe- und Ausgabemuster lauten daher $\mathbf{x}^\mu$ und $\mathbf{y}^\mu$, $\mu \in 1....r$. Zu lernen sind die Synapsen w_{ij} und w_{jk}. Für die

Güte des Lernens wird eine Funktion C herangezogen und minimisiert

$$C = \sum_{\mu=1}^{r} \sum_{i} [y_i^{\mu} - s_i(\mathbf{x}^{\mu})]^2 \quad \text{wobei} \quad s_i = f_A(s_j), \ s_j = f_A(s_k), \ \mathbf{x} = \mathbf{vec}[s_k] \, . \tag{18.34}$$

Nach dem Gradientenverfahren kann der Ansatz für die Veränderung der Gewichte w_{ij} zu

$$\Delta w_{ij} \propto -\frac{\partial C}{\partial w_{ij}} \quad \rightsquigarrow \quad \Delta C \propto \sum_{ij} \frac{\partial C}{\partial w_{ij}} \Delta w_{ij} \propto -\sum_{ij} (\frac{\partial C}{\partial w_{ij}})^2 \leq 0 \tag{18.35}$$

herangezogen werden. Die Differentialquotienten lauten für die Ausgabeschicht

$$\frac{\partial C}{\partial w_{ij}} = -2 \sum_{\mu} [y_i - s_i(\mathbf{x}^{\mu})] \frac{\partial s_i(\mathbf{x}^{\mu})}{\partial w_{ij}} = -\sum_{\mu} [y_i - s_i(\mathbf{x}^{\mu})] f'_A(\sum_{\nu} w_{i\nu} s_{\nu}) s_j \, , \tag{18.36}$$

wobei $'$ die Ableitung nach dem Argument bedeutet und eine stetige Aktivierungsfunktion f_A vorausgesetzt wurde. Entsprechend der Auffächerung über alle i und unter Beachtung der inneren Ableitung w_{ij} bei der zwischenliegenden Differenzierung nach s_j gilt analog

$$\frac{\partial C}{\partial w_{jk}} = -2 \sum_{\mu} \sum_{i} [y_i^{\mu} - s_i(\mathbf{x}^{\mu})] \left[f'_A(\sum_{\nu} w_{i\nu} s_{\nu}) \right] w_{ij} \frac{\partial s_j}{\partial w_{jk}} = \tag{18.37}$$

$$= -2 \sum_{\mu} \sum_{i} [y_i^{\mu} - s_i(\mathbf{x}^{\mu})] \left[f'_A(\sum_{\nu} w_{i\nu} s_{\nu}) \right] w_{ij} \left[f'_A(\sum_{\nu} w_{j\nu} s_{\nu}) \right] s_k \, . \tag{18.38}$$

Soferne sich der Gradientenalgorithmus an lokalen Minima nicht verhängt, wird durch seine fortgesetzte Anwendung das globale optimale Ergebnis gefunden. Das Lernen kann auf statische nichtlineare Eingangs-Ausgangskombinationen abzielen wie auch auf lineare dynamische Vorgänge mit verschiedenen Eingangs- und Ausgangssignalen; schließlich auch auf nichtlineare dynamische Prozesse.

Die Funktion f_A kann in der inneren und in der Ausgabeschicht verschieden sein. Im übrigen können beliebig viele Schichten für ein solches Multilayer-Modell (Perceptron) angenommen werden.

18.8.2 Lernen von Funktionen nach dem *functional link network*

Eine wichtige andere Grundstruktur ist ein neuronaler Modul, der den Zusammenhang einer Ausgangsgröße y von dem Eingang u eines neuronalen Netzwerks angibt

$$y = f(u) = \sum_{j} w_j \, m_j(u) \, . \tag{18.39}$$

Darin sind w_j Gewichtsfaktoren, auf die das Lernen abzielt. Die mathematischen Funktionen (*functional links*) $m_j(u)$ sind dabei als gegeben angenommen. Verschiedene Werte u_μ aus einem Trainingsvorrat liefern eine Vergleichsbasis. Für die zu approximierende Referenzfunktion, z.B. aus der Regelstrecke, sei bei jedem u_μ das zugehörige $y_{ref}(u_\mu)$ verfügbar. Aus der Abweichung $f(u_\mu) - y_{ref}(u_\mu)$ kann die Änderung von w_j (gradientenähnlich) abgeleitet werden

$$\Delta w_j \quad \propto \quad [y_{ref}(u_\mu) - f(u_\mu)] m_j(u_\mu) \, . \tag{18.40}$$

Der Vergleichs- und Anpassungsprozeß wird so lange wiederholt, bis sich nur mehr hinreichend kleine Abweichungen Δw_j ergeben (*Yager, R. R., 1992*). Als Strukturen für Lernmodelle bieten sich Parallelmodelle wie nach Gl.(18.39) oder Serienmodelle mit der Systeminversen an (*Hafner, S., et al. 1992; Hunt, K.J., et al. 1992*).

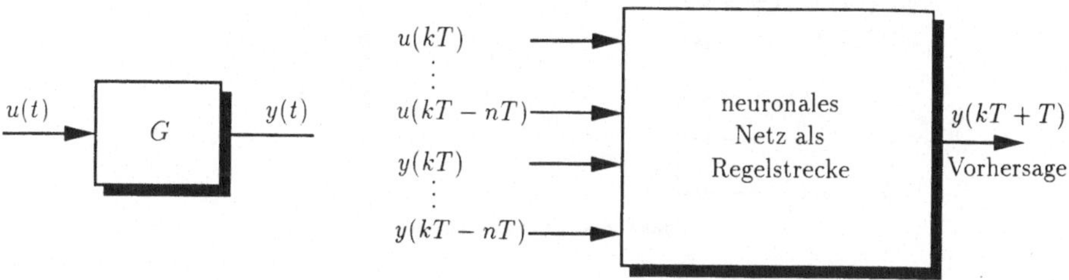

Abbildung 18.7: Übertragungssystem und künstliches neuronales Netz, in dem t zu nT diskretisiert wurde

18.8.3 Lernverfahren im Kohonen-Modell

Das Kohonen-Modell baut auf der Grundlage auf, daß die Zellen einer Neuronenschicht Empfindlichkeiten für bestimmte Signalmerkmale (z.B. die Frequenz eines akustischen Signals) besitzen, und daß sie über den Ort in bestimmter Weise angeordnet sind. Aus einem Selbstorganisationsprozeß entstehen letztlich topographische Merkmalkarten (*Kohonen, T., 1982*), und zwar wie folgt.

In der Lernphase wird die Eingangsinformation $\mathbf{x}$ an alle Neuronen geleitet. Eines von ihnen (Index j) wird besonders gut reagieren. Dies kann rechnerisch dadurch festgestellt und nachgebildet werden, daß die Differenz zwischen $\mathbf{x}$ und dem Gewichtsvektor $\mathbf{w}_j$ im Neuron j mittel der Frobenius-Norm berechnet wird. Diese Reaktion wird in einer gewissen räumlichen Nachbarschaft auf andere Neuronen übertragen. Sie werden veranlaßt, die Eingangsinformation mitzulernen

$$\mathbf{w}_j(k+1) = \mathbf{w}_j(k) + \alpha(t)[\mathbf{x}(t) - \mathbf{w}_j(t)] \ . \tag{18.41}$$

Weiters wird dafür Sorge getragen, daß nur ein gewisser Bereich in der Umgebung des bestreagierenden Neurons j mitgezogen wird. Für eine andere Eingangsinformation gilt ähnliches für ein anderes Neuron. In dieser Struktur stellt sich also die Zahl der Neuronen in einem bestimmten Eingangsbereich proportional den auftretenden Reizen ein.

Beim Kohonen-Modell entsteht also ein Netz, das sich ohne äußeren Zugriff (ohne Lehrer) selbst organisiert, und zwar für Bereiche, die für bestimmte physikalische Merkmale in der Eingangsebene empfindlich sind, z.B. für die Frequenz im Innenohr. Zum Abschluß des Lernverfahrens werden die Gewichtsfaktoren α mit zunehmender Zeit reduziert (*Kohonen, T., 1989; Ritter, H., et al. 1990; Weinmann, A., 1993a*).

18.8.4 Künstlicher neuronaler Regler

Ein dynamisches System, vorzugsweise eine Regelstrecke, kann durch eine lineare oder nichtlineare Funktion laut Abb. 18.7 zwischen den momentanen und vergangenen Eingangs- und Ausgangsgrößen ersetzt werden. Die Regelstrecke samt Dynamik wird durch eine bloße Folge von Daten, zumeist sehr vielen, nachgebildet. Die Daten werden an einem Parallelmodell erlernt. Aus allen verfügbaren Werten von u und y besorgt das neuronale Regelstreckenmodell die Vorhersage $y(kT+T)$. Zur Vorhersage kann Gl.(4.74) dienen.

Der neuronale Regler nach Abb. 18.8 ermittelt in analoger Weise die Stellgröße $u(kT)$

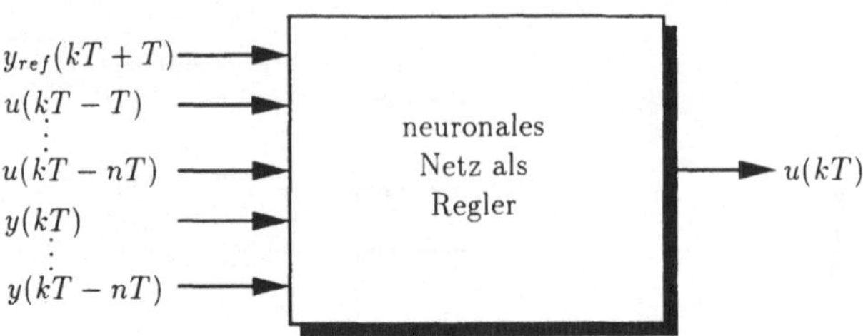

Abbildung 18.8: Regler als neuronales Netz

derart, daß der vorhergesagte Ausgang der Regelstrecke $y(kT+T)$ dem zukünftigen Sollwert $y_{ref}(kT+T)$ entspricht (*Pao, Y.H., et al. 1992*).

18.8.5 Anwendungen der neuronalen Netze und Regler

Die selbsttätige Veränderung der Gewichte führt zu einem Lernprozeß. Beispiele für das Lernen in der Technik künstlicher neuronaler Netzwerke sind wie folgt anzugeben:

- Zugehörigkeits-Funktionen für fuzzy Regelungen (auf solche Weise kann der Erfahrungsschatz selbsttätig identifiziert werden);
- Bewegungsgeometrie eines Roboters ohne Benützung von Gleichungen der Kinematik oder Kinetik;
- Betätigung von Gaspedal und Kupplung zur Erzielung eines bestimmten Geschwindigkeitsverlaufs über der Zeit;
- Erlernen einer Codierung zwischen je l binären Ein- und Ausgangsgrößen und m inneren Zuständen, wobei $m < l$ oder $m \ll l$;
- Bei Balanciervorgängen ist jene Kraft aufzufinden, die eine Gütebewertung für Abweichungen vom Gleichgewichtszustand minimiert und dabei selbsttätig passende Unterstützungspunkte (oder Stabkräfte) sucht. Eine Zerlegung und Auswahl von Zeitschritten und Gitterplätzen wird besorgt, wobei der Gitterplatz die Kraft bestimmt, der Zeitschritt das Bewertungsintervall für die Gütebewertung. Dieses Lernen kann mit und ohne Unterweisung erfolgen.

18.8.6 Neuronaler Regler gegenüber fuzzy Regler

Neuronale Regler und fuzzy Regler haben wenig gemeinsam und sind in vielem verschieden. Dennoch werden sie oft in einem Atemzug erwähnt.

Gemeinsam ist beiden, daß sie die Informationen zur Realisierung und zur Dimensionierung auf numerische und auf nichtanalytische Weise erheben bzw. durchführen.

Neuronale Regler besorgen das Lernen statischer Kennlinien und dynamischer Zusammenhänge, das Lernen von dynamischen Zuständen auch unbekannter Struktur und die Dimensionierung des Reglers basierend auf einer Formulierung, in der der Regelstrecke ein neuronales Modell unterlegt wird.

Fuzzy Regler gehen von einer Wissensbasis aus, einerseits in Form von Zugehörigkeitsfunktionen und über die Zielsetzung einer konkreten Regelung und andererseits in Form eines Regelwerks über zumeist manuell erzielte Regelungserfolge. Aus beiden Datenbasen stellt der fuzzy Regler bestimmte Kennflächen her, nach denen er seine Stellgrößen ermittelt.

Kapitel 19

Robuste Regelungen

Als differentiell unempfindlich oder insensitiv wird eine Regelung bezeichnet, die eine lokale Unabhängigkeit einer Systemeigenschaft von einer Einflußgröße aufweist. In Erweiterung dazu werden nach *Ackermann, J., 1983; Davison, E.J., et al. 1980* unter robusten Regelungen solche verstanden, die in einem weiten Bereich eine ausgewählte Systemeigenschaft besser als einen vorgewählten Richtwert oder innerhalb eines bestimmten Bereichs halten. Dadurch wirkt ein robuster Regelkreis global unempfindlich, auch wenn bestimmte Einflußgrößen auftreten.

- In diesem Zusammenhang wird als **Systemeigenschaft** einer technischen Regelung verstanden: Stabilitätsreserven (Phasenrand usw); „schöne“ Stabilität (gegeben bei Lage der Polstellen in einem gewissen Bereich der s-Ebene, der gute Stabilitätsreserve, Schnelligkeit der Regelung usw. umfaßt); Überschwingweite; stationäre Genauigkeit.

- Als **Einflußgrößen**, von denen sich eine robuste Regelung als unabhängig erweist, werden eine oder mehrere der folgenden Größen betrachtet: Parameter der Regelstrecke; strukturelle Unsicherheiten der Regelstrecke; Toleranzen des Reglers; Ausfall oder Betriebsstörungen von Sensoren und Stellgliedern; Meß- oder Quantisierungsrauschen; Störgrößen, insbesondere dann, wenn sie einen Einfluß auf Streckenparameter besitzen.

Zu adaptiven Regelungen bieten robuste folgende Unterscheidungsmerkmale. Bei robusten Regelungen bleiben im Auslegungsbereich gewisse Systemeigenschaften erhalten, wenn man die Geschwindigkeit zunächst außer Acht läßt, mit der sich die beschriebenen Einflußgrößen verändern, und ungeachtet der Möglichkeit, diese Einflußgrößen messen zu können. Im allgemeinen ist die robuste Eigenschaft nur nach einem gewissen Abstrich vom erzielbaren theoretischen Optimum der Systemeigenschaft erreichbar. Adaptive Regelungen enthalten zwar in ihrem Konzept eine selbsttätige Annäherung an den betrieblichen Optimalpunkt, dieses verlangt zumeist gewisse Rechnerleistung und ist zufolge der begrenzten Schnelligkeit und Genauigkeit der Identifikationsmechanismen nur unter Vorbehalten erreichbar; die Stabilitätsabschätzung adaptiver Regelungen gestaltet sich zumeist schwierig, weil zeitabhängige und nichtlineare Beziehungen maßgebend werden (Tabelle 19.1).

Zur Erzielung robusten Verhaltens können verschiedene Methoden angewendet werden. Soweit Ansätze und Grundlagen betroffen sind, werden einige davon im folgenden beschrieben (*Ackermann, J., und Kiendl, H., 1983; Hainzl, R., 1984; Weinmann, A., 1991; 1993; Ackermann, J., 1993*). Zu beachten ist, daß unter der Voraussetzung der Tabelle 19.1 das resultierende Problem des robusten Reglers ein lineares ist, während bei adaptiven Regelungen eine zeitvariante und nichtlineare Aufgabe vorliegt.

Tabelle 19.1: Vergleich adaptiver und robuster Regler bzw. Regelungen

Regler bzw. Regelung	Parameter der Regelstrecke **(Einflußgrößen)**	Schwankungen von **Systemeigenschaften** der Regelung	Veränderung der Reglerparameter
adaptiv	in weitem Bereich eher langsam veränderlich	sehr klein	in mittlerem bis weitem Bereich
robust	in weitem Bereich als Schar jeweils fester Werte	vorgegebene feste Toleranz	null

Häufig liegt ein praktisches Optimum bei einer geschickten Kombination aus adaptivem und robustem Entwurf.

19.1 Methoden im Frequenzbereich

Wie von *Chen, K., 1961*, erstmals hingewiesen, ist ein Regelkreis, dessen Regelschleife $|F_o(j\omega)|$ im Amplitudenfrequenz-Diagramm innerhalb einer $\pm$15-dB-Zone um die 0-dB-Linie von Einflußgrößen unbeeinflußt gehalten werden kann, diesen gegenüber weitgehend robust. Auswirkungen der Einflußgrößen auf $|F_o(j\omega)|$ außerhalb der Zone können großzügig toleriert werden. Die robusten Systemeigenschaften beziehen sich dabei im wesentlichen auf die Regeldynamik (Ausregelzeit, Überschwingen, Stabilitätsgüte). Diese Methode ist im Bode-Diagramm einfach zu handhaben (siehe auch Band 1).

Das Verfahren von *Horowitz, I., 1963*, erweitert die feste $\pm$15-dB-Schranke auf Grenzfunktionen in $|F_o(j\omega)|$ und berücksichtigt überdies Grenzwerte für die Empfindlichkeit auf Meßrauschen.

19.2 Vektor- und Matrixnormen

Um Vektoren und Matrizen mit positiven Skalaren bewerten zu können, bedient man sich der Vektor- und Matrixnormen.

Eine sehr wichtige direkte Vektor- bzw. Matrixnorm ist die Frobenius- oder Euler-Norm

$$\|\mathbf{x}\|_F \triangleq +\sqrt{|x_1|^2+|x_2|^2+\ \ldots.\ |x_n|^2} \equiv +\sqrt{\mathbf{x}^H\mathbf{x}} \quad \text{wobei} \quad \mathbf{x}^H \triangleq [(\mathbf{x})^T]^*\ ,\ \ \mathbf{x}\in\mathcal{C}^n \tag{19.1}$$

und

$$\|\mathbf{G}\|_F \triangleq +\sqrt{\sum_i\sum_j |G_{ij}|^2} \equiv +\sqrt{(\mathrm{col}\mathbf{G})^H(\mathrm{col}\mathbf{G})} \equiv +\sqrt{\mathrm{tr}\mathbf{G}^H\mathbf{G}} \equiv +\sqrt{\sum_i \lambda_i[\mathbf{G}^H\mathbf{G}]}\ . \tag{19.2}$$

Dabei ist „col“ ein Operator, der aus den Spalten einer Matrix $\mathbf{G}\in\mathcal{C}^{n\times n}$ einen Vektor $\in\mathcal{C}^{n^2}$ herstellt. Das Symbol „tr“ bedeutet die Spur; das hochgestellte ^{H} verweist auf Hermite.

Sehr bedeutsam ist die induzierte Norm (Spektral- oder Hilbert-Norm)

$$\|\mathbf{G}\|_s \triangleq \sup_{\mathbf{x}\neq\mathbf{0}} \frac{\|\mathbf{G}\mathbf{x}\|_F}{\|\mathbf{x}\|_F} \equiv \sup_{\|\mathbf{x}\|=1} \|\mathbf{G}\mathbf{x}\|_F\ . \tag{19.3}$$

Die Singulärwerte (oder Singularwerte) einer Matrix sind durch

$$\sigma_i[\mathbf{G}] \triangleq +\sqrt{\lambda_i[\mathbf{G}^H\mathbf{G}]} \qquad \forall\ i=1,2\ldots.n \tag{19.4}$$

definiert. Sie sind auch bei komplexen Matrizen stets positive Kenngrößen und sind auch für rechteckige Matrizen definiert. Für $\mathbf{G} \in \mathcal{C}^{n\times n}$ gibt es n Singulärwerte. Der größte und kleinste Singulärwert erfüllt

$$\sigma_{\max}[\mathbf{G}(s)] \equiv \|\mathbf{G}(s)\|_s \geq \frac{\|\mathbf{G}(s)\mathbf{x}(s)\|_F}{\|\mathbf{x}(s)\|_F} \geq \sigma_{\min}[\mathbf{G}(s)] \;, \tag{19.5}$$

grenzt also förmlich die Ersatzverstärkung eines multivariablen Systems bezüglich seiner vektoriellen *Signale* ein. Statt des Ausdrucks Singulärwert wird deshalb auch der Begriff Hauptverstärkung gebraucht. Der größte Singulärwert ist der Spektralnorm identisch. Weiters gilt

$$\sigma_{\max}[\mathbf{G}^{-1}(s)] = \sigma_{\min}^{-1}[\mathbf{G}(s)] \;. \tag{19.6}$$

Die vektorielle Ein- und Ausgangsgröße $\mathbf{u}(j\omega)$ bzw. $\mathbf{y}(j\omega)$ eines Systems mit der Übertragungsmatrix $\mathbf{G}(s)$ wird durch folgende Beziehung eingegrenzt

$$\|\mathbf{y}(j\omega)\|_F \leq \|\mathbf{G}(j\omega)\|_s \|\mathbf{u}(j\omega)\|_F \;. \tag{19.7}$$

Die Eigenwertbeträge einer Matrix $\mathbf{E}$ sind wie folgt beschränkt

$$\sigma_{\min}[\mathbf{E}] \leq |\lambda_i[\mathbf{E}]\,| \leq \sigma_{\max}[\mathbf{E}] \qquad \forall i = 1, 2 \ldots n, \quad \mathbf{E} \in \mathcal{C}^{n\times n} \;. \tag{19.8}$$

Weiters gelten die Rechenregeln

$$\sigma_{\min}[\mathbf{E} + \mathbf{\Delta}] \geq \sigma_{\min}[\mathbf{E}] - \sigma_{\max}[\mathbf{\Delta}] \;, \tag{19.9}$$

$$\sigma_{\max}[\mathbf{E} + \mathbf{F}] \leq \sigma_{\max}[\mathbf{E}] + \sigma_{\max}[\mathbf{F}] \;, \tag{19.10}$$

$$\sigma_{\min}[\mathbf{MN}] \geq \sigma_{\min}[\mathbf{M}]\,\sigma_{\min}[\mathbf{N}] \qquad \text{und} \qquad \sigma_{\max}[\mathbf{EF}] \leq \sigma_{\max}[\mathbf{E}]\,\sigma_{\max}[\mathbf{F}] \;. \tag{19.11}$$

19.3 Nichtlineare zeitvariante Systemunsicherheit

Das gegebene System mit der nominalen Systemmatrix $\mathbf{A}$ unterliege einer Unsicherheit $\Delta\mathbf{A}(t)$. Diese werde zunächst mittels einer nichtlinearen Signalstörung $\mathbf{g}(\mathbf{x}, t)$ in die Rechnung einbezogen. Die Lösung erfolgt auf der Basis der Lyapunov-Gleichung in $\mathbf{P}$. Betrachtet man das System

$$\dot{\mathbf{x}}(t) = \mathbf{A}\mathbf{x}(t) + \mathbf{g}(\mathbf{x}, t) \qquad \mathbf{x}(t) \in \mathcal{R}^n \tag{19.12}$$

mit $\mathbf{g}(\mathbf{0}, t) = \mathbf{0}\ \forall t$ und die Lyapunov-Funktion $V(\mathbf{x}) \triangleq \mathbf{x}^T\mathbf{P}\mathbf{x}$, dann verlangt Stabilität, daß die erste Ableitung $\dot{V}(\mathbf{x}) < 0$ ist. Die Stabilität des homogenen Systems (bei $\mathbf{g} \equiv \mathbf{0}$) erfordert negative Definitheit von $\mathbf{A}^T\mathbf{P} + \mathbf{PA}$. Für das gestörte System mit $\mathbf{g} \neq \mathbf{0}$ findet man

$$\dot{V}(\mathbf{x}) = \mathbf{x}^T(\mathbf{A}^T\mathbf{P} + \mathbf{PA})\mathbf{x} + \mathbf{g}^T(\mathbf{x}, t)\mathbf{P}\mathbf{x} + \mathbf{x}^T\mathbf{P}\mathbf{g}(\mathbf{x}, t) = \mathbf{x}^T(\mathbf{A}^T\mathbf{P} + \mathbf{PA})\mathbf{x} + 2\mathbf{g}^T(\mathbf{x}, t)\mathbf{P}\mathbf{x} \;. \tag{19.13}$$

Wenn $\mathbf{P}$ die positiv definite Lösung der Lyapunov-Gleichung

$$\mathbf{A}^T\mathbf{P} + \mathbf{PA} = -2\mathbf{Q} \qquad \text{unter} \qquad \mathbf{Q} > 0 \tag{19.14}$$

ist, vgl. auch Gl.(20.44), dann verlangt die Bedingung $\dot{V}(\mathbf{x}) \leq 0$

$$2\mathbf{g}^T(\mathbf{x}, t)\mathbf{P}\mathbf{x} \leq 2\mathbf{x}^T\mathbf{Q}\mathbf{x} \quad \Leftarrow \quad \mathbf{g}^T(\mathbf{x}, t)\mathbf{P}\mathbf{x} \leq \lambda_{\min}[\mathbf{Q}]\ \mathbf{x}^T\mathbf{x} \;. \tag{19.15}$$

Dabei wurde das Rayleigh-Prinzip für Hermite-Matrizen

$$\lambda_{\min}[\mathbf{A}]\ \mathbf{x}^T\mathbf{x} \leq \mathbf{x}^T\mathbf{A}\mathbf{x} \leq \lambda_{\max}[\mathbf{A}]\ \mathbf{x}^T\mathbf{x} \quad |_{\mathbf{A}=\mathbf{A}^H} \tag{19.16}$$

angewendet. Weiters folgt daraus in hinreichendem Sinne

$$\Leftarrow \quad \|\mathbf{g}(\mathbf{x},t)\|_F\|\mathbf{P}\|_s\|\mathbf{x}\|_F = \|\mathbf{g}(\mathbf{x},t)\|_F\ \lambda_{\max}[\mathbf{P}]\ \|\mathbf{x}\|_F \le \lambda_{\min}[\mathbf{Q}]\ \|\mathbf{x}\|_F^2 \tag{19.17}$$

$$\frac{\|\mathbf{g}(\mathbf{x},t)\|_F}{\|\mathbf{x}(t)\|_F} \le \frac{\lambda_{\min}[\mathbf{Q}]}{\lambda_{\max}[\mathbf{P}]} \tag{19.18}$$

(*Patel, R.V., and Toda, M., 1980; Wilson, R.F., et al. 1992*).

Es läßt sich zeigen, daß die größte Schranke eintritt, wenn $\mathbf{Q} = \mathbf{I}$ gesetzt wird.

Betrachtet man nun die Systemunsicherheit $\Delta\mathbf{A}$

$$\dot{\mathbf{x}}(t) = \mathbf{A}\mathbf{x}(t) + \Delta\mathbf{A}\mathbf{x}(t) = (\mathbf{A} + \Delta\mathbf{A})\mathbf{x}(t) \qquad \text{mit} \quad \mathbf{g}(\mathbf{x},t) = \Delta\mathbf{A}(t)\mathbf{x}(t)\ , \tag{19.19}$$

so folgt

$$\|\mathbf{g}(\mathbf{x},t)\|_F \le \|\Delta\mathbf{A}(t)\|_s\|\mathbf{x}(t)\|_F\ . \tag{19.20}$$

Aus Gl.(19.18), mit $\mathbf{Q} = \mathbf{I}$, wegen der Hermite-Eigenschaft von $\mathbf{P}$ und wegen $\mathbf{P} > 0$ folgt

$$\Leftarrow \quad \|\Delta\mathbf{A}(t)\|_s \le \frac{1}{\lambda_{\max}[\mathbf{P}]} = \frac{1}{\sigma_{\max}[\mathbf{P}]} = \|\mathbf{P}\|_s^{-1}\ . \tag{19.21}$$

Diese Bedingung ist hinreichend erfüllt, wenn die Frobenius-Norm verwendet wird

$$\|\Delta\mathbf{A}(t)\|_F \le \|\mathbf{P}\|_s^{-1} \qquad \text{oder wenn} \qquad n \max_{i,j}\{|\Delta A_{ij}|\} \le \|\mathbf{P}\|_s^{-1}\ . \tag{19.22}$$

Eine Regelung bei unsicherer Strecke wird mit genannten Methoden derart behandelt, daß $\mathbf{A}$ durch $\mathbf{A}_{cl} = \mathbf{A} + \mathbf{B}\mathbf{K}$ ersetzt wird. Als robuster Regler ist ein solches $\mathbf{K}$ zu bezeichnen, das unter Toleranzen $\Delta\mathbf{A}$ ein stabiles Regelkreisverhalten oder ausreichende Stabilitätsgüte sicherstellt.

Unter *Robustifizierung* wird die Suche nach einem solchen $\mathbf{K}$ verstanden, bei dem größte Toleranzen innerhalb einer vorgegebenen Struktur zulässig sind.

19.4 Robustheit mittels Bellman-Gronwall-Lemma

19.4.1 Unsicherheit an zeitdiskreten Systemen

Man betrachte das diskrete System mit fester Abtastperiode T und der nichtlinearen Systemunsicherheit $\mathbf{g}_k(\mathbf{x}_k)$

$$\mathbf{x}_{k+1} = \mathbf{\Phi}(T)\mathbf{x}_k + \mathbf{g}_k(\mathbf{x}_k) \qquad \mathbf{x}_k \in \mathcal{R}^n\ . \tag{19.23}$$

Die Eigenwerte von $\mathbf{\Phi}(T)$ liegen innerhalb einer Scheibe mit dem Radius $(\sqrt{1+\alpha})^{-1}$, wobei $\alpha > 0$. Unter der Voraussetzung $\Re e\ \lambda[\mathbf{A}] < \lambda_o$

$$\lambda[\mathbf{\Phi}(T)] = \lambda[e^{\mathbf{A}T}] = e^{\lambda[\mathbf{A}T]} = e^{T\lambda[\mathbf{A}]} \tag{19.24}$$

$$|\ \lambda[\mathbf{\Phi}(T)]\ | = |\ e^{T\lambda[\mathbf{A}]}\ | = e^{T\ \Re e\ \lambda[\mathbf{A}]} < e^{T\lambda_o} \triangleq \frac{1}{\sqrt{1+\alpha}} \tag{19.25}$$

entspricht $\lambda_o \le 0$ der Ungleichung $\alpha \ge 0$.

19.4.2 Bellman-Gronwall-Lemma. Diskrete Form

Für die positiven Folgen h_l, k_l and f_l gelte

$$h_l \leq f_l + \sum_{i=0}^{l-1} k_i h_i \qquad l = 0, 1, 2 \ldots \quad \text{bzw. im Detail} \tag{19.26}$$

$$h_o \leq f_o \tag{19.27}$$

$$h_1 \leq f_1 + k_o h_o \leq f_1 + k_o f_o \tag{19.28}$$

$$h_2 \leq f_2 + k_1 h_1 + k_o h_o \leq f_2 + (1 + k_1) k_o f_o + k_1 f_1 \tag{19.29}$$

$$h_3 \leq f_3 + (1 + k_1)(1 + k_2) k_o f_o + (1 + k_2) k_1 f_1 + k_2 f_2 \quad \text{etc. .} \tag{19.30}$$

Mittels Induktion erhält man das allgemeine Bellman-Gronwall-Lemma

$$h_l \leq f_l + \sum_{i=0}^{l-1} [\ \prod_{j=i+1}^{l-1} (1 + k_j)\ ]\ k_i f_i\ , \tag{19.31}$$

soferne man $\prod_j^{l-1}(1 + k_j) = 1$ bei $j > l - 1$ setzt.

Wenn k und f konstant sind, folgt vereinfacht

$$h_l \leq f(1 + k)^l\ . \tag{19.32}$$

19.4.3 Obere Grenze für diagonalisierbare Transitionsmatrix

Die Lösung von Gl.(19.23) lautet — mit der Abkürzung $\mathbf{\Phi}$ statt $\mathbf{\Phi}(T)$ —

$$\mathbf{x}_k = \mathbf{\Phi}^k \mathbf{x}_o + \sum_{i=0}^{k-1} \mathbf{\Phi}^{k-i-1}\ \mathbf{g}_i\ , \tag{19.33}$$

wovon man sich durch Einsetzen leicht überzeugen kann. Nimmt man von beiden Seiten von Gl.(19.33) die Norm und berücksichtigt ferner die Verstärkungseinschränkung γ aus $\|\mathbf{g}_k(\mathbf{x}_k)\|_F \leq \gamma\ \|\mathbf{x}_k\|_F$, dann folgt

$$\|\mathbf{x}_k\|_F \leq \|\mathbf{\Phi}^k\|_s\ \|\mathbf{x}_o\|_F + \gamma \sum_{i=0}^{k-1} \|\mathbf{\Phi}^{k-i-1}\|_s\ \|\mathbf{x}_i\|_F\ . \tag{19.34}$$

Wird $\mathbf{\Phi}$ diagonalisierbar angenommen, dann folgt (*Patel, R.V., and Toda, M., 1980*)

$$\mathbf{\Phi} = \mathbf{T}^{mo} \mathbf{\Lambda} \mathbf{T}^{mo,-1} \quad \rightsquigarrow \quad \mathbf{\Phi}^k = \mathbf{T}^{mo} \mathbf{\Lambda}^k \mathbf{T}^{mo,-1} \quad \text{wobei} \quad \mathbf{\Lambda} \triangleq \text{diag}\ \{\lambda_i[\mathbf{\Phi}]\}, \tag{19.35}$$

$$\|\mathbf{\Phi}^k\|_s \leq \|\mathbf{T}^{mo}\|_s\ \|\mathbf{T}^{mo,-1}\|_s\ \|\mathbf{\Lambda}^k\|_s = \kappa_s[\mathbf{T}^{mo}] \rho_s^k[\mathbf{\Phi}]\ . \tag{19.36}$$

Darin ist $\kappa_s[\mathbf{T}^{mo}]$ die Konditionszahl und ρ_s der Spektralradius

$$\|\mathbf{\Lambda}^k\|_s = \sigma_{\max}[\mathbf{\Lambda}^k] = \lambda_{\max}[\sqrt{(\mathbf{\Lambda}^H \mathbf{\Lambda})^k}] = |\ \lambda_{\max}[\mathbf{\Phi}]\ |^k = \rho_s^k[\mathbf{\Phi}]\ . \tag{19.37}$$

$$(19.34) \quad \rightsquigarrow \quad \|\mathbf{x}_k\|_F \leq \kappa_s[\mathbf{T}^{mo}]\ \rho_s^k[\mathbf{\Phi}]\ \|\mathbf{x}_o\|_F + \gamma \kappa_s[\mathbf{T}^{mo}] \sum_{i=0}^{k-1} \rho_s^{k-i-1}[\mathbf{\Phi}]\ \|\mathbf{x}_i\|_F\ . \tag{19.38}$$

Wegen $| \lambda[\Phi] | < \frac{1}{\sqrt{1+\alpha}}$ resultiert der Spektralradius $\rho_s[\Phi] < 1/\sqrt{1+\alpha}$ und

$$\|\mathbf{x}_k\|_F \leq \kappa_s[\mathbf{T}^{mo}](1+\alpha)^{-k/2} \|\mathbf{x}_o\|_F + \gamma\kappa_s[\mathbf{T}^{mo}] \sum_{i=0}^{k-1}(1+\alpha)^{-(k-i-1)/2} \|\mathbf{x}_i\|_F \tag{19.39}$$

$$(1+\alpha)^{k/2}\|\mathbf{x}_k\|_F \leq \kappa_s[\mathbf{T}^{mo}] \|\mathbf{x}_o\|_F + \sum_{i=0}^{k-1}(1+\alpha)^{1/2}\gamma\kappa_s[\mathbf{T}^{mo}](1+\alpha)^{i/2}\|\mathbf{x}_i\|_F \,. \tag{19.40}$$

Mit dem Bellman-Gronwall-Lemma und mit den nachstehenden Abkürzungen

$$h_i := (1+\alpha)^{i/2} \|\mathbf{x}_i\|_F \,, \; f_i = f := \kappa_s[\mathbf{T}^{mo}] \|\mathbf{x}_o\|_F = \text{konstant and } k_i = k := (1+\alpha)^{1/2}\gamma\kappa_s[\mathbf{T}^{mo}] = \text{konstant} \tag{19.41}$$

in Gl.(19.32) erhält man

$$(1+\alpha)^{k/2}\|\mathbf{x}_k\|_F \leq \kappa_s[\mathbf{T}^{mo}] \|\mathbf{x}_o\|_F \Big(1 + (1+\alpha)^{1/2}\gamma\kappa_s[\mathbf{T}^{mo}]\Big)^k \tag{19.42}$$

$$\|\mathbf{x}_k\|_F \leq \kappa_s[\mathbf{T}^{mo}] \|\mathbf{x}_o\|_F \Big(1 + (1+\alpha)^{1/2}\gamma\kappa_s[\mathbf{T}^{mo}]\Big)^k (1+\alpha)^{-k/2} \tag{19.43}$$

$$\|\mathbf{x}_k\|_F \leq \kappa_s[\mathbf{T}^{mo}] \|\mathbf{x}_o\|_F \Big(\frac{1}{\sqrt{1+\alpha}} + \gamma\kappa_s[\mathbf{T}^{mo}]\Big)^k \,. \tag{19.44}$$

Um Stabilität sicherzustellen, ist es hinreichend, daß nach *Yaz, E., and Niu, X., 1989*

$$\frac{1}{\sqrt{1+\alpha}} + \gamma\kappa_s[\mathbf{T}^{mo}] < 1 \quad \rightsquigarrow \quad \gamma < \frac{1}{\kappa_s[\mathbf{T}^{mo}]}\Big(1 - \frac{1}{\sqrt{1+\alpha}}\Big) \,. \tag{19.45}$$

19.5 Robustheit bei multiplikativer Unsicherheit

19.5.1 Robuste Stabilität (Stabilitätsrobustheit)

Bei einer multiplikativ mit Unsicherheit behafteten Regelstrecke unter Einschluß einer spektralen Gewichtsfunktion $W_G(s)$ lautet $G_p(s)$ unter Verwendung von Gl.(19.67)

$$G_p(s) = [1 + \Delta L(s) W_G(s)]G(s) \qquad \forall\, \Delta L(s) : \; \|\Delta L(s)\|_\infty = \sup_\omega |\Delta L(j\omega)| \leq 1 \,. \tag{19.46}$$

Der Index $_p$ verweist auf den Betriebszustand *mit* Unsicherheit („*perturbed*"). Zeichnet man das zugehörige Blockschaltbild Abb. 19.1 des Standardregelkreises mit Regler $K(s)$ und Strecke $G_p(s)$, wobei man $G_p(s)$ gemäß Gl.(19.46) auflöst, dann kann dieser Regelkreis als Kettenschaltung von $W_G(s)\Delta L(s)$ und $-KG/(1+KG)$ aufgefaßt werden.

Der Ausdruck $-KG/(1+KG)$ ist die Übertragungsfunktion des nominellen Regelkreises mit dem Eingang E und Ausgang A, also gleich $-T(s)$. Stabilität nach Nyquist ist gesichert, wenn für stabile $W_G(s)$ und $\Delta L(s)$ sowie stabilen Nominalregelkreis $T(s)$

$$| -T(j\omega)W_G(j\omega)\Delta L(j\omega)| < 1 \; \forall \omega \quad \rightsquigarrow \quad \| -T(s)W_G(s)\Delta L(s)\|_\infty < 1 \tag{19.47}$$

gilt. Mit $\|\Delta L(s)\|_\infty \leq 1$ und zufolge der Submultiplikativ-Eigenschaft[1] der H_∞-Norm, siehe Gl.(8.3), lautet die notwendige und hinreichende Stabilitätsbedingung

$$\|W_G(s)T(s)\|_\infty < 1 \quad \rightsquigarrow \quad |W_G(j\omega)F_o(j\omega)| < |1 + F_o(j\omega)| \;\; \forall\, \omega. \tag{19.48}$$

Der Nyquistpunkt muß außerhalb eines Bandes um die Ortskurve $F_0(j\omega)$ liegen; das Band entsteht durch Kreisscheiben für jedes ω mit dem Radius $|W_G(j\omega)F_0(j\omega)|$.

[1] $\|A\, B\|_\infty \leq \|A\|_\infty \|B\|_\infty$ (= bei skalaren A, B; $\leq$ bei matrizenwertigen A, B)

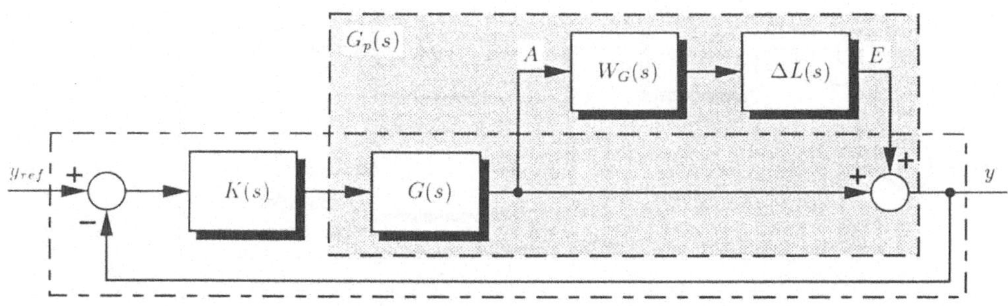

Abbildung 19.1: Standardregelkreis mit multiplikativ gestörter Regelstrecke

19.5.2 Nominelle Güte

Mit einer spektralen Gewichtsfunktion $W_e(s)$ für den Fehler $e(t)$ der Regelung kann eine Gütebedingung nominell angegeben werden, und zwar als

$$\|W_e(s)\ S(s)\|_\infty < 1\ . \tag{19.49}$$

19.5.3 Robuste Güte (Güterobustheit)

Für die Strecke mit Unsicherheit lautet die Sensitivität

$$S_p(s) \triangleq \frac{1}{1+K(s)G_p(s)} = \frac{1}{1+[1+W_G(s)\Delta L(s)]F_0(s)} = \frac{1}{1+W_G(s)T(s)\Delta L(s)}\, S(s)\ . \tag{19.50}$$

Sinngemäß kann für die robuste Güte — aus Gl.(19.49) entwickelt —

$$\|W_e(s)S_p(s)\|_\infty = \|\frac{W_e(s)}{1+W_G(s)T(s)\Delta L(s)}\, S(s)\|_\infty < 1 \quad \forall\ \Delta L(s):\ \|\Delta L(s)\|_\infty \leq 1 \tag{19.51}$$

verlangt werden. Auflösung letzterer Beziehung führt auf

$$|W_e(j\omega)S(j\omega)| < |1+W_G(j\omega)T(j\omega)\Delta L(j\omega)| \qquad \forall \omega, \Delta L\ . \tag{19.52}$$

Der offenbar ungünstigste Fall liegt dann vor, wenn die rechte Seite den kleinstmöglichen Betrag annimmt. Das ist dann der Fall, wenn $\Delta L(j\omega)$ vom Betrag 1 gerade jene Phase besitzt, daß $W_G(j\omega)T(j\omega)$ negativ reell wird; somit folgt $\forall\ \omega$

$$|W_e(j\omega)S(j\omega)| < 1 - |W_G(j\omega)T(j\omega)| \quad \rightsquigarrow \quad |W_e(j\omega)S(j\omega)| + |W_G(j\omega)T(j\omega)| < 1\ , \tag{19.53}$$

$$\|\ |W_e(j\omega)S(j\omega)| + |W_G(j\omega)T(j\omega)|\ \|_\infty < 1 \tag{19.54}$$

$$|W_e(j\omega)| + |W_G(j\omega)F_o(j\omega)| \leq |1+F_o(j\omega)|\ \ \forall\ \omega\ , \tag{19.55}$$

und zwar notwendig und hinreichend. In Gl.(19.54) ist Gl.(19.48) eingeschlossen; daher ist Gl.(19.54) die resultierende Bedingung für robuste Güte und Stabilität. Jeder Kreis des Nyquist-Ortsbandes um den Punkt der Frequenz ω und vom Radius $|W_G(j\omega)F_o(j\omega)|$ hat außerhalb einer Kreisscheibe um den Nyquistpunkt mit dem Radius $|W_e(j\omega)|$ zu liegen (*Francis, B., 1991*).

Die angegebenen Beziehungen lassen sich auch einfach auf Unsicherheit in additiver Form (Parallelanordnung) umschreiben, siehe Abb. 19.2.

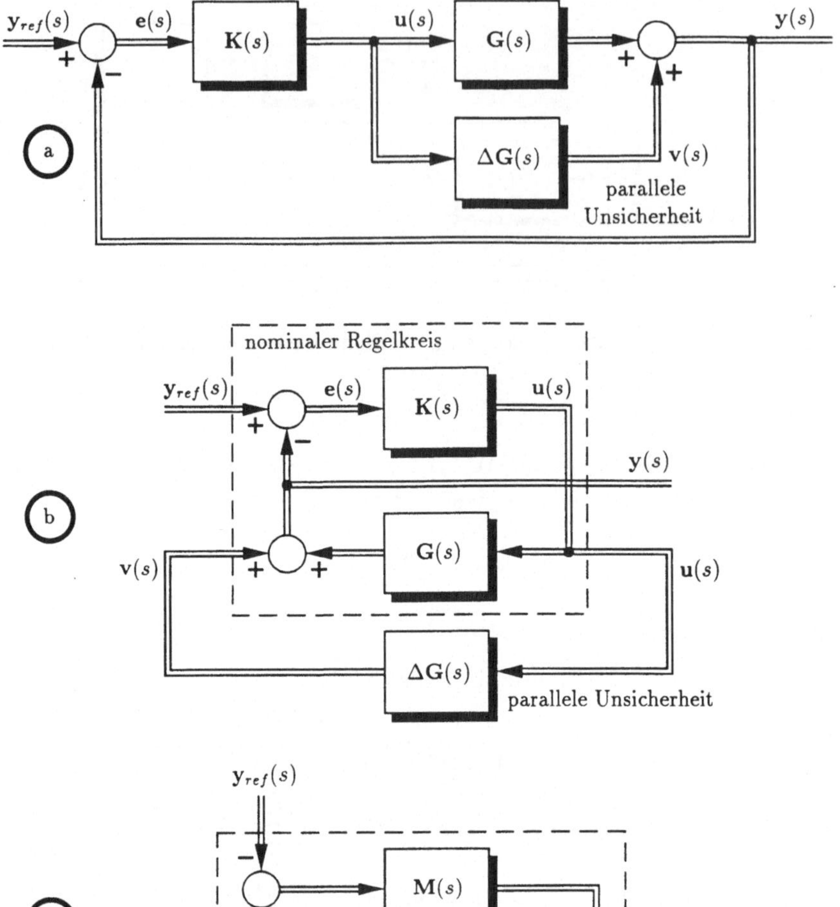

Abbildung 19.2: Mehrgrößenregelung mit paralleler Streckenunsicherheit

19.6 Stabilitätsrobustheit mittels Singulärwertanalyse

Der in der Abb. 19.2a dargestellte Regelkreis besitzt eine parallele (additive) Unsicherheit mit der unstrukturierten Eingrenzung $\|\Delta\mathbf{G}(j\omega)\|_s \leq g_o(\omega)$. Zu untersuchen ist die Stabilität der Menge aller zeitinvarianten Regelkreise, deren Unsicherheit konstant innerhalb dieser vorgegebener Grenzen liegt. Die Anzahl der Nyquist-Umfahrungen des Ursprungs von

$$\det[\mathbf{I} + \mathbf{K}(s)\{\mathbf{G}(s) + \Delta\mathbf{G}(s)\}], \tag{19.56}$$

für s auf einer Kontur um die rechte s-Halbebene, muß bei allen möglichen Werten von $\Delta\mathbf{G}$ gleichbleiben, vgl. Gl.(5.83).

Dies ist sichergestellt, wenn

$$\det[\mathbf{I} + \mathbf{K}(j\omega)\{\mathbf{G}(j\omega) + \Delta\mathbf{G}(j\omega)\}] \neq 0 \quad \forall\omega\,. \tag{19.57}$$

Die folgende Zerlegung wird besorgt, um die erfüllte Stabilitätsbedingung des unsicherheitsfreien Regelkreises $\det(\mathbf{I}+\mathbf{KG}) \neq 0$ einfließen lassen zu können

$$\underbrace{\det(\mathbf{I}+\mathbf{KG})}_{\neq 0} \det[\underbrace{\mathbf{I}+(\mathbf{I}+\mathbf{KG})^{-1}\mathbf{K}\Delta\mathbf{G}}_{\triangleq \mathbf{H}}] \neq 0 \qquad \forall\, \omega\,. \tag{19.58}$$

Nun wird ein Hilfssatz verwendet, und zwar in der Form, daß $\det \mathbf{V} = 0$ erfordert, daß ein Eigenwert $\lambda_i[\mathbf{V}] = 0$ wird, mit Rücksicht auf die Definition $\det(\lambda_i[\mathbf{V}] - \mathbf{V}) = 0$; damit $\det \mathbf{H} \neq 0$ ist $\lambda_i[\mathbf{H}] \neq 0\ \forall\, i$ zu verlangen, $\mathbf{H}$ darf also keinen Eigenwert bei null besitzen

$$\lambda_i[\mathbf{H}] = \lambda_i[\mathbf{I}+(\mathbf{I}+\mathbf{KG})^{-1}\mathbf{K}\Delta\mathbf{G}] \neq 0 \qquad \forall\, \omega\,. \tag{19.59}$$

Mit der Beziehung Gl.(19.8) ergibt sich

$$\sigma_{\min}[\mathbf{H}] = \sigma_{\min}[\mathbf{I}+(\mathbf{I}+\mathbf{KG})^{-1}\mathbf{K}\Delta\mathbf{G}] > 0 \qquad \forall\, \omega\,. \tag{19.60}$$

Wegen Gl.(19.9) mit $\mathbf{E} := \mathbf{I}$, $\boldsymbol{\Delta} := (\mathbf{I}+\mathbf{KG})^{-1}\mathbf{KG}$, findet man

$$\Leftarrow \qquad \sigma_{\min}[\mathbf{I}] - \sigma_{\max}[(\mathbf{I}+\mathbf{KG})^{-1}\mathbf{K}\Delta\mathbf{G}] > 0 \quad \forall\, \omega\,. \tag{19.61}$$

Unter Verwendung von Gl.(19.11) folgt für alle Frequenzen

$$\sigma_{\max}[(\mathbf{I}+\mathbf{KG})^{-1}]\ \sigma_{\max}[\mathbf{K}]\,\sigma_{\max}[\Delta\mathbf{G}] < 1 \quad \forall\, \omega\,. \tag{19.62}$$

$$\frac{1}{\sigma_{\min}[\mathbf{I}+\mathbf{KG}]}\ \sigma_{\max}[\mathbf{K}]\sigma_{\max}[\Delta\mathbf{G}] < 1 \qquad \Leftarrow \qquad g_o(\omega) < \frac{\sigma_{\min}[\mathbf{I}+\mathbf{KG}]}{\sigma_{\max}[\mathbf{K}]} \qquad \forall\, \omega\,. \tag{19.63}$$

Um eine gewisse Regelgenauigkeit sicherstellen zu können, wird die Bedingung einer Minimalverstärkung $\sigma_{\min}[\mathbf{I}+\mathbf{KG}+\mathbf{K}\Delta\mathbf{G}] > p_o$ verlangt. Dies führt bei kleinen Frequenzen auf

$$\Leftarrow \quad \sigma_{\min}[\mathbf{I}+\mathbf{KG}] - \sigma_{\max}[\mathbf{K}\Delta\mathbf{G}] > p_o \qquad \Leftarrow \qquad \sigma_{\min}[\mathbf{KG}] - 1 - \sigma_{\max}[\mathbf{K}]g_o(\omega) > p_o \tag{19.64}$$

$$g_o(\omega) < \frac{-(p_o+1)+\sigma_{\min}[\mathbf{KG}]}{\sigma_{\max}[\mathbf{K}]} \qquad \forall\, \omega \doteq 0\,. \tag{19.65}$$

Wird der Rechengang, der zum Ergebnis der Gl.(19.63) führt, strukturell näher betrachtet, dann kann er den Operationen gleichgesetzt werden, die in Abb. 19.2b und c durchgeführt wurden. Dabei wird die Unsicherheit $\Delta\mathbf{G}(s)$ aus dem Verband herausgezogen und dem nominalen Regelkreis mit der Übertragungsmatrix

$$\mathbf{M}(s) \triangleq -[\mathbf{I}+\mathbf{K}(s)\mathbf{G}(s)]^{-1}\mathbf{K}(s) \tag{19.66}$$

gegenübergestellt. Diese Regelkreisübertragungsmatrix ist von ihrem Eingang $\mathbf{v}$ zu ihrem Ausgang $\mathbf{u}$ definiert. Die Signale $\mathbf{v}$ und $\mathbf{u}$ sind zugleich Ausgang bzw. Eingang der Unsicherheit.

Mit Benützung einer speziellen Funktionsnorm, nämlich der H_∞-Norm, siehe Gl.(19.71),

$$\|\Delta\mathbf{G}(s)\|_\infty \triangleq \sup_\omega \|\Delta\mathbf{G}(j\omega)\|_s \leq \sup_\omega g_o(\omega) \tag{19.67}$$

kann die Stabilität nach Gl.(19.58) unter Weglassen von „$\forall\, \omega$“ auf

$$\|\mathbf{M}\ \Delta\mathbf{G}(s)\|_\infty < 1 \tag{19.68}$$

umgeschrieben werden. Es gilt nämlich in hinreichendem Sinne

$$\|\Delta\mathbf{G}(s)\|_\infty < \frac{1}{\|\mathbf{M}(s)\|_\infty} \quad \Leftarrow \quad \sup_\omega g_o(\omega) < \frac{1}{\|\mathbf{M}(s)\|_\infty} = \inf_\omega \frac{1}{\sigma_{\max}[(\mathbf{I}+\mathbf{KG})^{-1}\mathbf{K}]} \,. \tag{19.69}$$

Dieser Ausdruck ist der Gl.(19.63) inhaltsgleich.

Das Problem für $\mathbf{K}$, eine ganze Klasse von $\mathbf{G}_p$ zu stabilisieren, konnte auf die Aufgabe zurückgeführt werden, einerseits mit $\mathbf{K}$ die Nominalstrecke $\mathbf{G}$ zu stabilisieren und andererseits die H_∞-Norm der Matrix $\mathbf{M}$ kleiner als einen von der Toleranz $\Delta\mathbf{G}$ bestimmten Wert zu halten. Die Matrix $\mathbf{M}$ korrespondiert mit der Stellübertragungsfunktion.

Für den zumeist vorkommenden Fall, daß die Unsicherheiten nicht gänzlich unstrukturiert vorliegen, sondern etwa dadurch strukturiert sind, daß elementweise Beschränkungen $|\Delta G_{ij}(j\omega)| < g_{ij}(\omega)$ vorgegeben sind, würde die Stabilitätsrobustheit in der Singulärwertanalyse zwar richtige, aber unter Umständen *allzu* hinreichende Ergebnisse liefern.

Unsicherheiten sind über umfangreichere Regelstrecken hinweg nicht auf alle Elemente der Matrix $\Delta\mathbf{G}$ verteilt, sondern sie sind, wie sich zeigen läßt, blockdiagonal strukturiert; dies führt dazu, daß unter Verwendung der μ_D-Norm aus Tabelle 8.3 die Stabilitätsrobustheitsbedingung (in zwei identischen Schreibformen)

$$\sup_\omega \mu_D[\mathbf{M}] \equiv \sup_\omega \|\mathbf{M}\|_{\mu_D} < \frac{1}{\|\Delta\mathbf{G}(s)\|_\infty} \tag{19.70}$$

lautet (*Doyle, J.C., 1982; Reichert, R.T., 1992*).

Das Mehrgrößensystem gemäß $\mathbf{y}(s) = \mathbf{G}(s)\mathbf{u}(s)$ ist sowohl durch die Definition im Frequenzbereich $\|\mathbf{G}(s)\|_\infty \triangleq \sup_\omega \sigma_{\max}[\mathbf{G}(s)]\,|_{s=j\omega}$ zu charakterisieren als auch durch folgende Beziehung im Zeitbereich (unter Berücksichtigung der Funktionsnormen $\|\cdot\|_2$)

$$\|\mathbf{G}(s)\|_\infty^2 = \sup_{\mathbf{u}} \frac{\|\mathbf{y}(t)\|_2^2}{\|\mathbf{u}(t)\|_2^2} = \sup_{\mathbf{u}} \frac{\int_0^\infty \mathbf{y}^T(t)\mathbf{y}(t)dt}{\int_0^\infty \mathbf{u}^T(t)\mathbf{u}(t)dt} \,; \tag{19.71}$$

dieser Ausdruck entspricht der maximalen *Energie*verstärkung des Übertragungssystems über alle Eingangssignale $\mathbf{u}(t)$ mit endlichem Energieinhalt. Betreffend Herleitung siehe etwa *Weinmann, A., 1991, Eq.(20.90) bis (20.101)* oder Band 1.

19.7 H$_\infty$-Problem

Als klassisches H_∞-Problem wird der folgende Ansatz bezeichnet. Eine verallgemeinerte Eingangsgröße $\mathbf{y}_{in}(s)$ (bestehend aus Sollwerten, Störgrößen etc.), ggf. unter Einschluß von Bewertungsmatrizen wie in Gln.(19.77) bis (19.80), wird angenommen, siehe Abb. 19.3a. Alternativ kann auch eine verallgemeinerte Ausgangsgröße $\mathbf{y}_{aus}(s)$ angesetzt werden, Abb. 19.3b, woraus sich

$$\begin{pmatrix}\mathbf{y}_{aus}(s)\\ \mathbf{e}(s)\end{pmatrix} = \mathbf{\Omega}(s)\begin{pmatrix}\mathbf{w}_d(s)\\ \mathbf{u}(s)\end{pmatrix} \triangleq \begin{pmatrix}\mathbf{\Omega}_{11}(s) & \mathbf{\Omega}_{12}(s)\\ \mathbf{\Omega}_{21}(s) & \mathbf{\Omega}_{22}(s)\end{pmatrix}\begin{pmatrix}\mathbf{w}_d(s)\\ \mathbf{K}(s)\mathbf{e}(s)\end{pmatrix} \rightsquigarrow \mathbf{e} = (\mathbf{I}-\mathbf{\Omega}_{22}\mathbf{K})^{-1}\mathbf{\Omega}_{21}\mathbf{w}_d \tag{19.72}$$

$$\mathbf{y}_{aus}(s) = [\mathbf{\Omega}_{11} + \mathbf{\Omega}_{12}\mathbf{K}(\mathbf{I}-\mathbf{\Omega}_{22}\mathbf{K})^{-1}\mathbf{\Omega}_{21}]\mathbf{w}_d(s) \triangleq \mathbf{\Omega}_G[s;\mathbf{K}(s)]\;\mathbf{w}_d(s) \tag{19.73}$$

ableiten läßt. Die Übertragungsmatrix $\mathbf{\Omega}_G[s;\mathbf{K}(s)]$ wird über $\mathbf{K}(s)$ in ihrer H_∞-Norm minimisiert und führt zum H_∞-Regler $\mathbf{K}^\star(s)$

$$\mathbf{K}^\star(s) = \arg\min_{\mathbf{K}} \|\mathbf{\Omega}_G[s;\mathbf{K}(s)]\|_\infty \,. \tag{19.74}$$

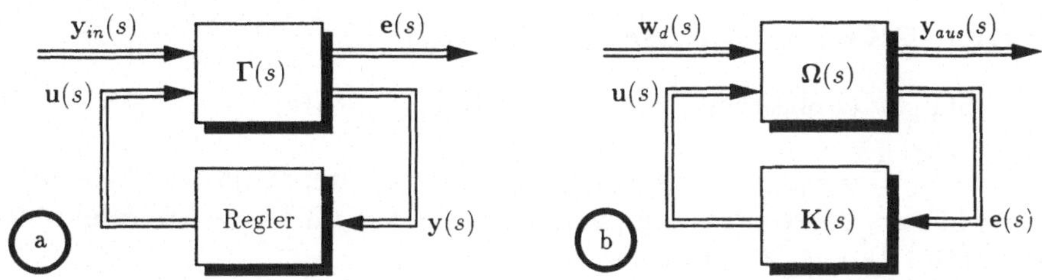

Abbildung 19.3: Verallgemeinerter Regelkreis in zwei Varianten

Diese Aufgabe ist im Prinzip immer lösbar, wenn $\mathbf{\Omega}(s)$ eine linkskoprime Faktorisierung besitzt. Je nach dem, ob die Matrizen $\mathbf{\Omega}_{12}(s)$ und $\mathbf{\Omega}_{21}(s)$ beide quadratisch sind, nur eine der beiden oder keine von ihnen, wird das Probem als 1-Block-, 2-Block- oder 4-Block-Problem bezeichnet. Als suboptimales H_∞-Problem wird jene Aufgabe bezeichnet, ein $\mathbf{K}(s)$ zu finden, das den verallgemeinerten Regelkreis stabilisiert und vorerst $\|\mathbf{\Omega}_G[s;\mathbf{K}(s)]\|_\infty < \gamma$ garantiert. Daran schließt sich eine Minimisierung über γ. Zu Lösung des suboptimalen Problems bedarf es einer, im allgemeinen Fall aber zweier Riccati-Gleichungen.

19.8 Stabilitätsrobustheit und Regelkreisgüte

Gemeinsam sind Regelkreisgüte und Stabilitätsrobustheit wie folgt zu behandeln. Für die üblichen Bezeichnungen eines Regelkreises, bei Störung $\mathbf{w}_d$ am Streckenausgang und bei Meßrauschen $\mathbf{n}_r$ in der Rückführung des Ausgangs $\mathbf{y}$ zum Sollwert $\mathbf{y}_{ref}$ gilt für diskrete Systeme[2] im nominalen Betrieb

$$\mathbf{e}(z) = \mathbf{y}_{ref}(z) - \mathbf{y}(z) = [\mathbf{I}+\mathbf{G}(z)\mathbf{K}(z)]^{-1}[\mathbf{y}_{ref}(z)-\mathbf{w}_d(z)] + [\mathbf{I}+\mathbf{G}(z)\mathbf{K}(z)]^{-1}\mathbf{G}(z)\mathbf{K}(z)\mathbf{n}_r(z)\,. \tag{19.75}$$

Die Streckenunsicherheit sei eine multiplikative und ausgangsorientiert

$$\mathbf{G}_p(z) = [\mathbf{I} + \Delta\mathbf{L}_o(z)]\mathbf{G}(z) \quad \text{bei} \quad \sigma_{\max}[\Delta\mathbf{L}_o(e^{j\theta})] \le l(\theta) \quad 0 \le \theta \le \pi\,. \tag{19.76}$$

Der Index $_p$ verweist auf den Betriebszustand *mit* Unsicherheit (*„perturbed"*). Die Eingangssignale und die Regelabweichung haben bezüglich Frequenzverteilung, Amplitude bzw. Energieinhalt die Beschränkungen zu erfüllen, daß

$$\| \mathcal{Z}^{-1}\{\mathbf{W}_{ref}(z)\mathbf{y}_{ref}(z)\} \|_2 \le 1 \tag{19.77}$$
$$\| \mathcal{Z}^{-1}\{\mathbf{W}_{wd}(z)\mathbf{w}_d(z)\} \|_2 \le 1 \tag{19.78}$$
$$\| \mathcal{Z}^{-1}\{\mathbf{W}_{nr}(z)\mathbf{n}_r(z)\} \|_2 \le 1 \tag{19.79}$$
$$\| \mathcal{Z}^{-1}\{\mathbf{W}_e(z)\mathbf{e}(z)\} \|_2 \le 1\,. \tag{19.80}$$

Darin sind $\mathbf{W}_i(z)$ entsprechende Gewichtsmatrizen. Analog zu der Herleitung in früheren Abschnitten lauten die Entwurfsziele und die Ergebnisse in Zusammenstellung

$$\|\mathbf{W}_e(\mathbf{I}+\mathbf{GK})^{-1}\mathbf{W}_{ref}^{-1}\|_\infty \le 1 \quad \rightsquigarrow \quad \sigma_{\min}[\mathbf{I}+\mathbf{GK}] \ge \frac{\sigma_{\max}[\mathbf{W}_e(e^{j\theta})]}{\sigma_{\min}[\mathbf{W}_{ref}(e^{j\theta})]} \tag{19.81}$$

$$\|\mathbf{W}_e(\mathbf{I}+\mathbf{GK})^{-1}\mathbf{W}_{wd}^{-1}\|_\infty \le 1 \quad \rightsquigarrow \quad \sigma_{\min}[\mathbf{I}+\mathbf{GK}] \ge \frac{\sigma_{\max}[\mathbf{W}_e(e^{j\theta})]}{\sigma_{\min}[\mathbf{W}_{wd}(e^{j\theta})]} \tag{19.82}$$

[2] Für kontinuierliche Systeme würden sich analoge Formelausdrücke angeben lassen.

$$\|\mathbf{W}_e(\mathbf{I}+\mathbf{GK})^{-1}\mathbf{GKW}_{nr}^{-1}\|_\infty \leq 1 \quad \leadsto \quad \sigma_{\min}[\mathbf{I}+(\mathbf{GK})^{-1}] \geq \frac{\sigma_{\min}[\mathbf{W}_{nr}(e^{j\theta})]}{\sigma_{\max}[\mathbf{W}_e(e^{j\theta})]} \tag{19.83}$$

$$\text{Stabilitätsrobustheit} \quad \leadsto \quad \sigma_{\min}[\mathbf{I}+(\mathbf{GK})^{-1}] \geq l(\theta) \quad 0 \leq \theta \leq \pi\,. \tag{19.84}$$

Darin ist $\|\mathbf{G}(z)\|_\infty \triangleq \sup_{0\leq\theta\leq\pi} \sigma_{\max}[\mathbf{G}(z)]\,|_{z=e^{j\theta}}$. Man beachte, daß in zwei der obigen Fälle die Rückführdifferenz-Matrix $[\mathbf{I}+\mathbf{GK}]$ und in zwei anderen die Invers-Rückführdifferenz-Matrix $[\mathbf{I}+(\mathbf{GK})^{-1}]$ maßgebend ist.

19.9 Shaping

Wird zusätzlich ein quadratisches Gütekriterium für die Optimalität im Nominalbetrieb einbezogen, ohne die Robustheitsbedingungen deswegen als Nebenbedingung außer Acht zu lassen, spricht man von *LQG loop shaping* (*Doyle, J.C., and Stein, G., 1981; Al-Saggaf, U.M., 1992; Elgersma, M.R., et al. 1992*).

Unter *Loopshaping* allgemein wird eine Entwurfsmethode verstanden, bei der sowohl die Regelkreisgüte über die Sensitivitätsfunktion $S(s)$ als auch die Robustheit (bei multiplikativer Streckenunsicherheit) über die komplementäre Sensitivitätsfunktion $T(s)$ gemeinsam herangezogen werden. Mit frequenzabhängigen Gewichtsfunktionen wird eine gegenseitige Gewichtung besorgt. Für stabile, minimalphasige Regelstrecken $G(s)$ läßt sich dieses Problem zumeist in Ungleichungen für niedrige und hohe Frequenzen aufspalten, die von $F_o(j\omega)$ zu erfüllen sind. Der Entwurf reduziert sich dann im Bodediagramm auf ein Einpassen von $|F_o(j\omega)|$ mit mäßiger Durchtrittssteigung einerseits und auf eine Rechnung $K(s) = F_o(s)/G(s)$ andererseits; vorausgesetzt $F_o(s)$ und $G(s)$ besitzen gleiche Graddifferenz. Unter geeigneten Bedingungen läßt *Shaping* auch direkt auf $K(s)$ abzielen (*Doyle, J.C., et al. 1992*).

19.10 Polytope von Polynomen. Intervall-Polynome

Betrachtet wird die Stabilitätsrobustheit von linearen kontinuierlichen Systemen anhand des charakteristischen Polynoms des Regelkreises. Die Koeffizienten des Polynoms weisen gewisse Unsicherheiten auf. Das Schlüsselproblem liegt in der Stabilitätsbestimmung bei Unsicherheit der Koeffizienten.

Ein Polytop ist die konvexe Hülle einer endlichen Anzahl von Punkten im Euklidischen Raum. Betrachtet werden die Polynomkoeffizienten innerhalb der Region

$$l_i \triangleq a_{i,nom} - \Delta a_{li} \leq a_i \leq a_{i,nom} + \Delta a_{hi} \triangleq h_i, \quad l_i > 0 \quad \forall i = [0,n] \tag{19.85}$$

wobei $a_{i,nom}$ die nominalen Koeffizienten darstellen und l, h „low, high" bedeutet. Die obigen Ungleichungen begründen ein rechteckiges Polytop im Raum von a_i mit Kanten parallel zu den Koordinatenachsen.

Das charakteristische Polynom mit der Unsicherheit innerhalb vorgegebener Grenzen $\mathbf{q} \in \mathcal{Q}$

$$p(s,\mathbf{q}) = \sum_{i=0}^{n} a_i(\mathbf{q})\, s^i \quad \leadsto \quad p(s,\mathbf{q}) = p_o(s) + \sum_{j=1}^{m} q_j\, p_j(s)\,, \quad \mathbf{q} \triangleq \mathbf{vector}[q_j] \in \mathcal{R}^m\,, \quad a_n(\mathbf{q}) \neq 0 \tag{19.86}$$

$$p_o(s) \triangleq \sum_{i=1}^{n} a_{io}\, s^i\,, \qquad p_j(s) \triangleq \sum_{i=1}^{n} a_{ij}\, s^i \quad \forall\, j = 1,2...m \tag{19.87}$$

$$a_i(\mathbf{q}) = a_{io} + \sum_{j=1}^{m} a_{ij} q_j \qquad \forall\, i = 0,1,2...n \quad \forall\, j = 1,2....m\ , \quad a_{ij} = \text{konstant} \tag{19.88}$$

kann auf die Form mit den obgenannten Störungspolynomen $p_j(s)$ gebracht werden, wenn $a_i(\mathbf{q})$ affine Funktionen sind. Für $m = n$ und bloße Potenzen $p_j(s) = s^j$ heißt $p(s, \mathbf{q})$ Intervall-Polynom. Für solche ist das Kharitonov-Theorem primär gültig. Abwandlungen auf andere Fälle sind in der Spezialliteratur zu finden. Bei $\mathbf{q} = \mathbf{0}$ liegt das nominale Polynom vor.

19.11 Kharitonov-Theorem

Man betrachte das nominale Polynom mit reellen Koeffizienten

$$p_{nom}(s) = a_{o,nom} + a_{1,nom}s + \ldots + a_{n,nom}s^n \tag{19.89}$$

und eine unbegrenzte Familie von gestörten Polynomen

$$p_p(s) = a_o + a_1 s + \ldots + a_n s^n\ , \tag{19.90}$$

in denen jedes a_i innerhalb der vorgegebenen Grenzen $0 < l_i \leq a_i \leq h_i \quad \forall i = [0, n]$ variieren kann. Dann besagt das starke Theorem von *Kharitonov, V.L., 1979,* daß die gesamte Familie der Polynome Hurwitz-stabil ist, wenn und nur wenn vier[3] Extrempolynome $a_{e1}(s)$ bis $a_{e4}(s)$ vom Grad n Hurwitz-stabil sind, d.h. daß alle Lösungen negativen Realteil besitzen

$$\begin{aligned}
a_{e1}(s) &= h_o + l_1 s + l_2 s^2 + h_3 s^3 + h_4 s^4 + l_5 s^5 + l_6 s^6 + \ldots && (19.91)\\
a_{e2}(s) &= h_o + h_1 s + l_2 s^2 + l_3 s^3 + h_4 s^4 + h_5 s^5 + l_6 s^6 + \ldots && (19.92)\\
a_{e3}(s) &= l_o + h_1 s + h_2 s^2 + l_3 s^3 + l_4 s^4 + h_5 s^5 + h_6 s^6 + \ldots && (19.93)\\
a_{e4}(s) &= l_o + l_1 s + h_2 s^2 + h_3 s^3 + l_4 s^4 + l_5 s^5 + h_6 s^6 + \ldots\ . && (19.94)
\end{aligned}$$

Das schwache Theorem von Kharitonov ist durch die Aussage gegeben, daß es notwendig und hinreichend ist, daß alle Eckpolynome stabil sind. Die Eckpolynome erhält man aus jenen Polynomen, die den Ecken des Parameter-Polytops entsprechen, d.h. wenn $a_i \in \{l_i, h_i\}\ \forall\, i$. Es existieren 2^{n+1} Eckpolynome. Die starke Version besagt, daß nur vier der 2^{n+1} Ecken sowohl notwendig als auch hinreichend für Stabilitätsrobustheit sind.

Systematisches Suchen über etwa 100 Punkte innerhalb jedes Intervalls erforderte bei $n = 6$ die Kontrolle von $100^{(6+1)}$ Polynomlösungen 6-ten Grades. Mit dem schwachen Kharitonov-Theorem sind nur $2^{(6+1)}$ Polynome 6-ten Grades zu lösen, nach dem starken Kharitonov-Theorem nur vier.

Die Schwierigkeit der Anwendung des Satzes von Karitonov liegt allerdings darin, daß die Unsicherheiten innerhalb des Regelkreises, vornehmlich in der Regelstrecke, sich nicht auf Unsicherheiten der Polynomkoeffizienten auswirken, wie sie Gl.(19.89) als rechteckiges Polytop vorlegt. Muß der tatsächliche Unsicherheitsbereich im Koeffizientenraum der charakteristischen Regelkreisgleichung — so wie er von den Regelstreckenparametern bedingt wird — durch ein rechteckiges Polytop *um*schrieben werden, dann werden überflüssige Koeffizientenkombinationen in die Rechnung einbezogen und die Ergebnisse sind letztlich nur hinreichend.

[3]Bei einem Grad niedriger als sechs sind noch weniger Extrempolynome ausreichend.

19.12 Kantensatz

Betrachtet man ein allgemeines Polytop von Polynomen

$$p_p(s) = p_o(s) + \sum_{j=1}^{m} \mu_j a_j(s) \qquad 0 \le \mu_j \le 1 \qquad j = 1, 2 \ldots m\,, \tag{19.95}$$

dann sind $p_j \overset{\Delta}{=} p_o(s) + a_j(s) \;\; j = 1, 2 \ldots m$ die zugehörigen Eckpolynome. Die Unsicherheiten der Koeffizienten werden polytopisch betrachtet, d.h. jene Familie der Polynome wird untersucht, deren Koeffizienten von der konvexen Hülle der Eckpolynome $p_1(s)$ bis $p_m(s)$ bestimmt ist. Wird μ_j variiert, erhält man die Kante in Richtung von $a_j(s)$. Die Kantenpolynome sind durch

$$p_{ik}(s) = p_i(s) + \lambda[p_k(s) - p_i(s)] = (1-\lambda)p_i(s) + \lambda p_k(s) \quad \forall i, \quad k > i, \quad \lambda \in [0,1] \tag{19.96}$$

gegeben. Die Aufgabe besteht nun darin, jene Region in der s-Ebene zu finden, in der alle Lösungen $p_p(s) = 0$ liegen, oder zu prüfen, ob sich alle Lösungen in einer vorgegebenen Region befinden.

Der Kantensatz von *Bartlett, A.C., Hollot, C.V., and Lin, H., 1987* besagt, daß ein Polytop von Polynomen n-ter Ordnung Γ-stabil ist, d.h. daß alle Wurzeln innerhalb der Region Γ der komplexen Ebene liegen, und zwar für ein zusammenhängendes Γ, wenn alle exponierten Kanten Γ-stabil sind. Die exponierten Kanten des Polytops von Polynomen garantieren, daß die Lösungen von jedem Element der Menge von Polynomen stabil ist. Die exponierten Kanten werden nur in einer einzigen Variablen parametriert, und zwar in λ wie in obigen Gleichungen. Als Folge dieser nur eindimensionalen Abhängigkeit ist der Rechenaufwand bescheiden. Für die Einschränkung auf die exponierten Kanten gibt es einige in der Literatur näher beschriebene Möglichkeiten. Im äußersten Fall sind alle Polynome entlang der Kanten in ihrer eindimensionalen Parameterabhängigkeit zu studieren.

Lineare Abhängigkeit der Polynomkoeffizienten und beliebig zusammenhängende Gebiete sind zulässig, beides zum Unterschied vom Kharitonov-Theorem. Abhängige Koeffizientenveränderungen tauchen bei praktischen Problemen immer auf, z.B. bei einem festen Regler und einer Strecke mit unsicheren Parametern. Der Kantensatz ist auch unmittelbar auf zeitdiskrete Systeme zu übertragen. Der Kantensatz kann auch mittels Wurzelortskurven ausgewertet werden (*Kraus, F.J., und Mansour, M., 1987*). Der Wurzelort wird dabei mit $p_i(s) + \lambda/(1-\lambda)\; p_k(s) \overset{\Delta}{=} p_i(s) + V p_k(s)$ bestimmt, wobei V von 0 bis ∞ variiert.

Beispiel. System 4.Ordnung mit unsicherem höchsten Polynomkoeffizienten: Gegeben sei der Regler $K(s)$ und die Stecke $G(s)$ mit einem unsicheren Koeffizienten γ zwischen 0 und γ_o mit $\gamma_o > 0$ sowie bei $1 > \alpha > 0$ und $\beta > 0$. Aus dieser Angabe folgt

$$K(s)G(s) = \frac{4}{(1+s)(1+\beta s + \alpha s^2 + \gamma s^3)} = \frac{4}{1 + s(1+\beta) + (\alpha+\beta)s^2 + (\alpha+\gamma)s^3 + \gamma s^4}\,, \tag{19.97}$$

das charakteristische Polynom $p_p(s)$ des Regelkreises und nachstehendes Routh-Schema

$$p_p(s) = \gamma s^4 + (\alpha+\gamma)s^3 + (\alpha+\beta)s^2 + (1+\beta)s + 5 = 0 \tag{19.98}$$

$$\text{Routh-Schema:} \qquad \begin{array}{ccc} \gamma & \alpha+\beta & 5 \\ \alpha+\gamma & 1+\beta & \\ b_1 & b_2 & \\ c_1 & 0 & \\ d_1 & & \end{array} \tag{19.99}$$

mit

$$b_1 = \frac{-\det\begin{pmatrix}\gamma & \alpha+\beta \\ \alpha+\gamma & 1+\beta\end{pmatrix}}{\alpha+\gamma} = \frac{-\gamma(1+\beta)}{\alpha+\gamma} + \alpha + \beta\,, \quad b_2 = \frac{-\det\begin{pmatrix}\gamma & 5 \\ \alpha+\gamma & 0\end{pmatrix}}{\alpha+\gamma} = 5 \tag{19.100}$$

$$c_1 = \frac{-\det\begin{pmatrix}\alpha+\gamma & 1+\beta \\ b_1 & b_2\end{pmatrix}}{b_1} = -\frac{(\alpha+\gamma)b_2}{b_1} + 1 + \beta \quad \text{und} \quad d_1 = b_2\,. \tag{19.101}$$

Die erste Routh-Bedingung $b_1 > 0$ führt auf

$$\alpha^2 + \alpha\beta > \gamma - \alpha\gamma \quad \rightsquigarrow \quad \gamma < \frac{\alpha(\alpha+\beta)}{1-\alpha} \triangleq \gamma_{o1R}\,. \tag{19.102}$$

Der Index $_R$ verweist auf Routh. Die zweite Routh-Bedingung $c_1 > 0$ ergibt wegen

$$x^2 + p\,x + q < 0 \quad \rightsquigarrow \quad -\frac{p}{2} - \sqrt{\frac{p^2}{4} - q} < x < -\frac{p}{2} + \sqrt{\frac{p^2}{4} - q} \tag{19.103}$$

nach Zwischenrechnungen eine[4] quadratische Bedingung

$$\gamma < -\frac{9\alpha + 1 + \beta(1-\alpha)}{10} + \sqrt{[\frac{9\alpha + 1 + \beta(1-\alpha)}{10}]^2 + \frac{\alpha^2(\beta-4) + \alpha\beta(1+\beta)}{5}} \triangleq \gamma_{o2R} \tag{19.104}$$

und letztlich $\gamma < \gamma_{oR} = \min\{\gamma_{o1R}, \gamma_{o2R}\}$. Damit ist in dieser Aufgabe eine notwendige und hinreichende Stabilitätsrobustheitsbedingung aufzustellen möglich gewesen.

Die hinreichende Untersuchung nach dem Kharitonov-Theorem liefert ein $a_{e1}(s)$, das dem Polynom $p_p(s)$ aus Gl.(19.98) für $\gamma = \gamma_o$ identisch ist. Allerdings ergibt[5] $a_{e2}(s)$ laut Gl.(19.92) mit h_4 an der oberen (mit γ_o noch unbekannten) Grenze

$$a_{e2}(s) = 5 + (1+\beta)s + (\alpha+\beta)s^2 + \alpha\, s^3 + \gamma_o\, s^4 \tag{19.105}$$

mit neuerlicher Anwendung des Routh-Schemas andere Werte, die mit einem zusätzlichen Index $_{Kh}$ gekennzeichnet sind, nämlich

$$b_{1Kh} = \frac{-\gamma_o(1+\beta)}{\alpha} + \alpha + \beta > 0 \quad \rightsquigarrow \quad \gamma_o < \frac{(\alpha+\beta)\alpha}{1+\beta} \triangleq \gamma_{o1Kh} \tag{19.106}$$

$$c_{1Kh} = \frac{-\det\begin{pmatrix}\alpha & 1+\beta \\ b_{1Kh} & b_{2Kh}\end{pmatrix}}{b_{1Kh}} > 0 \quad \rightsquigarrow \quad \gamma_o < -\frac{5\alpha^2}{(1+\beta)^2} + \frac{\alpha(\alpha+\beta)}{1+\beta} \triangleq \gamma_{o2Kh} \tag{19.107}$$

und

$$\gamma < \gamma_o < \gamma_{oKh} \triangleq \min\{\gamma_{o1Kh},\ \gamma_{o2Kh},\ \gamma_{o,a_{e1}(s)}\}\,. \tag{19.108}$$

Das sich aus dem Polynom $a_{e1}(s)$ ergebende ungünstigste $\gamma_{o,a_{e1}(s)}$ ist in dieser Aufgabe dem γ_{oR} identisch.

Das Kharitonov-Theorem schließt nicht nur die realen Koeffizientenpunkte R_1 und R_2 ein, sondern auch den künstlichen Punkt A_1. Dieser versinnbildlicht $a_{e2}(s)$ und geht über die Angabe hinaus (Abb. 19.4). Durch diesen additiven Einschluß wird das Ergebnis nur hinreichend. Für $\alpha = 0,8$ und $\beta = 4$ ergibt sich $\gamma_{oR} = 1,1025$ und $\gamma_{oKh} = 0,64$. Im allgemeinen ist $\gamma_{oKh} < \gamma_{oR}$, abhängig von β, wie die Diskussion in Abb. 19.5 zeigt.

Für den Kantensatz lauten die Eckpolynome

$$p_1(s) = 5 + (1+\beta)\, s + (\alpha+\beta)\, s^2 + (\alpha+0)\, s^3 + 0\, s^4 \quad \text{entsprechend } R_1 \tag{19.109}$$

$$p_2(s) = 5 + (1+\beta)\, s + (\alpha+\beta)\, s^2 + (\alpha+\gamma_o)\, s^3 + \gamma_o\, s^4 \quad \text{entsprechend } R_2\,. \tag{19.110}$$

Dem einzigen Kantenpolynom

$$p_{12}(s) = p_1(s) + \lambda[p_2(s) - p_1(s)]\,\Big|_{0\le\lambda\le1} \tag{19.111}$$

[4] wegen $\gamma > 0$ nur eine

[5] $a_{e3}(s)$ und $a_{e4}(s)$ sind in diesem Beispiel 4.Ordnung bedeutungslos.

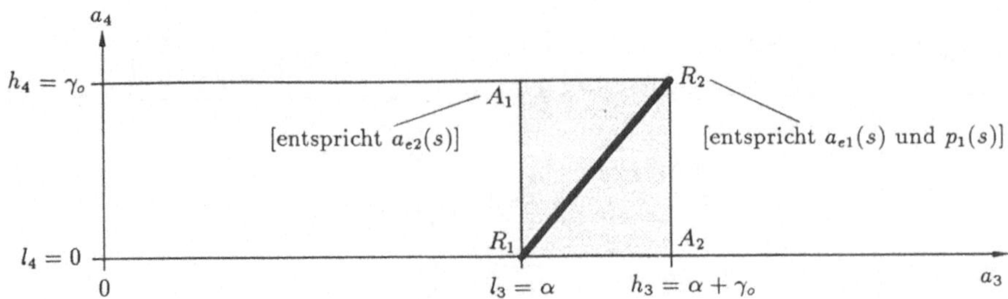

Abbildung 19.4: Koeffizientenebene a_4 über a_3

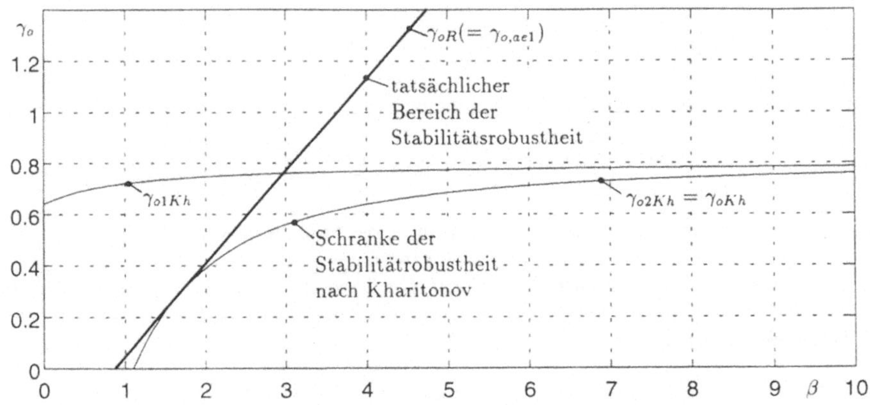

Abbildung 19.5: Tatsächlicher Bereich der Stabilitätsrobustheit und hinreichende Robustheitsschranke bei Anwendung des Satzes von Kharitonov

entspricht die Wurzelortskurve zu

$$F_{o,hyp} = V\frac{p_2(s)}{p_1(s)}\Big|_{0\leq V\leq\infty} \quad \text{mit} \quad V \triangleq \frac{\lambda}{1-\lambda} \ . \tag{19.112}$$

Die Wurzeln (Nullstellen) von $p_1(s)$ gleichen den Polen von $F_{o,hyp}(s)$, die Wurzeln von $p_2(s)$ den Nullstellen von $F_{o,hyp}(s)$. Diese Wurzelortskurve läuft von den Polen zu den Nullstellen von $F_{o,hyp}(s)$, auch wenn die Anzahl der Pole kleiner ist als die der Nullstellen[6]. □

19.13 Methode des Parameter-Durchschnitts

Die Regelstrecke besitze mehrere Parameter p_S; zwei davon — sie sind in die Ebene der Streckenparameter p_{S1}, p_{S2} aufgenommen (Abb. 19.7) — unterlägen größeren Änderungen. Der Bereich der Änderungen wird durch ausgewählte Punkte, etwa P_1 bis P_5, polygonförmig umschlossen. Im Prinzip sind auch mehr als zwei p_{Si} zulässig.

Ferner wird angenommen, daß im Regler einige Reglerparameter p_R einstellbar sind; zwei ausgezeichnete davon, p_{R1} und p_{R2}, sollen eine robuste Regelkreiseinstellung übernehmen. Grundsätzlich könnten es auch mehrere sein.

Unter linearen Betriebsverhältnissen wird weiters die charakteristische Regelkreisglei-

[6] Deshalb wurde der Zusatzindex $_{hyp}$ gesetzt.

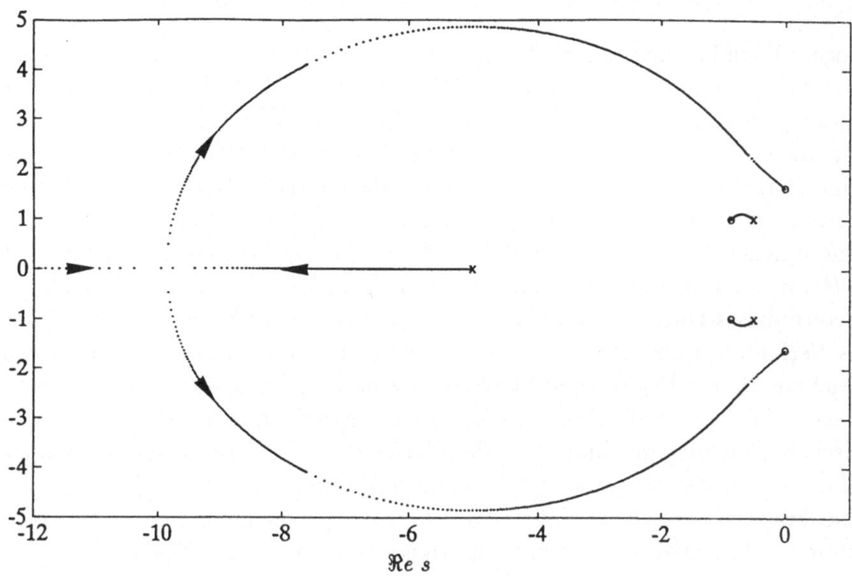

Abbildung 19.6: Wurzelortskurve zum Kantenpolynom $p_{12}(s)$ von den Polen **x** von $F_{o,hyp}(s)$ zu den Nullstellen **o** für $\gamma_o = 1,1025$

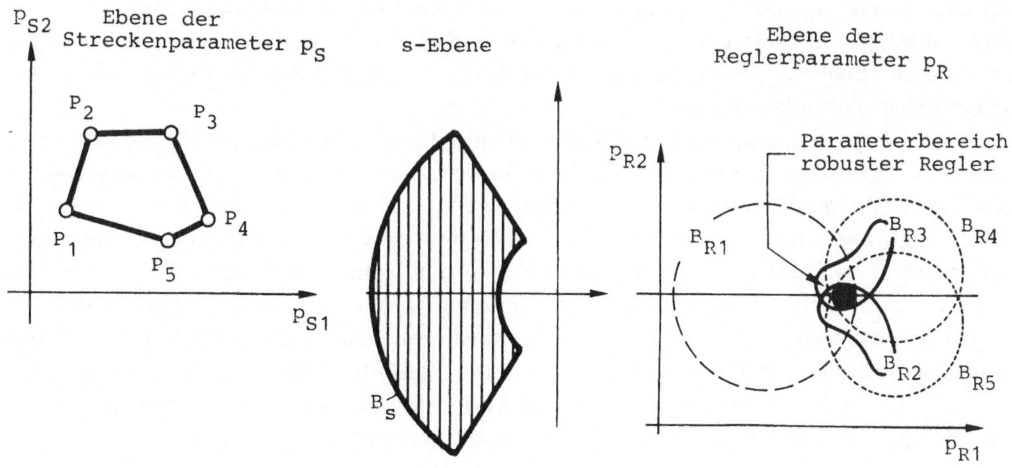

Abbildung 19.7: Abbildung der Berandung B_s auf die Ebene der Reglerparameter und Ermittlung der robusten Reglerparameter aus dem Bereichsdurchschnitt

chung

$$1 + K(s)G(s) = 0 \quad \rightsquigarrow \quad \prod(s - \lambda_i[\mathbf{A}]) = 0 \tag{19.113}$$

herangezogen. Wird für die Eigenwerte $\lambda_i[\mathbf{A}]$ des Regelkreises verlangt, daß sie in einem Systemeigenschaftsbereich „schöner Stabilität" liegen (B_s in Abb. 19.7), daß der Regelkreis also in diesem Sinne robust gestaltet wird, so kann mit Gl.(19.113) für jeden Streckenparametersatz P_i das zugehörige Wertepaar p_{R1i} und p_{R2i} berechnet, d.h. die Berandung B_s auf eine Berandung B_{Ri} abgebildet werden. Rechnerische Schwierigkeiten sind dabei nicht auszuschließen und verlangen unter Umständen besser verträgliche Annahmen. Von den angenommenen fünf P_i ergeben sich fünf B_{Ri}. Ist eine Durchschnittsmenge der fünf Bereiche B_{Ri} in der Reglerparameterebene vorhanden (Abb. 19.7), so entspricht allen Reglerparametern dieses Durchschnittsbereichs ein robuster Regelkreis.

Dieses Verfahren unterliegt der Einschränkung, daß die Konvexität der charakteristischen Gleichung in den Regler- und Streckenparametern einerseits und in dem Bereich B_s andererseits erfüllt sein muß. Das bedeutet für die Praxis, daß die Koeffizienten der charakteristischen Gleichung nur linear von den Parametern der Strecke und des Reglers sowie von den Parametern der Berandung B_s abhängen dürfen.

Für die Frage, ob Polynom-Nullstellen in einem gewissen Bereich liegen, bieten sich noch weitere mathematische Verfahren an (*Heitzinger, W., et al. 1985*).

19.14 Parameteroptimierung mit vektoriellem Gütekriterium

Wird der Entwurf robuster Regelungen derart ausgelegt, daß einer Anzahl von Gütekriterien allgemeiner Art bestmöglich entsprochen werden soll, so kann das Verfahren mit vektoriellem Gütekriterium **I** einbezogen werden (*Kreisselmeier, G., und Steinhauser, R., 1979*). Dies ist dadurch möglich, daß aus der Zielsetzung der Robustheit selbst ein Teilgütekriterium geformt wird, das im gewünschten robusten Zielbereich ein Minimum aufweist. In Gütekriterien allgemeinerer Art sind im Prinzip auch Begrenzungen einzubauen; diese geben zwar eine feste Schranke in Richtung einer Signalauslenkung an, in der anderen Richtung stellen sie als Ausdruck der Ungleichung keine weitere minimisierungswürdige Formulierung dar.

Es wird angenommen, daß $\mathbf{I} = \mathbf{I}(\mathbf{p}_R)$ von einem Parametervektor des Reglers abhängt. Für jede Komponente I_i von **I** wird ein Vorgabewert c_i gewählt, den I_i nicht überschreiten möge. Im Zuge des Verfahrens wird c_i schrittweise verkleinert, um den Bereich der optimalen Möglichkeiten voll auszuloten. Die Zielvorstellung $\mathbf{I} <_e \mathbf{c}$, komponentenweise interpretiert, kann auch als $\mathbf{I} = \alpha\mathbf{c}$ mit skalarem $\alpha \rightarrow$ min formuliert werden. Ein bestimmtes α gibt an, auf welchen Prozentsatz von **c** der Vektor **I** generell reduziert wird. Welches α möglich ist, zeigt sich bei der Suche über $\mathbf{p}_R$. Jedes angenommene $\mathbf{p}_R$ liefert I_i/c_i-Werte unterschiedlicher Größe über i; nur jenes $\mathbf{p}_R$ darf eingestellt werden, das aus allen I_i/c_i die vorsichtigste (weil verträgliche) Reduzierung vornimmt; also ist $\max I_i/c_i$ wahrzunehmen und über $\mathbf{p}_R$ zu minimisieren. Die Minimisierungsvorschrift lautet also insgesamt

$$\min_{\mathbf{p}_R} \max_i \frac{I_i}{c_i} \,. \tag{19.114}$$

Sie ist in der Abb. 19.8 für eine über p_R eindimensionale Minimisierungsaufgabe mit zwei Teilgütekriterien dargestellt.

Die Vorgaben c_i werden mehrmals wiederholt (in Abb. 19.8 zweimal, durch eine Hochzahl gekennzeichnet). Die Verkleinerungen der c_i werden aber je Schritt nicht derart stark

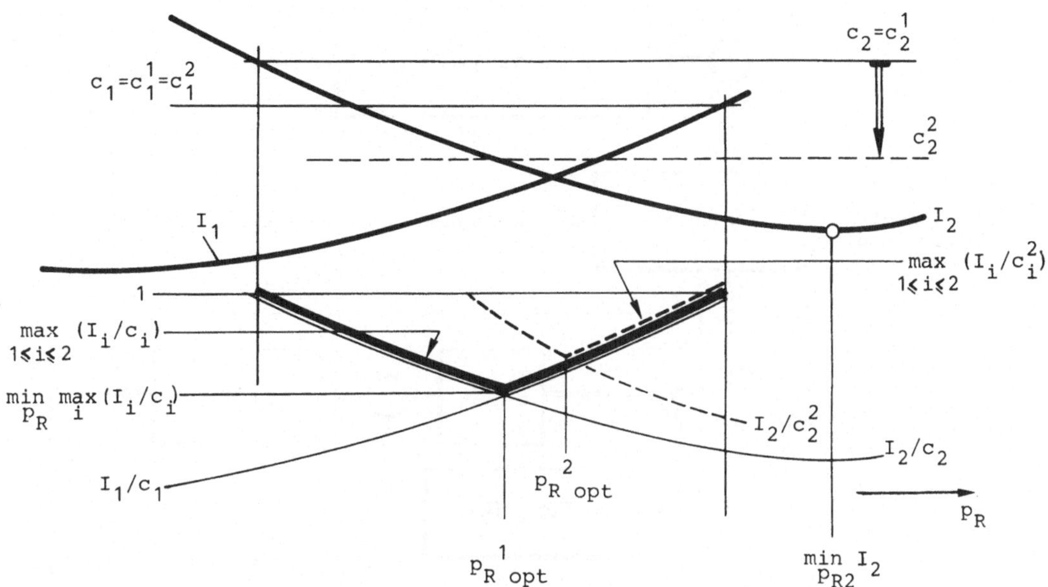

Abbildung 19.8: Veranschaulichung der Minimisierungsvorschrift max $\frac{I_i}{c_i}$ für den Schritt 1 mit Hochzahl 1 (voll ausgezogen) und für den Schritt 2 mit Hochzahl 2 (strichliert)

gewählt, als das Ergebnis des vergangenen Schrittes dies zuließe; deshalb stellen die Vorgaben keine unerfüllbaren Ziele dar, geben aber dennoch eine monoton fallende Folge und die Möglichkeit der ingenieurmäßigen Beurteilung des Erfolges. Die Abb. 19.8 zeigt weiters durch Gleichhalten der Schranke $c_1^2(=c_1^1)$ und durch Reduzierung der Schranke c_2^2 gegenüber c_2^1, daß man dadurch gewisse Komponenten I_i (konkret I_2) als stärker verbesserungswürdig vorwählen kann. In Abb. 19.8 ist gezeigt, wie die Reduzierung von c_2 die Optimumsuche in Richtung auf das $\min_{p_R} I_2$ freigibt.

Zum Zweck des Entwurfs robuster Regelungen wird das Verfahren in der Weise modifiziert, daß der Entwurf für mehrere Streckenparameter wiederholt und darüber ein Optimum gesucht wird. Auch für adaptive Regelungen ist das Verfahren anwendbar.

Zur praktischen Verwertung ist erforderlich, ausreichend über Rechnerleistung verfügen zu können. Ähnlich anderen rechnergestützten Verfahren der Technik sind auch in diesem Zusammenhang interaktive Betriebsformen sehr wünschenswert (*Grömer, H., 1986*).

Auf die Ähnlichkeit des gegenständlichen Verfahrens mit den Minimax-Problemen der Spieltheorie sei hingewiesen (*Bellman, R., 1967; Au, T., and Stelson, T.E., 1969*).

19.15 Erweiterung des Gradientenverfahrens auf lokale Unempfindlichkeit

Wird das Gütekriterium, bestehend aus Termen der Regelabweichung und Stellsignale bzw. zugehöriger Zustandsvariablen x_i, noch um Terme $(\partial x_i/\partial p_j)^2$ ergänzt (wobei p_j Einflußgrößen darstellen) so kann im Rechenverfahren (z.B. Gradientenverfahren nach Abb. 10.14) der Robustheitszielvorstellung bis zu einem gewissen Grad nähergekommen werden. Das Verfahren wird erst entsprechend anwendbar, wenn eine interaktive Unterstützung mit Digitalrechnern vorbereitet ist, um einzelne der obgenannten Terme im Gütekriterium flexibel gewichten zu können. Zuletzt ist das Ergebnis $u(t)$ auf ein Reglerkalkül umzurechnen.

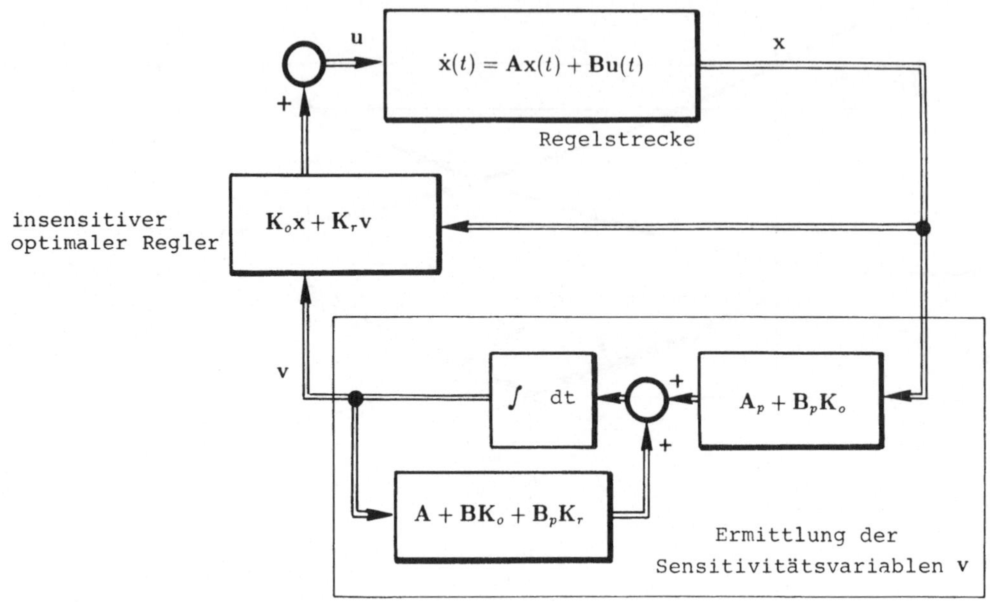

Abbildung 19.9: Insensitiver optimaler Zustandsregler

19.16 Unempfindlicher optimaler Zustandsregler

Das quadratische Gütekriterium führt bei linearen Strecken auf lineare Zustandsregler. Für den Prozeß

$$\dot{\mathbf{x}}(t) = \mathbf{A}\mathbf{x}(t) + \mathbf{B}\mathbf{u}(t) \tag{19.115}$$

wird das Kriterium zu

$$I = \int_0^\infty (\mathbf{x}^T\mathbf{Q}\mathbf{x} + \mathbf{u}^T\mathbf{R}\mathbf{u} + \mathbf{x}_p^T\mathbf{S}_d\mathbf{x}_p)\, dt \tag{19.116}$$

erweitert. Darin ist $\mathbf{x}_p = \partial\mathbf{x}/\partial p$ die Empfindlichkeit bezüglich eines Streckenparameters p. In $\mathbf{u} = \mathbf{K}_o\mathbf{x}$ wäre $\mathbf{K}_o$ der optimale Regler bei $\mathbf{S}_d = \mathbf{0}$ laut Gl.(9.2). Wird aus Gl.(19.115) die Empfindlichkeit gerechnet, erhält man

$$\dot{\mathbf{x}}_p = \mathbf{A}_p\mathbf{x} + \mathbf{A}\mathbf{x}_p + \mathbf{B}_p\mathbf{u} + \mathbf{B}\mathbf{u}_p\,. \tag{19.117}$$

In Anlehnung an den optimalen Zustandsregler kann der unempfindliche optimale Zustandsregler zu

$$\mathbf{u} = \mathbf{K}_o\mathbf{x} + \mathbf{K}_r\mathbf{x}_p \tag{19.118}$$

angesetzt werden (*Fleming, P.J., and Newmann, M.M., 1977*). Einsetzen von Gl.(19.118) in Gl.(19.117) liefert

$$\dot{\mathbf{x}}_p = (\mathbf{A} + \mathbf{B}\mathbf{K}_o + \mathbf{B}_p\mathbf{K}_r)\mathbf{x}_p + (\mathbf{A}_p + \mathbf{B}_p\mathbf{K}_o)\mathbf{x} + \mathbf{B}\mathbf{K}_r\frac{\partial\mathbf{x}_p}{\partial p}\,. \tag{19.119}$$

Wird darin der letzte Term unterdrückt und zur Unterscheidung (nachdem es sich um *keine* Vernachlässigung aus Kleinheitsgründen handelt) eine Variable $\mathbf{v}$ statt $\mathbf{x}_p$ weiterverwendet, so lautet der insensitive Regler nach Abb. 19.9

$$\mathbf{u} = \mathbf{K}_o\mathbf{x} + \mathbf{K}_r\mathbf{v} \tag{19.120}$$

$$\dot{\mathbf{v}} = (\mathbf{A} + \mathbf{B}\mathbf{K}_o + \mathbf{B}_p\mathbf{K}_r)\mathbf{v} + (\mathbf{A}_p + \mathbf{B}_p\mathbf{K}_o)\mathbf{x}\,. \tag{19.121}$$

Kapitel 20

Optimale Regelungen für zeitvariante Prozesse

Lineare zeitvariante Prozesse seien unter quadratisch strukturierten, ebenfalls zeitvarianten Gütekriterien optimal zu regeln. Der Entwurf des zugehörigen optimalen Reglers ist Zielsetzung dieses Kapitels.

20.1 Zeitvariante kontinuierliche Systeme

Die Angabe lautet mit $\mathbf{A} = \mathbf{A}(t)$ und $\mathbf{B} = \mathbf{B}(t)$

$$\dot{\mathbf{x}}(t) = \mathbf{A}(t)\mathbf{x}(t) + \mathbf{B}(t)\mathbf{u}(t) \qquad \mathbf{x}(t) \in \mathcal{R}^n, \quad \mathbf{u}(t) \in \mathcal{R}^m \; . \tag{20.1}$$

Die homogene Lösung $\mathbf{x}(t) = \mathbf{\Phi}(t,t_o)\mathbf{x}(t_o)$ mit dem Zeitursprung t_0 und der Transitionsmatrix $\mathbf{\Phi}(t,t_o)$ ist gültig, wie durch Einsetzen zu bestätigen ist, wenn

$$\frac{d}{dt}\mathbf{\Phi}(t,t_o) \triangleq \dot{\mathbf{\Phi}}(t,t_o) = \mathbf{A}(t)\mathbf{\Phi}(t,t_o) \quad \text{bei} \quad \mathbf{\Phi}(t_o,t_o) = \mathbf{I} \tag{20.2}$$

gilt. Aus $\mathbf{x}(t_o) = \mathbf{\Phi}^{-1}(t,t_o)\mathbf{x}(t)$ im Vergleich zu $\mathbf{x}(t) = \mathbf{\Phi}(t,t_o)\mathbf{x}(t_o)$ folgt, daß die Inverseigenschaft $\mathbf{\Phi}(t,t_o) = \mathbf{\Phi}^{-1}(t_o,t)$ besteht. Die Gesamtlösung

$$\mathbf{x}(t) = \mathbf{\Phi}(t,t_o)\mathbf{x}(t_o) + \int_{t_o}^{t} \mathbf{\Phi}(t,\tau)\mathbf{B}(\tau)\mathbf{u}(\tau)d\tau \tag{20.3}$$

läßt sich durch Einsetzen in die Angabe verifizieren; dabei ist zu beachten, daß

$$\frac{d}{dt}\int_{t_o}^{t} \mathbf{\Phi}(t,\tau)\mathbf{B}(\tau)\mathbf{u}(\tau)d\tau = \mathbf{\Phi}(t,t)\mathbf{B}(t)\mathbf{u}(t) + \int_{t_o}^{t} \dot{\mathbf{\Phi}}(t,\tau)\mathbf{B}(\tau)\mathbf{u}(\tau)d\tau \; . \tag{20.4}$$

Für das adjungierte Gleichungssystem $\dot{\boldsymbol{\lambda}}(t) = -\mathbf{A}^T(t)\boldsymbol{\lambda}(t)$ gilt die Lösung $\boldsymbol{\lambda}(t) = \mathbf{\Xi}(t,t_o)\boldsymbol{\lambda}(t_o)$ bei $\dot{\mathbf{\Xi}}(t,t_o) = -\mathbf{A}^T(t)\mathbf{\Xi}(t,t_o)$. Ferner gilt

$$\frac{d}{dt}(\mathbf{\Xi}^T\mathbf{\Phi}) = \dot{\mathbf{\Xi}}^T\mathbf{\Phi} + \mathbf{\Xi}^T\dot{\mathbf{\Phi}} = -\mathbf{\Xi}^T\mathbf{A}\mathbf{\Phi} + \mathbf{\Xi}^T\mathbf{A}\mathbf{\Phi} = 0 \; ; \tag{20.5}$$

also ist $\mathbf{\Xi}^T\mathbf{\Phi}$ über t konstant. Wegen $\mathbf{\Xi}^T(t_o,t_o)\mathbf{\Phi}(t_o,t_o) = \mathbf{I}$ ist

$$\mathbf{\Xi}^T(t,t_o)\mathbf{\Phi}(t,t_o) = \mathbf{I} \quad \text{oder} \quad \mathbf{\Xi}^T(t,t_o) = \mathbf{\Phi}^{-1}(t,t_o) = \mathbf{\Phi}(t_o,t) \quad \rightsquigarrow \quad \mathbf{\Phi}(t,\tau) = \mathbf{\Xi}^T(\tau,t) \; . \tag{20.6}$$

Letztere Beziehung ist für die Berechnungen in Gl.(20.3) nützlich .

20.2 Optimaler zeitvarianter kontinuierlicher Regler

Der Prozeß liege als zeitvariante Regelstrecke gemäß Gl.(20.1) und $\mathbf{y}(t) = \mathbf{C}(t)\mathbf{x}(t)$ vor. Die Optimierung sei im Intervall t_o bis t_f vorzunehmen. Zeitinvariante Systeme können mit konstantem $\mathbf{A}$, $\mathbf{B}$ und $\mathbf{C}$ spezialisiert werden. Für die Ausregelung von Anfangsauslenkungen lautet das Gütekriterium (Tabelle 8.2)

$$I = 0,5\,\mathbf{x}^T(t_f)\mathbf{F}_f\mathbf{x}(t_f) + 0,5\int_{t_o}^{t_f} [\mathbf{x}^T\mathbf{Q}(t)\mathbf{x} + \mathbf{u}^T\mathbf{R}(t)\mathbf{u}]dt \; . \tag{20.7}$$

Im ersten Term ist die Endpunkt-Zustandsgröße quadratisch bewertet, im Integranden die quadratische Regelfläche und Stellgrößenfläche im gesamten Optimierungsintervall. Als Zielbedingung wird nur die quadratische Pauschalaussage $\mathbf{x}^T\mathbf{F}_f\mathbf{x}$ formuliert, also keine etwaige Zielvorstellung einzelner Zustandsvariablen. Die Ausregelung erfolge mit Sollwert null zu $\mathbf{x} \to \mathbf{0}$. Die Annahmen (Definitionen) aus der Hamilton-Theorie werden wie folgt getroffen (*Athans, M., and Falb, P.L., 1966*).

- **Annahme 1. Hamilton-Funktion** H: Die Hamilton-Funktion

$$H = -0,5\,\mathbf{x}^T\mathbf{Q}\mathbf{x} - 0,5\,\mathbf{u}^T\mathbf{R}\mathbf{u} + \boldsymbol{\lambda}^T\dot{\mathbf{x}} = -0,5\,\mathbf{x}^T\mathbf{Q}\mathbf{x} - 0,5\,\mathbf{u}^T\mathbf{R}\mathbf{u} + \boldsymbol{\lambda}^T(\mathbf{A}\mathbf{x} + \mathbf{B}\mathbf{u}) \tag{20.8}$$

geht aus dem Integranden im Gütefunktional mit zusätzlichem Lagrange-Multiplikator zur Einbeziehung der Differentialgleichung der Regelstrecke als Nebenbedingung hervor. Der Term mit $\mathbf{F}_f$ ist — ebenso wie in Gl.(10.18) — *nicht* aufzunehmen. Im Optimum gilt

$$\frac{\partial H}{\partial \mathbf{u}} = \mathbf{0}\,. \tag{20.9}$$

- **Annahme 2. Adjungierte Variable** $\boldsymbol{\lambda}(t)$: Die adjungierte Variable $\boldsymbol{\lambda}(t)$ folgt aus der Definition

$$\dot{\boldsymbol{\lambda}} = -\frac{\partial H}{\partial \mathbf{x}} \qquad \boldsymbol{\lambda} \in \mathcal{R}^n\,. \tag{20.10}$$

Dieser Ansatz wird ergänzt um die Randbedingung an der oberen Intervallgrenze t_f, nämlich

$$\boldsymbol{\lambda}(t_f) = \frac{\partial}{\partial \mathbf{x}(t_f)} 0,5\,\mathbf{x}^T\mathbf{F}_f\mathbf{x} = \mathbf{F}_f\mathbf{x}\,. \tag{20.11}$$

Dabei sind gewisse Rechenregeln anzuwenden

$$\frac{\partial \mathbf{x}^T\mathbf{Q}\mathbf{x}}{\partial \mathbf{x}} = (\mathbf{Q} + \mathbf{Q}^T)\mathbf{x} \quad \text{und} \quad \frac{\partial \boldsymbol{\lambda}^T\mathbf{A}\mathbf{x}}{\partial \mathbf{x}} = \mathbf{A}^T\boldsymbol{\lambda} \qquad \frac{\partial \boldsymbol{\lambda}^T\mathbf{A}\mathbf{x}}{\partial \boldsymbol{\lambda}} = \mathbf{A}\mathbf{x}\,. \tag{20.12}$$

- **Annahme 3. Linearer Zusammenhang** $\boldsymbol{\lambda}$ **zu** $\mathbf{x}$:

$$\boldsymbol{\lambda}(t) = -\mathbf{P}(t)\mathbf{x}(t) \qquad \mathbf{P} \in \mathcal{R}^{n\times n} \tag{20.13}$$

Dieser ist aus den bisherigen Angaben und Annahmen zwingend, und zwar aus der Koexistenz der beiden folgenden Gleichungen

$$(20.9),(20.15)\ldots\ \dot{\mathbf{x}} = \mathbf{A}\mathbf{x}+\mathbf{B}\mathbf{u} = \mathbf{A}\mathbf{x}+\mathbf{B}\mathbf{R}^{-1}\mathbf{B}^T\boldsymbol{\lambda} \quad \text{und} \quad (20.10)\ldots\ \dot{\boldsymbol{\lambda}} = -\mathbf{A}^T\boldsymbol{\lambda}+\mathbf{Q}\mathbf{x}\,. \tag{20.14}$$

Daraus resultiert letztlich, daß der bekannte lineare Zustandsregler $\mathbf{u} = \mathbf{K}\mathbf{x}$ die Lösung dieser Optimierungsaufgabe ist.

Aus diesen drei Annahmen folgt zwangsläufig mit den erwähnten Rechenregeln der Vektoranalysis und aus Gl.(20.9)

$$\frac{\partial H}{\partial \mathbf{u}} = \mathbf{0} = -\mathbf{R}\mathbf{u} + \mathbf{B}^T\boldsymbol{\lambda} \quad \leadsto \quad \mathbf{u} = \mathbf{R}^{-1}\mathbf{B}^T\boldsymbol{\lambda} = -\mathbf{R}^{-1}\mathbf{B}^T\mathbf{P}\mathbf{x}\,. \tag{20.15}$$

Alle Variablen sind von der Zeit t abhängig. Weiters gilt mit der Regelstreckengleichung und mit Gl.(20.15)

$$\dot{\mathbf{x}} = \mathbf{A}\mathbf{x} + \mathbf{B}(-\mathbf{R}^{-1}\mathbf{B}^T\mathbf{P}\mathbf{x}) = (\mathbf{A} - \mathbf{B}\mathbf{R}^{-1}\mathbf{B}^T\mathbf{P})\mathbf{x}\,. \tag{20.16}$$

Aus den Gln.(20.10) und (20.13) kann

$$\dot{\boldsymbol{\lambda}} = -\frac{\partial H}{\partial \mathbf{x}} = \mathbf{Q}\mathbf{x} - \mathbf{A}^T\boldsymbol{\lambda} = (\mathbf{Q} + \mathbf{A}^T\mathbf{P})\mathbf{x} \tag{20.17}$$

entwickelt werden, aus Gl.(20.13)

$$\dot{\boldsymbol{\lambda}} = \frac{d}{dt}(-\mathbf{P}\mathbf{x}) = -\dot{\mathbf{P}}\mathbf{x} - \mathbf{P}\dot{\mathbf{x}} \tag{20.18}$$

und mit Gl.(20.16) schließlich

$$\dot{\boldsymbol{\lambda}} = -\dot{\mathbf{P}}\mathbf{x} - \mathbf{P}(\mathbf{A} - \mathbf{B}\mathbf{R}^{-1}\mathbf{B}^T\mathbf{P})\mathbf{x}\,. \tag{20.19}$$

Gleichsetzen letzteren Ausdrucks mit Gl.(20.17) liefert

$$(\dot{\mathbf{P}} + \mathbf{P}\mathbf{A} - \mathbf{P}\mathbf{B}\mathbf{R}^{-1}\mathbf{B}^T\mathbf{P} + \mathbf{Q} + \mathbf{A}^T\mathbf{P})\mathbf{x} = \mathbf{0}\,. \tag{20.20}$$

Unabhängig vom jeweiligen $\mathbf{x}(t)$ und daher auch vom Anfangswert $\mathbf{x}_o(t)$ gilt als Optimierungsergebnis

$$-\dot{\mathbf{P}} = \mathbf{P}\mathbf{A} + \mathbf{A}^T\mathbf{P} + \mathbf{Q} - \mathbf{P}\mathbf{B}\mathbf{R}^{-1}\mathbf{B}^T\mathbf{P}\,. \tag{20.21}$$

Das Resultat für $\mathbf{P}$ ist ein System von n^2 nichtlinearen gewöhnlichen Differentialgleichungen vom Riccati-Typ. Nach den Annahmen Gln.(20.11) und (20.13) ist das System der Gl.(20.21), ausgehend von der Randbedingung an der oberen Grenze $\mathbf{P}(t_f) = \mathbf{F}_f$, zeitlich rücklaufend zu integrieren.

20.3 Reglerdiskussion

Aus Gl.(20.15) ist zu ersehen, daß der lineare zeitvariante (m, r)-Zustandsregler $\mathbf{K}(t)$ mit

$$\mathbf{u} = \mathbf{K}\mathbf{x} = -\mathbf{R}^{-1}\mathbf{B}^T\mathbf{P}\,\mathbf{x} \tag{20.22}$$

das Ergebnis der Optimierung darstellt. Die Einschränkung auf diese Reglerstruktur ist die Folge des speziellen quadratischen Gütekriteriums. Aus Gl.(20.16), einer homogenen Differentialgleichung, ist der zeitliche Verlauf $\mathbf{x}(t)$ zu ermitteln.

Wird die Herleitung nach dem Kalkül der Variationsrechnung, und zwar nach der Euler-Lagrange-Theorie vollzogen, so ist zu erkennen, daß die Riccati-Matrix $\mathbf{P}(t)$ die Rolle einer Funktionalmatrix besitzt, einer Matrix des Gütefunktionals in den Grenzen t bis t_f, d.h.

$$\mathbf{P}(t) = \int_t^{t_f} e^{\mathbf{A}_{cl}^T t}(\mathbf{Q} + \mathbf{K}^T\mathbf{R}\mathbf{K})e^{\mathbf{A}_{cl}t}\,dt\,. \tag{20.23}$$

Dabei ist $\mathbf{A}_{cl} = \mathbf{A} + \mathbf{B}\mathbf{K}$. Aus Gl.(20.23) leitet sich her, daß

$$I(t) = 0{,}5 \int_t^{t_f} (\mathbf{x}^T\mathbf{Q}\mathbf{x} + \mathbf{u}^T\mathbf{R}\mathbf{u})dt = 0{,}5\,\mathbf{x}^T(t)\mathbf{P}(t)\mathbf{x}(t) \tag{20.24}$$

gilt. Das Gütefunktional über das gesamte Intervall von t_o bis t_f beträgt dann

$$I = 0{,}5\,\mathbf{x}^T(t_o)\mathbf{P}(t_o)\mathbf{x}(t_o)\,. \tag{20.25}$$

Dies gibt der Lösungsmatrix $\mathbf{P}(t)$ der Riccati-Differentialgleichung eine weitere anschauliche Bedeutung. In Abb. 20.1 ist der Riccati-Regler als Blockschaltbild dargestellt. Die Rückwärtsintegration von $\mathbf{P}(t)$ hat abgeschlossen zu sein, bevor die optimale Regelung bei t_o beginnen kann, z.B. für *guidance control*. Für den adjungierten Sollwert $\mathbf{y}^{\star}_{ref}(t_f)$ gilt an der oberen Bereichsgrenze $\mathbf{y}^{\star}_{ref}(t_f) = \mathbf{C}^T(t_f)\mathbf{F}_f\mathbf{y}_{ref}(t_f)$.

In den Herleitungen der voranliegenden Abschnitte ist zu beachten: Die Stellgröße $\mathbf{u}(t)$ muß unbegrenzt verfügbar, der Prozeß der Regelstrecke vollständig steuerbar und beobachtbar sein. Für die praktische Anwendung werden die Matrizen $\mathbf{F}_f$, $\mathbf{Q}$ und $\mathbf{R}$ positiv definit gewählt[1]. Für $\mathbf{F}_f$ würde die Nullmatrix möglich sein, für $\mathbf{Q}$ positiv semidefinit ausreichen. Durch diese Festlegungen existiert auch $\mathbf{R}^{-1}$.

Die zweite Ableitung von H nach $\mathbf{u}$ aus Gl.(20.8) ergibt $-\mathbf{R}$. Das Minimum von I entspricht einem Maximum von H. Durch die getroffenen Annahmen ist sichergestellt, daß die Lösung stets existiert und eindeutig ist. Die Matrix $\mathbf{P}(t)$ als Ergebnis der Riccati-Differentialgleichung ist symmetrisch ($\mathbf{P} = \mathbf{P}^T$). Überdies ist $\mathbf{P}$ auch positiv definit im gesamten Intervall t_o bis t_f. Die Stabilität der optimalen Regelung ist mit den genannten Lösungen $\mathbf{P}$ aus der Riccati-Differentialgleichung gesichert.

Zufolge der Symmetrie von $\mathbf{P}$ sind in der Riccati-Differentialgleichung nicht n^2 verkoppelte nichtlineare gewöhnliche Differentialgleichungen erster Ordnung zu lösen, sondern nur $0{,}5n(n+1)$. Trotz dieser Halbierung bleibt die quadratische Abhängigkeit ein wesentliches Argument für die Ordnungsreduzierung nach einem früheren Kapitel.

Für einen zeitinvarianten Prozeß $\mathbf{A}(t) = \mathbf{A}$ und für unendlich lange Ausregelzeit resultiert konstantes zeitinvariantes $\mathbf{P}(t) = \mathbf{P}$. Es ist die Lösung einer algebraischen Riccati-Gleichung, die aus Gl.(20.21) mit $\dot{\mathbf{P}} = \mathbf{0}$ hervorgeht. Der Prozeß hat für $t_f \to \infty$ verschwindenden Endwert in $\mathbf{x}(t)$ und $\mathbf{u}(t)$ zu ermöglichen, sonst ist kein endliches Gütefunktional zu erwarten. Die Ergebnisse sind denen der Gln.(9.7) und (9.8) gleich.

20.4 Ausregelung mit Gütekriterium nach der Ausgangsgröße

Der Ansatz des Gütekriteriums laute

$$I = 0{,}5\,\mathbf{y}^T\mathbf{F}_1\mathbf{y} + 0{,}5\int_{t_o}^{t_f} (\mathbf{y}^T\mathbf{Q}_y\mathbf{y} + \mathbf{u}^T\mathbf{R}\mathbf{u})\,dt\,. \tag{20.26}$$

Dieser Ansatz wird insbesondere bei Prozessen hoher Ordnung angewendet. Durch die Substitutionen

$$\mathbf{F}_f = \mathbf{C}^T\mathbf{F}_1\mathbf{C} \qquad \text{und} \qquad \mathbf{Q} = \mathbf{C}^T\mathbf{Q}_y\mathbf{C} \tag{20.27}$$

kann diese Aufgabe auf jene zurückgeführt werden, deren Gütefunktional über $\mathbf{x}$ gebildet wird, vgl. Gl.(20.7). Als optimaler Regler verbleibt jener nach Gl.(20.15).

[1]Positiv definit ist eine Matrix $\mathbf{Q}$ dann, wenn alle Hauptabschnittsdeterminanten P_i positiv sind ($\forall\ i = 1...n$). Hauptabschnittsdeterminanten sind Unterdeterminanten bezüglich der Hauptdiagonale (=Hauptminoren) mit den Eckelementen P_{11} und P_{ii}.

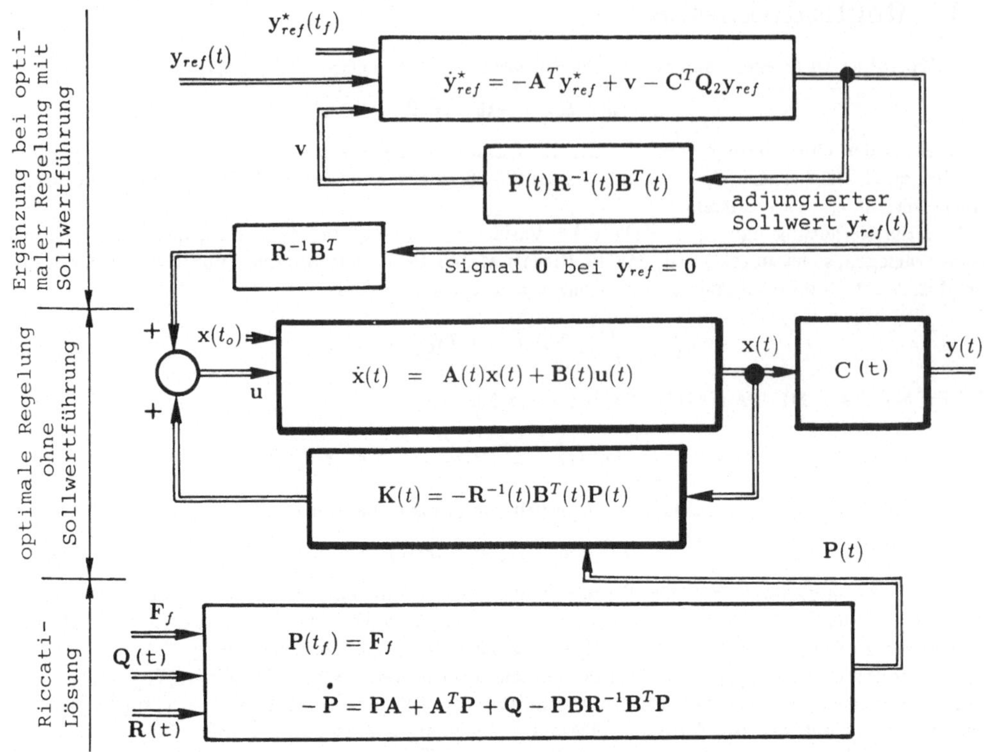

Abbildung 20.1: Blockschaltbild des Riccati-Reglers mit und ohne Sollwertführung

20.5 Optimale Sollwertführung

Wenn die Abweichung $\mathbf{e} = \mathbf{y}_{ref} - \mathbf{y}$ bei beliebigem zeitabhängigem Sollwert $\mathbf{y}_{ref}(t)$ der Optimierung zugrundegelegt wird, lautet das Gütefunktional

$$I = 0,5\ \mathbf{e}^T(t_f)\mathbf{F}_2\mathbf{e}(t_f) + 0,5 \int_{t_o}^{t_f} (\mathbf{e}^T\mathbf{Q}_2\mathbf{e} + \mathbf{u}^T\mathbf{R}\mathbf{u})\ dt\ . \tag{20.28}$$

Diese Aufgabenstellung kann auf die früheren Ergebnisse aufbauen, wenn

$$\mathbf{Q} \triangleq \mathbf{C}^T\mathbf{Q}_2\mathbf{C} \qquad \text{und} \qquad \mathbf{F}_f \triangleq \mathbf{C}^T\mathbf{F}_2\mathbf{C} \tag{20.29}$$

gesetzt wird. Der Ansatz Gl.(20.13) zwischen $\boldsymbol{\lambda}(t)$ und $\mathbf{x}(t)$ ist allerdings auszudehnen auf

$$\boldsymbol{\lambda}(t) = -\mathbf{P}(t)\mathbf{x}(t) + \mathbf{y}^{\star}_{ref}(t)\ , \tag{20.30}$$

damit das Gütekriterium I nach Gl.(20.28) für jedes $\mathbf{x}(t)$ und $\mathbf{y}_{ref}(t)$ zum Minimum wird. Für $\mathbf{P}(t)$ folgt dieselbe Riccati-Differentialgleichung Gl.(20.21) mit $\mathbf{P}(t_f) = \mathbf{F}_f$. Die Variable $\mathbf{y}^{\star}_{ref}(t)$ als adjungierter Sollwert wird vom Sollwertverlauf $\mathbf{y}_{ref}(t)$ nach

$$\dot{\mathbf{y}}^{\star}_{ref}(t) = [\mathbf{P}(t)\mathbf{B}(t)\mathbf{R}^{-1}(t)\mathbf{B}^T(t) - \mathbf{A}^T(t)]\mathbf{y}^{\star}_{ref}(t) - \mathbf{C}^T(t)\mathbf{Q}_2(t)\mathbf{y}_{ref}(t) \tag{20.31}$$

bestimmt, und zwar mit dem oberen Randwert

$$\mathbf{y}^{\star}_{ref}(t_f) = \mathbf{C}^T(t_f)\mathbf{F}_f\mathbf{y}_{ref}(t_f)\ . \tag{20.32}$$

Die Systemgleichung für den adjungierten Sollwert $\mathbf{y}^{\star}_{ref}(t)$ entspricht einem adjungierten System, d.h. einem System mit negativ transponierter Systemmatrix. Die Einbindung der adjungierten Sollwertfunktion $\mathbf{y}^{\star}_{ref}(t)$ in die Regelung erfolgt über

$$\mathbf{u}(t) = -\mathbf{R}^{-1}(t)\mathbf{B}^T(t)\mathbf{P}(t)\mathbf{x}(t) + \mathbf{R}^{-1}(t)\mathbf{B}^T(t)\mathbf{y}^{\star}_{ref}(t)\ . \tag{20.33}$$

Mit ihr ist der optimale Prozeßübergang von einer zeitvarianten Differentialgleichung bestimmt, die mit $\mathbf{y}^{\star}_{ref}(t)$ inhomogen ist, aber dieselbe Systemmatrix wie Gl.(20.16) besitzt

$$\dot{\mathbf{x}} = (\mathbf{A} - \mathbf{B}\mathbf{R}^{-1}\mathbf{B}^T\mathbf{P})\mathbf{x} + \mathbf{B}\mathbf{R}^{-1}\mathbf{B}^T\mathbf{y}^{\star}_{ref} \ . \tag{20.34}$$

20.6 Optimale Ausregelung unter Mindeststabilität

Oft wird neben der Optimierung verlangt, daß der Regelkreis einen Mindeststabilitätsgrad besitzt: Die Eigenwerte des Regelkreises sollen zusätzlich zur Optimierung links von σ_o liegen ($\sigma_o < 0$). Dies kann durch folgendes Gütekriterium erreicht werden

$$I = \int_0^\infty \exp(-2\sigma_o t)[\mathbf{x}^T(t)\mathbf{Q}(t)\mathbf{x}(t) + \mathbf{u}^T(t)\mathbf{R}(t)\mathbf{u}(t)] \, dt \ . \tag{20.35}$$

Lösungen $\mathbf{x}(t)$ oder $\mathbf{u}(t)$, die schlechter (langsamer) abklingen als $\exp(\sigma_o t)$, ergäben in Gl.(20.35) kein endliches I. Wird ein Ersatzsystem mit den Zustandsvariablen $\mathbf{x}_\star(t)$ und $\mathbf{u}_\star(t)$ definiert, und zwar

$$\mathbf{x}_\star(t) \triangleq \mathbf{x}(t)\exp(-\sigma_o t) \qquad \mathbf{u}_\star(t) \triangleq \mathbf{u}(t)\exp(-\sigma_o t) \ , \tag{20.36}$$

so ist dessen Mindeststabilitätsgrad null. Mit Gl.(20.36) kann Gl.(20.35) geschrieben werden als

$$I = \int_0^\infty [\mathbf{x}_\star^T(t)\mathbf{Q}(t)\mathbf{x}_\star(t) + \mathbf{u}_\star^T(t)\mathbf{R}(t)\mathbf{u}_\star(t)] \, dt \ . \tag{20.37}$$

Die Differentialgleichung der Regelstrecke geht mit der nach t differenzierten Gl.(20.36), nämlich

$$\dot{\mathbf{x}}_\star(t) = \dot{\mathbf{x}}(t)\exp(-\sigma_o t) - \mathbf{x}(t)\sigma_o \exp(-\sigma_o t) \ , \tag{20.38}$$

in die Gleichung des Ersatzsystems

$$\dot{\mathbf{x}}_\star(t) = [\mathbf{A}(t)\mathbf{x}(t) + \mathbf{B}(t)\mathbf{u}(t)]\exp(-\sigma_o t) - \mathbf{x}_o\sigma_o\exp(-\sigma_o t) = [\mathbf{A}(t) - \sigma_o\mathbf{I}]\mathbf{x}_\star(t) + \mathbf{B}(t)\mathbf{u}_\star(t) \tag{20.39}$$

über. Mit $\mathbf{Q}$, $\mathbf{R}$ und dem Ersatzsystem $\mathbf{A}_\star = \mathbf{A} - \sigma_o\mathbf{I}$, $\mathbf{B}$, $\mathbf{C}$ kann also eine Optimierung laut Gl.(20.21) besorgt werden. Letztere liefert ein Ergebnis der geforderten Mindestdämpfung. Da die Rechnung mit einer Ersatzsystemmatrix $\mathbf{A}_\star$ erfolgt, deren Eigenwerte $\lambda[\mathbf{A}_\star]$ (bei $\sigma_o < 0$) um $|\sigma_o|$ weiter rechts liegen, also zur Instabilität hin verschoben sind, ist die verbesserte Stabilität unausweichlich.

20.7 Zeitinvariante Systeme und Lyapunov-Gleichung

20.7.1 Streckendifferentialgleichung und Lyapunov-Gleichung

Aus der homogenen Streckendifferentialgleichung $\dot{\mathbf{x}}(t) = \mathbf{A}\mathbf{x}(t)$, $\mathbf{A} \in \mathcal{R}^{n\times n}$, folgt unter $\mathbf{x}(0) = \mathbf{x}_o$ die Lösung $\mathbf{x}(t) = e^{\mathbf{A}t}\mathbf{x}_o$ und damit das Gütefunktional

$$I = 0,5\int_0^\infty \mathbf{x}^T(t)\mathbf{Q}\mathbf{x}(t)\,dt = 0,5\,\mathbf{x}_o^T(\int_0^\infty e^{\mathbf{A}^Tt}\mathbf{Q}e^{\mathbf{A}t}dt)\,\mathbf{x}_o \triangleq 0,5\,\mathbf{x}_o^T\mathbf{P}\mathbf{x}_o \ . \tag{20.40}$$

Dieser Ausdruck läßt sich unter partieller Integration weiterverfolgen, und zwar mit

$$d(\mathbf{U}\mathbf{V}) = \mathbf{U}d\mathbf{V} + (d\mathbf{U})\,\mathbf{V} \ \rightsquigarrow \ \int_0^\infty \mathbf{U}d\mathbf{V} = \mathbf{U}\mathbf{V}\Big|_0^\infty - \int_0^\infty (d\mathbf{U}\cdot\mathbf{V}) \quad \text{bei} \quad \mathbf{V} = \mathbf{Q}\mathbf{A}^{-1}e^{\mathbf{A}t}, \quad d\mathbf{V} = \mathbf{Q}e^{\mathbf{A}t}dt \tag{20.41}$$

$$\text{zu} \quad \mathbf{P} = e^{\mathbf{A}^Tt}\mathbf{Q}\mathbf{A}^{-1}e^{\mathbf{A}t}\Big|_0^\infty - \int_0^\infty \mathbf{A}^Te^{\mathbf{A}^Tt}\mathbf{Q}\mathbf{A}^{-1}e^{\mathbf{A}t}dt \ . \tag{20.42}$$

Da sowohl $\mathbf{A}^{-1}$ als auch $e^{\mathbf{A}t}$ Funktionen von $\mathbf{A}$ sind, die sich in ein Polynom entwickeln lassen, können beide in der Reihenfolge vertauscht werden und man erhält

$$\mathbf{P} = -\mathbf{Q}\mathbf{A}^{-1} - \mathbf{A}^T\int_0^\infty e^{\mathbf{A}^Tt}\mathbf{Q}e^{\mathbf{A}t}\,dt\,\mathbf{A}^{-1} = -\mathbf{Q}\mathbf{A}^{-1} - \mathbf{A}^T\mathbf{P}\mathbf{A}^{-1} \qquad | \times \mathbf{A} \tag{20.43}$$

$$\mathbf{A}^T\mathbf{P} + \mathbf{P}\mathbf{A} = -\mathbf{Q} \ . \tag{20.44}$$

Diese Lyapunov-Gleichung liefert bei stabilem $\mathbf{A}$ und bei $\mathbf{Q} = \mathbf{Q}^T > 0$ (positiv definit) eindeutige Lösungen $\mathbf{P} = \mathbf{P}^T > 0$. Die Symmetrie von $\mathbf{P}$ ist offensichtlich, wenn man Gl.(20.44) transponiert.

20.7.2 Integral über das dyadische Produkt $\mathbf{x}\mathbf{x}^T$

Wird das dyadische Produkt $\mathbf{x}(t)\mathbf{x}^T(t)$ nach der Zeit integriert, so ergibt eine Modifikation obiger Ableitung

$$\mathbf{J} = \int_0^\infty \mathbf{x}(t)\mathbf{x}^T(t)dt \quad \leadsto \quad \mathbf{A}\mathbf{J} + \mathbf{J}\mathbf{A}^T = -\mathbf{x}_o\mathbf{x}_o^T \; . \tag{20.45}$$

20.7.3 Regelkreis mit Zustandsregler und Lyapunov-Gleichung

Die Linearität des Zustandsreglers $\mathbf{u}(t)$ über $\mathbf{x}(t)$ folgt aus der Gl.(20.13) und den dort gegebenen Erklärungen. Mit diesem Zustandsregler $\mathbf{u}(t) = \mathbf{K}\mathbf{x}(t)$, $\mathbf{K} \in \mathcal{R}^{m\times n}$, und dem Gütefunktional über $\mathbf{x}(t)$ und $\mathbf{u}(t)$ ergibt sich

$$I = 0,5 \int_0^\infty [\mathbf{x}^T\mathbf{Q}\mathbf{x} + \mathbf{u}^T\mathbf{R}\mathbf{u}]\, dt = 0,5 \int_0^\infty \mathbf{x}^T(\mathbf{Q} + \mathbf{K}^T\mathbf{R}\mathbf{K})\mathbf{x}\, dt \triangleq 0,5 \int_0^\infty \mathbf{x}^T(t)\mathbf{Q}_{cl}\mathbf{x}(t)\, dt \; . \tag{20.46}$$

Analog zur Herleitung von Gl.(20.44) findet man mit der Definition $\mathbf{A}_{cl} \triangleq \mathbf{A}+\mathbf{B}\mathbf{K}$ und wegen der positiven Definitheit $\mathbf{Q} + \mathbf{K}^T\mathbf{R}\mathbf{K} > 0$

$$\dot{\mathbf{x}}(t) = \mathbf{A}\mathbf{x}(t) + \mathbf{B}\mathbf{u}(t) \qquad \mathbf{x}(0) = \mathbf{x}_o \qquad \mathbf{x}(t) = e^{\mathbf{A}_{cl}t}\mathbf{x}_o \tag{20.47}$$

$$I = 0,5\, \mathbf{x}_o^T \int_0^\infty e^{\mathbf{A}_{cl}^T t}\mathbf{Q}_{cl}e^{\mathbf{A}_{cl}t}dt\; \mathbf{x}_o \triangleq \mathbf{x}_o^T\mathbf{P}_{cl}\mathbf{x}_o \tag{20.48}$$

$$\mathbf{A}_{cl}^T\mathbf{P}_{cl} + \mathbf{P}_{cl}\mathbf{A}_{cl} = -\mathbf{Q}_{cl} \quad \text{wobei} \quad \mathbf{P}_{cl} = \mathbf{P}_{cl}^T > 0 \; . \tag{20.49}$$

20.7.4 Optimierung von I über $\mathbf{K}$

Die Minimierung von I über $\mathbf{K}$ führt auf die Matrix- bzw. deren Komponentenbedingung

$$\frac{\partial I}{\partial \mathbf{K}} = \mathbf{0} \qquad \frac{\partial I}{\partial K_{ij}} = 0,5\, \mathbf{x}_o^T \frac{\partial \mathbf{P}_{cl}}{\partial K_{ij}}\mathbf{x}_o = 0 \; . \tag{20.50}$$

Aus Gl.(20.49) ergibt die Differenzierung nach K_{ij}

$$\frac{\partial \mathbf{A}_{cl}^T}{\partial K_{ij}}\mathbf{P}_{cl} + \mathbf{A}_{cl}^T\frac{\partial \mathbf{P}_{cl}}{\partial K_{ij}} + \frac{\partial \mathbf{P}_{cl}}{\partial K_{ij}}\mathbf{A}_{cl} + \mathbf{P}_{cl}\frac{\partial \mathbf{A}_{cl}}{\partial K_{ij}} = -\frac{\partial \mathbf{Q}_{cl}}{\partial K_{ij}} \tag{20.51}$$

$$\text{oder} \quad \mathbf{A}_{cl}^T\frac{\partial \mathbf{P}_{cl}}{\partial K_{ij}} + \frac{\partial \mathbf{P}_{cl}}{\partial K_{ij}}\mathbf{A}_{cl} = -(\frac{\partial \mathbf{Q}_{cl}}{\partial K_{ij}} + \frac{\partial \mathbf{A}_{cl}^T}{\partial K_{ij}}\mathbf{P}_{cl} + \mathbf{P}_{cl}\frac{\partial \mathbf{A}_{cl}}{\partial K_{ij}}) \triangleq -\mathbf{M}_{cl} \; . \tag{20.52}$$

Mit den Differentialquotienten von $\mathbf{Q}_{cl}$ und $\mathbf{A}_{cl}$ nach K_{ij} folgt für $\mathbf{M}_{cl}$ letztlich

$$\frac{\partial \mathbf{Q}_{cl}}{\partial K_{ij}} = \frac{\partial \mathbf{K}^T}{\partial K_{ij}}\mathbf{R}\mathbf{K} + \mathbf{K}^T\mathbf{R}\frac{\partial \mathbf{K}}{\partial K_{ij}} \qquad \frac{\partial \mathbf{A}_{cl}}{\partial K_{ij}} = \mathbf{B}\frac{\partial \mathbf{K}}{\partial K_{ij}} \qquad \frac{\partial \mathbf{A}_{cl}^T}{\partial K_{ij}} = \frac{\partial \mathbf{K}^T}{\partial K_{ij}}\mathbf{B}^T \tag{20.53}$$

$$\mathbf{M}_{cl} = \frac{\partial \mathbf{K}^T}{\partial K_{ij}}(\mathbf{R}\mathbf{K} + \mathbf{B}^T\mathbf{P}_{cl}) + (\mathbf{K}^T\mathbf{R} + \mathbf{P}_{cl}\mathbf{B})\frac{\partial \mathbf{K}}{\partial K_{ij}} \; . \tag{20.54}$$

Die Lösung von Gl.(20.52) ist analog zur Herleitung von Gl.(20.44) aus Gl.(20.40)

$$\frac{\partial \mathbf{P}_{cl}}{\partial K_{ij}} = \int_0^\infty e^{\mathbf{A}_{cl}^T t}\mathbf{M}_{cl}e^{\mathbf{A}_{cl}t}\, dt \; . \tag{20.55}$$

Einsetzen von Gl.(20.54) und Anwendung von Gl.(20.50) und (20.45) sowie des Rechenhilfsmittels, daß Skalare trivialerweise transponiert werden dürfen, liefert

$$\begin{aligned}
\frac{\partial I}{\partial K_{ij}} &= 0,5 \int_0^\infty \mathbf{x}_o^T e^{\mathbf{A}_{cl}^T t}\mathbf{M}_{cl}e^{\mathbf{A}_{cl}t}\mathbf{x}_o\, dt = && (20.56)\\
&= 0,5 \int_0^\infty \mathbf{x}_o^T e^{\mathbf{A}_{cl}^T t}\frac{\partial \mathbf{K}^T}{\partial K_{ij}}(\mathbf{R}\mathbf{K} + \mathbf{B}^T\mathbf{P}_{cl})e^{\mathbf{A}_{cl}t}\mathbf{x}_o + \mathbf{x}_o^T e^{\mathbf{A}_{cl}^T t}(\mathbf{K}^T\mathbf{R} + \mathbf{P}_{cl}\mathbf{B})\frac{\partial \mathbf{K}}{\partial K_{ij}}e^{\mathbf{A}_{cl}t}\mathbf{x}_o = && (20.57)\\
&= \int_0^\infty \mathbf{x}_o^T e^{\mathbf{A}_{cl}^T t}(\mathbf{K}^T\mathbf{R} + \mathbf{P}_{cl}\mathbf{B})\underbrace{\frac{\partial \mathbf{K}}{\partial K_{ij}}}_{\mathbf{e}_i\mathbf{e}_j^T} e^{\mathbf{A}_{cl}t}\mathbf{x}_o\, dt = \int_0^\infty \mathbf{e}_i^T(\mathbf{R}\mathbf{K} + \mathbf{B}^T\mathbf{P}_{cl})e^{\mathbf{A}_{cl}t}\mathbf{x}_o\mathbf{x}_o^T e^{\mathbf{A}_{cl}^T t}\mathbf{e}_j dt = &&\\
&= \mathbf{e}_i^T(\mathbf{R}\mathbf{K} + \mathbf{B}^T\mathbf{P}_{cl})\,\mathbf{J}\,\mathbf{e}_j \; . && (20.58)
\end{aligned}$$

Darin sind $\mathbf{e}_i$ und $\mathbf{e}_j$ Einheitsvektoren der Dimension m und n . Auf Matrizenform gebracht lautet die Lösung unabhängig von $\mathbf{x}_o$

$$\frac{\partial I}{\partial \mathbf{K}} = (\mathbf{RK} + \mathbf{B}^T\mathbf{P}_{cl})\mathbf{J} = 0 \quad \leadsto \quad \mathbf{RK} + \mathbf{B}^T\mathbf{P}_{cl} = 0 \quad \leadsto \quad \mathbf{K} = -\mathbf{R}^{-1}\mathbf{B}^T\mathbf{P}_{cl} \,. \tag{20.59}$$

Einsetzen dieses Ergebnisses in Gl.(20.49) läßt die Riccati-Gleichung ermitteln

$$(\mathbf{A}^T+\mathbf{K}^T\mathbf{B}^T)\mathbf{P}_{cl}+\mathbf{P}_{cl}(\mathbf{A}+\mathbf{BK}) = -\mathbf{Q}-\mathbf{K}^T\mathbf{RK} \quad \leadsto \quad \mathbf{A}^T\mathbf{P}_{cl}+\mathbf{P}_{cl}\mathbf{A}-\mathbf{P}_{cl}\mathbf{BR}^{-1}\mathbf{B}^T\mathbf{P}_{cl} = -\mathbf{Q} \tag{20.60}$$

(*Perkins, W.R., and Cruz, J.B., 1969; Anderson, B.D.O., and Moore, J., 1971; Kwakernaak, H., and Sivan, R., 1972*).

Das Ergebnis des optimalen Zustandsreglers ist also unabhängig von den Anfangsbedingungen. Der optimale Ausgangsregler $\mathbf{y}(t) = \mathbf{K}_y\mathbf{y}(t)$ hätte diesen Vorzug nicht.

20.7.5 Optimales bilineares Netz

Als bilineares System bezeichnet man ein nichtlineares System von folgender Übertragungseigenschaft

$$\dot{\mathbf{x}} = \mathbf{Ax} + \mathbf{Bu} + \sum_{i=1}^{p} \mathbf{N}_i\mathbf{x}\, u_i \,. \tag{20.61}$$

Mit dem Lyapunov-Ansatz ist ein Reglerentwurf $\mathbf{u} = \mathbf{B}^T\mathbf{Px}$ möglich (*Naujoks, T., und Wurmthaler, C., 1988*).

20.8 Zeitvariante diskrete Prozesse

Die Aufgabenstellung bestehe darin, nach Abb. 4.15 einen zeitvarianten Prozeß, über den Informationen nur zu diskreten Zeitpunkten vorliegen, optimal zu regeln

$$\mathbf{x}(k+1) = \mathbf{\Phi}(k)\mathbf{x}(k) + \mathbf{\Psi}(k)\mathbf{u}(k) + \mathbf{w}_d(k)\,, \qquad \mathbf{y}(k) = \mathbf{C}(k)\mathbf{x}(k)\,. \tag{20.62}$$

Die Matrizen $\mathbf{\Phi}(k)$, $\mathbf{\Psi}(k)$ und $\mathbf{C}(k)$ sind zeitabhängig, d.h. diskret in k. Bei zunächst $\mathbf{w}_d(k) \equiv \mathbf{0}$ sei der Anfangszustand $\mathbf{x}(k_o) = \mathbf{x}_o$ zum Zeitpunkt t_o bis zur Zeit $t_f = k_fT$ in den Zustand $\mathbf{x}_f = \mathbf{x}(t_f)$ überzuführen. Die Abtastperiode lautet wie bisher T. Das Gütefunktional betrage

$$I = \mathbf{x}_f^T\mathbf{F}_f\mathbf{x}_f + \sum_{k=k_o}^{k_f-1} \mathbf{x}^T(k+1)\mathbf{Q}(k+1)\mathbf{x}(k+1) + \mathbf{u}^T(k)\mathbf{R}(k)\mathbf{u}(k)\,. \tag{20.63}$$

Eine Bewertung des Ausgangs $\mathbf{y}(k+1)$ kann durch die Bewertungsmatrix $\mathbf{Q}_1$ mittels $\mathbf{Q} = \mathbf{C}^T\mathbf{Q}_1\mathbf{C}$ in obige Darstellung gebracht werden. Das Regelgesetz zwischen k_o und $k_f - 1$ lautet in linearer Struktur

$$\mathbf{u}(k) = \mathbf{K}(k)\mathbf{x}(k) \qquad \forall k = k_o,\ k_o+1,\ ....\ k_f-1\,. \tag{20.64}$$

Die Reglermatrix $\mathbf{K}(k)$ des zeitvarianten Zustandsreglers ergibt sich — aufbauend auf Untersuchungen mit dem Dynamischen Programmieren — mit einer Matrix $\mathbf{P}$ (Riccati-Matrix) aus den beiden folgenden Differenzengleichungen $\forall k = k_o,\ k_o+1,\ ....\ k_f-1$

$$\mathbf{K}(k) = -[\mathbf{R}(k) + \mathbf{\Psi}^T(k)\mathbf{P}(k+1)\mathbf{\Psi}(k)]^{-1}\mathbf{\Psi}^T(k)\mathbf{P}(k+1)\mathbf{\Phi}(k) \tag{20.65}$$

$$\mathbf{P}(k) = \mathbf{\Phi}^T(k)\mathbf{P}(k+1)[\mathbf{\Phi}(k) + \mathbf{\Psi}(k)\mathbf{K}(k)] + \mathbf{Q}(k) \tag{20.66}$$

(*Kalman, R.E., and Koepcke, R.W., 1958; Kwakernaak, H., and Sivan, R., 1972*).

Mit der Randbedingung an der oberen Grenze $(k+1 = k_f)$

$$\mathbf{P}(k_f) = \mathbf{F}_f + \mathbf{Q}(k_f) \tag{20.67}$$

hat die Berechnung mit Gl.(20.65) zu beginnen. Sie ergibt $\mathbf{K}(k) = \mathbf{K}(k_f-1)$ für Gl.(20.66). Abwechselnd wird Gl.(20.65) und (20.66) zeitlich gegenläufig berechnet. Mit der sich ergebenden Folge $\mathbf{K}(k)$ läuft die Regelung ab. Der Minimalwert des Gütekriteriums beträgt

$$I = \mathbf{x}_o^T[\mathbf{P}(k_o) - \mathbf{Q}(k_o)]\mathbf{x}_o > 0\,. \tag{20.68}$$

Dies gibt der Riccati-Matrix $\mathbf{P}(k)$ eine anschauliche Deutung, insbesondere durch Teilkriterien $I(k)$ für $k > k_o$ im Intervall k bis k_f. Im Endpunkt $k = k_f$ verbleibt nur mehr

$$I(k_f) = \mathbf{x}_f^T[\mathbf{P}(k_f) - \mathbf{Q}(k_f)]\mathbf{x}_f = \mathbf{x}_f^T\mathbf{F}_f\mathbf{x}_f\,. \tag{20.69}$$

20.8.1 Verrauschter diskreter Prozeß

Dem Prozeß Gl.(20.62) werde nun eine zufällige Störung $\mathbf{w}_d(k) \neq \mathbf{0}$ mit der Kovarianzmatrix $\mathbf{Q}_w(k)$ überlagert. Zu minimisieren ist das Gütekriterium in Form des Erwartungswerts

$$I = E\{\mathbf{x}_f^T \mathbf{F}_f \mathbf{x}_f + \sum_{k=k_o}^{k_f-1} \mathbf{x}^T(k+1)\mathbf{Q}(k)\mathbf{x}(k+1) + \mathbf{u}^T(k)\mathbf{R}(k)\mathbf{u}(k)\} \ . \tag{20.70}$$

Es läßt sich einfach zeigen, daß der optimale Regler in dem gegenständlichen Problem gleich ist dem des unverrauschten Prozesses. Der einzige Unterschied im Ergebnis liegt im Minimalwert des Gütekriteriums I. Es ist nämlich um den Ausdruck $\sum_{k=k_o}^{k_f} \mathrm{tr}\{\mathbf{Q}_w(k-1)\mathbf{P}(k)\}$ höher als in Gl.(20.68) (*Kushner, H., 1971*).

20.8.2 Sonderfall des zeitinvarianten Prozesses

Ist der Prozeß und das Gütefunktional zeitinvariant und t_f sehr groß, so gehen die Gl.(20.65) und (20.66) in die algebraische Riccati-Gleichung in der zeitunabhängigen Riccati-Matrix $\mathbf{P}$

$$\mathbf{P} = \mathbf{\Phi}^T[\mathbf{P} - \mathbf{P}\mathbf{\Psi}(\mathbf{\Psi}^T\mathbf{P}\mathbf{\Psi} + \mathbf{R})^{-1}\mathbf{\Psi}^T\mathbf{P}]\mathbf{\Phi} + \mathbf{Q} \tag{20.71}$$

über. Mit der Lösung $\mathbf{P}$ folgt der optimale zeitinvariante Regler zu

$$\mathbf{K} = -(\mathbf{\Psi}^T\mathbf{P}\mathbf{\Psi} + \mathbf{R})^{-1}\mathbf{\Psi}^T\mathbf{P}\mathbf{\Phi} \ . \tag{20.72}$$

Der diskrete Prozeß kann durch den Sonderfall kleiner Abtastschritte T in den kontinuierlichen übergeführt werden. Um für T nahe null das gleiche Ausmaß des Gütekriteriums zu erhalten, muß für die Bewertungsmatrix $\mathbf{Q}(t)$ des kontinuierlichen Systems und die Bewertungsmatrix $\mathbf{Q}(k)$ des diskreten Systems — sie werden durch diese Schreibung unterschieden — die Beziehung gelten

$$\mathbf{Q}(t)\,T = \mathbf{Q}(k) \ , \quad \text{desgleichen} \quad \mathbf{R}(t)\,T = \mathbf{R}(k) \ . \tag{20.73}$$

Daran ändert sich nichts, wenn die Bewertungsmatrizen über t bzw. k konstant sind. Aus Gl.(4.86) folgt die diskrete Steuermatrix $\mathbf{\Psi}(T)$. Für T nahe null gilt $\mathbf{\Phi}(T) = e^{\mathbf{A}T} \doteq \mathbf{I} + \mathbf{A}T$ und $\mathbf{\Psi}(T) \doteq \mathbf{B}T$. Durch Einsetzen letzterer Beziehungen und Gl.(20.73) in die Gln.(20.71) und (20.72) fällt das Ergebnis der Gl.(20.21) an; das kontinuierliche $\mathbf{P}$ geht aus dem diskreten hervor. Dem zeitinvarianten Fall entsprechend ist $\dot{\mathbf{P}} = \mathbf{0}$ zu nehmen.

Kapitel 21

Dezentrale Regelungen

21.1 Grundbegriffe und Problemstellung

In weitverzweigten Automatisierungssystemen werden oft viele leistungsfähige Rechner dezentral angeordnet. Die gerätemäßige Ausstattung der Teilprozesse und deren Regelungen mit hoher lokaler Intelligenz hat es mit sich gebracht, daß Bedarf nach einer neuen Methodik für derartig dezentrale Systeme und für das Zusammenspiel solcher Teilsysteme entstanden ist (*Schaufelberger, W., et al. 1985; Nehmer, J., 1985; Litz, L., 1983a*).

Nicht immer werden die L Teilsysteme in eine einzige Systemmatrix im Zustandsraum zusammengefaßt. Wird das μ-te Teilsystem mit dem μ-ten Zustandsvektor $\mathbf{x}_\mu$ selbständig dargestellt, so erhält man

$$\dot{\mathbf{x}}_\mu(t) = \mathbf{A}_{\mu\mu}\mathbf{x}_\mu(t) + \mathbf{B}_{\mu\mu}\mathbf{u}_\mu(t) + \sum_{\nu=1,\nu\neq\mu}^{L} \mathbf{Z}_{\mu\nu}\mathbf{y}_\nu(t) \, , \qquad \mathbf{x}_\mu \in \mathcal{R}^{n_\mu} \, , \quad \mathbf{u}_\mu \in \mathcal{R}^{m_\mu} \, . \tag{21.1}$$

Die Matrizen $\mathbf{A}_{\mu\mu}$ und $\mathbf{B}_{\mu\mu}$ stellen die autonomen Beziehungen des Teilsystems μ her. Über $\mathbf{Z}_{\mu\nu}$ wird die Verkopplung mit den übrigen Teilsystemen $\nu \neq \mu$ ausgedrückt. Ferner gilt für den Ausgang des Teilsystems μ

$$\mathbf{y}_\mu(t) = \mathbf{C}_{\mu\mu}\mathbf{x}_\mu(t) \qquad \mathbf{y}_\mu \in \mathcal{R}^{r_\mu} \, . \tag{21.2}$$

Die Ausgänge der anderen Teilsysteme, über die eine Vernetzung erfolgt, werden mit $\mathbf{y}_\nu(t)$ bezeichnet, siehe Abb. 21.1.

So wie es bei „kleinen“ dynamischen Systemen möglich ist, daß einzelne Eigenwerte (Pole) nicht oder nur schlecht beobachtbar (steuerbar) sind, kann diese Situation umso mehr bei „großen“ Systemen und entsprechend vielen Eigenwerten eintreten. Dies gilt sowohl bei Anordnung eines zentralen Rechners (Großreglers), der alle Teilsysteme erfaßt, als auch bei dezentralen Reglern; bei letzteren noch eher als bei ersteren (*Šiljak, D.D., 1978*).

Die Gruppe jener Eigenwerte, die von einem zentralen Großregler nicht beeinflußt werden kann, weil nicht steuerbar, nicht beobachtbar (oder beides), heißt Gruppe zentral fixer Pole; zentral fixe Eigenwerte sind auch bei Rückführung aller verfügbaren Ausgänge an alle Eingänge nicht verschiebbar. Liegt ein solcher zentral fixer Pol in der rechten Halbebene, ist das System instabil und nicht stabilisierbar.

Dezentral fixe Pole sind solche Pole des gesamten großen Systems, die sich von den dezentralen Reglern nicht verändern lassen; die durch Rückführung der Ausgänge $\mathbf{y}_\mu(t)$ auf die Eingänge $\mathbf{u}_\mu$ nicht beeinflußbar sind. Zu erwarten ist, daß die Menge dezentral fixer Eigenwerte größer ist als die der zentral fixen; denn jedem dezentralen Regler steht weniger Information zur Verfügung als einem zentralen Großregler. Der informationsmäßigen

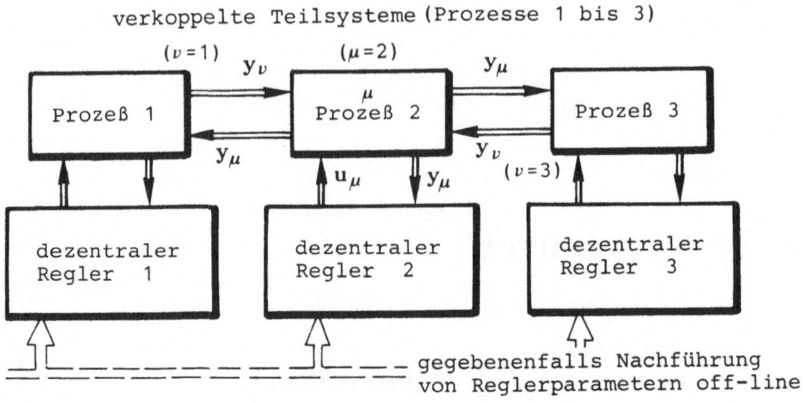

Abbildung 21.1: Regelstrecke als gemeinsamer Prozeß verkoppelter Teilsysteme mit Anordnung eines dezentralen Reglers je Teilsystem

Überlegenheit des zentralen Großreglers steht der gerätemäßige Nachteil der Übertragung aller Informationen zum zentralen Großregler gegenüber.

Die Methodik dezentraler Regelungen ist bestrebt, bekannte Erkenntnisse der Regelungstechnik auf große verkoppelte Systeme zu übertragen. Aus ihrer lokalen Perspektive können dezentrale Regler die Stabilisierung des gesamten Systems besorgen, ferner auch gezieltes dynamisches Verhalten durch Polvorgabe verlangen oder optimales Betriebsverhalten vorschreiben (*Singh, M.G., 1981*). Dezentrale Beobachter bestimmen einen Schätzwert $\hat{\mathbf{x}}_\mu$ des μ-ten Teilsystems aus den meßbaren Vektoren $\mathbf{y}_\mu$ und $\mathbf{u}_\mu$; dezentrale Kalman-Filter nehmen die Schätzung in Anwesenheit von Rauschen vor.

21.2 System mit zwei einfachen Teilsystemen

Gewählt wird ein System aus zwei verkoppelten Teilsystemen und zwar nach den Beziehungen mit Vektoren und Teilvektoren (*Nowak, H., 1982*)

$$\begin{pmatrix}\dot{\mathbf{x}}_1\\ \dot{\mathbf{x}}_2\end{pmatrix} = \mathbf{A}\begin{pmatrix}\mathbf{x}_1\\ \mathbf{x}_2\end{pmatrix} + \mathbf{B}\begin{pmatrix}\mathbf{u}_1\\ \mathbf{u}_2\end{pmatrix} \tag{21.3}$$

$$\begin{pmatrix}\mathbf{u}_1\\ \mathbf{u}_2\end{pmatrix} = \mathbf{K}\begin{pmatrix}\mathbf{x}_1\\ \mathbf{x}_2\end{pmatrix} \tag{21.4}$$

$$\mathbf{A} \triangleq \begin{pmatrix}\mathbf{A}_{11} & \mathbf{A}_{12}\\ \mathbf{A}_{21} & \mathbf{A}_{22}\end{pmatrix} \qquad \mathbf{B} \triangleq \begin{pmatrix}\mathbf{B}_1 & 0\\ 0 & \mathbf{B}_2\end{pmatrix} \triangleq \textbf{block diag } \mathbf{B}_i \tag{21.5}$$

$$\mathbf{K} \triangleq \begin{pmatrix}\mathbf{K}_1 & 0\\ 0 & \mathbf{K}_2\end{pmatrix} \triangleq \textbf{block diag } \mathbf{K}_i \ . \tag{21.6}$$

Die Verkopplung der Regelstrecken-Teilsysteme wird durch die Untermatrizen $\mathbf{A}_{12}$ und $\mathbf{A}_{21}$ ausgedrückt. Die Blockdiagonalmatrix $\mathbf{B}$ berücksichtigt die dezentralen Ansteuerungsmöglichkeiten. Die Blockdiagonalmatrix $\mathbf{K}$ in Gl.(21.6) zeigt die dezentrale Ermittlung der vektoriellen Stellgröße $\mathbf{u}_1$ allein aus dem Zustandsvektor $\mathbf{x}_1$ des Teilsystems 1. Gleiches gilt für $\mathbf{u}_2(\mathbf{x}_2)$.

Aus den Gln.(21.3) und (21.4) folgt

$$\begin{pmatrix}\dot{\mathbf{x}}_1\\ \dot{\mathbf{x}}_2\end{pmatrix} = (\mathbf{A}+\mathbf{BK})\begin{pmatrix}\mathbf{x}_1\\ \mathbf{x}_2\end{pmatrix} = \begin{pmatrix}\mathbf{A}_{11}+\mathbf{B}_1\mathbf{K}_1 & \mathbf{A}_{12}\\ \mathbf{A}_{21} & \mathbf{A}_{22}+\mathbf{B}_2\mathbf{K}_2\end{pmatrix}\begin{pmatrix}\mathbf{x}_1\\ \mathbf{x}_2\end{pmatrix} \triangleq \mathbf{A}_{cl}\begin{pmatrix}\mathbf{x}_1\\ \mathbf{x}_2\end{pmatrix} . \tag{21.7}$$

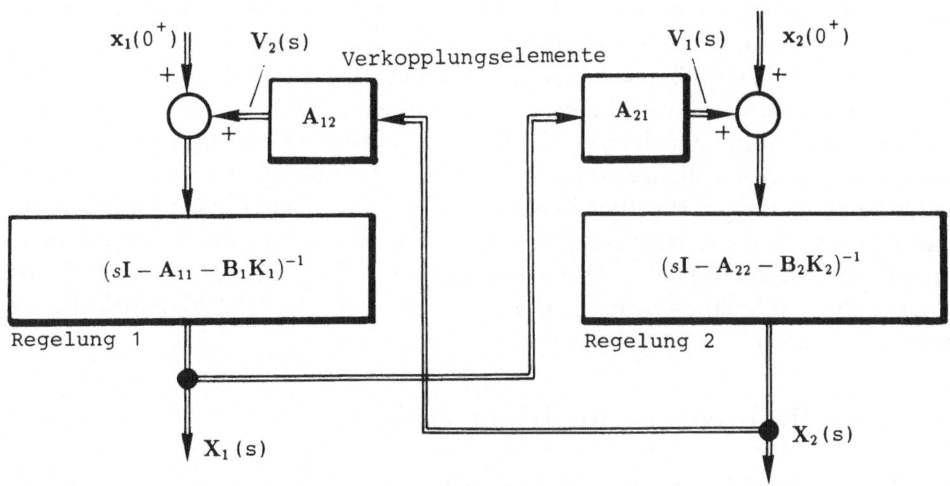

Abbildung 21.2: Verkopplung der Teilsysteme 1 und 2 bei der dezentralen Regelung

Die Eigenwerte $\lambda_i[\mathbf{A}_{cl}]$ von $\mathbf{A}_{cl}$, kurz λ_i , werden nach einem Hilfssatz über die Bildung der Determinante

$$\det\begin{pmatrix} \mathbf{N} & \mathbf{P} \\ \mathbf{Q} & \mathbf{R} \end{pmatrix} = \det\mathbf{N} \times \det(-\mathbf{Q}\mathbf{N}^{-1}\mathbf{P} + \mathbf{R}) = \det\mathbf{R} \times \det(-\mathbf{P}\mathbf{R}^{-1}\mathbf{Q} + \mathbf{N}) \qquad (21.8)$$

ermittelt. Sie folgen zu

$$\det(\lambda_i\mathbf{I} - \mathbf{A}_{cl}) = \det\begin{pmatrix} \lambda_i\mathbf{I} - \mathbf{A}_{11} - \mathbf{B}_1\mathbf{K}_1 & -\mathbf{A}_{12} \\ -\mathbf{A}_{21} & \lambda_i\mathbf{I} - \mathbf{A}_{22} - \mathbf{B}_2\mathbf{K}_2 \end{pmatrix} = \qquad (21.9)$$

$$= \det(\lambda_i\mathbf{I} - \mathbf{A}_{11} - \mathbf{B}_1\mathbf{K}_1)\det[\underbrace{-\mathbf{A}_{21}(\lambda_i\mathbf{I} - \mathbf{A}_{11} - \mathbf{B}_1\mathbf{K}_1)^{-1}\mathbf{A}_{12}}_{\hat{=}\mathbf{Z}_{12}} + (\lambda_i\mathbf{I} - \mathbf{A}_{22} - \mathbf{B}_2\mathbf{K}_2)] \qquad (21.10)$$

$$= \det(\lambda_i\mathbf{I} - \mathbf{A}_{22} - \mathbf{B}_2\mathbf{K}_2)\det[\underbrace{-\mathbf{A}_{12}(\lambda_i\mathbf{I} - \mathbf{A}_{22} - \mathbf{B}_2\mathbf{K}_2)^{-1}\mathbf{A}_{21}}_{\hat{=}\mathbf{Z}_{21}} + (\lambda_i\mathbf{I} - \mathbf{A}_{11} - \mathbf{B}_1\mathbf{K}_1)]\ . \qquad (21.11)$$

Wenn $\mathbf{Z}_{12} \equiv \mathbf{0}$, dann muß wegen Gleichheit der Zeilen Gl.(21.10) und Gl.(21.11)

$$\det(\lambda_i\mathbf{I} - \mathbf{A}_{11} - \mathbf{B}_1\mathbf{K}_1) = \det(\mathbf{Z}_{21} + \lambda_i\mathbf{I} - \mathbf{A}_{11} - \mathbf{B}_1\mathbf{K}_1) \qquad (21.12)$$

gelten. Die Eigenwerte λ_i von $\mathbf{A}_{cl}$ sind aus dem charakteristischen Polynom

$$\det(\lambda_i\mathbf{I} - \mathbf{A}_{11} - \mathbf{B}_1\mathbf{K}_1)\det(\lambda_i\mathbf{I} - \mathbf{A}_{22} - \mathbf{B}_2\mathbf{K}_2) \qquad (21.13)$$

durch Nullsetzen zu ermitteln. Gleiches ergibt sich unter der Annahme $\mathbf{Z}_{21} \equiv \mathbf{0}$. Es genügt also, wenn einer der beiden Ausdrücke $\mathbf{Z}_{12}$ *oder* $\mathbf{Z}_{21}$ verschwindet. Wenn $\mathbf{Z}_{12} \equiv \mathbf{0}$, bedeutet dies nicht, daß $\mathbf{Z}_{21}$ zugleich null ist, sondern nur, daß die Eigenwerte λ_i dieselben sind, als wäre $\mathbf{Z}_{21} \equiv \mathbf{0}$ gesetzt worden. Die Resultate entsprechen der einseitigen Kopplung bei Mehrgrößenregelungen.

Die Ergebnisse bei $\mathbf{Z}_{12} \equiv \mathbf{0}$ oder $\mathbf{Z}_{21} \equiv \mathbf{0}$ lassen sich auch derart deuten, daß im System der Regelung (Abb. 21.2) die Zustandsgröße $\mathbf{X}_2$ über das Teilsystem 1 kein Rücksignal $\mathbf{V}_1$ anregt *oder* gleichbedeutend $\mathbf{X}_1$ kein $\mathbf{V}_2$ hervorruft

$$\mathbf{V}_1 = \mathbf{A}_{21}(s\mathbf{I} - \mathbf{A}_{11} - \mathbf{B}_1\mathbf{K}_1)^{-1}\mathbf{A}_{12}\mathbf{X}_2 = \mathbf{Z}_{12}\mathbf{X}_2 \qquad (21.14)$$

$$\mathbf{V}_2 = \mathbf{A}_{12}(s\mathbf{I} - \mathbf{A}_{22} - \mathbf{B}_2\mathbf{K}_2)^{-1}\mathbf{A}_{21}\mathbf{X}_1 = \mathbf{Z}_{21}\mathbf{X}_1\ . \qquad (21.15)$$

Die Entwurfsaufgabe der dezentralen Regelung besteht darin, eine Reglermatrix $\mathbf{K}$ mit $\mathbf{K}_1$ und $\mathbf{K}_2$ der dezentralen Regler nach Gl.(21.6) zu finden, daß nach Gl.(21.10) bzw. Gl.(21.11) die Matrix $\mathbf{Z}_{12}$ oder $\mathbf{Z}_{21}$ verschwindet[1]. Die Eigenwerte der verbleibenden Teilsysteme sollen durch Polvorgabe vorgewählt werden können.

Da in diesem Kapitel nur die Grundzüge der dezentralen Regelung vermittelt werden sollten, wurden die Abhandlungen darauf beschränkt, den abgeschlossenen Entwurf dezentraler Regler zu bestätigen bzw. Bestimmungsstücke für den Entwurf aufzuzeigen (z.B. als Probierverfahren für die Existenz und für die Lösung). Die fortgeschrittenen Entwurfsverfahren nützen Gesetzmäßigkeiten der linaren Algebra und der Vektorräume zur eleganten und systematischen Synthese (*Sezer, M.E., und Hüseyin, Ö., 1980; Geromel, J.C., and Bernussou, J., 1982*).

21.3 Zwei Teilsysteme niedriger Ordnung

An einem konkreten Fall niedriger Dimension wird der Entwurf zu einem Ende geführt (*Nowak, H., 1982*)

$$\mathbf{A}_{11} \triangleq \begin{pmatrix} a & 0 \\ b & c \end{pmatrix} \qquad \mathbf{A}_{12} \triangleq \begin{pmatrix} \alpha_1 \\ 0 \end{pmatrix} \qquad \mathbf{A}_{21} \triangleq (0 \quad \alpha_2) \qquad \mathbf{A}_{22} \triangleq d \tag{21.16}$$

$$\mathbf{B}_1 \triangleq \begin{pmatrix} b_1 & 0 \\ 0 & b_2 \end{pmatrix} \qquad \mathbf{B}_2 \triangleq b_3 \ . \tag{21.17}$$

Für die Annahme

$$\mathbf{K}_1 \triangleq \begin{pmatrix} k_1 & 0 \\ b/b_2 & k_2 \end{pmatrix} \qquad \text{und} \qquad \mathbf{K}_2 \triangleq k_3 \tag{21.18}$$

ist $\mathbf{Z}_{12} \equiv \mathbf{0}$ erfüllt, wie die Kontrollrechnung durch Einsetzen der obgenannten Angaben zeigt

$$(0 \quad \alpha_2)[\lambda_i \mathbf{I} - \begin{pmatrix} a & 0 \\ b & c \end{pmatrix} - \begin{pmatrix} b_1 & 0 \\ 0 & b_2 \end{pmatrix}\begin{pmatrix} k_1 & 0 \\ b/b_2 & k_2 \end{pmatrix}]\begin{pmatrix} \alpha_1 \\ 0 \end{pmatrix} \equiv 0 \tag{21.19}$$

$$(0 \quad \alpha_2)\begin{bmatrix} \lambda_i - a - b_1 k_1 & 0 \\ 0 & \lambda_i - c - b_2 k_2 \end{pmatrix}\begin{pmatrix} \alpha_1 \\ 0 \end{pmatrix} \equiv 0 \tag{21.20}$$

unabhängig von λ_i . *Nicht* erfüllt ist $\mathbf{Z}_{21} \equiv \mathbf{0}$

$$\mathbf{Z}_{21} = \begin{pmatrix} \alpha_1 \\ 0 \end{pmatrix}(s\mathbf{I} - d - b_3 k_3)(0 \quad \alpha_2) = (s\mathbf{I} - d - b_3 k_3)\begin{pmatrix} 0 & \alpha_1\alpha_2 \\ 0 & 0 \end{pmatrix} \not\equiv \mathbf{0} \ ; \tag{21.21}$$

dies ist auch für den Entwurf nicht mehr erforderlich, da schon $\mathbf{Z}_{12} \equiv \mathbf{0}$ gilt. Trotz $\mathbf{Z}_{21} \not\equiv \mathbf{0}$ hat der $\mathbf{Z}_{21}$-Ausdruck laut Gl.(21.21) keinen Einfluß auf $\det(\mathbf{Z}_{21} + s\mathbf{I} - \mathbf{A}_{11} - \mathbf{B}_1\mathbf{K}_1)$, wie einfach nachgerechnet werden kann.

Für die solcherart dimensionierte dezentrale Regelung verbleibt für $\mathbf{A}_{cl}$

$$\mathbf{A}_{cl} = (\mathbf{A} + \mathbf{BK}) = \begin{pmatrix} a & 0 & \alpha_1 \\ b & c & 0 \\ 0 & \alpha_2 & d \end{pmatrix} + \begin{pmatrix} b_1 & 0 & 0 \\ 0 & b_2 & 0 \\ 0 & 0 & b_3 \end{pmatrix}\begin{pmatrix} k_1 & 0 & 0 \\ b/b_2 & k_2 & 0 \\ 0 & 0 & k_3 \end{pmatrix} = \tag{21.22}$$

$$= \begin{pmatrix} a + b_1 k_1 & 0 & \alpha_1 \\ 0 & c + b_2 k_2 & 0 \\ 0 & \alpha_2 & d + b_3 k_3 \end{pmatrix} . \tag{21.23}$$

[1]Die Aussage $\mathbf{Z}_{12} = \mathbf{0}$ bedingt nicht, daß einer der Faktoren laut Gl.(21.14) null sein muß. Zum Beispiel ist nachstehendes Produkt ist null, obwohl *keiner* der beiden Faktoren eine Nullmatrix ist $\begin{pmatrix} a & a \\ \beta a & \beta a \end{pmatrix}\begin{pmatrix} b & -b \\ -b & b \end{pmatrix} = 0$.

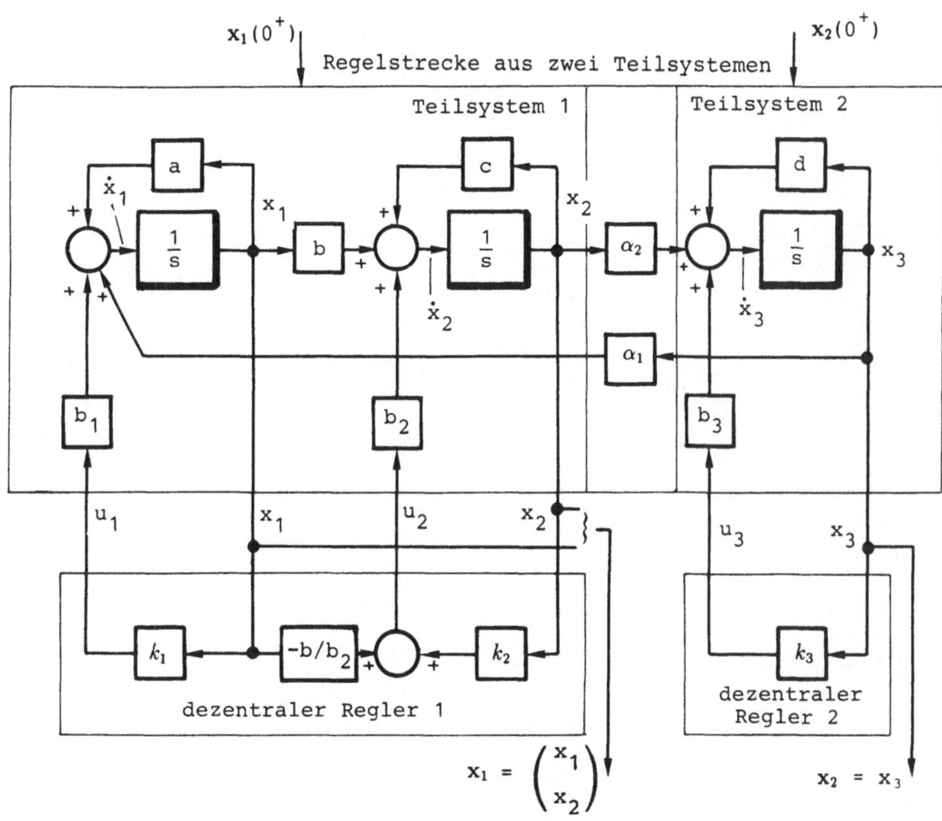

Abbildung 21.3: Dezentrale Regelung mit zwei Teilsystemen niedriger Ordnung

Das charakteristische Polynom zu $\mathbf{A}_{cl}$ lautet $\det(\lambda_i\mathbf{I} - \mathbf{A}_{cl})$. Da $\mathbf{Z}_{12} \equiv \mathbf{0}$ erfüllt ist, zerfällt es in ein Produkt laut Gl.(21.13). Auch der Ausdruck $\det(\lambda_i\mathbf{I} - \mathbf{A}_{11} - \mathbf{B}_1\mathbf{K}_1)$ zerfällt in ein Produkt $(\lambda_i - a - b_1k_1)(\lambda_i - c - b_2k_2)$. Resultierend entsteht ein Regelungssystem mit den drei unabhängigen (entkoppelten) Eigenwerten λ_i von der Größe $a + b_1k_1$, $c + b_2k_2$, $d + b_3k_3$. Sie sind durch die Reglerparameter k_1 bis k_3 getrennt einstellbar. Sollwerte wären gemäß Zustandsreglerentwurf über Vorfilter einzubinden.

Die Abb. 21.3 zeigt die charakteristischen Unterschiede der dezentralen Regelung zu einer zentralen Mehrgrößenregelung: Zur Ermittlung der zwei Stellgrößen u_1, u_2 stehen im Teilsystem 1 mit $\mathbf{x}_1 = (x_1 \quad x_2)^T$ zwei Zustandsgrößen zur Verfügung, im Teilsystem 2 für u_3 ausschließlich $\mathbf{x}_2 = x_3$. Eine zentrale Mehrgrößenregelung verlangte zentral alle drei Zustandsvariablen x_1 bis x_3 für die Zustandsreglerfunktion der Stellgrößen u_1 bis u_3.

Beispiele für dezentrale Regelungen siehe *Mahmoud, M.S., and Saleh, S.J., 1985* und *Sezer, M.E., and Hüseyin, Ö., 1980*, unter Einsatz von Beobachtern siehe *Shahian, B., 1986*. Eine bestimmte Polvorgabe unter Wahrung minimaler Frobenius-Norm der Rückführungsverstärkungen wird von *Sebok, D.R., et al. 1986* beschrieben. Parameterschätzverfahren für „große Systeme“ finden sich in *Sultan, M.A., et al. 1988*, adaptive dezentrale Regelungen etwa in *Veselý, V., and Eteim, D., 1992*.

Anhang A

Verzeichnis häufig verwendeter Formelzeichen

A.1 Allgemeine Hinweise

Kleinbuchstaben kennzeichnen Signalvariable im Zeitbereich, zum Beispiel $x(t)$; oder Polynome, zum Beispiel $p(s)$. Großbuchstaben bezeichnen Laplace-Bilder. Kleinbuchstaben in Fettdruck stehen für Vektoren, Großbuchstaben in Fettdruck für Matrizen, und zwar sowohl für Zeit- als auch Frequenzbereich.

Im Überschneidungsfall (Vektoren aus Laplace-transformierten Signalen) wird dem Unterscheidungsmerkmal Vektor-Matrizen gefolgt und es werden auch Laplace-Transformierte mit Kleinbuchstaben geschrieben.

Sollte der Hinweis auf den Laplace- oder Zeitbereich notwendig sein und sich die Sachlage nicht selbstverständlich aus dem Zusammenhang ergeben, so wird das Argument wie in $\mathbf{x}(s)$ oder $\mathbf{x}(t)$ beigefügt, was aber dann *nicht* als Substitution t statt s mißverstanden werden darf.

Anmerkung: Bei praktischen Handrechnungen wird auf die Kennzeichnung von Vektoren und Matrizen durch Fettschrift zumeist verzichtet. Wenn nötig wird auf Unterstreichung ausgewichen oder nur $x \in \mathcal{R}^n$ oder $\dim x = n$ angemerkt. Oft ist durch Indizierung der Vektorkomponente ohnehin genügend Unterscheidungsmerkmal zu den Vektoren selbst gegeben.

□ bedeutet „Ende des Beispiels, der Definition, des Beweises etc.“

A.2 Verknüpfungssymbole

$:=$	„ergibt sich aus“
$\triangleq$	„Gleichsetzung per Definition“
$\doteq$	„nahezu gleich“
$\equiv$	„identisch gleich“
$\simeq$	„entspricht“
$\longrightarrow$	(in Symbolhöhe) „soll gebracht werden auf“
$\mid$	„für die gilt“
$\in$, $\notin$	„ist ein Element von“, „ist kein Element von“
$\vee$	logische Disjuktion
$\wedge$	logische Konjunktion und Min-Operation bei Verknüpfung von fuzzy sets
$\forall$	„gilt für alle“
$\leadsto$	„daraus folgt“ *oder* „führt auf“
$\times$	Verdeutlichung einer Multiplikation
$\{\}$	Menge $\mathcal{B} = \{b_i\}$ der Elemente b_i
$\subset$, $\not\subset$, $\subseteq$	echte Teilmenge, keine echte Teilmenge, Teilmenge
$\cap$	Durchschnitt zweier Mengen. Er ist durch die Elemente jener Menge gekennzeichnet, die sowohl zu $\mathcal{A}$ als auch zu $\mathcal{B}$ gehören, also $\mathcal{A} \cap \mathcal{B} = \{x \mid (x \in \mathcal{A}) \wedge (x \in \mathcal{B})\}$. Zwei Mengen heißen disjunkt oder elementfremd, wenn deren Durchschnitt die leere Menge $\emptyset = \{\}$ ist, also kein Element enthält.
$\cup$	Vereinigung zweier Mengen, also die Menge jener Elemente, die entweder Element der einen oder der anderen Menge sind, also $\mathcal{A} \cup \mathcal{B} = \{x \mid (x \in \mathcal{A}) \vee (x \in \mathcal{B})\}$.
$\setminus$	Differenz zweier Mengen, z.B. $\mathcal{A} \setminus \mathcal{B} = \{x \mid (x \in \mathcal{A}) \wedge (x \notin \mathcal{B})\}$

die Menge jener Elemente von $\mathcal{A}$, die nicht Element von $\mathcal{B}$ sind.
Hingegen ist die Komplementärmenge $\mathcal{A}^{\neg}$ zur Teilmenge $\mathcal{A}$
der Grundmenge $\mathcal{G}$ die Menge jener Elemente von $\mathcal{G}$, die nicht zu $\mathcal{A}$ gehört
$\mathcal{A}^{\neg} = \{x \mid (x \in \mathcal{G}) \wedge (x \notin \mathcal{A})\}$.

$\Rightarrow$ „wenn .., so..“, z.B. $\mathcal{A} \Rightarrow \mathcal{B}$ bedeutet $\mathcal{A}$ impliziert $\mathcal{B}$,
die Aussage $\mathcal{A}$ ist hinreichend für die Aussage $\mathcal{B}$

$\Leftrightarrow$ „wenn.., dann..“ und umgekehrt; notwendig und hinreichend

$\propto$ verhältnisgleich zu

A.3 Hochgestellte Symbole u. dgl.

-1 Invertierung, Inverse

$*$ konjugiert komplexer Wert

$\sharp$ Pseudoinverse

H „Hermite“, konjugiert komplexe Transponierte

R Verweis auf reflektiertes Argument und Transponierung

T Transponierung

$\dot{x}$ Ableitung nach der Zeit, angewendet auf x

b' Ableitung nach dem Argument der Funktion, angewendet auf b

mo (im Exponenten) modal

$\star$ getastetes Signal

$\star$ Hinweis auf Optimalwert

$\hat{\mathbf{p}}$ Schätzwert, Näherungswert, angewendet auf $\mathbf{p}$

$\bar{r}$ (Überstreichung) Hinweis auf Mittelwertbildung

$0^-, 0^+$ Hinweis auf infinitesimale Spanne vor und nach 0

A.4 Indizes

∞ Stationärwert, d.h. bei $t \to \infty$

∞ H_∞-Norm, siehe Gl.(19.67)

o Anfangswert, d.h. bei $t \to 0^+$

a Ausgang

cl Hinweis auf den geschlossenen Regelkreis (*closed loop*)

e Eingang

f final (Hinweis auf Endzeit)

F Frobenius-Norm

nom nominal

N (als zusätzlicher Index) Nennpunkt

p perturbed (Verweis auf vorhandene Unsicherheit)

r Hinweis, daß eine Beschränkung auf die Grundschwingung vorgenommen wurde

s Spektral-Norm

sp Spitzenwert

T Trajektorie

A.5 Operationszeichen

adj Adjunkte

anz pol_{rHE} Anzahl der Pole in der rechten Halbebene (von)

anz nul_{rHE} Anzahl der Nullstellen in der rechten Halbebene (von)

arg Argument

block diag Hinweis auf Bildung einer Diagonalmatrix aus Matrixblöcken

circ Umlaufzahl (Anzahl der Zirkulationen) (von)

cov Kovarianzmatrix

det Determinante

diag	Hinweis auf Bildung einer Diagonalmatrix
exp	Exponentialfunktion
E	Erwartungswert
$\mathcal{F}$	Fourier-Transformierte
gersh	Gershgorin-Band (von)
grad	Gradient
inf	Infinum
$\Im m$	Imaginärteil
$\mathcal{L}$, $\mathcal{L}^{-1}$	Laplace-Transformierte und deren Inverse
ln	natürlicher Logarithmus (zur Basis e)
log	Briggscher Logarithmus (zur Basis 10)
matrix	Hinweis auf Generierung einer Matrix
(b_{ik})	Klammern weisen auf Bildung einer Matrix **B** aus b_{ik} hin
np	Nullstellenpolynom (von)
pp	Polstellenpolynom (von)
rad	Radiant
$\Re e$	Realteil
Res	Residuum
sign	Signum (Vorzeichen)funktion
sup	Supremum
tr	Spur einer Matrix (*trace*)
vec	Bildung eines Vektors
$\mathcal{Z}, \mathcal{Z}^{-1}$	z-Transformierte (diskrete Laplace-Transformation) und deren Inverse
δ	Variationssymbol
Δ	kleine Änderung
$\lVert\cdot\rVert_F$	Frobenius-Norm, siehe Gl.(19.2)
$\lVert\cdot\rVert_s$	Spektralnorm oder Hilbert-Norm, siehe Gl.(19.3)
$\lVert\cdot\rVert_\infty$	H_∞-Funktionsnorm, siehe Gl.(19.67)
$\lVert\cdot\rVert_{\mu_D}$	μ_D-Norm siehe Gl.(8.4) und Tabelle 8.3

A.6 Symbole spezieller Art

a	Rechtseigenvektoren der Matrix **A**
a_{ik}	Element der Matrix **A**
A	Koeffizientenmatrix oder Systemmatrix ($n \times n$) in zeitkontinuierlicher Zustandsraumdarstellung
$\mathbf{A}_{cl}$	Koeffizientenmatrix des (geschlossenen) Regelkreises im Zustandsraum
$\mathbf{b}(v)$	Vektor der örtlichen Verteilung der Wirkung der einzelnen Stellgrößenkomponenten
B	Steuermatrix (Eingangsmatrix) ($n \times m$) bei kontinuierlichen Systemen
c	Vorgabevektor für das vektorielle Gütekriterium **I**
$\mathbf{c}(v)$	Vektor der örtlichen Bewertung der verteilten Zustandsgröße zu den Komponenten der Ausgangsgröße
C	Ausgangsmatrix ($r \times n$)
C_s	Kontur in der s-Ebene
D	Dämpfungsgrad
D	Durchgangsmatrix ($r \times m$)
D_i	Dominanzmaß
D_{ji}	Wesentlichkeitsmaßzahl
D_{jki}	Dominanzkennzahl
D_t	zeitlicher Differentialoperator
D_v	räumlicher Differentialoperator
e, **e**	Regelabweichung
e	(orthogonaler) Einheitsvektor
f_A	Aktivierungsfunktion
F	Koeffizientenmatrix des Beobachters
F	Funktion zur Charakterisierung einer erzwungenen Schwingung
$\mathbf{F}_f$	Bewertungsmatrix für $\mathbf{x}(t_f)$ im Gütekriterium I
F_o	Schleifenübertragungsfunktion (Übertragungsfunktion des geöffneten Regelkreises)

$\mathbf{F}_o$	Schleifenübertragungsmatrix
F_{St}	Störungsübertragungsfunktion
$\mathbf{g}$	Funktion zur Beschreibung einer nichtlinearen Strecke
$G(s)$	Regelstreckenübertragungsfunktion
$\mathbf{G}(s)$	Regelstreckenübertragungsmatrix
$\mathbf{G}_u$	Steuermatrix des Beobachters
$G_{ho}(s)$	Übertragungsfunktion eines Halteglieds nullter Ordnung
$h(t)$	Sprungantwort
$h(v)$	Eigenfunktion des räumlichen Differentialoperators D_v
$\mathbf{h}(v)$	Vektor der Eigenfunktionen $h_k(v)$
$h_k(v)$	k-ter Modus k-te Eigenfunktion $h(v)$ des Ortes
h_i	höchster Wert eines Polynomkoeffizienten
H	Hamiltonsche Funktion
I	Schaltcharakteristik
$\mathbf{I}, \mathbf{I}_m$	Einheitsmatrix passender Dimension bzw. der Dimension $m \times m$
I	Gütekriterium
$\mathbf{I}$	vektorielles Gütekriterium
$\mathbf{J}$	Jacobi-Matrix, siehe Gl.(8.30)
k_f	diskreter Endzeitpunkt (auf das Abtastintervall bezogen)
$K(s)$	Reglerübertragungsfunktion
K_k	Beiwert zur Rückführung von x_k^{mo}
$\mathbf{K}$	Reglermatrix $(m \times n)$ im Zustandsraum
$\mathbf{K}(s)$	Reglerübertragungsmatrix $(m \times m)$
l_i	niedrigster Wert eines Polynomkoeffizienten
L	Verlustfunktion
$L_{\mathbf{f}}\, r$	Lie-Ableitung von r in Richtung des Vektors $\mathbf{f}$
m	Dimension des Steuervektors $\mathbf{u}$
m	Zahl der Steuergrößen einer Mehrgrößenstrecke
m	bezogene Relativzeit der modifizierten z-Transformation
$m(e)$	Zugehörigkeitsfunktion
m_A	Zugehörigkeits- oder Zuordnungsfunktion zur Menge A
$\mathbf{M}$	Meßmatrix $(r_m \times n)$
$\mathbf{M}$	spezielle Übertragungsmatrix des nominalen Regelkreises, siehe Gl.(19.66)
n	Dimension des Zustandsvektors $\mathbf{x}$ je nach Anwendung der Regelstrecke, des Regelkreises; Ordnung eines Systems
$\hat{n}$	Ordnung des reduzierten Systems
n_{rf}	Grad eines Polynoms bei Eingrößenkontrollbeobachter
$n(s)$	Nennerpolynom
$\mathbf{N}$	„Nenner" einer Übertragungsmatrix
$\mathbf{N}$	Matrix $(n \times r_m)$ zur Ansteuerung des Beobachters von den meßbaren Ausgangsgrößen
$\mathbf{N}$	Kalman-Verstärkungsmatrix
$\mathbf{N}(s), \tilde{\mathbf{N}}(s)$	„Nenner"-Polynommatrix einer koprimen Faktorisierung
N	Beschreibungsfunktion
p	Wahrscheinlichkeitsverteilungsdichte
$\mathbf{p}$	Rechtseigenvektor der transponiertenten Koeffizientenmatrix $\mathbf{A}^T$ (Linkseigenvektor von $\mathbf{A}$)
p_R	Regler-Parameter
p_S	Strecken-Parameter
$p(s, \mathbf{q})$	charakteristisches Polynom des Regelkreises mit Unsicherheitsparametern $\mathbf{q}$
$p_{ik}(s)$	Kantenpolynom
P	Wahrscheinlichkeitsverteilungsfunktion
$\mathbf{P}$	Matrix-Variable der Riccati- Gleichung für die kontinuierliche Optimierungsaufgabe
$\mathbf{P}$	Matrix-Variable der Riccati-Gleichung für die diskrete Optimierungsaufgabe
$\mathbf{P}$	Kovarianzmatrix eines Gauß-Markov-Prozesses
$\mathbf{P}_{KF}(t\|t)$	Matrixvariable zur Berechnung des Kalman-Filters
q_i	i-te Komponente des Gradienten des Gütekriteriums I
$\mathbf{Q}$	Bewertungsmatrix für $\mathbf{x}$ im Gütekriterium I
$\mathbf{Q}_d, \mathbf{Q}_r$	stabile Parametrisierungsmatrix der Youla-Parametrierung
$\mathbf{R}$	Bewertungsmatrix für $\mathbf{u}$ im Gütekriterium I

r	Schrittzahl für Regler mit endlicher Einstellzeit
r	Dimension des Ausgangsvektors $\mathbf{y}$
R_{xx}	Autokorrelationsfunktion
R_{xy}	Kreuzkorrelationsfunktion
s	Operator der Laplace-Transformation
s_i	Aktivität des Neurons in der Schicht i
s_{Ni}	Nullstelle
s_{Pi}	Polstelle
$\mathbf{S}(s)$	Sensitivitätsmatrix
$\mathbf{S}_d$	Bewertungsmatrix für $\mathbf{x}_{pi}$ im Gütekriterium I
S_{xx}	Autospektraldichte
S_{xy}	Kreuzspektraldichte
t	Zeit (Echtzeit)
t_f	Endzeitpunkt
t_o	Anfangszeitpunkt
T	Transformationssymbol beim Dynamischen Programmieren
T	Abtastzeit (Abtastperiode)
T_c	Grenzzyklusdurchlaufzeit (Periode des Grenzzyklus bzw. Zyklus)
T_I	Integrierzeit (Nachstellzeit)
T_t	Totzeit
$T(s)$	Führungsübertragungsfunktion
$\mathbf{T}(s)$	Führungsübertragungsmatrix
$\mathbf{T}^{mo}$	Modalmatrix der Zustandsraumdarstellung
$\mathbf{T}_{cl}^{mo}$	Modalmatrix zur Koeffizienten-Matrix des Regelkreises
$\mathbf{T}_o^{mo}(s)$	Modalmatrix zur Schleifenübertragungsmatrix $F_o(s)$, siehe Gl.(5.93)
$\mathbf{T}_P(s)$	partionierte Matrix der Youla-Parametrierung bezüglich Führung und Störung
u	Steuergröße (Stellgröße)
$\mathbf{u}$	Steuervektor $(m \times 1)$
v	Meßfehler (Meßrauschen)
v	Imaginärteil der komplexen Variablen w
v	Ortsvariable
v	Abkürzung für $\dot{x}$
v	Ersatzstellgröße einer exakten Linearisierung
$\mathbf{v}$	Ausgangssignal des Blocks der Systemunsicherheit
V	Lyapunov-Funktion
V	Verstärkung
$\mathbf{V}$	Vorfilter-Matrix $(m \times r)$
$\mathbf{V}(s)$	Vorwärtsreglerübertragungsmatrix
w	komplexe Variable nach bilinearer Transformation des z-Bereichs, siehe Gl.(4.66)
w_d	Störsignal (Störrauschen)
w_j, w_{ik}	Gewichte (Synapsen) in einem neuronalen Netz
$\mathbf{x}$	Zustandsvektor $(n \times 1)$
$\mathbf{x}$	Eingabemuster eines neuronalen Netzes
x_i	i-te Komponente der Zustandsgröße $\mathbf{x}$
$\mathbf{x}_e$	gewöhnlich stabiler Systemzustand
$\mathbf{x}_r$	Zustandsvektor des reduzierten Modells
$\mathbf{x}_s$	Restkomponente des Zustandsvektors bei Ordnungsreduzierung
$\mathbf{x}_o$	Anfangssystemzustand
$\mathbf{x}_\infty$	asymptotisch stabiler Systemzustand
y_{ref}	Sollwert
$\mathbf{y}_{ref}$	Sollvektor $(r \times 1)$
$\mathbf{y}_{ref}^*$	adjungierter Sollwert
y	Regelgröße, Ausgangsgröße
$\mathbf{y}$	Ausgangsvektor $(r \times 1)$
$\mathbf{y}$	Ausgabemuster eines neuronalen Netzes
$\mathbf{y}_m$	reduzierter Meßvektor $(r_m \times 1)$
z	Operator der z-Transformation
$z(s)$	Zählerpolynom

$\mathbf{Z}(s), \bar{\mathbf{Z}}(s)$	„Zähler"-Polynommatrix einer koprimen Faktorisierung
δ_{ik}	Kronecker-Symbol
$\delta(t)$	Dirac-Nadelfunktion
ζ	Hilfs-Ortsvariable
$\lambda_i[\mathbf{P}]$	Eigenwert der Matrix $\mathbf{P}$
$\boldsymbol{\lambda}_u$	Steuer-Influenzfunktion
$\boldsymbol{\lambda}$	Vektor der adjungierten Variablen
$\mu_D[\cdot]$	strukturierter Singulärwert für blockstrukturierte Matrizen, siehe Gl.(8.4)
$\boldsymbol{\xi}$	Ersatzzustandsgröße einer exakten Linearisierung
$\boldsymbol{\Xi}$	Vektorfunktion als Diffeomorphismus
ρ_s	spektraler Radius
σ	(absolute) Dämpfung, Wuchsmaß, Realteil von s
σ_i	Singulärwert
$\sigma_{\max}, \sigma_{\min}$	maximaler und minimaler Singulärwert, siehe Gl.(19.5)
$\sigma(t)$	Sprungfunktion
σ_o	Mindeststabilitätsgrad
σ_x	Standardabweichung des Signals $x(t)$
τ	Relativzeit
φ	Phasenverwerfung
$\mathbf{\Phi}(t)$	Transitionsmatrix eines kontinuierlichen Systems
$\mathbf{\Phi}(T)$	$= \mathbf{\Phi}(t)\mid_{t=T}$ Koeffizientenmatrix des Abtastsystems im Zustandsraum
$\mathbf{\Phi}(iT)$	Transitionsmatrix eines Abtastsystems, siehe Gl.(4.79)
$\mathbf{\Psi}$	Steuermatrix $(n \times m)$ eines diskreten Systems, siehe Gl.(4.86)
ω	Kreisfrequenz, Imaginärteil von s
ω_N	Schwingungskreisfrequenz des ungedämpft gedachten Systems
ω_r	Grundwellenkreisfrequenz einer Rechteckschwingung
ω_T	Kreisfrequenz der Abtastung

Anhang B

Literaturverzeichnis

Abel, D., 1991, Fuzzy Control — eine Einführung ins Unscharfe, *Automatisierungstechnik* **39**, S. 433–438

Ackermann, J., 1983, Abtastregelung, Entwurf robuster Systeme (Springer, Berlin New York)

Ackermann, J., 1985, Uncertainty and Control (Springer, Berlin)

Ackermann, J., 1993, Robuste Regelung (Springer, Berlin)

Ackermann, J., und Kiendl, H., (Hsgb.), 1983, Mehrere Workshops „Robuste Regelung" der VDI/VDE-Ges. Meß- und Regelungstechnik. Interlaken 1980 bis 1983

Aiserman, M.A., und Gantmacher, F.R., 1965, Die absolute Stabilität von Regelsystemen (Oldenbourg, München, Wien)

Allidina, A.Y., and Hughes, F.M., 1983, A general adapitve scheme, *Int.J. Control* **38**, S. 1115-1120

Al-Saggaf, U.M., 1992, Robust digital control of a high-performance engine, *Dynamics and Control* **2**, pp. 363-383

Anderson, B.D.O., and Moore, J., 1971, Linear Optimal Control (Prentice-Hall, Englewood Cliffs)

Andronov, A.A., Leontovich, E.A., Gordon, I.I., and Maier, A.G., 1973, Quantative Theory of Second-Order Dynamic Systems (John Wiley, London)

Aoki, M., 1967, Optimization of Stochastic Systems. Topics in Discrete-Time Systems (Academic Press, New York)

Aoki, M., 1968, Control of large scale dynamic systems by aggregation, *IEEE-Trans* **AC-13**, S. 246-253

Aracil, J., and Montes, C.G., 1976, External description of multivariable systems, *Int. J. Control* **23**, S. 409-420

Arndt, G., 1980, Entwurf eines zeitdiskreten Reglers mit endlicher Einstellzeit im z-Bereich, *Regelungstechnik* **28**, S. 57-60

Aseltine, J.A., Mancini, A.R., and Sarture, C.W., 1958, A survey of adaptive control systems, *IRE-Trans.* **AC-3**, S. 102-108

Åström, K., 1970, Introduction to Stochastic Control (Academic Press, New York)

Åström, K.J., 1983, Theory and applications of adaptive control — a survey, *Automatica* **19**, pp. 471-486

Åström, K.J., and Eykhoff, P., 1971, System identification — a survey, *Automatica* **7**, pp. 123-162

Åström, K.J., and Wittenmark, B., 1971, Problems of identification and control, *J. Math. Analysis Applic.* **34**, pp. 90-113

Åström, K.J., and Wittenmark, B., 1973, On self-tuning regulators, *Automatica* **9**, S. 185-199

Åström, K.J., and Wittenmark, B., 1984, Computer Controlled Systems: Theory and Design (Prentice-Hall, Englewood Cliffs)

Åström, K.J., and Wittenmark, B., 1989, Adaptive Control (Addison-Wesley, Reading, Mass.)

Athans, M., and Falb, P.L., 1966, Optimal Control (McGraw-Hill, New York)

Atherton, D.P., 1981, Stability of Nonlinear Systems (Research Studies Press, Chichester)

Au, T., and Stelson, T.E., 1969, Introduction to Systems Engineering, Deterministic Models (Reading: Addison-Wesley)

Bär, W., 1981, Ein Frequenzbereichsverfahren für Mehrgrößenregelungen bei gleichzeitiger Berücksichtigung von Führungs- und Störungsverhalten, *Regelungstechnik* **29**, S. 234-241

Barth, J., und Jaschek, H., 1985, Ermittlung wesentlicher Zustandsgrößen bei der modalen Ordnungsreduktion, *Regelungstechnik* **33**, S. 219-226

Bartlett, A.C., Hollot, C.V., and Lin, H., 1987, Root locations of an entire polytope of polynomials: it suffices to check the edges, *Proc. American Control Conf.*, S. 1611-1616

Baumann, U., Kronmüller, H., und Trilling, U., 1975, Versuche zur schnellen Meßgrößenerfassung mit Hilfe einfacher Schätzalgorithmen, *Regelungstechnik* **23**, S. 319-323

Beck, J.V., and Arnold, K.J., 1977, Parameter Estimation in Engineering and Science (John Wiley, New York)

Becker, C., Litz, L., und Siffling, G., 1984, Regelungstechnik Übungsbuch (Hüthig, Heidelberg)

Bellman, R., 1967, Dynamische Programmierung und selbstanpassende Regelprozesse (Oldenbourg, München Wien)

Bízik, J., and Kozák, Š., 1992, Comparison of several aggregation methods, *Elektrotechn. ČAS* **43**, pp. 193-196

Blanchini, F., and Policastro, M., 1992, Bidiagonal realization for multivariable systems, *Int. J. Systems Sci.* **23**, S. 249-262

Blaquière, A., 1966, Nonlinear System Analysis (Academic Press, New York, London)

Blaschke, F., und Ströle, D., 1973, Transformationen zur Entflechtung elektrischer Antriebsregelstrecken, *Regelungstechnik* **21**, S. 105-109

Böcker, J., Hartmann, I., und Zwanzig, Ch., 1986, Nichtlineare adaptive Regelungssysteme (Springer, Berlin)

Bogoljubow, N.N., und Mitropolski, J.A., 1965, Asymptotische Methoden in der Theorie der nichtlinearen Schwingungen (Akademie-Verlag, Berlin)

Bonvin, D., and Mellichamp, D.A., 1982, A unified derivation and critical review of model approaches to model reduction, *Int. J. Control*, **35**, S. 829-848

Böttiger, F., und Engell, S., 1979, Entwurf von Zweigrößensystemen mit dem Mehrgrößen-Nyquist-Verfahren, *Regelungstechnik* **27**, S. 143-149

Bouslama, F., and Ichikawa, A., 1992, Application of limit fuzzy controllers to stability analysis, *Fuzzy Sets and Systems* **49**, pp. 103-120

Bratley, P., Fox, B.L., and Schrage, L.E., 1983, A Guide to Simulation (Springer, Berlin)

Bühler, H., 1985, Kaskaden-Zustandsregelung, *Automatisierungstechnik* **33**, S. 52-61

Butkovskiy, A.G., 1969, Distributed Control Systems (American Elsevier Publishing Comp., New York)

Casavola, A., Grimble, M.J., Mosca, E., and Nistri, P., 1991, Continuous-time LQ regulator design by polynomial equations, *Automatica* **27**, S. 555-558

Chaudhuri, S.P., 1972, Distributed optimal control in a nuclear reactor, *Int.J.Control* **16**, S. 927-937

Chen, C.T., 1968, Stability of linear multivariable feedback systems, *Proc. IEEE* **56**, S. 821-828

Chen, K., 1961, Analysis and design of feedback systems with gain and time constant variations, *IRE-Trans.* **AC-6**, S. 73-79

Chien, I.L., Seborg, D.E., and Mellichamp, D.A., 1985, A self-tuning controller for systems with unknown or varying time delays, *Int. J. Control* **42**, pp. 949-964

Clarke, D.W., and Hastings-James, R., 1971, Design of digital controllers for randomly disturbed systems, *Proc. IEE* **118**, pp. 1503-1506

Cosgriff, R.L., 1958, Nonlinear Control Systems (McGraw-Hill, New York)

Cremer, M., 1973, Festlegen der Pole und Nullstellen bei der Synthese linearer entkoppelter Mehrgrößenregelkreise, *Regelungstechnik* **21**, S. 144-50 und S.195-199

Csaki, F., 1977, State-Space Methods for Control Systems (Akademiai Kiado, Budapest)

Cunningham, W.J., 1958, Introduction to Nonlinear Analysis (McGraw-Hill, New York)

Cuno, B., 1976, Erprobung von Abtastregler-Entwurfsverfahren und Regelalgorithmen, *Regelungstechnik* **24**, S. 377-383

Davies, W.D.T., 1973, Systemerkennung für adaptive Regelungen (Oldenbourg Wiley, München, Wien)

Davison, E.J., 1966, A method for simplifying linear dynamic systems, *IEEE-Trans.* **AC-11**, S. 93-101

Davison, E.J., Taylor, P.A., and Wright, J.D., 1980, On the application of tuning regulators to control a commercial heat exchanger, *IEEE-Trans.* **AC-25**, pp. 361-375

De Keyser, R.M.C., and Van Cauwenberghe, A.R., 1981, A self-tuning multistep predictor application, *Automatica* **17**, pp. 167-174

Denham, W.F., and Bryson, A.E., 1964, Optimal programming problems with inequality constraints II: Solution by steepest ascent, *AIAA-Journal* **2**, pp. 25-34

Dourdoumas, N., 1975, Eine Methode zur Reduzierung von Systemen hoher Ordnung, *Regelungstechnik* **23**, S. 133-139

Dourdoumas, N., 1987, Prinzipien zum Entwurf linearer Regelkreise mit Beschränkungen — eine Einführung, *Automatisierungstechnik* **35**, S. 301-309

Doyle, J.C., 1982, Analysis of feedback systems with structured uncertainties, *IEE-Proc., Part D,* **129**, S. 242-250

Doyle, J.C., Francis, B.A., and Tannenbaum, A.R., 1992, Feedback Control Theory (Maxwell Macmillan Int. Editions, New York)

Doyle, J.C., and Stein, G., 1979, Robustness with observers, *IEEE-Trans.* **AC-24**, S. 607-611

Doyle, J.C., and Stein, G., 1981, Multivariable feedback design for a classical/modern synthesis, *IEEE-Trans.* **AC-26**, S. 4-16

Dubois, D., and Prade, H., 1980, Fuzzy Sets and Systems (Academic Press, New York)

Ebert, C., und Schaub, A., 1993, Entwurf und Vergleich von Fuzzy-Reglern am Beispiel einer Heizungsanlage, *Automatisierungstechnik* **41**, S. 173-178

Egart, B., 1979, Stability of Adaptive Controllers (Springer, Berlin New York)

Elgersma, M.R., Stein, G., Jackson, M.R., and Yeichner, J., 1992, Robust controllers for space station management, *IEEE Control Systems* **12**, pp. 14-22

Eveleigh, V.W., 1967, Adaptive Control and Optimization Techniques (McGraw-Hill, New York)

Fasol, K.H., und Gehre, G., 1991, Order reduction, model approximation and controller design. A survey on some known methods and recommendation of a new approach, *Systems Analysis Modelling Simulation* **8**, S. 485-505

Fasol, K.H., und Varga, A., 1993, Zur Ordnungsreduktion linearer Systeme, *Automatisierungstechnik* **41**, S. 6-18

Feldbaum, A.A., 1962, Rechengeräte in automatischen Systemen (Oldenbourg, München)

Feldbaum, A.A., 1965, Optimal Control Systems (Academic Press, New York)

Feliachi, A., 1986, Decentralized stabilization of interconnected systems, *Int. J. Control* **44**, S. 1499-1505

Fleming, P.J., and Newmann, M.M., 1977, Design algorithms for a sensitivity constrained suboptimal regulator, *Int. J. Control* **25**, S. 965-978

Föllinger, O., 1970, Nichtlineare Regelungen, Band 1—3 (Oldenbourg, München Wien)

Föllinger, O., 1975, Einführung in die modale Regelung, *Regelungstechnik* **23**, S. 1-10

Föllinger, O., 1976, Entwurf von Regelkreisen durch Transformation der Zustandsvariablen, *Regelungstechnik* **24**, S. 239-245

Föllinger, O., 1982, Lineare Abtastsysteme, 2. Auflage (Oldenbourg, München Wien)

Föllinger, O., 1982, Reduktion der Systemordnung, *Regelungstechnik* **30**, S. 367-377

Föllinger, O., 1993, Nichtlineare Regelungen I und II, 7. Auflage (Oldenbourg, München Wien)

Föllinger, O., und Franke, D., 1982, Einführung in die Zustandsbeschreibung dynamischer Systeme (Oldenbourg, München Wien)

Fossard, A.J., 1977, Multivariable System Control (North-Holland-Publ., Amsterdam)

Francis, B., 1991, Lectures on H_∞ control and sampled-data systems. In: Foias, C., Francis, B., et al. 1991, H_∞-Control Theory, pp. 37-105 (Springer, Berlin)

Frank, W., 1969, Mathematische Grundlagen der Optimierung (Oldenbourg, München Wien)

Franke, D., 1970, Profilregelung mit endlicher Einstellzeit, *Regelungstechnik* **18**, S. 546-550

Franke, D., 1980, Parameteroptimale Matrixvorsteuerung PI-geregelter Mehrgrößensysteme, *Regelungstechnik* **28**, S. 135-136

Freund, E., und Hoyer, H., 1980, Das Prinzip nichtlinearer Systementkopplung mit der Anwendung auf Industrieroboter, *Regelungstechnik* **28**, S. 80-87

Gakhov, F.D., 1966, Boundary Value Problems (Pergamon Press, Oxford)

Gehre, G., und Grübel, G., 1987, Ein Verfahren zur Modellapproximation mit unterschiedlichen Zielsetzungen im Zeit- und Frequenzbereich, *Automatisierungstechnik* **35**, S. 310-316

Gelb, A., Vander Velde, W.E., 1963, On limit cycling control systems, *IEEE Trans.* **AC-8**, pp. 142-157

Geromel, J.C., and Bernussou, J., 1982, Optimal decentralized control of dynamic systems, *Automatica* **18**, S. 545-557

Gibson, J.E., 1963, Nonlinear Automatic Control (McGraw-Hill, New York London)

Gilbert, E.G., 1963, Controllability and observability in multivariable control systems, *SIAM Journal of Control* **A 2**, S. 128-151

Gilbert, E.G., 1969, The decoupling of multivariable systems by state feedback, *SIAM J. on Control* **7**, S. 50-63

Gilles, E.D., 1965, Die chemischen Reaktoren als Regelstrecke und ihre Dynamik, *Regelungstechnik* **13**, S. 361-368 und S. 493-500

Gilles, E.D., 1967, Zur Regelung ortsabhängiger Regelgrößen, *Regelungstechnik* **15**, S. 490-493 und S. 547-551

Gilles, E.D., 1973, Systeme mit verteilten Parametern (Oldenbourg, München Wien)

Gilles, E.D., und Zeitz, M., 1969, Modale Simulations verfahren für Systeme mit örtlich verteilten Parametern, *Regelungstechnik* **17**, S. 204-212

Göldner, K., und Kubik, S., 1978, Nichtlineare Systeme der Regelungstechnik (Verlag Technik, Berlin)

Goldynia, J.W., 1992, Regelung mit Kontrollbeobachter und seine Simulation mit ACSL, *Seminar über Simulation, Abteilung Simulationstechnik, TU Wien, Mai 1992*

Gottwald, P., 1971, Kybernetische Analyse von Lernprozessen (Oldenbourg, München Wien)

Grasselli, O.M., and Tornambè, A., 1992, On obtaining a realization of a polynomial matrix description of a system, *IEEE-Trans.* **AC-37**, pp. 852-856

Grimble, M.J., 1987, Relationship between polynomial and state-space solutions of the optimal regulator problem, *Systems and Control Letters* **8**, S. 411-416

Grömer, H., Programm für den Entwurf robuster Regler mittels Gradienten-Verfahren, *Elin-Pr.Bib./RT B2*

Grübel, G., 1976, Separationseigenschaften und Freiheitsgrade beim Entwurf von Kontrollbeobachtern, *Automatisierung, Analyse und Synthese dynamischer Systeme (Techn. Universität Berlin, Brennpunkt Kybernetik)*, S. 140-197

Grübel, G., 1976a, Reglersynthese durch Verknüpfung von Zustandsraum und Frequenzbereich (Ruhr Universität Bochum, Schriftenreihe des Lehrstuhls für Meß- und Regelungstechnik Abteilung Maschinenbau)

Grübel, G., 1977, Beobachter zur Reglersynthese (Habilitationsschrift), *Ruhr Universität Bochum*

Gupta, M.M., and Qi, J., 1991, Design of fuzzy logic controllers based on generalized T-operators, *Fuzzy Sets and Systems* **40**, S. 473-489

Gupta, S.C., 1966, Transform and State Variable Methods in Linear Systems (Wiley, New York London)

Haddad, W.M., and Bernstein, D.S., 1992, Controller design with regional pole-constraints, *IEEE-Trans.* **AC-37**, S. 54-69

Hafner, S., Geiger, H., Kreßel, U., Neumerkel, D., und Lohnert, F., 1992, Anwendungsstand Künstlicher Neuronaler Netze in der Automatisierungstechnik, *Automatisierungstechnische Praxis* **34**, S. 592-599 und S. 640-645

Haider, M., Hainzl, R., and Weinmann, A., 1982, Simulation of dynamic optimal control of an energy conversion system, *10. IMACS World Congress, Montreal* **3**

Hainzl, R., 1984, Die robust-adaptive Regelung (Dissertation an der Technischen Universität Wien)

Hairer, E., Norsett, S.P., and Wanner, G., 1980, Solving Ordinary Differential Equations I, Nonstiff Problems (Springer, Berlin New York)

Hairer, E., and Wanner, G., 1980, Solving Ordinary Differential Equations II, Stiff and Differential-Algebraic Problems (Springer, Berlin New York)

Harrer, H., 1993, Ein Beitrag zur stationär genauen Ordnungsreduktion, *Automatisierungstechnik* **41**, S. 29-31

Hartmann, I., Karl, H., und Kolbe, F., 1978, Nichtlineare Regelungstechnik (Brennpunkt: Kybernetik, TU Berlin)

Hartmann, U., und Wüst, P.,1970, Ein Verfahren zur Analyse und Synthese von linearen Mehrgrößen-Regelsystemen unter Verwendung des Digitalrechners, *Regelungstechnik* **18**, S. 246-251 und S. 304-308

Hasdorf, L., 1976, Gradient Optimization and Nonlinear Control (Wiley, New York)

Hauser, J., Sastry, S., and Kokotović, P., 1992, Nonlinear control via approximate input-output linearization: The ball and beam example, *IEEE-Trans.* **AC-37**, S. 392-398

Hayes-Roth, F., Waterman, D.A., and Lenat, D.B., 1983, Building Expert Systems (Addison-Wesley, Reading, Mass.)

Hecht-Nielsen, R., 1990, Neurocomputing (Addison-Wesley, Reading)

Heckle, M., und Seid, B., 1973, Modale Simulation von Destillationskolonnen; Folgerungen für Modellbeurteilung und Regelkreissynthese (VDI/VDE-Aussprachetag „Systeme mit verteilten Parametern und modale Regelung")

Heitzinger, W., Troch, I., und Valentin, G., 1985, Praxis nichtlinearer Gleichungen (Hanser, München Wien)

Hildebrand, H.G., und Meißner, A., 1977, Strukturvergleich modelladaptiver Systeme, *Messen Steuern Regeln* **20**, S. 675-678

Hippe, P., 1974, Zustandsregler in einläufigen Regelkreisen, *Regelungstechnik* **22**, S. 388-394

Hippe, P., und Wurmthaler, Ch., 1985, Zustandsregelung (Springer, Berlin)

Hiza, J.G., and Li, C.C., 1963, Analytical synthesis of a class of model-reference time-varying control systems, *IEE-Trans., Application and Industry* **82**, pp. 356-362

Hofer, E., und Lunderstädt, R., 1975, Numerische Methoden der Optimierung (Oldenbourg, München Wien)

Hofstetter, R., und Scherf, H., 1992, Vergleich eines Fuzzy-Reglers mit einem Zustandsregler an einem praktischen Beispiel, *Automatisierungstechnik* **34**, S. 582-587

Homole, H., und Noisser, R., 1992, Entwurf von Kontrollbeobachtern für Mehrgrößenregelungen unter Berücksichtigung von praxisnahen Nebenbedingungen, *Automatisierungstechnik* **40**, S. 171-180

Hooke, R., and Jeeves, J.A., 1961, Direct Search Solution of Numerical and Statistical Problems, *J. ACM*

Horowitz, I., 1963, Synthesis of Feedback Systems (Academic Press, London)

Houpis, C.H., and Lamont, G.B., 1992, Digital Control Systems (McGraw-Hill, New York)

Hsu, C.H., and Chen, C.T., 1968, A proof of the stability of multivariable feedback systems, *Proc. IEEE* **56**, S. 2061-2062

Huba, M., 1992, Control algorithms for 2nd-order minimum time systems, *Elektrotechn. ČAS* **43**, pp. 233-240

Hung, Y.S, and MacFarlane, A.G.J., 1982, Multivariable Feedback: A Quasi-Classical Approach (Springer, Berlin New York)

Hunt, K.J., Sbarbaro, D., Zbikowski, R., and Gawthrop, P.J., 1992, Neural networks for control systems — a survey, *Automatica* **28**, pp. 1083-1112

Hunt, K.J., Sebek, M., and Grimble, M., 1987, Optimal multivariable LQG control using a single Diophantine equation, *Int. J. Control* **46**, S. 1445-1453

Ioannou, P.A., and Kokotović, P.V., 1982, Adaptive Systems with Reduced Models (Springer, Berlin New York)

Isermann, R., 1974, Prozeßidentifikation (Springer, Berlin New York)

Isermann, R., 1977, Digitale Regelsysteme (Springer, Berlin New York)

Isermann, R., 1987, Stand und Entwicklungstendenzen bei adaptiven Regelungen, *Automatisierungstechnik* **35**, S. 133-143

Isermann, R., und Lachmann, K.H., 1985, Parameter-adaptive control with configuration aids and supervision functions, *Automatica* **21**, pp. 625-638

Isidori, A., 1985, Nonlinear Control Systems: An Introduction (Springer, New York)

Jacob, H.G., 1982, Rechnergestützte Optimierung statischer und dynamischer Systeme (Springer, Berlin New York)

Jacobs, O.L.R., 1977, Introduction to Control Theory, 2. Auflage (Prentice-Hall, Englewood Cliffs)

Jaschek, H., 1983, Ordnungsreduzierende Verfahren (ÖPWZ-Seminar AC 56, Wien)

Joseph, P.D., and Tou, J.T., 1961, On linear control theory, *Trans.ASME* **80**, S. 193-196

Jury, E.I., and Schroeder, W., 1957, Discrete compensation of sampled-data and continuous control systems, *Trans. AIEE Part 2 (Application and Industry)* **76**, S. 317-325

Kalman, R.E., 1960, On the general theory of control systems, *Proc. 1st IFAC Congress Moskau* **1**, S. 596-600 (Butterworth, London)

Kalman, R.E., 1960a, A new approach to linear filtering and prediction problems, *Transactions of the ASME — Series D — Journal of Basic Engineering* **82**, S. 35-45

Kalman, R.E., 1963, Mathematical description of linear dynamical systems, *SIAM Journal Control* **A 1**, S. 152-192

Kalman, R.E., and Bucy, R.S., 1961, New results in linear filtering and prediction theory, *Trans. ASME, Ser. D, J.Basic Eng.* **83**, S. 95-108

Kalman, R.E., and Koepcke, R.W., 1958, Optimal synthesis of linear sampling control systems using generalized performance indices, *Trans. ASME* **80**, S. 1800-1826

Kanarachos, A., 1978, Rechnerunterstützte Auslegung von Regelkreisen mit Parameteroptimierungsmethoden, *Regelungstechnik* **26**, S. 220-226

Kavanagh, R.J., 1957, Noninteracting controls in linear multivariable systems, *Trans. AIEE Part 2 (Application and Industry)* **76**, S. 95-100

Keller, J.P., and Bonvin, D., 1992, Selection of input and output variables as a model reduction problem, *Automatica* **28**, S. 171-177

Kelley, H.J., Kopp, R.E., and Moyer, H.G., 1967, Singular Extremals. In: Topics in Optimization (Academic Press, New York)

Kharitonov, V.L., 1979, Asymptotic stability of an equilibrium position of a family of systems of linear differential equations, *Differential Equations* **14**, S. 1483-1485

Kiendl, H., 1972, Suboptimale Regler mit abschnittweise linearer Struktur (Springer, Berlin New York)

Kiendl, H., und Rüger, J., 1993, Verfahren zum Entwurf und Stabilitätsnachweis von Regelsystemen mit Fuzzy-Reglern, *Automatisierungstechnik* **41**, S. 138 - 145

Kimura, H., 1982, Perfect and subperfect regulation in linear multivariable control systems, *Automatica* **18**, S. 125-145

Koch, M., Kuhn, T., und Wernstedt, J., 1993, Ein neues Entwurfskonzept für Fuzzy-Regelungen, *Automatisierungstechnik* **41**, S. 152 - 158

Köhle, S.,1971, Modale Entkopplung von Mehrgrößenregelstrecken, *Regelungstechnik* **19** , S. 97-105

Köhle, S., 1974, Modale Entkopplung von Mehrgrößenregelstrecken mit statischen und dynamischen Transformationen, *Regelungstechnik* **22**, S. 65-72 und S. 110-113

Köhne, M., 1973, Modale Regelung des Förderrohres eines Tiefseebergbausystems (VDI-VDE-Aussprachetag „Systeme mit verteilten Parametern und modale Regelung")

Kohonen, T., 1982, Self-organized formation of topologically correct feature maps, *Biol Cybern* **43**, pp. 59-69

Kohonen, T., 1989, Self-Organization and Associative Memory, 3. Auflage (Springer, Berlin)

Kopacek, P., 1976, Identifikation von Regelsystemen mit veränderlichen Parametern, *Regelungstechnik* **24**, S. 361-370

Kopacek, P., 1978, Identifikation zeitvarianter Regelsysteme (Vieweg, Braunschweig Wiesbaden)

Kopacek, P., 1982, Testing various identification algorithmus for control systems with stochastically varying parameters by a hybrid computer, *10.IMACS-Congress Montreal* **3**, S. 69-71

Kopacek, P., and Pillmann, W., 1978, A nonlinear cascade controller for air-conditioning plants, *7. IFAC-Kongreß Helsinki* **1**, S. 335-342

Kopacek, P., and Zauner, E., 1982, Governing turbines by microcomputers, *Int. Water Power and Dam Construction* **34**, S. 26-30

Kopp, R.E., 1962, Pontrjagin Maximum Principle. In: Optimization Techniques (Leitmann, G., Hrsg.), S. 255-279, (Academic Press, New York London)

Korn, G.A., 1966, Random Process Simulation and Measurements (McGraw-Hill, New York)

Korn, U., und Wilfert, H.H., 1982, Mehrgrößenregelungen (Verlag Technik, Berlin)

Kraus, F.J., und Mansour, M., 1987, Robuste Stabilität von zeitkontinuierlichen und zeitdiskreten Systemen, *SGA-Zeitschrift* **7**, S. 20-25

Krebs, V., 1983, Systemtechnische Entwicklung — Anmerkungen zur industriellen Praxis regelungstechnischer Verfahren, *Regelungstechnik* **31**, S. 322-329

Kreisselmeier, G., und Steinhauser, R., 1979, Systematische Auslegung von Reglern durch Optimierung eines vektoriellen Gütekriteriums, *Regelungstechnik* **27**, S. 76-79

Kreitner, H., 1982, Suboptimaler Entwurf strukturvariabler Mehrgrößensysteme mit Beschränkungen, *Regelungstechnik* **30**, S. 45-53

Kučera, V., 1979, Discrete Linear Control — the Polynomial Equation Approach (Wiley, New York)

Kučera, V., 1983, Linear quadratic control, state space versus polynomial equations, *Kybernetica* **19**, S. 185-195

Kučera, V., 1991, Design of Discrete Linear Control Systems (Prentice Hall International, London and Academia Prague)

Kudva, P., and Gourishankar, V., 1977, An Observer-Based Water Quality Controller for Polluted River Streams, *Int. J. Systems Sci.* **8**, S. 961-969

Kunze, E.G., und Salaba, M., 1979, Praktische Erprobung eines adaptiven Regelungsverfahrens an einer Zementmahlanlage (PDV-Bericht, Kernforschungszentrum Karlsruhe)

Kushner, H., 1971, Introduction to Stochastic Control (Holt, Rinehart and Winston, New York)

Kwakernaak, H., and Silvan, R., 1972, Linear Optimal Control Systems (Wiley-Interscience, New York)

Landau, Y.D., 1979, Adaptive Control, The Model Reference Approach (M. Dekker, New York Basel)

Laning, J.H.Jr., and Battin, R.H., 1956, Random Process in Automatic Control (McGraw-Hill, New York Toronto London)

La Salle,J., und Lefschetz, S., 1967, Die Stabilitätstheorie von Ljapunov (Bibliographisches Institut, Mannheim)

Laub, A.J., 1985, Numerical linear algebra aspects of control design computations, *IEEE-Trans.* **AC-30**, S. 97-108

Lee, C. C., 1990, Fuzzy logic in control systems: Fuzzy logic controller — Part I,II, *IEEE Trans. on Systems, Man, and Cybernetics* **20**, pp. 404-435

Lee, E.B., and Markus, L., 1967, Foundations of Optimal Control Theory (John Wiley, New York London Sydney)

Leonhard, W., und Schnieder, E., 1983, Aufgabensammlung zur Regelungstechnik. Lineare und nichtlineare Regelvorgänge (Vieweg, Braunschweig Wiesbaden)

Leyva-Ramos, J., 1991, A method for partial-fraction expansion of transfer matrices, *IEEE-Trans.* **AC-36**, S. 1472-1475

Lindsey, W.C., and Chie, C.M., 1981, A survey of digital phase-locked loops, *Proc. IEEE* **69**, pp. 410-431

Litz, L., 1979, Praktische Ergebnisse mit einem neuen modalen Verfahren zur Ordnungsreduktion, *Regelungstechnik* **27**, S. 273-280

Litz, L., 1979a, Reduktion der Ordnung linearer Zustandsraummodelle mittels modaler Verfahren (Hochschul-Verlag, Freiburg)

Litz, L., 1981, Berechnung stabilisierender Ausgangsvektorrückführungen über Polempfindlichkeiten, *Regelungstechnik* **29**, S. 434-440

Litz, L., 1983, Modale Maße für Steuerbarkeit, Beobachtbarkeit, Regelbarkeit und Dominanz - Zusammenhänge, Schwachstellen, neue Wege, *Regelungstechnik* **31**, S. 148-158

Litz, L., 1983a, Dezentrale Regelungen (Oldenbourg, München Wien)

Litz, L., und Preuss, H.P., 1977, Bestimmung einer Ausgangsrückführung mittels Frequenzbereichsmethoden, *Regelungstechnik* **25**, S. 119-126

Lohmann, B., 1991, Vollständige Entkopplung durch dynamische Zustandsrückführung, *Automatisierungstechnik* **39**, S. 459-464

Lohmann, B., 1992, Ein Prädiktionsansatz zum Entwurf linearer und nichtlinearer Regelungen, *Automatisierungstechnik* **40**, S. 180-186

Lohmann, B., und Trächtler, A., 1991, Zur Stabilität bei der Regelung von Systemen mit Durchgriff, *Automatisierungstechnik* **39**, S. 379-380

Lückel, J., und Kasper, R., 1981, Strukturkriterien für die Steuer-, Stör und Beobachtbarkeit linearer, zeitinvarianter dynamischer Systeme, *Regelungstechnik* **29**, S. 357-362

Lückel, J., und Müller, P.C., 1975, Analyse von Steuerbarkeits-, Beobachtbarkeits- und Störbarkeitsstrukturen linearer zeitinvarianter Systeme, *Regelungstechnik* **23** , S. 163-171

Luenberger, D.G., 1966, Observers for multivariable systems, *IEEE-Trans.* **AC-11**, S. 190-197

Luenberger, D.G., 1971, An introduction to observers, *IEEE-Trans.* **AC-16**, S. 596-602

Lyapunov, A.M., 1966, Stability of Motion (Acadamic Press, New York London)

Lyapunov, A.M., 1992, The general problem of the stability of motion (Übersetzung ins Englische aus dem Französischen aus 1907, Original 1892), *Int. J. Control* **55**, S. 531-773

MacFarlane, A.G.J., 1970, Return-difference and return-ratio matrices and their use in analysis and design of multivariable feedback control systems, *Proc.IEE* **117**, S. 2037-2049

MacFarlane, A.G.J., and Belletrutti, J.J., 1973, The characteristic locus design method, *Automatica* **9**, S. 575-588

MacFarlane, A.G.J., and Karcanias, N., 1976, Poles and zeros of linear multivariable systems: a survey of the algebraic, geometric and complex-variable theory, *Int.J.Control* **24**, pp. 33-74

MacFarlane, A.G.J., and Postlethwaite, I., 1977, The generalized Nyquist stability criterion and multivariable root loci, *Int. J. of Control* **25**, S. 81-127

MacFarlane, A.G.J., and Postlethwaite, I., 1977, Characteristic frequency functions and characteristic gain functions, *Int.J.Control* **26**, S. 265-278

Mäder, H.F., 1976, Modell und modale Regelung eines technisch realisierten Wärmeleitsystems, *Regelungstechnik* **24**, S. 347-353

Mahmoud, M.S., and Saleh, S.J., 1985, Regulation of water quality standards by decentralized control, *Int. J. Control* **41**, pp. 525-540

Mahto, J., and Sinha, A.K., 1984, Bootstrap decentralized identification of large-scale interconnected systems, *Int. J. Systems Sci.* **15**, pp. 1221-1229

Marshall, S.A., 1966, An approximate method for reducing the order of a linear system, *Int. J. Control* **5**, S. 642-643

Marsik, J., 1966, Versuche mit einem selbsteinstellenden Modell zur automatischen Kennwertermittlung, *Messen Steuern Regeln* **9**, S. 210-213

Martin-Sánchez, J.M., and Shah, S.L., 1984, Multivariable adaptive predictive control of a binary distillation column, *Automatica* **20**, S. 607-620

McBrinn, D.E., and Roy, R.B., 1972, Stabilization of linear multivariable systems by output feedback, *IEEE-Trans.* **AC 17**, S. 243-245

Meditch, J.S., 1969, Stochastic Optimal Linear Estimation and Control (McGraw-Hill, New York)

Mendel, J.M., 1973, Discrete Techniques of Parameter Estimation. The Equation Error Formulation (M. Dekker, New York)

Merriam, C.W.III, 1964, Optimization Theory and the Design of Feedback Control Systems (McGraw-Hill, New York)

Mesarović, M.D., 1960, The Control of Multivariable Systems (Wiley, New York)

Middleton, R.H., and Goodwin, G.C., 1990, Digital Control and Estimation. A Unified Approach (Prentice-Hall, Englewood Cliffs)

Mishkin, E., and Braun, L. (Hsgb.), 1961, Adaptive Control Systems (McGraw-Hill, New York, Toronto, London)

Moore, C.G., Harris, C.J., 1992, Indirect adaptive fuzzy control, *Int.J.Control* **56**, pp. 441-468

Mosca, E., Giarré, L., and Casavola, A., 1990, On the polynomial equations for the MIMO LQ stochastic regulator, *IEEE-Trans.* **AC-35**, S. 320-322

Narendra, K.S., and Monopoli, R.V., (Hsgb.), 1980, Applications of Adaptive Control (Academic Press, New York)

Naujoks, T., und Wurmthaler, C., 1988, Bilinearer Regler- und Beobachterentwurf für nichtlineare Systeme am Beispiel eines hydraulischen Drehantriebs, *Automatisierungstechnik* **36**, S. 32-37

Nehmer, J., 1985, Softwaretechnik für verteilte Systeme (Springer, Berlin)

Niederlinkski, A., 1971, Die Verallgemeinerung der Ziegler-Nicholschen Regeln für gekoppelte Zwei- und Mehrfachregelungen, *Regelungstechnik* **19** , S. 291-295

Niemann, H.H., Sogaard-Andersen, P., and Stroustrup, J., 1991, Loop transfer recovery for general observer architectures, *Int. J. Control* **53**, S. 1177-1203

Noisser, R., 1980, Ein Beitrag zum Einfluß der Beobachterpole auf das Regelkreisverhalten, *Regelungstechnik* **28**, S. 64-65

Noisser, R., 1982, Ein Beitrag zum Zusammenhang zwischen Polvorgabe und Stabilitätsreserve, *Regelungstechnik* **30**, S. 134-140

Noisser, R., 1982a, Polvorgabe unter Berücksichtigung der Stabilitätsreserve und der Verstärkung des Meßrauschens, *Messen Steuern Regeln* **25**, S. 249-254

Noton, A.R.M., 1965, Introduction to Variational Methods in Control Engineering (Pergamon Press, Oxford)

Nour Eldin, H.A., 1974, Polynomfestlegung für Mehrgrößenregelsysteme, *Regelungstechnik* **17**, S. 286-287

Nowak, H., 1982, Dezentrale Regelung durch Eigenwertentkopplung, *Regelungstechnik* **30**, S. 22-26

Nuß, U., 1987, Optimierung des Störverhaltens linearer Ausgangsregelungen, *Automatisierungstechnik* **35**, S. 290-295

Nwokah, O.D.I., and Perez, R., 1991, On multivariable stability in the gain space, *Automatica* **27**, S. 975-983

Oberst, U., 1990, Multidimensional constant linear systems, *Acta Applicandae Mathematicae* **20**, S. 1-175 (Kluwer Academic Publisher, The Netherlands)

Oldenbourg, R.C., 1951, Deviation dependent step-by-step control as means to achieve optimum control for plants with large distance-velocity lag, *Automatic and Manual Control, Proc. of Cramfield Conf.* (Tustin, A., Hsgb., Butterworth)

Opitz, H.-P., 1986, Die Hyperstabilitätstheorie — eine systematische Methode zur Analyse und Synthese nichtlinearer Systeme, *Automatisierungstechnik* **34**, S. 221-230

Pandya, R.N., 1974, A class of bootstrap estimators and their relationship to the generalized two stage least squares estimators, *IEEE-Trans.* **AC-19**, pp. 831-835

Pao, Y.H., Phillips, S.M., and Sobajic, D.J., 1992, Neural-net computing and the intelligent control of systems, *Int.J.Control* **56**, pp. 263-289

Papageorgiou, M., 1991, Optimierung. Statische, dynamische, stochastische Verfahren für die Anwendung (Oldenbourg, München Wien)

Patel, R.V., and Toda, M., 1980, Quantitative measures of robustness for multivariable systems, *Proc. of Joint Automatic Control Conference San Francisco* Paper TP-8A

PC-MATLAB^{TM} for MS-DOS Personal Computers (The MathWorks, Inc., 1989)

Peng, X.T., 1990, Generating rules for fuzzy logic controllers by functions, *Fuzzy Sets and Systems* **36**, pp. 83-89

Perkins, W.R., and Cruz, J.B., 1969, Engineering of Dynamic Systems (Wiley, New York London Sydney Toronto)

Philippow, E., 1963, Nichtlineare Elektronik (Geest und Portig, Leipzig)

Poincaré, H., 1892, Les méthodes nouvelles de la méchanique céleste, Vols. I und II, (Gauthier-Villars, Paris; reprinted 1957 Dover Publications)

Pontrjagin, L.S., Boltjanskij, V.G., Gamkrelidze, R.V., und Miščenko, E.F., 1967, Mathematische Theorie optimaler Prozesse, 2. Auflage (Oldenbourg, München Wien)

Popov, V.M., 1973, Hyperstability of Control Systems (Springer, Berlin New York)

Popow, E.P., und Paltow, I.P., 1963, Näherungsmethoden zur Untersuchung nichtlinearer Regelungssysteme (Geest und Portig, Leipzig)

Porter, B., 1969, Synthesis of Dynamical Systems (Nelson, London)

Porter, B., and Crossley, R., 1972, Modal Control, Theory and Applications (Taylor und Francis, London)

Postlethwaite, I., and MacFarlane, A.G.J., 1979, A Complex Variable Approach to the Analysis of Linear Multivariable Feedback Systems (Springer, Berlin)

Prasad, R.M., Sinha, A.K., and Mahalanabis. A.K., 1977, Two-stage bootstrap algorithms for parameter estimation, *Int. J. Systems Sci.* **8**, pp. 1365-1374

Preuß, H.P., 1992, Fuzzy Control — heuristische Regelung mittels unscharfer Logik, *Automatisierungstechnische Praxis* **34**, S. 176-184 und S. 239-246

Prokop, R., and Dostál, P., 1992, Hybrid self-tuners for multivariable continuous-time systems, *Elektrotechn. ČAS* **43**, pp. 27-31

Pun, L., 1974, Abriß der Optimierungspraxis (Oldenbourg, München Wien)

Raisch, J., and Gilles, E.D., 1992, Reglerentwurf mittels H_∞-Minimierung — Eine Einführung. *Automatisierungstechnik* **40**, S. 84-92 und S. 123-131

Rake, H., 1966, Automatische Prozeßidentifizierung durch ein selbsteinstellendes System, *Messen Steuern Regeln* **9**, S. 213-216

Ralston, A., und Wilf, H.S., 1967, Mathematische Methoden für Digitalrechner (Oldenbourg, München Wien)

Rechenberg, I., 1973, Evolutionsstrategie (Fromman, Stuttgart)

Reichert, R.T., 1992, Dynamic scheduling of modern-robust-control autopilot designs for missiles, *IEEE Control Systems* **12**, pp. 35-42

Reinisch, K., 1982, Analyse und Synthese kontinuierlicher Steuerungssysteme, 2. Auflage (Verlag Technik, Berlin)

Ritter, H., Martinetz, T., und Schulten, K., 1990, Eine Einführung in die Neuroinformatik selbstorganisierender Netzwerke (Addison-Wesley, Bonn)

Rivera, D.E., and Morari, M., 1992, Plant and controller reduction problems for closed-loop performance, *IEEE-Trans.* **AC-37**, S. 398-404

Roberts, A.P., 1987, Generalized polynomial optimization of stochastic feedback control, *Int. J. Control* **45**, pp. 1243-1254

Roppenecker, G., und Kocher, P., 1988, Vollständige Modale Synthese optimaler Zustandsregelungen, *Automatisierungstechnik* **36**, S. 295-300

Roppenecker, G., und Preuss, H.P., 1982, Nullstellen und Pole linearer Mehrgrößensysteme, *Regelungstechnik* **30**, S. 219-225 und S. 255-263

Rosenbrock, H.H., 1962, Distinctive problems of process control, *Chemical Engineering Progress* **58**, S. 43-50

Rosenbrock, H.H., 1969, Design of multivariable control systems using the inverse Nyquist-array, *Proc. IEE* **116**, S. 1929-1936

Rosenbrock, H.H., 1970, State Space and Multivariable Theory (Nelson, London)

Roth, H., 1984, Modale Ordnungsreduktion linearer Zustandsraummodelle mittels Parameteroptimierung, *Regelungstechnik* **32**, S. 27-34

Rumold, G., und Speth, W., 1968, Selbstanpassender PI-Regler, *Siemens-Zeitschrift* **42**, S. 765-768

Sage, A.P., and White, Ch.C.III, 1977, Optimum Systems Control, 2. Auflage (Prentice-Hall, Englewood Cliffs)

Sage, A.P., and Melsa, J.L., 1971, System Identification (Academic Press, New York)

Sandberg, I.W., 1964, A frequency-domain condition for the stability of feedback systems containing a single time-varying nonlinear element, *Bell System Tech. J.* **43**, pp. 1601-1608

Sandholzer, R., und Hofer, A., 1982, Entwurf von nichtlinearen Abtastregelkreisen mit Hilfe der Dynamischen Programmierung für Regelstrecken 4. Ordnung, *Archiv für Elektrotechnik* **65**, S. 223-232

Saridis, G.N., 1977, Self-Organizing Control of Stochastic Systems (M. Dekker, New York Basel)

Schaub, G., 1985, Verbesserte rekursive Parameterschätzverfahren, *Automatisierungstechnik* **33**, S. 342-349

Schaufelberger, W., Sprecher, P., und Wegmann, P., 1985, Echtzeit-Programmierung bei Automatisierungssystemen (Teubner, Stuttgart)

Schlacher, K., und Hofer, A., 1993, Grundlagen moderner Methoden zur Regelung nichtlinearer Systeme, *e & i* (Elektrotechnik und Informationstechnik) **110**, S. 398-405

Schlitt, H., 1960, Systemtheorie für regellose Vorgänge (Springer, Berlin)

Schlitt, H., 1968, Stochastische Vorgänge in linearen und nichtlinearen Regelkreisen (Vieweg, Braunschweig)

Schneeweiss, W.G., 1974, Zufallsprozesse in dynamischen Systemen (Springer, Berlin Heidelberg New York)

Schnieder, E., 1983, Entwurf von Zustands-Kaskadenregelungen, ***Regelungstechnik*** **31**, S. 346-350

Schrödl, M., 1989, Nachführung der Rotorzeitkonstanten von transient betriebenen Asynchronmaschinen mit Hilfe eines nichtlinearen Beobachterkonzepts, ***etz Archiv*** **11**, S. 83-88

Schrödl, M., 1992, Sensorless Control of A.C. Machines, VDI-Fortschrittberichte Reihe 21, Nr. 117 (VDI-Verlag, Düsseldorf)

Schuster, A., and Hippe, P., 1992, Inversion of polynomial matrices by interpolation, *IEEE-Trans.* **AC-37**, S. 363-365

Schwarz, H., 1967, 1971, Mehrfachregelungen, Band 1 und 2 (Springer, Berlin New York)

Sebok, D.R., Richter, S., and Decarlo, R., 1986, Feedback gain optimization in decentralized eigenvalue assignment, *Automatica* **22**, pp. 433-447

Sezer, M.E., and Hüseyin, Ö., 1980, On decentralized stabilization of interconnected systems, *Automatica* **16**, S. 205-209

Shahian, B., 1986, Decentralized control using observers, *Int. J. Control* **44**, pp. 1125-1135

Siler, W., and Ying, H., 1989, Fuzzy control theory: the linear case, *Fuzzy Sets and Systems* **33**, pp. 275-290

Šiljak, D.D., 1969, Nonlinear Systems (John Wiley, New York)

Šiljak, D.D., 1978, Large-Scale Dynamic Systems (North-Holland, New York Amsterdam)

Singh, M.G., 1981, Decentralized Control (North-Holland, Amsterdam New York Oxford)

Sinha, P.K., 1984, Multivariable Control (M. Dekker, New York Basel)

Skala, K., 1967, Experimentelle Kennwertermittlung an Regelstrecken mit Hilfe von Parallelmodellen, *Messen Steuern Regeln* **10** , S. 183-188

Slotine, J.J.E., and Li, W., 1991, Applied Nonlinear Control (Prentice-Hall, Englewood Cliffs)

Smith, O.J.M., 1958, Feedback Control Systems (McGraw-Hill, New York Toronto London)

Soh, C.B., 1991, Robust discrete-time systems using delta operators, *Int. J. Control* **54**, S. 453-464

Solodownikow, W.W., 1959, Grundlagen der selbsttätigen Regelung, Band II (Oldenbourg, Verlag Technik, München Berlin)

Sommer, R., 1979, Entwurf nichtlinearer, zeitvarianter Systeme durch Polvorgabe, ***Regelungstechnik*** **27**, S. 393-399

Sommer, R., 1980, Zusammenhang zwischen den Entkopplungs- und dem Polvorgabeverfahren für nichtlineare zeitvariante Mehrgrößensysteme, ***Regelungstechnik*** **28**, S. 232-236

Starkermann, R., 1964, Die Behandlung linearer Mehrfachregelsysteme mit Hilfe von Determinanten auf der Basis des verallgemeinerten Blockschaltbildes (Juris, Zürich)

Stein, G., and Athans, M., 1987, The LQG/LTR procedure for multivariable feedback control design, *IEEE-Trans.* **AC-32**, S. 105-114

Stepan, J., 1965, Empfindlichkeitsuntersuchen einiger Methoden zur Kennwertermittlung von Regelstrecken, *Messen Steuern Regeln* **8**, S. 35-38

Strejc, V., 1981, State Space Theory of Discrete Linear Control (Academia, Prag)

Sugeno, M., 1985, An introductory survey to fuzzy control, *Information Sci.* **36**, S. 59-83

Sultan, M.A., Hassan, M.F., and Calvet, J.L., 1988, Parameter estimation in large-scale systems using sequential decomposition, *Int. J. Systems Sci.* **19**, pp. 487-496

Sun, J., and Ioannou, P., 1992, Robust adaptive LQ control schemes, *IEEE-Trans.* **AC-37**, S. 100-106

Sworder, D., 1966, Optimal Adaptive Control Systems (Academic Press, London New York)

Takahashi, Y., Rabins, M.J., and Auslander, D.M., 1970, Control of Dynamical Systems (Addison-Wesley, London)

Tanaka, K., and Sugeno, M., 1992, Stability analysis and design of fuzzy control systems, *Fuzzy Sets and Systems* **45**, pp. 135-156

Teodorescu, D., 1973, Entwurf nichtlinearer Regelsysteme mittels Abtastmatrizen (Hüthig, Heidelberg)

Thoma, M., 1962, Ein einfaches Verfahren zur Stabilitätsprüfung von linearen Abtastsystemen, *Regelungstechnik* **10**, S. 302-306

Tilli, T., 1992, Fuzzy-Logik, Grundlagen, Anwendungen, Hard- und Software (Franzis, München)

Tolle, H., 1971, Optimierungsverfahren (Springer, Berlin)

Tolle, H., 1983, Mehrgrößenregelkreissynthese, Band 1 (Oldenbourg, München Wien)

Tolle, H., 1985, Mehrgrößenregelkreissynthese, Band 2 (Oldenbourg, München Wien)

Tou, J.T., 1959, Digital and Sampled-data Control Systems (McGraw-Hill, New York)

Tou, J.T., 1964, Modern Control Theory (McGraw-Hill, New York)

Trautzl, G., 1991, Mit Fuzzy-Logik näher zur Natur, ***Elektronik*** H.9, S. 48-53; H.10, S. 60-64; H.16, S. 64-69; H.26 S.50-57

Troch, I., Müller, P.C., und Fasol, K.H., 1992, Modellreduktion für Simulation und Reglerentwurf, *Automatisierungstechnik* **40**, S. 45-53, S. 93-99 und S. 132-141

Truxal, J., 1960, Entwurf automatischer Regelsysteme, (Oldenbourg, München Wien)

Unbehauen, H., 1983, Regelungstechnik I und II (Vieweg, München Wiesbaden)

Unbehauen, H., 1985, Theory and Application of Adaptive Control, *7th IFAC-Conference on Digital Computer Applications to Process Control, Wien*, S. 3-19

Unbehauen, H., und Funk, W., 1977, Identifikation von Regelsystemen mit integralem Verhalten durch Korrelationsverfahren, *Regelungstechnik* **25**, S. 2-11

Unbehauen, H., und Meier, H., 1980, Optimale Zustandregelung eines stehenden Dreifachpendels, *Automatisierungstechnik* **38**, S. 216-222

Unbehauen, H., and Schmid, Chr., 1980, Application of Adaptive Systems in Process Control (Narendra, K.S. und Monopoli, R.V., Hsgb.) (Academic Press, New York)

Veillette, R.J., Medanić, J.V., and Perkins, W.R., 1992, Design of reliable control systems, *IEEE-Trans.* **AC-37**, S. 290-304

Veselý, V., and Eteim, D., 1992, Decentralized adaptive control of linear large scale systems, *Elektrotechn. ČAS* **43**, pp. 1-6

Vich, R., 1963, z-Transformation (Verlag Technik, Berlin)

Vidal, P., 1969, Nonlinear Sampled-Data Systems (Gordon and Breach, New York)

Vidyasagar, M., 1978, Nonlinear Systems Analysis (Prentice-Hall, Englewood Cliffs)

Vladova, V.N., und Müller, J.A., 1970, Regelkreissynthese mittels adaptiver Modelle, *Messen Steuern Regeln* **13**, S. 56-59

Voronov, A.A., and Rutkovsky, V.Y., 1984, State-of-the-art and prospects of adaptive systems, *Automatica* **20**, S. 547-557

Wahba, A.M., and Sheirah, M.A., 1993, Adaptive decoupler for multivariable systems, *Int.J.Systems Sci.* **24**, pp. 97-109

Weber, W., 1971, Adaptive Regelungssysteme, Band I und II (Oldenbourg, München Wien)

Wegmann, H., 1992, Fuzzy control mit SIMATIC S5, *Siemens engineering & automation* **14**, S. 12-13

Weihrich, G., 1973, Optimale Regelung linearer deterministischer Prozesse (Oldenbourg, München Wien)

Weihrich, G., 1977, Mehrgrößen-Zustandsregelung unter Einwirkung von Stör- und Führungssignalen, *Regelungstechnik* **25**, S. 166-172 und S. 204-209

Weihrich, G., 1978, Drehzahlregelung von Gleichstromantrieben unter Verwendung eines Zustands- und Störgrößen-Beobachters, *Regelungstechnik* **26**, S. 349-354

Weinberg, A., and Liu, B., 1974, Discrete-time analyses of non uniform sampling first- and second-order digital phase lock loops, *IEEE-Trans.* **COM-22**, pp. 123-137

Weinmann, A., 1969, Recent Research on Effects of Quantization in Automatic Control, *4th IFAC-Congress, Warschau* **11**, S. 97-122

Weinmann, A., 1981, Variable-rate and random-rate sampling processes in automatic control, *8 th IFAC Congress (Kyoto), Paper 53.5*

Weinmann, A., 1985, Optimale Regler aus anwendungsorientierter Sicht, *E und M* **102**, S. 22 - 25

Weinmann, A., 1985a, Die zu erwartende Stabilitätsgrenze von Regelungen mit zufälliger Abtastperiode, *Regelungstechnik* **33**, S. 257-258

Weinmann, A., 1991, Uncertain Models and Robust Control (Springer, Wien New York)

Weinmann, A., 1993, Residue-oriented L_2 optimal robust identification and control, *e & i* (Elektrotechnik und Informationstechnik) **110**, S. 347-351

Weinmann, A., 1993a, Lernalgorithmen in einem linearisierten neuronalen Netz sowie Parallelen zu Ordinary and Total Least Squares, *Int. J. Automation Austria* **1**, pp. 14-25

Weinmann, A., 1994, Convergence evaluation of model least squares applications in high-precision process identification, *Int. J. Automation Austria* **2**, pp.38-54

Weinmann, A., 1994a, Regelungen, Band 1, 3. Auflage (Springer, Wien New York)

Weinmann, R.D., 1986, Diskretes Kalman-Filter, Entwurf, Untersuchungen und Vergleich mit Zustandsbeobachtern in Simulation und Echtzeit (Diplomarbeit am Inst. f. Elektr. Regelungstechnik, TU Wien)

Weisang, C., 1982, Ermittlung wesentlicher Zustandsgrößen bei Entwurf und Anwendung ordnungsreduzierter Modelle (Dissertation an der Universität des Saarlandes)

Wiedemann, U., 1977, Modale Regelung elastischer Strukturen mit der Methode der finiten Elemente, *Regelungstechnik* **25**, S. 75-81

Wilkinson, J.H., 1965, The Algebraic Eigenvalue Problem (Clarendon Press, Oxford)

Willner, L., und Falk, M., 1977, Beitrag zur Regelung mechanischer Schwingungen beim Haspeln von Band, *Regelungstechnik* **25**, S. 101-107

Wilson, R.F., Cloutier, J.R., and Yedavalli, R.K., 1992, Control desing for robust eigenstructure assignment in linear uncertain systems, *IEEE Control Systems* **12**, pp. 29-34

Winsor, Ch.A., and Roy, R.J., 1970, The application of specific optimal control to the design of desensitized model following control systems, *IEEE.Trans.* **15**, S. 326-333

Winston, P.H., 1984, Artificial Intelligence (Addison-Wesley, Reading, Mass.)

Wolovich, W.A., 1974, Linear Multivariable Systems (Springer, New York)

Wonham, W.M., 1979, Linear Multivariable Control: A Geometric Approach, 2. Auflage (Springer, Berlin New York)

Wonham, W.M., and Morse, A.S., 1972, Feedback invariants of linear multivariable systems, *Automatica* **8**, S. 93-100

Wu, W.T., Chu, Y.T., and Chen, K.C., 1987, Moving identification via weighted least-squares estimation, *Int.J.Systems Sci.* **18**, pp. 477-486

Yager, R.R., 1992, Implementing fuzzy logic controllers using a neural network framework, *Fuzzy Sets and Systems* **48**, pp. 53-64

Yaz, E., and Niu, X., 1989, Stability robustness of linear discrete-time systems in the presence of uncertainty, *Int. J. Control* **50**, S. 173-182

Youla, D.C., 1961, On the factorization of rational matrices, *IRE-Trans.* **IT-7**, pp. 172-189

Young, L.R., und Stark, L., 1963, Ein Abtastmodell für Augenfolgebewegungen, *Regelungstechnik* **11**, S. 148-151

Zach, F., 1974, Technisches Optimieren (Springer, Wien New York)

Zadeh, L.A., 1965, Fuzzy sets, *Information and Control* **8**, S. 338-353

Zadeh, L.A., and Desoer, C.A., 1963, Linear System Theory. The State Space Approach (McGraw-Hill, New York)

Zames, G., 1966, On the input-output stability of time-varying nonlinear feedback systems, *IEEE-Trans.* **AC-11**, pp. 228-238, pp. 465-476

Zemanek, H., 1962, Lernende Automaten, Taschenbuch der Nachrichtenverarbeitung (Steinbuch, K., Hsgb.), (Springer, Berlin Göttingen Heidelberg), S. 1418-1477

Zimmer, K., 1986, Entwurf nichtlinearer, zeitvarianter Systeme durch Transformation auf Verallgemeinerte Regelungsnormalform, *Automatisierungstechnik* **34**, S. 454-459

Zimmermann, H.J., 1992, Fuzzy Set Theory and its Applications (Kluwer Academic Publishers, Boston)

Zubov, V.I., 1964, Methods of A.M. Ljapunov and Their Application (P. Noordhoff, Groningen)

Zurmühl, R., 1965, Praktische Mathematik für Ingenieure und Physiker (Springer, Berlin Heidelberg New York)

Zypkin, J.S., 1958, Theorie der Relaissysteme der automatischen Regelung (Oldenbourg und Technik-Verlag, München Berlin)

Zypkin, J.S., 1970, Adaption und Lernen in kybernetischen Systemen (Oldenbourg, München Wien)

Zypkin, J.S., 1981, Grundlagen und Theorie automatischer Systeme (Oldenbourg, München Wien)

Sachverzeichnis

Mit Rücksicht auf die zweisprachige Auslegung des Sachverzeichnisses, wegen der häufig vorkommenden zusammengesetzten Wörter und Begriffe sowie wegen der Aufnahme sachspezifischer Adjektive ist das Sachverzeichnis alphabetisch so orientiert, als wären Sonderzeichen, Leerfelder, die Anmerkung 'siehe' sowie der Inhalt der Klammern nicht geschrieben.

E

N

O

P

Springer-Verlag und Umwelt

Als internationaler wissenschaftlicher Verlag sind wir uns unserer besonderen Verpflichtung der Umwelt gegenüber bewußt und beziehen umweltorientierte Grundsätze in Unternehmensentscheidungen mit ein.

Von unseren Geschäftspartnern (Druckereien, Papierfabriken, Verpackungsherstellern usw.) verlangen wir, daß sie sowohl beim Herstellungsprozeß selbst als auch beim Einsatz der zur Verwendung kommenden Materialien ökologische Gesichtspunkte berücksichtigen.

Das für dieses Buch verwendete Papier ist aus chlorfrei hergestelltem Zellstoff gefertigt und im pH-Wert neutral.